UHF RFID

标签芯片及读写器电路设计

田 川　高茂生　李 鑫 ◎ 编著

清華大学出版社

北京

内 容 简 介

本书对 UHF RFID 标签芯片设计以介绍低功耗和芯片面积小型化设计为主,对于芯片中的数字基带架构设计(包含代码编写、功能仿真、逻辑综合、功耗分析)给出了相关设计方法,同时分析了前后向链路的编码方法、调制方法、数据速率、链路时限等内容。本书还对 UHF 读写器模拟前端和数字基带电路设计的关键电路——收发链路和控制模块进行了分析和设计,其中包括发送链路的 PIE 及 TPP 编码、升余弦滚降成型滤波器、希尔伯特滤波器和 CRC 校验,接收链路的信道、滤波器、Miller/FM0 解码模块,以及读写器协议处理、底层代码的设计和防碰撞软件设计等。

本书可以作为 UHF RFID 技术的培训教材,也可以作为电子通信工程人员的技术参考手册。

图书在版编目(CIP)数据

UHF RFID 标签芯片及读写器电路设计 / 田川,高茂生,李鑫编著.
北京:清华大学出版社,2025.4. -- ISBN 978-7-302-68577-7

Ⅰ. TN43

中国国家版本馆 CIP 数据核字第 2025M2E839 号

责任编辑:郭　赛　战晓雷
封面设计:杨玉兰
责任校对:时翠兰
责任印制:沈　露

出版发行:清华大学出版社
　　　　网　　　址:https://www.tup.com.cn,https://www.wqxuetang.com
　　　　地　　　址:北京清华大学学研大厦 A 座　　　邮　　编:100084
　　　　社 总 机:010-83470000　　　　邮　　购:010-62786544
　　　　投稿与读者服务:010-62776969,c-service@tup.tsinghua.edu.cn
　　　　质量反馈:010-62772015,zhiliang@tup.tsinghua.edu.cn
　　　　课件下载:https://www.tup.com.cn,010-83470236
印 装 者:三河市龙大印装有限公司
经　　销:全国新华书店
开　　本:185mm×260mm　　印　张:26.25　　　　字　　数:688 千字
版　　次:2025 年 5 月第 1 版　　　　　　　　　印　　次:2025 年 5 月第 1 次印刷
定　　价:99.00 元

产品编号:084401-01

序一

UHF RFID 技术具有吞吐量大、穿透性强、可多次读写、数据记忆容量大、低成本、高可靠性、方便实用等特点,被视为物联网中极具发展前景的技术。但不可否认,UHF RFID 技术在发展中仍然存在一些问题和挑战,如兼容多协议读写器开发、标签和天线方面设计的限制、复杂环境下识别和防碰撞技术的研究与开发、产品材料和封装等技术要求。

在 UHF RFID 技术的读写器设计中,采用购买现有 IP 核整合的设计方法,其核心技术不在我方,需要支付高昂的专利费,而且灵活性差,无法将我国国家标准 GB/T 29786—2013 协议封装到芯片中。

本书作者采用理论分析和实际仿真相结合的方法,使用通用信号处理芯片,对射频前端、基带数据处理作了详尽的分析和设计,有利于我国在 UHF RFID 读写器方面的研发。

我国 RFID 产业正由技术推动型向应用与技术推动并重转变,由以基础技术研发为主向基础技术与应用技术研发并重转变,由以国家基础标准为主向国际基础标准和行业应用标准转变。我们要做的工作是攻克核心技术,促进综合应用,提升效果,带动整体创新。

作者已经出版的《无源超高频标签天线工程设计教程》和本书是推动 RFID 核心技术工程研究的新成果,在此推荐给广大的工程技术人员和产品研究人员。

高茂生

中国科学院数学与系统科学研究院

2024 年 12 月

序二

随着物联网技术的日益成熟,万物互联的时代即将到来,射频识别(Radio Frequency IDentification,RFID)作为物联网的核心技术起到至关重要的作用。一枚枚薄如蝉翼的标签,承载了芯片和天线,贴附在各种物体表面,或者嵌入物体内部,靠着读写器天线发送的微弱广播信号,就能激活自身能量,从而实现可靠通信,达到一呼百应的效果。

按照工作频率,RFID可以分为低频(LF,125kHz)、高频(HF,13.54MHz)、超高频(UHF,850~960MHz)和微波(2.45GHz)等不同种类。不同频段的RFID的工作原理和适用场景各不相同,因此,要正确使用RFID,就要根据应用领域的特点选择合适的频率。

UHF RFID技术起源于物流和仓储领域,在通信速率、准确率、读取距离等方面有着非常明显的优势,适用于大批量、高密度、高读取速度要求的应用场景。

本书以UHF RFID芯片设计和读写器电路设计为主,是一本工程核心技术的新书,书中对UHF RFID技术的系统构成、核心技术和关键设计进行了详细而深入的分析,并辅以大量真实的案例,对于帮助UHF RFID领域的技术研究人员提高理论水平、攻克技术难点、拓展技术视野具有重要的意义。

本书作者长期致力于UHF RFID技术在冷冻生物制品领域的研究、应用和推广工作,具有深厚的理论基础和丰富的实践经验。目前,我国在这方面的著作还十分有限。我坚信本书的出版将对我国物联网的发展起到重要的推动和引领作用。

清华大学　刘云浩

2024年12月

前言

经过多年发展，全球 RFID 技术从芯片设计制造、标签天线设计、读写器设计制造到软件集成等各个方面都取得了显著发展。全球出现了以 Impinj、Alien 和 NXP 等公司为龙头的众多芯片产品供应商，UHF RFID 芯片产量不断提高，产品性能逐步稳定，以 Intermec、Impinj、Symbol、CSL、Alien、TI、Savi 等公司为代表的国外 RFID 读写器制造商推出了各种类型的产品，实现了多协议并容。如果将移动通信与 RFID 读写器整合，将读写器与标签整合，就可以实现移动 RFID/SUN 应用。IBM、Sun、Oracle、SAP 等国外 RFID 中间件产品已经开始投放市场。各国政府在 RFID 等应用平台的研究进展加快，主要在体系结构、编码与解析实现服务、数据和信息安全方面取得了一些研究成果，建立了一些具有实际成效的 RFID 信息平台。然而，在 RFID 应用体系的结构方面，目前还没有取得有价值的成果。

随着 2003 年美国国防部大力推进 RFID 技术以来，RFID 的应用领域快速扩大，逐渐向经济和社会各个领域渗透。英国、德国、日本和韩国均有较为成熟的规模化应用。例如，美国食品及药品管理局（FOA）从 2006 年开始使用 RFID 技术管理常用药品，法国政府已经在食品领域全面推广原产地分类 RFID 标签制度，国际航空运输协会（IATA）也大力推荐航空公司将 RFID 技术应用于行李运送。RFID 技术和 MES、ERP 等信息系统无缝结合的应用研究正从供应链管理进入制造过程的核心。例如，德国利用 RFID 技术对西班牙的一种稀有奶酪从生产、储存、运输的各个环节进行全程跟踪管理；荷兰零售商对超市的蔬菜使用 RFID 技术进行全程跟踪管理。

近年来，我国对 UHF 频段关键技术进行重点攻关，取得了初步的成果，设计出符合 ISO/IEC 18000-B/C 的 UHF 标签芯片，存储容量可达 2Kb，但满足 GB/T 29768—2013 芯片和协议要求的读写器是一个空白。本书的一个重点就是分析 GB/T 29768—2013 和 ISO/IEC 18000-6C 标准，使科研人员尽快设计出国产协议标签。

《中国射频识别（RFID）技术政策白皮书》明确提出，UHF RFID 读写器的核心模块研发是中国 RFID 技术发展及优先应用领域的关键技术。

目前国内的 UHF RFID 读写器设计方案大多数采用专用芯片，如使用 Impinj 公司的 R1000 和 R2000、WJ 公司的 WJ200、奥地利 AG 公司的 AS3991 和 AS3992 等，这些应用方案只需要简单地匹配电路即可完成设计，但成本很高，尤其是核心技术被国外把控，不利于我国的 UHF RFID 技术发展。为此，本书从读写器特点、性能以及读写器基带信号处理的技术设计角度，详细分析 GB/T 29768—2013 和 ISO/IEC 18000-6C 协议，并对电路设计、软件设计进行详细分析，以期为我国自主研发设计 UHF RFID 读写器和技术创新贡献一点力量。

本书以 UHF RFID 标签芯片（第 3~5 章）和读写器电路（第 6~14 章）的设计为主线，对有关 RFID 标准，如 GB/T 29768—2013 和 ISO/IEC 18000-6C 进行了分析，并就多协议技术问题进行了研究和解析，对关键性基带处理电路设计进行了分析和说明。

感谢北京宏诚创新科技有限公司对本书的大力支持。感谢邢丽丽、朱小娜的辛勤工作,是你们的努力才使得本书顺利出版。

限于作者水平,加之时间仓促,书中疏漏之处在所难免,恳请广大读者批评指正。

作　者

2025 年 4 月

目录

第1章

绪　　论

1.1　UHF RFID 标签芯片研究现状

1.1.1　国外研究现状

　　UHF RFID 标签技术的研究始于 21 世纪初,是在低频和高频标签技术发展成熟及集成电路工艺和设计技术取得长足进步后开始的。2003 年,德国帕德博恩大学 U. Karthaus 等在集成电路领域顶级期刊 *IEEE Journal of Solid-State Circuits* 发文报道了一种最小输入功率为 16.7 μW 的 UHF RFID 标签芯片,其采用支持肖特基二极管(Schottky diode)和 EEPROM 的 0.5 μW 2P2M CMOS 工艺,重点阐述了整流电路和调制电路对能量转换效率的影响,但并未研究其他模块电路的低功耗设计技术,且其采用的肖特基二极管和 EEPROM 工艺与标准 CMOS 工艺不兼容,增加了芯片的制造成本。随着 UHF RFID 技术的发展,国内外对于 UHF RFID 芯片的研究越来越多。表 1-1 归纳了近年来有代表性的 UHF RFID 标签芯片。

表 1-1　近年来有代表性的 UHF RFID 标签芯片

工　艺	RFID 标准	面积/mm^2	功耗/μW	存　储　器
0.5 μm EEPROM			16.7	EEPROM
0.25 μm FeRAM	EPC-Gen2	1.8	85.1	FeRAM
0.25 μm		2.0	5.1	ROM
0.13 μm	EPC-Gen2	0.55	27.5	EEPROM
0.18 μm	ISO/IEC 18000-6B	0.64	7.4	EEPROM
0.18 μm	EPC-Gen2	0.91	15	EEPROM
0.35 μm		0.64	45	N. A.
0.18 μm	ISO/IEC 18000-6B	0.77	14	EEPROM
0.13 μm	EPC-Gen2	1.1	29.2	OTP
0.18 μm	EPC-Gen2	1.1	32.3	OTP

　　从表 1-1 中可见,各标签芯片的主要区别在于选择的工艺、采用的 RFID 标准、芯片面积、功耗和存储器类别。其中,采用的 RFID 标准有逐渐统一的趋势,即大多数标签芯片采用 EPC-Gen2 标准(此标准于 2006 年已融入 ISO/IEC 18000-6C 标准)。

　　随着 UHF RFID 技术应用领域的不断拓展,人们对 RFID 标签的成本、识别距离及功能多样化等性能参数提出了更高的要求。为了使 UHF RFID 技术获得更广泛的应用空间,国内外针对 UHF RFID 标签芯片核心模块电路技术、集成传感器技术和 UHF RFID 标准进行了大量研究。

1. 标签芯片核心模块电路技术

UHF RFID 标签芯片主要由射频模拟前端电路、时钟电路、数字基带电路和存储器构成，这些核心模块电路是构成高性能 RFID 标签芯片的基础。

射频模拟前端电路负责将读写器发送的射频能量转换为直流电压，为芯片工作提供能量支持，同时完成数据解调并产生时钟、复位等信号，是标签芯片能否稳定工作的关键。其中，射频模拟前端的阻抗匹配和整流电路的能量转换效率在很大程度上决定了标签芯片的性能。国内外很多研究者对阻抗匹配网络和整流电路关键技术进行了研究，主要关注如何提高阻抗匹配和整流电路的能量转换效率。

时钟电路对数字基带电路的解码、编码均有重要影响，低功耗松弛振荡器和环形振荡器等片上时钟产生电路一直是 RFID 标签芯片研究的热点，这类时钟电路受温度、电压、工艺偏差影响较大，一般通过时钟校准技术、工艺补偿技术提高时钟电路的精度。也有部分学者对低功耗、小面积的稳压电路和解调电路进行了研究。

数字基带电路是通信标准处理的核心部分，对标签芯片的功耗和面积影响较大。这方面的研究方向主要集中在低功耗及如何降低时钟电路精度对数字基带解码、编码的影响上，例如，采用定制的低功耗数字标准单元库实现低功耗标签芯片数字基带电路。

存储器的面积和功耗对标签芯片的性能和成本有重要影响，许多研究人员都对适用于 RFID 标签芯片的存储器进行了研究。有文献报道了一款采用 FeRAM 存储器的标签芯片，与 EEPROM 相比，FeRAM 功耗更低，但由于 FeRAM 存储器与标准 CMOS 工艺不兼容，其制造成本较高，这也是 FeRAM 无法广泛应用于 RFID 标签芯片中的主要原因。与标准 CMOS 工艺兼容的单层多晶硅 EEPROM 存储器由于其低功耗、低制造成本，是满足 RFID 标签芯片应用的最有潜力的存储器技术之一。此外，采用传统浮栅工艺的 EEPROM 存储器由于工艺成熟，也被广泛研究。针对 RFID 标签的低功耗应用，对这种存储器的读写操作电流进行优化。尽管这种 EEPROM 需要额外的掩膜，增加了其制造成本，但其存储单元比基于单层多晶硅的存储单元小，在大容量应用中，存储密度的增加降低了掩膜带来的成本。在大容量存储 RFID 标签应用中，基于浮栅的 EEPROM 存储器有着广阔的应用空间。

2. 集成传感器技术

传感器技术与 RFID 标签识别技术的融合是 RFID 标签芯片的一大发展方向。随着物联网的兴起，RFID 标签不仅要有识别、防伪功能，同时需具备温度、湿度、化学气体、压力等环境参数的检测能力。例如，在仓储领域，不仅需要利用标签对货物进行识别，同时需要对敏感物品进行温度和湿度监控；在冷链物流领域，需要利用标签监控货物在运输及储存过程中的温度信息。因此，与传感器技术结合的 RFID 技术已逐渐成为研究热点。近年来，越来越多的与 RFID 标签技术结合的温度传感器、湿度传感器、化学气体传感器、压力传感器被报道。然而，受限于 RFID 标签对成本、功耗的苛刻要求，与 CMOS 工艺兼容的温度传感器技术被认为是最具发展前景的片上可集成传感器技术。

RFID 标签芯片与温度传感器的结合目前主要有两种趋势：

（1）半无源温度传感标签。受限于成本，这种标签只能用于高价值领域，较难满足大规模应用的低成本要求。

（2）无源温度传感标签。与半无源温度传感标签相比，其成本更低，但温度传感器额外增加的功耗是无源温度传感标签设计中的一大挑战。

有文献报道了一种基于带隙基准原理的温度传感标签芯片,在达到宽温度测量范围的同时,具有较高的测量精度。但高功耗的 Sigma-Delta ADC 的使用导致温度传感器功耗大于 $10\mu W$,与标签芯片总功耗相当,严重制约了无源标签的温度感知距离。也有文献提出了一种基于时域脉冲计数的温度传感器标签芯片,其简单的系统架构大大降低了设计复杂度,功耗仅为几百纳瓦,但其较窄的温度测量范围($35\sim45$℃)大大限制了其应用范围。如何提高工作温度范围并降低功耗,是目前集成温度传感器的标签芯片亟待解决的问题。

3. UHF RFID 标准

UHF RFID 标准主要规定 UHF RFID 系统中读写器和标签之间通信链路的物理参数、调制方式、编码方式、通信流程、防碰撞机制及数据安全等内容。RFID 技术标准的制定和完善是 RFID 行业发展的前提,是 RFID 技术大规模应用的先决条件。目前,国际上主要有 EPCglobal、ISO/IEC、UID、AIM 等 UHF RFID 标准体系。中国也正在加紧研究和制定自己的 UHF RFID 标准体系,并于 2013 年颁布了 UHF RFID 国家标准 GB/T 29768—2013。国内相关企业和高校等研究机构正加紧研制自主知识产权的 RFID 标签和读写器。

在上述 UHF RFID 标准中,最常用的标准是由 EPCglobal 于 2004 年 12 月 16 日颁布的 EPC Class-1 Generation-2(简称 EPC-Gen2),并得到众多公司和企业的青睐。Impinj、TI、Alien、NXP 等世界著名 RFID 公司均已开发出多款符合此标准的 RFID 标签,并已成功应用于物流等流域。此标准于 2006 年 7 月融入 ISO/IEC 18000-6C 标准中,成为全球通用的超高频射频识别标准。由于符合 ISO/IEC 18000-6C 标准的标签具有通信速率高、识别距离远、数据安全性较高、存储容量大等优点,因此获得了广泛的应用空间。

本书主要对基于 ISO/IEC 18000-6C 标准的无源标签芯片的关键技术进行研究。书中提到的无源 RFID 标签,如无特殊说明,均是指基于 ISO/IEC 18000-6C 标准的标签,同时支持 EPC-Gen2 标准。

1.1.2　国内研究现状

相比于欧美国家,我国对 RFID 技术的研究起步较晚。就目前国内的情况来说,在政府和企业的共同努力下,经过长期的试点和应用,在高频 RFID(主要为 13.56MHz)技术方面,诸多公司已经掌握了其核心技术,推出了一系列各具特色的成熟高频 RFID 产品。上海华虹、大唐微电子以及复旦微电子等多家国内芯片厂商推出大批 RFID 产品。其中,第二代居民身份证 RFID 技术的成功应用成为一个里程碑,其巨大的发卡数量大大促进了国内 RFID 技术的发展。另外,RFID 技术还被广泛应用于公交一卡通、校园一卡通以及各类门禁系统中。2008—2013 年是 RFID 技术产业高速发展的时期,北京奥运会、上海世博会等都广泛应用了 RFID 技术,RFID 产业市场规模从 2010 年的 150 亿元增长为 2013 年的 320 亿元,市场占有率持续增长,与国外差距不断缩小。

和高频 RFID 相比较,UHF RFID 的技术门槛更高,中国至今尚未掌握成熟的 UHF RFID 核心技术,诸多 UHF RFID 芯片依赖国外进口,严重制约了国内 RFID 生产厂商的发展。近年来,经过企业自身不断增加投入、进行自主创新以及政府方面的鼎力支持,目前国内已出现了一批有代表性的 RFID 生产厂商,包括上海坤锐、深圳远望谷、深圳先施、南京三宝等。2007 年,上海坤锐公司自主设计开发的超高频电子标签芯片 QR2235 是国内首款通过 EPCglobal 授权的 EPC-Gen2 芯片,被称为 UHF RFID"中国第一芯",是继 Alien、NXP、Impinj、Intermec 之后第五家通过此项认证的 RFID 生产厂商,该产品在读写距离、防碰撞、安全性、数据传输速率等性能指标和技术上处于国际先进水平。另外,深圳远望谷是国内专注

UHF RFID 产品的公司,是行业内唯一一家上市公司,在 RFID 行业中被视为标杆。2014 年 7 月,深圳远望谷公司在北京国际物联网博览会上发布了最新一款拥有自主知识产权的超高频读写器 XC-RF808。该产品兼容 EPC-Gen2 以及 ISO/IEC 18000-6C/B 等各类协议,最大读取距离可以达到 30m,在多标签读取方面具有优越的性能,支持密集阅读。但由于该产品本身 RFID 技术的问题,其实际上的性能和国外一些知名 RFID 生产厂商的产品仍然存在一定的差距。

国内 RFID 技术面对国外相对完善的 RFID 标准,处处受制于各类专利,发展受到了极大的影响。国内目前的 RFID 读写器都是基于国外 RFID 标准协议设计的,这将给我国带来信息安全隐患,并增加大量的专利支出,不仅增加了国内 RFID 产品的成本,降低了市场竞争力,而且制约了 RFID 技术的发展。因此,拥有我国自主知识产权的标准具有重大的意义。随着贸易的全球化,市场竞争的特征体现为"技术专利化、专利标准化、标准全球化",我国也开始重视科技发展中标准化的作用,把技术标准作为市场竞争中的重要手段。2007 年,原信息产业部为促进国家 RFID 标准与国际标准相衔接,发布了《800/900MHz 射频识别(RFID)技术应用规定》;2009 年,工业和信息化部、交通部、公安部等 15 个国家部委在科技部主导下共同撰写了第一部电子标签蓝皮书——《中国射频识别技术与产业发展报告》;2011 年,《军用射频识别空中接口协议: 800/900MHz 参数》和《军用射频识别技术空中接口协议: 2.45GHz 参数》由中国人民解放军总装备部批准发布,这两个军用协议分别在 2012 年和 2013 年转化为国家标准《信息技术 射频识别 2.45GHz 空中接口协议》和《信息技术 射频识别 800/900MHz 空中接口协议》,其中后者于 2014 年 5 月 1 日正式实施。

2015 年以来,RFID 技术迎来爆发式增长,随着物联网、智能制造等领域的快速发展,RFID 技术得到了广泛应用,市场规模持续增长。据 QYResearch 数据,2023 年全球 RFID 标签市场规模已达到 610.95 亿元人民币,预计将以 7.40% 的年复合增长率增长至 2029 年的 1046.94 亿元。这一趋势预示着 RFID 作为物联网时代关键技术的无限前景。

1.1.3　设计现状

在发达国家,标签芯片的设计和制造已经趋于成熟化,并进行大规模的量产,以广泛应用于各种应用场合。诸如 UPM Raflatac、STMicroelectronic、NXP 以及日本的日立和 Omron 等传统标签芯片厂商纷纷开发出性能卓越的超高频标签芯片,标签芯片朝小型化、低成本方向发展。2003 年,日立公司开发出面积为 0.3mm×0.3mm、厚度为 0.06mm 的超小型标签芯片 μ-Chip,并于 2005 年将标签芯片的面积减小到 0.15mm×0.15mm,厚度减小到 0.007mm。2004 年,德国英飞凌(Infineon)公司采用使用交流电的逻辑电路,去掉了此前使用直流电工作的 IC 芯片所需要的整流电路、时钟电路及调制电路,将标签芯片的面积大幅减小到 0.04mm× 0.05mm。但是,当 IC 芯片的面积减小后,IC 芯片的电极与天线连接部分的位置难以对准,成为导致生产成本增加的主要原因。2009 年,UPM Raflatac 公司推出新的用于附件和化妆品的单品级标签 Gem,其天线尺寸仅为 10mm×30mm(0.394in×1.181in),这种标签非常适合珠宝、手表等小商品存货管理,尺寸很小,用手提的或固定的读写器读取很方便。

作为实现标签主要功能的逻辑模块,低功耗标签芯片数字基带电路的研发也越来越得到重视。伊朗德黑兰大学设计出采用 1V 标准 0.18μm CMOS 工艺的标签芯片,其数字电路功耗为 6.4μW,芯片面积为 0.3mm^2。中国的香港科技大学采用 1.8V 标准 0.18μm CMOS 工艺、使用 3.55MHz 时钟设计的基带电路功耗为 4.7μW,面积为 892μm×260μm,随后研发的带有 AES 加密算法、采用相同工艺的数字基带电路功耗为 4.7μW,面积为 681.8μm×666.3μm。

中国科学院微电子研究所采用 $0.18\,\mu\text{m}$ IP3M 标准 CMOS 工艺研发的 EPC C1 G2 UHF RFID 标签芯片，其数字电路功耗在 1.1V 工作电压时为 $2.5\,\mu\text{W}$，面积为 0.28mm^2。清华大学微电子学研究所采用 $0.18\,\mu\text{m}$、6 层金属 CMOS 标准工艺实现的标签芯片在工作电压为 1.04V 时功耗为 $16\,\mu\text{W}$，芯片面积为 0.5mm^2。

1.2 国内外芯片发展比较及趋势

1.2.1 发展比较

按照能量供给方式的不同，RFID 标签可以分为被动标签、半主动标签和主动标签。其中，半主动标签和主动标签中芯片的能量由电子标签所附的电池提供，主动标签可以主动发出射频信号。按照工作频率的不同，RFID 标签可以分为低频(LF)、高频(HF)、超高频(UHF)和微波等不同频段。不同频段的 RFID 标签工作原理不同，LF 和 HF 频段的 RFID 标签一般采用电磁耦合原理，而 UHF 及微波频段的 RFID 标签一般采用电磁发射原理。不同频段标签芯片的基本结构类似，一般都包含射频前端、模拟前端、数字基带和存储器单元等模块。其中，射频前端模块主要用于对射频信号进行整流和反射调制；模拟前端模块主要用于产生芯片内所需的基准电源和系统时钟，进行上电复位等；数字基带模块主要用于对数字信号进行编解码以及进行防碰撞协议的处理等；存储器单元模块用于信息存储。

目前，发达国家在多种频段都实现了 RFID 标签芯片的批量生产，模拟前端多采用低功耗技术，无源微波 RFID 标签的工作距离可以超过 1m，无源 UHF RFID 标签的工作距离可以达到 5m 以上，功耗可以达到几微瓦，批量成本接近 10 美分。

RFID 标签的通信标准是标签芯片设计的依据，目前国际上与 RFID 相关的通信标准主要有 ISO/IEC 18000 标准(包括 7 部分，涉及 125kHz、13.56MHz、433MHz、860～960MHz、2.45GHz 等频段)、ISO/IEC 11785(低频)、ISO/IEC 14443(13.56MHz)、ISO/IEC 15693(13.56MHz)，EPC 标准(包括 Class-0、Class-1 和 Gen2，涉及 HF 和 UHF 两种频段)、DSRC 标准(欧洲 ETC 标准，含 5.8GHz)。目前电子标签芯片的国际标准出现了融合的趋势，ISO/IEC 15693 标准已经成为 ISO/IEC 18000-3 标准的一部分，EPC-Gen2 标准也已经启动向 ISO/IEC 18000-6C 标准的转化。

中国在 LF 和 HF 频段 RFID 标签芯片设计方面的技术比较成熟，HF 频段的设计技术接近国际先进水平，已经自主开发出符合 ISO/IEC 14443 TypeA、TypeB 和 ISO/IEC 15693 标准的 RFID 芯片，并成功地应用于交通一卡通和中国第二代身份证等项目。国内与国外主要的差距存在于片上天线与芯片的集成上，目前国内还没有相应的产品应用。国内在 UHF 和微波频段的标签芯片设计方面起步较晚，目前已经掌握 UHF 频段 RFID 标签芯片的设计技术，部分公司和研究机构已经研发出标签芯片的样片，但尚未实现量产。国内在 UHF 频段读写器 RF 芯片和系统芯片(SoC)的设计方面也具有一定的基础，但目前产品仍主要依赖于进口。在微波频段(2.45GHz 及 5.8GHz)，国内有部分技术应用在公路不停车收费项目中。相对于国外在这两个频段的技术水平，国内的研究还处于起步阶段，尚无相应产品。

与国外相比，国内在 RFID 芯片设计方面的主要差距如下：

(1) 国外在 RFID 芯片设计方面起步较早，并申请了许多技术专利。而国内起步较晚，尤其在 UHF 及微波频段的 RFID 芯片设计方面基础比较薄弱，取得的自主知识产权较少。同时，一些目前广泛采用的 RFID 标准中包含了国外的技术要求及专利，在实现这些标准过程中有可能触及一些国外已有的技术及专利。

（2）在存储器方面，发达国家已经开始采用标准 CMOS 工艺设计非挥发存储器，使得 RFID 标签芯片的所有模块有可能在标准 CMOS 工艺下制作完成，以降低生产成本。而国内目前仍主要采用传统的 OTP 工艺或 EEPROM 工艺，关于标准 CMOS 工艺下的非挥发存储器的研究刚刚开始。

（3）在超低功耗模拟电路研究方面，国内研究较少，而这方面的设计将直接影响到芯片的阅读距离和整体性能。

（4）RFID 标签对成本比较敏感，芯片设计需要在模拟电路和数模混合电路设计方面具有丰富经验的专业人才，而国内目前从事 RFID 标签芯片设计的人才较少，技术力量相对薄弱。

1.2.2　发展趋势

UHF RFID 标签芯片正走向两极化的趋势体现为"一增一减"。

"增"是指功能复杂化，芯片从简单的身份识别功能向 AES 加密、UHF&HF 双频、温湿度传感器等复杂功能发展，如 NXP Ucode DNA、NX-PG2IL＋、EM4423、AMS SL900A。这类芯片对灵敏度的要求还在其次，重点是适用于特定的应用场景，通常用于智慧交通、溯源防伪、资产管理、冷链物流等领域，单一芯片的市场量不大，但价值较高。

"减"是指功能简单化，芯片越做越小，如 Impinj R6 尺寸为 $465\,\mu\mathrm{m}\times400\,\mu\mathrm{m}$。这类芯片功能简单、容量小，有的甚至没有 User 区，但在芯片的灵敏度与多标签防碰撞性能上有很大的提升，如 Impinj R6、NXP Ucode7、Alien Higgs-EC 的读取灵敏度分别为－22.1dBm、－21dBm、－22.5dBm，擦写灵敏度分别为－18.8dBm、－16dBm、－19dBm。这类芯片主要的应用领域是服装、零售、物流、图书馆等。

UHF RFID标签芯片和读写器的标准协议分析

2.1 国际标准协议与中国国家标准协议的对比

2.1.1 标准协议概述

1. 国际标准协议概述

RFID 到今天为止没有一个真正的国际标准协议,但是在市场发展中,RFID 技术扮演着越来越重要的角色,因此标准的统一化是非常有必要的。从当前使用情况来看,各厂商遵循的通常是 EPCglobal 和 ISO 两大标准。其中 EPCglobal 在全球拥有很多成员。例如 Walt-Mart、Johnson 等公司都是 EPCglobal 的拥护和执行者,另外,IBM、Microsoft、凹凸科技等对其发展也提供了技术方面的支持。而 ISO 标准也拥有大量的拥护者,因此应用也较为广泛。

2. 中国国家标准协议概述

《信息技术 射频识别 800/900MHz 空中接口协议》(即 GB/T 29768—2013,以下简称国家标准协议)是我国自主研发制定的 UHF RFID 空中接口协议,规定了处于超高频频段(840～845MHz 和 920～925MHz)RFID 系统的空中接口通信的相关技术参数,主要包括读写器与电子标签交互通信的工作方式以及物理层和介质访问控制层参数,同时在 UHF RFID 系统读写器与电子标签的设计、生产和测试等规范方面也起着至关重要的作用。

中国国家标准协议中规定了 UHF RFID 系统中标签与读写器之间的交互通信方式。从读写器到标签的下行链路也称前向链路,读写器对基带数据信息采用 TPP(Truncated Pulse Position,截断式脉冲位置)方式完成编码工作,调制基带数据载波则采用 DSB-ASK(Double-SideBand Amplitude Shift Keying,双边带幅移键控)或 SSB-ASK(Single-SideBand Amplitude Shift Keying,单边带幅移键控),在完成调制载波的发射工作后,持续发射未调制载波为标签响应读写器操作提供能量;从标签到读写器的上行链路也称反向链路或后向链路,标签对基带数据信息采用 FM0 编码方式(Bi-Phase Space,双相间隔)或 Miller 编码方式(延迟调制码)完成编码工作,标签反向散射调制基带数据载波则采用 ASK(Amplitude Shift Keying,幅移键控)或 PSK(Phase Shift Keying,相移键控)。其通信方式沿用 ISO/IEC 18000-6C 标准协议中的半双工通信方式,即,读写器发送则电子标签接收,电子标签发送则读写器接收。

2.1.2　标准协议的参数对比

表 2-1 将中国国家标准协议与国际上 3 种应用广泛的 UHF RFID 标准协议进行了参数对比。

由于中国国家标准协议主要是沿用了 ISO/IEC 18000-6C 国际标准协议的基本理论,因此在表 2-1 中这两者的对比最具参考价值,其优势点属于中国国家标准协议的创新之处,劣势点就属于中国国家标准协议需要改进加强的地方。

表 2-1　标准协议的参数对比

参　数		EPC-Gen2	ISO/IEC 18000-6B	ISO/IEC 18000-6C	GB/T 29768—2013
工作频率/MHz		860~960	860~960	860~960	840~845 920~925
读写器 到标签	调制方式	ASK	ASK	DSB-ASK、SSB-ASK 或 PR-ASK	DSB-ASK、SSB-ASK
	编码方式	PIE	Manchester	PIE	TPP
	数据速率/(kb/s)	15~70.18	10 或 40	26.7~128	45.7~91.4
标签到 读写器	调制方式	ASK	ASK	ASK、PSK	ASK、PSK
	编码方式	类似 FM0	FM0	FM0 或 Miller	FM0 或 Miller
	数据速率/(kb/s)	140.35	40	FM0：40~640 Miller：5~320	FM0：10~640 Miller：80~640
防碰撞算法		二叉树	二叉树	时隙 ALOHA	动态分散收缩二叉树

由表 2-1 可以看出,国际上主流的标准协议在前向链路主要采用的编码方式为 PIE 编码和 Manchester 编码,在反向链路中则主要采用 FM0 编码和 Miller 编码;而在中国国家标准协议所规定的前向链路中,采用的是一种新的编码方式——TPP 编码。在中国国家标准协议研制的过程中,通过与 PIE 编码方式的性能对比和对其功率谱密度的计算分析,相关部门的理论研究表明,相比于 PIE 编码和 Manchester 编码,TPP 编码方式对 RFID 系统的带宽要求更低。在相同带宽情况下,在达到更高码速率的同时,还能给电子标签提供更多的能量。因此,TPP 编码对无源 UHF RFID 系统的设计具有重要意义,也是国家标准协议中的创新点。

在多个标签和一个读写器的 RFID 系统中,通信发生碰撞是常见的问题。相对于 ISO/IEC 18000-6B 采用的二叉树算法和 ISO/IEC 18000-6C 采用的时隙 ALOHA 算法,中国国家标准协议中采用的防碰撞算法是 DDS-BT(Dynamic Disperse Shrink Binary Tree,动态分散收缩二叉树),是在二叉树算法的基础上改进实现的。相关研究表明,二叉树防碰撞算法在应用过程中存在识别延时以及增加通信复杂度等问题,DDS-BT 算法在此基础上改进后,在标签识别速率和吞吐率性能上都有明显的提升。但由于 DDS-BT 算法设计中增加了盘点所需要的操作命令,该算法的不足之处是使电子标签的电路设计更为复杂,从而增加了硬件资源的开销。

另外,在国家标准协议中,其读取、写入等读写器操作命令地址指针的表示方式均为 16 位的值,而 ISO/IEC 18000-6C 协议则采用 EBV(Extensible Bit Vector,可扩充位向量)的表达方式,因此,中国国家标准协议的访问速度相比于 ISO/IEC 18000-6C 协议是一个不足之处。

2.1.3　标签存储

中国国家标准协议所规定的标签存储区结构如图 2-1 所示,主要由 4 部分组成:用户区、安全区、编码区、标签信息区。

用户区主要存储与用户相关的信息,也是标签内的可选区;安全区主要存储各种操作命

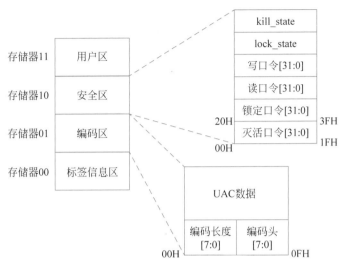

图 2-1　标签存储区结构

令(读写等)、安全参数等相关安全信息,其中安全参数可被读写器读取,其他数据信息不能被读写器读取;编码区包含编码长度、编码头和编码数据 3 部分,其中编码数据主要为 UAC (Universal Article Code,通用物品编码)数据;标签信息区主要存储标签 UID 等信息,这些固化信息在标签生产过程中就已经被写入标签内部。

读写器首先要向标签发送一个 Access(访问命令)。该命令须包含所有读口令[31:0]才能开启用户区和标签信息区的读权限;同样,为开启所有区域的写权限,读写器要发送包含所有写口令[31:0]的访问命令。当上述操作中的口令正确匹配时,才能获得相应的权限,对标签进行读写等操作。ISO/IEC 18000-6C 标准协议没有限制读写器对标签读写操作的权限,与其相比,中国国家标准协议大大提高了安全性能。

2.1.4　国际标准的组成

国际标准化组织(ISO)起草了关于 RFID 的一系列标准,其中的 ISO/IEC 18000 系列标准是关于 RFID 的空中接口协议,根据其工作的频段不同,划分为 7 部分,如表 2-2 所示。

表 2-2　ISO/IEC 18000 系列标准的组成

组 成 部 分	标 准 协 议
18000-1	全球可用频率空中接口协议的一般参数
18000-2	135kHz 频率的空中接口协议
18000-3	13.56MHz 频段的空中接口协议
18000-4	2.45GHz 频段的空中接口协议
18000-5	5.8GHz 频段的空中接口协议
18000-6	86~930MHz 频段的空中接口协议
18000-7	433.92MHz 频段的空中接口协议

2.2　编码与调制

通常基带信号具有较低的频率分量,不宜通过无线信道传输。因此,在通信系统的发送端需要由一个载波运载基带信号,也就是使载波的某个参量随基带信号的规律而变化,这一过程称为(载波)调制。载波经调制以后称为已调信号,它含有基带信号的全部特征。在通信系统的接收端则需要有解调过程,其作用是将已调信号中的原始基带信号恢复出来。调制和解调过程对通信系统是至关重要的,因为调制解调方式在很大程度上决定了系统可能达到的性能。

调制的基本作用是频率搬移。概括起来,调制主要有如下几个作用:

(1) 频率搬移。调制把基带信号频谱搬移一定的频率范围,以适应信道传输要求。

(2) 实现信道复用。一般每个被传输信号占用的带宽小于信道带宽,因此,一个信道同时只传输一个信号是很浪费的,此时信道工作在远小于其传输信息容量的情况下。通过调制,使各个信号的频谱搬移到指定的位置,从而实现在一个信道里同时传输许多信号。

(3) 提高工作频率,加大带宽。根据信息论的一般原理可知,宽带通信系统一般表现出较好的抗干扰性能。

(4) 由于工作频率与波长成反比,提高工作频率可以降低波长,进而减小天线的尺寸,这符合现代通信对尺寸小型化的要求。

2.2.1　工作频率

由于 UHF 频段的 RFID 电子标签获得的能量有限,因此它不能采取与普通通信系统一样的调制方式。RFID 电子标签利用天线反向散射的方式将读写器发射的电磁波信号进行相应调整或改变后再反射回去,读写器接收到改变后的电磁波信号,解调出数据,以实现通信传输。由此可见,对于调制电路的设计,应该以读写器解调信号的灵敏度为准,通过读写器的接收灵敏度,间接计算出调制电路对读写器发射信号的反射系数,实现标签数据的反向散射。

RFID 标签通过标签天线和标签芯片的阻抗匹配程度实现反向散射调制的目的。标签天线将接收到的射频功率信号部分反射回去,反射系数根据读写器的接收灵敏度和标签所需要的最低射频输入功率确定。读写器接收标签反射的电磁波信号并进行解调(该电磁波信号的幅度或相位经标签的调制电路调制改变)。目前,商用读写器的接收灵敏度不难达到 $-80\mathrm{dBm}$,一般接收灵敏度为 $-75\mathrm{dBm}$。要求标签天线反射的射频信号到达读写器天线时的强度大于 $-75\mathrm{dBm}$。另外,实际应用场合的传播环境相对于实验室存在更大的干扰和损耗,势必会降低读写器接收信号的信噪比。因此,在理论分析的过程中,保留 $10\mathrm{dBm}$ 的计算裕量,实际要求标签天线反射到达读写器天线的射频信号功率大于 $-65\mathrm{dBm}$。

按照电磁波自由空间传播损耗模型,标签反射的电磁波信号通过 5m 传播距离反向到达读写器天线,此时仍有 $45.5\mathrm{dB}$ 的自由空间传播损耗,以 $-65\mathrm{dBm}$ 的接收功率计算,标签天线反射的信号功率需要大于 $-19.5\mathrm{dBm}$,如图 2-2 所示。

图 2-2　射频信号功率传播损耗的示意图

在连续载波的情况下,以自由空间传播的电磁损耗计算,有

$$P_{\text{tag-IC}} = P_{\text{reader}} \times G_{\text{reader}} \times G_{\text{tag}} \times \left(\frac{\lambda}{4\pi R}\right)^2 \tag{2-1}$$

其中,$P_{\text{tag-IC}}$ 是芯片接收到的能量,P_{reader} 是读写器发射功率,G_{tag} 是标签天线增益,G_{reader} 是读写器天线增益,R 是标签到读写器的距离。

可以看到,标签接收到的功率主要和距离与载波频率相关,随距离的增加而迅速减小,随频率的增加而减小,也称为 EIRP(Equivalent Isotropic Radiated Power),即等效全向发射功率。它受到国际标准约束,通常为 $27\sim36\mathrm{dBm}$。例如,按照北美标准,读写器 EIRP 应小于

4W,即 36dBm。在自由空间中,920MHz 的信号在 5m 处衰减 45.5dB。假设标签天线无增益,则在 5m 处无源射频标签可能获得的最大功率只有约-9.5dBm,即 112.2μW,这里还没有计算自由空间中的其他损耗,实际接收的功率应该小于 112.2μW。

从图 2-2 可见,读写天线发射功率为 36dBm,5m 距离的自由空间传播损耗为 45.5dB,则标签天线在 5m 处接收到的信号功率为-9.5dBm。

由上述分析可知,读写器发射电磁波信号,标签天线反射电磁波信号,再到读写器接收到电磁波信号,根据一般设计指标要求,通信距离为 5m,则电磁波信号的传输路径共 10m,电磁波信号的损耗为 91dB。按照北美的功率规范,读写器发射的最大 EIRP 为 4W,若读写器天线的接收灵敏度为-65dBm,标签天线反射的功率信号需要大于-19.5dBm。

根据 UHF 频段 RFID 系统原理,读写器发射电磁波信号。标签天线接收到电磁波信号后,一方面标签利用电磁波信号获取能量;另一方面标签经内部数据控制改变标签天线的反射系数。电磁波信号经标签天线反射后,读写器接收到强弱有变化的电磁波信号,解调出数据。下面将分析标签对读写器发射电磁波信号的反射系数,以读写器接收灵敏度-65dBm 作为参考。

标签反射系数的改变是通过标签芯片内部的 ASK 反向散射调制电路完成的,ASK 反向散射调制电路根据标签返回的二进制数据改变标签芯片的输入阻抗,则标签芯片与标签天线间的匹配程度随数据不同而变化,标签天线随之具有不同的反射系数。当标签反向发送数据 1 时,相对于数据 0,标签天线与标签芯片间的失配度较大,相应地,标签的反射系数更大,读写器便能通过标签反射的较大强度的信号解调出数据 1;而较小强度的信号解调出数据 0。

ISO/IEC 18000-6C 标准协议对读写器到标签的 ASK 调制信号的调制深度具有明确要求。由于该标准没有明确规定标签到读写器的通信信号要求,例如反射系数或信号调制深度等,所以在设计标签芯片的反向散射调制电路时,以读写器到标签的信号调制深度作为参考,计算标签的等效反射系数。这基于一个假设,即读写器的发射通道和接收通道具有相同的信号处理能力和特性,读写器能够发射特定指标要求的通信信号,便能接收并处理相同指标要求的信号。

根据 ISO/IEC 18000-6C 标准,读写器到标签的 ASK 通信信号的调制深度要求范围是$80\%\sim100\%$。

读写器发射的射频功率信号通过空间传播。RFID 标签天线接收该射频功率信号,一部分作为标签的电源,另一部分反射回读写器。

标签反射的功率需要大于-19.5dBm,标签接收到的功率为-9.5dBm,标签天线的反射系数为

$$\rho = \frac{10^{-1.95}}{10^{-0.95}} = 10\% \tag{2-2}$$

根据调制深度的计算公式,当调制深度为 80% 时,$A=5B$;当调制深度为 100% 时,$B=0$,即低电平幅度为 0,此时属于 OOK(On-Off Keying,通断键控)的情况。在实际的 RFID 系统通信过程中,OOK 反向散射调制方式对于读写器的接收和解调最有利,解调最简单,可靠性也最高。OOK 是 ASK 调制的一个特例,一个振幅为 0,另一个振幅为非 0。

通过上面的分析过程可见,按照读写器-75dBm 的灵敏度以及引入 10dBm 的裕量,标签的反射系数达到 10% 时,读写器便能正确接收到数据信号。ASK 反向散射调制电路通过改变标签芯片输入阻抗的方式改变标签的反射系数,读写器根据不同反射强度的电磁波信号解调标签返回的数据。

EPC-G2协议支持的工作频率范围为860～960MHz,在实际使用时还需要符合本地无线电规范。

在密集读写器模式下,频率的精度应该达到±10ppm(-25℃～+40℃)以及±20ppm(-40℃～+65℃)。若本地规范更为严格,则应该遵从本地规范。

2.2.2 读写器到标签的通信规范

1. PIE

读写器到标签通信链路使用的编码方式为脉冲间隔编码(Pulse-Interval Encoding,PIE),其符号波形见图2-3。其中,Tari为读写器到标签通信的时间参考,也是数据0的持续时间。它的取值为$6.25\sim25\mu s$,对应的数据率为40～160kHz。任何以Tari为单位的参数精度必须不超过±1%。PW为脉冲的宽度,在数据0和1中必须相等。它可以取的最小值为MAX(0.265Tari,$2\mu s$),可以取的最大值为0.525Tari。该脉冲宽度决定了基带信号的带宽。

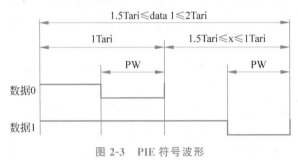

图2-3 PIE符号波形

信号的调制深度定义为$(A-B)/A$,其中A、B分别为调制信号的最高及最低电平。调制深度的最小值为80%,最大值为100%,见图2-4。

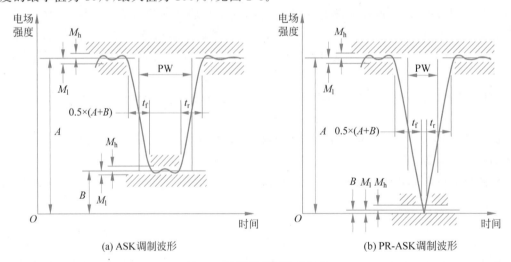

(a) ASK调制波形   (b) PR-ASK调制波形

图2-4 读写器发射信号包络

由于PIE所使用的两种符号长度不同,使得解析其功率谱十分困难。但是从符号形状和编码规则上看,PIE可以看成一种比较特殊(数据0与数据1长度不同)的归零码。若将数据1拆分为两个长度相等的更基本的符号,如图2-5中S_1^*、S_2^*所示,则PIE数据可以看成全部由长度相等的上述两种符号组成。若再将符号的直流电平移去,则可以使其中一个符号的傅里叶变换为0,从而进一步简化计算,如图2-5中S_1、S_2所示。

经过变换后的PIE基带信号可以表示为

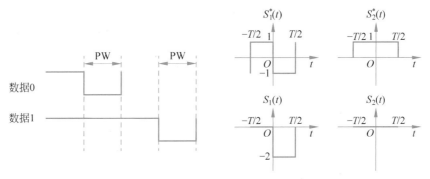

图 2-5　PIE 符号分解

$$\begin{cases} S(t) = \sum_n s_i(t-nT)，\quad i=1,2 \\ S_1 = \begin{cases} 0，\quad -T/2 \leqslant t \leqslant 0 \\ -2，\quad 0 \leqslant t \leqslant T/2 \end{cases} \\ S_2 = 0，\quad -T/2 \leqslant t \leqslant T/2 \end{cases} \tag{2-3}$$

若将 PIE 数据源看成足够随机的信号源,则 PIE 码流满足马尔可夫过程条件,即当前符号出现的概率只与上一个符号有关。由于数据 0、1 出现的概率相等,都为 1/2,则上述两种符号出现的概率为 $P(S_1)=2/3，P(S_2)=1/3$,其转移概率矩阵如下:

$$\boldsymbol{P} = \begin{pmatrix} 1/2 & 1/2 \\ 1 & 0 \end{pmatrix} \tag{2-4}$$

由随机马尔可夫源驱动的编码信号频谱可以通过式(2-5)计算:

$$S(f) = \frac{1}{T}\sum_{i=1}^{M} p_i \mid S_i'(f) \mid^2 \frac{1}{T^2}\sum_{n=-\infty}^{\infty} \left| \sum_{i=1}^{M} p_i S_i\left(\frac{n}{T}\right) \right|^2 \delta\left(f-\frac{n}{T}\right) +$$
$$\frac{2}{T}\mathrm{Re}\left[\sum_{i=1}^{M}\sum_{j=1}^{M} p_i S_i^*(f) S_j'(f) p_{ij}(f) \right] \tag{2-5}$$

其中,M 为符号的数量;$S_i(f)$ 为 $S_i(t)$ 的傅里叶变换;$S_i'(f)$ 为 $S_i'(t)$ 的傅里叶变换,即

$$S_i'(t) = s_i(t) - \sum_{j=1}^{M} p_j s_j(t) \tag{2-6}$$

$p_{ij}(n)$ 为转移概率矩阵中的元素,表示符号 j 在符号 i 之后 n 个位置出现的概率。

$p_{ij}(f)$ 是离散序列,为 $p_{ij}(n)$ 的傅里叶级数展开:

$$p_{ij}(f) = \sum_{n=1}^{\infty} p_{ij}(n)\mathrm{e}^{-\mathrm{j}2\pi nfT} \tag{2-7}$$

相应地,上述两种 PIE 符号的傅里叶变换分别如下:

$$\begin{cases} S_1(f) = -T\exp\left(-\frac{\mathrm{j}\pi fT}{2}\right)\frac{\sin\pi fT/2}{\pi fT/2} \\ S_2(f) = 0 \end{cases} \tag{2-8}$$

根据傅里叶变换的线性特性可得

$$S_1'(f) = \frac{1}{3}S_1(f)，\quad S_2'(f) = -\frac{2}{3}S_1(f) \tag{2-9}$$

由于 S_1、S_2 满足如下条件: $S_i'^*(f)S_k'(f)$ 为实数$(i,k=1,2)$,式(2-5)可化简为

$$S(f) = \sum_{n=-\infty}^{\infty} \left| \sum_{i=1}^{M} p_i S_i\left(\frac{n}{T}\right) \right|^2 \delta\left(f-\frac{n}{T}\right) +$$

$$\frac{1}{T}\Big[\sum_{i=1}^{M}\sum_{j=1}^{M}p_{i}S_{i}^{*}(f)S_{j}'(f)\sum_{n=-\infty}^{+\infty}p_{ij}(\mid n\mid \mathrm{e}^{-\mathrm{j}2\pi nfT})\Big] \tag{2-10}$$

图 2-6 给出了式（2-10）的图形表示。其中，PSD（Power Spectrum Density）为功率谱密度。

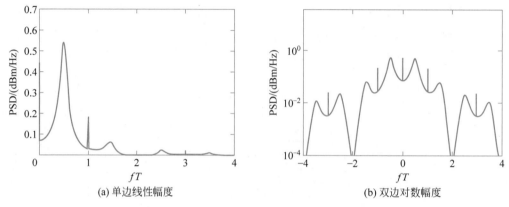

(a) 单边线性幅度   (b) 双边对数幅度

图 2-6　PIE 数据功率谱密度

由图 2-6 可知，PIE 数据的第一零点带宽由编码中的脉冲宽度决定。例如，当脉冲宽度为 T 时，第一零点带宽为 $1/T$。若数据 0 的长度为脉冲宽度的 2 倍，而数据率定义为数据 0 长度的倒数，则 PIE 数据的第一零点带宽为数据率的 2 倍。

也可以通过数值仿真的方法验证上述结果，具体方法是，对随机数信号源进行 PIE 编码，然后通过傅里叶变换计算编码后数据的功率谱。图 2-7 给出了数据率为 80kHz 的 PIE 基带信号频谱。

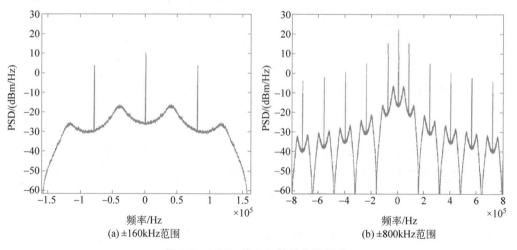

(a) ±160kHz范围   (b) ±800kHz范围

图 2-7　80kHz 的 PIE 基带信号频谱

由图 2-7 可以看到，数值仿真结果中的直流部分和离散谱部分与理论分析结果在幅度上不一致。其原因主要是：在理论分析时移动了信号的直流位置，导致直流部分与仿真结果不一致；而离散谱的不一致是由于上述公式的局限性导致的。

询问机应以前导码或帧同步开始所有 R→T 通信，前导码和帧同步如图 2-8 所示。前导码应先于 Query 命令，表明该通信过程的开始。其他命令则以帧同步开始。所有以 Tari 为单位的参数的误差均应为 ±1%。PW 应按表 2-3 中的规定选取。读写器发射信号包络应如图 2-4 所示。

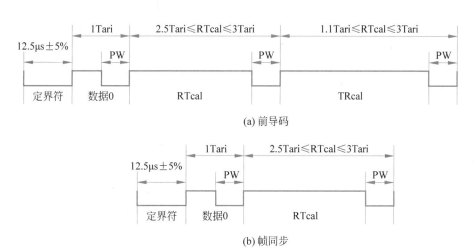

图 2-8　R→T 的前导码和帧同步

表 2-3　射频包络参数

Tari 值	参　数	符　号	最小值	正常值	最大值
6.25～25 μs	调制深度/%	$(A-B)/A$	80	90	100
	射频包络纹波/(V/m)	$M_h=M_l$	0		$0.05(A-B)$
	射频包络上升时间/μs	$t_{r,10\%\sim90\%}$	0		0.33Tari
	射频包络下降时间/μs	$t_{f,10\%\sim90\%}$	0		0.33Tari
	射频脉冲宽度/μs	PW	Max(0.265Tari,2)		0.525Tari

前导码应由固定长度的定界符、数据 0、R→T 校准符（RTcal）和 T→R 校准符（TRcal）组成。

询问机应采用 6.25～25 μs 的 Tari 值进行通信。询问机应在一个通信循环期间采用固定时间长度的数据 0 和数据 1。

询问机应设置 RTcal，它等于数据 0 的长度加数据 1 的长度。标签应计算 RTcal 长度，并计算中间量 pivot＝RTcal/2。标签在其后的解码过程中，将询问机发送过来的长度小于 pivot 的符号解码为数据 0，将长度不小于 pivot 的符号解码为数据 1。标签应将长度超过 4RTcal 的符号解析为无效数据。

询问机应利用 Query 命令的前导码中的 TRcal 和分频系数 DR 规定标签的反向链接频率（Back Link Frequency），即 BLF（FM0 数据速率或其 Miller 副载波的频率）。标签应测定 TRcal 的长度，计算 BLF，并按照 BLF 在协议规定的误差范围内返回数据。询问机在任何通信过程中采用的 TRcal 和 RTcal 均应满足以下限制条件：

$$1.1RTcal \leqslant TRcal \leqslant 3RTcal \tag{2-11}$$

帧同步等同于前导码减去 TRcal。在一个通信循环期间，询问机在帧同步中使用的 RTcal 长度应与其在启动该通信循环的前导码中使用的长度相同。

2. TPP 编码

1）物理层

读写器采用截断式脉冲位置（Truncated Pulse Position，TPP）编码对基带信号进行编码，使用 DSB-ASK 或者 SSB-ASK 方式对载波进行调制，向不同数量的标签发送命令。命令发送后，读写器继续发送空载波信号并监听来自标签的响应数据包。标签从读写器发送的载波信号中获取芯片所需的电能，采用双向间隔码编码或者 Miller 编码对基带信号进行编码，反向散射自身的信息。在读写器和标签通信时,采用的是半双工的方式,即标签在发送响应数据包的同时不应接收读写器的命令,标签也不应在读写器发送命令的同时发送响应数据包。

读写器和标签之间的通信过程采用读写器先发言的模型,标签根据读写器的命令执行相应的操作,需要时发送响应数据包。

2)标签识别层

标签应具有用于盘点操作的匹配标志和盘点标志。

(1)匹配标志是标签内部的一个逻辑状态,可以是 1 或者 0,标签上电后的初始状态为 0。读写器不能直接对匹配标志进行读操作或者写操作。标签断电后,匹配标志保持时间不小于 2s。

(2)盘点标志是标签内部的一个逻辑状态,可以是 1 或者 0,标签上电后的初始状态为 0。标签退出盘点的动作使盘点标志从 0 转为 1 或者从 1 转为 0。

读写器一般情况下管理标签群有两种基本操作,它们都是由多条命令构成的,见图 2-9。两种基本操作如下:

(1)盘点。读写器识别标签的过程。读写器发送启动查询命令启动一个盘点循环,此时一个或者多个标签可能应答,采用防碰撞机制可以逐个识别标签。

(2)访问。读写器和单个标签的单向认证或者双向认证,即读写器对单个标签进行的读操作、写操作、擦除操作、锁定操作或者销毁操作等。

读写器可使用分类命令,按照需求自由选择待定的标签群。启动查询命令启动一个盘点循环,使用动态分散收缩二叉树(DDS-BT)防碰撞机制进行多个标签的识别。

将多个标签通过读写器的操作盘点一次并读取其中一个标签后,读写器就可以访问该标签。

3)标签存储层

标签存储层根据存储功能的不同划分成 4 个逻辑存储区,分别是标签信息区、编码区、安全区和用户区,每个逻辑存储区包括若干字,如图 2-10 所示。

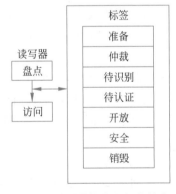

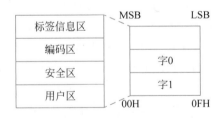

图 2-9　读写器操作和标签状态　　　　图 2-10　标签存储层结构

标签信息区必须涵盖 00H～07H 的分配类 ID(对于 EPCglobal 为 11100010_2)、08H～13H 的 12 位任务掩膜设计 ID 以及 14H～1FH 的标签型号。标签能够将需求数据和厂商信息存储在 1FH 地址中。

编码区存储 00H～1FH 的 CRC16 以及 10H～1FH 的协议控制位,同时还有从 20H 开始存储的 EPC。存储在 10H～14FH 的 EPC 和 15H～17FH 的 RFU 以及 18H～1FH 的 NSI 组成 PC、CRC16。PC、EPC 应优先存储 MSB(EPCglobal 的 MSB 应存储在 20H)。

安全区存储的是灭活口令以及访问口令。00H～1FH 用来存放灭活口令,20H～3FH 则用来存放访问口令。当标签对灭活/访问口令不作响应时,说明标签并没有被锁死,仍然是可用的。

用户区存储用户所需要的信息。该存储区由用户定义。

4)读写器与标签间的通信

一般要求读写器使用截断式脉冲位置编码方式对基带信号进行编码。要求读写器能够进行 DSB-ASK 或者 SSB-ASK 调制,标签也能够以这两种方式进行解调。

读写器工作频率为 840～845MHz 和 920～925MHz,频带内共有 40 条信道,每条信道带宽为 250kHz。

当读写器使用跳频扩频通信时,应使用 920～925MHz 中的 40 条信道,其中每条信道带宽为 250kHz。

读写器发射频谱见图 2-11,其中读写器的带外杂散发射应低于−36dBm。

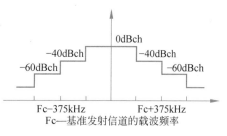

图 2-11　读写器发射频谱

读写器在发射信道 R 的功率 $P(R)$ 与其他信道 S 的功率 $P(S)$ 的比值不应超过下述规定值:

$$|R-S|=1 \text{ 时}, 10 \lg \frac{P(S)}{P(R)} < -40\text{dB} \tag{2-12}$$

$$|R-S|>1 \text{ 时}, 10 \lg \frac{P(S)}{P(R)} < -60\text{dB} \tag{2-13}$$

5)读写器上电和断电射频包络

读写器上电和断电射频包络如图 2-12 所示。

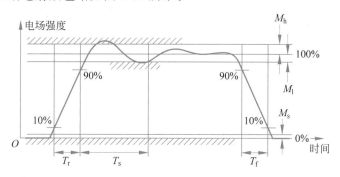

图 2-12　读写器上电和断电射频包络

若射频包络上升至最大幅度的 10% 以上,则应继续单调上升至最大幅度的 90% 以上,并且在随后的稳定时间以内不应下降至最大幅度的 90% 以下。读写器必须在表 2-4 规定的稳定时间的最大值之后发送命令。

表 2-4　读写器上电射频包络参数

参数	定 义	最小值	典型值	最大值	单位
T_r	上升时间	1		500	μs
T_s	稳定时间			1500	μs
M_s	断电时的信号电平			1	%全标度
M_l	包络纹波欠冲			5	%全标度
M_h	包络纹波过冲			5	%全标度

读写器的断电射频包络要满足表 2-5 的要求。若射频包络下降至最大幅度的 90% 以下,

则应继续下降至最大幅度的10％以下。

表 2-5　读写器断电射频包络参数

参数	定 义	最小值	典型值	最大值	单位
T_f	下降时间	1		500	μs
M_s	断电时的信号电平			1	％全标度
M_l	包络纹波欠冲			5	％全标度
M_h	包络纹波过冲			5	％全标度

6）读写器到标签的射频包络

读写器到标签的射频包络见图 2-4（a）。

图 2-13 中的具体参数见表 2-3。

7）标签到读写器的介质访问控制层

一般要求标签主要用反向散射信号的方法调制射频载波的相关相位和幅值。标签在一个盘点循环内应该采用一个同样的数据速率进行反向散射。低位值对应于反向链路中标签天线的低发射状态，高位值对应于反向链路中标签天线的高发射状态。

标签应在表 2-4 所示的最大稳定时间内完成上电，并准备接收读写器命令。

标签应采用反向散射调制射频载波的幅度和相位，即通过切换天线反射系数的方式使标签在两种状态间变化。

反向链路基准时钟周期 T 由前向链路的基准时间和启动查询命令中的反向链路基准时钟周期数据段决定。表 2-6 给出不同的 T 和不同反向链路基准时钟周期数据段时的反向链路基准时钟周期。

表 2-6　反向链路基准时钟周期

T	反向链路基准时钟周期数据段	反向链路基准时钟周期	反向链路频率	频率容差
6.25～12.5μs	00	1.5625	640	−20％～20％
	01	3.125	320	−20％～20％
	10	6.25	160	−15％～15％
	00	3.125	320	−20％～20％
	01	6.25	160	−15％～15％
	10	12.5	80	−10％～10％

对于读写器到标签以及标签到读写器的所有通信，数据传输顺序应采用在各字中首先传输最高有效位的方式。

在国家标准协议的要求中，对读写器与标签在通信过程中的时序有特定要求。当标签处于响应状态时。对读写器发送的命令有严格的定时。图 2-13 显示的是单标签的通信定时。读写器和标签之间的通信过程的连接时序应满足图 2-13 和表 2-7 的规定。

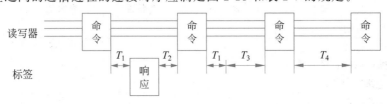

图 2-13　单标签的通信定时

表 2-7 反向链路数据速率

参数	最小值/μs	典型值/μs	最大值/μs	描 述
T_1	$10T_{pri}\times(1-\lvert FT\rvert)-2$	$10T_{pri}$	$10T_{pri}\times(1+\lvert FT\rvert)+2$	从读写器命令最后一位结束到标签响应的前导码开始的时间
T_2	$3T_{pri}$		$20T_{pri}$	从标签响应的最后一位结束到读写器命令前导码开始的时间
T_3	$0T_{pri}$			读写器在 T_1 后继续检测标签响应的时间
T_4	$3T_C$			读写器两个命令之间的时间间隔

注：FT 表示频率容差(Frequence Tolerance)。

2.2.3 标签到读写器的通信规范

标签返回的信号采用 FM0 编码或 Miller 调制副载波方式。其中，前者的信号能量集中在载波中心频率到信号第一零点之间；而后者则集中在副载波频率附近，例如离载波 $320\pm80\mathrm{kHz}$ 的范围内。

标签应按照 BLF 采用 Miller 调制副载波或 FM0 调制方式对反向散射的数据进行编码。具体编码方式和反射速率由询问机发送的 Query 命令给出。

1. FM0 编码

图 2-14 给出了 FM0 编码的基本编码符号和生成 FM0 编码的状态图。FM0 在每个编码符号的边界反转相位，数据 0 在其编码符号的中间有一个额外的相位反转。图 2-15 描绘了 FM0 基本编码符号和序列。图 2-14 中的 $S_1\sim S_4$ 状态标识表明 4 种可能的 FM0 编码符号，其由 FM0 各基本编码符号的两个相位表示。这些状态标识还表示进入该状态后所传输的 FM0 波形。箭头上的数字表示待编码的数据序列的逻辑值。例如，从状态 S_2 转换到状态 S_3 是不允许的，因为由此产生的状态跳转在符号边界上没有相位反转。

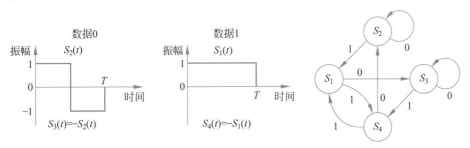

图 2-14 FM0 编码的基本编码符号和生成 FM0 编码的状态图

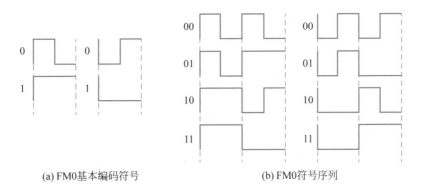

(a) FM0基本编码符号　　　　　(b) FM0符号序列

图 2-15 FM0 基本编码符号和符号序列

图 2-16 为 FM0 数据发送结束时的表示。调制器输出上测量得到 00 或 11 序列的占空比应最低为 45%，最高为 55%，标称值为 50%。FM0 编码具有记忆性，即 FM0 序列中当前 FM0 编码符号的选择取决于其前一次的 FM0 编码符号，如图 2-14 中所示。FM0 数据发送结束时应始终以一个值为 1 的冗余数据为结束位，如图 2-14 所示。

图 2-16　FM0 数据发送结束时的表示

2. FM0 前导码

T→R 的 FM0 信号应以图 2-17 中所示的两种帧头之一作为前导码进行发送。具体的选择取决于通信发起命令 Query 中规定的 TRext 位的值，但标签对写存储器的操作进行响应的情况除外(在这种情况下，不管 TRext 的值如何，标签均应使用扩展前导码，即无论 Query 命令中规定的 TRext 值是多少，标签均按 TRext=1 响应)。图 2-17 中的 v 表示 FM0 违例(即应该发生相位反转处未发生反转)。

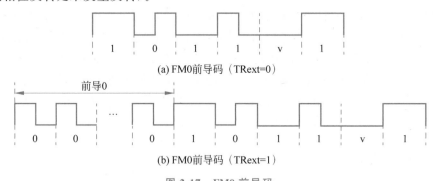

图 2-17　FM0 前导码

图 2-14 中定义的 4 种符号的傅里叶变换如下：

$$S_1(f) = T\,\frac{\sin \pi fT}{\pi fT} \tag{2-14}$$

$$S_2(f) = -\mathrm{j}\,\frac{T}{2}\,\frac{\sin \dfrac{\pi fT}{2}}{\dfrac{\pi fT}{2}}\sin \frac{\pi fT}{2} \tag{2-15}$$

$$S_3(f) = \mathrm{j}\,\frac{T}{2}\,\frac{\sin \dfrac{\pi fT}{2}}{\dfrac{\pi fT}{2}}\sin \frac{\pi fT}{2} = -S_2(f) \tag{2-16}$$

$$S_4(f) = -T\,\frac{\sin \pi fT}{\pi fT} = -S_1(f) \tag{2-17}$$

这 4 种符号出现的转移概率矩阵如下：

$$\boldsymbol{P} = \begin{bmatrix} 0 & 0 & \dfrac{1}{2} & \dfrac{1}{2} \\[2mm] \dfrac{1}{2} & \dfrac{1}{2} & 0 & 0 \\[2mm] 0 & 0 & \dfrac{1}{2} & \dfrac{1}{2} \\[2mm] \dfrac{1}{2} & \dfrac{1}{2} & 0 & 0 \end{bmatrix} \tag{2-18}$$

其中 $\boldsymbol{P}(n)$ 表示元素为 $p_{ij}(n)$ 的转移概率矩阵。通过简单计算可知,对于 FM0 编码有

$$\boldsymbol{P}(m) = \begin{bmatrix} \dfrac{1}{4} & \dfrac{1}{4} & \dfrac{1}{4} & \dfrac{1}{4} \\[2mm] \dfrac{1}{4} & \dfrac{1}{4} & \dfrac{1}{4} & \dfrac{1}{4} \\[2mm] \dfrac{1}{4} & \dfrac{1}{4} & \dfrac{1}{4} & \dfrac{1}{4} \\[2mm] \dfrac{1}{4} & \dfrac{1}{4} & \dfrac{1}{4} & \dfrac{1}{4} \end{bmatrix} \quad m \geqslant 2 \tag{2-19}$$

这表明,当一个符号与前一个符号的距离大于或等于 2 时,4 种符号出现的概率相等,等于其各自出现的概率($p_i = 1/4$)。

对于 FM0 编码的离散谱,由于符号的正交性,有

$$\sum_{i=1}^{M} P_i S_i \left(\frac{n}{T} \right) = P \sum_{i=1}^{M} S_i \left(\frac{n}{T} \right)$$
$$= P \left[S_1 \left(\frac{n}{T} \right) + S_2 \left(\frac{n}{T} \right) + S_3 \left(\frac{n}{T} \right) + S_4 \left(\frac{n}{T} \right) \right] = 0 \tag{2-20}$$

所以 FM0 编码功率谱的离散部分为幅度 0,或者说其功率谱不包含离散谱线。对于其连续谱部分,可以按式(2-21)计算:

$$S(f) = \frac{1}{T} \sum_{i=1}^{M} p_i \left| S_i'(f) \right|^2 + \frac{2}{T} \mathrm{Re} \left[\sum_{i=1}^{M} \sum_{k=1}^{M} p_i S_i^*(f) S_k(f) \sum_{n=1}^{\infty} p_{ij}(n) \mathrm{e}^{-\mathrm{j}2\pi n f T} \right]$$

$$= \frac{1}{T} \sum_{i=1}^{M} p_i \left| S_i'(f) \right|^2 +$$

$$\frac{2}{T} \mathrm{Re} \left[\sum_{i=1}^{M} \sum_{k=1}^{M} p_i S_i^*(f) S_k(f) \left(\frac{1}{4} \sum_{n=1}^{+\infty} \mathrm{e}^{-\mathrm{j}2\pi n f T} + \left(p_{ij}(1) - \frac{1}{4} \right) \mathrm{e}^{-\mathrm{j}2\pi n f T} \right) \right]$$

$$= \frac{1}{T} \mathrm{Re} \left[\sum_{i=1}^{M} \sum_{k=1}^{M} p_i S_i^*(f) S_k(f) \left(p_{ij}(0) + 2 \left(p_{ij}(1) - \frac{1}{4} \right) \mathrm{e}^{-\mathrm{j}2\pi n f T} \right) \right] \tag{2-21}$$

令 $z = \mathrm{e}^{-\mathrm{j}2\pi f T}$,式(2-21)可化简为

$$S(f) = \mathrm{Re}(|S_1|^2 (2-2z) + |S_2|^2 (2+2z) - 4z S_1 S_2)$$

$$= T \left[\frac{\sin^2 \pi f T}{(\pi f T)^2} (2 - 2\cos \pi f T) + \frac{\sin^2 \pi f T/2}{(\pi f T/2)^2} \sin^2 \pi f T/2 (2 + 2\cos \pi f T) - \right.$$

$$\left. 4 \frac{\sin \pi f T}{\pi f T} \frac{\sin \pi f T/2}{\pi f T/2} \sin \pi f T/2 \sin 2\pi f T \right]$$

$$= \frac{1}{T} \frac{(1 - \cos \pi f T)^2}{(\pi f)^2} \tag{2-22}$$

图 2-18 给出了按照式(2-22)计算出的 FM0 编码功率谱密度。

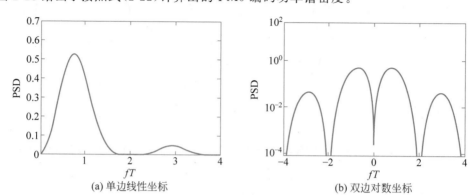

(a) 单边线性坐标   (b) 双边对数坐标

图 2-18   FM0 编码功率谱密度

根据上述分析可得,当编码中脉冲宽度等于符号长度的一半时,FM0 编码的第一零点带宽在 2 倍数据率处,这一特性与 PIE 编码相同。

也可以通过仿真得到 FM0 编码的伪随机数序列的功率谱。图 2-19 是数据率为 60kHz 的 FM0 编码序列功率谱的仿真结果。与上述理论分析结果比较,连续谱部分符合得很好,直流部分不一致,理论分析中没有直流成分,而仿真结果中有。其原因是:理论分析中符号的幅度为双极性的(+1,−1);而在仿真中(包括实际系统工作时),标签返回的信号是调制在载波的幅度上(调相的标签理论上也可以实现,但是目前绝大部分标签的返回信号是幅度调制,因为实现起来相对简单),所以返回信号中包含载波的能量,在下变频之后就变成了直流。

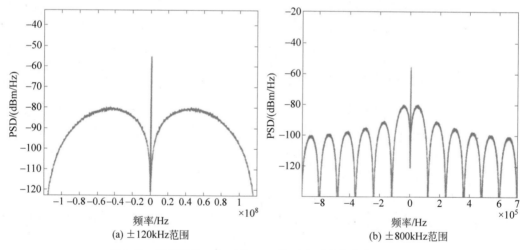

(a) ±120kHz范围   (b) ±800kHz范围

图 2-19   数据率为 60kHz 的 FM0 编码序列功率谱的仿真结果

3. Miller 调制副载波

Miller 编码对于数据 0 的编码分两种情况处理:对于单个 0,在编码符号持续时间内不出现相位反转,且与相邻编码符号的边界处也不存在相位反转;对于连续的 0,则在代表 0 的两个编码符号的边界处出现相位反转。Miller 编码在数据 1 的编码符号的中间有一个相位反转,但数据 1 的编码符号与相邻编码符号的边界处不存在相位反转。图 2-20 中的状态图给出了 Miller 编码基本编码符号的逻辑数据序列。状态标识 $S_1 \sim S_4$ 代表了 4 种可能的 Miller 编码符号,其由 Miller 各基本编码符号的两个相位表示。这些状态标识还表示进入该状态时生成的基带 Miller 波形。传输的波形由基带波形对 M 倍符号率的方波调制而得到。箭头上的数字表明了被编码的数据序列的逻辑值。例如,不允许从状态 S_1 跳转至状态 S_3,因为由此产生的状态跳转违反了数据 1 和数据 0 的编码符号边界处无相位反转的编码要求。

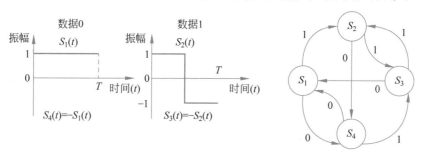

图 2-20 Miller 编码的基本编码符号及生成 Miller 编码的状态图

图 2-21 为 Miller 调制副载波序列,每位数据对应的编码符号在 Miller 序列中应包含 2、4 或 8 个副载波周期,具体情况视启动该通信循环的 Query 命令规定的 M 值而定。在调制器输出上测量得到的 0 或 1 符号的占空比应最低为 45%,最高为 55%,标称值为 50%。Miller 编码具有记忆性,因此,图 2-21 中所示的 Miller 序列中当前 Miller 编码符号的选择取决于其前一次的 Miller 编码符号。Miller 发信结束时,应始终以一个值为 1 的冗余数据为结束位,如图 2-22 所示。

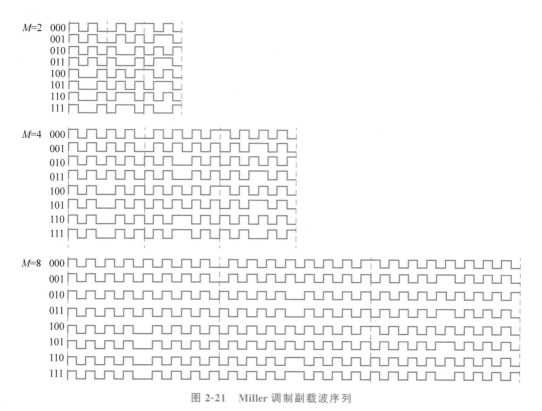

图 2-21 Miller 调制副载波序列

图 2-22 给出了 Miller 编码的基本编码符号及生成 Miller 编码的状态图。

4. Miller 副载波前导码

T→R 副载波信号应以图 2-23 所示的两种前导码的一种作为前导码进行发送。具体选择哪种前导码应以启动该盘点循环的 Query 命令规定的 TRext 位的数值为准,但标签对写存储器的操作进行响应的情况除外(在这种情况下,不管 TRext 的值如何,标签均应使用扩展前导

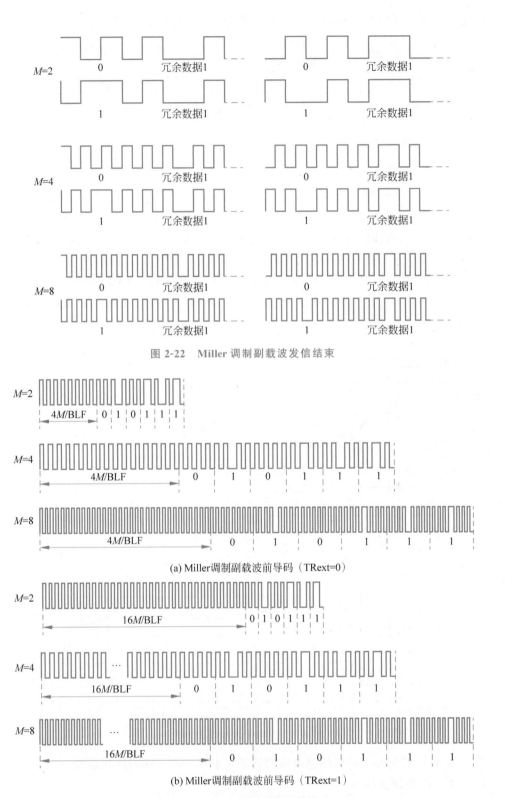

图 2-22　Miller 调制副载波发信结束

(a) Miller调制副载波前导码（TRext=0）

(b) Miller调制副载波前导码（TRext=1）

图 2-23　Miller 调制副载波前导码

码，即无论 Query 命令中规定的 TRext 值是多少，标签均按 TRext＝1 响应）。

　　Miller 编码规则为：信号在两个连续 0 之间有一次翻转，而在 0 和 1 之间、1 和 0 之间以及 1 和 1 之间都没有；此外，在符号 1 的中间还有一次翻转，而在 0 中间则没有。

Miller 编码调制的副载波是用 Miller 编码的基带信号调制一个频率为基带信号符号率 M 倍的方波而得到的。M 的值是由读写器发出的 Query 指令指定的，它只能取 2、4 或 8 中的一个。调制后信号的占空比以 50% 为中心，不能超出 45%～55% 的范围。

上述符号的傅里叶变换与式(2-14)～式(2-17)一致。4 种符号所对应的转移概率矩阵为

$$
\boldsymbol{P} = \begin{pmatrix}
0 & \frac{1}{2} & 0 & \frac{1}{2} \\
0 & 0 & \frac{1}{2} & \frac{1}{2} \\
\frac{1}{2} & \frac{1}{2} & 0 & 0 \\
\frac{1}{2} & 0 & \frac{1}{2} & 0
\end{pmatrix} \tag{2-23}
$$

Miller 编码数据的功率谱密度在相关文献中已有计算，这里直接给出公式：

$$
\begin{aligned}
S(f) = \frac{1}{T} & \frac{1}{(\pi f)^2 (17 + 8\cos 8\pi fT)} (23 - 2\cos \pi fT - 22\cos 2\pi fT - \\
& 12\cos 3\pi fT + 5\cos 4\pi fT + 12\cos 5\pi fT + 2\cos 6\pi fT - \\
& 8\cos 7\pi fT + 2\cos 8\pi fT)
\end{aligned} \tag{2-24}
$$

相应的功率谱密度如图 2-24 所示。

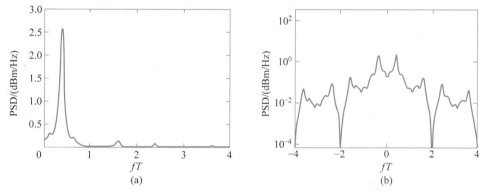

图 2-24 Miller 编码数据的功率谱密度

同样，可以通过生成 Miller 编码的伪随机序列进行数值仿真的方法获得 Miller 编码的功率谱，对上述结果进行检验。图 2-25 给出了 60kHz Miller 编码数据的功率谱仿真结果，该结果与上面的理论分析结果符合得很好。

由上述结果可知，Miller 编码的带宽也由编码中的脉冲宽度决定。当脉冲宽度为符号长度的 1/2 时，Miller 编码的第一零点带宽在 2 倍数据率处。这一特性与 PIE 和 FM0 编码一致。

标签返回的数据率通过读写器发出的指令决定，指令中给定 3 个参数：DR(Divide Ratio，分频率)、M 以及 TRcal。其中，前面两个参数由 Query 指令指定，而 TRcal 则由 Query 指令之前的前导码确定。这里要注意的是，对于标签返回的数据速率，协议允许较大的容差，最大可达±22%，这里主要关注返回速率及其相应的频率容差。

在协议中，Miller 编码被用于副载波的调制。具体做法是：将 Miller 编码的信号与一个频率比它高的载波相乘，然后用得到的信号调制标签天线的反射系数。由于载波的作用，

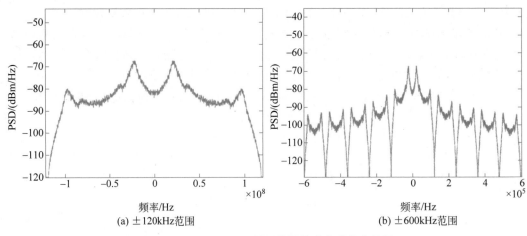

(a) ±120kHz范围

(b) ±600kHz范围

图 2-25 60kHz Miller 编码数据的功率谱仿真结果

Miller 编码的基带信号被搬移到了离中心频率较远的地方。图 2-26 显示了返回速率为 640kHz 时不同 M 值的 Miller 调制副载波的频谱。假设返回速率都为最高速率 640kHz。$M=2$ 时数据率为 320kHz，占用带宽 1.28MHz；$M=4$ 时数据率为 160kHz，占用带宽 640kHz；$M=8$ 时数据率为 80kHz，占用带宽 320kHz。

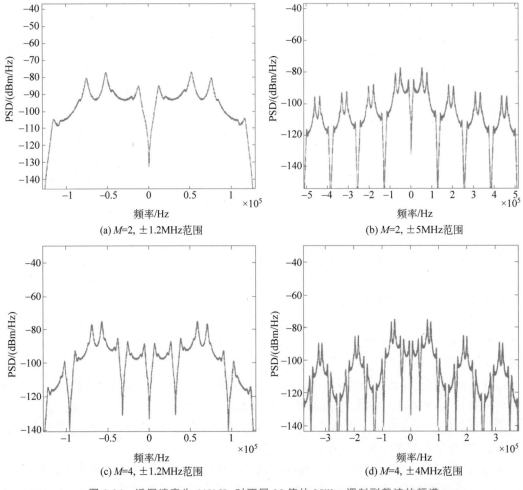

(a) M=2, ±1.2MHz范围

(b) M=2, ±5MHz范围

(c) M=4, ±1.2MHz范围

(d) M=4, ±4MHz范围

图 2-26 返回速率为 640kHz 时不同 M 值的 Miller 调制副载波的频谱

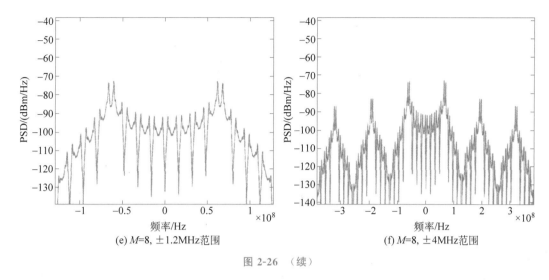

(e) $M=8$，$\pm 1.2\text{MHz}$范围 (f) $M=8$，$\pm 4\text{MHz}$范围

图 2-26 （续）

由图 2-26 可以看出，当返回速率确定时，Miller 调制副载波的中心频率在 M 变化时保持不变，M 越大，则返回信号数据率越低，占用带宽越小，信号能量越集中在副载波中心及其各次谐波附近。

5. 反向链接频率

反向链接频率（BLF）为标签返回数据的数据频率，标签返回数据的频率由通信发起命令 Query 中的参数决定。ISO/IEC 18000-6C 协议中对 BLF 的范围以及频率容差作了详细的规定，标签必须在该协议规定的误差范围内支持该协议规定的所有反向链接频率。

1）Query 命令分析

Query 命令是整个通信过程的发起者。Query 命令以前导码开始，如图 2-27 所示。Query 命令结构见 ISO/IEC 18000-6B/C 和 GB/T 29768—2013 对该部分的详细说明。

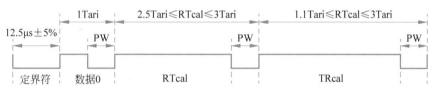

图 2-27 Query 命令的前导码

Query 命令与 BLF 直接相关联的命令参数为图 2-29 中的 TRcal 绝对时间值以及 Query 命令字段中的分频率参数 DR。

2）反向链接频率的协议规范

询问机通过 Query 命令前导码中的 TRcal 的时间长度以及 DR 确定 BLF，标签以一定的方法测定 TRcal 的时间长度，并获得 DR 值以计算 BLF，标签依据获得的参数，并按照公式 $\text{BLF}=\dfrac{\text{DR}}{\text{TRcal}}$ 确定 BLF 的值。其中，TRcal 为绝对时间长度，DR 的值为 1（64/3）或 0（8）。

询问机在启动通信周期后，其相应的 BLF 就确定了。如果询问机需要改变 BLF，就必须重新启动一个通信周期，通过 Query 命令重新定义。

协议要求标签必须在一定的误差范围内支持所有由其规定的 BLF，即当询问机以某一参数对标签进行访问的过程中，标签应该计算并且按照该计算值在规定的误差范围内以某一频率返回数据。表 2-8 为协议规定的 BLF 以及误差范围。

表 2-8　协议规定的 BLF 以及误差范围

DR	TRcala/μs（±1%）	BLF/kHz	频率容差（−25℃～+40℃）	频率容差（−40℃～+65℃）	反向散射期间的频率偏移
1(64/3)	33.3	640	±15%	±15%	±2.5%
	33.3＜TRcal＜66.7	320＜BLF＜640	±22%	±22%	±2.5%
	66.7	320	±10%	±15%	±2.5%
	66.7＜TRcal＜83.3	256＜BLF＜320	±12%	±15%	±2.5%
	83.3	256	±10%	±10%	±2.5%
	83.3＜TRcal＜133.3	160＜BLF＜256	±10%	±12%	±2.5%
	133.3＜TRcal＜200	107＜BLF＜160	±7%	±7%	±2.5%
	200＜TRcal＜225	95＜BLF＜107	±5%	±5%	±2.5%
0(8)	17.2＜TRcal＜25	320＜BLF＜465	±19%	±19%	±2.5%
	25	320	±10%	±15%	±2.5%
	25＜TRcal＜31.25	256＜BLF＜320	±12%	±15%	±2.5%
	31.25	256	±10%	±10%	±2.5%
	31.25＜TRcal＜50	160＜BLF＜256	±10%	±10%	±2.5%
	50	160	±7%	±7%	±2.5%
	50＜TRcal＜75	107＜BLF＜160	±7%	±7%	±2.5%
	75＜TRcal＜200	40＜BLF＜107	±4%	±4%	±2.5%

例如，由询问机 Query 命令所确定的 TRcal 时间长度为 $44\mu s$，DR=1，即 64/3，可以计算得到协议所确定的反向链接频率为 BLF=484.85kHz。

由表 2-8 可以看出 484.85kHz 所处区间的频率误差为±22%，因此标签的实际 BLF 值区间可以为[378.18,591.51]，实际返回的 BLF 在该区间内，询问机均认为满足协议要求，可正常进行数据交互。

由此可以看出，由于协议要求标签必须支持表 2-8 中的所有 BLF 值，其值在 $40\sim640kHz$ 范围内连续变化，不同的 BLF 值区间允许标签的实际返回值存在一定程度的频率偏差。

2.2.4　标签工作状态

按照新协议，标签只有在规定的状态下才能正常工作或完成某些特定操作。下面着重介绍标签所有的工作状态，并说明每种工作状态的作用。标签共有 9 种工作状态，依照协议在不同的工作状态下对读写器发出的不同的命令进行反应。

(1) 静默状态。进入射频电磁场后，如果未灭活标签的唤醒口令不为 0，则进入静默状态；如果唤醒口令为 0，直接进入就绪状态。处于静默状态的标签只对读写器的唤醒命令进行响应，若口令匹配，则跳转到就绪状态，该过程不返回任何信号。

(2) 就绪状态。进入射频电磁场后，如果未灭活标签的唤醒口令为 0 或已处于静默状态的标签接收到唤醒命令，且口令匹配，则进入就绪状态。

(3) 仲裁状态。仲裁状态可以被视为参与当前盘点循环标签的"保持状态"。处于就绪状态的标签接收到一个有效的查询命令，当命令参数匹配时，标签将 Q 位随机数置入标签内部计数器，如果内部计数器不为 0，则跳转到仲裁状态。

(4) 应答状态。处于就绪或仲裁状态的标签，当标签内部计数器为 0 时进入应答状态，并返回 RN11+CRC5。

(5) 确认状态。处于应答状态的标签在 T_2 的时间内接收到有效确认命令且参数匹配时，跳转到确认状态，并返回 PC+UII+CRC16。

(6) 开放状态。处于确认状态的标签在接收到一个请求随机数命令后跳转到开放状态,并返回一个新的 RN16(又称句柄)。

(7) 鉴别状态。处于开放或安全状态的标签可以跳转到鉴别状态。对于从开放状态发起的鉴别过程,鉴别成功或鉴别失败时均返回开放状态;对于从安全状态发起的鉴别过程,鉴别成功时返回安全状态,鉴别失败时则返回开放状态。标签和读写器应遵循表 2-8 规定的除 $T_2(\max)$ 之外的所有时限要求。

(8) 安全状态。处于开放状态的标签,如果接收到有效的访问权限开启命令且口令匹配,则跳转到安全状态并返回句柄;如果口令不匹配,则跳转到开放状态。处于安全状态的标签可对获得访问权限的存储区进行访问操作。

(9) 灭活状态。处于开放或安全状态的标签接收到有效的灭活命令且口令匹配时,跳转到灭活状态。被灭活的标签应始终保持在灭活状态。被灭活的标签在以后上电时立即进入灭活状态。

标签正常工作时的状态转换如图 2-28 所示。

2.2.5　调制

在发送时,读写器应该支持如下 3 种调制方式:双边带幅移键控(DSB-ASK)、单边带幅移键控(SSB-ASK)以及相位反转幅移键控(Phase Reverse Amplitude Shift Keying,PR-ASK)。而标签应该可以解调所有这 3 种调制信号。具体的基带以及调制和解调后的波形如图 2-29 所示。

双边带幅移键控信号的频谱与基带信号频谱一致,只是前者的中心频率被搬移到了射频频段。双边带幅移键控后信号的频谱见图 2-29。可以看到,由于 PIE 编码后的数字信号形状是方波,其带宽很大,旁瓣幅度很高,这样的信号若直接变频发射出去则会违反相应的频谱规范要求。就信号传输而言,主瓣内的信号已经包含所需的所有信息,所以在主瓣不受影响的前提下,应该尽量抑制旁瓣的能量,减少信号占用的带宽,增加频谱利用率。通过对基带信号进行升余弦滤波(raised cosine filtering)可以实现这个目标。

图 2-30 显示了对基带 PIE 数据进行升余弦滤波后信号的时域波形及频谱。

从图 2-30 中可以看到,在满足协议对时域波形的要求(对上升/下降时间、包络纹波以及脉冲宽度的要求)的前提下,使用升余弦滤波可以有效地抑制信道外的能量泄漏。但是双边带调制的 80kHz PIE 数据所占用的带宽是 80kHz×4＝320kHz,这仍然是一个较大的值。为了进一步减小信号带宽,可以使用单边带调制,方法是通过希尔伯特变换抑制双边带中的一个边带。图 2-31 显示了对升余弦滤波后的基带 PIE 数据进行单边带调制后的时域波形(包络)及频谱。

从图 2-31 可以看到,希尔伯特变换可以生成单边带信号,但是对于确定阶数的希尔伯特滤波器而言,输入信号的频率越低,其边带抑制性能越差,这一点在给低速的单边带调制信号分配信道带宽时应该考虑到。当输出单边带调制信号的数据率为 80kHz 时,若要求对第一邻近信道边带抑制大于 30dB(符合协议中密集读写器环境要求),则信道带宽应大于 3 倍数据率,即 80kHz×3＝240kHz。以此类推,若输出信号为 160kHz 单边带调制的 PIE 码流时,信道带宽应大于 160kHz×3＝480kHz。

对于 PR-ASK 调制的信号而言,其频谱与 DSB-ASK 信号频谱形状类似,只是在离散谱上略有不同。此外,按图 2-31 中的调制波形生成的 PR-ASK 信号有一个特征,即同样数据率的信号占用带宽仅为 DSB-ASK 调制的一半,如图 2-32 所示。但此时为了抑制邻道功率,需要使用更高阶的基带成型滤波器。

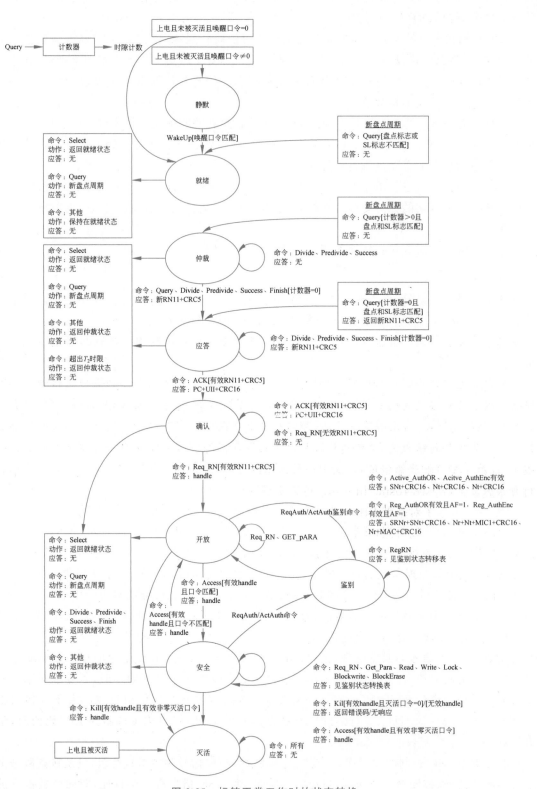

图 2-28 标签正常工作时的状态转换

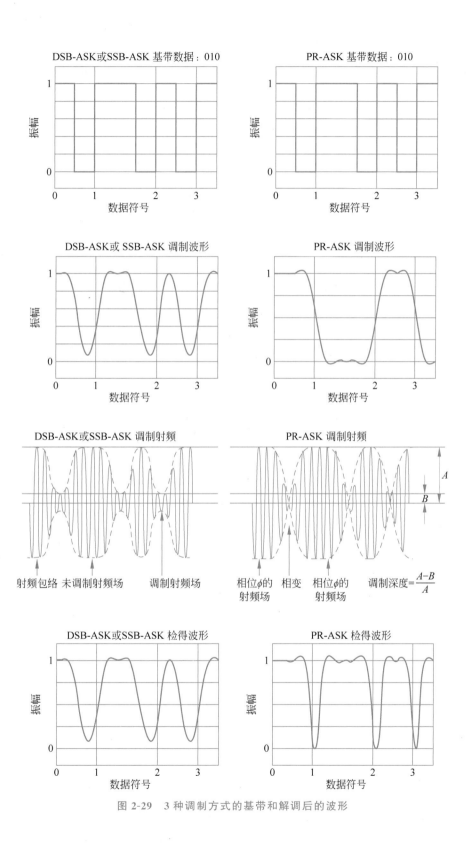

图 2-29 3 种调制方式的基带和解调后的波形

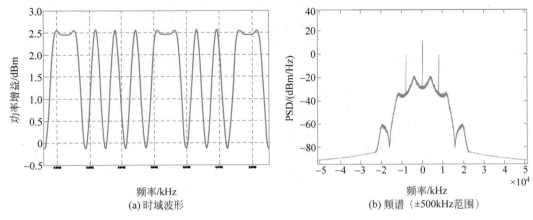

(a) 时域波形

(b) 频谱（±500kHz范围）

图 2-30　升余弦滤波后的基带 PIE 数据的时域波形及频谱

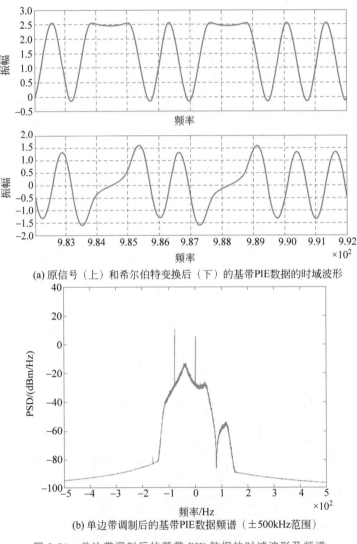

(a) 原信号（上）和希尔伯特变换后（下）的基带PIE数据的时域波形

(b) 单边带调制后的基带PIE数据频谱（±500kHz范围）

图 2-31　单边带调制后的基带 PIE 数据的时域波形及频谱

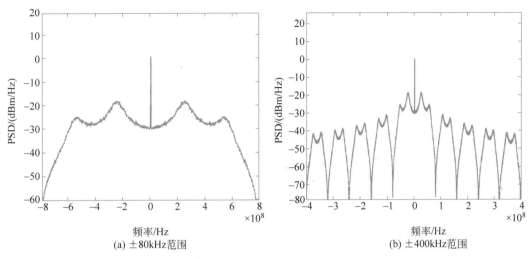

图 2-32 数据率为 80kHz 的 PR-ASK 调制 PIE 数据频谱

2.2.6 频谱

当在同一环境下同时使用的读写器不止一台时,必须考虑给每个读写器分配一定带宽的信道,以避免或减小读写器之间的相互干扰。在协议中,给出了多读写器环境下的发射频谱规范,其具体要求如下。

读写器发射频谱的带外及信道外杂散应满足本地无线电规范。对于多读写器环境,在相邻信道中的积分功率(功率谱密度在整个信道内的积分)还应满足如下要求(见图 2-33):

(1) 在第一邻近信道中必须小于-20dB(相对于本信道能量而言,下同)。

(2) 在第二邻近信道中必须小于-50dB。

(3) 在第三邻近信道中必须小于-60dB。

(4) 在第三邻近信道以外必须小于-65dB。

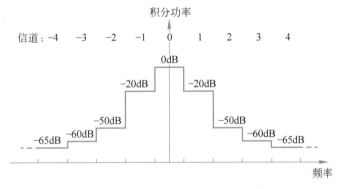

图 2-33 多读写器环境发射频谱规范

在多读写器环境下工作的读写器被允许出现两个符合本地无线电规范以及在-50dB以下的例外。

在密集读写器环境中工作的读写器必须满足本地无线电规范以及上述规范,并且不允许出现例外。

在可选密集读写器模式环境下,信道宽度被定为 2.5/(1Tari),发射频谱在邻近信道中的积分功率必须满足如下规范(见图 2-34):

(1) 在第一邻近信道中必须小于-30dB。

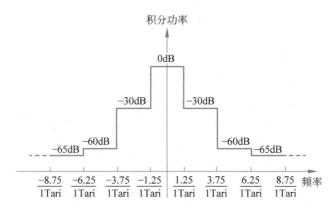

图 2-34 可选密集读写器模式发射频谱规范

（2）在第二邻近信道中必须小于−60dB。

（3）在第二邻近信道以外必须小于−65dB。

读写发射信号需要占用的带宽可以作为确定信道带宽时的参考。在这里,定量计算读写器发射信号在本信道和邻近信道中的功率分布,可以验证信道带宽分配是否合理,同时也可以作为制定频谱规范的参考。

在下面的仿真中设发射信号功率为4W,即36dBm,针对协议中规定的不同调制方式逐一讨论。

这里将针对可用频段为920～925MHz时的情况给出仿真结果。此时可用带宽为5MHz,可以划分为20个带宽为250kHz的信道。下面给出信道带宽为250kHz时的发射信号功率分布情况,其中数据率设为满足带宽要求的最大值。需要验证信号频谱是否能满足如下要求:

（1）第一邻近信道功率及杂散低于−35dB。

（2）第二邻近信道功率及杂散低于−45dB。

（3）在第二邻近信道以外,100kHz内杂散积分功率小于−36dBm。

1. DSB-ASK 调制

带宽为250kHz的信道允许的DSB-ASK调制的最高数据率为250kHz/4＝62.5kHz,取60kHz进行仿真。仿真结果如图2-35和表2-9所示。

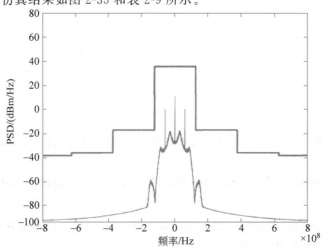

图 2-35　60kHz 升余弦滤波后 DSB-ASK 调制 PIE 数据以及在 250kHz 信道内的积分功率

表 2-9 60kHz 升余弦滤波后 DSB-ASK 调制 PIE 数据在 250kHz 信道内的积分功率

信道	频率范围/kHz		250kHz 信道内积分功率/dBm	第二邻近信道以外 积分功率/(dBm/100kHz)
	起始	终止		
0	−125	+125	35.6	
+1	+125	+375	−17.0	
−1	−370	−125	−17.0	
+2	+375	+625	−35.8	
−2	−625	−375	−35.8	
+3	+625	+875	−38.1	<−41.3
−3	−875	−625	−38.1	

对于 40kHz 的发射信号数据率,也给出仿真结果,如图 2-36 和表 2-10 所示。

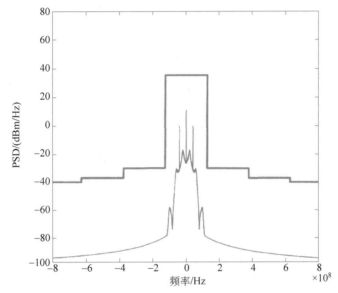

图 2-36 40kHz 升余弦滤波后 DSB-ASK 调制 PIE 数据以及在 250kHz 信道内的积分功率

表 2-10 40kHz 升余弦滤波后 DSB-ASK 调制 PIE 数据在 250kHz 信道内的积分功率

信道	频率范围/kHz		250kHz 信道内积分功率/dBm	第二邻近信道以外 积分功率/(dBm/100kHz)
	起始	终止		
0	−125	+125	35.6	
+1	+125	+375	−30.0	
−1	−370	−125	−30.0	
+2	+375	+625	−36.8	
−2	−625	−375	−36.8	
+3	+625	+875	−39.8	<−42.6
−3	−875	−625	−39.8	

2. SSB-ASK 调制

带宽为 250kHz 的信道允许的 SSB-ASK 调制的最高数据率为 250kHz/3≈83.3kHz,取 80kHz 进行仿真。仿真结果如图 2-37 和表 2-11 所示。

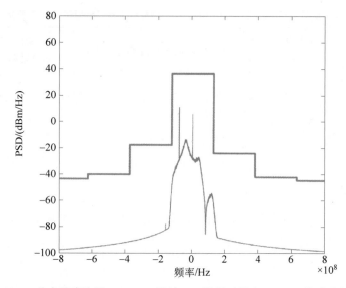

图 2-37　80kHz 升余弦滤波后 SSB-ASK 调制 PIE 数据以及在 250kHz 信道内的积分功率

表 2-11　80kHz 升余弦滤波后 SSB-ASK 调制 PIE 数据在 250kHz 信道内的积分功率

信道	频率范围/kHz		250kHz 信道内积分功率/dBm	第二邻近信道以外积分功率/(dBm/100kHz)
	起始	终止		
0	−125	+125	36.5	
+1	+125	+375	−23.9	
−1	−370	−125	−17.6	
+2	+375	+625	−41.7	
−2	−625	−375	−39.9	
+3	+625	+875	−44.2	<−46.6
−3	−875	−625	−43.3	

3. PR-ASK 调制

带宽为 250kHz 的信道允许的 SSB-ASK 调制的最高数据率为 $250\text{kHz}/2 = 125\text{kHz}$，取 125kHz 进行仿真。仿真结果如图 2-38 和表 2-12 所示。

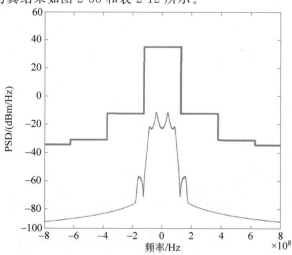

图 2-38　125kHz 升余弦滤波后 PR-ASK 调制 PIE 数据以及在 250kHz 信道内的积分功率

表 2-12　125kHz 升余弦滤波后 PR-ASK 调制 PIE 数据在 250kHz 信道内的积分功率

信道	频率范围/kHz		250kHz 信道内积分功率/dBm	第二邻近信道以外积分功率/(dBm/100kHz)
	起始	终止		
0	−125	+125	34.8	
+1	+125	+375	−12.3	
−1	−370	−125	−12.3	
+2	+375	+625	−30.8	
−2	−625	−375	−30.8	
+3	+625	+875	−34.3	<−37.0
−3	−875	−625	−34.3	

数据率为 80kHz 的仿真结果如图 2-39 和表 2-13 所示。

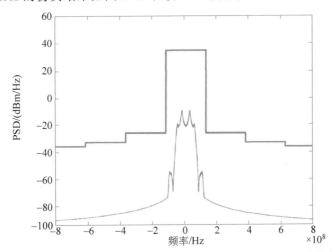

图 2-39　80kHz 升余弦滤波后 PR-ASK 调制的 PIE 数据以及在 250kHz 信道内的积分功率

表 2-13　80kHz 升余弦滤波后 PR-ASK 调制 PIE 数据在 250kHz 信道内的积分功率

信道	频率范围/kHz		250kHz 信道内积分功率/dBm	第二邻近信道以外积分功率/(dBm/100kHz)
	起始	终止		
0	−125	+125	34.8	
+1	+125	+375	−25.8	
−1	−370	−125	−25.8	
+2	+375	+625	−32.7	
−2	−625	−375	−32.7	
+3	+625	+875	−35.7	<−39.0
−3	−875	−625	−35.7	

当信道带宽为 250kHz 时,根据仿真结果和相关规范,可以得出如下结论:

(1) 当数据率根据上述分析结果取最大值时,第一邻近信道积分功率小于−35dB 的要求可以达到,而且还存在 10dB 以上的裕量。

(2) 当数据率取最大值时,第二邻近信道积分功率小于−45dB 的要求可以达到,而且留有较大裕量。该指标显得比较宽松,仿真结果显示,该指标可以达到−60dB,并留有一定裕量。

(3) 当数据率取最大值时,第二邻近信道以外 100kHz 内杂散积分功率小于−36dBm 的要求在 DSB-ASK 和 SSB-ASK 调制方式下可以被很好地满足;但是在 PR-ASK 调制方式下很紧张,仿真结果显示只能勉强满足要求,而且通过降低数据率或进一步滤波的方法也很难改善这一情况,在设计中需要仔细考虑。

2.3 信道分配

在一些协议中,多读写器模式被定义为在同一时刻有多个信道被同时占用的工作模式。例如,一共有 25 个信道,其中 5 个被读写器占用。密集读写器模式被定义为在同一时刻大部分或全部信道被占用的工作模式。例如,25 个读写器占用了全部 25 个信道。

在上述两种情况(也是实际应用中最常见的两种情况)下,需要考虑在整个 RFID 工作环境中接收端(即读写器)可能受到的干扰,列举如下。

(1) 读写器对读写器的干扰。若某一时刻读写器 A 的发射信号位于读写器 B 的接收信道内,或者 A 的发射信号中有足够大的能量落入 B 的接收信道,则读写器 B 会受到严重的干扰。对这种情况,可以令读写器的接收信道避开其他读写器的发射信道,并相隔一定距离(频分复用,FDM),也可以使读写器分别在不同时段工作,即时分复用(Time-Division Multiplexing,TDM)。

(2) 非目标标签返回信号对读写器的干扰。当被其他读写器激活的标签返回信号落在当前读写器接收信道内时,会对当前读写器与标签的通信产生干扰。这种干扰是可以容忍的,因为这种情况与单读写器读多个标签时发生的标签间的冲突类似。当冲突发生时,可以放弃当前一次读取而继续下一次读取或重新开始读取。但这种情况与标签间冲突有一个重要的区别,两个独立的读写器之间没有有效的防碰撞算法控制冲突发生的次数和造成的干扰。所以,当在同一环境下同时使用的读写器超过一定数量时,由于这种类型的干扰对读写器读写效率造成的影响会迅速上升。

(3) 其他通信系统对读写器造成的影响。相对于其他通信系统的信号而言,RFID 系统中标签返回的信号强度比较大,所以这种干扰的影响比较小(当然在附近有大功率无线发射设备时,这种干扰必须考虑)。

在进行信道分配时,上面提到的问题都需要考虑。图 2-40 为密集读写器模式下发射和接收信道分配提出了几种参考方案,其中有的方案仍然存在多读写器环境下相互干扰的情况。

图 2-40(a)显示了时分复用情况下信道的分配(方案一)。信道带宽为 250kHz,读写器发射信号采用 DSB-ASK 调制,数据率为 40kHz,标签返回信号数据率为 20kHz,调制到 80kHz

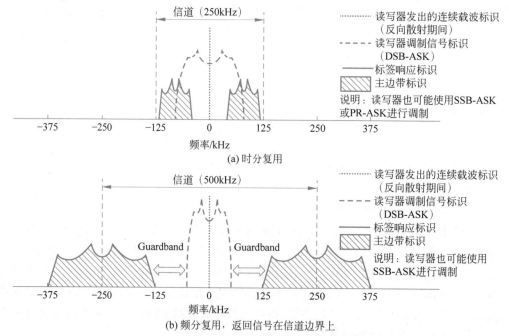

(a) 时分复用

(b) 频分复用,返回信号在信道边界上

图 2-40　密集读写器模式下信道分配参考方案

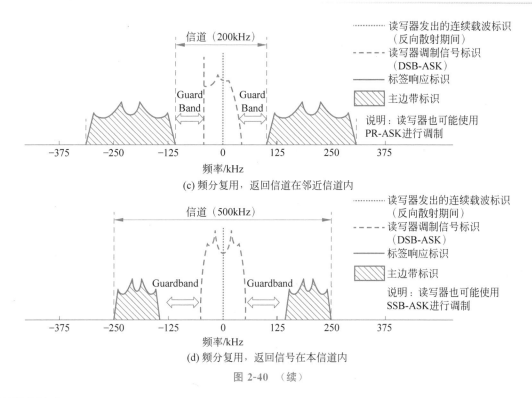

(c) 频分复用，返回信道在邻近信道内

(d) 频分复用，返回信号在本信道内

图 2-40 （续）

的副载波上。

图 2-40(b)显示了频分复用，标签返回信号在信道边界上的情况下信道的分配(方案二)。信道带宽为 500kHz，读写器发射信号采用 PR-ASK 调制，数据率为 80kHz，标签返回信号数据率为 62.5kHz，调制到 250kHz 的副载波上。

图 2-40(c)显示了频分复用，标签返回信号在邻近信道内的情况下信道的分配(方案三)。信道带宽为 200kHz，读写器发射信号采用 SSB-ASK 调制，数据率为 40kHz，标签返回信号数据率为 50kHz，调制到 200kHz 的副载波上。

图 2-40(d)显示了频分复用，标签返回信号在本信道内的情况下信道的分配(方案四)。信道带宽为 500kHz，读写器发射信号采用 PR-ASK 调制，数据率为 40kHz，标签返回信号数据率为 25kHz，调制到 200kHz 的副载波上。

下面给出这几种情况下发射和反射功率分布的仿真结果作为参考。

(1) 方案一的功率分布仿真结果如图 2-41 和表 2-14 所示。

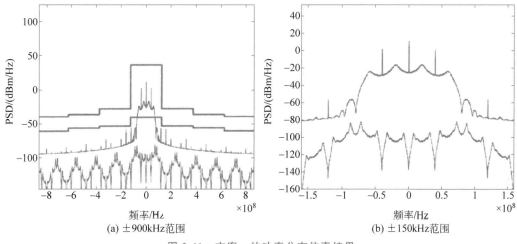

(a) ±900kHz范围

(b) ±150kHz范围

图 2-41 方案一的功率分布仿真结果

表 2-14　方案一的功率分布仿真结果

信　道	频率范围/kHz		积分功率/dBm	
	起　始	终　止	发 射 功 率	反 射 功 率
0	−125	125	36.0	−40.8
+1	125	375	−28.3	−53.6
−1	−375	−125	−28.3	−53.6
+2	375	625	−36.7	−56.1
−2	−625	−375	−36.7	−56.1
+3	625	875	−39.7	−60.9
−3	−875	−625	−39.7	−60.9

（2）方案二的功率分布仿真结果如图 2-42 和表 2-15 所示。

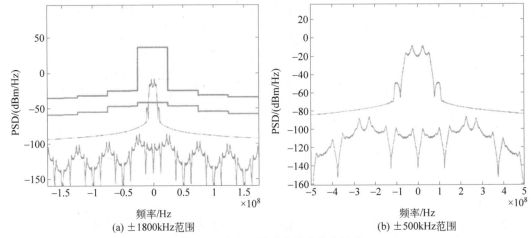

(a) ±1800kHz范围　　　　　　　　(b) ±500kHz范围

图 2-42　方案二的功率分布仿真结果

表 2-15　方案二的功率分布仿真结果

信　道	频率范围/kHz		积分功率/dBm	
	起　始	终　止	发 射 功 率	反 射 功 率
0	−250	250	35.3	−42.7
+1	250	750	−25.8	−47.6
−1	−750	−250	−25.8	−47.6
+2	750	1250	−32.5	−55.5
−2	−1250	−750	−32.5	−55.5
+3	1250	1750	−35.4	−59.1
−3	−1750	−1250	−35.4	−59.1

（3）方案三的功率分布仿真结果如图 2-43 和表 2-16 所示。

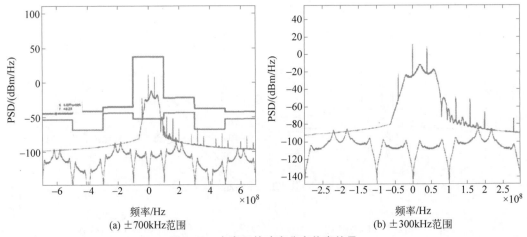

(a) ±700kHz范围　　　　　　　　(b) ±300kHz范围

图 2-43　方案三的功率分布仿真结果

表 2-16　方案三的功率分布仿真结果

信道	频率范围/kHz		积分功率/dBm	
	起始	终止	发射功率	反射功率
0	−100	100	36.9	−52.6
+1	100	300	−26.0	−44.0
−1	−300	−100	−35.3	−44.0
+2	300	500	−38.1	−68.5
−2	−500	−300	−41.2	−68.5
+3	500	700	−43.1	−53.4
−3	−700	−500	−44.2	−53.4

（4）方案四的功率分布仿真结果如图 2-44 和表 2-17 所示。

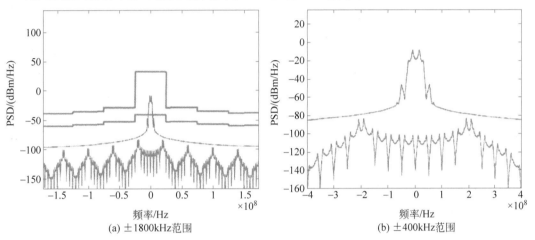

(a) ±1800kHz范围　　　(b) ±400kHz范围

图 2-44　方案四的功率分布仿真结果

表 2-17　方案四的功率分布仿真结果

信道	频率范围/kHz		积分功率/dBm	
	起始	终止	发射功率	反射功率
0	−250	250	32.9	−40.8
+1	250	750	−28.7	−53.1
−1	−750	−250	−28.7	−53.1
+2	750	1250	−35.3	−57.7
−2	−1250	−750	−35.3	−57.7
+3	1250	1750	−38.3	−60.2
−3	−1750	−1250	−38.3	−60.2

2.4　系统指标与链路特性分析

2.4.1　链路分析

下面首先分析读写器和标签之间链路的功率分配,与 2.3 节的频谱分析结合,可以知道系统通信链路中各处的信号组成、功率和带宽,这是明确系统设计目标、难点以及确定系统体系结构的基础。

根据现有的资料以及一些实际测试,这里总结了主要的系统参数并给出一些合理的假设,作为链路分析的出发点。

（1）以下链路分析和指标确定以 EPC-Gen2 中的参数为参考。

常用的 900MHz 频段 RFID 系统协议还有 ISO/IEC 18000-6,其中分为 A、B、C 3 种,它们

给出的参数根据不同的需要略有不同,可以用相同的分析方法得到在这些协议条件下的结果。实际上 ISO/IEC 18000-6C 来自 EPC-Gen2 协议,所以下面的分析选择 EPC-Gen2 协议为参考。

(2) 以下分析中主要考虑能量的自由空间衰落,在确定具体指标时,会加上适当的裕量以补偿这里的简单假设。

在实际应用中,有两个主要的因素会影响最后读写的效果。一个因素是应用环境的几何尺寸,如房间的尺寸、周围物品的尺寸等。这主要会影响电磁波传输的路径,如反射、衍射等。这些影响直接导致了在空间某个特定点上的信号是信号源经过很多路径之后叠加的结果,很可能会与只考虑简单的自由空间损耗的结果相差很大。另一个因素是环境的电磁影响,主要由周围物品的材料造成。例如,环境中的导体会大大影响空间中电磁场的分布,与标签的距离越近,则影响越大。另外,标签附着物的材料、标签附近存在的其他标签等都会大大影响标签被识别的情况,这一点在实际测试和应用中已经被很明显地观测到。因此,在无线通信系统中,无线链路的能量计算都会留有一定裕量,以应付由于环境造成的信号衰落。

(3) 读写器发射的载波频率范围为 860~960MHz。

该频率范围为协议综合考虑了全球可用的频率资源以及该频段的射频信号在实际应用中的情况(如读写距离、通信数据率、天线尺寸等)给出的建议范围。例如,同样是超高频频段,900MHz RFID 系统的读写距离比 2.4GHz 的大。但是对于一个特定的区域,只会划分出一小部分频率给 RFID 系统使用。例如,中国的 RFID 频段是 840~845MHz 以及 920~925MHz,带宽一共 10MHz。

(4) 读写器发射能量最大为 1W 或 4W(EIRP)。

与可用频段类似,对发射能量的限制也是由各地的无线电管理规范确定的,这里取北美的标准作为参考。欧洲允许发射的最大能量为 0.5W,要求比北美要严格。

(5) 读写器天线增益为 6dBi。

该参数来自现有的商用读写器所使用的天线。不同的读写器供应商提供不同的天线,但对于正常尺寸和规格的天线,其增益都在 6dBi 左右。

(6) 标签的能量利用率为 15%。

该参数为标签整流后获得的直流能量与其天线处得到的能量的比值。天线在阻抗匹配良好的情况下可以获得接近 50% 的能量供给接收电路。现有标准 CMOS 工艺整流电路的效率在 30% 左右,所以最后整个标签的能量利用率为 15%。

(7) 标签反射调制的能量为入射能量的 20%。

上面提到,标签芯片和天线的阻抗匹配良好的时候,芯片可以从天线获得 50% 左右的能量,剩余能量的绝大部分被天线再次辐射出去,这是被反射的一部分(还有一小部分在天线内部被消耗,变成热能),所以被反射的能量一般为 50% 左右。但是这仅仅是返回的载波能量,不含有信息。标签通过改变前端电路的阻抗而改变其反射系数,通过改变反射载波的强度调制所需返回的信息。所以,对于读写器而言,有效的标签返回信号的能量为不同反射系数状态下返回能量之差,一般在 20% 左右,但不排除其他差别比较大的情况。

(8) 读写器接收到的标签反射的最大能量为 −40dBm(该假设根据对实际商用标签的测试结果得到)。

当标签离天线很近的时候,标签收到的能量可能会过大,导致加在芯片上的电压超过芯片可以承受的范围而损坏芯片。所以标签在收到过多能量时会采取措施使得多余的能量不被芯片接收,例如通过放电的方法降低整流后的电压,或使天线失谐而将大部分能量反射回去。根据对现有商用标签的测试,其反射的最大能量在 −40dBm 左右。

(9) 标签天线增益为 0dBi。

实际标签天线的增益一般都在 1dBi 以上,这里按保守估计取 0dBi。

(10) 收发隔离度为 30dB(参考现有商用环行器隔离度)。

读写器的收发隔离一般使用环行器或者定向耦合器实现。目前此类商用器件的隔离度一般为 25~30dB,这里确定为 30dB。

在实际使用时,除了隔离器的耦合以外,还有一个重要的收发耦合路径是天线。当天线的驻波比不是很高或者天线和前端电路的匹配不好时,在天线接口处反射回来的信号由于与返回信号方向相同,会被直接送入接收机。而且当天线受到干扰时,如果附近有障碍物,或者接触到导体(比如人体),其参数会发生变化,而导致反射系数增大,同样会导致更多的能量从发射机耦合到接收机。实际测试显示,现有商用读写器的天线在没有干扰的情况下反射系数在 -25dB 左右;当受到影响,如附近有人经过时,会降低到 -20dBm 左右。而对于各种不同的天线,测试显示,一般反射系数都在 -15dB 以上。此时的隔离度已经不由环行器的隔离度决定了。因此,在芯片测试时,需要在其之前加衰减器,以防止过大的功率进入芯片而导致其损坏。

(11) 目标通信距离为 10m。

在目前的无源标签 RFID 系统中,通信距离受制于标签的灵敏度。在下面的链路分析中可以看到,当读写器发射 4W(EIRP)功率时,在 10m 处建立通信要求标签的灵敏度达到 -22.6dBm,这个要求超过了现有标签的性能。但是考虑到未来标签技术的发展,当标签灵敏度增加时,读写器对灵敏度要求的增加值是标签灵敏度增加值的 2 倍(用 dB 表示,假设标签返回能量不变),所以这里定出较严格的要求以适应未来标签技术的发展,同时为更大发射功率的应用留出一定裕量。

(12) 目标误码率(Bit Error Rate,BER)为 1e-5。采用 ASK 调制时,相应的单比特信噪比为 18.2,即 12.6dB。

由于现有 EPC 码的长度为几十位到上百位,这里的 BER 要求相当于 1% 以下的误包率(Packet Error Rate,PER),这在实际应用中属于比较适中的要求。

(13) 信道带宽为 250kHz。

EPC-Gen2 协议规定的最高标签到读写器的通信速率为 640kb/s,而 FM0 和 Miller 编码要求的信道带宽是数据率的两倍。此外,协议中允许返回数据率有 ±22% 的频偏,相当于 1.56MHz 带宽。发射信号的数据率为 40~160kHz。但是由于频率资源的限制,系统需要符合本地无线电规范。中国无线电管理委员会确定的信道带宽为 250kHz。

(14) 芯片实现工艺为 SMIC 0.18μm Mixed Signal CMOS 工艺,电源电压为 1.8V。

由于读写器芯片需要处理大功率载波泄漏的问题,在 1.8V CMOS 工艺下,电路设计面临很大的挑战。所以目前市场上的商用读写器芯片一般都采用较高的电压(如 5V)以及噪声更小的工艺(如 SiGe)。但是,这里采用 CMOS 工艺主要考虑到如下几个因素:①在读写器单芯片化的要求下,0.18μm 工艺的高集成度对于 SoC 芯片的设计具有优势;②CMOS 工艺的低成本和广泛应用为电路实现提供了很大的便利条件;③高功率干扰和噪声问题有望在近期内通过技术手段解决;④低电压 CMOS 工艺很适合低功率、低成本、短距离的 RFID 系统应用,如手持读写器。

1. 读写器到标签(R→T)链路

若只考虑路径损耗,标签收到读写器发出的能量可以用式(2-25)表示:

$$P_{r,tag} - P_{PA} G_{TX} G_{tag} \left(\frac{\lambda}{4\pi d} \right)^2 \tag{2-25}$$

其中，$P_{\text{r,tag}}$ 表示标签天线收到的功率；P_{PA} 为读写器功率放大器发出的功率；G_{TX} 和 G_{tag} 分别为读写器和标签的天线增益；$\left(\dfrac{\lambda}{4\pi d}\right)^2$ 用于计算自由空间路径损耗（free space path loss），其中 λ 是波长，d 是距离。

例如，900MHz 的射频信号在 10m 处的自由空间路径损耗为

$$PL = 20\lg(4\pi d/\lambda) = 20\lg(4\pi \times 10/0.33) \approx 51.6\text{dBm} \tag{2-26}$$

同样可得 5m 处的自由空间路径损耗为 45.6dBm，与 10m 处相差 6dBm。因此，在 10m 处，标签接收到的能量为

$$P_{\text{tag\_rx}} = 36\text{dBm} - 51.6\text{dBm} = -15.6\text{dBm} = 27.5\mu\text{W} \tag{2-27}$$

标签反射的能量为

$$P_{\text{tag\_bk}} = 27.5\mu\text{W} \times 20\% = 5.5\mu\text{W} = -22.6\text{dBm} \tag{2-28}$$

标签可用的能量为

$$P_{\text{tag\_av}} = 27.5\mu\text{W} \times 15\% = 4.1\mu\text{W} = -23.8\text{dBm} \tag{2-29}$$

2. 标签到读写器（T→R）链路

与 R→T 链路相同，T→R 链路在 10m 处的路径损耗为 PL=51.6dBm。读写器收到的最小返回信号为

$$P_{\text{reader\_rx}} = -22.6\text{dBm} - 51.6\text{dBm} + 6\text{dBm} = -68.2\text{dBm} \tag{2-30}$$

读写器灵敏度下限（此处按照惯例，灵敏度指标为比最小接收信号低 3dBm）。

$$\text{Sensitivity} < -68.2\text{dBm} - 3\text{dBm} = -71.2\text{dBm} \tag{2-31}$$

热噪声为

$$\text{ThermalNoise} = -174\text{dBm} + 54\text{dBm} = -120\text{dBm} \tag{2-32}$$

即 $0.32\mu\text{V}_{\text{amp}}@50\Omega(0.22\mu\text{V}_{\text{rms}})$。

接收最小信号的信噪比为

$$\text{SNR}_{\text{min}} = -71.2\text{dBm} - (-120\text{dBm}) = 48.8\text{dBm} \tag{2-33}$$

最优数字接收机对信噪比的要求为

$$\text{SNR}_{\text{Demod}} = (E_{\text{b}}/N_0) \times (R/B) = 18.2 \times 0.5 = 9.1 = 9.6\text{dBm} \tag{2-34}$$

接收机噪声系数上限为

$$\text{NF} < 48.8\text{dBm} - 9.6\text{dBm} = 39.2\text{dBm} \tag{2-35}$$

发射-接收泄漏为

$$P_{\text{leak}} = 30\text{dBm} - 30\text{dBm} = 0\text{dBm} \tag{2-36}$$

读写器正常工作时接收机输入端的信号如图 2-45 所示。

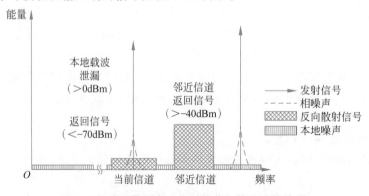

图 2-45　读写器正常工作时接收机输入端的信号

2.4.2　读写器系统指标

根据上面的计算,可得到读写器系统的以下指标。

接收机灵敏度为 $-71.2\mathrm{dBm}$。

前端电路噪声系数上限(需要给非理想数字接收机留 $5\mathrm{dBm}$ 的裕量)为

$$\mathrm{NF} < 39.2\mathrm{dBm} - 5\mathrm{dBm} = 34.2\mathrm{dBm} \tag{2-37}$$

接收机等效输入噪声为

$$N_{\mathrm{in.eq}} = S_{\mathrm{in}} - \mathrm{SNR} = -71.2\mathrm{dBm} - (9.6\mathrm{dBm} + 5\mathrm{dBm}) = -85.8\mathrm{dBm} \tag{2-38}$$

即 $11.5\mu\mathrm{V}@50\Omega$。

等效输入噪声也可以按如下方法计算:

$$N_{\mathrm{in.eq}} = N_{\mathrm{in}} + \mathrm{NF} = -120\mathrm{dBm} + 34.2\mathrm{dBm} = -85.8\mathrm{dBm} \tag{2-39}$$

出于接收机减敏(desensitization)的考虑,线性度要求如下。

等效输入 $1\mathrm{dB}$ 压缩点为 $0\mathrm{dBm}(316\mathrm{mV}@50\Omega)$。

出于交调失真的考虑(假设最大干扰强度比最大信号强度高 $10\mathrm{dB}$,即 $-30\mathrm{dBm}$。更强的干扰接收机将很难处理),线性度要求如下。

依据相邻信道的返回信号由于二阶非线性进入直流附近的幅度小于噪声幅度的要求,输入二阶交调点为

$$\begin{aligned} P_{\mathrm{IIP2}} &= P_{\mathrm{in}} + \Delta P = 2P_{\mathrm{in}} - P_{\mathrm{IM2,in}} \\ &= 2\times(-30\mathrm{dBm}) - (-85.8\mathrm{dBm}) = 25.8\mathrm{dBm} \end{aligned} \tag{2-40}$$

若给 $3\mathrm{dBm}$ 的裕量,$P_{\mathrm{IIP2}} = 28.8\mathrm{dBm}$。

输入三阶交调点为

$$\begin{aligned} P_{\mathrm{IIP3}} &= P_{\mathrm{in}} + \Delta P/2 = (3P_{\mathrm{in}} - P_{\mathrm{IM3,in}})/2 \\ &= (3\times(-30\mathrm{dBm}) - (-85.8\mathrm{dBm}))/2 = -4.2\mathrm{dBm} \end{aligned} \tag{2-41}$$

若给 $3\mathrm{dBm}$ 的裕量,$P_{\mathrm{IIP3}} = -1.2\mathrm{dBm}$。

综上所述,得到读写器系统指标,如表 2-18 所示。

表 2-18　读写器系统指标

指　标	要　求
接收机前端噪声系数	$<34.2\mathrm{dBm}$
接收机输入三阶交调点	$>-1.2\mathrm{dBm}$
接收机输入二阶交调点	$>28.8\mathrm{dBm}$
接收机 $1\mathrm{dB}$ 压缩点	$>0\mathrm{dBm}$
收发隔离度	$30\mathrm{dB}$
发射机中心频率	$860\sim960\mathrm{MHz}$ 可调
发射机频率精度	$\pm10\mathrm{ppm}(-25\sim40℃)$,$\pm20\mathrm{ppm}(-40\sim+65℃)$
发射机输出功率	$1\mathrm{W}$

2.5　标签数据结构差异对读写器设计的影响

由国家质量监督检验检疫总局和国家标准化管理委员会发布,于 2014 年 5 月 1 日实施的 GB/T 29768—2013《信息技术 射频识别 800/900MHz 空中接口协议》规定了 $840\sim845\mathrm{MHz}$ 和 $920\sim925\mathrm{MHz}$ 频段射频识别系统空中接口的物理层和介质访问控制层参数以及协议工作方式。该标准是由 2011 年颁布的 GJB 7377.1—2011《军用射频识别空中接口 第一部分:

800/900MHz参数》转化而来的,两者在前向前导码和反向链接频率以及启动查询和分类命令结构方面有一些差异,但是两者的查询机制完全相同。GB/T 29768—2013的标签与符合 ISO/IEC 18000-6C 的标签在媒体访问控制层和协议工作方式上有比较大的差异。所以目前这两种标准在标签的数据结构方面有差异。为了适应这种差异,在读写器软件设计上需要采取对应措施。

2.5.1　标签数据结构差异

ISO/IEC 18000-6C 标签的数据结构如图 2-46 所示,完整电子标签由 User、TID、EPC 和 Reserved 4 部分组成。其中,EPC 部分包含 CRC16、PC 和 EPC 数据,CRC16 由标签本身自动对 PC 和 EPC 两部分计算得到,在写标签时不需要特意单独写入 CRC16 内容。

GB/T 29768—2013 标签的数据结构如图 2-47 所示,完整电子标签由用户区、安全区、编码区和标签信息区 4 部分组成,其中编码区由编码长度、编码头和编码组成。

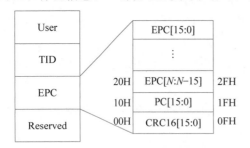

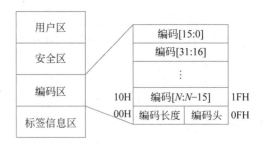

图 2-46　ISO/IEC 18000-6C 标签的数据结构　　　　图 2-47　GB/T 29768—2013 标签的数据结构

两种标签构成相似,但是在密集标签分群盘点方面,ISO/IEC 18000-6C 标签的数据结构更容易在存储空间有限的基于微控制器的读写器设计中实现。

2.5.2　微控制器读写器解码的可行性分析

在读写器设计中,通常采用微控制器实现对电子标签的解码识别。当使用比较高的反向链接频率时,标签的应答信号脉冲间隔只有几微秒甚至更短。受微控制器处理速度限制,如果微控制器带有时钟定时器等中断,处理这样快的脉冲时可能会因为中断占用识别处理的时间从而丢失脉冲信号,导致解码失败,因此不使用定时器中断可以降低反向链接频率比较高时的解码失败可能性。在盘点标签的解码周期中,无论 ISO/IEC 18000-6C 还是 GB/T 29768—2013 都规范了标签命令间隔,在 ISO/IEC 18000-6C 和 GB/T 29768—2013 中都定义了相同的时间参数的数值范围:$3T_{pri} \sim 20T_{pri}$。超过规范时间,标签会反转内部标志。在 ISO/IEC 18000-6C 中,因为反向链接频率为 $40 \sim 640kHz$,相应的 T_2 数值范围最大允许值为 $500 \sim 32.5\mu s$;在 GB/T 29768—2013 中,反向链接频率为 $64 \sim 640kHz$,相应的 T_2 数值范围最大允许值为 $32 \sim 32.5\mu s$。所以,当设计高反向链接频率读写器时,在使用微控制器读写器解码标签的过程中,无法将刚刚解码的标签传给上位机以便腾出存储空间,只能先缓存在微控制器的数据存储空间中。由于微控制器系统存储空间容量有限,这限制了基于微控制器的读写器每轮最多能够识别的标签数量。如果使用带有外部扩展 SDRAM 的嵌入式控制系统,因为系统都带有节拍定时器,存在中断处理开销,这在识别高反向链接频率标签中是不可接受的。即使使用双微控制器,其中一个微控制器专用于标签识别,也会受指令执行速度的影响,不能设计出高反向链接频率的读写器。

2.6　芯片命令集

ISO/IEC 18000-6C 的命令包含强制性命令以及可选命令。从通信过程中各个命令的功能角度又可将所有命令归类为选择命令、盘存命令和访问命令。下面列出该协议中支持的所有命令：

（1）选择命令：Select。

（2）盘存命令：Query，QueryAdjust，QueryRep，ACKNAK。

（3）访问命令：Req_RN，Read，Write，Kill，Lock，Access，BlockWrite，BlockErase。

ISO/IEC 18000-6C 命令集详见 ISO/IEC 18000-6C 标准协议。

GB/T 29768—2013 命令集详见 GB/T 29768—2013 标准协议。

2.7　UHF RFID 标签芯片结构特征

UHF RFID 标签芯片是电子标签的核心部分，它的作用包括标签信息存储、标签接收信号处理和标签发射信号处理。

UHF RFID 标签芯片按照功能和结构特征划分为射频前端/模拟前端、数字控制、存储器 3 个模块，其系统结构如图 2-48 所示。

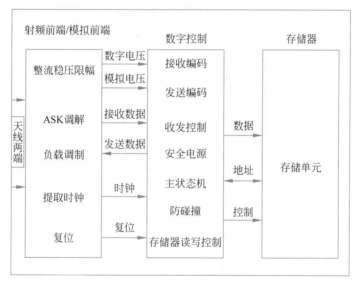

图 2-48　UHF RFID 标签芯片系统结构

射频前端除了向读写器和标签芯片的数字控制模块提供传输接口外，还提供数字电路的电源。

模拟前端处在射频前端和后端数字电路之间，其主要功能如下：

（1）为芯片提供稳定的电压。

（2）对射频输入端得到的信号进行检波，得到数字基带所需的信号。

（3）为数字基带提供上电复位信号。

（4）为芯片提供稳定的偏置电流。

（5）为数字基带提供稳定的时钟信号。

数字控制模块由 PPM 译码模块、命令处理模块、CRC 模块、主状态机、编码模块、防碰撞模块、映射模块、通用寄存器、专用寄存器、EEPROM 接口组成，其主要功能是处理模拟解调后的数据，负责与读写器的通信，并根据需求与 EEPROM 通信。出于降低硬件开销和设计复杂度的考虑，数字控制模块的时序控制均采用主状态机实现。

2.8　UHF RFID无源标签芯片供电原理

2.8.1　借助无线功率传输供电

无线功率传输是指利用无线电磁辐射方法将电能从一个地方传输到另一个地方,其工作原理如图2-49所示。其工作过程是:将电能经射频振荡转换为射频能,射频能经发射天线转换为无线电电磁场能,无线电电磁场能经自由空间传播到达接收天线,再由接收天线转换回射频能,经检波变为直流电能。

图 2-49　无线功率传输工作原理

1896年,意大利人马可尼(Guglielmo Marchese Marconi)发明了无线电通信方法,实现了跨越空间的无线电信号传输。1899年,美国人特斯拉(Nikola Tesla)提出了无线功率传输的思路,并于科罗拉多州建立了一个60m高、底部加感、顶部加容的天线,利用150kHz的频率将300kW输入功率在距离长达42km的距离上传输,在接收端获得了10kW的无线接收功率。

UHF RFID无源标签芯片供电沿用了这个思路,由读写器通过射频向标签供电。但是,UHF RFID无源标签芯片供电与特斯拉的试验有巨大的差别,频率高出近万倍,天线尺寸缩短为千分之一。由于无线功率传输损耗与频率的二次方成正比,与距离的二次方成正比,显然,传输损耗增长是巨大的。最简单的无线功率传输模式是自由空间传播,传输损耗与传输波长的二次方成反比,与距离的二次方成正比,自由空间传输损耗为 $L_S = 20\lg(4\pi d/\lambda)$。若距离 d 单位为 m,频率 f 单位为 MHz,则

$$L_S = -27.56 + 20\lg d + 20\lg f$$

UHF RFID系统基于无线功率传输机理,无源标签没有自备供电电源,需借助于接收读写器发射的射频能量,通过倍压整流,即狄克逊电荷泵(Dickson charge pump)建立直流供电电源。

UHF RFID空中接口适用的通信距离主要取决于读写器发射功率和基本传输损耗。UHF RFID读写器发射功率通常被限制为33dBm。由基本传输损耗公式,忽略其他任何可能产生的损耗,可以算出通过无线功率传输到达标签的射频功率。UHF RFID空中接口通信距离与基本传输损耗和到达标签的射频功率的关系如表2-19所示。

表 2-19　通信距离与基本传输损耗和到达标签的射频功率的关系

距离/m	基本传输损耗/dB	到达标签的射频功率*/dBm	距离/m	基本传输损耗/dB	到达标签的射频功率*/dBm
1	31	2	10	51	−18
3	40	−7	50	65	−32
6	46	−13	70	59	−35

* 假定读写器发射功率为33dBm。

由表2-20可见,UHF RFID无线功率传输具有传输损耗大的特点,由于RFID遵从国家短距离通信规则,读写器发射功率受限,所以标签可供电功率低。随着通信距离加大,无源标签接收射频能量按二次方下降,供电能力迅速减弱。

2.8.2　借助片上储能电容充放电实施供电

1. 电容充放电特性

无源标签利用无线功率传输获取电能,转变为
直流电压,对片上电容充电储能,然后通过放电对
负载供电。因此,无源标签的供电过程就是电容充
放电过程。电容充放电特性如图 2-50 所示,建立过
程是纯充电过程,供电过程是放电和补充充电过
程,补充充电必须在放电电压达到芯片最低供电电
压以前开始。

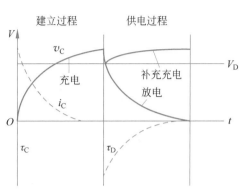

图 2-50　电容充放电特性

2. 电容充放电参数

充电时间: $\tau_C = R_C C$。

充电电压: $V_C = V(1 - e^{\tau/\tau_C})$。

充电电流: $I_C = V/R_C e^{\tau/\tau_C}$。

式中, R_C 为充电电阻, C 为储能电容。

3. 放电参数

放电时间: $\tau_D = R_D C$。

放电电压: $\nu_D = V(1 - e^{\tau/\tau_D})$。

放电电流: $I_D = V/R_C e^{\tau/\tau_D}$。

式中,为 R_D 放电电阻, C 为储能电容。

无源标签的供电电源既不是恒压源也不是恒流源,而是储能电容充放电。储能电容的供
电电压高于芯片工作电压时,便能对标签供电;储能电容在开始供电的同时,其供电电压就开
始下降,降至芯片工作电压以下时,储能电容失去供电能力,芯片将不能继续工作。因此,空中
接口标签应具有足够的对标签持续充电的能力。

由此可见,无源标签供电方式与其突发通信的特点相适应,无源标签供电还需要有持续充
电的支持。

2.8.3　供需平衡

浮充供电是另一种供电方式,浮充供电能力与放电能力相适应。但它们都有一个共同的
问题,即 UHF RFID 无源标签的供电需要供需平衡。

1. 面向突发通信的供需平衡供电方式

UHF RFID 无源标签现行标准 ISO/IEC 18000-6 属于突发通信系统,对于无源标签,接
收时段不发射信号,应答时段虽然接收载波,但等效于获取振荡源,因此可以认为是单工工作
方式。对于这种应用,若把接收时段作为储能电容充电时段,应答时段作为储能电容放电时
段,则充放电电荷量相等,即保持供需平衡,这成为维持系统正常运行的必要条件。

由上述 UHF RFID 无源标签的供电机理可知,UHF RFID 无源标签的供电电源既不是
恒流源也不是恒压源。当标签储能电容充电到高于芯片电路正常工作电压时,就开始供电;
当标签储能电容放电到低于芯片电路正常工作电压时,就停止供电。

对于突发通信,例如无源标签 UHF RFID 空中接口,可以在标签发送应答突发前充分充
电,以保证应答完成前维持足够的电压。于是,除了要求标签可接收到足够强的射频辐射外,
还要求芯片拥有足够大的片上储能电容和足够长的充电时间。标签应答功耗和应答时间也必

须相互适应。由于标签与读写器的距离不同、应答时间有差别、储能电容面积受限等因素,采用时分供需平衡可能是困难的。

2. 面向连续通信的浮充供电方式

对于连续通信,要想维持储能电容不间断供电,必须做到随放随充,充电速度与放电速度相近,也就是在结束通信前维持供电能力。

无源标签码分射频识别和 UHF RFID 无源标签现行标准 ISO/IEC 18000-6 具有共同的特点,标签接收状态需要解调和解码,应答状态需要调制和发送,因此,应该按连续通信设计标签芯片供电系统。为了使充电速度与放电速度相近,必须将标签接收的大部分能量用于充电。

2.9　UHF RFID 标签芯片组成

图 2-51 为典型的 UHF RFID 标签芯片架构。标签芯片被划分为 4 个主要部分,分别为射频前端、模拟前端、数字基带电路和多次性编程的存储器。

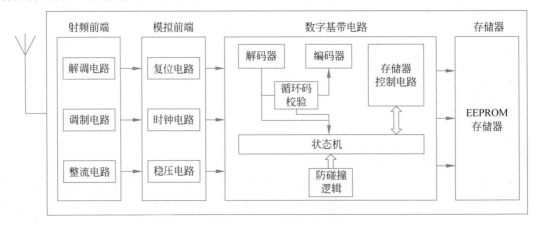

图 2-51　UHF RFID 标签芯片架构

射频前端和模拟前端主要包括调制电路、解调电路、整流电路、复位电路、时钟电路、稳压电路。其中,解调电路从射频信号恢复出数字基带部分所需的 ASK 信号;调制电路采用反向散射调制的方法对基带数据进行调制,实现标签到读写器的数据传输;整流电路将接收的射频信号转化为所需的直流电源;复位电路为数字基带电路提供所需的复位信号;时钟电路为数字基带电路提供稳定的时钟;稳压电路在不同的距离下为后级模块(包括数字基带电路)提供稳定的工作电源。

在无源远距离标签的设计中,为了实现更远的作用距离,需要提高整流电路的整流效率,同时降低电路各部分的功耗。传统的远距离标签设计主要集中在整流电路的高效率设计以及整个射频模拟前端电路的低功耗设计上。然而,标签数字基带电路作为实现标签功能的主要逻辑模块,电路规模非常大,其功耗已经可以与射频前端和模拟前端功耗相比,甚至大于射频前端和模拟前端的功耗,占整个系统功耗的主要部分,因此,降低数字基带电路的功耗成为标签芯片设计的核心问题。同时,标签芯片的成本也是决定标签是否能够大规模应用的主要因素,降低成本是标签芯片设计中的另一个核心问题。

第3章

CMOS电路的低功耗设计方法

3.1 功耗优化技术

集成电路的系统功耗与电源电压 V_{DD}、直流电流 I、电路工作频率 f、开关活动率、等效负载电容 C_L 和电路漏电流 I_{leak} 等参数密切相关。目前,低功耗设计方法种类繁多,但就其本质而言,均是从降低上述参数入手的。

依据电路的设计流程,电路设计层次主要可分为系统结构级、电路级、器件/版图级。不同层次对应的功耗优化技术各不相同,且功耗优化的效果也有较大差别,优化效果由系统结构级、电路级到器件/版图级依次降低。然而,单从某一设计层次入手并不能达到功耗的最优化。功耗优化是一个系统的问题,良好的设计应从全局考虑,综合应用多种优化设计技术,最大限度地达到系统功耗的最优化。下面将详细论述各设计层次的功耗优化技术。

3.1.1 系统结构级功耗优化技术

1. 电源管理技术

降低电源电压 V_{DD} 是降低系统功耗最直接、最有效的方法之一。因此,通过合理的系统划分和工作状态预测,将系统按功耗、精度、速度等不同角度进行划分,采用电源管理技术对功耗进行优化。电源管理技术主要包括多电压技术和动态电压调节技术。多电压技术是指根据系统中不同电路模块对信噪比、动态范围及工作速度等性能的要求,在满足模块电路性能的前提下,通过系统的电源配置电路,为不同电路模块分配不同的工作电压,降低系统功耗。电路的状态可分为工作状态、等待状态和休眠状态等。动态电压调节技术根据不同工作状态对电路模块的性能要求,动态调整各电路模块的工作电压,达到功耗优化的目的。总之,电源管理技术根据系统的性能需求和工作状态对电路模块的工作电压实行按需、分时管理,达到系统性能和功耗的最优化。

2. 动态时钟管理技术

动态时钟管理技术主要用于优化系统中数字电路的功耗。动态功耗占数字电路总功耗的绝大部分。动态功耗与时钟频率为线性关系。因此,可根据系统中各电路模块对功能、性能及工作速度的要求,为不同的电路模块分配不同频率的时钟。对于同一电路模块,也可根据系统的工作状态实时调整工作频率,实现电路功耗的动态优化。

3. 算法结构级优化设计技术

算法结构级优化设计技术主要用于优化数字电路的功耗。该技术主要包括以下几点：

(1) 并行结构技术。将一条数据通路"复制"为 N($N \geqslant 2$)条数据通路，这样每条数据通路的工作频率降低为原来的 $1/N$。该技术的本质是在保持电路数据吞吐量不变的基础上通过增加面积达到降低功耗的目的。

(2) 总线编码优化技术。根据数据总线和地址总线的特点，采用低功耗编码方式或算法减小总线的动态翻转频率，降低总线功耗。

(3) 指令优化技术。通过指令压缩、指令编码优化、指令集提取等方法找到满足系统工作要求的最优指令操作方式，降低指令执行的功耗。

3.1.2　电路级功耗优化技术

1. 电源关断技术

当系统中电路模块处于空闲状态时，通过内部状态监测电路切断该电路模块的电源电压，使其进入关断(shut-off)状态，以降低系统功耗。此外，随着集成电路工艺不断向超深亚微米发展，由漏电流产生的静态功耗占系统总功耗的比率越来越大。在 90nm 及更深纳米节点工艺中，漏电流消耗的功耗占整个系统功耗的比率可达 40% 甚至更高。通过关断系统中空闲电路模块的电源电压，可以彻底消除漏电流功耗。

2. RTL 功耗优化技术

RTL(Register Transfer Lever，寄存器传输级)功耗优化技术主要针对数字电路。该层次的功耗优化技术主要包括以下几点：

(1) 门控时钟技术。在同步时序电路中，为满足系统的时序要求，时钟信号应以最小的延迟和相位偏差到达各寄存器时钟输入端。高质量的时钟网络具有很大的负载和驱动能力，在系统高速运行时，时钟网络上消耗的动态功耗占芯片总功耗的比率较大。因此，在数字电路设计中通常采用门控时钟技术阻断时钟信号在时钟网络上的传播，以降低动态功耗。通常在时钟路径上增加门控时钟单元，当模块处于空闲状态时，门控时钟单元关断该模块的时钟信号，消除时钟网络及其控制的寄存器内部节点的冗余跳变，降低由此产生的动态功耗。门控时钟技术如图 3-1 所示。通过使能信号 ENCLK 控制时钟信号的有效性，降低寄存器内部节点的翻转功能。

(2) 状态机优化编码技术。该技术根据状态机不同状态的翻转频率优化状态机编码，减小状态机寄存器的翻转次数和内部电路节点的翻转频率，从而达到降低功耗的目的。

(3) 逻辑重整技术。在组合逻辑电路中，由短时脉冲引入的短路功耗可占整个系统功耗的 15%~20%。在组合逻辑电路中，在输出达到稳态之前，由于各输入信号到达输出的逻辑深度(路径长度)不同，电路输出或内部节点信号将产生不必要的翻转，这种冗余翻转将产生额外的功耗。因此，在电路设计时，应采用合理的电路结构，平衡信号路径的延时，减少冗余节点的翻转，降低功耗。以图 3-2 为例，假设门延时和输入信号到达时间相同，在输出达到稳态之前，级联型结构的信号翻转次数高于平衡型结构。

(4) 操作数隔离技术。这主要是用于数字系统中算术和逻辑运算单元的低功耗设计技术。其核心思想是：在不需要输出运算结果时，将这些运算模块的输入置 0，隔断输入，减少运算模块冗余翻转，降低功耗。如图 3-3 所示，在加法器输入端添加输入隔离单元，并通过使能信号 EN 控制加法器的操作，避免加法器的冗余计算操作，节约功耗。

3. 亚阈值设计技术

根据 MOS 晶体管栅源电压 V_{GS} 和阈值电压 V_{TH} 的关系及漏源电压 V_{DS} 的不同，可将 CMOS

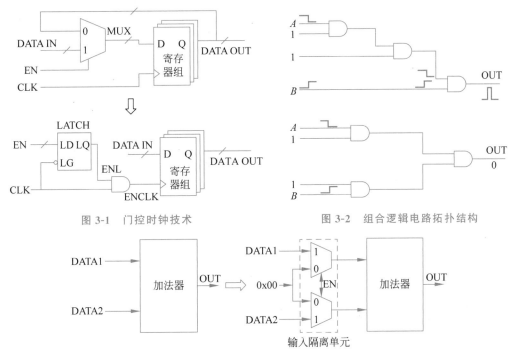

图 3-1　门控时钟技术　　　　　　图 3-2　组合逻辑电路拓扑结构

图 3-3　操作数隔离技术

晶体管工作区划分为截止区、亚阈值区、线性区和饱和区。与传统偏置于饱和区的 CMOS 电路相比，工作于亚阈值区的电路具有更低的电源电压和极低的工作电流（纳安级）。近年来，随着工艺的发展和器件模型的不断完善，亚阈值设计技术日趋成熟，已成为 CMOS 电路设计中一种有效的低功耗技术解决方案。

MOS 管中的漏极电流主要有漂移电流和扩散电流两类。在强反型区，$V_{GS} > V_{TH}$，沟道载流子的主要运动方式为漂移，漏极电流的主要成分为漂移电流；在亚阈值区，$V_{GS} < V_{TH}$，沟道载流子的主要运动方式为扩散，漏极电流的主要成分为扩散电流。下面简要介绍工作于亚阈值区的 MOS 管的电学特性。

1）漏极电流特性

当 MOS 管工作于亚阈值区时，其漏极电流 I_{DS} 与栅源电压 V_{GS} 和漏源电压 V_{DS} 的关系可表示为

$$I_{DS} = I_S \exp\left(\frac{V_{GS} - V_{TH}}{mV_T}\right) \left[1 - \exp\left(-\frac{V_{DS}}{V_T}\right)\right] \tag{3-1}$$

其中，I_S 可表示为

$$I_S = K\mu C_{OX}(m-1)V_T^2 \tag{3-2}$$

式（3-2）中，$V_T = k_B T/q$，为热电压，k_B 为玻耳兹曼常数，T 为绝对温度，q 为电子电量；K 为 MOS 管的宽长比；μ 为载流子迁移率；C_{OX} 为栅氧电容；m 为亚阈值斜率因子（其值为 1～2.0，与制造工艺相关），$m = 1 + C_D/C_{OX}$，C_D 为表面耗尽层电容。

当漏源电流 $V_{DS} > 4V_T$ 时，I_D 几乎不受 V_{DS} 的影响，由此可得

$$I_{DS} = I_S \exp\left(\frac{V_{GS} - V_{TH}}{mV_T}\right) \tag{3-3}$$

2）栅源电压特性

由式（3-3），工作于亚阈值区的 MOS 管的栅源电压 V_{GS} 可表示为

$$V_{GS} = V_{TH} + mV_T \ln \frac{I_{DS}}{I_S} \qquad (3\text{-}4)$$

相关文献中证明了工作于亚阈值区的栅源电压 V_{GS} 具有负温度特性。

假设宽长比为 K_1、K_2 的两个同类型的 MOS 管均工作于亚阈值区,并具有相同的阈值电压 V_{TH},工作电流分别为 I_{DS1} 和 I_{DS2},根据式(3-4),其栅源电压之差 ΔV_{GS} 可表示为

$$\Delta V_{GS} = V_{GS1} - V_{GS2} = mV_T \ln \frac{K_2 I_{DS1}}{K_1 I_{DS2}} \qquad (3\text{-}5)$$

可见,偏置于亚阈值区的 MOS 管的栅源电压之差 ΔV_{GS} 具有正温度特性。目前已有许多相关文献利用亚阈值区 V_{GS} 的负温度特性和 ΔV_{GS} 的正温度特性实现了低功耗的电压基准源和温度传感器。

3.1.3　器件/版图级功耗优化技术

1. 器件级功耗优化技术

器件级功耗优化技术主要用于降低漏电流功耗。其主要方法有电压控制法和阈值电压法。

电压控制法通过降低电压和门控电源使漏电流和空闲部件的功耗降低。

晶体管的亚阈值电流主要由阈值电压决定,因此可通过控制阈值电压优化漏电流功耗,包括可变阈值技术和双/多阈值技术等。

可变阈值技术利用衬底偏置效应改变晶体管的阈值电压,即通过衬底电压控制电路改变 MOS 管的衬底电压。当电路工作于激活状态时,MOS 管工作于标准衬底电压下;当电路处于待机模式时,改变 MOS 管的衬底电压,利用衬底偏置效应增加 MOS 管的阈值电压,降低电路的漏电流功耗。

双/多阈值技术主要基于工艺代工厂商提供的双/多阈值电压模型库。其中,低阈值电压器件具有单元延迟小、驱动能力强和亚阈值电流高等特性,高阈值电压器件具有单元延迟大、驱动能力较弱、亚阈值电流小等特性。因此,在电路设计时,在性能要求高(关键路径)的电路中,采用低阈值电压器件满足性能要求;在性能要求低(非关键路径)的电路中,采用高阈值电压器件以降低漏电流功耗。

2. 版图级功耗优化技术

版图级功耗优化技术主要用于优化数字电路功耗。动态功耗与等效负载电容成正比,等效负载电容越小,功耗越低。等效负载电容由信号活动性和节点电容决定。因此,在版图级可通过合理的布局布线减小等效负载电容,达到功耗优化的目的。最直接的方法是对具有较高活动性的信号选择寄生电容较小的高层金属布线。例如,对于高活动性的时钟网络,在时钟树综合时通常选用高层金属走线,以降低时钟网络节点的寄生电容,从而降低功耗。

3.2　CMOS 电路的功耗产生原因

在 CMOS 电路中,功耗从来源的角度分为动态功耗和静态功耗。其中,动态功耗是由电路中的寄生电容充放电产生的功耗,静态功耗主要由各种泄漏电流引起。

3.2.1　动态功耗

CMOS 电路中的动态功耗包括两部分,即开关功耗和内部功耗。开关功耗由 CMOS 基本门中负载电容的频繁充放电引起。如图 3-4 所示,负载电容 C_L 包括后级电路栅极电容、连线电容以及漏极扩散电容。在图 3-4(a)中,当输入信号由高电平变为低电平时,PMOS 管导通,

NMOS 管截止,电容通过 PMOS 管进行充电。在图 3-4(b)中,当输入信号由低电平变为高电平时,PMOS 管截止,NMOS 管导通,电容通过 NMOS 管进行放电。内部功耗由信号翻转过程中流过 PMOS 管和 NMOS 管的短路电流产生,即在输入信号翻转过程中,NMOS 管和 PMOS 管同时导通时产生短路电流,如图 3-4(c)所示。

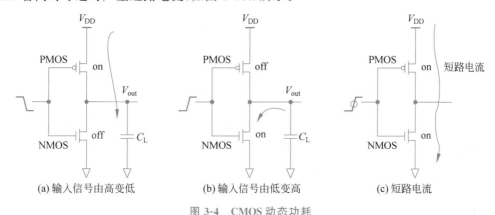

图 3-4　CMOS 动态功耗

为了计算图 3-4(a)、(b)中的开关功耗,假设 CMOS 基本门输入电压是理想的阶跃波形,其上升沿和下降沿时间可以忽略不计,即电路中 NMOS 管和 PMOS 管在此期间不同时导通,此时 CMOS 基本门的功耗即为 CMOS 基本门的开关功耗。假设输入和输出电压波形是周期性波形,则 CMOS 基本门中任何一个周期内的平均功耗(即开关功耗)可表示为

$$P_{\text{switching}} = \frac{1}{T}\int_0^T v(t)i(t)\,\mathrm{d}t \tag{3-6}$$

在转换过程中,假设输入波形是占空比为 50% 的时钟信号,即一个周期内低电平和高电平的持续时间相同,则 CMOS 基本门中的 NMOS 管和 PMOS 管各在半个周期内有电流流过,通过求输出负载电容充放电所需能量的方法计算 CMOS 基本门的平均功耗:

$$P_{\text{switching}} = \frac{1}{T}\left[\int_0^{T/2} V_{\text{out}}\left(-C_L\,\frac{\mathrm{d}V_{\text{out}}}{\mathrm{d}t}\right)\mathrm{d}t + \int_0^{T/2}(V_{\text{DD}} - V_{\text{out}})\left(C_L\,\frac{\mathrm{d}V_{\text{out}}}{\mathrm{d}t}\right)\mathrm{d}t\right] \tag{3-7}$$

其中,C_L 为节点负载电容,V_{DD} 为电源电压。

计算式(3-7)中的积分得到

$$P_{\text{switching}} = \frac{1}{T}\left[\left(-C_L\,\frac{V_{\text{out}}^2}{2}\right) + \left(V_{\text{DD}}V_{\text{out}}C_L - \frac{1}{2}C_L V_{\text{out}}^2\right)\right] \tag{3-8}$$

$$P_{\text{switching}} = \frac{1}{T}C_L V_{\text{DD}}^2 \tag{3-9}$$

当 $f = 1/T$ 时,开关功耗表达式可写为

$$P_{\text{switching}} = C_L V_{\text{DD}}^2 f \tag{3-10}$$

其中,f 为电路时钟频率。

上述开关功耗的分析假设每个时钟周期内 CMOS 基本门输出节点经历一次 0 到 V_{DD} 的功耗转换。然而,在实际电路中,由于拓扑结构和逻辑类型的不同,输出节点的转换速率可能比时钟速率慢。引入参数 α(节点开关动作因子),表示每个时钟周期内电压转换的实际次数。此时,CMOS 基本门的开关功耗表示为

$$P_{\text{switching}} = C_L V_{\text{DD}}^2 \alpha f \tag{3-11}$$

当 CMOS 基本门的输入电压信号的上升沿时间和下降沿时间不为 0 时,则在开关过程中 NMOS 管和 PMOS 管呈现短时间内同时导通,从而在电源和地之间形成一条直流通路,流过

该通路的短路电流所产生的功耗即为 CMOS 基本门的内部功耗。假设 CMOS 基本门的 NMOS 管和 PMOS 管具有相同的跨导系数 $k_n = k_p = k$ 和阈值电压 $V_{T,n} = |V_{T,p}| = V_T$，并且 CMOS 基本门的输入电压波形具有相等的上升沿和下降沿时间 τ，则由短路电流引起的内部功耗为

$$P_{\text{internal}} = \frac{1}{12}k\tau f(V_{DD} - 2V_T)^3 \tag{3-12}$$

其中，k 为晶体管的跨导，τ 为上升沿或者下降沿时间，f 为电路时钟频率，V_{DD} 为电源电压，V_T 为晶体管阈值电压。

3.2.2 静态功耗

CMOS 电路的静态功耗是当 V_{DD} 和 GND 之间一个或者多个晶体管处于关断状态时的漏电流造成的。产生静态功耗的漏电流根据其形成的物理机制可以分为 5 类：

(1) 隧道效应漏电流。由于栅氧化层的高电场，在栅极和衬底之间会形成穿过薄栅氧化层的隧道电子电流。

(2) 亚阈值漏电流。当栅极电压低于阈值电压时，器件表面呈现弱反转，越过沟道区的少数载流子在源漏之间形成扩散电流。

(3) 门栅感应漏极漏电流。在高电场存在情况下，处于栅漏交叠处以下的漏衬底结的电子从价带跨越到导带形成隧穿电流。

(4) 反偏 PN 结漏电流。在耗尽区中由于扩散效应或者在热激发等作用下在源漏极对衬底之间会形成反偏 PN 结电流。

(5) 衬底击穿电流。当漏极电压足够大时，源漏之间会形成经衬底流过的电流。

在旧工艺技术（即具有 $0.7 \sim 1\mu m$ 的沟道长度）中，漏电流的主导成分是反偏 PN 结漏电流，而亚阈值漏电流非常小，基本上可以忽略，如图 3-5 所示。

在 $0.5\mu m$ 以下的亚微米工艺中，漏电流的主导成分是亚阈值电流，其次是反偏 PN 结漏电流和门栅感应漏极漏电流，如图 3-6 所示。

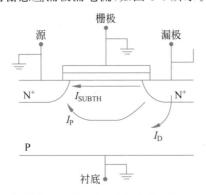

图 3-5 旧工艺技术中漏电流的成分

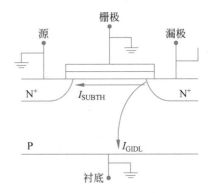

图 3-6 亚微米工艺中漏电流的成分

在 100nm 以下的纳米工艺中，为了获得很高的电流驱动能力和减小短沟道效应，栅氧化层的厚度急剧减小，导致栅极击穿电流更加明显。纳米工艺中栅氧化层特别薄，使得击穿电流成为漏电流的主导成分，如图 3-7 所示。

在 50nm 以下的纳米工艺中，由于硅的高掺杂浓度，漏体结的隧道电流成为漏电流的主导成分，如图 3-8 所示。

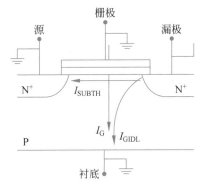

图 3-7　100nm 以下纳米工艺中漏电流的成分

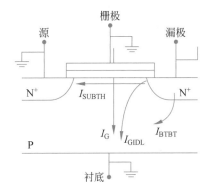

图 3-8　50nm 以下纳米工艺漏电流的成分

3.3　CMOS 电路低功耗技术

3.3.1　降低动态功耗

从式(3-11)可以看出,CMOS 电路的动态功耗与电源电压的二次方、时钟频率、开关动作因子和负载电容成正比,因此可以通过如下 4 种方法降低 CMOS 电路的动态功耗:

(1) 降低电源电压。

(2) 降低时钟频率。

(3) 降低开关动作因子。

(4) 降低负载电容。

一般来说,降低电源电压和负载电容是降低动态功耗最主要的方法,特别是降低电源电压可以大幅降低电路功耗。然而,电源电压的降低将增大电路的延迟,从而降低系统的吞吐率,并且通过采用更先进的工艺降低电源电压将带来设计成本和周期的大幅增长。相反,设计者可以通过对电路的不断改进和创新降低负载电容的开关动作因子。例如,设计者可以对电路中节点信号的翻转概率进行仔细分析,对电路中具有高翻转率的节点进行精心设计,平衡路径,以及采用合适的逻辑电平和编码方式。设计者可以通过工艺缩放,重新调整晶体管尺寸以及选择具有更低负载电容的逻辑门等方法降低负载电容。

3.3.2　降低漏电流功耗

对于大规模集成电路,为了获得电路的高性能,通常采用大的逻辑门电路和高并行结构。此时,电路中漏电流功耗急剧增大。然而,在大多数应用中并不是所有电路都需要工作在最高性能上,大部分电路经常处于待机或者空闲状态。因此,减少这些电路的漏电流功耗逐渐变得重要,并且不影响电路的性能。根据对时序裕量的不同影响,降低漏电流功耗的技术分为以下几种:

(1) 双阈值电压 CMOS 技术。

(2) 多电压技术。

(3) 可变阈值电压 CMOS 技术。

(4) 晶体管自偏置技术。

(5) 晶体管睡眠技术。

(6) 动态电源电压缩放技术。

(7) 动态阈值电压缩放技术。

其中,双阈值电压 CMOS 技术和多电压技术在设计阶段考虑,利用非关键路径中的时序裕量降低漏电流功耗,一旦采用,电路工作时就不能动态改变。采用双阈值电压 CMOS 技术,对于非关键路径采用高阈值晶体管,减少其亚阈值漏电流;对于关键路径则采用低阈值的晶体管。同样,多电压技术在非关键路径中采用低电压供电,在关键路径中采用高电压供电。在

130nm 以下工艺,采用多电源电压技术时,对于低电压的非关键路径,其亚阈值电流或者栅极电流将与电源电压的三次方或者四次方成比例降低。

另外,晶体管自偏置技术和睡眠技术以及可变阈值电压 CMOS 技术对处于空闲状态的电路可大幅降低其漏电流功耗。而动态电源电压缩放技术和动态阈值电压缩放技术用于在电路不需要工作于高性能状态时降低其漏电流功耗。动态电源电压缩放技术对同一电路处于高性能工作状态时采用高电压,而不处于高性能工作时采用低电压。动态阈值电压缩放技术在电路工作于低时钟频率的情况下通过增大晶体管的阈值电压降低电路的漏电流功耗。对于100nm 以下的工艺,由于漏电流功耗是电路总功耗的主导成分,采用动态阈值电压缩放技术可以极大地降低电路的漏电流功耗。

3.4　反向散射技术和低功耗技术

3.4.1　UHF RFID 芯片结构

符合 EPC-Gen2 协议的 UHF RFID 芯片结构如图 3-9 所示。整流电路从天线获取能量,为芯片其他部分提供电能。数字基带电路对芯片解调出的数据进行解码,并对命令作出响应,生成反射信号。时钟电路用来为数字基带电路提供工作时钟,同时该时钟经过数字基带电路处理后作为反射信号的编码时钟。

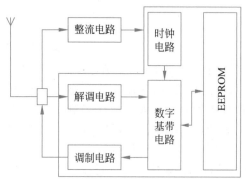

图 3-9　符合 EPC-Gen2 协议的 UHF RFID 芯片结构

图 3-10 是通常结构下的反向散射链路频率生成方案。数字基带电路通过时钟对前同步码中的校准符计数,根据有效载荷中的分频率值对前同步码中的校准符的计数值进行修正,并根据修正后的计数结果对时钟进行分频,以使得到的反向散射链路频率能够满足协议规定。为了满足协议对芯片反向散射链路频率的要求,时钟频率必须是 1.92MHz。芯片的功耗限制了芯片的读写距离,这是因为数字基带电路的功耗与其工作时钟频率密切相关,造成了基带功耗较大,降低了芯片的读写距离。

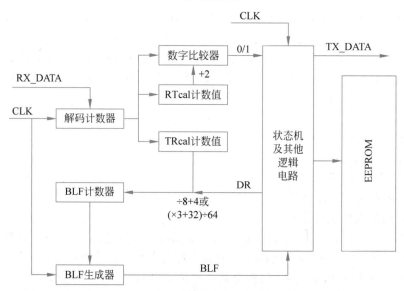

图 3-10　通常结构下的反向散射链路频率生成方案

为了使分频得到的时钟能够满足协议规定，必须有一个高精度的时钟。时钟电路通常采用环形振荡器或张弛振荡器结构，但是这两种结构的时钟电路的输出频率会随着制造工艺、工作电压以及工作温度发生变化，因此，通常会采用时钟校准电路校准时钟频率。有文献给出了一种时钟电路校准方法，但是这样会使芯片结构变得复杂，同时降低了芯片的读写速度。

3.4.2 连续反向散射链路频率电路

1. 电路原理

图 3-11 是连续反向散射链路频率电路原理，该电路采用了张弛振荡器结构。与通常的张弛振荡器不同的是，该电路中的比较电压通过控制信号控制积分器，是一个与控制信号脉冲宽度相关的电压，而不是一个固定的电压。

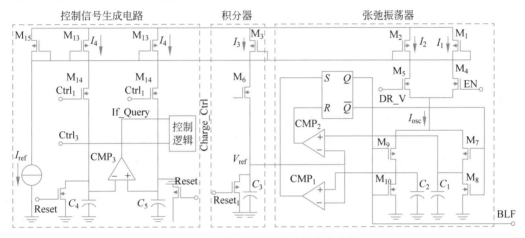

图 3-11 连续反向散射链路频率电路原理

若该张弛振荡器的充电电流为 I_{osc}，充电电容 C_1 和 C_2 的大小为 C，比较电压为 V_{ref}，则利用该结构生成的时钟频率为

$$f = \frac{1}{2} \times \frac{I_{osc}}{CV_{ref}} \tag{3-13}$$

如果通过脉冲宽度为 T_{TRcal} 的控制信号 Charge_Ctrl 控制积分器，积分器的充电电流为 I_3，充电电容为 C_3，则当积分器达到稳定状态后，其输出电压 V_{ref} 满足

$$V_{ref} = I_3 T_{TRcal}/C_3 \tag{3-14}$$

根据协议规定，有效载荷中的分频率值为 8 或 64/3。在图 3-11 所示的连续反向散射链路频率电路中，利用 DR_V 信号表示不同的有效载荷中的分频率值，DR_V 为 0 表示有效载荷中的分频率值为 8，DR_V 为 1 表示有效载荷中的分频率值为 64/3。利用 EN 信号控制张弛振荡器。设置电流 I_1 是 I_3 的 16 倍，I_2 是 I_3 的 80/3 倍，同时电容 C_3 与 C_1、C_2 相等。将式(3-14)代入式(3-13)，得

$$f_{ideal} = \begin{cases} \dfrac{8}{T_{TRcal}}, & DR\_V \ 为 \ 0 \\[4mm] \dfrac{64}{3T_{TRcal}}, & DR\_V \ 为 \ 1 \end{cases} \tag{3-15}$$

对比式(3-15)和式(3-13)可以看出，如果 T_{TRcal} 的时间长度等于协议规定的前同步码中校准符的时间长度，则利用该电路结构生成的时钟频率完全符合协议要求。

2. 控制信号产生

根据图 3-11 所示的连续反向散射链路频率电路原理，电路中的积分器需要一个脉冲宽度

为 T_{TRcal} 的控制信号。通过图 3-11 中的控制信号生成电路产生 T_{TRcal}，各控制信号波形如图 3-12 所示。

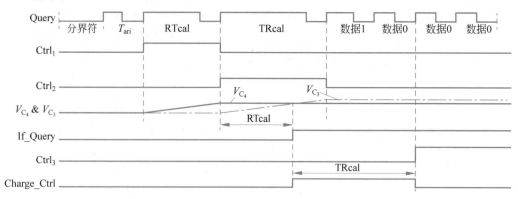

图 3-12   连续反向散射链路频率电路控制信号波形

数字基带通过检测模拟电路解调 PIE 信号，在分界符之后对应的上升沿生成如图 3-12 所示的控制信号。其中，$Ctrl_1$ 之后的第 2 个上升沿与第 3 个上升沿之间为高电平，其脉冲宽度为 RTcal；$Ctrl_2$ 在分界符之后的第 3 个上升沿与第 4 个上升沿之间为高电平，因此，其脉冲宽度根据命令的不同而不同。如果命令为 Query，则 $Ctrl_2$ 的脉冲宽度为 TRcal；若为其他命令，则 $Ctrl_2$ 的脉冲宽度为对应的数据 0 或数据 1 长度。根据协议规定，命令中的 TRcal、RTcal、数据 1 以及数据 0 的长度 T_{TRcal}、T_{RTcal}、T_{data_0}、T_{data_1} 满足如下关系：

$$1.1 T_{RTcal} \leqslant T_{TRcal} \leqslant 3 T_{RTcal} \tag{3-16}$$

$$T_{RTcal} = T_{data\_0} + T_{data\_1} \tag{3-17}$$

根据图 3-11 中所示控制信号生成电路结构以及图 3-12 中的控制信号波形，当 $Ctrl_1$ 脉冲结束时，电容 C_4 上的电压为

$$V_{C_4} = I_4 T_{RTcal} / C_4 \tag{3-18}$$

当 $Ctrl_2$ 脉冲结束时，如果当前命令不是 Query，则电容 C_5 上的电压为

$$V_{C_5} = I_4 T_{data} / C_5 \tag{3-19}$$

其中，T_{data} 为 T_{data_0} 或 T_{data_1}，由式(3-19)可得 $V_{C_5} < V_{C_4}$，故比较器 CMP_3 的输出始终为低电平，通过控制逻辑产生的控制信号 Charge_Ctrl 始终为低电平，积分器产生的电压 V_{ref} 会保持其之前的状态。

如果当前命令为 Query，根据图 3-12，由于 $Ctrl_2$ 的脉冲持续时间为 T_{TRcal}，根据式(3-18)和式(3-19)可得 $V_{C_5} > V_{C_4}$。当 $V_{C_5} = V_{C_4}$ 时，比较器 CMP_3 的输出 If_Query 信号会发生从 0 到 1 的跳变，此时至 $Ctrl_2$ 信号的下降沿的时间长度为 $T_{TRcal} - T_{RTcal}$。

根据协议规定，Query 命令中前同步码之后的 4 位数据为 1000。$Ctrl_3$ 信号在 $Ctrl_2$ 脉冲结束后的第二个上升沿通过控制逻辑产生输出信号 Charge_Ctrl，使其脉冲宽度为 If_Query 的上升沿与 $Ctrl_3$ 的上升沿之间的时间长度。此时的 Charge_Ctrl 脉冲宽度满足

$$T_{Charge} = T_{TRcal} - T_{RTcal} + T_{data\_1} + T_{data\_0} \tag{3-20}$$

式(3-20)结合式(3-17)，可得

$$T_{Charge} = T_{TRcal} \tag{3-21}$$

可见，通过图 3-11 中的控制信号生成电路，仅在 Query 命令时产生脉冲宽度 T_{TRcal} 的控制信号，从而可以生成符合式(3-21)的时钟频率。

3. 电路的系统设计

根据协议规定，当有效载荷中的分频率值为 8 时，前同步码中的校准符长度为 17.2～

$200\,\mu m$；当有效载荷中的分频率值为 $64/3$ 时，前同步码中的校准符长度为 $33.3\sim225\,\mu m$。因此，对于图 3-11 中所示的积分器，由于是利用脉冲宽度为 TRcal 的控制信号控制固定电流 I_3 对电容 C_3 充电，则 V_{ref} 的最小值与最大值之间相差约 13 倍。为了保证比较器 CMP_1 和 CMP_2 在所有情况下都能正常工作，V_{ref} 的值不能超出两个比较器的共模输入范围。由于电路工作在 1V 电压下，因此设定的最小值为 $50\,mV$，同时 CMP_1 和 CMP_2 采用折叠共源共栅结构的放大器扩展其共模输入范围，如图 3-13 所示。由于 MOS 管的栅电容随栅电压的变化而变化，为了降低放大器的输入管栅电容对图 3-11 中充电电容 C_1 和 C_2 的影响，C_1 和 C_2 的取值要比 MOS 管的栅电容大，这会导致电路功耗增加。

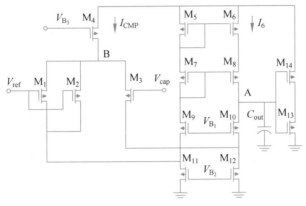

图 3-13　连续反射散射链路频率电路中的放大器

如果图 3-11 中比较器 CMP_1 和 CMP_2 的比较延迟 T_{CMP} 以及 SR 触发器的转换延迟 T_{SR} 可以忽略，则电路的输出频率完全符合式(3-15)。由于该电路采用 $0.18\,\mu m$ CMOS 工艺，通常情况下，SR 触发器的传输延时 $T_{SR}<1\,ns$。相对于电路最终生成的时钟频率 $40\sim64\,kHz$ 而言，T_{SR} 可以忽略。为了控制电路的整体功耗，设计比较器 CMP_1 和 CMP_2 消耗的电流为 $150\,nA$。在该电流下，采用图 3-11 中的比较器的直流增益为 70dB、带宽为 $-3dB$ 时频率为 $50\,kHz$。由于比较器工作在大信号模式下，故传输延时由比较器的摆率 R_S 决定。由于电路中的电流很小，会导致较大的传输延时 T_{CMP}。对于图 3-11 中采用的比较器，传输延时满足

$$T_{CMP}=\frac{1}{2R_S} \tag{3-22}$$

其中，$R_S=\dfrac{I_6}{C_{out}}$，C_{out} 是比较器的输出节点 A 的寄生电容，满足

$$C_{out}=C_{gg14}+C_{gg13}+C_{gd8}+C_{sd8}+C_{gd10}C_{sd10} \tag{3-23}$$

由于比较器的工作电流 I_6 固定，同时 C_{out} 也是一个定值，因此，图 3-11 中所采用的比较器的传输延时是固定的。比较器传输延时对翻转电平的影响如图 3-14 所示。当比较器的输入电压 V_{cap} 达到比较器的比较电压 V_{ref} 时，比较器的输出并没有立即发生翻转，而是在 T_{CMP} 的延时后才发生翻转。此时，对应的输入电压 V_{ref} 满足

$$V_{cap}=V_{ref}+V_O=V_{ref}+I_{OSC}T_{CMP}/C_1 \tag{3-24}$$

输出时钟的实际频率满足

$$f_{actual}=\frac{f_{ideal}}{1+T_{CMP}f_{ideal}} \tag{3-25}$$

为了消除比较器的传输延时造成的电路输出频率的非线性，需要使比较器在输入电压 V_{cap} 达到 V_{ref} 时输出发生翻转。由于比较器的传输延时 T_{CMP} 为固定值，因此在固定的时钟

充电电流情况下，V_O 的值是固定的。为了使比较器的输出在 $V_{cap}=V_{ref}$ 时发生翻转，需要设置比较器在输入电压 $V_{cap}=V_{ref}-V_O$ 时其两个输入端的电流相等。对于图 3-11 中的比较器而言，M_3 的电流与 M_1 和 M_2 的电流之和相等。此时，$M_1 \sim M_3$ 的尺寸 $S_1 \sim S_3$ 满足

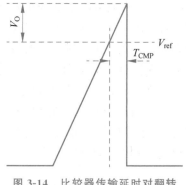

$$I_{CMP} = \beta(S_1 + S_2)(V_B - V_{ref} - V_{th})^2$$
$$= \beta_P S_3 (V_B - V_{ref} + V_O - V_{th})^2 \quad (3\text{-}26)$$

图 3-14　比较器传输延时对翻转
电平的影响

其中，$\beta_P = u_P C_{ox}$，u_P 为 P 沟道器件的表面迁移率，C_{ox} 为单位面积的栅氧化物电容。

设置 M_1 与 M_3 尺寸相等，可得

$$S_2/S_1 = f(I_{CMP}, I_6, C_{out}, I_{OSC}, C_1) \quad (3\text{-}27)$$

根据式(3-27)可知，确定了比较器输入级电流 I_{CMP}、输出级电流 I_6、输出级寄生电容 C_{out}、张弛振荡器充电电流 I_{OSC} 以及张弛振荡器充电电容 C_1 的大小，就可以确定比较器输入管的尺寸的比值，使比较器的输出在输入电压 V_{cap} 达到比较电压 V_{ref} 时发生翻转，使最终的时钟输出频率满足式(3-25)。

3.4.3　电路测试结果

3.4.2 节的电路应用在一款无源 UHF RFID 测试芯片中，并且在 TSMC 0.18μm CMOS Mixed Signal 工艺下进行了流片。为了对比，对采用传统方案生成反向散射链路频率的芯片也同时进行了流片。采用连续反向散射链路频率电路的芯片尺寸为 830μm×820μm，而基于传统反向散射链路频率生成方案的芯片尺寸为 900μm×875μm。

芯片测试通过 FPGA 和信号发生器进行。FPGA 产生具有不同长度的前同步码中校准符的 Query 命令，调制信号发生器为芯片提供测试信号。测试结果显示，在两种不同长度的前同步码中校准符的 Query 命令下，测得的反向散射链路频率完全符合式(3-25)的要求。

图 3-15 给出了在不同有效载荷中的分频率以及不同长度的前同步码中的 T→R 校准符的 Query 命令下上述两种方案的反向散射链路频率误差的对比结果。从图 3-15 可以看出，该连续反向散射链路频率电路在各种情况下均可满足协议对反向散射链路频率误差容限的要求，并且该电路的反向散射链路频率误差远小于采用传统方案生成的反向散射链路频率误差。

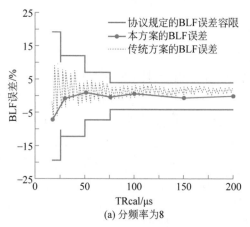
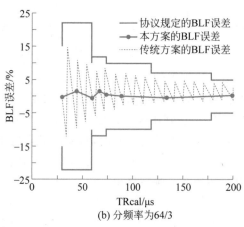

图 3-15　反向散射链路频率测试结果对比

表 3-1 给出了该连续反向散射链路频率电路与传统反向散射链路频率生成电路的功耗对

比结果。从表 3-1 可以看出,由于传统反向散射链路频率生成电路需要高频片上时钟电路,并利用片上时钟电路对前同步码中的校准符进行计数,然后根据计数结果对片上时钟分频以产生反向散射链路频率,所以整体功耗较大。采用连续反向散射链路频率生成电路不需要片上时钟电路,而是利用控制逻辑控制张弛振荡器直接生成反向散射链路频率,因此极大地降低了反向散射链路频率生成电路的功耗,整体功耗约为传统反向散射链路频率生成方法的 1/4。

表 3-1 功耗对比结果

模　　块	传 统 方 案		本 　方 　案	
	电压/V	功耗/μW	电压/V	功耗/μW
片上时钟电路	1	0.72		
控制逻辑生成电路			1	0.08
BLF 生成电路	1	1.30	1	0.44
总功耗		2.02		0.52

第4章

标签芯片的射频前端设计

4.1 概述

4.1.1 标签芯片系统架构与工作原理

标签芯片系统架构如图 4-1 所示。

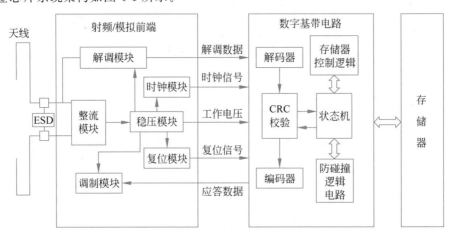

图 4-1 标签芯片系统架构

芯片分为射频/模拟前端、数字基带电路和存储器 3 部分。其中,射频/模拟前端又可分为射频前端和模拟前端,如图 4-2 所示。射频前端为与天线端口相连的模块,它们直接影响芯片整体性能及阻抗匹配。由于它们与高频信号直接相连,这些模块在电路设计及版图设计时需要考虑电路的高频性能及版图寄生效应。射频前端的主要作用是为芯片提供能量,完成信号调制解调。射频前端包括倍压整流电路、调制电路、解调电路和 ESD 防护电路。模拟前端处理射频前端提供的信号,使之稳定化、规范化,提供给数字基带电路。模拟前端的作用是稳定射频前端提供的电源,使得芯片接收能量的大小不影响芯片的性能,同时还提供复位和时钟信号。模拟前端包括稳压泄流电路、基准电流源、EEPROM 倍压电路、上电复位电路和时钟电路。

芯片整体工作情况如下。倍压整流电路是整个芯片的能量来源,它将天线耦合得到的射频能量经过电荷泵的结构进行整流和电压倍增后得到芯片所需的直流能量,并存储于分布在

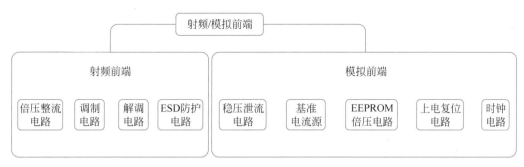

图 4-2　射频/模拟前端结构

整个芯片中的储能电容中。当电压上升到一定程度时,上电复位电路输出复位信号,启动时钟电路产生时钟信号,并将基带处理器复位,进入就绪状态,准备接收读写器发送的命令。芯片的解调电路对读写器的 ASK 信号进行检波和整形后得到标准的数字信号。基带处理器对解调电路输出的数字信号进行解码和命令解析,并根据命令的要求向读写器返回信号。基带处理器返回的信号经过调制反射电路,通过改变芯片自身阻抗,调制芯片与天线的匹配和反射系数,对芯片反向散射的射频连续波进行调制。读写器通过检测反射波的变化可以获得芯片反射的数据。

按照图 4-1 的架构设计的无源 UHF RFID 标签芯片的设计难点主要有以下 3 个:

(1) 高效倍压整流电路设计和超低功耗设计。

由于无源标签没有内嵌电源,只能采用远程供电,由整流电路将标签天线获得的射频能量转换为直流能量,并存储在储能电容中,作为芯片的工作能量。因此,倍压整流的效率和标签内部各模块的功耗直接关系到标签识别距离的大小。

(2) 芯片低成本设计。

由于芯片的实现工艺直接跟芯片的制作成本挂钩,所以复杂的工艺必然增加标签芯片的成本。如果想把超高频识别广泛应用于物流等方面,成本是关键因素。本书针对芯片成本降低的目标改进了倍压整流。以前的倍压整流一直使用肖特基二极管,它的阈值很低,工作速度快,电压损耗小,但是它需要特殊的工艺掩膜层。在不降低倍压整流电路效率的前提下,用标准 CMOS 工艺中的管子代替肖特基二极管,通过阈值消除技术降低阈值损失,从而降低了芯片的成本。

(3) 射频前端分析。

标签芯片功耗设计包括两方面:一是如何降低标签芯片内部的功耗;二是如何提高射频前端电路的整流效率、匹配程度及工作频率的带宽等。在标签芯片设计中,射频前端电路根据经验设计好后,通过射频仿真软件 ADS 等对电路进行仿真、调整,得到设计参数。

可以看出,标签芯片的设计难点主要是射频前端的设计,其好坏直接影响到芯片的性能和工作距离。

4.1.2　设计指标

由于 UHF RFID 标签芯片是无源的,所以芯片所有的能量都来自读写器发射的微弱的自由空间电磁场能量。理论上,芯片在自由空间可以获得的能量可以由 Friis 公式得到:

$$P_{rf} = qP_r = qpP_t \frac{G_r G_t \lambda^2}{(4\pi R)^2} \tag{4-1}$$

$$P_{rec} = pp_1(1-q) \frac{P_t G_t^2 G_r^2 \lambda^4}{(4\pi R)^4} \tag{4-2}$$

其中，P_{rf} 是理想情况下标签在空间中能够获得的能量，P_{rec} 是读写器能接收到的标签返回的能量，P_t 表示读写器发射的射频信号能量。

在芯片与天线匹配的情况下，按照美国的标准，当读写器的发射功率为 4W（EIRP）、天线增益都为 0dB、载波频率为 900MHz 时，芯片获得的能量与距离的关系可以由图 4-3 的曲线表示。

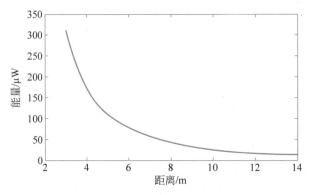

图 4-3　芯片获得的能量与距离的关系

如果设芯片的工作距离为 7m，芯片的输入功率为 30μW（与天线匹配时，天线消耗一半功率），倍压整流电路的效率为 60%，则芯片除去倍压整流电路外的所有电路可得到的功率为 18μW，其中模拟前端的功耗仅为 8μW，其余 10μW 的功率都可以为数字基带电路所用。如果考虑 EEPROM 擦写，功耗会急剧增加，所以 EEPROM 擦写时的工作距离要小于 7m。

射频前端除了需要考虑其中包含的电路的功耗外，还需要考虑如下指标：

（1）射频前端在满足标准条件下所能得到的最大射频能量。

（2）射频前端的整流效率，即倍压整流电路将交流能量转换成直流能量的效率。提高倍压整流电路的整流效率是提高 UHF RFID 芯片性能的关键，也是设计的重点和难点所在。

（3）射频前端的驱动能力，即为了满足负载（包括模拟前端、数字基带电路以及存储器）在所需最低工作电压下能够提供的最大电流。

（4）射频前端倍压整流电路的整流级数。优化整流级数，可得到最优倍压整流效率。

（5）射频前端的整流纹波系数，即整流输出电压基波峰值与输出电压平均值之比。

（6）射频前端的输入阻抗，该阻抗用来在设计天线匹配时提供参考。它受很多因素的影响，如输入功率大小、负载电阻大小、输出电压幅值、整流电路结构等，而且标签天线设计的阻抗值有一定的优化范围，因此确定标签芯片的阻抗对天线的设计有很大的参考价值。若标签芯片的阻抗不合适，将给天线的设计和匹配带来很大的困难。标签的输入阻抗可以由仿真结果进行估计。通常 UHF RFID 芯片的阻抗是容性的，带有感性输出阻抗的天线通常可以获得很好的功率匹配。为了获得较好的匹配效果，天线和芯片的射频电路的接口必须进行精心设计。

（7）射频前端包络检波的最低灵敏度，即当带 AM 调制的射频信号包络进行检波时的最小功率范围。

（8）射频前端调制反射类型，即对数字基带送来的返回数据 0 或数据 1 采用何种调制方式进行反射，包括 AM、PM 等，这取决于射频前端对不同数字阻抗变换的类型。

（9）射频前端工作频率宽度，即射频电子标签芯片的工作频率范围。按照 ISO/IEC 18000-6C 的标准，标签的工作频率范围至少要满足 860～960MHz。

（10）ESD 防护电路的耐压级数需达到 1 级（2000V）。

4.2 标签芯片射频前端的模块电路

根据 RFID 芯片的功能要求与协议要求，标签芯片主要由 3 部分组成，分别是射频/模拟前端、数字基带电路以及存储器，如图 4-4 所示。

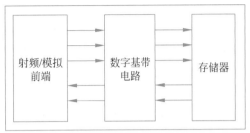

射频/模拟前端从读写器发出的 CW 射频波中提取能量供给芯片，产生数字基带电路所需的时钟信号和复位信号，并调制或解调信号。

数字基带电路对从射频/模拟前端输入的信号进行解码，根据协议规定完成对信号的解析，并对存储器进行相关的读出或者写入操作，对需要返回的数据进行编码后输送给射频/模拟前端，完

图 4-4 标签芯片的组成

成对反向散射载波的调制，返回给读写器。另外，在无源 UHF RFID 标签中，低功耗也是数字基带电路设计的一项重要标准。

存储器在标签芯片上用于存储口令密钥、用户数据、厂商信息和物品编码等信息，是构成标签芯片成本和功耗的主要部分。目前应用于标签芯片的非易失存储器主要有 MTP 存储器和 EEPROM。存储器的主要性能参数包括存储容量、读功耗、写功耗等。

如图 4-5 所示，射频/模拟前端包含倍压整流电路、调制电路、上电复位电路、电源管理电路、解调电路和时钟电路等部分。

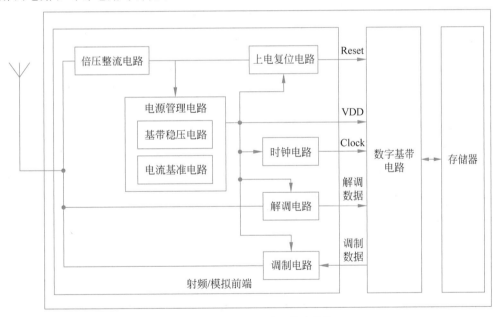

图 4-5 芯片射频/模拟前端结构

1. 倍压整流电路

在无源 UHF RFID 系统中，芯片能量的来源是读写器发射到自由空间中的 CW 能量。倍压整流电路的作用就是接收射频能量并将之转换为标签能够使用的直流能量。由于电线端产生的电压较低，因此还需要倍压整流。

2. 调制电路

本书讨论的 UHF RFID 标签芯片为无源的，因此不会产生射频载波，而是与雷达的工作

原理相同,通过反向散射调制方式完成与读写器的信息交互,具体方法为改变标签芯片的输入阻抗,这样标签天线与芯片间的反射系数就会发生变化,由此引起的散射场强度变化就可以将信号加至射频载波上,完成标签与读写器间的信号交互。

3. 上电复位电路

数字基带电路是标签工作的一大主体。而要使数字基带电路正常工作,则需要稳定地复位,使得数字基带电路能够正常完成初始化。上电复位电路包括上电电平检测电路、开关控制电路和防抖单元等。

4. 电源管理电路

电源管理电路是标签芯片能够正常工作的保证,它为芯片各部分分配电压或者偏置电流,为基带提供复位信号,并为 MTP 供电。如何能够为标签提供稳定的电压以及电流是本电路的设计难点,也是标签能在复杂环境中正常工作的保证。本电路包括基带稳压电路和电流基准电路。

5. 解调电路

解调电路用于将读写器发出的信号从射频载波上解调出来,整形后变成数字基带电路能够解码并解析的 MMC 码信号。

4.3　倍压整流电路设计

倍压整流电路的功能是将射频能量转换为芯片的直流工作电源,是芯片获取工作能量的唯一来源。它的效率直接影响到后级电路所能获得的能量大小,决定了芯片的性能及工作距离的大小。因此,如何提高倍压整流电路的效率成为 UHF RFID 芯片研究的热点。目前,倍压整流电路在结构上的主要实现方式有 4 种:传统的狄克逊电荷泵、CTS 狄克逊电荷泵、主从 NCP-1 型狄克逊电荷泵、阈值补偿型电荷泵。倍压整流电路主要使用的器件有 3 种,第一种是高频特性较好的肖特基二极管,第二种是与标准 CMOS 工艺兼容的中阈值管,第三种是零阈值本征管。本节对采用肖特基二极管实现的倍压整流电路进行了研究,与阈值补偿实现的倍压整流电路进行了比较,在其基础上提出了一种 N、P 交替使用的阈值补偿倍压整流电路,并且利用 TSMC 0.18μm 工艺所提供的零阈值本征管设计了一种倍压整流电路。

4.3.1　倍压整流电路分析

由于无源 UHF RFID 标签识别距离比较远,标签天线能从读写器的射频能量中获得的能量很小,一般为几百毫瓦,所以倍压整流电路必须能在较小的输入电压和较小的输入能量下工作,且整流效率要尽可能高。

普通的狄克逊电荷泵为常用的整流结构,其电路和波形如图 4-6 所示。当芯片输入的射频信号为正半周时,电流经过 D_2 给 V_{out} 充电,D_1 截止,电荷保持在 C_2 上;当芯片输入的射频信号为负半周时,电流经过 D_1 给 C_1 充电,D_2 截止,C_1 上的电压为 V_{rf};输入信号变为正半周后,C_1 上的电压叠加在输入电压的正半周给 C_2 充电,C_2 上的电压最高可达 $2V_{rf}$(无损耗)。该电路实际上是半波整流器,这是因为只有输入信号的正峰值被整流。如果要利用正峰值和负峰值,可以采用全波整流器。

对图 4-6 中的结构进行镜像,就获得了图 4-7 所示的全波整流器。波形只考虑了理想条件,即零漏电流电容,二极管中没有阈值电压和反向电流。但是全波整流器多引入了一个电位,会给测试及后级电路仿真带来不便,而且整流效率并没有得到提高,所以本书使用半波整流器。

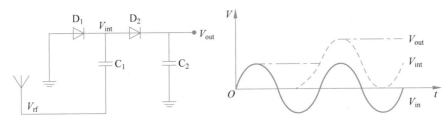

图 4-6　简单整流器电路和波形

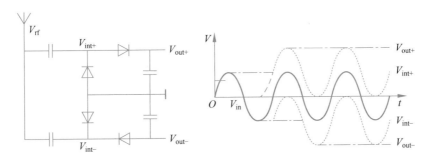

图 4-7　全波整流器电路和波形

上述电路描述的都是理想情况下的结果。实际上,在倍压整流电路中,二极管导通电压降使得电压增益降低,最终使得输出电压降低。考虑到输出信号是正弦波,加上漏电流和寄生电容等因素的影响,输出电压会更低。归结起来,倍压整流电路的损耗主要包括以下几方面:

(1) 二极管的正向导通电压损失。一般的二极管都存在正向导通阈值电压,体硅的 PN 结导通电压是 0.7V,肖特基二极管为 0.2～0.4V,可以粗略地认为当加在二极管上的正向电压大于阈值电压时二极管完全导通,小于阈值电压时二极管完全截止,所以只有当输入电压的幅度超过二极管阈值电压时才能给电容充电,否则电荷泵无法工作。在实际情况下,二极管的 I-V 曲线是渐变的,当输入信号仅比阈值高一点的时候,二极管未达到完全导通的状态,二极管本身的导通电阻会比较大,此时会有很大的能量损耗在二极管本身的导通电阻上。当然,即使二极管已经完全导通,导通电阻仍然会有一部分功耗,只是这部分功耗会小一些。所以,只有输入电压的幅度比二极管的阈值电压高几百毫伏才能获得较高的能量转换效率。如果使用带阈值补偿的中阈值 MOS 管构成的二极管结构,可通过阈值补偿电路精确控制阈值补偿值,使倍压整流电路在电压增益和能量转换效率上达到最佳的倍压整流效果。

(2) 反向漏电。对于理想的二极管,可以认为其正向完全导通,反向完全截止,也就是说,人们希望看到流过二极管的电流始终是朝一个方向流动的。实际上,由于二极管结电容的存在,当输入信号极性发生变化时,二极管从正向导通到反向完全截止需要一定的时间。当频率高到一定程度的时候,二极管的结电容对高频信号形成一个通路,会有反向电流对二极管的结电容充电,相当于部分电荷反向泄漏,导致各级储能电容上的电压降低。结电容的大小与结的面积有关,减小结的面积可以减小结电容,但是会降低二极管的电流导通能力,从而增加二极管本身的功耗,不利于提高电荷泵的能量转换效率,所以结面积需要在两者之间进行平衡。另外,肖特基二极管的结电容比 PN 结电容小,所以采用肖特基二极管有更好的性能。

(3) 对地的寄生电容。通常 CMOS 工艺的器件都是建立在衬底之上的。衬底作为整个芯片的地电位,各种器件都会存在对地的寄生电容,二极管和电容的寄生电容大小随着器件尺寸的增大而增大。寄生电容跨接于二极管的端点与衬底之间,对输入电压进行分压,导致该端点的电压摆幅减小,从而使电压增益减小。

由上述分析可见,倍压整流电路的设计需要综合考虑各方面的因素。如果采用肖特基二极管设计,结电容较小,可以忽略。考虑肖特基二极管的阈值和寄生电容,为了简单起见,假设输入信号为方波,并且不考虑二极管本身的功耗,可以得到 N 级电荷泵的输出电压的近似表达式:

$$\mathrm{VDD_{rect}} = NG_\mathrm{V} - \frac{NI_\mathrm{out}}{(C+C_\mathrm{S})f} \tag{4-3}$$

其中,$\mathrm{VDD_{rect}}$ 是电荷泵的整流输出电压;N 为电荷泵的级数;I_out 为输出电流;C 是电荷泵中设计的电容;C_S 是对地寄生电容;f 为电荷泵的工作频率,即输入信号的频率;G_V 为每一级的电压增益由于寄生电容的分压,即

$$G_\mathrm{V} = V_\mathrm{rf}\frac{C}{C+C_\mathrm{S}} - V_\mathrm{D} \tag{4-4}$$

其中,V_rf 是输入电压幅度,V_D 是肖特基二极管的正向导通阈值电压。

可见,电荷泵的输出电压与电荷泵的级数、输入电压幅度、工作频率成正比,与对地寄生电容、输出电流成反比。因此,在输入电压不变的情况下,要提高输出电压,不仅要降低二极管器件的阈值,而且要减小对地寄生电容。

为了降低标签芯片的成本,目前国内外针对标准 CMOS 工艺下的整流器设计进行了广泛的研究,主要思想是利用二极管连接的 NMOS 管作为整流器件,即传统的狄克逊电荷泵,如图 4-8 所示。

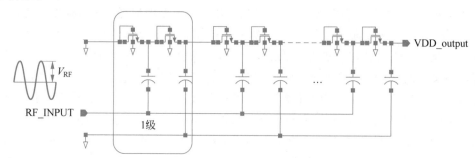

图 4-8　传统狄克逊电荷泵

传统狄克逊电荷泵的优点是可以实现与数字工艺的兼容,降低芯片的制造成本,特别是当芯片的尺寸向 $0.18\mu\mathrm{m}$ 甚至 $0.13\mu\mathrm{m}$ 以下发展的时候,芯片面积的减小和产能的增加进一步促进了芯片成本的下降。但是采用 NMOS 管作为整流器件存在阈值损失(相当于二极管的正向导通电压损失 V_D),寄生电容大。另外,随着电荷泵中的电压逐级升高,后级 NMOS 管的源和衬底电压差逐渐升高,体效应会导致 NMOS 管阈值增大,整流效率降低。考虑体效应后的阈值电压 V_thb 可以用式(4-5)进行计算:

$$V_\mathrm{thb} = V_\mathrm{th0} + \gamma(\sqrt{-2\phi_\mathrm{F} + V_\mathrm{SB}} - \sqrt{|-2\phi_\mathrm{F}|}) \tag{4-5}$$

其中,V_th0 是没有考虑体效应影响的原始阈值电压;ϕ_F 是费米能级;V_SB 是源和衬底之间的电压差;γ 是体效应系数,其定义为

$$\gamma = \frac{\sqrt{2q\varepsilon_\mathrm{st}N_\mathrm{A}}}{C_\mathrm{ox}} \tag{4-6}$$

目前大多数研究仅针对消除阈值提出了改进方法,没有针对体效应造成的效率降低提出改进方法。为消除体效应的影响,可以降低倍压整流电路的级数,使电路基本上不用考虑体效应的作用。

4.3.2　4 种倍压整流电路结构比较

下面针对无源 UHF RFID 芯片远距离工作的需要给出 4 种倍压整流电路,分别进行电路结构优化、仿真、版图设计及流片验证。由于二级阈值补偿电路整流效率和成本的绝对优势,最终选取了二级阈值补偿倍压整流电路供芯片射频前端使用。

1. 十级肖特基主从倍压整流电路

第一种电路是针对采用 TSMC 0.18μm CMOS 工艺的肖特基管提出的十级肖特基主从倍压整流电路,如图 4-9 所示。该电路通过对电荷泵中每一个参与整流的 NMOS 管进行偏置,消除了传统偏置电路无法对体效应导致的阈值变化进行有效偏置的缺陷。

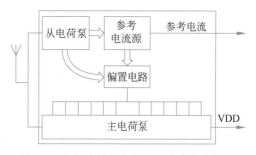

图 4-9　十级肖特基主从倍压整流电路框图

该电路由两个电荷泵构成,如图 4-10 所示。主电荷泵为内部电路供电,从电荷泵为参考电源供电,并为主电荷泵提供偏置电压。与常规结构不同的是,通常电荷泵后级负载电路之一的低功耗电流源放置在电源产生电路内部,并由从电荷泵供电。这样做的好处是从电荷泵可以在电流源的精确控制下为主电荷泵提供稳定的偏置,不仅可以消除阈值电压损失,而且可以消除体效应的影响,减小电荷泵本身的功耗,提高能量转换效率。

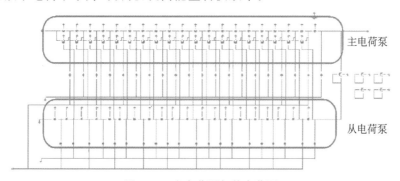

图 4-10　主电荷泵与从电荷泵

该电路的主要缺陷有以下 3 个:一是对工艺库要求高,需要有制作肖特基管的特殊掩膜层,这种工艺库一般比标准的 CMOS 工艺成本高,不适合作为最终批量生产的工艺;二是该电路的效率太低,只有 20% 左右,主要是由于级数太多,而由于肖特基管的阈值消耗比较大,为保证电路的电压增益,级数又必须多;三是该电路包含的电容太多,面积太大,必然导致芯片面积增加,成本也会增加。

2. 十级静态 CTS 倍压整流电路

第二种电路是针对带本征管的 CMOS 工艺提出的十级静态 CTS 倍压整流电路,如图 4-11 所示。静态 CTS 狄克逊电荷泵通过采用一个 NMOS 开关管(电荷转移开关,Charge Transfer Switch,CTS)导通电流,对后级电容充电,避免了由 MOS 二极管导通所产生的阈值电压损失问题,因此比传统狄克逊电荷泵有更高的电压增益,也非常适合低电压工作。但是由于后半个周期需要对下一级电容充电时前一级 CTS 不能完全关闭,因而会导致电荷反向移动,从而降低了电荷泵的效率。同时,由于 CTS 的偏置电压由后级负载电容上的电压提供,而输出端带有高负载(电压源的负载),所以该偏置电压不高,这也限制了效率的提高,电路优化后的仿真效率最高只能达到 30%。

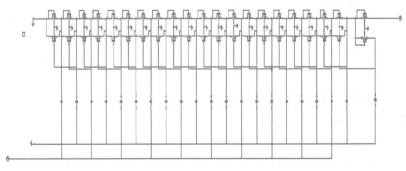

图 4-11　十级静态 CTS 倍压整流电路

3. 三级本征管倍压整流电路

第三种电路是针对 TSMC 0.18μm 本征管工艺设计的一个只包含本征管的倍压整流电路,如图 4-12 所示。该电路采用传统的狄克逊结构,根据电压增益和能量转换效率的需求,把电路级数优化到三级。但由于 TSMC 0.18μm 标准工艺中提供的本征管的阈值只有 20mV,非常低,反向漏电情况非常严重,导致效率不高,电路仿真效率只能达到 40%。同时,考虑到对工艺的特殊要求,该电路只作为参考。

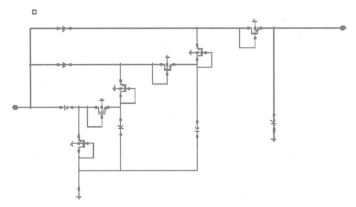

图 4-12　三级本征管倍压整流电路

4. 二级阈值补偿倍压整流电路

第四种电路是针对 TSMC 0.18μm CMOS 工艺提出的二级阈值补偿倍压整流电路,通过对电荷泵中每一个参与整流的 MOS 管进行精确的偏置,消除了传统偏置电路无法对体效应导致的阈值变化进行有效偏置的缺陷,如图 4-13 所示。在开始接收连续波时,倍压整流电路开始工作,由于其阈值补偿电路还没有开始工作,所以倍压整流电路的效率非常低。但是,当参考电流源电路在低电压下开始工作后,给偏置电路提供参考电流,偏置电路把电流转换为电压,给倍压整流电路提供阈值补偿,使得倍压整流电路的效率提高。如此循环往复,最终可将倍压整流电路的效率带到最高。

图 4-14 为二级阈值补偿倍压整流电路。该电路由 4 部分构成,包括整流管、补偿管、电流镜和二极管泄流电路。整流管起到倍压作用;补偿管给整流管提供一定的阈值损失补偿;电流镜给补偿管提供电流,由补偿管转换为电压补偿;二极管泄流电路主要在芯片近距离工作时接收能量很大的情况下提供泄流支路,从而避免整流输出电压超过后级电路的承受能力,影响后级电路正常工作。整流输出后接储能电容 100pF 和负载 100kΩ,这是为了模拟芯片后级电路工作,负载是根据芯片远距离工作后级电路的典型功耗和典型工作电压确定的。为了观测负载功耗需求对整流电路的影响,可以更改负载值。

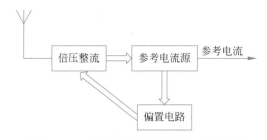

图 4-13　二级阈值补偿倍压整流电路框图

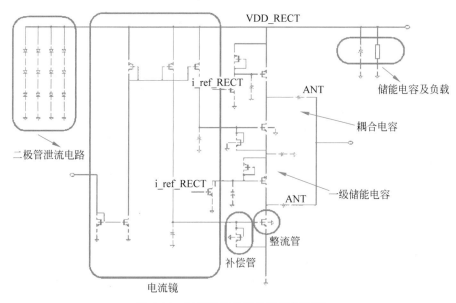

图 4-14　二级阈值补偿倍压整流电路

整流电路包含的电容比较多,主要有以下 3 种:第一种是耦合电容,即射频信号接口电容;第二种是整流电路每级输出后接的一个储能电容,而最后一级储能电容需要在芯片掉电时为其供电,所以比较大;第三种是整流管栅极接的小电容,主要是为了稳定栅极工作电压,进而稳定补偿电压。

下面简要介绍二级阈值补偿倍压整流电路工作原理,如图 4-15 所示。注意,本倍压整流电路交替使用 NMOS、PMOS 中阈值管,而非统一使用 NMOS 管,其优点在后面介绍。

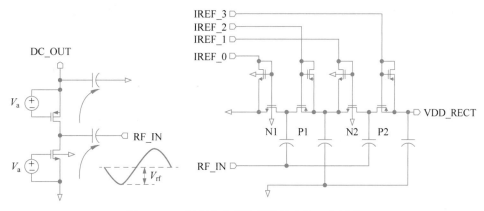

图 4-15　二级阈值补偿倍压整流电路工作原理

阈值补偿技术的基本原理是:在二极管连接的管子上加以改进,引入栅极和漏极之间的电压源,将栅源的电压提升到 $V_{ds}+V_{th}$。图 4-15 中整流管的栅极和漏极之间加上的电压值等于 V_a 的电压源,但输入信号 RF_INPUT 为负半周的时候,栅源电压为

$$V_{gs}=V_{ds}+V_a \tag{4-7}$$

流过二极管连接 NMOS 管的电流为

$$I_d=\frac{1}{2}\mu_n C_{ox}\frac{W}{L}(V_{gs}-V_{th})^2 \tag{4-8}$$

当 $V_a=V_{th}$ 时,由式(4-7)可以得到

$$I_d=\frac{1}{2}\mu_n C_{ox}\frac{W}{L}(V_{ds})^2 \tag{4-9}$$

V_{ds} 等于输入信号的幅度减去电容上的电压值。由式(4-9)可见,原来的阈值电压已经被外加的栅漏电压抵消了,流过二极管连接的 NMOS 管的电流与两端的电压差的二次方成正比。经过偏置的 NMOS 管正向充电的电流较大,随着电容充电的过程而减小,电容上的电压最高可以等于输入信号的幅度,这样就消除了传统二极管连接电路的阈值损失。对 PMOS 管的分析与之相同。

由于 N 管的迁移率比 P 管的大,所以可以尝试用纯 N 整流管形成倍压整流电路模块,这样整流电路抽取的电流可能会大一些。两种一级整流管结构对比如图 4-16 所示。

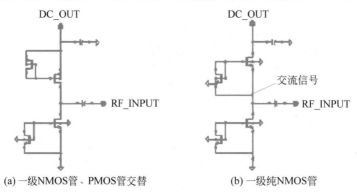

(a) 一级NMOS管、PMOS管交替 　　　　(b) 一级纯NMOS管

图 4-16　两种一级整流管结构对比

从图 4-16(b)可知,上面的整流管的漏端接到射频信号上,电压幅度为射频信号幅度,要使补偿管两端提供的补偿电压稳定,另一端也必须接到一个能跟随射频信号变化的信号上,即上面的整流管栅极需接到一个跟随射频信号幅度的信号上。可以把射频信号经过一个电容后接到整流管栅极,但是高频信号经过电容后会有电压损失,要使得射频信号经过两个电容后保持电压差值稳定是很困难的。经仿真显示,这两点的电位差不能保持平衡,导致整流输出非常低。

NMOS 管、PMOS 管的交替使用可以避免偏置管接到射频信号端口。补偿 PMOS 管的一端接到整流管栅极(加了一个小电容,能使这一点电位稳定),另一端接到储能电容,由于储能电容的电容值比较大,所以这一点的电位也比较稳定,这样就形成了补偿管。补偿管提供的补偿电压非常稳定,同时可以调节补偿管的尺寸及电流镜镜像过来的电流大小,以控制它们提供的补偿电压,可以实现对每个补偿都能精准控制。

图 4-17 为 4 种倍压整流电路效率仿真(负载为 $100\text{k}\Omega$)结果对比。可以看出,二级阈值补偿倍压整流电路效率最高,三级本征管倍压整流电路和十级静态 CTS 倍压整流电路次之,十级肖特基主从倍压整流电路效率最低。

经过上述分析,选取二级阈值补偿倍压整流电路作为高效倍压整流电路,因为它具有效率高(≥60%)、级数少、面积小、工艺要求低等优势。

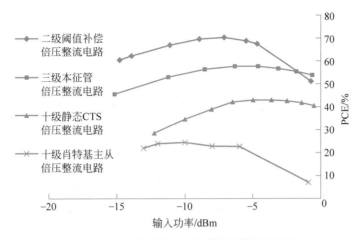

图 4-17　4 种倍压整流电路效率仿真结果对比

4.3.3　高效倍压整流电路仿真分析

下面介绍第 4 种倍压整流电路的设计过程。

1. 整流管的尺寸分析

由于要实现对整流管的阈值补偿,所以尽量选用低阈值的管子。本征管的阈值太低,会导致无补偿的情况下漏电很大,所以选择中阈值管。在采用的 MOS 管的尺寸选择上,L 的增加会使得整流管源串联电阻增大(本身功耗增加),又使得栅源电容增加(导致输出电压和效率都会下降),因此在设计中 L 应采用最小特征尺寸。增加 W 可以有效地减小串联电阻,但是会提高 MOS 管的栅源电容,所以折中选取 W。设计时,可以采用网格状或 finger(插指结构)的形式减小寄生电容的影响。

一级倍压整流电路和等效电路如图 4-18 所示。

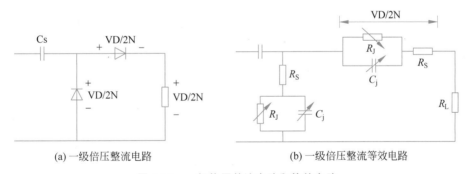

(a) 一级倍压整流电路　　　　　　　　(b) 一级倍压整流等效电路

图 4-18　一级倍压整流电路和等效电路

2. 耦合电容大小分析

电容越大,整流电路的性能越好,但是考虑到占用的面积,这里折中选取耦合电容大小。通过仿真分析,电容小于 5pF 对电路性能影响比较大;而大于 5pF 对电路影响不大,所占面积却很大。此处折中考虑面积与性能,电容选择 5pF。由于耦合电容精度特别重要,这里使用单位面积电容值比较低但精度较高且不受电压影响的 MIM(Metal Powder Injection,金属粉末注射)电容。

3. 储能电容设计

储能电容主要影响芯片的以下 3 个指标:

（1）纹波系数。储能电容越大，输出纹波系数越小。

（2）输出达到稳定的时间。储能电容越大，整流输出达到稳定的时间越长。

（3）掉电幅度。对输入加调制的射频信号，调制后的射频信号数据 0 连续削弱 2～12.5μs。输入的最坏情况为 12.5μs，连续两个数据 0，占空比为 1，且调制深度为 100%。100pF 的储能电容掉电影响非常明显，1nF 的储能电容掉电影响还可以接受，2nF 的储能电容掉电影响很小。考虑到芯片面积，选择芯片集成储能电容大小为 1～2nF。在最终实现电路模块版图设计后，把电路间的空隙填满储能电容，以节约芯片面积。

4. 倍压整流电路电压增益和倍压效率分析

图 4-19 是不带泄流电路的倍压整流电路在不同负载下的输入功率与能量转换效率（Power Conversion Efficiency，PCE）的关系。由图 4-19 可见，随着负载电阻的减小，电路的能量转换效率峰值逐渐右移并有所提高，在负载为 50kΩ 时最高可获得 74% 的效率。这是由于，随着负载电阻的减小，在功率匹配的情况下，负载能获得更大的电流，电荷泵的最高效率也会增加。因此图 4-19 中能量转换效率的峰值随负载电阻的减小而右移。在负载电阻较大时，由于电荷泵输出电流小，因此在输入功率较小的时候电荷泵的输出电压上升快，电荷泵的能量转换效率可以很快达到该负载情况下的峰值。随着输入功率的增大，电荷泵的输出电压增加，相应的输出电流也增加，电荷泵的整流管的功耗也增大，导致效率下降。因此，每一种负载电阻的能量转换效率曲线都有一个先上升再下降的过程。

图 4-20 显示的是不带泄流电路的倍压整流电路的输入电压与输出电压的关系。可见，由于阈值损失被消除了，新的电荷泵具有更高的电压倍增效果。在负载电阻为 100kΩ 的情况下，当输入信号幅度为 550mV 时，输出电压可以达到 1.43V，此时的电路能量转换效率达到 60%。从图 4-20 中还可以看到，新的电荷泵电路在各种负载情况下其输入输出关系曲线都几乎是直线上升的，说明电路因级数小而受体效应影响很小，电路性能明显优于其他多级倍压整流电路。

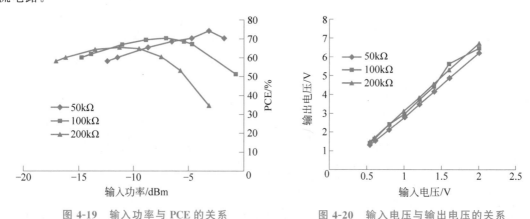

图 4-19　输入功率与 PCE 的关系　　　　图 4-20　输入电压与输出电压的关系

上述分析都是基于不带泄流支路的倍压整流电路进行的。可以看出，只要输入能量满足要求，输出电压会无止境地上涨，但是工艺允许的管子最优工作电压都是 1.8V，如果电压过高则会烧坏管子，所以在倍压整流输出端需加入泄流支路，用于在超大输入情况下泄掉多余的能量。

两种泄流支路的电路如图 4-21 所示。第一种为若干二极管串并联组成，自整流输出电压达到 3 个二极管阈值之和，4 个并联二极管支路同时导通，泄放多余能量。第二种为若干二极管接 MOS 管串联构成电平检测单元，当整流输出达到二极管阈值之和时，泄流管开启，构成电流泄放通路,同时对整流电路形成较大负载,可降低输出电压,起到防止输出过冲、保护后级电路的作用,同时还能减小整流输出纹波系数。但这种电路的缺点是 MOS 管尺寸有限,容易烧坏。最终选取以二极管串并联组成的泄流支路。

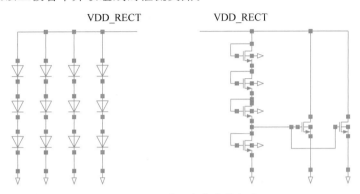

图 4-21　两种泄流支路的电路

带泄流支路的倍压整流电路与不带泄流支路的倍压整流电路仿真结果对比如图 4-22 所示。可以看出,由于二极管的泄流作用,带泄流支路的电路的输出电压很快趋近一个二极管的导通电压。

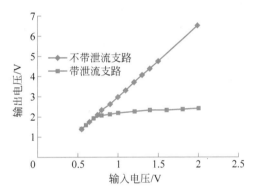

图 4-22　带泄流支路的倍压整流电路与不带泄流支路的倍压整流电路仿真结果对比

4.3.4　阻抗匹配分析

二级倍压整流电路的效率非常高,但输入电压也非常高,需要确定当芯片与天线匹配时接口感应电压能否上得去。下面先从理论上分析芯片阻抗大小。

图 4-23 为 N 级倍压整流电路的交流等效模型。在工作频率为 ω 时,其等效电路为 $2N$ 个整流管并联。其在频率 ω 时的输入阻抗为

$$Z_{\text{in}} = \frac{Z_{\text{dio}}}{2N} \qquad (4\text{-}10)$$

而单管阻抗 Z_{dio} 可以通过一个周期单管电流与电压求得。对于单个整流管来说,在一个周期内其电流分为导通和截止两个状态。在导通状态,二极管结电阻近似为 0,此时电流主要由射频信号通过整流管串联电阻 R_S 产生;而在截止状态,二极管两端电流主要由结电容放电产生。由此可得

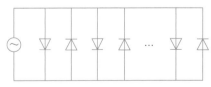

图 4-23　N 级倍压整流电路的交流等效模型

$$I = I_r - \mathrm{j}I_1 \qquad (4\text{-}11)$$

其中

$$I_r = \frac{1}{\pi R_S}\left[\int_{-\theta_{on}}^{\theta_{on}}(V_I - V_{bi})\cos\theta\ d\theta + \int_{\theta_{on}}^{2\pi-\theta_{on}}(V_I - V_J)\cos\theta\ d\theta\right] \qquad (4\text{-}12)$$

$$I_1 = \frac{1}{\pi R_S}\left[\int_{-\theta_{on}}^{\theta_{on}}(V_I - V_{bi})\sin\theta\ d\theta + \int_{\theta_{on}}^{2\pi-\theta_{on}}(V_I - V_J)\sin\theta\ d\theta\right] \qquad (4\text{-}13)$$

得

$$Z_{in} = \frac{Z_{dio}}{2N} = \frac{1}{2N}\times\frac{V}{I_r - ji_1}$$
$$= \frac{1}{2N}\times\frac{pR_S}{\cos q_{on}}\left(\frac{q_{on}}{\cos q_{on}} - \sin q_{on}\right) + jvR_sC_j\left(\frac{p - q_{on}}{\cos q_{on}} + \sin q_{on}\right) \qquad (4\text{-}14)$$

由式(4-14)可见，N 级倍压整流电路的输入阻抗也是一个随导通角 θ_{on} 变化的参量，而导通角 θ_{on} 是一个随输入功率变化的量。因此，N 级倍压整流电路的输入阻抗会随射频端输入功率变化。在对标签芯片进行匹配的时候，不仅要考虑电路自身的结构，而且要考虑射频输入的信号强度，这种情况称为大信号匹配。

对 N 级倍压整流电路进行 DC 分析，每个二极管的直流偏置电压为

$$V_{bias} = -\frac{V_{out}}{2N} \qquad (4\text{-}15)$$

则整个二极管上的电压为

$$V_d = -\frac{V_{out}}{2N} + V_{rf}\cos(2\pi f_0 t + n\pi) \qquad (4\text{-}16)$$

其中，N 为二极管数，V_{rf} 为输入电压。考虑二极管的特性，二极管电流为

$$I_d = I_{sT}\left[\exp\left(\frac{V_d}{V_t}\right) - 1\right]$$
$$= I_{sT}\left[\exp\left(\frac{V_{rf}}{V_t}\cos(2\pi f_0 t + n\pi)\right)\exp\left(-\frac{V_{out}}{2NV_t}\right) - 1\right] \qquad (4\text{-}17)$$

其中，I_{sT} 为反向饱和电流，V_t 为热电压。

为了简化倍压整流的分析，有如下假设：

当电压小于开启电压时，$I_d \approx 0$。

当电压大于或等于开启电压时，二极管电阻 R_S 为常数。

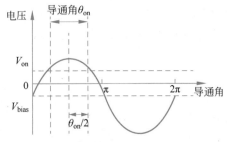

图 4-24   二极管的偏置电压和导通角关系

因此，二极管电流为

$$I_d = \begin{cases} 0, & V_d < V_{on} \\ \dfrac{V_d - V_{on}}{R_S}, & V_d \geqslant V_{on} \end{cases} \qquad (4\text{-}18)$$

从式(4-18)可以看出，整流电路中的二极管工作在 C 类状态，如图 4-24 所示，导通角 $\theta_{on} = 2\arccos x$，其中 $x = \dfrac{V_{on} - V_{bias}}{V_{rf}}$。把式(4-18)简单线性化后得到二极管电流：

$$I_d(\phi) = I_d\max\left(\frac{\cos\phi - \cos\dfrac{\theta_{on}}{2}}{1 - \cos\dfrac{\theta_{on}}{2}}\right), \quad -\frac{\theta_{on}}{2} < \phi < \frac{\theta_{on}}{2} \qquad (4\text{-}19)$$

整流电路的输出直流电流是二极管电流的一部分,可推算出

$$I_{\text{out}} = \frac{1}{2\pi}\int_{-\frac{\theta_{\text{on}}}{2}}^{\frac{\theta_{\text{on}}}{2}} I_{\text{d}}\mathrm{d}\phi = \frac{V_{\text{rf}}}{\pi R_{\text{S}}}\left(\sqrt{1-x^2} - x\ \text{arccos}\ x\right) \tag{4-20}$$

其中,$V_{\text{bias}} = -\dfrac{V_{\text{out}}}{2N}$。在 AC 分析中,可认为储能电容和耦合电容是短路的,所以总的输入功耗为单个二极管功耗的 $2N$ 倍:

$$P_{\text{in}} = 2N\frac{1}{2\pi}\int_{-\frac{\theta_{\text{on}}}{2}}^{\frac{\theta_{\text{on}}}{2}} V_{\text{rf}}(\phi) I_{\text{d}}(\phi)\mathrm{d}\phi = \frac{NV_{\text{rf}}^2}{\pi R_{\text{S}}}\left(\text{arccos}\ x - x\sqrt{1-x^2}\right) \tag{4-21}$$

考虑到衬底寄生电容和寄生电阻消耗的功耗,实际功耗会大一些。通过 AC 分析,可以得到偶数二极管的寄生电阻和寄生电容消耗的压降为 0,而只有奇数二极管才消耗能量。

$$P_{\text{sub}} \approx \frac{1}{2}V_{\text{rf}}^2 R_{\text{sub}}(2\pi f_0 C_{\text{sub}})^2 \tag{4-22}$$

式(4-22)是建立在 $2\pi f_0 R_{\text{sub}} C_{\text{sub}} \ll 1$ 的基础上的。所以,倍压整流电路总共消耗的能量为

$$P_{\text{in}} = \frac{NV_{\text{rf}}^2}{\pi R_{\text{S}}}\left(\text{arccos}\ x - x\sqrt{1-x^2}\right) + NP_{\text{sub}} \tag{4-23}$$

在射频非线性电路中,大信号输入阻抗的求解一般是在仿真软件 ADS 或 Cadence Spectre RF 中通过谐波平衡算法实现的。

由于芯片的阻抗主要与倍压整流电路和调制解调电路有关,所以进行阻抗分析的时候加入了调制电路和解调电路。射频前端电路如图 4-25 所示。

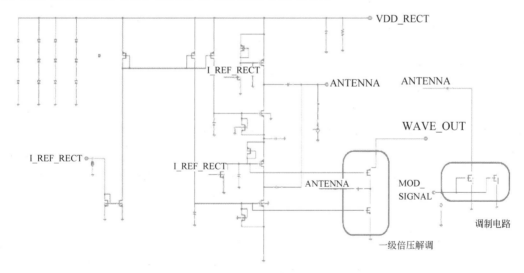

图 4-25　射频前端电路

把射频前端设计的电路参数通过 ADS 仿真,得出芯片阻抗,输入为 -14dBm(约 $40\,\mu\text{W}$),负载为 $80\text{k}\Omega$,PSK 调制。当调制电路输入电平为低时,仿真阻抗为 $123-\text{j}745$;当调制电路输入电平为高时,仿真阻抗为 $97-\text{j}627$。

把上面得到的阻抗代入电路中分析,这里为了模拟天线工作,把天线等效为一个带内阻的功率源和一个电感串联,功率源的内阻设为 123Ω,频率为 923MHz,功率为 -14dBm,电感值为 128.46nH,调制信号设为 0V。

仿真结果如下:输出电压达到 1.347V,天线接口感应电压为 566.6mV,总功耗为

$39.42\mu W$(约-14dBm)。

仿真结果说明,只要天线与芯片阻抗完全匹配,二级倍压整流电路与天线接口的感应电压是能够上去的。

4.4   稳压基准源

4.4.1   集成电路的亚阈值

在 UHF RFID 无源电子标签的应用中,由于标签与读写器距离的不确定性,标签天线接收并传输到芯片的能量有高达 1000 倍以上的变化。为了使标签芯片稳定、正常地工作,需要稳压基准源为调制电路、解调电路、时钟产生电路、数字电路以及存储器等单元电路提供稳定的直流工作电压。稳压基准源包含一个与电源和工艺无关、具有确定温度特性的基准源。传统基准源采用带隙技术产生,其原理是利用双极晶体管的基极-发射极电压差的负温度系数与工作在不相同电流密度下双极晶体管的基极-发射极电压差的正温度系数产生零温度系数的基准源。

带隙源由于其高精度及低温度系数的特性,被广泛应用于模拟及数字电路系统中。早期的带隙源电源电压一般为 3～5V,输出基准电压在 1.25V 附近。随着集成电路设计向着深亚微米工艺发展,目前带隙源电源电压降至 1.8V 以下,输出的基准电压一般小于 1V。传统结构的带隙源已经不能满足电源电压降低的要求。

近年来,随着半导体工艺的飞速发展以及集成电路集成度的不断提高,功耗问题日益突出,低功耗设计已成为当前集成电路设计的热点。尤其是无源 RFID 电子标签应用,它需要将空间电磁波转换为工作电源,可知该能量是极其有限的。亚阈值技术正是在这样的背景下应运而生的,目前该技术已广泛应用于模拟集成电路的设计和研究,也开始应用于数字集成电路的研究。

根据晶体管驱动电压的不同,可以将 CMOS 晶体管工作区划分为 4 个,分别是线性区、饱和区、亚阈值区和截止区。

当 $0 < V_{GS} < V_{TH}$ 时,晶体管工作在亚阈值区。此时,晶体管并不会由于驱动电压小于阈值电压而完全截止,而是呈现弱导通状态。亚阈值导电与强反型导电的机理不同。强反型沟道电子的主要运动方式是漂移,沟道电流的主要成分是漂移电流;而在亚阈值区,漏极电流仍然是电子电流,但是沟道电子的主要运动方式是扩散,因此亚阈值电流的主要成分是扩散电流。C. Turchetti 的定量分析证实,亚阈值电流中的扩散分量远大于漂移分量,因此亚阈值电流的表达式中只需包括扩散项,而忽略漂移项。

通过推导,最终可得到晶体管在亚阈值区电流的表达式:

$$I_{\text{Dsub}} = \frac{W}{L}\mu_n C_{\text{ax}} n \left(\frac{KT}{q}\right)^2 \left\{\exp\left[\frac{q}{nKT}(V_{GS} - V_{T\cdot g})\right]\right\} \left[1 - \exp\left(-\frac{qV_{DS}}{KT}\right)\right] \quad (4\text{-}24)$$

其中,$V_{T\cdot g}$ 为导通电压,$V_{T\cdot g} = V_T + nKT/q$,参数 n 为常数,它取决于制造工艺,其值为 $1.0 \sim 2.5$,$n = 1 + C_D/C_{\text{ax}}$,$C_D$ 为表面耗尽层电容。

由式(4-24)可以看出,I_{Dsub} 随 V_{GS} 及 V_{DS} 的变化规律如下:

(1) 当 V_{DS} 为常数时,I_{Dsub} 随 V_{GS} 按指数规律变化。

(2) 当 V_{GS} 为常数且 $V_D > 3KT/q$ 时,I_{Dsub} 几乎不随 V_{DS} 的变化而变化,这类似于反偏 PN 结的饱和特性。

关于亚阈值工作电路的研究一直是近年来低功耗电路设计研究的热点领域。Filanovsky

和 Allam 研究了 CMOS 管的温度特性,他们指出,当 CMOS 管的 V_{GS} 低于一个与温度有关的特定偏置点时,它就随温度的增加而减小,即具有负温度系数。

假定工作在亚阈值区的 CMOS 管的沟道长度足够长,则漏端电流为

$$I_D = S\mu U_T^2 \sqrt{\frac{q\varepsilon_{si} N_{ch}}{2\phi_s}} \exp\left(\frac{\phi_s - 2\phi_B}{U_T}\right) \approx S\mu U_T^2 \sqrt{\frac{q\varepsilon_{si} N_{ch}}{4\phi_B}} \exp\left(\frac{\phi_s - 2\phi_B}{U_T}\right) \quad (4\text{-}25)$$

其中,$S = W/L$ 表示 CMOS 管的宽长比,ϕ_s 表示表面电动势,ϕ_B 表示衬底费米势,N_{ch} 表示衬底掺杂浓度,$U_T = kT/q$ 表示热电势。

因为

$$I_D = S\mu U_T^2 \sqrt{\frac{q\varepsilon_{si} N_{ch}}{4\phi_B}} \exp\left(\frac{V_{GS} - V_{TH} - V_{off}}{nU_T}\right) \quad (4\text{-}26)$$

可以得到

$$\frac{V_{GS} - V_{TH} - V_{off}}{n} = \phi_s - 2\phi_B \quad (4\text{-}27)$$

通过计算得到

$$\phi_s(T) - 2\phi_{B(T)}(T) = [\phi_s(T_0) - 2\phi_B(T_0)]\frac{T}{T_0} \quad (4\text{-}28)$$

因此

$$V_{GS}(T) = V_{TH}(T) + V_{off} + \frac{n(T)}{n(T_0)} \times [V_{GS}(T_0) - V_{TH}(T_0) - V_{off}]\frac{T}{T_0} \quad (4\text{-}29)$$

如果

$$n(T) \approx n(T_0), V_{TH}(T) = V_{TH}(T_0) + K_T\left(\frac{T}{T_0} - 1\right)$$

可以得到

$$V_{GS}(T) \approx V_{GS}(T_0) + (K_T + V_{TS}(T_0) - V_{TH}(T_0) - V_{off})\left(\frac{T}{T_0} - 1\right) \quad (4\text{-}30)$$

其中,$K_T + V_{GS}(T_0) - V_{TH}(T_0) - V_{off}$ 是一个负值,因此从式(4-30)可以清楚地看出 V_{GS} 随着温度的增加而减小,即具有负温度系数。

在亚阈值区工作的 CMOS 管基准源与带隙源不同,它不再需要寄生 PNP 三极管。其优点是 CMOS 管工作在亚阈值区,芯片工作功耗低,而且可与标准 CMOS 数字工艺兼容。本设计将采用亚阈值型基准源产生标签芯片和其他电路所需要的电压或电流基准。

为了提高基准源的精度和稳定度,设置整个标签芯片工作在两个不同的电源电压下,即整流电路输出的两路电源电压 V_{high}(高电源电压)和 V_{low}(低电源电压),高低两路电压送入稳压基准源电路,产生两路稳定的电压 V_{DDh} 和 V_{DDl}。其中,V_{DDh} 作为存储器写操作的工作电压,V_{DDl} 作为模拟电路和数字电路的电源电压。

4.4.2 稳压基准源技术指标

稳压基准源电路的目的是对整流电路输出的不规则电压信号进行整形,并将输出电压稳定在要求的电平上,以作为后继电路的工作电源。本设计中的标签芯片整流电路输出高低两个工作电压,稳压基准源电路采用高电压产生基准源,同时在写状态时作为存储器的写工作电源,而低电压用于射频、模拟电路和数字电路的工作电源。

稳压基准源包含启动电路、电流基准电路和稳压电路(差分放大器和后级驱动)3 部分,如图 4-26 所示。由于标签芯片距离读写器远近不同,整流电路输出的工作电压也会大大不同,在此情况下,要得到稳定的电压源,就要求电流基准电路具有良好的电源抑制比(Power Supply Rejection Ratio,PSRR)。为了得到较好的电源抑制比,采用了共源共栅(cascade)结构,产生与电源电压无关的电流,经 Bias1 和 Bias2 提供的偏置电压控制上下两条镜像电流产

生电路,分别产生高和低的基准电压。

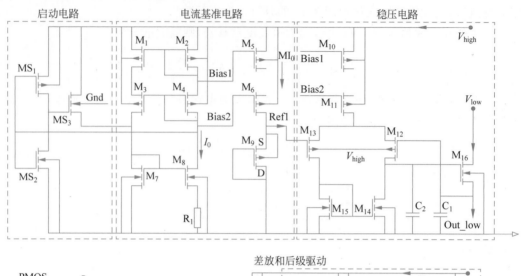

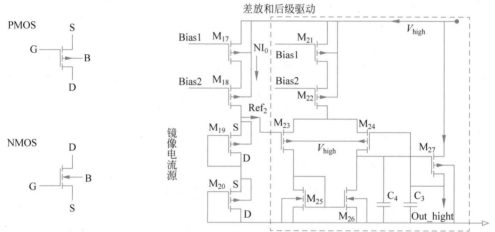

图 4-26　稳压基准源电路结构

共源极借助于自身的跨导,MOS 管可以将栅源电压的变化转换成小信号漏极电流,小信号漏电流流过电阻或其他负载就会产生输出电压。共栅极将输入信号加在 MOS 管的源端,在漏端产生输出,栅极接一个直流电压,以便建立适当的工作点。由此可知,共栅极的输入信号可以是电流,共源极中的晶体管可以将电压信号转换为电流信号,共源极和共栅极的级联称为共源共栅结构。共源共栅结构具有诸多优点,输出阻抗高,增益大,这使得共源共栅结构可以构成恒定电流源,高的输出阻抗提供一个接近理想的电流源,但这样做的代价是牺牲了电压裕度。所以,稳压基准源中的电流基准电路采用共源共栅结构可以达到输出稳定基准电流的目的。

电流基准电路实际上产生一个 PTAT 电流,PTAT 是指与绝对温度成正比(Proportional To Absolute Temperature)。电流基准电路(MOS 管 $M_1 \sim M_4$、M_7、M_8 和电阻 R_1)产生一个基准电流 I_0,电流 I_0 通过 MOS 晶体管 M_5 和 M_6 镜像到 MOS 负载 M_9 以产生基准电压。在 PTAT 电流基准电路中,M_7、M_8 工作在亚阈值区,而 $M_1 \sim M_4$ 工作在饱和区,其产生的电流与电源电压 V_{DD} 基本无关;电阻 R_1 的作用是限制电流,为了低功耗以及考虑到 M_7 和 M_8 的亚阈值工作状态,在亚阈值区,电流下降一个数量级时,MOS 管的栅源电压必须下降约 80mV,而亚阈值区的栅源电压差较 MOS 管的阈值不能太小,否则其工作特性不再类似于二极管。因此将电阻两端的电压差控制在一定电平上,这样,电阻越大,电流越小,消耗的功率也越小,但是电阻越大,需要的芯片面积也越大,在选择时,要折中考虑这两方面的因素。MOS负载晶体管 M_9 产生低的输出基准电压 Ref_1。MOS 管 M_1、M_3 和 M_2、M_4 分别构成共源共栅结构,它们的参数相同。M_7 和 M_8 参数不同,以产生基准电流。

基准电压产生的理论分析过程如下。

PTAT 电流基准电路中 MOS 管 $M_1 \sim M_4$ 组成共源共栅结构,工作在饱和区,即 $V_{GS} - V_{TH} < V_{DS}$ 过驱动电压小于漏源电压,MOS 管 M_7、M_8 工作在亚阈值区,工作在饱和区和亚阈值区的晶体管电流可以分别表示为

$$I_{Dsat} = \frac{\mu C_{ax}}{2} \frac{W}{L} (V_{GS} - V_{TH})^2 = \frac{k'}{2} \frac{W}{L} (V_{GS} - V_{TH})^2 \tag{4-31}$$

$$I_{Dsat} = I_{D0} \frac{W}{L} e^{q(V_{GS} - V_{TH})/(nkT)} = I_{D0} \frac{W}{L} e^{(V_{GS} - V_{TH})/(nV_T)} \tag{4-32}$$

其中,

$$I_{D0} = \mu_n C_{ax} \left(\frac{kT}{q}\right)^2 e^{1.8} = \mu_n C_{ax} V_T^2 e^{1.8}, \quad k' = \mu_0 C_{ax}, V_T = \frac{kT}{q} \tag{4-33}$$

式(4-31)~式(4-33)中,μ_0 是 MOS 管的表面迁移率,C_{ax} 是单位面积栅氧化层电容,W 和 L 分别代表 MOS 管的栅宽和栅长,V_{TH} 是 MOS 管的阈值电压,V_T 是热电压。

在 PTAT 电流基准源电路中,MOS 管 M_1、M_2 工作在饱和区,且它们的栅极和源极电压分别相等,尺寸相同,则根据式(4-30)可知,流过它们的沟道电流也相等。MOS 管 M_7、M_8 工作在亚阈值区,它们的栅源电压具有以下关系:

$$V_{GS7} = V_{GS8} + I_0 R_1 \tag{4-34}$$

根据式(4-34),M_7、M_8 的栅源电压分别为

$$V_{GS7} = n \frac{kT}{q} \ln \frac{I_{Dsub} L_7}{I_{D0} W_7} + V_{TH} = n V_T \ln \frac{I_0 L_7}{I_{D0} W_7} + V_{TH} \tag{4-35}$$

$$V_{GS8} = n \frac{kT}{q} \ln \frac{I_{Dsub} L_8}{I_{D0} W_8} + V_{TH} = n V_T \ln \frac{I_0 L_8}{I_{D0} W_8} + V_{TH} \tag{4-36}$$

由式(4-34)~式(4-36)可以得到电流 I_0 的表达式:

$$I_0 = \frac{n V_T}{R_0} \ln \frac{W_8 L_7}{L_8 W_7} \tag{4-37}$$

可见,电流 I_0 是独立于电源电压的,通过 W_7、W_8、L_7 和 L_8 可调节到非常小。

在镜像电流电路中,MOS 管 M_5、M_6 分别与 MOS 管 M_2、M_4 的栅极电压和源极电压相等,由此构成电流镜,M_5、M_6 为共源共栅结构。则通过式(4-37)可知,流过 M_5、M_6 的电流为

$$I_{load} = I_0 \frac{W_6 L_4}{L_6 W_4} = I_0 \frac{W_5 L_2}{L_5 W_2} \tag{4-38}$$

基准输出电压等于 MOS 管 M_9 的栅源电压,即 $V_{REF} = V_{GS9}$。MOS 管 M_9 的栅源电压如下:

$$V_{GS9} = \sqrt{\frac{2 I_{load} L_9}{k' W_9}} + V_{TH} \tag{4-39}$$

$$V_{REF} = V_{GS9} = \sqrt{\frac{2 I_0 W_6 L_4 L_9}{k' L_6 W_4 W_9}} + V_{TH} \tag{4-40}$$

在式(4-40)中,I_0 的定义如式(4-37)所示。调节 MOS 管 M_7、M_8 的尺寸和电阻 R_1 可调

节 I_0,从而控制镜像电流的大小。

NMOS 晶体管 M_9 的栅源电压 V_{GS} 与温度近似呈负线性关系,而镜像电流 I_0 为 PTAT 电流,随温度的升高而增大,由公式分析可知,调节 MOS 管 M_5、M_6、M_9 的尺寸可以抵消温度的影响。加上前述 PTAT 电流的大小是与电源电压无关的,则得到与电源电压和温度均无关的基准电压。为了尽量减轻沟道长度调制效应,在具体电路设计中选用长沟道的 MOS 管。

为了保证电流基准电路消耗的功率较低,将 PTAT 镜像电流设计得尽量小。由式(4-40)可见,在 MOS 管 M_7、M_8 尺寸一定的情况下,电阻越大,电流越小,电阻采用方块阻值较大的 Poly 电阻实现,使电阻的总面积不至于太大。考虑到沟道长度调制效应,对于 MOS 管 M_7 和 M_8,选取了较大的栅长 L 值,使沟道调制参数 λ 尽可能小。

由上述关系式可以看出,当电流 I_0 等于 0 时,各关系式仍然成立,为此要求电路不能进入此状态。所以,PTAT 电流基准电路具有两个稳定态,一个为零电流状态,另一个为希望的工作状态(有基准电流产生)。零电流状态是指当电源上电时所有的晶体管均处于零电流状态,而且可以无限期保持稳定。若要进入正常工作状态,需要启动电路实现。启动电路的目的是使电流基准源电路摆脱零电流状态,且尽快进入希望的工作状态,同时能起到减小电流基准延时的作用。启动电路结构简单,存在极小的直流功耗。在选择启动电路中的反相器 MOS 管 MS_1 和 MS_2 的尺寸选择时,其阈值电压应尽可能低,使 MS_3 很快导通,注入电流到电流基准电路的 M_1、M_3、M_7 构成的左支路中,电流基准电路立刻开始工作。随输入电压的升高,MOS 管 M_7 的漏源电压差逐渐增大,导致 MS_3 管的源极电压上升,同时 MOS 管 MS_1 和 MS_2 的栅极电压也在上升,它们构成反相器的输出,即 MS_3 管的栅极电压为低,此时 MS_3 管截止,启动电路停止工作。

稳压基准源电路的差分放大器使电路处于深度负反馈状态,它将镜像电流电路产生的基准参考电压与输出电压进行比较,产生的输出信号作为输出级 NMOS 晶体管 M_{16} 的栅极控制电压,形成一个负反馈环路,最终使输出电压与基准源参考电压相同。差分放大器由 P 沟道 MOS 管 M_{12} 和 M_{13} 构成,它们由接在两管漏极的 MOS 管 M_{10}、M_{11} 镜像的电流偏置,M_{12} 和 M_{13} 也构成了源极耦合对。同时,差分放大器选择了 N 沟道 MOS 管 M_{14} 和 M_{15} 作为有源负载。通过对共源极的分析可知,在一定范围的电源电压下,要获得更高的电压增益,负载阻抗必须尽可能大。差分放大器的输出作为工作电源使用,相当于电路驱动一个低阻抗的负载,为了使信号电平的损失小,就必须在放大器的后面放置一个缓冲器,这里采用源跟随器起到缓冲器的作用。差分放大器的输出接输出管 M_{16} 的栅极,M_{16} 的源极作为低电压的输出端。在要求输入低电压在尽量低的情况下就产生达到要求的最低输出电压 0.9V,所以输出管选择低阈值的 native MOS 管。

高稳压支路的工作过程和原理与低稳压支路相同。

整个标签芯片的系统指标如下:

- 工作频率:860~960MHz(中国国家标准为 840~845MHz 和 920~925MHz)。
- 标准:ISO/IEC 18000-6C。

稳压基准源电路的输出及技术指标如下:

- 输出高电压 V_{DDh}:1.6~2.0V,典型值 1.8V。
- 输出低电压 V_{DDl}:0.9~1.1V,典型值 1.0V。
- 温度范围:-20~80℃。

4.4.3　电路设计分析

1. 启动电路

启动电路通过 MS_1 和 MS_2 构成反相器,对 PTAT 电流基准电路的 MOS 管 M_8 的漏极电压进行采样,作为反相器的输入电压,经反相器后控制 MS_3 的栅极,而 MS_3 的源极连接到 PTAT 电流基准电路的 MOS 管 M_7 的漏极,用于为此支路提供启动电流。可见,要尽快注入电流到 PTAT 电流基准电路,首先 MS_3 要具有低阈值电压,且反相器的翻转电平要低,这样就能在较低电压输入的情况下输出高电压,使 MS_1 导通,再使 MS_3 导通,然后引入电流到 PTAT 电流基准电路。另外,当引入电流到 PTAT 电流基准电路后,随着反相器输入电压的升高,反相器输出低电压,致使 MS_3 截止。在较低的阈值电压下,反相器的工作时间较短,由此消耗的功率也较少。

2. 电流基准电路

在 PTAT 电流基准电路中,电阻 R_1 的阻值越大,电流越小,占用的面积越大。这里要根据其占用面积、电流大小和 M_7、M_8 管的工作状态折中决定。

电阻的计算公式为

$$R_0 = R_{sh}L/(W - \delta W) \tag{4-41}$$

其中,R_{sh} 是单位面积的电阻值,L 和 W 是电阻的长度和宽度,δW 是电阻宽度的工艺偏差量。工艺规定的电流密度是 $1\text{mA}/\mu\text{m}^2$,根据 PTAT 电流基准电路电阻支路的电流选择电阻的宽度,电阻必须能满足电流密度的要求。电阻值越大,电流越小,设计时需要在电阻版图面积和电流大小两方面折中。

MOS 管 M_7、M_8 要工作在亚阈值区,其沟道电流不能太小,否则其栅源电压偏离阈值电压太远,其工作特性不再近似于三极管的曲线特性。

根据 CMOS 电路的特性,调整共源共栅电流镜的 MOS 管参数。为了保证构成共源共栅结构的 MOS 管的对称性或一致性,这些 MOS 管采用相同的栅长,且栅长较大以降低沟道长度调制和源漏极扩散效应的影响。由于电流镜像电路是简单结构的 MOS 管镜像,在电流镜像时,镜像电流与基准电流的比值即为镜像 MOS 管与基准电路 MOS 管的尺寸比,考虑到工艺的对称性和一致性,镜像 MOS 管与基准电路 MOS 管的栅长和栅宽分别相等,此时,要得到比例镜像的电流,只需要设置镜像 MOS 管并联的个数即可,这样既能保证对称性和一致性,又能得到比例镜像的电流。

3. 稳压电路

稳压电路包括一个差分放大器和一个输出 NMOS 管 M_{16}。差分放大器比较输出电压和基准电压,并且将两者的差值放大后用于输出 NMOS 管 M_{16} 的栅极控制,稳压电路可以保持输出电压与基准电压相等,并提供较大的负载驱动能力。为了保证差分放大器不受输入电源电压波动的影响,它通过 MOS 管 M_{10} 和 M_{11} 镜像基准电流作为驱动电流,这样可以得到较好的电源抑制比。NMOS 管 M_{14} 和 M_{15} 作为有源负载,当电源电压波动时,电源电压的变化主要体现在 M_{14} 和 M_{15} 的有源负载上。源极耦合对 M_{12} 和 M_{13} 的栅长选择较大值,以减小沟道调制效应的影响。同时为了使差分放大器具有更高的增益,NMOS 有源负载 M_{11} 和 M_{12} 的栅长也应取较大值。由于输出 MOS 管 M_{16} 作为整个标签芯片模拟部分和数字部分的工作电源,流过的电流较大,应按照工艺电流密度要求选择 M_{16} 的宽度。

4. 频率补偿及滤波电容

电容 C_1 的作用是对高频谐波杂散信号进行滤波处理,呈现低通滤波特性。标签芯片射频信号频率范围为 $840 \sim 960\text{MHz}$,且其中心频率为 900MHz,电容呈现的等效阻抗相对于负载电阻或 MOS 管的栅极电阻应该非常小,这样才能达到滤波的目的。这里电容值也不能太大,除了面积的因素对输出会造成一定的延时作用以外,电容值太大会使寄生参数相应增大。

经过综合比较,折中选择电容值。

电容 C_1 和 C_3 的作用是对高频谐波杂散信号进行滤波处理,即对高频谐波杂散信号呈现短路。当电容值设为 1pF 时,它的等效电抗约为 1770Ω,对应整个频率范围的电抗范围为 $166\sim189\Omega$,相对于负载电阻或 MOS 管的栅极电阻非常小,可以达到滤波的目的。虽然电容值越大,对于滤除高频信号越有利,但是此电容与负载构成的零极点会对差分放大器电路产生影响,这里采用交流仿真的形式确定电容值。经过综合比较,选择电容的值为 1pF。

由于稳压电路是由差动放大器和后级源极跟随器共同组成的,差动放大器存在极点,因此差动放大器需要补偿,即其开环传输函数必须修正,以使闭环电路是稳定的,而且时间响应的性能也是良好的。为了增强差动放大器的稳定性,在差动放大器的输出端加入一个频率补偿电容。电容 C_0 和 C_1 作为差动放大器的频率补偿电容,可以降低差动放大器对频率波动的敏感度,当输入电压存在高频杂散信号时,可以起到一定的抑制作用。

通过对联合仿真结果的分析可知,稳压基准输出在负载较大时有高频杂散信号产生,频率大约为 1.28MHz,与时钟频率相同,即在实际情况中由于时钟的串扰导致稳压输出有毛刺。针对这个问题,在稳压电路的差分放大器的输出端加入频率补偿电容。

5. 仿真条件及结果分析

根据整流电路的输入信号,在全频率范围($840\sim960$MHz)内,在$-20\sim80℃$温度下,对稳压基准源的输出电压幅度和稳定性进行仿真。

稳压基准源电路的输入仿真条件以整流电路输出数据作为参考依据进行设置,并以模拟电路、数字电路和存储器的功率消耗作为输出指标参考。稳压基准源电路是以实际情况的数据作为参考进行仿真的,其结果具有较强的可信性。稳压基准源电路的仿真平台(testbench)如图 4-27 所示。

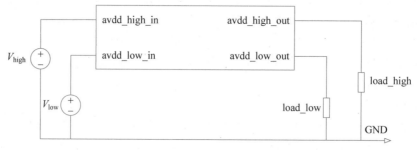

图 4-27   稳压基准源电路的仿真平台

图 4-27 左边为输入数据接口,整流电路输入的高、低电压信号分别用两个信号源模拟;右边为输出电压接口,高、低稳定电压输出采用电阻作为负载,V_{high} 和 V_{low} 是基准电路提供给解调电路的电压信号,由于这两个信号接入镜像电路的栅极,所以在此仿真平台中不带有负载。

4.5   ESD 防护电路设计

4.5.1   ESD 防护电路原理

芯片与外部环境的接口还涉及另一个很重要的问题,即 ESD 防护。当两个具有不同静电电势的物体相互靠近时,两个物体之间会发生静电电荷的转移,这个过程就是静电放电(Electro-Static Discharge,ESD)过程。对于集成电路来说,ESD 过程通常仅指外界物体接触芯片的某一个连接点所引起的持续时间为 150ns 左右的静电放电过程,这个过程会造成非常高的瞬态电流和瞬态电压,可能造成集成电路芯片失效。调查显示,集成电路失效约有 30%是由于 ESD 引起的,因此 ESD 防护电路的设计是集成电路中一个非常重要的问题。

静电放电过程会引起集成电路突然失效或者缓慢失效。ESD 引起集成电路失效的机理可以分为两类:一类是 ESD 过程中产生的高热量会烧坏半导体材料或金属连线;另一类是 ESD 引起的高电场会击穿集成电路中的薄介质层。

从 ESD 引起集成电路失效的机理出发,可以推导出有效的 ESD 防护电路应具有的特征。首先,ESD 防护电路在 ESD 过程中应该能提供一条低阻抗放电通道,避免大瞬态电流产生高热量,烧毁半导体材料或者金属连线;其次,ESD 防护电路应能钳制 ESD 电压,避免集成电路中的薄介质层被击穿;最后,ESD 防护电路还应该尽可能不干扰芯片的正常工作。

1. ESD 测试模型

人体 ESD 测试模型是最常用的一种 ESD 测试模型,它模仿带有静电的人体直接接触芯片所引起的静电从人体转移到芯片的过程。该模型产生一个静电瞬态以测试芯片与人体接触的 ESD 防护能力。图 4-28 给出了人体 ESD 测试模型的等效电路。人体引起的 ESD 时间用一个预充电的人体等效电容 C_{ESD} 通过一个放电电阻 R_{ESD} 向芯片放电来等效。其中 R_0 为 $10^6 \sim 10^7 \Omega$,R_{ESD} 为 1500Ω,C_{ESD} 为 $100\text{pF} \pm 1\%$,L_{ESD} 为 $6 \sim 10 \mu\text{H}$。

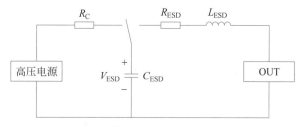

图 4-28 人体 ESD 测试模型的等效电路

该模型短路时的放电电流模型是指数函数,如图 4-29 所示。其上升时间 t_r 应小于 10ns,下降时间 t_f 为 150 ± 20ns,纹波幅度 i_{OSC} 必须小于放电电流高峰 I_P 的 15%。

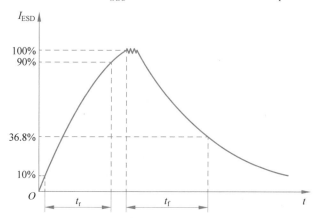

图 4-29 人体 ESD 测试模型的短路放电电流模型

2. ESD 防护的基本原理

下面基于 ESD 失效机制给出两种 ESD 防护方案的典型 I-V 曲线。

第一种方案是利用具有如图 4-30(a)所示的 I-V 曲线的器件作为 ESD 防护器件。这类防护器件在某一触发点 (V_{t_2}, I_{t_2}) 开启,形成一条低阻抗放电通道,对 ESD 瞬态进行放电。开启电压应足够低,将 ESD 瞬态电压钳制在栅氧化层的击穿电压范围内;但它同时又应高于电源

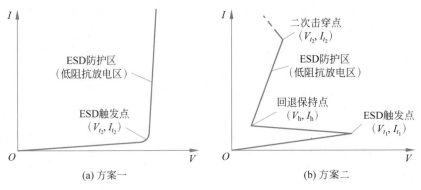

图 4-30　两种 ESD 防护方案的典型 $I\text{-}V$ 曲线

电压,以避免 ESD 防护器件在正常工作时开启,影响电路的正常工作。该方案的 ESD 防护性能取决于防护器件处理电流的能力,该能力受限于放电通道上串联阻抗所产生的热量。具有这种 $I\text{-}V$ 特性的典型器件是二极管,由这类器件构成的 ESD 防护电路可以通过 SPICE 电路仿真衡量它的 ESD 防护性能。

第二种方案是利用具有如图 4-30(b)所示的回退区 $I\text{-}V$ 曲线的器件作为 ESD 防护器件。这类防护器件在某一个触发点(V_{t_1}, I_{t_1})开启,驱动器件进入回退区,形成一条低阻抗放电通道,对 ESD 瞬态进行放电。触发电压由集成电路芯片决定,而回退区保持电压 V_h 应足够低,将 ESD 瞬态电压钳制在栅氧化层的击穿电压范围内,回退点保持电流 I_h 的选择主要考虑到防止闩锁(latch-up)效应,回退越深,ESD 防护性能越好。该方案的 ESD 防护性能取决于防护器件二次击穿时的电流。具有这种特性的典型器件是双极性晶体管、MOS 管或 SCR 器件。利用这类器件设计 ESD 防护电路的重点是选择合适的触发点(V_{t_1}, I_{t_1})以及二次击穿点(V_{t_1}, I_{t_1})。由于缺乏相应器件模型的支持,由这类器件构成的 ESD 防护电路不能通过常用的电路仿真工具衡量它的性能。但对于由二极管构成的 ESD 防护电路来说,由这类器件构成的 ESD 防护电路更有效,因此该方案得到更广泛的应用。

3. ESD 防护器件

1) 二极管

图 4-31 给出了由二极管构成的典型 ESD 防护电路及二极管的典型 $I\text{-}V$ 曲线。当二极管工作于正向偏置模式时,它的导通电压为 PN 结的导通电压 V_{ON},这是一个很低的值,所以为了不干扰电路的正常工作,采用正向偏置模式的 ESD 防护器件应由多个(n 个)二极管串联构成,使得 $nV_{ON} > V_{DD}$。而反向偏置模式二极管的触发电压为 PN 结发生雪崩击穿时的电压。

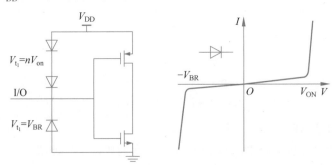

图 4-31　由二极管构成的典型 ESD 防护电路及二极管的典型 $I\text{-}V$ 曲线

由二极管构成的 ESD 防护电路的防护能力取决于二极管处理电流的能力,它受限于放电通道上串联阻抗所产生的热量,因此,通过合适的电路和版图设计减小二极管的寄生串联电阻是非常重要的。

2）双极型晶体管

双极型晶体管作为 ESD 防护器件工作于回退模式。图 4-32 给出了由双极型晶体管构成的 ESD 防护电路及双极型晶体管的典型 I-V 曲线。正常情况下,晶体管 Q_1、Q_2 的 BE 结和 BC 结都反偏,两个晶体管都工作于截止区,因此不会影响电路正常工作。当 I/O 焊盘上出现一个正 ESD 瞬态脉冲时,Q_1 的 BC 结反偏电压开始增加,增加到一定程度时,BC 结发生雪崩倍乘效应,产生大量的电子空穴对,空穴为基极所吸收,并通过电阻 R 流向地,从而在 Q_1 的 BE 结上形成一个电压差。一旦这个电压差大于 BE 结的导通电压,Q_1 就开始进入正向有源工作区,集电极电压开始下降,晶体管进入回退区,形成一条低阻抗放电通道,对 ESD 瞬态进行放电,同时 I/O 焊盘上的电压被钳制到低于回退保持电压 V_h,以避免集成电路中的氧化层截止发生击穿。在这种情况下,晶体管 Q_2 的 BC 结正偏导通,形成对 V_{DD} 放电的一条并联通路。当 I/O 焊盘上出现一个负 ESD 瞬态脉冲时,晶体管 Q_1、Q_2 的作用互换。

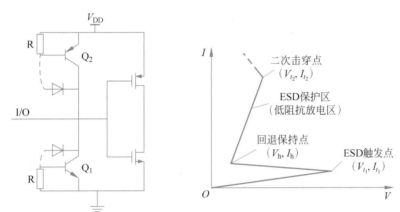

图 4-32 由双极型晶体管构成的 ESD 防护电路及双极型晶体管的典型 I-V 曲线

3）MOS 管

MOS 管作为 ESD 防护器件也工作于回退模式,它同 CMOS 工艺兼容,因此是 ESD 防护中常用的器件。如图 4-33 所示,当 I/O 焊盘上出现一个正 ESD 瞬态脉冲时,ggNMOS 管的 DB 结反偏电压开始增加,增加到一定程度时,DB 结发生雪崩倍乘效应,产生大量的电子空穴对,空穴通过衬底寄生电阻流向地,从而在衬底寄生阻抗上形成一个电压差。一旦该电压差大于寄生 NPN 管的 BE 结的导通电压,NPN 管就开始进入正向有源工作区,集电极电压开始下降,晶体管进入回退区,形成一条低阻抗放电通道,同时 I/O 焊盘上的电压被钳制到低于回退保持电压,以避免集成电路中的氧化层介质发生击穿。在这种情况下,ggPMOS 管的 BD 结正偏导通,形成对 V_{DD} 放电的一条并联放电通路。

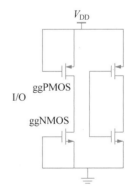

图 4-33 MOS 管构成的 ESD 防护电路

4）SCR 结构

作为 ESD 防护器件的 SCR 结构及其典型 I-V 曲线如图 4-34 所示。需要注意的是,SCR 结构作为 ESD 防护器件时需要增强引起闩锁效应的元素,如增加衬底和阱电阻、增加正反馈环路的电压增益。在实际应用中,为了避免发生闩锁效应,应使得 SCR 结构的保持电流比芯片正常工作时的最大电流还要高。在版图设计时,要选择合适的 SCR 结构位置。

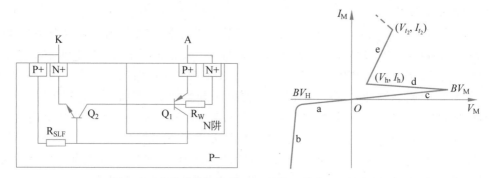

图 4-34　作为防护器件的 SCR 结构及其典型 *I-V* 曲线

4.5.2　ESD 防护电路设计

本书针对 UHF RFID 标签芯片的需要提出了一个多功能 ESD 防护电路。这个电路不仅能够进行传统的 ESD 保护,而且可以避免内部电路因过大场强产生的高电压造成的损坏,实现 RFID 限压功能。多功能 ESD 防护电路结构如图 4-35 所示。

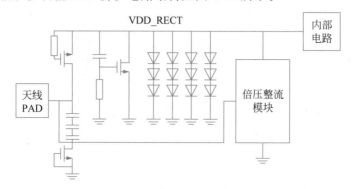

图 4-35　多功能 ESD 防护电路结构

本结构有两级 ESD 防护,即两个泄流支路,分别是 MOS 栅耦合 ESD 防护电路和二极管串并联泄流支路。MOS 栅耦合 ESD 防护电路的工作原理如下:当出现一个对地的正 ESD 瞬态脉冲时,该脉冲通过 RC 支路耦合到晶体管栅极,提高 MOS 管的栅极电压。MOS 管栅极电压的升高会增加 MOS 管下的衬底电流,使得衬底阻抗上的电压增加,从而降低 ESD 触发电压。二极管串并

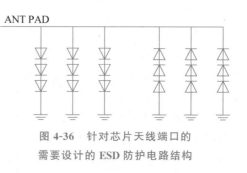

图 4-36　针对芯片天线端口的
需要设计的 ESD 防护电路结构

联泄流支路主要是利用二极管的 3 个导通电阻之和作为 ESD 的触发电阻。目前这个电路正在研究中,还没有得到流片验证。

针对芯片天线端口的需要另行设计了一个 ESD 防护电路。电路结构如图 4-36 所示。对于正负脉冲都使用二极管的导通电压之和。TSMC 0.18μm 工艺的二极管导通电压为 0.6～0.7V,所以 ESD 的触发电压为 1.8～2.1V。

针对 ESD 防护电路设计的全人工制作的版图如图 4-37 所示。

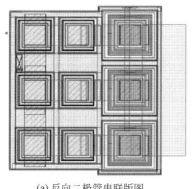 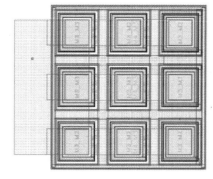

(a) 反向二极管串联版图　　　　　　　(b) 正向二极管串联版图

图 4-37　ESD 防护电路版图

4.6　调制电路设计

4.6.1　调制电路设计原理

在常用的通信系统中,通常有幅度调制、相位调制和频率调制等几种不同的调制方式。但是由于这些调制方式的实现都需要乘法器,而 UHF RFID 存在功耗限制,因此这些调制方式并不适用。在 RFID 系统中,采取了类似于雷达的反向散技术实现调制。在相关标准中,对标签的调制方式做了如下规定:标签反向散射采用 ASK 或 PSK 调制,读写器应能够解调上述两种调制。

在 UHF RFID 芯片中,反向散射的实现是靠芯片阻抗的改变实现的。相关标准规定标签到读写器的通信速率为 $40 \sim 640 \mathrm{kHz}$,因此,对于芯片的调制电路而言,应该能够在 $40 \sim 640 \mathrm{kHz}$ 的频率下改变芯片的阻抗,实现数据返回。

图 4-38 给出了反向散射技术的基本原理。天线阻抗为 Z_a,负载阻抗为 Z_c,反射系数为 Γ。其中,Z_a 和 Z_c 均为复数,反射系数 Γ 可以用式(4-42)表示:

$$\Gamma = \frac{Z_c - Z_a}{Z_c + Z_a} \tag{4-42}$$

从式(4-42)可以看出,改变反射系数可以通过改变其幅度或者相位实现。这也就对应着 ASK 和 PSK 两种调制方式。在 ASK 调制方式下,反射系数的幅度被改变,反射至读写器的信号功率在两个值之间切换,读写器据此判断标签返回的数据;在 PSK 调制方式下,反射信号的功率不变,但是反射信号的相位发生了改变,读写器据此判断标签返回的数据。

由于可以通过两种方式改变电路的反射系数,因此,必须首先确定选取何种方式的调制电路。在经过对 ASK 和 PSK 电路进行分析之后,得到了图 4-39 所示的结果。

在图 4-39 中,P_U 为反射至读写器的功率,P_{IN} 为传输至芯片的功率,P_{AV} 为天线可获得的功率。横坐标表示反射系数。从图 4-39 中可以看出,在相同反射系数的情况下,采用 PSK 调制时芯片可获得的能量远大于采用 ASK 调制时芯片可获得的能量,但是采用 ASK 调制时读写器会获得更大的反射功率。

由于在 RFID 系统中限制芯片工作距离的主要因素是芯片可获得的能量,因此,采用 PSK 调制可以增加芯片的工作距离。

在 RFID 芯片中,通常调制电路与其他射频前端是并联的,因此可以将芯片电路等效为图 4-40 所示的模型。

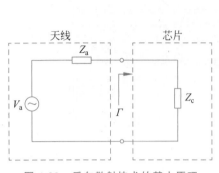

图 4-38　反向散射技术的基本原理

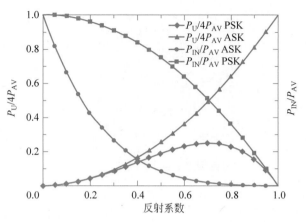

图 4-39　ASK 与 PSK 的对比结果

在图 4-40 中,除调制电路外的芯片其他部分的阻抗等效为 R_L 和 C_L 的并联,调制电路与其并联,并联后的阻抗即为芯片的阻抗。调制电路通过数字基带编码后的数据改变自身的状态,从而改变芯片的阻抗。

同样,调制电路本身的阻抗可以等效为 R_M 和 C_M 的并联,因此,电路可以进一步抽象为图 4-41 所示的形式。

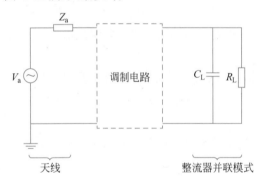

图 4-40　芯片电路等效模型

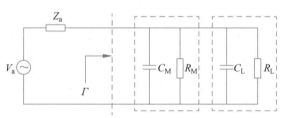

图 4-41　加入调制电路等效模型后的芯片电路

由于并联的电阻和电容并不能最终反映电路的阻抗值,因此需要将并联的 R_P 和 C_P 转化成串联的 R_S 和 C_S,这样,R_S 对应电路阻抗的实部,C_S 可以经过简单计算转换成电路阻抗的虚部,如图 4-42 所示。

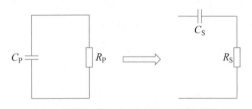

图 4-42　并联电路与串联电路阻抗的等效关系

根据图 4-42,R_P、C_P、R_S、C_S 之间满足式(4-43)和式(4-44)所示的关系:

$$R_S = \frac{R_P}{1 + (\omega C_p R_p)^2} \qquad (4\text{-}43)$$

$$C_S = \frac{1 + (\omega C_p R_p)^2}{\omega^2 C_p R_p^2} \qquad (4\text{-}44)$$

根据电路中除解调电路以外的其他射频前端的阻抗以及期望的反射系数,用式(4-43)和式(4-44)就可以计算出调制电路所需要的 R_M 和 C_M 的值。但是,事实上,由于寄生效应对电路的阻抗有着很大的影响,而且由于阻抗计算复杂,所以通常情况下通过仿真确定电路的阻抗。图 4-43 给出了芯片中采用的 PSK 调制电路图。该电路通过 MOS 开关控制接入天线端的电容的大小,从而改变了芯片的阻抗。但是,在这里 MOS 管存在导通电阻,计算电路的阻抗时不能忽略 MOS 管的导通电阻。

由最大功率传输理论可知,当标签天线与标签芯片的输入阻抗共轭匹配时,$\eta=1$,此时标签天线接收功率的一半传输到标签芯片,实现了最大功率传输。通常情况下,标签天线与标签芯片不能理想匹配,其余的能量除了被标签天线自身内阻消耗外,还有一部分被标签天线反射回自由空间中,读写器通过接收标签天线反射的电磁波信号实现通信。

对应于标签天线有效接收面积 A_e,定义标签天线的反射截面积为 σ。由雷达散射截面积理论可知,当目标物体的大小超过电磁波波长的一半时,通过目标物体的反射截面积确定其反射电磁波的效率。根据电磁波的波长范围,将物体的反射截面积分为如下 3 种情况:

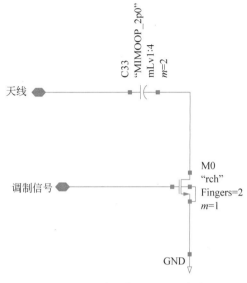

图 4-43 芯片中的 PSK 调制电路

(1)瑞利范围。与目标物体相比,电磁波波长较大。对于小于半波长的目标物体,σ 与波长的关系为 λ^{-4},因此小于 0.1λ 的目标物体的反射性能在实际中一般忽略不计。

(2)谐振范围。电磁波波长与目标物体尺寸相当。当波长发生变化时,反射截面积 σ 波动数分贝,特别适用于以谐振波长或谐振频率辐射的天线。

(3)光学范围。与目标物体尺寸相比,电磁波波长较小。反射截面积仅受目标物体的几何形状和位置影响。

由以上分析可见,UHF RFID 系统适用于谐振范围的反射截面积变化的情况。反射截面积在理论推导过程中比较方便适用。在设计中,为了更直观地理解标签的反向散射工作过程,将反射截面积转换为标签天线的反射系数,以反射系数定义调制电路的技术指标。

标签反向散射调制一般分为电阻性负载调制(resistor load modulation)和电容性负载调制(capacitive load modulation)。电阻性负载调制主要用于改变芯片输入阻抗的实部,电阻性负载会消耗较大的天线输入功率;而电容性负载调制主要用于改变芯片输入阻抗的虚部,电容性负载仅消耗微小的天线输入功率。因此,采用电容性负载的 ASK 反向散射调制方式,以及使用 CMOS 工艺的 MIM 电容作为负载电容,用于改变标签芯片的输入阻抗虚部,可以实现反向散射调制。

由于 UHF RFID 电子标签获得的能量有限,不能采取与普通通信系统一样的调制方式。RFID 电子标签利用天线反向散射的方式将读写器发射的电磁波信号进行相应的调整或改变后反射回去,读写器接收到改变后的电磁波信号,解调出数据,以实现通信传输。由此可见,对于调制电路的设计,应该以读写器解调信号的灵敏度为准,通过读写器的接收灵敏度间接计算出调制电路对读写器发射信号的反射系数,实现标签数据的反向散射。

RFID 标签通过标签天线和标签芯片的阻抗匹配程度实现反向散射调制的目的。标签天线将接收到的射频功率信号部分反射,反射系数以读写器的接收灵敏度和标签所需要的最低射频输入功率为依据确定。读写器接收标签天线反射的电磁波信号并进行解调(该电磁波信号的幅度或相位经标签的调制电路调制而有了改变)。目前,商用读写器的接收灵敏度不难做到 $-80\mathrm{dBm}$,要求标签天线反射的射频功率信号到达读写器大线时的强度大于 $-75\mathrm{dBm}$。另外,实际应用场合的传播环境相对于实验室具有更大的干扰和损耗,势必会降低读写器接收信号的信噪比。因此,在理论分析的过程中,保留10dBm的计算裕量,实际要求标签天线反射到达读写器天线的射频信号功率大于−65dBm。

按照电磁波自由空间传播损耗模型,标签反射的电磁波信号通过5m传播距离反向到达读写器天线,此时仍有45.5dB的自由空间传播损耗。以−65dBm的接收功率计算,标签天线反射的信号功率需要大于−19.5dBm,如图4-44所示。

图 4-44　射频功率传播损耗

在连续载波的情况下,考虑自由空间传播的电磁损耗,有下面的近似公式:

$$P_{\text{tag\_IC}} = P_{\text{reader}} G_{\text{(reader)}} G_{\text{tag}} \left(\frac{\lambda}{4\pi R}\right)^2 \tag{4-45}$$

其中,$P_{\text{tag\_IC}}$是芯片接收到的能量,P_{reader}为读写器发射功率,G_{tag}是标签天线增益,G_{reader}是读写器天线增益,R为标签到读写器的距离。

可以看到,标签接收到的功率主要与距离和载波频率相关,随距离的增大而迅速减小,随载波频率的增加而减小。$P_{\text{reader}} G_{\text{reader}}$也称为EIRP,即等效全向发射功率。它受到国际标准约束,通常为27~36dBm。例如,按照北美标准,EIRP应小于4W,即36dBm。在自由空间中,920MHz的信号在5m处衰减45.5dB。假设标签天线无增益,则在5m处无源射频标签可能获得的最大功率只有约−9.5dBm,即112.2μw,这里还没有计算自由空间中的其他损耗,实际接收的功率应该小于112.2μw。

由上述分析可知,读写器发射电磁波信号,标签天线反射电磁波信号,再到读写器接收到电磁波信号,根据本设计的设计指标要求,通信距离为5m,电磁波信号的传输路径共10m,则电磁波信号的损耗为91dB。按照北美的功率规范,读写器发射的最大等效全向辐射信号功率为4W,以读写器天线的接收灵敏度−65dBm计,标签天线反射的功率信号需要大于−19.5dBm。

根据UHF RFID系统原理,读写器发射电磁波信号,标签天线接收到电磁波信号。一方面标签利用电磁波信号获取能量;另一方面标签经内部数据控制改变标签天线的反射系数。电磁波信号经标签天线反射后,读写器接收到强弱变化的电磁波信号,解调出数据。下面将分析标签对读写器发射电磁波信号的反射系数,以读写器接收灵敏度−65dBm作为参考。

标签反射系数的改变是通过标签芯片内部的ASK反向散射调制电路完成的,ASK反向散射调制电路根据标签返回的二进制数据改变标签芯片的输入阻抗,则标签芯片与标签天线间的匹配程度随数据的不同而变化,标签天线随数据的不同而具有不同的反射系数。当标签反向发送数据1时,相对于数据0,标签天线与标签芯片间的失配度较大,相应地,标签的反射系数更大,读写器便能通过标签反射的较大强度的信号解调出数据1,通过较小强度的信号解调出数据0。

4.6.2　调制电路设计

本设计采用的是电容性负载调制,它仅消耗微小的天线输入功率。

从标签芯片的系统结构可知,标签芯片的输入阻抗主要由整流电路和解调电路决定。这里将整流电路和解调电路并联的阻抗等效为一个负载电阻 R_L 和电容 C_L 的串联,调制电路同时并联在标签芯片的输入端,如图 4-45 所示。调制信号通过控制晶体管 M_0 和 M_1 的栅极电压,使 M_0 和 M_1 开启和关断,决定电容是否接入芯片输入端,从而改变芯片的输入阻抗,达到反向调制信号的目的。

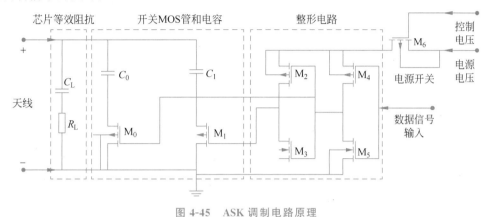

图 4-45 ASK 调制电路原理

标签数字部分将需要发送的二进制数据输出到 ASK 调制电路。二进制数据首先通过一个缓冲器进行整形,然后作为 M_1 管的控制电压。缓冲器仅在输入数据发生变化时消耗一定的功率,而在输入数据保持稳定电平时消耗极少的静态功率,因此调制电路消耗的功率可以非常小。当发送的二进制数据信号为 1 时,接入晶体管 M_1 栅极的电压为高,电容 C_L 接入芯片的输入端,从而改变标签芯片的输入阻抗;当发送的二进制数据信号为 0 时,接入晶体管 M_1 栅极的电压为低,电容 C_1 不接入芯片的输入端,不影响标签芯片的输入阻抗,此时标签芯片与天线匹配。

ASK 调制电路有两个工作状态:一是标签芯片与标签天线匹配;二是标签芯片与标签天线不匹配。当输入数据为 0 时,MOS 管 M_1 的栅极电压为低,M_1 关断,电容 C_1 不接入芯片的输入端,此时标签芯片与天线匹配,反射系数低,读写器接收到较弱的反射信号;当输入数据为 1 时,MOS 管 M_1 的栅极电压为高,M_1 开通,电容 C_1 接入芯片的输入端,从而改变芯片的输入阻抗,此时标签芯片与天线失配,标签天线的反射系数增大,读写器接收到较强的反射信号。读写器通过接收到的强弱变化的信号,根据协议即可解调出标签发送的数据。

4.6.3 调制电路仿真分析

芯片阻抗的仿真在 ADS 中实现。从仿真中可以看出芯片在两种不同状态下的阻抗以及反射系数。图 4-46 给出了输入能量为 -14dbm、倍压整流电路负载电阻为 80kΩ 时 ADS 中的芯片阻抗及反射系数的仿真结果。

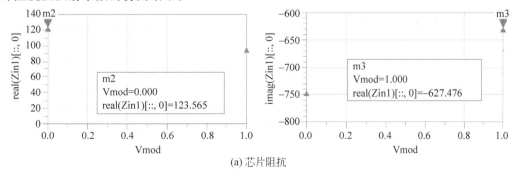

(a) 芯片阻抗

图 4-46 给定条件下 ADS 中的芯片阻抗及反射系数的仿真结果

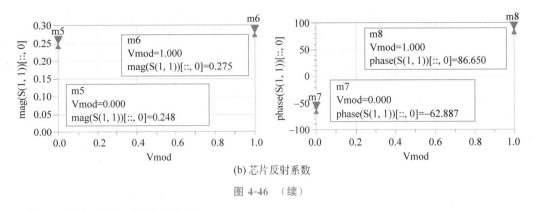

(b) 芯片反射系数

图 4-46　（续）

表 4-1 给出了详细的仿真数据。

表 4-1　给定条件下 ADS 中的芯片阻抗及反射系数仿真数据

调 制 输 入	芯片阻抗	反射系数幅度	反射系数相位
0	$124-j746$	0.25	$-63°$
1	$97-j627$	0.28	$87°$

从表 4-1 中可以看出,当调制电路输入分别为 0 和 1 时,芯片阻抗发生了明显的变化。两种不同调制状态下的反射系数相差不大,但是相位差为 150°,可以满足读写器解调 PSK 数据的要求。

4.7　解调电路设计

4.7.1　解调电路设计原理

解调电路的作用是将基带信号的包络从超高频载波中提取出来,并恢复出原始的数字信号。在无源 UHF RFID 系统通信过程中,读写器将命令调制到 $860\sim960\mathrm{MHz}$ 的高频载波上,标签接收该频率范围内读写器发送的能量并与读写器进行通信。在相关标准中,对读写器发送命令所采取的调制方式做了详细规定,读写器到标签的通信数据频率为 $40\sim160\mathrm{kHz}$。读写器采用 DSB-ASK、SSB-ASK 或 PR-ASK 调制方式进行通信,且标签应能够解调上述 3 种类型的调制信号。标准中对读写器到标签的射频包络的详细规定见图 2-5。

标准中规定脉冲宽度为脉冲 50% 点上的测量值。为了让数字基带能够准确判断命令并与读写器进行通信,首先需要解调电路准确地还原出读写器发送的数据。数字基带电路利用解调电路解调出的数据判断命令,并执行相应的操作,最终完成与读写器的通信。当解调结果偏差在 ±5% 以内时,数字基带电路能够正确识别出命令。因此,解调电路解调出的数据长度偏差不能超过 ±5%。

为了能够给数字基带电路提供可用的基带信号,解调电路需要首先将读写器发送的调制信号从高频载波中检测出来,然后通过比较判决电路生成数字基带电路可用的脉冲信号。因此,解调电路通常由检波器和比较判决电路两部分组成。

通信系统中常用到的检波器包括包络检波器、乘积检波器、频率调制检波器等。但是乘积检波器以及频率调制检波器电路都需要乘法器才能实现,由于功耗限制,这在无源 UHF RFID 中实现是很困难的。因此,检波器采用结构简单的包络检波器。解调电路的设计要考虑到电路的灵敏度和动态范围。灵敏度是指解调器对微弱信号进行解调的能力。在对标签进行远距离识别的时候,标签的输入电压会随着距离减小,解调器的灵敏度决定了标签能识别的最小信号幅度。由于标签在与读写器距离不同时接收到的信号强度会有很大差别,无源 UHF RFID 标签芯片天线接口端输入信号较弱,为了保证标签在远距离情况下能解调微弱信号,包络检波采用一级倍压检波器。它能够放大芯片天线端口的微弱信号,使之增大一倍。图 4-47 给出了一级倍压包络检波器的基本形式。一级倍压包络检波器采用的结构和倍压整流电路一致,其原理类似于 4.3 节中提到的阈值补偿技术,即采用普通的 MOS 管,其经过阈值补偿后可以等效成阈值电压为 0 的二极管,其中 bias1 和 bias2 是从倍压整流电路引过来的补偿电压偏置信号。

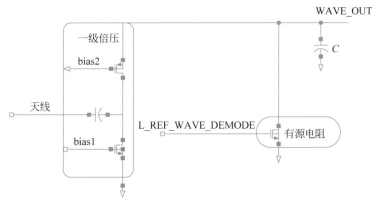

图 4-47 一级倍压包络检波器的基本形式

根据图 4-47,如果输入信号载波频率为 f_c,调制波形带宽为 B,则 RC 低通滤波器的截止频率应该远小于 f_c,远大于检测到的调制波形带宽 B。即 R、C 的关系满足

$$B < \frac{1}{2\pi RC} < f_c \tag{4-46}$$

根据标准规定,读写器发送的载波频率 f_c 为 900MHz,读写器与标签的通信速率 B 为 40～160kHz,因此,RC 的大小需要满足

$$\frac{1}{2\pi \times 900 \times 10^6} < RC < \frac{1}{2\pi \times 160 \times 10^3} \tag{4-47}$$

经过计算,可以得到 RC 的合理取值为 1×10^{-8}s。在合理面积的情况下,通常的 CMOS 工艺中电容的大小为 10^{-14}F 级别,则需要的电阻大小为 $10^6\,\Omega$,这会占用较大的面积。因此,检波电路中的电阻用有源电阻代替,这样可以大大减小电路面积。

电路完成包络检波之后,需要将包络信号还原成基带电路可用的数据。由于标准中规定了脉冲宽度为脉冲 50% 点上的测量值,因此,需要利用比较判决电路将包络按照标准规定转换为可用的基带信号。图 4-48 给出了比较判决电路的实现形式。

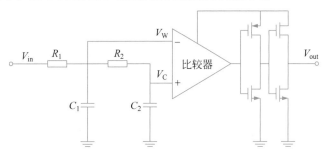

图 4-48 比较判决电路原理的实现形式

在图 4-48 所示的比较判决电路中,R_1、C_1、R_2、C_2 组成了一个二阶滤波器。用来产生比较器的两个输入电压 V_C 和 V_W。根据标准要求,在 40～160kHz 的通信速率下,它们之间应

满足式(4-48)的关系,这样才能保证解调出的脉冲宽度为脉冲50%点上的测量值。

$$V_C = \frac{V_W}{2} \tag{4-48}$$

在图 4-48 所示的电路中,需要仔细设计的是二阶滤波器的参数。通过计算可以得到

$$V_W = \frac{\dfrac{\dfrac{1}{SC_1}}{R_2 + \dfrac{1}{SC_2}}}{R_1 + \dfrac{\dfrac{1}{SC_1}}{R_2 + \dfrac{1}{SC_2}}} V_{in} \tag{4-49}$$

$$V_C = \frac{1}{1 + SC_2 R_2} V_W \tag{4-50}$$

根据式(4-50)可以得到该滤波器的传输函数:

$$H(S) = \frac{1}{(1 + SC_2 R_2 + SC_1 R_1 + SC_2 R_1 + S^2 C_1 R_1 C_2 R_2)} \tag{4-51}$$

其中,$S = j\omega = 2\pi f$,$2\pi f_0 = \dfrac{1}{\sqrt{C_1 R_1 C_2 R_2}}$,满足截止频率 $f_z = 0.37 f_0 > 160\text{kHz}$,同时 $V_C = \dfrac{1}{2} V_W$。

通过计算与仿真,在本设计中,$R_1 = 10\text{k}\Omega$,$C_1 = 500\text{F}$,$R_2 = 4\text{M}\Omega$,$C_2 = 2\text{pF}$。

　　由于解调电路工作在噪声环境中,为了保证解调输出的正确,图 4-48 中的比较器需要有一定的噪声抑制能力。因此,该比较器没有采用常规的形式,而是采用了迟滞比较器的结构。图 4-49 给出了常规比较器与迟滞比较器在噪声环境下的不同响应特性。

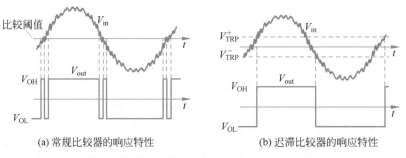

(a) 常规比较器的响应特性　　　　　(b) 迟滞比较器的响应特性

图 4-49　常规比较器与迟滞比较器在噪声环境下的不同响应特性

　　从图 4-49 中可以看出迟滞比较器在噪声环境中的优点,当迟滞比较器的比较阈值大于噪声的最大幅度时,迟滞比较器不对噪声作出响应。图 4-50 给出了迟滞比较器的传输曲线。

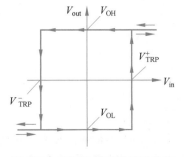

图 4-50　迟滞比较器的传输曲线

　　根据以上分析,在估算出迟滞比较器工作中的最大噪声电压后,各个管子的尺寸可以按照式(4-52)～式(4-56)设计:

$$i_1 + i_2 = i_5 \tag{4-52}$$

$$i_1 = \frac{i_5}{1 + [(W/L)_6 / (W/L)_3]} \tag{4-53}$$

$$v_{GS1} = \left(\frac{2i_1}{\beta_1}\right)^{1/2} + V_{T1} \tag{4-54}$$

$$v_{\mathrm{GS2}} = \left(\frac{2i_2}{\beta_2}\right)^{1/2} + V_{\mathrm{T2}} \tag{4-55}$$

$$V_{\mathrm{TRP}}^+ = v_{\mathrm{GS2}} - v_{\mathrm{GS1}} \tag{4-56}$$

用同样的方法,可以得到与上述公式类似的关于 V_{TRP}^- 的公式。这样就可以根据迟滞比较器工作环境中噪声电压的最大幅度确定迟滞比较器中各个管子的尺寸。

4.7.2 解调电路仿真分析

图 4-52 给出了根据图 4-51 所示的解调电路在不同工艺角下的仿真结果。图 4-52 的仿真结果是在输入载波频率为 900MHz、输入的被调制信号的低电平长度分别为 12.5μs 和 9.6μs 的情况下得到的。表 4-2 表示出了详细的解调结果。

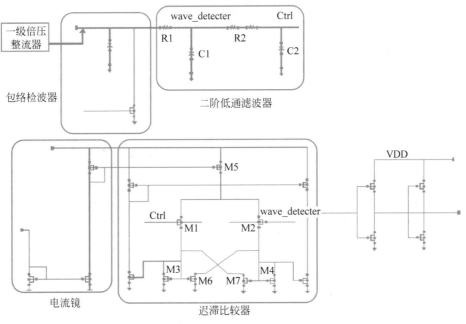

图 4-51 解调电路

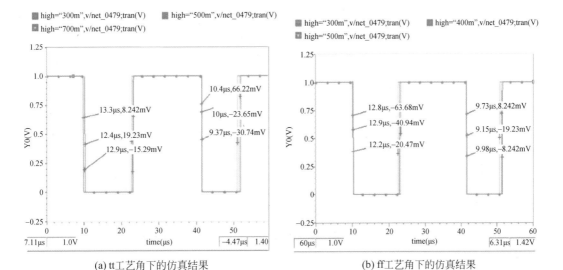

(a) tt工艺角下的仿真结果   (b) ff工艺角下的仿真结果

图 4-52 不同工艺角下的解调电路仿真结果

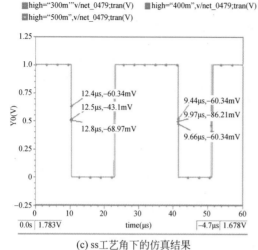

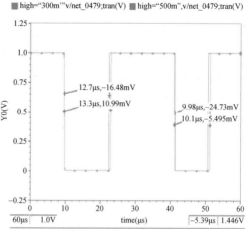

(c) ss工艺角下的仿真结果　　　　　　　(d) 电阻失配20%时的仿真结果

图 4-52 （续）

表 4-2　不同工艺角下的解调电路仿真结果

输 入 数 据	12.5μs 低电平			9.6μs 低电平		
输入电压/V	0.3	0.4	0.5	0.3	0.4	0.5
tt 工艺角的波形长度/μs	13.3	12.8	12.5	10.4	10	9.37
ss 工艺角的波形长度/μs	12.8	12.5	12.4	9.97	9.66	9.44
ff 工艺角的波形长度/μs	12.9	12.8	12.2	9.98	9.73	9.15
电阻偏差 20% 时的波形长度/μs	13.3		12.7	10.1		9.98

从表 4-2 的仿真结果可以看出，解调出的波形长度满足数字基带的 10% 容限要求。

4.8　版图设计案例

图 4-53 为网状栅 NMOS 管版图和连接方式以及电流流向。

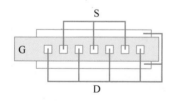
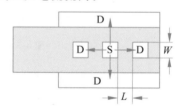

(a) 网状栅NMOS管版图和连接方式　　　(b) 网状栅NMOS管电流流向

图 4-53　网状栅 NMOS 管版图和连接方式以及电流流向

4.8.1　射频前端版图设计

图 4-54 为射频前端版图，面积为 $0.025\mathrm{mm}^2$。射频前端电路因为工作频率较高，所以高频寄生效应比较明显，版图设计时应注意布局走线。同时，还要注意以下几点：

（1）天线接口不应走线太长，避免连线阻抗和寄生电容过大，影响射频信号质量。

（2）为了减小漏源端寄生电容，整流管使用叉指状（本工艺不支持网格状）。

（3）电流镜的管子要求匹配放置。

（4）模块布局要求射频前端电路远离其他电路，防止高频信号影响到其他电路性能。

4.8.2　芯片版图设计

图 4-55 为完整的芯片版图，包括射频前端、模拟前端、数字基带电路、存储器、射频端口 ESD 防护电路和为标准封装准备的凸点。

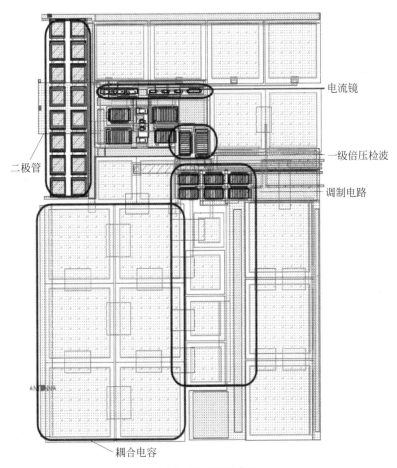

图 4-54　射频前端版图

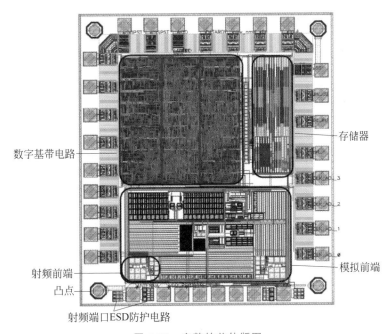

图 4-55　完整的芯片版图

在整体版图布局时,需要考虑到以下几点:

（1）估算芯片的面积，包括射频前端、模拟前端、数字基带电路、存储器及走线所需的面积，在空余的地方布置储能电容。

（2）先根据电路规模对版图进行整体布局，芯片的整体布局包括主要单元的形状大小及位置的安排、电源的布局、输入输出引脚的放置等。模块的放置应该与信号的流向一致，每一个模块一定按照确定好的引脚位置引出自己的连线；保证主信号线信道通畅，连接尽量短、少拐弯、等长；不同模块的电源、地分开，以防干扰；电源线的寄生电阻尽可能小；避免各模块的电源电压不一致；尽可能把电容、电阻和大管子放在侧边，以提高电路的抗干扰能力。

（3）根据电路在最坏情况下的电流值决定金属线的宽度以及接触孔的排列方式和数目，以避免电迁移。用更高层金属隔断本层的大面积金属以防止天线效应，如图4-56所示。

图 4-56　隔断大面积金属

（4）用保护环避免容易发生闩锁效应的地方。NMOS 管的周围应该加吸收多子（电子）的 N 型保护环，保护环接高电位；PMOS 管的周围应该加吸收少子（空穴）的 P 型保护环，保护环接地；双环对少子的吸收比单环的效果好。图 4-57 为稳压电路中的放大器版图。

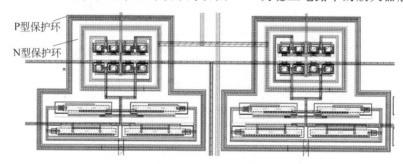

图 4-57　稳压电路中的放大器版图

（5）高频下衬底噪声比较明显。为降低衬底噪声，可以采用如下方法：用保护环将敏感电路包围起来；把 GND 和衬底在片内连接到一起，尽量多打接触孔。

（6）用 Dummy 器件改善管子的匹配程度。图 4-58 为使用了 Dummy 器件的时钟部分电路版图。

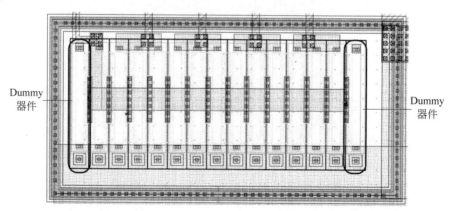

图 4-58　使用了 Dummy 器件的时钟部分电路版图

第5章

标签芯片数字基带电路设计

5.1 概述

5.1.1 设计指标

标签芯片数字电路用于实现射频识别系统中的标签数据链路层协议,包括读写器对标签的选择、盘存和访问。标签芯片数字电路包括数字基带电路和 EEPROM 存储器,其中,数字基带电路负责完成数据的编解码、循环码校验和计算、协议指令的解析和处理以及多标签的防碰撞操作,EEPROM 存储器负责存储标签 EPC、灭活和访问口令以及用户和提供商指定的数据。

数字基带电路是标签芯片的核心电路。按照 ISO/IEC 18000-6C 标准协议规定,标签芯片数字基带电路需要对前向链路数据进行 PIE 解码,并对反向链路数据进行 FM0 编码或者各种 Miller 编码。数字基带电路根据前向链路的具体指令进行 CRC5 或者 CRC16 循环码校验,对前向链路帧数据进行检错,并根据需要对反向链路数据进行 CRC16 信源编码。数字基带电路采用有限状态机实现对标签协议指令的解析和处理以及读写器与标签通信过程中标签芯片的自身状态转换,同时,有限状态机与协议规定的碰撞计数器、伪随机数发生器一起构成标签的多标签防碰撞电路。

表 5-1 给出了数字基带电路设计指标。

表 5-1 数字基带电路设计指标

设 计 指 标	ISO/IEC 18000-6C 规定
工作电压	1.8V
工作频率	2.56MHz
前向链路编码方式	PIE 编码
前向链路编码速率	≥40kb/s
反向链路编码方式	FM0 编码、Miller 编码
反向链路编码速率	40kb/s 或 160kb/s
功耗	≤10μW
芯片尺寸	0.2mm×0.7mm
稳定工作温度	−25℃～80℃
逻辑门数	≤10 000
使用工艺	TSMC 0.18μW

5.1.2　制造工艺的容忍性

标签芯片的正常工作需要数字系统与射频/模拟前端电路的正常配合。只有在模拟电路为数字电路提供正确的解调数据、工作电压、系统时钟等条件下,数字系统才能正常工作。在理想状态下,可以认为实际制造的 CMOS 电路的性能与预先设计的性能是一致的。

但是,在现代 CMOS 电路的制造过程中,可能产生 MOS 管尺寸的不匹配和掺杂浓度的变异。这就导致 CMOS 电路中的电阻电容寄生参数发生变化。因此,流片后标签芯片的实际性能与预期的设计性能存在一定差距。由于这种偏差又具有随机性,所以流片后得到的多个标签芯片之间也可能存在性能上的差异。大部分模拟电路的性能由电路的电阻电容寄生参数决定。一旦这些参数发生变化,就会对模拟电路的整体性能产生较大影响。

在制造得到的标签芯片中,受工艺偏差的影响,模拟前端的解调模块、时钟模块等往往与预期的技术指标存在一定的差距。再加上工作时外界环境温度等因素的影响,可能进一步增大这种偏差的离散性。尤其是系统时钟频率和解调码型占空比这两个因素将直接决定数字系统能否正常工作。

射频/模拟前端提供的系统时钟信号进入数字系统后,数字系统对系统时钟进行分频,将分频后的时钟提供给各个子模块工作使用。如果射频/模拟前端提供的时钟信号过快或过慢,就可能使得数字系统在解码和编码的过程中产生错误,导致整个系统无法正常工作。图 5-1 显示了不同工艺角下仿真得到的时钟频率的离散性。

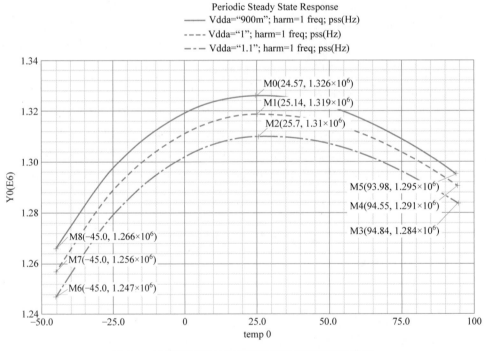

图 5-1　不同工艺角下仿真得到的时钟频率的离散性

同理,如果解调电路无法提供正确的解调码型,那么数字系统的解码器可能在对信号进行解码判别时出现错误,从而导致整个标签芯片无法完成与读写器的通信。

但是模拟电路由于工艺偏差而产生的离散性是客观存在的,是无法避免的。这就要求在设计数字系统时必须考虑这种偏差。设计得到的数字系统必须具有一定的容忍性,这样才能保证即便存在工艺偏差,标签芯片也能正常完成与读写器的通信,提高流片的良率。

5.2　数字基带电路的系统架构设计

数字基带电路数据输入端接解调电路的输出端,数据输出端接调制电路的输入端,时钟和复位信号端分别接时钟电路和复位电路的输出端,电压由稳压电路提供。数字基带电路共划分为 11 个模块,包括解码器(DEC)、CRC 校验模块、编码器(ENC)、输入预处理模块(IPU)、输出预处理模块(OCU)、存储器访问控制模块(MAC)、状态控制机(FSM)、伪随机数发生器(RNG)、时槽计数器(CNT)、系统时钟模块(SCG)和复位模块(RST)。数字基带电路系统架构如图 5-2 所示。

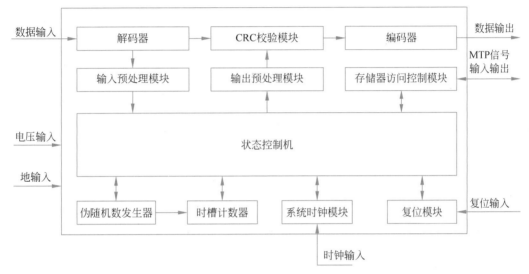

图 5-2　数字基带电路系统架构

在数字基带电路系统架构中,当标签芯片接收到前向链路数据时,解码器首先对解调输出信号的 PIE 数据进行解码,并提取前向链路数据中的有用信息。解码输出数据分为两路,一路经输入预处理模块进行串并转换操作和命令解析等预处理,另一路经 CRC 校验模块进行CRC 校验。状态控制机检测 CRC 校验结果,并根据命令解析结果并行读取指令及数据,分析和比较指令及数据,随后执行对伪随机数发生器和时槽计数器的操作,并执行标签自身状态的转换等相应操作。当满足发送数据的要求时,状态控制机通过存储器访问控制模块执行对MTP 存储器的读写操作,反向散射 EPC＋PC 以及 MTP 存储器内容。输出预处理模块对输出数据进行并串转换等预处理,串行发送给 CRC 校验模块或者直接发送给编码器。CRC 校验模块对需要进行 CRC 校验的数据添加 CRC 并送入编码器。编码器对反向散射的数据进行编码,并添加帧同步头,将数据组合成为符合协议规定的帧格式,发送给射频模拟部分的调制模块。状态控制机内部处理电路还和伪随机数发生器、时槽计数器一起构成防碰撞电路,实现协议的多标签防碰撞功能。

数字基带电路各模块功能如下:

- 解码器对前向链路数据进行 PIE 脉冲间隔解码,检测出前向链路数据速率,正确分离出前同步码或者帧同步头,解码出连续帧有效负载数据,并且提取规定反向链路速率的 TRcal 值。
- CRC 校验模块在接收数据时对前向链路数据进行 CRC5 或者 CRC16 校验;在发送数据时,对反向链路数据进行 CRC16 校验,并在反向链路数据尾部添加 CRC。
- 编码器对输出预处理模块或者 CRC 校验模块串行输出的数据流进行编码,编码方式有 FM0 编码、Miller2/Miller4/Miller8 编码。

- 输入预处理模块对解码器的串行输出数据进行串并转换,并进行命令解析等数据预处理。
- 输出预处理模块对状态控制机写入的数据进行并串转换,并且根据状态控制机的指令,对数据进行添加标题(header)等操作,以正确反向散射 EPC+PC 或者错误代码。
- 存储器访问控制模块产生读写 MTP 存储器的各种控制信号,并设定满足 MTP 存储器读写操作的时序。
- 状态控制机控制系统中各个模块正常工作,协调模块之间的数据与信号交互,处理接收到的指令及相应的数据,进行标签芯片自身的状态转换。
- 伪随机数发生器产生 16 位随机数和具有截断 Q 值的 16 位随机数,为反向散射 RN16 和加载截断 Q 值进入时槽计数器提供伪随机数。
- 时槽计数器对 Q 比特计数器在状态控制机控制下进行减 1 计数,并在计数器减到 0 时产生时槽为 0 的控制信号。
- 系统时钟模块根据 TRcal 和 DR 计算并产生反向链路频率时钟,并根据编码方式等设计要求产生数字基带电路各模块所需频率时钟。
- 复位模块对输入复位信号进行同步和延迟,产生状态控制机和系统时钟模块同步复位信号,并根据同步释放时间的先后顺序保证数字基带电路的正常复位。

5.3 解码器、编码器和 CRC 校验模块电路设计

5.3.1 解码器电路设计

读写器对标签的数据速率,即前向链路数据速率,分别有 40kb/s、80kb/s、160kb/s 3 种。解码器要求能够正确检测出前向链路数据速率,并正确分离前同步码或者帧同步头,对前向链路有效数据进行 PIE 脉冲间隔解码,并且提取规定反向链路速率的 TRcal 值。

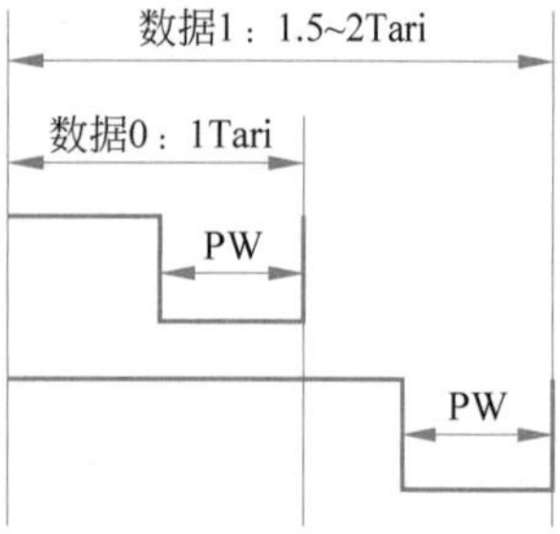

前向链路采用 PIE 脉冲间隔编码,如图 5-3 所示,其中 Tari 值为前向链路数据基准时间,为数据 0 的持续时间,即 Tari 规定了前向链路数据速率。数据 1 的持续时间为 1.5~2Tari。读写器在一个盘存周期内采用固定的 PW 值,并且数据 0 和数据 1 始终采用相同的 PW 值。

读写器在对标签开始一个盘存周期之前,首先发送一个 400μs 的连续载波作为帧开始,并以 12.5μs 的帧校准开始一帧有效数据,随后依次是数据 0、RTcal 校准、TRcal 校准和有效数据,最后以长于数据 1 高电平的连续载波作为帧结束。前向链路数据的帧格式如图 5-4 所示。

图 5-3 PIE 脉冲间隔编码

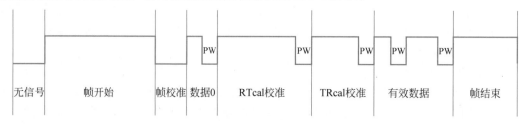

图 5-4 前向链路数据的帧格式

前向链路数据帧中各部分的时间宽度如下:

- 帧校准:12.5μs。
- 基准时间:6.25μs,12.5μs,25μs(即 Tari 值)。

- RTcal 校准：2.5～3Tari。
- TRcal 校准：1.1～3RTcal。
- 数据 0：1Tari。
- 数据 1：1.5～2Tari。
- PW：max(0.265Tari,2)～0.525Tari。

解码器采用计数器对帧格式各个期间的时间宽度进行计量,采用状态控制机对前向链路数据进行 PIE 脉冲间隔解码,并按照帧格式依次进行状态定义。通过比较数据 0(即基准时间)和帧校准的时间宽度确定前向链路数据速率,通过比较数据 0 和 RTcal 校准的时间宽度确定 RTcal 校准。在解码当前有效状态下,当满足上述帧格式各个期间的时间宽度条件时依次转换到帧格式的下一个状态。当不满足时间宽度条件时,如果输入是 0,则转换到空闲状态,即无信号状态；如果输入是 1,则转换到等待状态,即帧结束状态。解码器对每个状态内的时间宽度都进行判定,以提高解码的正确率。

解码器对一个盘存周期中的连续帧数据进行解码,这一连续帧数据依次为 Select、Query、QueryRep、QueryAdjust、QueryRep、QueryAdjust、QueryAdjust、QueryRep、Ack 命令。另外,在对 Query 命令进行解码时,提取了规定反向链路时钟频率的 TRcal 值(为 79)。

5.3.2 编码器电路设计

编码格式和反向链路数据的速率都由读写器命令 Query 中的参数 M、TRcal、DR 的取值共同决定。

编码器对输出预处理模块或者 CRC 校验模块的串行输出数据进行编码,根据 ISO/IEC 18000-6C 标准协议规定,标签到读写器的反向链路数据编码方式有 FM0 编码以及 Miller2/Miller4/Miller8 编码。编码数据速率由开启一个盘存周期的 Query 命令中的 TRcal 和 DR 值规定,编码格式由 Query 命令中的 M 值规定。同时编码器还需要对数据添加帧头、帧尾和导频音等特殊帧格式。

FM0 编码在连续的符号边界都会产生 180°的相位变化,其中数据 0 中间有一个附加的符号相位翻转,数据 1 中间不产生相位翻转,由此 FM0 编码必然存在两种形式的数据,即数据 0 和数据 1。S_1～S_4 这 4 种状态表明 4 种可能的 FM0 编码符号,同时代表该状态要传输的 FM0 波形。状态转换图中的转换条件表示待编码的输入数据逻辑值。FM0 的基本功能以及发生器状态转换图、FM0 符号和序列图详见第 2 章相关部分的详解。

可以看出,FM0 编码具有记忆功能,在一串编码序列中,相邻符号之间必然有相位翻转,FM0 基带符号的选择取决于前一符号的传输。

Miller 编码在连续的符号边界也会发生比特翻转。从符号的角度说,两个连续的数据符号 0 之间发生相位翻转,两个连续的数据符号 1 之间同样发生相位翻转,数据符号 0 中间不发生相位翻转,而数据符号 1 中间发生相位翻转。S_1～S_4 状态表明 4 种可能的 Miller 编码符号,同时代表该状态要传输的 Miller 编码波形。状态转换图中的转换条件表示待编码的输入数据逻辑值,当前符号的选择取决于前一符号的传输。Miller 的基本功能、发生器状态图和 Miller 编码副载波序列($M=2,4,8$)详见第 2 章相关部分的详解。

根据编码方式的不同,Miller 编码序列每个符号包含 2、4 或 8 个副载波周期。

对于 FM0 和 Miller 编码器,采用同样的方法,首先使用延迟寄存器对输入数据进行适当的延迟和保存,对输入数据进行时序的重新组装,并在输入数据最后加上一个 dummy1,以满足 FM0 编码和 Miller 编码帧数据结尾添加 dummy1 的要求。在数据的延迟期间,按照协议要求实时编码输出前同步码,可以包括导频音的前同步码,也可以不包括导频音的前同步码。在数据延迟完成后,实时编码输出包含 dummy1 的有效数据,并通知状态控制机编码结束。编码器通过时钟产生模块提供的不同编码输入和编码输出时钟实现不同反向链路速率。

用仿真工具 ModelSim 对 FM0 编码的仿真结果如图 5-5 所示,采用的编码方式是 FM0,Query 命令中的 TRext 值为 0,不带导频音。

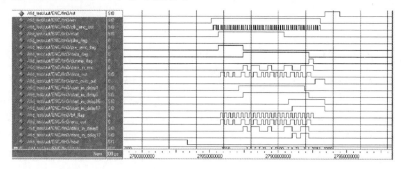

图 5-5　FM0 编码仿真结果

对 Miller 编码的仿真结果如图 5-6 所示,采用的编码方式是 Miller4,Query 命令中的 TRext 值为 1,带导频音。

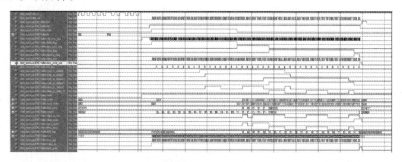

图 5-6　Miller 编码仿真结果

5.3.3　CRC 校验模块电路设计

CRC 校验模块用于在数据接收时同时进行 CRC16 和 CRC5 校验,并根据状态控制机接收到的指令选择其中一个校验结果。在数据发送时,对反向链路数据进行 CRC16 校验,并将校验码添加到反向链路数据尾部,再送到编码器进行编码。

CRC 校验模块包含一个 CRC16 校验电路和一个 CRC5 校验电路。其中,CRC16 校验电路采用的生成多项为 $X^{16}+X^{12}+X^5+1$,寄存器预置初值 0xFFFF,余数为 0x100F,如表 5-2 所示。

表 5-2　CRC16 校验的定义

CRC 类型	长度/b	生成多项式	方向	预置初值	余数
ISO/IEC 13239	16	$X^{16}+X^{12}+X^5+1$	前向	0xFFFF	0x100F

CRC5 校验电路采用的生成多项式为 X^5+X^3+1,如表 5-3 所示。

表 5-3　CRC5 校验的定义

CRC 类型	长度/b	多项式	方向	预置初值	余数
CRC-CCITT	5	X^5+X^3+1	前向	b01001	b00000

CRC 校验电路可以采用并行 CRC 校验电路和基于线性反馈移位寄存器的串行 CRC 校验电路。其中,并行 CRC 校验电路适用于高速数字电路,用于在一个时钟周期内产生校验结果;串行 CRC 校验电路结构简单,但是必须经过 16 个时钟周期(以串行 CRC16 校验为例)后才能产生校验结果,适用于各种控制逻辑或者慢速电路。对于标签芯片中的 CRC 校验电路,使用线性反馈移位寄存器实现串行 CRC 校验电路则更为合适。图 5-7 为 CRC16 校验电路。

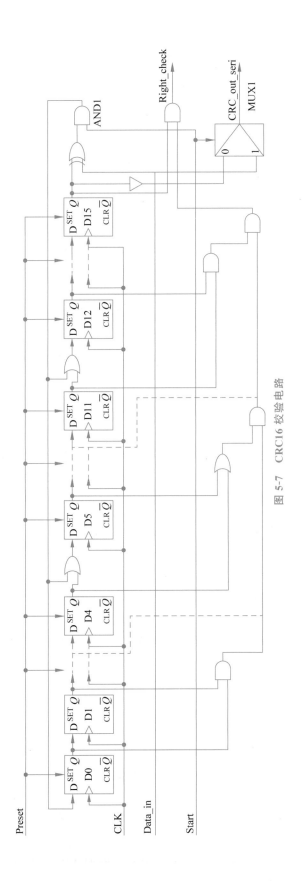

图 5-7　CRC16 校验电路

CRC16 校验电路的 16 位移位寄存器之间的异或门与生成多项式相对应,有异或门表示对应生成多项式项系数为 1。当数据输入有效标志 Start 为 1 时,AND1(与门)打开,移位寄存器进行生成多项式计算,同时 MUX1(复用门)将输入数据输出。当计算或校验完成后(即 Start 为 0 时),关闭 AND1,MUX1 选择 1 端口输出,此时,16 位移位寄存器按时钟节拍经反相器 NOT(非门)后串行输出。

CRC5 校验电路采用与 CRC16 校验电路类似的线性反馈移位寄存器结构,只是移位寄存器的数量和反馈逻辑不同。在开始校验之前,首先对 CRC5 的寄存器预置初值 b01001,然后将待校验的数据 Data 串行移入 5 位移位寄存器。校验完成后,验证 5 位移位寄存器的内容是否为全 0,若是,Right_check 信号输出高电平,表示校验成功。CRC5 校验电路如图 5-8 所示。

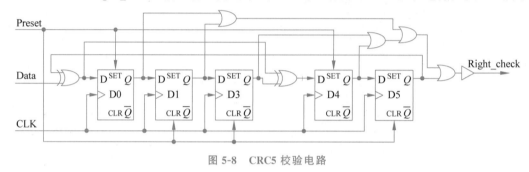

图 5-8　CRC5 校验电路

5.4　输入输出预处理模块电路设计

5.4.1　输入预处理模块电路设计

输入预处理模块的主要功能是将解码器输出的不规则串行数据转换为 16 位的标准并行数据,并同时解析帧数据的命令类型,输出到状态控制机。该模块由外部解码器模块提供的不规则解码数据输入时钟和系统时钟驱动。输入预处理模块主要包括一个串并转换子模块和一个命令解析子模块。

串并转换子模块首先对解码器的输入时钟进行上升沿采样,生成一个电路时钟宽度的解码器时钟 strobe 脉冲使能信号,然后在该信号驱动下,将输入数据串行写入移位寄存器,写满 16 位后发出数据准备好信号,等待状态控制机读取。状态控制机在一个解码时钟周期内读取移位寄存器的内容,移位寄存器继续进行移位,直到解码器输入数据完成。当待转换的输入数据不足时,依次将输入数据向移位寄存器的高位方向移动。

命令解析子模块采用组合逻辑链对 16 位寄存器数据进行命令解析,将解析出的命令输出给状态控制机。命令解析电路能够解析出协议要求的全部强制命令、可选命令以及各种无效命令。

5.4.2　输出预处理模块电路设计

输出预处理模块的主要功能是对状态控制机写入的反向链路数据进行并串转换,并且根据状态控制机的指令执行对反向链路数据添加标题等操作,以正确反向散射 EPC＋PC 或者错误代码。输出串行数据的比特速率由反向链路频率确定。

5.5　状态控制机电路设计

状态控制机的主要功能是控制系统中各个模块正常工作,协调模块之间的数据与信号交互,处理接收到的指令及相应的数据,转换标签自身状态,执行对时槽计数器和伪随机数发生器的操作,规定反向散射 RN16、句柄或者 EEPROM 存储器的数据。状态控制机内部处理电路还和伪随机数发生器、时槽计数器一起构成防碰撞电路,实现协议的多标签防碰撞功能。

5.5.1　协议指令分析

ISO/IEC 18000-6C 协议定义了 3 个命令集,包括选择命令集、盘存命令集和访问命令集。其中选择命令集只包含 Select 命令,盘存命令集包含 Query、QueryRep、QueryAdjust、ACK 和 NAK 命令,访问命令集包含 ReqRN、Read、Write、Kill、Lock 等强制命令以及 Access、BlockWrite 和 BlockErase 等可选命令。其中 Query、QueryRep、QueryAdjust、ACK、NAK、ReqRN、Kill、Lock 和 Access 命令为定长命令,而 Select、Read 和 Write 命令为不定长命令。下面对 Query、QueryRep、QueryAdjust、ACK、NAK、ReqRN、Read、Write、Kill 和 Lock 等强制命令和 Access 命令进行分析。表 5-4 为协议支持的主要标签命令。

表 5-4　协议支持的主要标签命令

命　　令	代　　码	长　　度	是否强制命令	命　令　集
Select	1011	>44	是	选择
Query	1000	22	是	盘存
QueryRep	00	4	是	盘存
QueryAdjust	1001	9	是	盘存
ACK	01	18	是	盘存
NAK	11000000	8	是	盘存
ReqRN	11000001	40	是	访问
Read	11000010	>57	是	访问
Write	11000011	>58	是	访问
Kill	11000100	59	是	访问
Lock	11000101	60	是	访问
Access	11000110	48	否	访问

Select 命令用于读写器选择用户定义的标签群,可在标签开始进入读写器射频场时由读写器首先发送命令给标签,也可以在标签盘存过程中由读写器改变目标标签群。Select 命令主要用来定义或者改变标签的 SL 标记和 4 个通话参数中的 inventoried_flag(已盘存标记)。Select 命令还用来对即将反射的 EPC 进行截断。

Query 命令用于启动一个盘存周期,为 SL 标记匹配的标签规定该盘存周期的通话参数。Query 命令还规定该盘存周期中标签反向散数据时的反向链路频率以及编码方式等。当标签接收到一个 Query 命令并且 SL 标记匹配时,则提取一个截断 Q 值的随机数载入时槽计数器。如果载入的随机数值等于 0,则反向散射 RN16;否则保持沉默并进入仲裁状态。

QueryAdjust 命令用于对 Query 命令规定的通话参数中的标签进行 Q 值的加减 1 调整,当标签接收到 QueryAdjust 命令并且通话参数匹配时,首先根据要求调整 Q 值(加 1 或减 1),并将调整后的 Q 值重新载入时槽计数器。

QueryRep 命令用于对通话参数匹配的标签的时槽计数器进行减 1 操作。

Query、QueryAdjust 和 QueryRep 3 个命令用于防碰撞时调整时槽计数器的值,当时槽计数器的值为 0 时反向散射 RN16,并进入应答状态。而当处于确认状态、开放状态或者保护状态下的标签收到其中一个命令时,则倒转其已盘存标记。

ACK 命令用于阅读器对标签反向散射的 RN16 或者句柄进行确认。当处于应答状态或者确认状态的标签收到 ACK 命令时,则比较标签从仲裁状态转换到应答状态时反向散射的 RN16,即判断时槽计数器为 0 时反向散射的 RN16 是否与 ACK 中的 RN16 匹配。若匹配,则反向散射标签存储器内的 PC+EPC+CRC16,标签进入确认状态。当处于开放或者保护状态下的标签收到 ACK 命令时,则判断标签的句柄与 ACK 中的命令是否匹配。若匹配,同样反向散射 PC＋EPC＋CRC16。

NAK 命令使所有标签返回仲裁状态。标签处于就绪或灭活状态的除外,在这两种情况下,标签应忽略 NAK 命令,并保持其当前状态不变。标签不对 NAK 命令进行响应。

ReqRN 命令用于读写器指示标签反向散射一个句柄或者加密口令。若处于确认状态的标签收到该命令,判断上一次反射的 RN16 和 ReqRN 命令中的 RN16 是否匹配。若匹配,则反向散射一个新的 RN16 并作为标签的句柄,此后所有的访问命令均以该句柄作为访问参数。若处于开放或者保护状态下的标签收到该命令,则判断标签的句柄和 ReqRN 命令中的 RN16 是否匹配。若匹配,则反向散射一个新的 RN16 并作为标签的加密口令。

Read 命令用于读取标签存储器单字节、多字节存储内容或者整个存储区的内容,包括 EPC 存储器、TID 存储器等整个存储区内容。读写器在发送 ReqRN 命令使标签进入开放或者保护状态后,可直接发送 Read 命令读取存储器的内容。

Write 命令用于向标签存储器写入一字节数据。读写器在发送 ReqRN 命令使标签进入开放或者保护状态后,若需要立即向标签存储器写入数据,则必须首先再发送一个 ReqRN 命令,获取标签反向散射的 RN16 作为写入数据的加密口令,然后向标签发送一个使用加密口令对写入数据进行加密的 Write 命令。

Kill 命令执行对标签的永久灭活操作。读写器首先发出一个 ReqRN 命令获得一个新的 RN16 并作为加密口令,随后读写器发出以该加密口令与标签灭活口令相异或的 16 位 MSB,然后读写器再次发出 ReqRN 命令获得新的 RN16,同样作为新的加密口令,并发出以该加密口令与标签灭活口令相异或的 16 位 LSB。标签确认灭活口令不为 0 并且等于其自身的灭活口令时执行灭活操作。

Lock 命令用于对标签存储器指定内容执行锁存操作。Lock 命令可锁存特定的口令,阻止对标签口令的读取或写操作。Lock 命令可锁存特定存储体,阻止对该存储体的写操作。Lock 命令可让特定口令或存储体的锁存状态永久不可改变。

Access 命令指示访问口令不为 0 的标签从开放状态转换到保护状态。读写器首先发出 ReqRN 命令获得新的 RN16 作为加密口令,随后读写器发出以该加密口令与标签访问口令相异或的 16 位 MSB。然后读写器再次发出 ReqRN 命令获得新的 RN16,同样作为新的加密口令,并发出以该加密口令与标签访问口令相异或的 16 位 LSB。标签确认访问口令不为 0 并且等于其自身的访问口令时执行状态转换操作。

以上命令的格式见 ISO/IEC 18000-6B/C 和 GB/T 29768—2013 中的详细说明。

阅读器在对标签执行 Write、Kill 和 Access 命令时均需要首先发送 ReqRN 命令获取加密口令,并使用该访问命令对待写入的数据或者待比较的灭活口令和访问口令进行异或,以保证标签数据的安全性。

标签在实现上述命令的基础上可以应用于绝大多数场合。另外两个可选命令 BlockWrite 和 BlockErase 对标签的存储器写入或者擦除时间有非常高的要求,很难实现,因此不再对其进行分析。

5.5.2　状态控制机内部处理电路设计

状态控制机内部处理电路主要包括自关断电路、再同步电路、Mealy 型有限状态机以及命令处理电路,如图 5-9 所示。

状态控制机自关断电路用于关闭或开启状态控制机自身电路。即,当状态控制机不需要

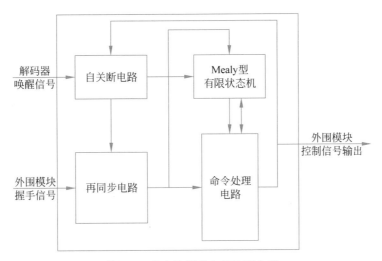

图 5-9　状态控制机内部处理电路

工作时,自关断电路让状态控制机处于待机状态;标签上电复位时,开启状态控制机自身的使能信号。执行完上电复位和 CRC 计算操作后,状态控制机开启解码器,此时关闭状态控制机使能信号。当解码器解码到有效帧同步头时,自关断电路激活状态控制机,开启状态控制机自身的使能信号。同理,当状态控制机执行完该命令的所有处理操作后,关断状态控制机使能信号,并重新开启解码器。自关断电路同时开启或者关断除自身以外的所有状态控制机内部电路,包括再同步电路、Mealy 型有限状态机和命令处理电路。

再同步电路用于对状态控制机外围模块握手信号进行再同步。由于前向链路速率或者反向链路速率的多样性以及各模块采用的不同时钟频率,外围模块产生的握手信号与状态控制机不同步,因此需要采用再同步电路对外围模块握手信号进行上升沿检测,并产生一个时钟宽度的握手脉冲使能信号,以保证状态控制机对这些信号的正确采样,并避免状态控制机对该信号的重复采样。再同步电路采用寄存器同步和上升沿检测电路。

采用 Mealy 型有限状态机设计满足 ISO/IEC 18000-6C 协议要求的标签状态机,其状态转换如图 5-10 所示。标签上电复位后开始进入就绪状态,当接收到 Query 命令时匹配的标签开始一个新的盘存周期,标签进入仲裁状态。处于仲裁状态的标签接收到 QueryRep、QueryAdjust 命令后,执行对时槽计数器的加减操作。当时槽计数器为 0 时,标签转入应答状态,并反向散射 RN16。读写器接收到唯一的 RN16 时,向该标签发送 ACK 命令,标签接收到该命令后比较 RN16 与发送的 RN16 是否一致,若一致,则返回标签 ID,并进入确认状态。处于确认状态的标签在接收到访问命令 ReqRN 后,判断其自身访问口令是否为 0,若为 0 则进入开放状态,否则进入保护状态,读写器可以向处于开放状态和保护状态的标签发送访问命令。处于开放状态的标签可以执行除 Lock 命令外的任何命令,处于保护状态的标签可以执行任何命令,具体可以执行的操作视标签存储器内容而定。处于开放状态或保护状态的标签当接收到有效的非零灭活口令和句柄的 Kill 命令后进入灭活状态。进入灭活状态后,标签不再对询问机作出任何响应。

采用独热码编码方式对状态控制机进行状态编码,其状态详细定义如下:

(1) 就绪状态。标签上电即进入就绪状态。标签跳转至未定义状态时默认返回到就绪状态。

(2) 仲裁状态。标签接收到 Query 命令并且匹配会话参数时进入仲裁状态,此时标签的时槽计数器不为 0。

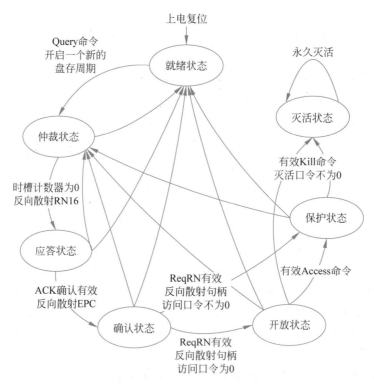

图 5-10　标签状态机的状态转换

（3）应答状态。标签接收到 QueryRep、QueryAdjust 命令时执行对时槽计数器的加减操作。当时槽计数器为 0 时，标签立即转入应答状态，并反向散射 RN16。

（4）确认状态。进入应答状态的标签在反向散射 RN16 以后，若标签接收到有效确认（ACK），则转换到确认状态，反向散射其 PC、EPC 和 CRC16。

（5）开放状态。处于确认状态并且访问口令非 0 的标签在接收到 ReqRN 命令后即转换到开放状态。处于开放状态的标签可以转换到除确认状态之外的任何状态。在开放状态下，标签应答和询问机传输之间的最大延迟不受限制。

（6）保护状态。处于确认状态并且访问口令为 0 的标签接收到 ReqRN 命令后立即转换到保护状态，处于开放状态并且访问口令非 0 的标签在接收到有效的 Access 命令后也立即转换到保护状态，并保持原来从确认状态转换到开放状态时的反向散射句柄不变。处于保护状态的标签可以转换到除开放状态或确认状态之外的任何状态。在保护状态下，标签应答和询问机传输之间的最大延迟不受限制。

（7）灭活状态。处于开放状态或保护状态的标签在收到有效的非零灭活口令和句柄的 Kill 命令后进入灭活状态。被灭活的标签应在所有情况下都处于灭活状态，并在随后的开启电源的操作中立即进入灭活状态。灭活操作具有不可逆转性。

状态控制机的命令处理电路主要对读写器发送给标签的命令进行分析、执行和处理，并产生外围模块的控制信号。该电路采用两个控制计数器，控制命令执行的顺序流程，同时产生外围模块的控制信号。该电路采用 CPU 设计思想里常用的程序跳转方法，在需要处理为无效指令或者需要忽略的执行步骤时直接对控制计数器赋予指定的计数值，使得指令执行跳转至指定的地方。采用主控制计数器控制状态机主体程序顺序执行的过程，采用从控制计数器控制单一指令的顺序执行过程。标签只有在满足当前条件并正确执行当前操作后才执行控制计数器加 1 操作；当条件不满足或者当前操作未执行完成时，控制计数器保持当前状态，等待执行完成。控制计数器完全控制整个程序的执行过程,并同时具有计数和表征当前执行状态的功能。

5.6 防碰撞电路设计

5.6.1 时槽计数器电路设计

在对标签的盘存操作过程中,标签在收到 Query 和 QueryAdjust 命令后,从伪随机数发生器中提取一个 $0\sim 2^Q-1$ 的伪随机数载入时槽计数器。Query 命令规定 Q 值,QueryAdjust 命令修改 Q 值。在收到 Query 命令时,标签对时槽计数器进行减 1 操作。当时槽计数器为 0 时,标签返回 16 位伪随机数给读写器,此时时槽计数器从 hFFFF 重新开始计数。设计一个 16 位时槽计数器,它在状态控制机控制下具有重载计数器值、减 1 等功能,并且在计数器为 0 时输出时槽为 0 的控制信号。

时槽计数器的仿真结果如下。时槽计数器复位后计数器值为 65 535,首先将 Q 值等于 4 的 16 位伪随机数 0 载入计数器,然后减 1。重新载入 Q 值等于 3 的 16 位伪随机数 1,然后减 1,计数器变为 0,输出时槽为 0 的控制信号 1。然后重新载入 Q 值等于 2 的 16 位伪随机数 2,再经过两次减 1 后,计数器值再次变为 0,再次输出时槽为 0 的控制信号 1。

5.6.2 伪随机数发生器电路设计

标签芯片应产生 16 位伪随机数及其 Q 位子集,并将该 16 位伪随机数或者其 Q 位子集在收到 Query 命令或者 QueryAdjust 命令时加载到该标签的时槽计数器内。另外,标签还应反向散射 16 位伪随机数,在口令转换期间作为句柄或者 16 位加密口令。标签产生的 16 位伪随机数应该具有良好的随机性,并且不同标签在同一时刻产生的伪随机数应具有样本随机性。

采用 16 位线性反馈移位寄存器产生 16 位伪随机数,并且反馈链具有本原多项式特征,如图 5-11 所示。该寄存器采用与 CRC 电路不同的本原多项式的线性反馈逻辑。

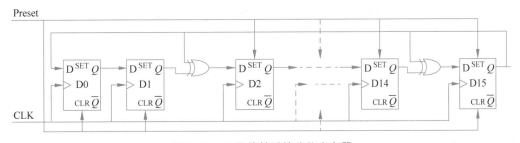

图 5-11　16 位线性反馈移位寄存器

具有本原多项式的 16 位线性反馈移位寄存器值具有良好的伪随机性,在 $0\sim 65\,535$ 个时钟周期内,寄存器值不会重复。上电复位时,不同标签计算各自的 EPC+PC 的 CRC16,并将该值载入该 16 位移位寄存器,保证不同标签生成的伪随机数的独立性。

5.7 系统时钟电路和复位电路设计

5.7.1 系统时钟电路设计

系统时钟电路产生各模块的时钟信号,并按照协议规定根据 TRcal 和 DR 值计算反向链路频率(BLF),然后根据编码方式产生确定编码器数据串行输入速率及编码输出数据速率的时钟信号。

ISO/IEC 18000-6 定义了灵活的标签-读写器反向链路频率,以满足各种标签应用场合中对不同标签读取速率的要求,如表 5-5 所示。

表 5-5　标签-读写器反向链路频率

DR	TRcal/μs(±1%)	反向链路频率/kHz	频率公差 (标称温度)	频率公差 (延伸温度)	反向散射 频率偏移
64/3	33.3	640	±15%	±15%	±2.5%
	33.3<TRcal<66.7	320<BLF<640	±22%	±22%	±2.5%
	66.7	320	±10%	±15%	±2.5%
	66.7<TRcal<83.3	256<BLF<320	±12%	±15%	±2.5%
	83.3	256	±10%	±10%	±2.5%
	83.3<TRcal≤133.3	160≤BLF<256	±10%	±12%	±2.5%
	133.3<TRcal≤200	107≤BLF<160	±7%	±7%	±2.5%
	200<TRcal≤225	95≤BLF<107	±5%	±5%	±2.5%
8	17.2≤TRcal<25	320<BLF≤465	±19%	±19%	±2.5%
	25	320	±10%	±15%	±2.5%
	25<TRcal<31.25	256<BLF<320	±12%	±15%	±2.5%
	31.25≤TRcal<50	160≤BLF<256	±10%	±10%	±2.5%
	50≤TRcal≤75	170≤BLF<160	±7%	±7%	±2.5%
	75<TRcal≤200	40≤BLF<107	±4%	±4%	±2.5%

5.7.2　复位电路设计

复位电路只产生状态控制机和时钟电路同步复位信号,其他模块电路复位信号由状态控制机给出。为保证整个电路能够正常复位,复位电路在检测到射频/模拟前端复位电路的复位信号为高时即开始对状态控制机和时钟电路进行复位,并且保证时钟电路的复位信号先于状态控制机的复位信号释放,保证时钟电路为各模块提供的时钟输出稳定以后,各模块以及状态控制机才开始工作,也同时保证各模块能够正常复位。

采用同步复位技术对复位模块进行复位,同步复位由射频/模拟前端复位电路产生有足够的时钟宽度的复位信号,以保证数字基带电路的正常复位。然后通过状态控制机对各个模块的同步复位时序的控制保证数字基带电路所有模块均能够正常复位。

5.8　存储器访问控制设计

存储器访问控制模块产生访问存储器的各种控制信号,满足存储器的读写操作时序要求,并将存储器输出的数据经该模块输出到状态控制机。存储器访问控制模块充当状态控制机与存储器之间的访问接口,最后将该接口封装到数字基带电路中。

存储器访问控制模块采用与状态控制机不同的寄存器时钟边沿触发模式,以提高存储器的读取速度。通过计数器产生存储器控制信号要求的时间宽度,并达到存储器读写操作的时序要求。存储器被划分为 4 个区,即保留内存、EPC 存储器、TID 存储器和用户存储器,如图 5-12 所示。

图 5-12　存储器的划分

5.9　低功耗优化

基于第 3 章对 CMOS 电路功耗的分析,尤其是对 0.18μm 及以下的深亚微米工艺下低功耗设计方法的研究,本设计采用如下方法对数字基带电路进行低功耗设计及优化:

(1) 对数字基带电路进行时钟域规划,采用多时钟域设计,在满足电路延迟要求和读写器对标签的响应时间要求的前提下,各模块尽量工作在最低的时钟频率下。例如,为了满足误码率要求,对解码器和编码器模块采用 2.56MHz 的时钟频率,而对其他模块采用相应的分频时钟频率。

(2)采用全局异步、局部同步的设计方案,将系统划分为多个独立的同步模块,各同步模块之间利用握手信号进行通信,各同步模块与状态控制机之间也采用握手信号进行交互。在此基础上,采用门控时钟设计方案。当模块需要工作时,状态控制机通过该门控时钟方案开启该模块时钟输入;当模块工作完成后,状态控制机通过该门控时钟方案关断模块时钟,阻止寄存器内部翻转和寄存器之间组合逻辑开关动作以降低功耗。

(3)基于(2)中的设计方案,本设计采用一种功耗控制方法,使得同一时刻开启的模块尽量少,而关断其他模块的时钟输入。由于标签芯片接收射频信号为自身提供能量,因此标签芯片在任意时刻的瞬时功耗不能大于标签芯片整流电路能够转换的能量。本设计将数字基带电路各个模块的总功耗均匀分散到不同的时间上,以尽可能降低其瞬时功耗。

(4)采用各种 RTL 代码级的低功耗优化方法进一步降低数字基带电路的功耗,例如,对大的组合逻辑采用操作数隔离,对状态控制机采用低功耗的格雷码或者独热码编码。

(5)在进行门级综合时,使用 set_dont_use 阻止综合时采用一些功耗大的标准逻辑单元。在版图实现时,由于时钟树的功耗占据了很大一部分,因此合理设计时钟树的级数和结构,可以很大程度上降低数字基带电路芯片的功耗。

5.10　整体仿真

对整个系统进行 RTL 级仿真,按照协议要求设计数字基带电路测试激励。仿真结果表明,数字基带电路能够正确地实现协议规定的功能,标签完成了一次盘存操作过程。

对数字基带电路进行代码覆盖和功能覆盖验证以后,将数字基带电路设计代码综合成 FPGA 基本逻辑单元,经过布局布线实现后下载到 FPGA 开发板进行 FPGA 硬件功能验证和调试。验证结果表明,数字基带电路能够实现协议规定的功能。

5.11　版图设计

5.11.1　逻辑综合与时序分析

逻辑综合将电路设计的 RTL 代码转换为由目标工艺库单元构成的门级网表。Synopsys 公司的 EDA 工具 Design Compiler 是业界最为流行的逻辑综合工具和实际标准。它提供了基于设计规范和综合约束的门级综合和优化策略,提供了最佳的门级综合网表,可对组合逻辑和时序逻辑同时进行面积、时序和功耗的优化。

设计约束主要包括时序约束、环境约束和面积约束。

时钟约束是时序约束中最为重要的约束之一,需要对时钟周期、时钟延迟、时钟不确定度、时钟边沿进行约束。其中,对时钟周期的约束包括定义时钟的起始边沿、占空比等。时钟延迟包含时钟进入模块电路前的延迟以及时钟网络的延迟。在对时钟不确定度进行约束时,对于建立时间的优化包括时钟源的抖动或者相位噪声和时钟网络的倾斜,以及为了保证电路的可靠性给定的一个时序裕量。保持时间则与时钟网络的倾斜无关,因为保持时间的分析是针对同一个寄存器进行的。

环境约束指对设计的工作条件、I/O 端口属性和统计线负载模型进行约束。工作条件描述了设计的工艺、温度条件,通常简单地描述为 worst、typical 和 best 情况,其中,worst 情况具有最大的器件延迟,用于分析和优化电路的建立时间;best 情况具有最小的器件延迟,通常用于修正电路的保持时间违例。线负载模型的设置可以通过连线的负载得出连线长度,再根据线负载模型中单位长度的电容、电阻和面积得出连线总的电容、电阻和面积,Design Compiler 根据电路规模自动选择线负载模型,并默认子层设计采用与顶层设计相同的线负载模型。I/O 端口属性的约束包含输入输出延迟、输入端口驱动能力和输出端口容性负载的设置。

UHF RFID 标签基带处理器是一个以控制通道为主的数字电路,不是一个时序关键电路。因此综合时优化的主要目标是面积和功耗的优化。使用 set_dont_use 阻止综合时采用一些高驱动强度的标准逻辑单元,可以大大减少面积。

静态时序分析指不为设计添加测试激励进行动态仿真,而是直接计算所有时序路径的延迟,分析其是否满足建立时间和保持时间的要求。采用 PrimeTime 静态时序分析工具,在非线性延迟模型的基础上,计算所有时序路径上器件和连线的延迟,快速找出违背时序约束的所有路径。另外,PrimeTime 也对设计进行设计规则检查(Design Rule Check,DRC),包括 max_capacitance 和 max_transition 违例检查。

在本设计中,由于电路并非时序关键电路,因此对保持时间违例的分析变得更为重要。在使用 PrimeTime 进行时序分析时,对于综合后的静态时序分析,采用和综合脚本中对时钟和输入输出延迟以及工作条件相同的约束;而对于时钟树插入以及布局布线以后的时序分析,只约束时钟的周期,并将时钟设为 propagated_clock,时序分析时采用电路中时钟实际的延迟或上升下降沿以及时钟不确定度。另外,时钟不确定度也可以约束一个较小的值作为裕量,以提高电路对工艺误差的容忍性和电路的可靠性。

5.11.2　后端设计与物理验证

数字集成电路的后端设计和物理验证主要是对仿真验证通过后的门级网表进行布局布线,并对版图进行设计规则检查和电路规则检查(即 Layout Versus Schematic,LVS)。利用前端综合得到的门级网表和时序约束文件,并以晶圆代工厂提供的各种工艺库文件为基础,使用 Cadence 公司的布局布线工具 SoC Encounter 进行标准单元的自动布局布线,最后使用 Mentor 公司的 Calibre 软件进行版图的 DRC 和 LVS。

使用 SoC Encounter 进行布局布线的主要流程如下:

(1)输入门级网表和晶圆代工厂提供的工艺库,包括标准单元库、I/O 库以及硬核或模块库。

(2)整体布图规划。规划芯片面积,放置 I/O 接口单元,确保芯片时序能够收敛,并具有良好的布通率。

(3)电源规划。添加电源环线和电源条线,设计电源网络。

(4)标准单元自动布局与放置。

(5)试验性布线,进行布线拥塞程度的预估以及延迟和时序的预估。

(6)时钟树插入。根据标准设计约束文件自动产生时钟树约束文件,借助 EDA 工具进行时钟树的自动插入。

(7)电源网络布线和时钟树网络布线。

(8)分析功耗、电压降以及电迁移。

(9)进行详细布线和布线修正。

布局布线完成后,使用 Calibre 工具对版图进行设计规则检查和电路规则检查。设计规则检查的方法是将版图中所有几何图形与设计规则规定的尺寸、间距进行比较,反复检查并修改版图中因违反这些设计规则而引起的潜在短路、断路或不良效应的地方,直到版图满足所有设计规则为止,保证芯片流片具有较高良率。而电路规则检查则是将抽取版图后的 SPICE 网表文件与门级的 Verilog 网表文件进行比较,反复检查并修改版图中与设计电路中电路连接关系不一致和器件不一致的地方,确保版图与设计电路完全一致。所有的设计流程和物理验证通过以后,提交流片的数字基带电路版图。

5.11.3　数字基带电路功耗分析

使用基于晶体管仿真的 NanoSim 快速 SPICE 仿真工具进行版图后仿真。首先将版图后 Verilog 网表文件转换成 SPICE 网表文件,并使用 VCS 对版图后 Verilog 网表文件进行版图后动态功能仿真,然后将仿真中的 Testbench 的输入激励信号转换成矢量文件,NanoSim 使用该矢量文件作为 SPICE 网表文件的测试激励进行仿真,得到电路的瞬时功耗以及其他参数。

5.12　测试

5.12.1　测试方案

数字基带电路测试方案如图 5-13 所示。

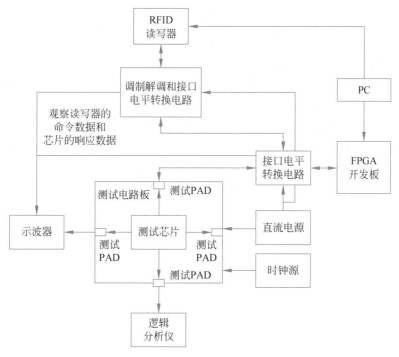

图 5-13　数字基带电路测试方案

其中,芯片时钟信号由时钟源提供;复位信号由 FPGA 开发板输出,并经接口电平转换电路转换为数字电路逻辑电平的复位信号。

FPGA 开发板还用来模拟 MTP 存储器,供待测芯片进行存储器的读写等操作。待测芯片到 FPGA 开发板的存储器读写控制信号通过接口电平转换电路转换为 2.5V 的控制信号,FPGA 开发板返回给待测芯片的数据和控制信号通过接口电平转换电路转换为数字电路的电平信号。

读写器为待测芯片提供各种 RFID 命令数据,经调制解调电路解调产生 2.5V 的数字解调信号,再经接口电平转换电路转换为数字电路的数字信号,提供给待测芯片数据输入端。待测芯片 data_cmt 返回的标签数据首先经接口电平转换电路转换为 2.5V 的调制信号,提供给调制解调电路进行 ASK 调制,返回读写器。

示波器用来观察调制解调电路输出的解调信号以及输入的调制信号,也用来协助观察时钟源输出信号、调制解调电路内部电路调试和接口电平转换电路调试等。

逻辑分析仪用来观察待测芯片的测试信号,确定待测芯片是否正常工作。

直流电源为待测芯片提供电源,为调制解调电路提供 +5V、-5V、Vref(可调)、4.4V 电源,为接口电平转换电路提供相应的电源。

PC 使用读写器软件实现读写器,发送不同命令,并将标签的返回数据正确显示出来。PC使用 ISE 软件实现测试程序的下载、FPGA 开发板的配置等。

5.12.2　测试结果

按照图 5-13 所示的技术方案搭建数字基带电路测试平台。其中的 RFID 读写器采用深圳先施科技股份有限公司的 RI864S 读写器,该类型读写器支持 ISO/IEC 18000-6B/C 协议,可对标签分别进行盘存、读写、锁存、灭活等操作。逻辑分析仪采用 Agilent 公司的便携式逻辑分析仪 16802A,共有 64 路数据分析通道。FPGA 开发板采用 Xilinx 公司提供的 XUP Virtex-Ⅱ Pro FPGA 开发系统。

将阅读器配置在 ISO/IEC 18000-6C 协议模式下,发送标签指令,经调制解调电路解调为 2.5V 的数字信号,通过接口电平转换电路转换为数字基带电路的标准数字信号,加载到数字基带电路的数据输入端。同时,通过时钟源为芯片加载时钟信号,通过 FPGA 开发板为芯片加载复位信号。最后,将 EEPROM 存储器与数字基带电路正确连接。在数字基带电路外部输入测试信号正常的情况下,采用 Agilent 的便携式逻辑分析仪 16802A 对数字基带电路的内部测试信号进行分析,结果表明数字基带电路正常复位后能够正常工作。

改变输入电压范围和输入时钟频率范围,测得数字基带电路的电压容限为 1.5～2.1V,时钟容限为 2.18～2.92MHz。对芯片输入 1.8V 电压,将微安级电流计串联到数字基带电路待测芯片内核供电电源 PAD 端,测得数字基带电路此时的电流为 6.2μA,即功耗为 11.16μW。

第6章

UHF RFID读写器架构和电路设计方法

6.1 原理和架构

6.1.1 现状

作为 UHF RFID 系统的重要组成部分,UHF 读写器的发展也非常迅速。目前世界上已经有很多大公司开发了完整的 UHF RFID 读写器系统方案,其中的大多数方案采用集成芯片。

最早开发出读写器芯片的公司是 WJ 通信公司,它于 2006 年 11 月成功研制了基于 EPC 标准的读写器芯片 WJC200,这款芯片支持 EPC-Gen2 和 ISO/IEC 18000-6B/C 标准,芯片尺寸为 8mm×8mm。2007 年 3 月,该公司在 WJC200 的基础上开发出了 UHF RFID 读写器 WJC3000。与同时期产品相比,该系列读写器输出功率大,抗干扰性能优秀,在多标签、多读写器环境下工作稳定,芯片外围器件也比同期市场上的类似产品少一半以上。

Anadigm 公司也一直在研究 UHF RFID 读写器的相关产品。目前该公司已推出其第三代读写器 RangeMaster5,该系统的一大特点是动态可编程,支持模拟信号滤波。它可同时支持 HF 和 UHF 两种频段的 RFID 标签,并支持几乎全部调制方式和工作频率。RangeMaster5 支持的协议有 ISO/IEC 14443、ISO/IEC 18000-6C、EPC-Gen2 以及 EPCglobal 公司即将推出的新标准。这款读写器特点鲜明,支持协议众多,对于 RFID 产业的拓展有着积极的意义。

Intel 公司在 RFID 市场上也有着举足轻重的地位,2007 年 3 月,Intel 公司公布了一款型号为 R1000 的读写器芯片。该芯片充分展示了 Intel 公司在芯片设计方面的强大实力。这款芯片集成度非常高,集成了读写器 90% 以上的元件,其数字控制部分功能十分强大,读标签最大速度高达每秒 1000 个。其模拟部分性能也很好,集成的功率放大器和高灵敏度的接收电路保证了 10m 的工作范围。该芯片由于良好的性能迅速占领了大量中高端市场。随后 Intel 公司又推出了性能更加强大的 R2000 读写器芯片。由于 R1000 的成功,R2000 也迅速占领了市场。

大多数公司使用读写器芯片外加一些电源、控制等模块组成一个读写器,例如远望谷公司使用 R1000 和 R2000 开发了多款产品。这种读写器的优点是开发流程较短,性能有保障;缺点则是没有自主知识产权,核心技术受制于人。还有一些公司利用分立器件进行读写器设计。例如,南京瑞福科技公司的 RF2632 读写器采用检波二极管电路设计,工作频率为 902～928MHz,读写距离可达 10m,支持数据率 160kb/s。采用这种结构最大的优势在于其制造成本较低并且拥有自主知识产权。但是其射频性能一般不如采用集成读写器芯片,尤其在多读写器环境下,读写器的稳定性不能得到保障。另外,由于该读写器使用的是双通道检波结构,读写器工作时存在明显的读写盲区。

6.1.2　基本原理

读写器作为 RFID 系统中非常关键的部分,主要担负着读写标签和与上位机系统通信等任务。基于 EPC-Gen2 标准的 UHF RFID 读写器采用反向散射的方式进行半双工通信,其基本结构如图 6-1 所示。

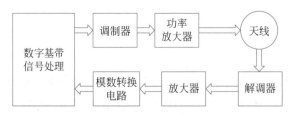

图 6-1　UHF RFID 读写器基本结构

一个完整的 UHF RFID 读写器主要包括后端的数字基带信号处理部分、射频前端发射部分、射频前端接收部分以及辐射和接收电磁信号的天线部分。

数字基带信号处理部分主要负责基带信号的编解码以及协议的处理,比较高端的读写器的数字基带信号处理部分可以使用数字信号处理(Digital Signal Processing,DSP)芯片或 FPGA 等专用芯片,使数字信号的实时处理性能很强,可以支持很高的数据传输速率。使用数字信号处理技术会增加数字电路部分的负担,但同时也可以提高读写器的灵敏度,增加读写距离。

发射部分一般包括调制器和功率放大器。调制器主要用于调制发射基带信号。功率放大器用于提高读写器的射频输出功率,以达到较远的读写距离。

接收部分一般包括接收机和模数转换电路。接收机用于解调标签返回的基带信号并进行放大。模数转换电路用于将模拟的基带信号转换为数字信号交给后端的单片机或数字基带信号处理部分,通常可使用简单的比较器或者模数转换器芯片实现模数转换。

天线是影响读写器性能的一个重要部分,不同增益或极化方式的天线会影响读写器的读写距离。高增益的天线可以大幅增加读写器的读写距离,但同时会增强读写器的定向性,使工作范围变窄。所以天线的选取通常是针对特定应用的需求而定的。

由于 UHF RFID 系统采用的是无源标签,因此,在接收标签信号的同时,发射部分还在持续发射大功率的射频载波。在使用单天线工作的读写器系统中,要使接收部分正常工作,还要求发射链路和接收链路有足够的隔离。

6.1.3 基本架构

典型的 RFID 系统包含上位机、读写器和标签,如图 6-2 所示。

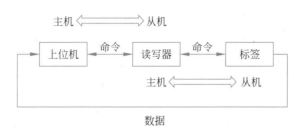

图 6-2 RFID 系统各部分关系

读写器和标签可以看成主从关系:读写器主动发起通信,充当主机;标签被动响应,充当从机。同时,读写器在和上位机通信时,上位机能够控制读写器,向读写器发送特定命令,从读写器读取数据,这时上位机充当主机,读写器充当从机。可见,读写器处于标签和上位机之间,使上位机能获取标签内存储的信息,在系统中充当着桥梁的角色,是 RFID 系统中最关键的组成部分。

读写器通常包含发射链路、接收链路和微处理器(也称微控制单元,Micro Control Unit,MCU),其结构如图 6-3 所示。发射、接收链路又分为模拟射频部分和数字基带部分,分别处理系统中的模拟信号和数字基带信号。微处理器作为整个读写器的核心控制部分,负责控制读写器各个模块,并提供和上位机等外围设备通信的接口。

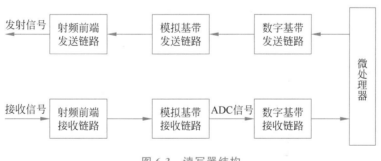

图 6-3 读写器结构

接收链路数字基带电路架构如图 6-4 所示。

多协议读写器基带电路架构如图 6-5 所示。

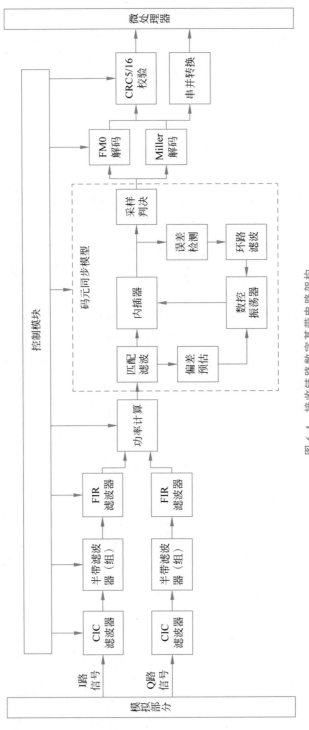

图 6-4 接收链路数字基带电路架构

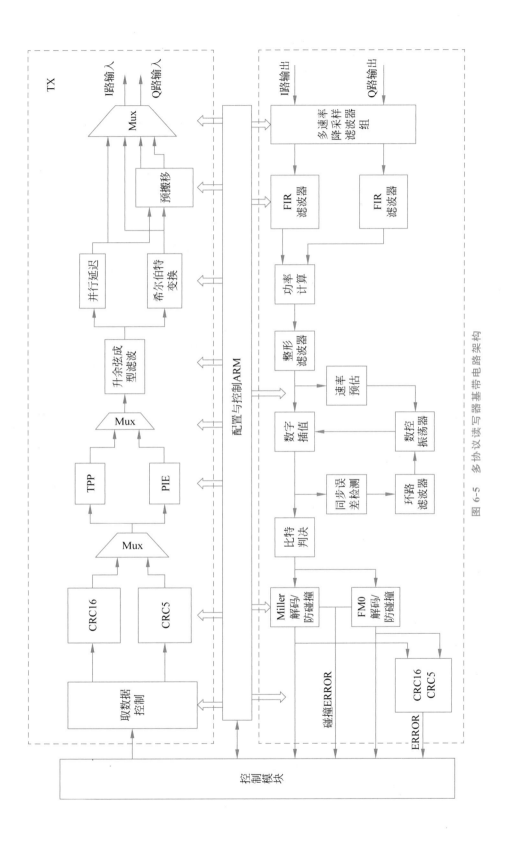

图 6-5 多协议读写器基带电路架构

6.2 射频前端方案

6.2.1 分立 RF 器件方案

采用分立 RF 器件实现 RFID 读写器射频电路是目前比较常用的设计方法。其设计思路是:把读写器的射频模块分成射频发送单元和射频接收单元两部分,对它们分别进行设计,最后再集成到一块射频板上。这样做的优点是对器件的选择要求较低,各类器件都能够方便地买到或用其他功能相近的器件代替。同时,可以方便地对系统的各个模块进行单独调试,以找出电路中的错误和不足。

图 6-6 给出了一种基于分立 RF 器件的 RFID 读写器原理。

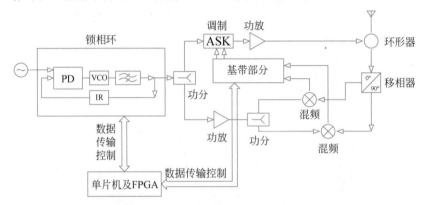

图 6-6   基于分立 RF 器件的 RFID 读写器原理

采用分立 RF 器件的设计方案所需的器件数量较多,进而造成系统功耗较大。同时,电路设计复杂,集成之后的射频板尺寸较大,不利于读写器的手持化,因此,一般不采用这一方案进行读写器射频电路设计。

6.2.2 通用 RF 芯片方案

通用 RF 芯片目前在无线监测、无线报警、无线数据传输、遥控等领域有着相当多的应用。基于通用 RF 芯片设计读写器射频电路的优点如下:

(1) 通用 RF 芯片已经有了许多成功的应用案例。

(2) 通用 RF 芯片类型较多,选购较为方便。

常用的通用 RF 芯片有 ADF9010、ADF7020、nRF905 和 MICRF 系列芯片等。在这里主要选择美国 ADI(Analog Devices Inc.)公司生产的 ADF9010 芯片进行简要介绍。

图 6-7 为 ADF9010 芯片的内部结构。ADF9010 的工作频率为 840~960MHz。它集成了高性能 Tx 正交调制器、整数 N 分频合成器以及片上低相位噪声压控振荡器,在保持卓越的射频性能的同时还能降低系统的开发成本。与分立 RF 器件的解决方案相比,ADF9010 集成度与性能的结合能使元件成本降低 50% 以上,射频板的尺寸缩小 70% 以上,还能大大缩短设计周期。

图 6-8 给出了基于 ADF9010 芯片的 RFID 读写器设计原理。

通用 RF 芯片的功率很难达到 RFID 系统的设计要求,并且芯片内部没有集成协议,不利于进一步进行读写器控制软件的开发,因此采用这一方案进行读写器射频电路设计的设备较少。

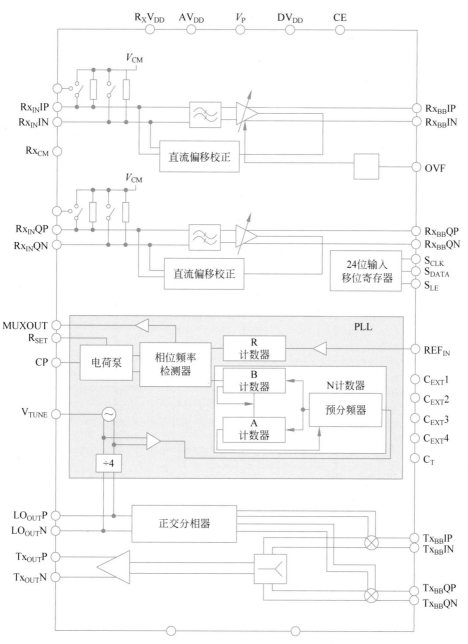

图 6-7　ADF9010 芯片的内部结构

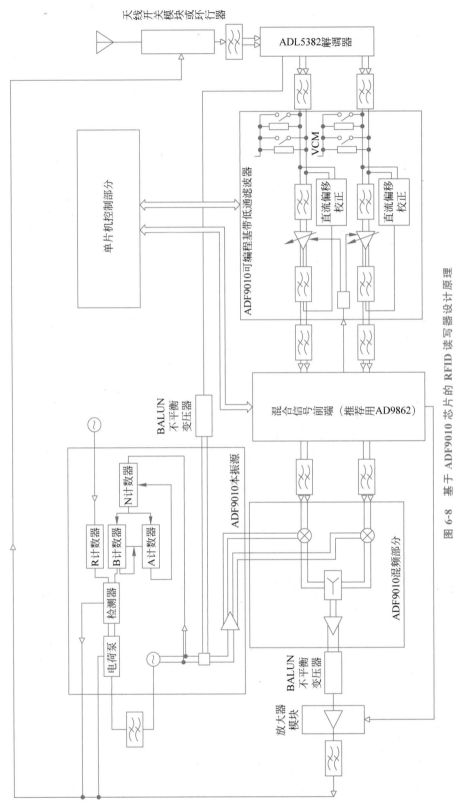

图 6-8 基于 ADF9010 芯片的 RFID 读写器设计原理

6.2.3　专用 RFID 芯片方案

与前面两种设计方案相比,基于专用 RFID 芯片设计读写器射频电路的优点如下:

(1) 专用 RFID 芯片内部可以集成 90% 的所需器件,这就大大降低了系统的功耗和开发成本,并且能够实现读写器的小型化。

(2) 芯片内部集成了协议处理模块,降低了读写器控制软件开发的难度。

因此,本设计选择基于专用 RFID 芯片设计读写器射频电路的方案。

目前市场上主流的专用 RFID 芯片有 AMS(奥地利微电子)公司生产的 AS399x 系列芯片、Intel 公司生产的 R1000 芯片(后来被 Impinj 公司收购并改名为 Indy R1000)以及 WJ 通信公司生产的 WJC200 芯片(尚未大规模生产,很难买到)等。表 6-1 给出了 AS3992 芯片与 R1000 芯片的主要性能参数比较。

表 6-1　AS3992 芯片与 R1000 芯片的主要性能参数比较

芯 片 参 数	AS3992	R1000
工作频率	840~960MHz	840~960MHz
发射功率	0~+20dBm	最大+17dBm
协议支持	ISO/IEC 18000-6A/B/C	ISO/IEC 18000-6C
CRC 校验	支持	支持
调制方式	DSB-ASK/SSB-ASK/PR-ASK	DSB-ASK/SSB-ASK/PR-ASK
功耗	DBT(待定)	1250mw@+17dBm
灵敏度	−86dB	−95dB
DRM 滤波器	外部支持	内部集成
封装	QFN-64	QFN-56

从表 6-1 可以看出,AS3992 有更大的发射功率和更全面的协议支持；R1000 则有更高的灵敏度。但是在实际有干扰源的环境中,例如存在一个 2dBm 的干扰源时,R1000 的灵敏度会迅速下降到−70dBm 左右,而在同等的灵敏度时 AS3992 可以承受 5dBm 的干扰。因此,在实际应用中 AS3992 的读写距离要比 R1000 更远。在本设计中,综合考虑各项因素,选择 AS3992 芯片作为射频电路设计的核心芯片。

6.3　基带电路设计方案

6.3.1　通用方案

1. ARM＋DSP 方案简述

目前在国内外 UHF RFID 读写器市场上,读写器基带的设计方案主要有以下两类:

(1) 集成设计方案。专用的 UHF RFID 处理芯片集成读写器中的射频模块和基带模块构成整个系统,并在此基础上内部集成实现基带模块绝大多数功能。以高集成度的专用芯片作为研发基础,再配置高性价比的 MCU 作为控制模块,即可成功设计 UHF RFID 读写器系统。或者直接以芯片生产厂商的集成方案作为研发基础设计读写器,这类设计方案的研发工作更为简单。随着芯片功耗和体积的不断减小,集成设计方案对于单芯片读写器的设计具有很大意义。但是集成设计方案成本高昂,方案固定,核心技术掌握在国外芯片生产厂商的手中。

(2) 分立元件设计方案。利用多个独立的芯片设计实现读写器数字基带的功能。该方案在设计上具有较高的自由度,读写器数字基带部分的性能可以根据需求进行调整和定制,降低了设计过程中的风险。最为重要的是分立元件设计方案所设计的读写器拥有自主知识产权。

大部分 UHF RFID 读写器采用国外厂商(如 Impinj、TI 等)的芯片集成方案,因为受其基带信号处理的限制,基带应用拓展能力和自由度有限。另外,日益突显的专利问题不仅给众多读写器生产厂商增加了大量经济支出,也带来了很多的信息安全隐患。因此,采用分立元件搭建 UHF RFID 读写器的基带模块,目的在于掌握 UHF RFID 读写器基带模块的核心技术,包括分立元件设计高自由度的数字基带部分电路以及在此基础上实现 UHF RFID 国家标准协议。

采用分立元件搭建数字基带部分,其中的处理器选择直接影响后期性能的好坏。市面上电子系统设计可用的主流处理器有 DSP、ARM、FPGA 三大类,这三大类芯片在各行业中都应用广泛,但因为芯片自身的工艺、架构以及设计定位的差异,在具体的应用中也不一样。DSP 功能比较专用,是以数字信号处理大量信息的处理器,在通信行业具有很大的优势,主要体现为强大的数据处理能力和高运行速度,但其在综合运用方面逊色于 ARM。ARM 是嵌入式开发最常用的处理器,占据了 90% 的手持设备市场,具有强大的事务处理功能,主要体现在控制方面。FPGA 是 ASIC(Application Specific Integrated Circuit,专用集成电路)中集成度最高的可编程器件,具有很强的时序控制能力和并行处理能力,在实时数据处理方面同样有广泛应用。但是相对来说,FPGA 成本较高。另外,FPGA 的 HDL 开发难度要大于 DSP 的 C 语言。

设计中的基带包含调制解调的高速 DAC 和 ADC 芯片,随之而来的就是大量数据的传输和处理,再加上 UHF RFID 国家标准协议的复杂算法,都对整个基带系统提出了高精度、高速度的要求。另外,还需要实现与上位机交互通信等较强的综合运用能力。因此,本设计采用了 ARM+DSP 的分立元件设计方案,DSP 负责实时、快速实现数字信号处理算法,ARM 负责整个系统的作业调度,两者协同工作,大大提升了系统的总体性能,同时在经济成本上也具有较高的性价比,是理想的组合架构。

基带硬件结构如图 6-9 所示,主要由 ARM 和 DSP 两大部分组成,两者的数据传输采用高速 SPI 总线通信方式。其中 ARM 和 DSP 分别选择的是 ST 公司的 STM32F207VGT6 和 TI 公司的 TMS320VC5502。ARM 部分包含了外部通信接口(USB 接口和网口)、Flash 以及看门狗复位电路等。DSP 部分主要包括 ADC、DAC 和 SDRAM 等电路。

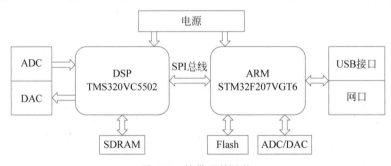

图 6-9　基带硬件结构

系统的工作流程如下:

(1) 上位机根据用户的需求,将标签操作命令通过 USB 接口或者网口发送给 ARM。

(2) ARM 分析处理操作命令并配置读写器,把标签操作命令通过高速 SPI 总线发送给 DSP。

(3) DSP 根据国家标准协议中相应的规则对信号进行编解码等处理,实现和标签的信息交互,将获取的数据再发送给 ARM。

(4) ARM 按照国家标准协议的规定对数据信息进行校验等处理操作,最后通过通信接口上传到上位机。

（5）上位机按照国家标准协议的规定对接收到的数据进行综合性处理操作。

从读写器硬件电路的实现角度看，UHF RFID 读写器的组成主要包括两部分，即射频模块和基带模块。UHF RFID 读写器结构如图 6-10 所示。

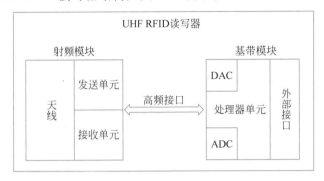

图 6-10　UHF RFID 读写器结构

射频模块也称为射频前端，其主要功能是处理射频信号，实现对基带信号的接收、解调、调制和发射工作，具体如下：在读写器工作期间，持续发射高频信号载波，为标签响应读写器操作提供能量；完成对读写器操作命令的调制工作，并进行滤波、放大等处理，把已经调制完成的数据载波信号通过读写器天线发送给标签；接收标签散射回来的数据信息，经过放大、滤波和解调等处理后形成基带模块可以接收并处理的数字信号，将其发送给基带模块进行后续的处理。射频模块是读写器与标签进行交互的前端处理电路，该电路的性能、功耗等各类技术参数的好坏直接影响到整个读写器系统的性能。

基带电路部分采用 ARM7 系列的处理器作为主 CPU，负责系统的调度，外扩接口有 USB 2.0、RS232/485 和网口，选用 TI 系列的 DSP 芯片 TMS320VC5509A 进行信号的采集、处理、运算，实现系统编码、解码、校验等功能。两个处理器之间通过 FIFO 电路相连，使整个基带系统协同稳定工作。射频部分采用零中频接收机方案，采用高速 ADC、DAC 对信号进行采集和控制，最后通过嵌入式 C 语言和汇编语言实现系统的软件控制，并完成协议中规定的射频标签的部分操作指令。

2. 相关外围电路选择

ARM 处理器与上位机（PC）通过网口进行通信。处理器内部具有专用 DMA 的 10/100 Ethernet MAC，支持 IEEE 1588v2（MII/RMII）。网口由 TI 公司的 DP83848I 以太网收发芯片和 WE 公司的 WE-RJ45 网络变压器两部分组成。

DP83848I 是一款工业级的以太网收发芯片，具备不高于 270mW 的超低功耗，配备 10/100Mb/s 的 Auto-MDIX，25MHz 时钟输出，符合 IEEE 802.3u 标准，可以给系统提供可靠、稳定的网络解决方案，为企业以及恶劣操作环境下的实时以太网传输提供了保障。

WE-RJ45 是具有集成变压器/共模扼流圈的 RJ45 连接器，OCL 最小值为 350μH，偏置电流为 8mA，满足 IEEE 802.3 标准中电器隔离的要求。网络变压器是以太网接口设计中使用的器件，它具有以下特点：可以增加信号的强度，使传输的距离更远；隔离外部环境，在保护以太网芯片的同时，大大增强了抗干扰能力；接口的适用性较高。

3. DSP

DSP 是基带系统的数据处理中心。其功能分为两部分：一是控制高速 DAC，根据 RFID 国家标准协议，将来自 ARM 的数字信号进行编码等处理后发送给射频前端；二是控制高速

ADC,接收来自射频前端的基带数据信息,并对其进行解码、校验等处理后发送给 ARM。

根据系统功能所需,在本设计中 DSP 采用的是 TI 公司推出的 TMS320VC5502 高性能定点数字信号处理芯片,它具有片内 300MHz 双 MAC(乘法累加器)的强大性能,能实现大容量数字信号的高速处理。该芯片与 TMS320VC5510、TMS320VC5509、TMS320C5501 共同组成了 TI 公司的 TMS320C55x 系列芯片,TMS320C55x(C55x)是在吸收了 TMS320C6000 系列优点的同时又以 TMS320C54x(C54x)为基础发展而来的,C55x 的源代码也兼容 C54x,周期效率是 C54x 的两倍,功耗却只有其 1/6,被广泛应用在对功耗要求较高的无线终端、手持设备等领域。

1) D/A 发送单元

D/A 转换电路是基带系统的重要组成部分。系统将需要发送的数字信号通过 DAC 芯片转换为基带模拟信号,传输给射频部分的调制器、功率增益控制电路进行调制及功率放大等处理,最后通过天线发送出去。

本设计采用 ADI 公司推出的一款双路 8 位低功耗数模转换芯片 AD9114,它具有 CMOS 输入、1.8~3.3V 单电源供电、采样率最高达到 125MSPS 的特性,功耗为 232mW,低功耗状态有休眠和关断两种模式,在 3.3V 供电的休眠模式下功耗小于 3mW。其内部集成两个片上辅助 DAC,4~20mA 的差分电流输出,0~1.2V 的共模电压输出。该芯片广泛应用于医疗仪器、无线基础设施以及便携式设备等领域,适合生成射频系统调制的前级信号。

2) A/D 接收单元

A/D 转换电路是基带系统的另一个重要组成部分。射频系统接收链路通过下变频高频标签信号转换为基带信号,经过 ADC 芯片采样接收,把模拟信号转换为数字信号后,由 DSP 接收并执行数字信号的解码、校验等处理,最终经 ARM 发送给上位机(PC)进行后续处理。

本设计采用的是 ADI 公司推出的一款 12 位双通道低功耗的逐次逼近型模数转换芯片 AD7352。它具有 2.5V 单电源供电、吞吐速率最高可达到 3MSPS(Million Samples Per Second,百万次采样每秒)的特性,同时以先进的设计技术实现了 10mW 的低功耗,此外还提供了便于开发者使用的吞吐速率和功耗管理等选项。该芯片内部还集成了两个 ADC,都带有宽带宽采样和低噪声保持电路,可以处理的输入频率最高为 110MHz。该芯片具有差分共模±VREF/2 的模拟输入范围,内部集成了 2.048V 基准电压源,也可以使用外基准源。该芯片广泛应用于运动控制、I/O 解调以及数据采集系统等相关领域。

6.3.2　一种 MCU+FPGA 的基带电路设计方法

本节介绍在我国 UHF RFID 国家标准协议的基础上设计和实现的 UHF RFID 读写器的基带系统,主要内容包括读写器基带系统的硬件部分设计、软件系统设计和数字基带信号处理电路设计,其中硬件和软件设计主要分为逻辑控制模块设计和数字基带信号处理设计两大部分。

首先,在硬件设计方面,由于目前尚无一种符合国家标准协议的集成射频芯片能够满足基带性能的设计要求,所以本节提出了 MCU+FPGA 的数字基带系统设计方案。其中,MCU 负责逻辑控制单元,FPGA 负责基带系统的数字基带信号处理单元。MCU 作为逻辑控制单元的核心,主要负责逻辑控制单元中协议层、应用层、驱动层的功能实现。本设计中完成了 MCU 的外设接口(如网口、USB 接口等)电路的设计。FPGA 主要负责基带系统的数字信号处理。在具体实现方面,本设计中完成了前向链路的 DAC 电路和反向链路的 ADC 电路设计。本设计采用分立元件搭建的方式完成读写器数字基带部分的硬件设计,这也是设计中的重点、难点和创新点,这种方式具有设计灵活、可扩展性好、可实现低成本应用等优点。

其次,在软件设计方面,在分析了国家标准协议的基础上,实现了基于 32 位 MCU 的逻辑控制单元的软件架构设计,包括读写器与标签、读写器与上位机的正常通信。在数字基带信号处理单元的软件设计中,实现了基于 FPGA 的发射链路和接收链路的软件架构设计,其主要为符合国家标准协议的前向链路的 TPP(截断式脉冲位置)编码单元和反向链路的 FM0 解码单元设计。在 TPP 编码部分,为将系统的码间串扰降到最低,使得发射链路的信号达到最优状态,本设计主要采用查表法实现 TPP 编码端的矩形波成型设计。

最后,在系统测试方面,通过基带系统与射频前端系统的联合测试,对采集到的测试数据进行了分析。同时通过上位机查看读写器与标签通信的信息反馈,验证了基带系统软硬件设计的合理性。

1. 基带硬件设计方案

UHF RFID 的特点是工作频率高、读取速率快,相应地有大量数据要传送给上位机。这就要求基带系统能够处理大量数据,进行高速的运算,同时要具有很强的控制能力。为达到上述高性能要求,本设计中的基带部分主要采用分立器件搭建的方式进行总体设计,这与传统的集成设计方案有很大的不同。

大部分 UHF RFID 读写器采用 Impinj、TI、AMS 等半导体厂商的集成设计方案。在这些集成射频芯片方案中,一个芯片包括了整个读写器基带部分的射频收发模块,集成度很高,设计资源丰富。这虽然给读写器的研发过程带来了一定的便利,缩短了研发周期,但从信息安全的角度分析,这种方案造成了无法获得专利以及产品拓展受制于人的问题。

分立器件方案在读写器的基带和射频部分采用分立器件搭建整个系统,包括独立的射频收发芯片构成的射频收发系统和采用专用 A/D、D/A 芯片搭建的调制与解调链路,以及专用的数字信号处理器 FPGA 和负责逻辑控制的 MCU。

本设计采用 FPGA+MCU 的逻辑控制+算法处理的设计方案。其中,FPGA 主要承担基带系统的数字信号处理工作,包括基带信号的解编码处理;MCU 主要负责整个基带的逻辑控制,包括与上位机的沟通。

基带硬件设计方案如图 6-11 所示。其中,MCU 芯片采用 ST 公司基于 Cortex-M3 内核的 STM32F207 芯片,FPGA 芯片采用 Altera 公司 Cyclone 系列的 EP4CE30 芯片。逻辑控制部分包括 MCU 常用的外围 USB 接口、以太网接口等电路,数字基带信号处理部分包括与FPGA 直连的 ADC、DAC。除此之外,还有相关的电源管理电路及 MCU 复位电路。FPGA与 MCU 之间通过 SPI 接口进行实时通信。数字基带信号处理单元部分的 ADC 与 DAC 采用分立器件搭建。其中,ADC 部分将射频前端经过解调器解调的两路正交信号(分别为 I 路信号和 Q 路信号)通过低噪声放大器和两级低通滤波器进行微弱信号的放大与滤波处理,以得到符合设计要求的射频前端信号;DAC 部分将数字基带部分需要送至射频前端的命令由数字信号转换为模拟信号,再将转换过的模拟信号发送至射频发射链路前端的调制器进行调制、放大等处理,最后经过射频天线向外发射至射频场内。

2. 逻辑控制模块设计

1) STM32F207 最小系统设计

读写器的逻辑控制部分选用的主控芯片 MCU 是 ST 公司推出的 STM32F207 单片机。和一般的 32 位 MCU 相比,它的优势主要体现在较高的处理速度、低廉的成本等方面,并且该MCU 具有支持以太网通信的 MII/RMII 接口,同时兼具丰富的外设资源。以下为该 MCU 的主要特性:

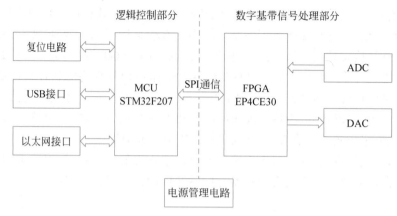

图 6-11   基带硬件设计方案

（1）主频高达 120MHz，处理能力达 150DMIPS 的 32 位 ARM Cortex-M3 内核。

（2）集成 1MB Flash，128＋4KB RAM。

（3）内置 16MHz 标准 RC 振荡器，支持 4～26MHz 的外部晶振、32kHz RTC 晶振。

（4）3×12 位、0.5μs 的 ADC，多达 24 个输入通道，在三重交叉模式下，转换速率高达 6MSPS；2×12 位 DAC。

（5）16 组具有集中式 FIFO 以及支持分页功能的 DMA 控制器。

（6）12 个 16 位定时器和 2 个 32 位定时器，120MHz 频率。

（7）丰富的外设资源，包括 4 个 USART 接口，2 个 UART 接口（传输速率 7.5Mb/s，支持 ISO 7816、LIN、IrDA 接口和调制解调控制）、3 个 I^2C 接口、3 个 SPI 接口（30Mb/s），2 个 2.0B 版本的 CAN 接口。

（8）包含通用 USB 及以太网接口，具有片上 PHY 的 USB 2.0 全速设备/主机/OTG 控制器，具有专用 DMA、ULPI 和片上全速 PHY 的 USB 2.0 全速/高速设备/主机/OTG 控制器。

（9）8～14 位并行 Camera 接口，传输速率最高可以达到 48MB/s。

（10）具有专用 DMA 的 10/100 Ethernet MAC，支持 IEEE 1588v2（MII/RMII）。

组成数字基带系统中逻辑控制部分的最小系统电路主要有 MCU、MCU 外部复位电路、外部存储单元及 JTAG 接口。整个最小系统的电路组成如图 6-12 所示，主要由 STM32F207 基本系统电路、看门狗复位电路、程序烧写口等电路组成。整个数字基带系统逻辑控制部分的电路全部基于此最小系统搭建而成。

图 6-12（a）所示电路为整个 MCU 芯片及其接口和外部晶振的设置，设计中系统 CLOCK 晶振采用外部晶振的方式，选择 4 引脚表贴式 25MHz 无源晶振，匹配电容选取贴片封装的 33pF 陶瓷晶振；时钟晶振采用频率为 32.768kHz 的 2pin 贴片封装的外部晶振，其中匹配电容选择贴片式 15pF 陶瓷晶振，这样选取有利于晶振起振。

图 6-12（b）为该 MCU 的 JTAG 接口电路。为使 JTAG 接口更加稳定，在原有设计的基础上增加了一个高性能与门芯片 MC74VHC1G08DFT2G。

图 6-12（c）所示电路为通过 SPI2 通道与 MCU 通信的外扩 64MB 的 Flash 芯片 MX25L6406，增加的 Flash 芯片是为了后期扩展内存预留的。

2）USB 接口电路设计

USB 接口因其易于开发、使用方便等优点广泛运用于各种嵌入式设备中。为方便后续二

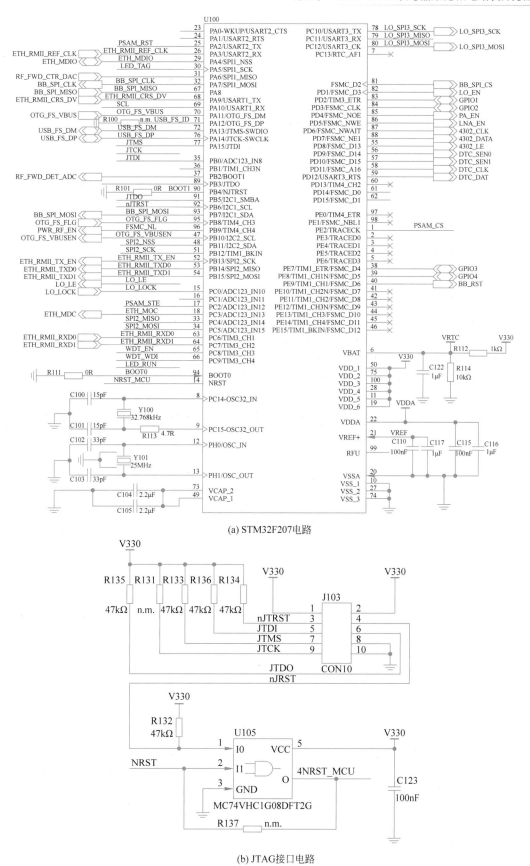

(a) STM32F207电路

(b) JTAG接口电路

图 6-12　STM32F207 单片最小系统的电路组成

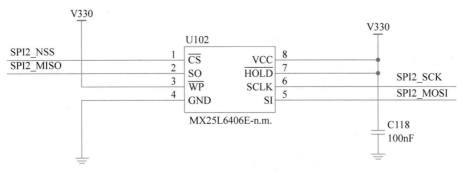

(c) 外扩Flash电路

图 6-12 （续）

次开发和增加读写器的可扩展性,本设计增加了一个 USBTYPEB 设备接口,必要时可作为读写器与上位机的通信接口。USB 接口电路如图 6-13 所示。在本设计中 USB 接口采用 Type-B 接口方式,MCU 支持自带 PHY 的 USB 2.0 协议,Type-B 架构下只需连接 USB_DM 与 USB_DP 这两根交叉数据信号线。为增强 USB 电路的设计可靠性,在信号线引脚间并联 ESD5302F 高性能防静电芯片以提供接口保护。其中,为了 USB 信号能够使能,OTG_FS_VBUSEN 和 OTG_FS_FLG 信号需添加阻值为 $10k\Omega$ 的上拉电阻,同时为满足设计所需的阻抗匹配条件,使 PCB 的信号不出现故障,需在两路正交信号 USB_DM 与 USB_DP 端各串联一个阻值为 22Ω 的匹配电阻。为达到更好的信号滤波效果,需在 USB_DM 与 USB_DP 端并联容值为 $33pF$ 的表贴式陶瓷电容,以滤除信号端的电信号干扰,使得 USB 信号准确、无干扰。

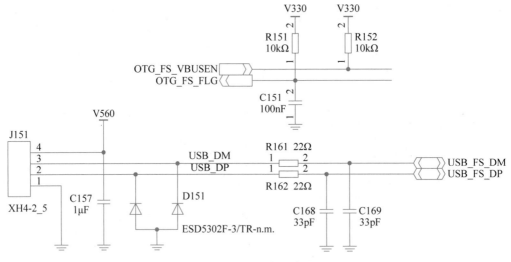

图 6-13 USB 接口电路

3) 以太网接口电路设计

本设计中上位机对读写器的控制通过以太网通信实现。STM32F207 的高级接口中包含可与以太网 PHY 进行通信的 MII/RMII 接口,所以设计中需外扩以太网 PHY 芯片。本设计中采用了 SMSC 公司的高性能以太网 PHY 芯片 LAN8710A 以及 WE 公司提供的以太网网络变压器。以太网接口电路如图 6-14 所示。

LAN8710A 是 SMSC 公司推出的一款 10/100M 网络芯片,LAN8710A/LAN8710Ai 符合 IEEE 802.3—2005 标准,支持自协商机制,可以自动决定最优速度以及双工模式。

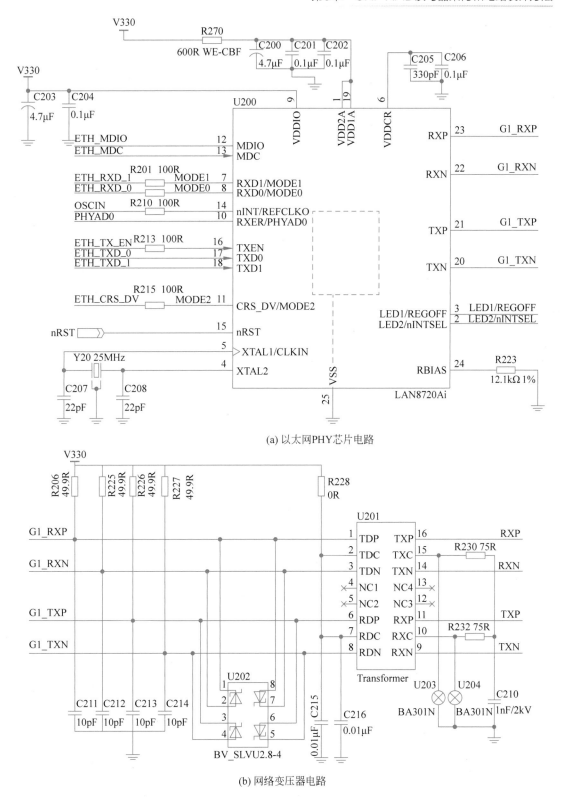

(a) 以太网PHY芯片电路

(b) 网络变压器电路

图 6-14　以太网接口电路

LAN8710A 可以由一个单独的 3.3V 电源供电,其内部包含一个 3.3V 到 1.2V 的电压转换电路。本设计中采用简化的 RMII 接口与 MCU 通信,使用两对收发信号引脚和 3 个控制引脚即可。该 PHY 芯片通过外部引脚的配置控制,采用 25MHz 无源晶振作为系统时钟晶振。

网络变压器主要有信号传输、阻抗匹配、波形修复、信号杂波抑制和高电压隔离等作用。在电路中为增强以太网电路的 EMC 性能,在网络变压器端并联磁珠,在 R、T 收发差分信号上并联专用 ESD 芯片 BV_SLVU。该芯片是一款高性能的陶瓷气体放电管,采用陶瓷密闭封装,内部有两个或多个带间隙的金属电极,充以惰性气体氩气、氖气,当加到电极两端的电压达到使陶瓷气体放电管内的气体被击穿时,陶瓷气体放电管开始放电,由高阻抗变成低阻抗,使浪涌电压迅速短路至接近零电压,并将过电流释放入地,从而对后续电路起到保护作用。本设计中选取的这款陶瓷气体放电管性能优良,可达到 8kV 放电要求,放电时间短。

4)看门狗复位电路设计

为保证 MCU 及整个系统在工作时可以稳定运行,在程序跑飞的情况下可以及时进行复位操作,本设计中增加了供 MCU 使用的外置看门狗复位电路。看门狗芯片采用 IMP706SESA 芯片,它是 IMP 公司的一款性价比高、性能良好的专用看门狗监控芯片,其电路如图 6-15 所示。该芯片可在系统上电、掉电以及手动控制下进行复位输出。图 6-15 中的复位控制信号为 WDT_EN 与 WDT_WDI,前者为使能信号,后者为数据信号。复位控制信号通过单路三态门送入芯片"喂狗"端,芯片 nRST 端产生 RST 复位信号连接至 MCU 端,这样就保证了系统在异常情况下的自我恢复能力。

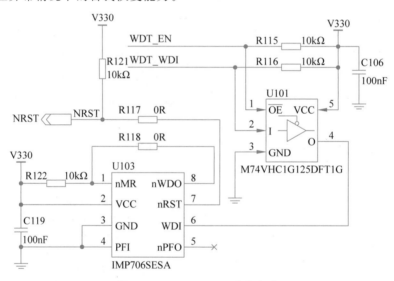

图 6-15　IMP708SESA 芯片电路

3. 数字基带信号处理电路设计

数字基带信号处理电路是整个硬件设计中的关键部分,为使读写器的工作性能达到最优,必须对数字基带信号处理电路进行合理设计。本设计的数字基带系统中主要采用分立器件搭建的方式保证基带信号最优,采用用于算法处理的专用的 FPGA 芯片,信号从射频部分到 FPGA 部分通过高速 ADC、DAC 进行转换。

1)FPGA 处理器电路设计

FPGA 处理器电路采用分立元件设计,往来于射频端与数字基带端的基带信号为高速、高频信号,所以系统对数字基带信号处理部分的芯片要求非常高,为使数字基带信号处理的效率与效果得到最佳体现,本设计中采用 FPGA 芯片作为基带系统的核心处理器。FPGA 是在 PAL、GAL、CPLD 等可编程器件的基础上进一步发展的产物。它是作为专用集成电路领域中的一种半定制电路而出现的,既弥补了定制电路的不足,又克服了原有可编程器件门电路数有限的缺点。

本设计中采用了 Altera 公司 Cyclone 系列 FPGA 芯片 EP4CE30,该款 FPGA 芯片资源丰富,其主要资源特性如表 6-2 所示。

表 6-2 EP4CE30 主要资源特性

资　　源	数　　量
逻辑块	28 848 个
RAM	594KB
内置 18×18 乘法器	66 个
通用 PLL 单元	4 个
全局时钟网络	20 个
I/O Bank	8 个
最大用户 I/O 接口	532 个

　　FPGA 芯片与 ARM 类处理器不同,为断电易失性存储器,在烧写程序时需通过一款配置设备芯片才可达到调试目标。本设计中使用 EPCQ16SI8N 作为配置设备芯片,如图 6-16 所示。FPGA 通过 JTAG 接口连接至 USB-Blaster。

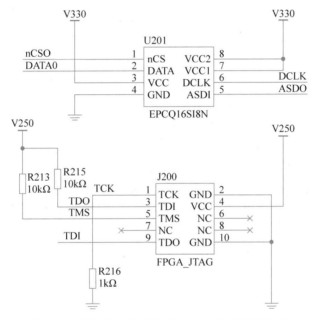

图 6-16 配置设备芯片和 FPGA 的 JTAG 接口电路

2) ADC 链路设计

　　ADC 链路是整个基带系统不可或缺的一部分,读写器射频端接收到的信号将经过解调器发送至 ADC 链路,经过模数转换,将模拟信号转换为 FPGA 可处理的数字基带信号。FPGA 对接收到的 ADC 链路由射频前端信号转换后的数字信号进行解码处理,解码后 FPGA 在获取标签返回的信息后与 MCU 的逻辑控制部分进行通信,等待下一步处理。

　　读写器射频端的解调器解调后的信号中将有两路正交差分信号送至 ADC 链路,这两路信号分别为 I 路信号和 Q 路信号。由于解调器发出的信号比较微弱,所以本设计中 ADC 芯片前端采用两级滤波器放大和过滤信号。第一级滤波器采用 Linear Technology(以下简称 LT)公司的 LTC6605 芯片,该滤波器截止频率为 7MHz,双路差分输入,增益为 12dB;第二级滤波器采用 LT 公司的 LT6604 芯片,该滤波器截止频率为 2.5MHz,双路差分输入输出。

　　本设计中的模数转换芯片选用 LT 公司推出的 LTC2296 芯片。该芯片是一款高性能的双通道 14 位低功耗 SAR 型模数转换芯片,其特征如下:

（1）采样速率高达 65MSPS。

（2）低电压 3V 供电系统。

（3）功耗低至 150mW。

（4）信噪比为 74.3dB，SFDR 为 90dB。

ADC 链路的电路如图 6-17 所示，图 6-17(a)所示的电路将解调后的两路差分信号经电容滤波后送至前后两级滤波器，然后送至 ADC 端，其中前后两级滤波器需串联阻值为 220Ω 的匹配电阻。图 6-17(b)为 ADC 芯片的外围电路。其中第一级滤波器的前端滤波选用 π 型 LC 滤波结构，电感的取值为 180nH，双电容的取值为 10pF。

3）DAC 链路设计

DAC 链路是基带系统中不可或缺的一部分，基带系统需要传输的数字信号通过 DAC 链路转换为模拟信号，DAC 链路将转换后的模拟信号发送至射频发射链路前端的调制器上，通过调制、放大等过程，最后经过射频天线向外发射至射频场内。

数模转换芯片采用 LT 公司推出的一款单通道 12 位低功耗专用数模转换芯片 LTC1666。该芯片性能良好，LTC1666 是一款基于高性能 BiCMOS 工艺与激光调整器和薄膜电阻架构的差分输出 DAC，采样频率可达 50MSPS。该芯片采用了一种新型电流驱动架构和高性能的工艺，使其具有优越的 AC 和 DC 性能。该芯片在采用 5V 电源供电的方式时，可配置高达 10mA 的全输出电流。该 DAC 的差动电流输出允许单端或差分输出，采用 SSOP28 封装，在 5V 电压下，其功耗可低至 180mW。采用±5V 电源时，LTC1666 可配置的输出电流高达 10mA。LTC1666 允许输出直接连接到外部电阻，产生线性差分输出电压。另外，输出可以连接到一个高速运算放大器。该 DAC 的内部结构如图 6-18 所示。

本设计中的单路 DAC 电路如图 6-19 所示。该电路采用一对±5V 电源供电。其 CLK 信号来自 FPGA 的 PLL 时钟分频端。DAC 部分采用两路数模转换方案，FPGA 输出的两路 12 位数字信号 DAI 与 DAQ 经 FPGA 内部进行成型设计后连接至 DAC 链路的两个 LTC1666 芯片进行数模转换，这两路数模转换芯片的差分输出经过两路 LC 低通滤波环节连接至前述 LT6604 滤波器，在整形滤波后形成差分模拟信号。

6.3.3　集成电路设计方案

1．专用电路在设计中的应用

按电路的功能，读写器可划分为两大模块——射频模块与数字基带模块。

射频模块的主要任务是将读写器要发送给标签的命令按照一定的调制方式调制到特定的载波上，得到已调信号，并通过发射天线将已调信号发送给标签。此外，当标签接收到读写器发送过来的命令并正确解调后会作出相应的应答，射频模块在此时要完成对标签回波信号的接收和解调工作。

数字基带模块主要由读写器控制模块、编解码模块及数据校验模块等组成。其主要任务有两个：一是接收上位机或键盘输入的命令，把接收到的命令按照协议的要求进行编码并封装成符合要求的数据帧，从而为后面的数据信号调制做好准备；二是对标签发送给读写器的射频信号经解调处理后得到的数据信号进行解码，在正确接收的情况下，要作出相应的处理，并将结果发送给上位机、显示器或存储器等设备。

可见，数字基带模块是 UHF RFID 读写器中不可或缺的组成部分，其在整个读写器正常工作中起到至关重要的作用，所以将 UHF RFID 读写器数字基带模块设计为专用集成电路芯片是很有意义的。

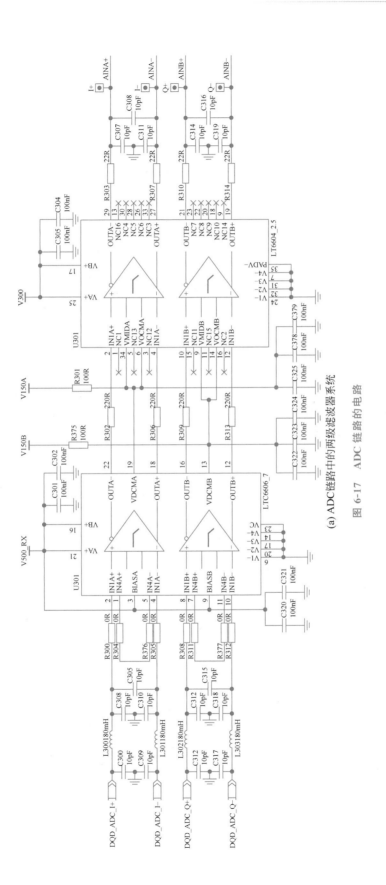

(a) ADC链路中的两级滤波器系统

图 6-17 ADC 链路的电路

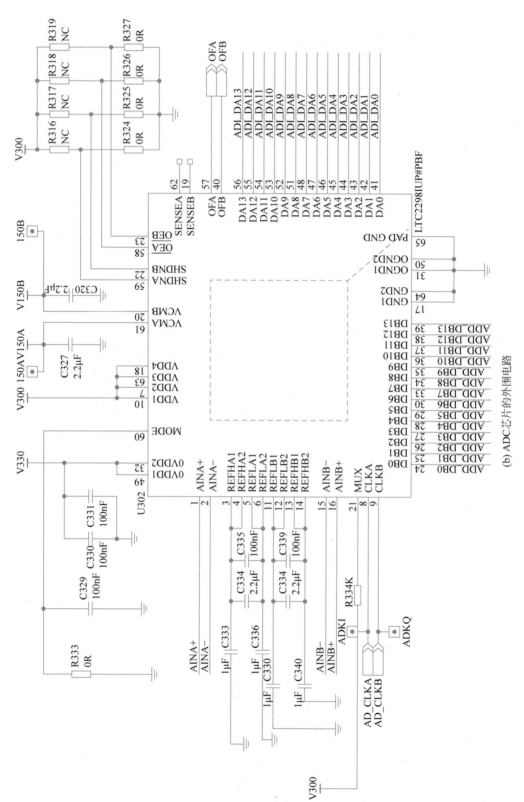

(b) ADC芯片的外围电路

图 6-17 （续）

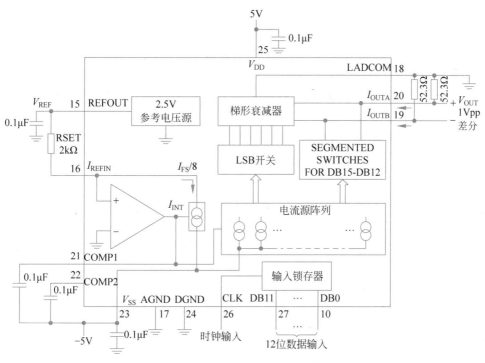

图 6-18　DAC 的内部结构

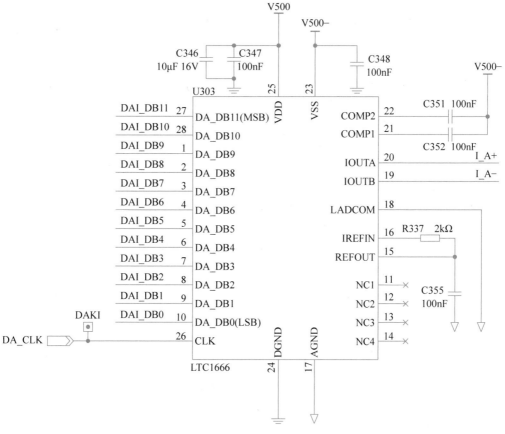

图 6-19　单路 DAC 电路

集成电路按照应用性质的不同可以分为通用集成电路和专用集成电路两类。其中,专用集成电路又包括定制集成电路、标准专用集成电路、现场可编程逻辑器件(FPGA、CPLD等)3种。定制集成电路又可根据定制程度的不同分为全定制集成电路、半定制集成电路。

全定制集成电路在设计过程中要按规定的功能、性能要求对电路的结构布局、布线等进行专门的最优化设计。半定制集成电路是相对于全定制集成电路而言的,在它的设计过程中,设计者可利用专业设计软件对厂商提供的具有特定规格的功能块,如门阵列、标准单元、可编程逻辑器件等,进行必要的组织和连接,从而设计出符合一定功能要求的专用集成电路。相对于半定制集成电路而言,全定制集成电路是一种基于管级的 ASIC 设计方式。设计者需要使用专用的版图编辑工具,从晶体管的版图位置、尺寸及连线开始设计,从而使芯片达到面积利用率高、速度快、功耗低等目标。其缺点是设计周期比较长,只适合大批量的 ASIC 芯片设计。

除根据以上方法进行分类以外,集成电路还可按照应用领域、功能、速度、元件结构、工艺材料等不同角度进行分类,在此不再详述。

2. 基于 R2000 芯片的读写器架构案例

R2000 芯片是一款高性能 UHF RFID 读写器芯片,它集成了混频器、增益滤波器、压控振荡器、锁相环、模数/数模转换器等模拟前端,并且内置了 ISO/IEC 18000-6C 的完整协议处理系统。外部控制器仅需通过 8 位并口或者 SPI 接口即可实现对 R2000 芯片的所有通信和控制。

超高频载波信号的通信频率为 840～960MHz。R2000 芯片集成了 VCO、预分频器、主除法器、参考除法器、鉴相器和电荷泵,外围电路只要提供一个环路滤波器即可组成一个完整的PLL 电路。PLL 的输出频率由参考除法器的设定值和主除法器的频率的乘积决定。电荷泵的主要作用是将数字逻辑脉冲转换为模拟电流。电荷泵信号经过低通滤波器反馈到 VCO 引脚,用来调整振荡器频率精度。为了获得稳定的 VCO 调谐电压,外部的环路滤波电路特别重要,它起到了维持环路稳定性、控制环路带内外噪声、防止 VCO 调谐电压控制线上的电压突变、抑制参考边带杂散干扰等重要作用。

为了增加超高频读写器的最远工作距离,还需要对其发射功率进行检测。发射功率太大不仅会引起失真,还容易泄漏到接收端,形成干扰。所以,一旦功率检测器件监控到发射功率大于设定功率时,就通过主控制器的数字 PID 和 DAC 把微调量加载到功率芯片 SKY65111的二三级电压控制端,使得发射功率可控。

使用 UHF RFID 读写器,随着对数据传输速率和分辨率要求的提高,MCU 主控制器可以不断升级,以适应事务控制的扩充和处理速度的提高。

1) 基于 R2000 芯片的读写器系统结构分析

基于 R2000 芯片的读写器系统结构如图 6-20 所示。其中,控制器采用 ARM7 内核处理器,除了 R2000 芯片的一些必要外围器件以外,在系统和天线之间必须加环行器以满足单天线应用,TX 口还必须加功放模块。

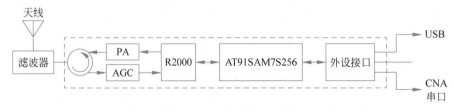

图 6-20　基于 R2000 芯片的读写器系统结构

根据该读写器的系统结构,主要器件选型如下:

(1) RFID 宽频环行器 HYG504xx。

作为单天线应用的收发隔离,环形器一般用亚铁磁性复合材料制成,这种材料具有各向异性的特点。环形器为三端口器件:端口 1 为输入端口;端口 2 为输出端口;端口 3 为隔离端口,能量几乎不能穿过。一般 UHF RFID 读写器上用环形器使信号按顺时针方向流通,当端口 1 为 TX 输出时,RF 信号会从端口 2 流过,而端口 3(即 RX 端口)为隔离端,具体隔离度需参考元件参数和布局效果。相反,当端口 2 作为收发复用端接收信号时,信号会按顺时针方向进入端口 3,此时泄漏到 TX 端口的能量非常小,可以忽略。而 TX 端口泄漏到 RX 端口的能量会在很大程度上影响接收机灵敏度(即实际识别效果),因此需根据接收端 LNA 参数,在 RX 端口加衰减器,对 TX 泄漏信号进行有效隔离。但由此产生一个问题,因为 RX 端口接收的有用信号本身就很少,在进行 TX 端口泄漏信号衰减的同时,RX 端口有用信号也被进一步削弱,因此也会影响到 LNA 的接收。因此,用环形器进行收发隔离只能在一定程度上产生效果。在 TX 端口输出功率给定且 ERP 不超过相关规定的情况下,要提高接收机的灵敏度,必须考虑增大收发两路的隔离度,视具体需求而定。

(2) 射频开关 HMC174。

射频开关用来控制射频输出的通断。在 900MHz 频段内,输入的 1dB 压缩点可以达到 39dBm,充分保证了 HMC174 可以承受输入很高的射频功率。输入 3 阶截取点可达到 60dBm,而前一级频率合成器的输出功率在 3dBm 以内,因而保证了信号通过射频开关后的高线性度,最大限度地减少了射频信号的失真。

(3) 射频功率放大器 PF01411B。

PF01411B 用于放大 R2000 的 TX 端口输出信号,使其满足最大功率的输出要求。PF01411B 的主要特性为:高增益,三级放大,输入功率 0dBm;高效率,输出功率在 35.5dBm 时可达 45%;增益控制范围宽,典型值可达 70dB。

(4) 射频数控衰减器 HMC273。

HMC273 用于衰减 R2000 的 TX 端口输出信号,起功率校正的作用。

(5) Impinj Indy R2000 UHF RFID 读写器芯片。

R2000 是新一代 UHF RFID 读写器 SoC 芯片,符合 EPC-Gen2 和 ISO/IEC 18000-6C 标准,内部集成了 ASK 调制解调器、滤波器、功放、FPGA 等模块。

(6) 微处理单元 AT91SAM7S256。

AT91SAM7S256 是 32 位微控制器,大大提升了微控制器的实时性能,整合了全套安全运行功能,包括由片上 RC 振荡器计时的监视器、电源以及闪存的硬件保护等。此外,该微控制器在最差条件下可以 30MHz 的频率进行单时钟周期访问。

2) 电源模块和外设

电源模块提供 5V、3.3V、1.8V 电压,和外设放置在同一块底板上。外设只提供以太网接口、USB 接口和串口。

AT91SAM7S256 自带以太网 MAC 芯片,只需选用一个以太网接口 PHY 芯片,这里选用 DM9161AEP,其电路如图 6-21 所示。

PHY 芯片和 MAC 芯片的接口采用 RMII 接口。以太网接口采用集成了网络变压器的 HR911105A,以增强信号传输的可靠性。由于 AT91SAM7S256 芯片自带 USB 控制器,这部分电路相对简单,只需按照 ATMEL 的参考电路进行设计即可。串口电路如图 6-22 所示。其中一个串口用于调试,在没有显示设备的情况下,启动信息等可以从这个串口打印输出到

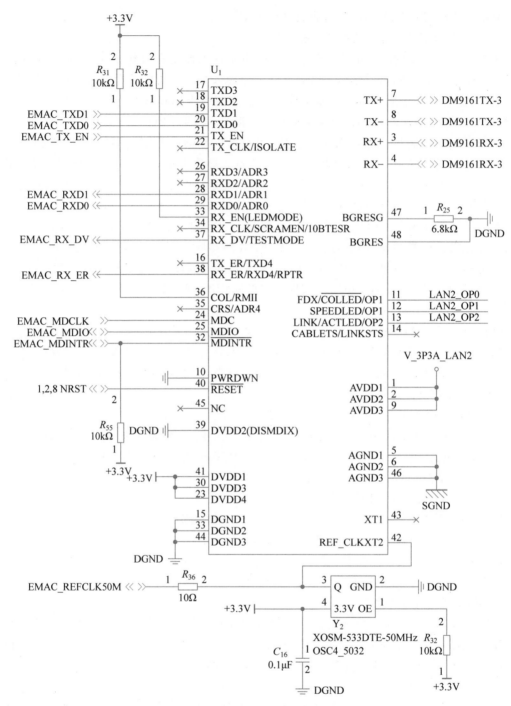

图 6-21   以太网接口 PHY 芯片 DM9161AEP 电路

Windows 的超级终端上,以方便设计前期的调试过程。

　　3) 系统软件设计主程序

　　读写器在主机监控下工作,该系统与主机之间形成主从通信模式。主控模块上电完成正常初始化过程后就进入等待状态,等主机发来指令。当接收到主机指令后,按照主控程序进行相应的工作。处理完毕后,将所得信息送往主机。

　　采用 Impinj 公司的 R2000 芯片进行 UHF RFID 系统设计,可支持多协议兼容,标签处理

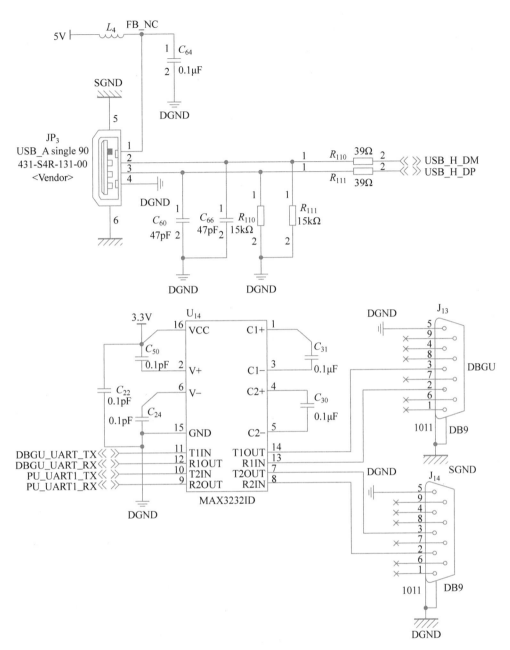

图 6-22　串口电路

速度高达每秒 400 多个,此 UHF RFID 系统尤其适用于物流、供应链领域。实验表明,以此为核心的读写器防碰撞性能好,高级 DRM 算法支持每秒处理 400 个标签。

6.3.4　一种采用 FPGA 技术和 Σ-Δ ADC 技术的读写器芯片电路设计方法

1. 对 CMOS 可变增益放大器的研究

因为发送机和接收机的距离不断变化,信号在信道传输过程中的衰减程度不同,接收机收到的射频信号的功率变化很大。如果距离过近或者由于其他原因导致接收机收到的信号功率过大,可能会造成后面的信号处理模块出现饱和失真,超出其能够处理的最大电平;如果信号源离接收机过远或者信号经过信道的传输衰减过大,造成射频端的接收信号很小,导致中频模块处理的信号功率太小,同样影响后面模块的工作。所以,在接收机的接收链路中通常需要几个可变增益放大器(Variable Gain Amplifier,VGA)。通常收发机在射频前端处需要 VGA,使输入混频器的功率稳定在一定范围内;在中频滤波器前端需要 VGA,使输入滤波器的功率稳定;在模数转换模块的前面需要 VGA,因为 ADC 的峰值信噪比会出现满量程输入,在 −6dB 左右。

VGA 根据控制增益变化的方法是连续的还是离散的分为连续增益变化的 VGA 和可编程增益放大器(Programmable Gain Amplifier,PGA)。连续增益变化的 VGA 通常需要功率检测电路,判断 VGA 输出的功率,再通过控制电路对 VGA 进行控制,使电路达到理想的输出功率。PGA 电路通常可以用数字电路检测 VGA 的输出功率,用数字模块产生控制 VGA 的离散量,改变电路的导通或者关断以控制增益的大小,这种离散的控制方式更加容易实现,所以 PGA 被广泛采用。

PGA 实现的功能描述是增益范围和增益步进,同时 PGA 属于信号传输模块,其噪声性能和线性度非常重要。为了满足对零中频信号的放大需求,带内增益平坦度要求对各个频率信号的放大程度一致。PGA 的增益带宽要大于输入零中频信号的最大频率。

1) VGA 的结构和原理

VGA 主要分成开环和闭环两种结构。

开环结构的 VGA 的增益一般表示为等效输入跨导 G_m 和等效输出电阻 R_{out} 的乘积:

$$\text{Gain} = G_m R_{out}$$

从上式可以得出结论,VGA 的增益控制改变必须依靠改变 G_m 或者 R_{out} 实现。

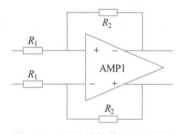

图 6-23 闭环结构的 VGA 原理

闭环结构的 VGA 采用反馈的方式实现,是几种 VGA 实现方式中性能最稳定的一种。其原理如图 6-23 所示。

闭环结构的 VGA 的增益 $A_V = -R_2/R_1$,增益变大可以通过 R_2 变大或者 R_1 变小实现,增益变小可以通过 R_2 变小或者 R_1 变大实现。无论 R_1 还是 R_2 发生变化,都会引起放大器的输出负载变化,从而改变放大器的开环增益和开环带宽。同样的变化会造成前一级的输出零极点的变化。

总之,闭环结构的 VGA 最容易实现,其工作过程中的性能也是最稳定的。其设计的难点在于实现高增益的运放同时降低低噪声和功耗。可变的电阻网络需要大量的芯片片上电阻,占用较大的芯片面积,实现的 VGA 带宽比较窄。

实现 VGA 最常用的方式是改变等效输入跨导。等效输入跨导的改变方法有以下 3 种:

(1) 根据工作在线性区的 MOS 管的漏极电流公式,两边对漏源电压求偏导,得到的跨导公式如下:

$$G_m = \mu_n C_{ox} \frac{W}{L} V_{ds} \tag{6-1}$$

其中,μ_n 是 N 沟道的电子迁移率,C_{ox} 是单位面积的栅氧电容值,W/L 是 MOS 管的宽长比。从式(6-1)可以看出,线性区 MOS 管的跨导与其漏源电压为线性关系,通过共源共栅结构调节输入 MOS 管的漏源电压可以改变放大器的等效输入跨导。

(2) 通过源极负反馈实现等效输入跨导的改变。加入源极负反馈电阻的共源放大器的增益是

$$A_v = \frac{R_D}{1/g_m + R_s} \tag{6-2}$$

其等效输入跨导为

$$G_{\mathrm{m}} = \frac{1}{1/g_{\mathrm{m}} + R_{\mathrm{s}}} = 1/R_{\mathrm{s}} \tag{6-3}$$

从式(6-2)和式(6-3)可以看出,输入 MOS 管的跨导 g_{m} 越大,$1/g_{\mathrm{m}}$ 就越小,其等效输入跨导的值越接近反馈电阻的倒数。

(3)利用吉尔伯特单元实现等效输入跨导可变。吉尔伯特单元电路如图 6-24 所示。

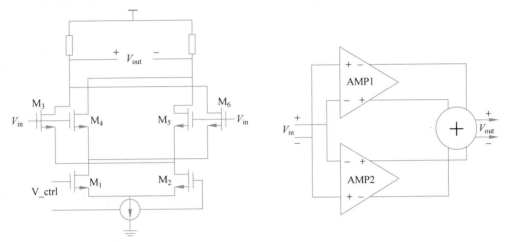

图 6-24　吉尔伯特单元电路

如图 6-24 所示,吉尔伯特单元相当于将两个共输入的差分放大器输入端同相连接,将输出端反相连接。所以,吉尔伯特单元总的等效输入跨导相当于两个放大器的跨导相减:

$$G_{\mathrm{m}} = g_{\mathrm{m3,5}} - g_{\mathrm{m3,6}} = \sqrt{\mu_{\mathrm{n}} C_{\mathrm{ox}} \frac{W}{L} (I_{\mathrm{d3}} - I_{\mathrm{d4}})} \tag{6-4}$$

通过调节 V_ctrl 电压可以改变两个放大器的跨导,因此,调节 V_ctrl 就可以调节等效输入跨导。

2)增益的线性变化的实现

在自动增益控制环路中,功率检测电路检测 VGA 的输出功率的大小,并产生控制信号,在控制信号的支配下,VGA 实现增益的线性变化。而增益的线性变化需要指数变化的电流。通过 BSIM3v3 模型可知,现代 CMOS 工艺电流的平方率关系不能直接产生指数变化的电流,需要用特殊方法产生指数变化的电流。

构造控制电路有以下 3 种方法:

(1)在 BiCMOS 工艺中可以实现 BJT。BJT 的集电极电流与基极电压之间存在固有的指数关系,通过合理设计的电路可以达到构造电路的目的。

(2)利用工作在亚阈值区的 MOS 管技术。MOS 管的亚阈值区是指 MOSFET 的栅极电压 V_{GS} 处在阈值电压 V_{TH} 以下,又没有出现导电沟道的一种工作状态。在这种情况下,仍然存在亚阈值电流:

$$I_{\mathrm{D}} = I_0 \exp\left(\frac{V_{\mathrm{GS}}}{\zeta V_{\mathrm{T}}}\right) \tag{6-5}$$

其中,I_0 是电流常数;$\zeta > 1$,是一个非理想因子;V_{T} 是热力学电压,其值在 $T = 300\mathrm{K}$ 时约为 $26\mathrm{mV}$。从式(6-5)可以看出,漏电流随漏源电压的变化是指数级的。通过这个关系能得到电流随电压变化的指数关系。

(3)利用泰勒级数展开指数,得到近似的线性表达式,利用 e^x 的近似完成指数控制电路的构造。通常 e^x 可以用泰勒级数展开和分段函数两种方法近似。泰勒级数展开和分段函数可以得到不同的增益控制范围：

$$e^x = 1 + x + \frac{1}{2!}x^2 + \cdots \quad 或者 \quad e^x = \frac{e^{x/2}}{e^{-x/2}} = \frac{1 + \dfrac{x}{2} + \cdots}{1 - \dfrac{x}{2} + \cdots} \tag{6-6}$$

第一种方法受工艺限制,需要 BiCMOS 工艺支持;第二种方法采用亚阈值区工作的 CMOS 管模拟指数关系,由于亚阈值区的 MOS 管工作的稳定性较差,所以这种方法很少采用;第三种方法利用泰勒级数展开指数,是现在相关文献中应用最多的方式。

VGA 主要的指标有增益调节范围、增益变化步长以及增益精度。同时,高性能的 VGA 对于线性度、噪声、动态范围、功耗等都有要求。

以上分析了各种 VGA 的设计实现方法。结合相关文献给出的已经实现的结构的性能,对各种方法的优缺点总结如下:采用闭环反馈电阻阵列的实现方法,优点是实现容易,采用反馈结构,VGA 工作稳定,线性度高;缺点是工作带宽窄,电阻阵列占用芯片面积,增益步进控制精度需要电阻的匹配。采用改变等效输入跨导的实现方法有很多,这类方法的优点是单位带宽为几百兆赫,线性增益控制更加精确,能精确到 0.2dB;缺点是必须设计单独的指数控制电路,电路设计相对复杂。

3) PGA 的设计指标

根据 UHF RFID 读写器芯片的设计要求给出 PGA 的设计指标,如表 6-3 所示。

表 6-3 PGA 的设计指标

参　　数	描　　述	最小值	典型值	最大值
输入信号频率/MHz		0		1.5
输入信号电平/dB	差分峰值	−63		−9
输入信号共模电平/V			0.9	
带内电压增益/dB		0		36
增益步进/dB			3	
带内增益平坦度/dB				0.5
输出信号电平/dB	差分峰值	−32		4
输出共模电平/V			0.9	
噪声系数(NF)/dB			30	
等效输入噪声电压/nV	均方根电压@500		14.1	
带外 IIP3/dBm		15		
工作电压/V	LDO 供电	1.75	1.8	1.85

为了在实现接收功能的前提下降低模拟部分的设计难度,采用零中频接收机。滤波器和 PGA 的工作带宽(即基带信号的带宽)可以降低到十几千赫。由于 UHF RFID 读写器与标签的通信数据率上限为 640kb/s,因此将基带信号的带宽设计为 1.5MHz。工作在这样低频、低带宽条件下的 PGA 可以用电阻反馈结构闭环放大器实现。带内增益范围为 0~36dB,增益步进为 3dB。

4) PGA 核心模块放大器的设计

根据前面选择的 VGA 结构,PGA 电路要分别设计放大器、电阻阵列、直流偏移消除电路 (Direct Current Offset Compensation,DCOC)、仿真电路的性能。

PGA 选择电阻反馈的闭环结构,如图 6-25 所示。

在设计放大器时,首先要分析应用环境的要求,再对放大器进行设计。同时,PGA 作为信号传输线上的模块,需要设计特殊电路消除存在的直流电压成分。

PGA 放大器的工作电压是 1.8V,工作带宽是 1.5MHz,在对带宽要求不高的情况下。可以通过深度负反馈技术提升 PGA 的线性度和噪声性能,实现放大器的高增益。放大器的结构如图 6-26 所示。

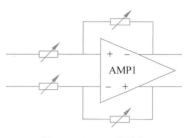

图 6-25 PGA 的结构

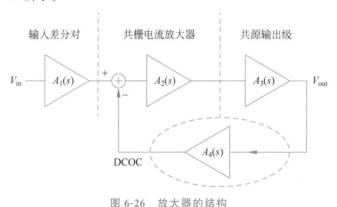

图 6-26 放大器的结构

放大器由输入差分对、共栅电流放大器和共源输出级组成,可以实现 80dB 的增益。根据设计功耗,带宽为几十千赫到几百千赫。

放大器电路如图 6-27 所示。

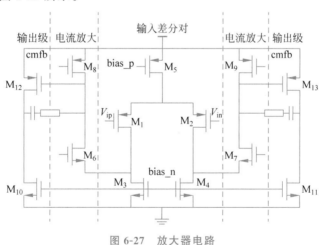

图 6-27 放大器电路

放大器输入级采用折叠的差分形式,这是考虑到 PGA 的增益要求,并且选用 PMOS 管作为输入以减小电路噪声,输入级的增益控制为 30dB。根据噪声要求选择 M_3 和 M_4 的面积,在保证宽长比不变的情况下,适当增加其面积可以减小闪烁噪声的影响。第一级放大器的每条支路分配 $50\mu A$ 的电流,这是为了增加放大器的压摆率。由图 6-27 的结构可以看出,后面 DCOC 的设计需要放大器的求和电路。共栅的跨阻放大器为放大器的第二级,其 M_6 和 M_7 为共栅放大管,M_8 和 M_9 为有源负载。第二级增益为 25dB。放大器的第三级,也就是放大器输出级,采用共源放大器,可以有较高的输出动态范围,每条支路的电流选择 $50\mu A$。第三级增益为 30dB。放大器采用密勒电容补偿和调零电阻,主极点在 M_6 和 M_7 的漏极,次极点在放大器的输出端。

放大器的共模反馈电路采用连续时间的反馈方式,即在放大器的输出端采用两个 $20\text{k}\Omega$ 的电阻串联取得放大器的输出共模电平,通过比较放大器的输出共模电平和设计的输出共模 电平可看出,当共模反馈电压输出在 M_8 和 M_9 的栅极时能达到稳定电平。

放大器的输出 $\text{Gain}=A_1(s)A_2(s)A_3(s)$,其中,$A_1(s)$ 是输入放大器的传输函数,$A_2(s)$ 是共栅放大器的传输函数,$A_3(s)$ 是输出放大器的传输函数。放大器的直流增益是

$$A_\text{v}=g_{\text{m}1,2}(r_{\text{o}1}\parallel r_{\text{o}3})g_{\text{m}6}(r_{\text{o}6}\parallel r_{\text{o}8})g_{\text{m}12}(r_{\text{o}10}\parallel r_{\text{o}12}) \tag{6-7}$$

放大器开环测试结果如图 6-28 所示。

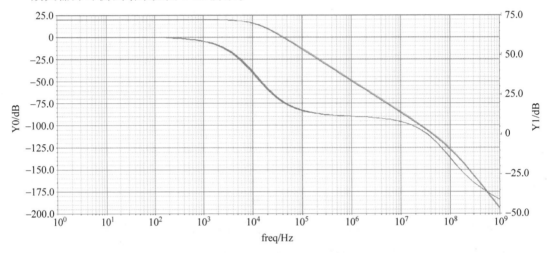

图 6-28 放大器开环测试结果

从放大器开环测试结果可以看出,不同工艺角下各个放大器的交流性能差别不大,最坏工 艺角下放大器的直流增益为 72dB,相位裕度为 65°,满足设计指标要求。

5) 直流偏移消除电路

在 DCOC 中,PGA 作为全差分放大器,无论是前端电路的输入引起的输出直流电压成 分,还是由于 PGA 全差分放大器的版图制作不对称或者工艺问题引起的输出直流电压成分, 都会对后面 ADC 的输入产生重大的影响。因此,在 PGA 的设计过程中,直流偏移的消除是 一个重要的技术要求。消除直流偏移最常用的方法有如下两种:一是交流耦合;二是采用数 字模拟转换电路输出偏移,然后反馈给输入端。前一种方法需要大电容,将放大器的 3dB 带 宽控制在几百赫,通过反馈形成一个高带通的 PGA,低频的直流成分被滤除;后一种方法采 用数字处理技术,会使设计版图的复杂程度提高。

根据图 6-28 所示的测试结果,整理得到传输函数式:

$$[V_\text{in}A_1(s)-V_\text{out}\beta(s)]A_2(s)A_3(s)=V_\text{out} \tag{6-8}$$

$$V_\text{out}=\frac{A_1(s)A_2(s)A_3(s)V_\text{in}}{1+A_2(s)A_3(s)\beta(s)} \tag{6-9}$$

从式(6-9)可以看出,在低频的时候,$A_1(s)A_2(s)A_3(s)\gg1$,所以式(6-9)可以表示为 $V_\text{out}=A_1(s)V_\text{in}/\beta(s)$。对 V_in 的衰减大概能实现 40dB。由于 $\beta(s)$ 表现为低通特性,截止频 率为几百赫,所以式(6-9)表现为带通特性,下截止频率就是 $\beta(s)$ 的截止频率,上截止频率是放 大器的 3dB 带宽。

DCOC 电路如图 6-29 所示。该电路由两个完全对称的电流放大器组成,这里只分析电路 的右半边。PGA 放大器的输出端经过两个 $50\text{k}\Omega$ 的电阻检测输出失配电压,并将失配电压转

换为失配电流,由 $M_1 \sim M_8$ 组成的跨阻放大器作为第一级,电路采用单端输出,共源共栅结构的输出电阻是

$$R_{out} = \frac{(g_{m2} + g_{mb4})r_{o4}r_{o1}}{(g_{m8} + g_{mb6})r_{o6}r_{o8}} \tag{6-10}$$

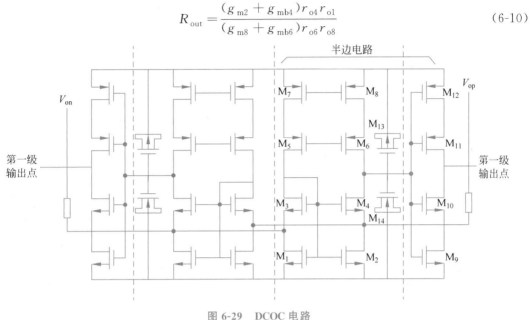

图 6-29　DCOC 电路

通过共源共栅增大输出电阻。同时,为了使 DCOC 作为放大器,并且截止频率尽可能低,放大器 M_1 和 M_2 支路的电流选择为 nA 级别,这样进一步增大了输出电阻,同时采用 M_{13} 和 M_{14} 作为 MOS 管电容,由于在这里对电容的精度要求不高,但是需要很大的电容值,如果采用 metaltometal 电容,将耗费芯片的金属面积,因为 MOS 管的栅氧厚度为特征尺寸的 1/50,采用的是 TSMC 0.18μm 的工艺,即栅氧厚度为 3.6nm。在这种情况下,可通过采用较小的 MOS 管面积实现大电容。

根据经验,仿真 PGA 放大器的电路需要在输入端加入几毫伏的失配电压,这样可以模拟版图制作过程中的失配和芯片流片过程中的工艺偏差。DCOC 的仿真结果如图 6-30 所示。

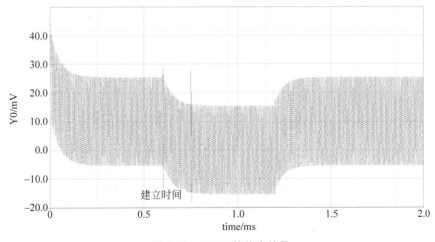

图 6-30　DCOC 的仿真结果

PGA 放大器的输入端增加 1mV 的直流失配电压,PGA 的放大倍数为 20dB,信号为 1.4mV、500kHz 的正弦信号。

从仿真结果可以看出,在 DCOC 不工作的时间段内,PGA 的输出有经过放大的交流信号和等效输入失配电压引起的输出直流电压,正弦信号存在 10mV 的直流电平。如果不处理这个直流电平,将对后面的 ADC 采样造成影响。2-AADC 的原理是通过时域的多次采样取平均值得到量化值,如果存在直流输入,必将使信号的量化出现误差。

在 600μs 过后,PGA 的 DCOC 工作,PGA 的直流电平被拉回到 0V 左右。经过实际仿真结果,取稳定时的平均值测量,直流输出小于 1mV。当输入的信号电压为 1Vpp 时,其输出的直流误差在允许的误差范围内。同时由于引入 DCOC 的反馈机制,建立时间为 390μs,DCOC 增加的功耗为 50μW。

6）电阻阵列的设计

电阻阵列通过开关控制电阻接入放大器反馈的数值,以这种方法控制放大器的增益。对于 0～36dB 的增益范围和 3dB 的增益步进,总共 13 种情况,需要编码实现开关的控制。PGA 开关的电路如图 6-31 所示。为了防止反馈电阻的改变太大,引起输出极点的变化,造成放大器的不稳定,PGA 开关分为三级实现,前两级分别实现 0dB 和 12dB 两种增益方式,第三级实现 3dB 的增益步进,最高可实现 12dB 的增益。这样,电阻就会有 10～160kΩ 的变化。

如图 6-32 所示,该电路将电阻值等分为两部分,分别接在开关的两边,这样做的目的是使偶次谐波一致。

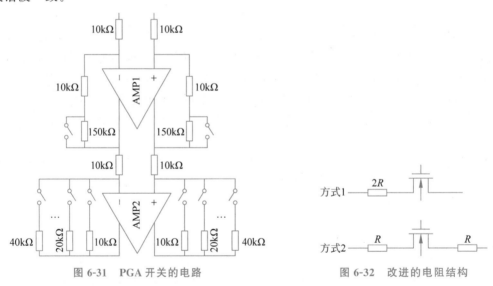

图 6-31　PGA 开关的电路　　　　　图 6-32　改进的电阻结构

PGA 的增益仿真结果如图 6-33 所示。

PGA 的增益步进为 3dB。在各种增益下,3dB 带宽在 10MHz 以上,可以满足信号放大的要求。

PGA 的稳定性测试可以采用两种方法:第一种是测试 PGA 的相位裕度和增益裕度,通过相位裕度和增益裕度判断 PGA 的稳定性;第二种是测试 PGA 的阶跃响应,通过阶跃响应判断 PGA 的稳定。这里通过第二种方法测试 PGA 的稳定性。

PGA 在不同增益下的阶跃响应如图 6-34 所示。

从 PGA 的阶跃响应可以看出,PGA 工作在 0dB 增益下的环路相位裕度低于工作在高增益下的时候。测试 0dB、20dB、36dB 增益下的阶跃响应,可以看出 PGA 的输出没有出现震荡,所以 PGA 在各个增益下都能稳定工作。

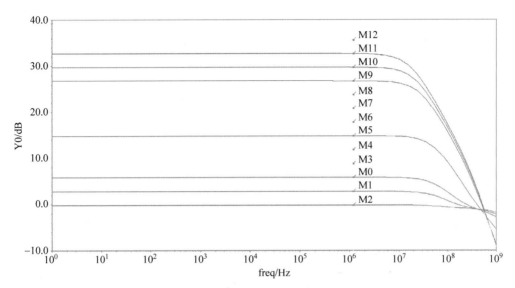

图 6-33　PGA 的增益仿真结果

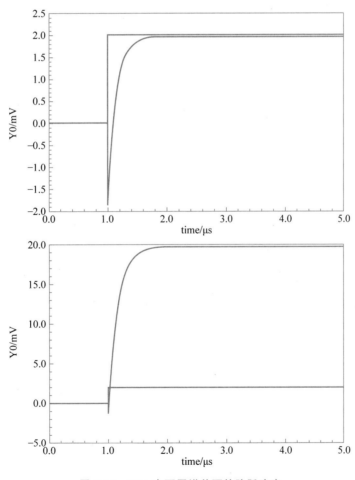

图 6-34　PGA 在不同增益下的阶跃响应

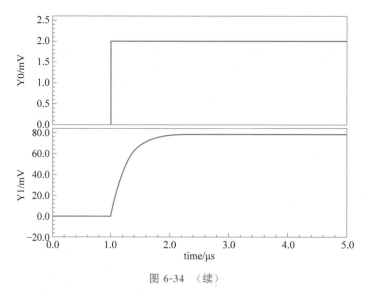

图 6-34 （续）

VGA 的实现方式有两种：一种是采用负反馈结构的闭环放大器；另一种是改变放大器的等效输入跨导或者改变放大器的等效输出阻抗。这两种方式各有优缺点，结合本设计的 UHF RFID 读写器芯片的接收机结构以及零中频接收机对 VGA 的带宽要求低、带内增益范围小等特点，选择实现 VGA 的方式为电阻负反馈的放大器结构。根据 UHF RFID 读写器芯片的具体需求，处理基带信号带宽只有 1.5MHz，在设计中选择了简单、易实现的 PGA 结构。PGA 放大器的直流失配消除线路能够将放大器的直流电压失配情况完全消除。通过选择合适的 MOS 管作为电容，从而实现了在相对较小的面积上达到了低极点。同时，通过电阻阵列的 3 级放大，能实现 36dB 的增益。

2. Σ-Δ ADC 的理论研究

1）Σ-Δ ADC 的基本原理

Σ-Δ ADC 的原理是利用过采样技术压制量化噪声，提高输出信噪比。过采样以牺牲带宽为代价获得了较高的动态范围。为了有较高的过采样率（Over-Sample Ratio，OSR），信号的输入带宽通常被限定在音频范围内。噪声整形技术是通过滤波技术将低频噪声的频谱分量搬移到信号带宽以外的高频，然后通过滤波器将其滤除。Σ-Δ ADO 的结构如图 6-35(a) 所示，输入信号和反馈信号的差值经过一个低通滤波器（通常积分器就是一个低通滤波器），滤波后的值经过低比特的量化后得到输出。其信号传输模型如图 6-35(b) 所示，忽略了图 6-35(a) 中 A/D 部分的非线性失真造成的微分非线性。Σ-Δ ADC 的传输函数为

$$Y(z) = \frac{H(z)}{1+H(z)}X(z) + \frac{1}{1+H(z)}E_q(z) \tag{6-11}$$

信号传输函数 STF 的 Z 变换为 STF(z)，噪声传输函数 NTF 的 Z 变换为 NTF(z)，通过整理传输函数对应的部分可以得到

$$STF(z) = \frac{kH(z)}{1+kH(z)} \tag{6-12}$$

$$NTF(z) = \frac{1}{1+kH(z)} \tag{6-13}$$

可以看出，得到的 $H(z)$ 不论是一阶积分器还是二阶积分器，都是一个低通滤波器，STF(z) 是由 $H(z)$ 变换得到的。当低频时，$H(z)=1$，STF(z) 可以通过信号；当高频时，$H(z)$ 趋近 0，STF(z) 趋近 0。由此可见 STF(z) 是一个低通滤波器。同理可以证明 NTF(z) 是一个由低

通滤波器的变形得到的高通滤波器。信号通过一个截止频率大于信号带宽的低通滤波器可以无失真地传递。Σ-Δ ADC 后面的量化器的量化噪声通过 NTF(z) 的传输,低频部分被滤除,只有高频部分。在 Σ-Δ ADC 后面级联的降采样滤波器和半带滤波器滤除了量化噪声,从而得到了较高的信噪比。

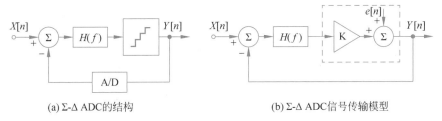

(a) Σ-Δ ADC的结构　　　　　(b) Σ-Δ ADC信号传输模型

图 6-35　Σ-Δ ADC 的结构及其信号传输模型

如果 Σ-Δ ADC 的 $H(z)$ 不是一个离散积分器,用 L 表示积分器级联的个数,通过变换可以得到如下关系式:

$$\mathrm{STF}(z) = z^{-L}$$
$$\mathrm{NTF}(z) = (1 - z^{-1})^L$$
$$|\mathrm{NTF}(f)| = 2^{2L} \sin^{2L}(\pi f / f_s)$$

(6-14)

通过功率谱计算得到等效的量化噪声:

$$N_q = \frac{\Delta^2}{12} \times \frac{\pi^{2L}}{2L+1} \times \frac{1}{\mathrm{OSR}^{2L+1}}$$

(6-15)

从式(6-15)可以看出,当过采样率增加 1 倍时,噪声减少了 $-3(2L+1)$dB。假设输入功率不变,相当于量化位数增加了 $L+0.5$。

通过对式(6-14)的 L 取不同的值,得出 NTF 的幅频响应,如图 6-36 所示。当 L 取值为 1 时,噪声压缩很小;随着 L 的增大,低频部分得到极大的压缩,高频部分得到增强。如果不考虑 Σ-Δ ADC 的稳定性问题,L 越大,噪声压缩效果越好。

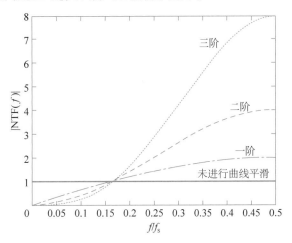

图 6-36　NTF 的幅频响应

在调制器阶数固定的情况下,OSR 决定了 Σ-Δ ADC 所能达到的峰值信噪比和输入动态范围,OSR 越大,则动态范围越大。随着输出信号带宽的增加,采样频率受制于功率的要求(采样频率越高,则消耗的功率越大)和 CMOS 工艺的限制无法进一步增加,所以 Σ-Δ ADC 通常在低频下应用,在音频范围内的应用是最常见的。本设计中信号的最大带宽达到了

1.5MHz,而时钟信号频率为52MHz,OSR为16(2^4)左右。

Σ-Δ ADC的主要指标如下:

(1)信噪比。即信号的功率谱在通带内的积分与噪声的功率谱在通带内的积分之比。通常信噪比的大小与输入信号功率有关。最大信噪比一般出现在输入幅度是满量程的－6dB处。

(2)动态范围。即信号输入不至于被噪声淹没的最小功率与信号输入不至于造成ADC饱和失真的最大功率之比。通常峰值信噪比和动态范围在数值上相等。

由于Σ-Δ ADC在时域上相当于多次采样取平均值,所以与采样点有关的误差INL和DNL两个指标与Σ-Δ ADC无关。

Σ-Δ ADC的设计步骤如下。首先查询现有的Σ-Δ ADC的资料,根据系统设计的要求,对芯片提供的时钟频率经过分频或者倍频得到系统采样时钟。通常系统的倍频难以达到占空比的50%,这样会压缩积分电路的响应时间。时钟的选择需要考虑到调制器模块的功耗以及CMOS工艺能够实现的放大器增益带宽。然后根据混频滤波后得到的信号带宽计算Σ-Δ ADC能够拥有的过采样率。按照设计指标对峰值信噪比的要求,考虑电路的噪声和时钟抖动等非理想因素,最终确定的理论峰值信噪比要比设计指标高15dB左右。检索在对应的过采样率下一阶、二阶、三阶调制能达到的理论值,如果不能达到设计要求,则采用MASH(Multi-Stage Noise-Shaping,多级噪声整形)结构或者增加量化器位数。在确定了Σ-Δ ADC的结构之后,用MATLAB进行行为级的建模仿真,考虑到非理想因素的存在,评估设计的Σ-Δ ADC结构能否满足设计指标,最终根据Σ-Δ ADC的Simulink模型得到电路的初步结构。

2)Σ-Δ ADC芯片设计的指标和结构选择

如图6-37所示,横轴是OSR,纵轴是SQNR(Signal-to-Quantization Noise Ratio,信号量化噪声比,即输出峰值信噪比)。可以看到,当OSR取较大的值128时,二阶调制器的SQNR大约为90dB;而当OSR取8时,SQNR几乎在40dB以下,无法满足大多数应用的需要。通常在低OSR的情况下,为了能得到较高的SQNR,需要从Σ-Δ ADC的结构上进行改进,以提高Σ-Δ ADC的性能。Σ-Δ ADC的结构改进主要包括以下3方面:

(1)增加量化器的位数。

(2)增加调制器的阶数。

(3)采用MASH结构。

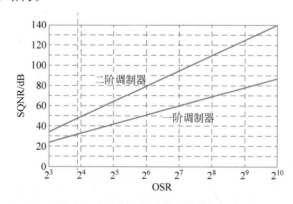

图6-37　一阶和二阶调制器的SQNR

从图6-37中可以看出,二阶调制器的性能要高于一阶调制器,即使在OSR只有10时,SQNR还是高出了10dB左右。但是,在OSR较低时增加调制器的阶数带来的性能提升要远远小于 OSR 较高时。例如,当 OSR 为 2^3 时,从图 6-37 中可以看出,二阶调制器比一阶调制器的量化噪声系数高 10dB;但是在 OSR 为 2^{10} 的情况下,二阶调制器比一阶调制器的量化噪声系数高 40dB。所以 OSR 不同,增加调制器阶数得到的收效是不同的。并且在现阶段的高阶调制器设计中稳定性是最大的挑战,随着阶数的提高,稳定输入范围(stable input range)急剧减小。考虑到设计的复杂度以及稳定性的要求,二阶调制器成为最好的选择。

表 6-4 是系统设计指标中 Σ-Δ ADC 设计指标。RFID 芯片工作的数据速率有 8 种,分别为 40kb/s、80kb/s、160kb/s、200kb/s、256kb/s、300kb/s、320kb/s、640kb/s,设计输入信号的带宽为 1.5MHz。

表 6-4　Σ-Δ ADC 设计指标

指　　标	描　　述	最小值	典型值	最大值
输入信号带宽/kHz		80		1550
动态范围/dB	@1550kHz	56		
时钟频率/MHz			52	
满量程电平/dBm	差分峰值		1.0Vpp	
	@50Ω 阻抗		10	
电源电压/V		1.75	1.8	1.85
工作温度/℃		−40	25	85

Σ-Δ ADC 中调制器为一阶或二阶时是无条件稳定的,不需要考虑其稳定性问题;当调制器达到三阶及三阶以上时,就存在稳定性问题,需要设计合理的系数使调制器稳定。如果电路在工作过程中存在干扰,可能导致调制器进入不稳定状态。为了能在稳定的前提下实现多阶调制器结构,这里引入多环路结构。

二阶调制器在 OSR=16 时的 SQNR 依然低于 40dB,还是达不到表 6-4 的 56dB 的应用要求。在设计时,Σ-Δ ADC 的仿真 SQNR 要比设计值高出 15dB 左右,以保证设计误差的容限和设计裕量,所以调制器的 SQNR 大约要达到 71dB。因此,在 OSR 不变的前提下,增加调制器中量化器位数或者采用级联多环路结构时必须做出一定的选择。一比特量化器(实现中就是一个理想的比较器,即 1 位 ADC)具有最好的线性度。量化位数越大,输出信噪比越大。但是由于位数的增加,量化电平数目增加,量化器的线性度变差,同时反馈 ADC 的设计趋向复杂。图 6-38(a)给出了量化器的位数和峰值信噪比之间的关系。可见,当量化器的位数大于 3 时,每增加一位所带来的 SQNR 的增加已经少于 6dB。出于设计效率的考虑,在增加设计复杂度和增加电路功耗的代价下,选择 SQNR 增加最多的情况,将量化器的位数定为 3 位。此时的 SQNR 为 42dB,还需要增加电路模块以增加峰值信噪比。

对于低 OSR 的应用场合,MASH 结构与单路环结构相比具有环路稳定性和线性度高的优势。在具体介绍实施方案之前,先简单分析 MASH 的基本结构和特点。

图 6-38(b)给出了一种级联结构的 Leslie-Singh 调制器模型。这种结构的主要原理是将二阶调制器的量化噪声通过量化前和量化后的信号差值取出,第一级的量化噪声经过第二级 ADC 量化后与调制器的量化值相减,这样整体输出的量化噪声被大大降低,提升了信噪比。在选择好 H_1 和 H_2 之后,电路的噪声可以通过数字运算得到减小,前一个环路的量化噪声经过后一个环路的 ADC 量化以后,由于第二级量化采用了多比特 ADC,所以后一个环路的量化噪声远小于前一个环路的量化噪声,故整体调制器的量化噪声输出大为减小。

经过仿真,当二阶调制器的位数达到 3 位时,输出峰值信噪比达到 75dB,此时已满足设计要求,输入动态范围为 74dB。

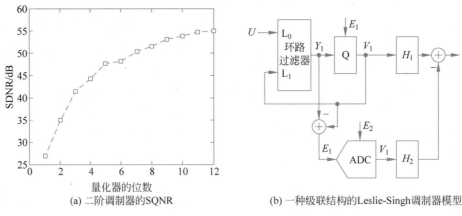

(a) 二阶调制器的SQNR (b) 一种级联结构的Leslie-Singh调制器模型

图 6-38　二阶调制器的 SQNR 和二阶调制器模型

综上所述,调制器采用 MASH2-2 级联结构的调制器,其中单环多级调制的结构有 CIFB、CIFF、CRFB、CRFF 等多种电路实现方式,这几种结构的实现方式对应到具体电路各有不同。在本设计中调制器采用 CIFB,即输入信号和反馈信号注入每一级积分器。

调制器的系数决定了整体 Σ-Δ 环路滤波器的性能。考虑输入积分器的幅度对运放设计的要求,利用动态缩放技术调整这些系数的值,减小输入积分器的幅度,可以放宽对运放建立时间的要求,从而减小功耗。调制器的系数如表 6-5 所示。

表 6-5　调制器的系数

系　　数	系　数　值
a1,a2	0.0517,0.13
b1	0.0517
c1,c2	0.9610,9.505

在进行行为模型仿真时,输入幅度采用了归一化功率的概念,这里的输入功率是相对于满量程输入的归一化值,而满量程输入的大小取决于量化器的转换特性。图 6-39 用量化器输入和输出信号之差表示量化过程中带来的误差值。对于 N 位的量化器,输出台阶数位,输入划分为 $M-1$ 个量化区间。仿真模型取量化器输入量化步长 LSB 为 2,并且无过载输入范围为 $[-M,+M]$。量化器位数为 3 位,则 $M=7$,最大的输入幅度也为 7。

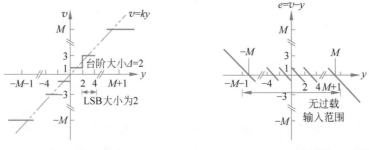

(a) 量化器的转移特性 (b) 量化误差与输入幅度的关系特性

图 6-39　量化器的转移特性和量化误差与输入幅度的关系特性

实际上出于稳定性的考虑,调制器很难在最大输入的情况下稳定工作(在系统设计时已经保留了一定的裕量,使得调制器的输入不至于达到满量程),这一点从系统仿真的信噪比上也可以看出,因此设定输入幅度为 -1dBm 时为最大的输入功率,这时各个节点的电压值如图 6-40 所示。

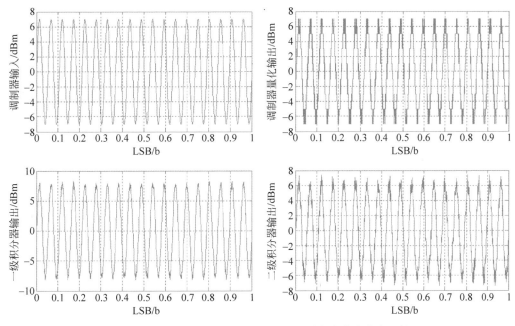

图 6-40　当调制器输入幅度为－1dBm 时各个节点的电压值

3）Delsig 编程仿真

Σ-Δ ADC 除了利用 MATLAB 自带的 Simulink 进行行为级建模仿真以外，还可以利用 Delta-Sigma Toolbox 进行编程仿真。下面分析程序接口的几个关键函数的功能。

（1）ntf＝synthesizeNTF(order,osr,opt,H_inf,f0)。首先利用函数 synthesizeNTF 生成噪声传输函数，order 表示调制器的阶数，osr 表示过采样率，opt 表示优化参数，H_inf 表示稳定性和噪声传输函数阻带的抑制率的折中关系，f0 表示带通信号的中心频率。

（2）利用第一步产生的 ntf 代入$[a,g,b,c]$＝realizeNTF(ntf,form)。其中，form 共有 CIFB、CIFF、CRFB、CRFF 4 种形式。通常选择 CIFB 或者 CIFF 作为离散的 Σ-Δ ADC 结构。得到的$[a,g,b,c]$系数矩阵对应的关系参考图 6-41。

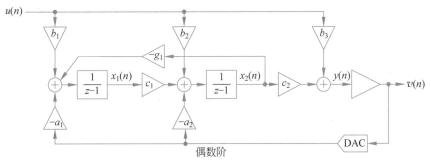

图 6-41　偶数阶 CIFB 结构

（3）ABCD＝stuffABCD(a,g,b,c,form)。通过$[a,g,b,c]$系数矩阵和调制器结构形式得到 Σ-Δ 环路滤波器的状态空间描述矩阵 ABCD。状态空间描述矩阵 ABCD 和系数矩阵$[a,g,b,c]$可以等效。

（4）通过状态空间描述矩阵 ABCD 按需要进行系数缩放：ABCDs＝scale(ABCD,n_{Lev},f_{test})。

（5）通过缩放后的状态空间描述矩阵 ABCDs 得到电路设计需要的$[a,g,b,c]$系数矩阵：

$[a, g, b, c] = \text{map}(\text{ABCDs}, \text{form})$。

（6）通过得到的状态空间描述矩阵 ABCDs 进行仿真：$[v_1 \ x_n \ x_{max} \ y_1] = \text{simulateDSM}$
$(u_1, \text{ABCDs}, n_{Lev})$。

这样就根据设定的 OSR 和调制器阶数得到了 Σ-Δ ADC 能够实现的性能，并通过按需的系数缩放得到了电路设计需要的前馈系数 b、反馈系数 a 和积分增益系数 c。通常把振荡系数 g 设置为 0。

本设计利用 MATLAB 对各阶调制器能达到的峰值信噪比进行了仿真。设计指标要求在输入信号 1.5MHz 的情况下峰值信噪比为 56dB。行为级仿真结果满足设计要求。

3. Σ-Δ ADC 的电路设计

前面是 Σ-Δ 调制的理论分析部分，结合芯片设计的 Σ-Δ ADC 的指标，分析了二阶单环、MASH2-2 等的行为模型仿真，理想情况下的性能达到了设计指标并留有 15dB 的裕量。考虑到本设计的电路实现难度适中，选定了 Σ-Δ ADC 电路设计的模块和参数。Σ-Δ ADC 电路设计包括时钟模块设计、积分器设计、放大器设计、比较器设计、量化器设计和带隙基准电压源设计。

1）时钟模块设计

对于 Σ-Δ ADC 的电路，在不同的应用场景下可以选择连续时间积分器和离散时间积分器。离散时间积分器是构成电路的核心。离散时间积分器需要非交叠时钟控制电路的动作。同时 CMOS 开关的导通和关断会在其组成的开关电路中造成误差。为了有效地抑制电荷注入造成的误差，需要一组下降沿延迟的时钟。

图 6-42 给出了时钟电路和时钟波形。可以看出，延迟电路和非延迟电路有相同的上升沿，只是下降沿有延迟。有相同的上升沿是为了尽可能利用时钟周期，让非交叠的时间尽可能短，留下足够的时间进行采样和积分。这样设计的延迟时钟的原理如下。积分电容采用 metal-to-metal 电容，第六层金属板称为上极板，第五层金属板称为下极板。在积分器的采样阶段，电容的下极板通过 ph1_d 连接信号输入，电容的上极板通过 ph1 接地。在采样结束的时候，上极板首先断开连接，与上极板相连的开关关断产生的沟道电荷被信号源吸收；然后下极板断开连接，下极板开关关断产生的沟道电荷被下极板的寄生电容吸收。上极板和下极板形成的电容电荷量不变。在积分器的积分阶段，采样电容放电，只有上下极板之间存在的电容值进行积分运算，这样可以减小开关引入的误差。

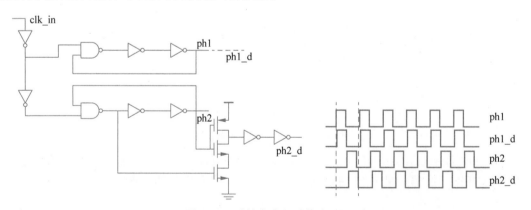

图 6-42　时钟电路和时钟波形

2）积分器设计

积分器是 Σ-Δ 调制的第一个模块，积分器的运算精度决定了 Σ-Δ 调制的性能。因为前面的积分器对噪声进行了噪声整形处理,所以输入端的积分器自身电路产生的噪声会在后面的积分器的噪声整形中将频谱移动到更高频,从而前面的积分器自身电路产生的噪声可以降低。积分器的设计重点在于放大器的设计。放大器的增益、带宽和摆率等设计指标和版图的匹配等都影响积分器的实际性能。

(1) 积分器的传输函数。

电路实际采用的是全差分电路,但是为了分析方便,计算分析时采用了单端电路。由开关电容电路组成的积分器如图 6-43 所示。积分器由开关、采样电容 C_s、积分电容 C_1 和放大器组成,积分器采样阶段 s_1 和 s_3 导通,积分阶段 s_2 和 s_4 导通,根据 SC 电路的原理可以得到积分器的转移方程:

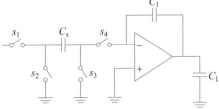

图 6-43　由开关电容电路组成的积分器

$$V_{op}[n] = V_{op}[n-1] + \frac{c_s}{c_1} V_{in}[n-1] \tag{6-16}$$

积分器的 z 域方程为

$$H(z) = \frac{c_s}{c_I} \times \frac{z^{-1}}{1 - z^{-1}} \tag{6-17}$$

从式(6-17)中可以看出,积分器的积分增益是 C_s/C_I,但是在实际电路中积分器的积分时间是时钟周期的 45%,例如,52MHz 的时钟的积分时间只有 9ns。如果积分器的建立时间不是很充足,没有达到 5 个时间常数,积分增益往往存在误差。综合考虑非理想因素,在积分器的转移方程中可以加入实际积分增益 g 和电荷泄漏 a,实际的转移方程的 z 变换为

$$H(z) = g \frac{z^{-1}}{1 - a z^{-1}} \tag{6-18}$$

积分器非理想因素包括:放大器的增益不是无穷大,放大器的单位增益带宽不是无穷大,在负载电容一定的情况下摆率不够大,模拟的 CMOS 开关的导通电阻是 $500\Omega \sim 5k\Omega$,关断电阻在吉欧级别的时候对 RC 充放电的速度不如理想情况快(存在时间常数)。

(2) 积分器对放大器的增益要求。

在图 6-43 中,如果有限的放大倍数为 A 而不是无穷大,则积分器的转移方程可以表示为

$$H(z) = \frac{c_s}{c_I} \times \frac{z^{-1}}{1 + \frac{c_s}{c_I A}} \tag{6-19}$$

可以看到,有限运算放大器增益 A 导致 SC 积分器的极点偏移,往往有限的增益能造成电荷的泄漏。通过上面的模型可以用 MATLAB 仿真出对放大器的增益要求,在设计中放大器的增益应该设计为 60dB。

(3) 积分器对放大器的带宽要求。

放大器的一阶简化模型的转移方程可以写为

$$A(s) = \frac{A_0}{1 + s/\omega_{p1}} \tag{6-20}$$

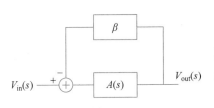

图 6-44　闭环放大器模型

其中,ω_{p1} 是放大器的主极点,放大器的单位增益频率 ω_{ta} 是 $A(s) = 1$ 时对应的频率点。

闭环放大器模型如图 6-44 所示。

结合式(6-19)可以近似得到闭环放大器的传递

函数：

$$A_{\mathrm{cl}}(s) \approx \frac{\omega_{\mathrm{ta}}}{\beta\omega_{\mathrm{ta}}+s} = \frac{1}{\beta} \times \frac{1}{1+\dfrac{s}{\beta\omega_{\mathrm{ta}}}} \tag{6-21}$$

其中，β 是闭环系统的反馈因子。这样，闭环放大器在低频的增益约等于 $1/\beta$，其中 $-3\mathrm{dB}$ 频率是 $\beta\omega_{\mathrm{ta}}$。放大器的建立时间特性是一个重要的设计参数，可以通过放大器的时域计算得到对放大器的带宽要求。在开关电容电路中，积分器的采样电容的电荷、DAC 反馈电容的电荷必须在半周期的时间内通过放大器的输出端转移到反馈电容上，这种转移可以通过分析放大器的阶跃响应进行深入研究。

放大器的建立时间分为线性建立时间和非线性建立时间。放大器的线性建立时间受放大器的单位增益频率限制，非线性建立时间受放大器的转换速率限制。在本设计中，积分器的阶跃幅度没有达到放大器的转换速率限制，非线性建立时间可以忽略。

根据拉普拉斯反变换可以得到闭环放大器的时间常数 T。由电路的知识可知，$-3\mathrm{dB}$ 频率决定一个阶跃响应的建立时间，由此可以得到放大器闭环的时域方程：

$$V_{\mathrm{out}}(t) = V_{\mathrm{step}}(1+\mathrm{e}^{-\frac{t}{\tau}}) \tag{6-22}$$

开关电容电路积分器在积分阶段的电路图和输出的时域波形如图 6-45 所示。

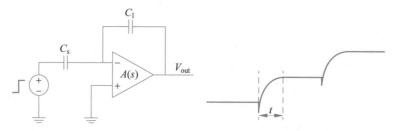

图 6-45　开关电容电路积分器在积分阶段的电路图和输出的时域波形

根据式(6-22)可以知道，V_{step} 是电压阶跃大小，可以求出积分器达到需要的精度的时间。如果需要达到 1% 的精度，则需要的建立时间为 5τ。积分器的反馈因子 β 为

$$\beta = \frac{1/C_{\mathrm{s}}S}{1/C_{\mathrm{s}}S+1/C_{\mathrm{I}}S} = \frac{C_{\mathrm{I}}}{C_{\mathrm{s}}+C_{\mathrm{I}}} \tag{6-23}$$

对于 52MHz 的时钟设计，半周期约为 9.5ns，积分器的设计精度为 1%，则需要的建立时间为 5τ。在设计中一般取 5～10 倍，一般取决于积分器的积分增益设计。所以放大器的单位增益为 500MHz 才能满足积分器在积分周期内达到积分的精度要求。如果积分器的运算要求达到 1% 的精度，那么放大器的带宽要求为 200MHz。根据实际的电路仿真结果，在 0.18μm 工艺的增益带宽积限制下，能够实现 50dB 的增益和 200MHz 的单位增益带宽。

3）放大器设计

总结上面分析的结果，放大器的增益要求为 50dB，摆率在最大变化率处，最主要的要求是单位增益带宽。在进行电路设计时，首先分析各种结构的放大器的性能，然后再设计电路，在 Cadence Spectre 中仿真电路的性能。

（1）放大器的结构选择。

可供选择的 OP_AMP 有简单的两级运放、折叠共源共栅放大器和共源共栅放大器 3 种。简单的两级运放如果输入对管和有源负载都选择小尺寸，减小寄生电容，就可以实现低增益高带宽。折叠共源共栅放大器能得到高增益，可应用于电源电压低的环境。共源共栅放大器可以实

现高增益,电源电压有 4 个饱和的 V_{dasat},并且对放大器的摆幅限制要求不高。

本设计的放大器采用 TSMC 0.18μm 工艺,电源电压为 1.8V。为了达到 50dB 的直流增益,放大器电路必须使用两级放大器。由于 CMOS 工艺的限制,根据经验可知 NMOS 的增益只有 40dB,PMOS 的增益比 NMOS 略小,所以为了达到设计的增益指标,需要两级放大器实现。单位增益带宽要求为 200MHz。

积分器所用放大器的电路和偏置电路如图 6-46 所示。偏置电路采用与电源电压无关的偏置。在偏置电路中 M_1 和 M_2 采用相同的沟道长度,通常选择沟道长度为特征长度的 3~5倍。但是在偏置电路中为了减小沟道调制效应,这里选择栅长为 1μm。因为电阻 R_1 的存在,小的栅源电压需要更大的栅宽,所以 M_1 的栅宽为 M_2 的 4 倍。这里考虑到噪声和功耗的折中,选择电流 500nA 得到 M_1 和 M_2 的栅宽。通过电流镜的限制,使得流过 M_1 和 M_2 的电流一样。为了减小体效应的影响,将 M_1 和 M_2 的体区连接到源区,这样可以得到与电源电压无关的偏置。

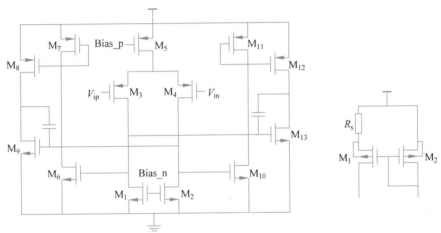

图 6-46 积分器所用放大器的电路和偏置电路

根据设计指标进行放大器的设计。由于积分器对放大器的设计增益要求低于带宽要求,放大器采用更高带宽的差分共源放大器。其中 M_5 根据偏置电流的大小选择栅宽,确定放大器的尾电流,这里的电流是根据带宽的要求确定的。M_1 和 M_2 作为有源负载,要求有尽可能小的电容负载,所以采用了 TSMC 0.18μm 工艺的特征尺寸,即 180nm 的沟道长度。M_1 和 M_2 作为 PMOS 的输入对管,为了增大带宽,所以选择了最小的沟道长度 180mn。放大器的第二级采用了 Class AB 类放大器作为输出级,目的是提高放大器的输出摆幅。

(2) 放大器的共模反馈。

放大器的输入共模电平需要让输入对管建立正确的静态工作点。放大器的共模输入范围往往是很大的,通过合理的电路设计可以实现轨到轨的共模电压输入。

这就使得输入共模电压的限制不大。但是为了使放大器的输出摆幅最大化,放大器的共模电平一般选择在电源电压的 1/2 处。对于推挽式的输出级放大器,其输出范围以是电源电压减去两个 PMOS 和 NMOS 的饱和电压。所以,为了输入幅度的最大化,需要将共模电平设计在电源电压的 1/2 处。但是输入共模电平的变化、电路版图制作的寄生效应或者流片时的不同工艺角都会使放大器的共模电平发生变化。为了使放大器的共模电平稳定,就需要加入共模反馈电路。

放大器的共模反馈电路是典型的反馈电路,首先需要的是与工艺无关的参考电压,这由后

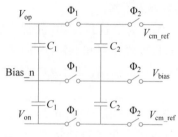

图 6-47　放大器的第一级共模反馈
电路

面设计的基准电路提供。共模反馈电路分为连续时间类型和离散时间类型,本设计采用的是后一种。

图 6-47 为放大器的第一级共模反馈电路。第二级共模反馈电路采用相同的结构。

放大器的开关电容共模反馈电路由 4 个电容和 6 个开关组成,两组开关由不交叠的两相时钟控制闭合和断开。开关电容共模反馈的工作原理是,当 Φ_2 闭合时,偏置电压和共模参考电压对电容 C_2 充电。在 Φ_1 闭合、Φ_2 断开的时钟周期内,电容 C_2 和电容 C_1 并联,两个电容的电荷会再次分配,电容 C_2 会对电容 C_1 进行充电,这样重复地充放电会得到一个稳定的电压。共模反馈相当于一个负反馈结构。当放大器的共模电平上升时,放大器的偏置电流增大,输出节点的共模电平下降;当放大器的共模电平下降时,放大器的尾电流减小,输出节点的共模电平上升。

放大器的 AC 特性仿真结果如图 6-48 所示。

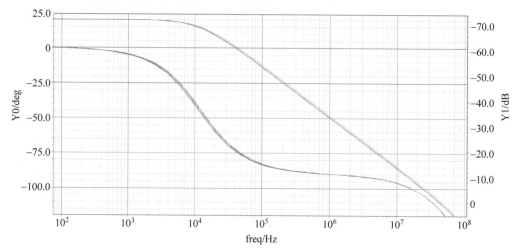

图 6-48　放大器的 AC 特性仿真结果

放大器的各工艺角仿真结果如表 6-6 所示,可以说明工艺角对整个调制器的影响。

表 6-6　放大器的各工艺角仿真结果

工　艺　角	单位增益带宽	相位裕度	摆　率	功　耗
tt	220MHz@1pF	65°	110V/μs	540μW
fs	212MHz@1pF	59°	107V/μs	530μW
sf	227MHz@1pF	67°	113V/μs	535μW

在设计过程中,对 tt、fs、sf 工艺角下的放大器的主要性能进行仿真。如果放大器在最坏工艺角下能满足设计指标,则可以确定原理图设计满足设计指标。从表 6-6 可以得出结论,放大器功耗是积分器功耗的主要部分,这主要是由于带宽的要求,使得放大器的各条支路在设计的时候需要用大电流增加设计带宽。

4)比较器设计

本设计中采用了 3 位的量化器,其中用了 7 个比较器,调制器的输出共模电平为 0.9V,峰-峰值为 1V,因此输入比较器的比较电平为 0.4~1.4V。Σ-Δ ADC 由两相时钟控制,分别是积分阶段和比较阶段。在积分阶段中比较器可以不工作,上一个时钟周期的结果可以锁存在比较器中;在比较阶段中比较器工作。

模拟电路中放大器的设计是所有电路设计的核心，而比较器的设计是模拟电路中仅次于放大器的重要模块，比较器被广泛应用于 ADC 和 DAC 电路中，在一些控制模块中比较器也不可或缺。静态锁存比较器和预放大器在比较和锁存阶段都有静态电流，因此在低功耗设计中很少使用静态锁存比较器；动态锁存比较器在比较和锁存阶段都没有静态电流，只在比较阶段有动态电流，所以功耗是最小的。通过合理的选择可以使动态锁存比较器的失调电压达到最小。在本设计中，根据上面的描述，比较器选择了动态锁存比较器。

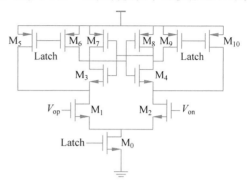

图 6-49　本设计中的比较器结构

本设计中的比较器具有低功耗、高分辨率、高速度等优点。其结构如图 6-49 所示。

该比较器设计中的新颖之处是加入了 M_5 和 M_{10} 两个 PMOS 管，使比较阶段的放大效果更好，比较器的分辨率更高。下面分析恢复阶段、比较放大阶段和锁存阶段的状态。当 Latch 为 0 时，比较器两个输出端都是 1，电路的静态电流由于 NMOS 管 M_0 关断而变得很小，只有 M_0 的关断电流；在比较器的比较放大阶段，在由低电平到高电平的上升沿，Latch 为 0.7V，由 M_0、M_1、M_2、M_5、M_{10} 组成的放大器工作，放大器的锁存比较器的锁存部分也是有源负载，通过放大器的预防大作用，比较器的分辨率得到了提高；当 Latch 为高电平时，M_5、M_6、M_9、M_{10} 这 4 个 PMOS 管关断，M_0 的栅极电压为低电平，M_0 也关断，这时的比较器锁存结果。比较器输出如图 6-50 所示。

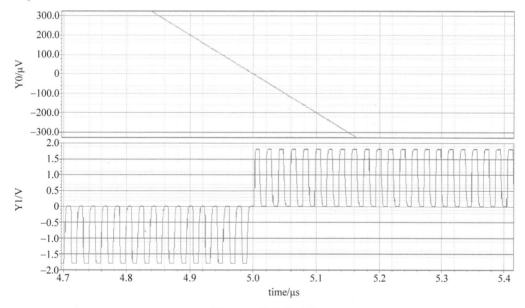

图 6-50　比较器输出

输入电压从 5mV 缓慢变化到 −5mV。由于输入预放大电路的作用，输入电压为 −300μV 时，输出发生反转。比较器在 Latch 的速度为 50MHz 的实际环境中仍能较好地工作。

5）量化器设计

参考现有的设计，Σ-Δ ADC 的量化器往往是一个 Flash ADC。多位比较器的优点是在低过采样率的应用中仍能提高 2-A 调制器的峰值信噪比，但是多位量化器有非线性的缺陷，可以采用 DEM 线性提高技术抑制这种失真，例如单级平均化（Individual Level Averaging，

ILA)、时钟平均化(Clocked Averaging,CLA)、随机化、DWA 等。DWA 技术是这些算法里最简单实用的。通过对匹配噪声的整形,使得噪声移至高频段。

积分器输出共模电平为 900mV,输出幅度为 1Vpp,所以 Vref＋选择 1.4V,Vref－选择 0.4V,都采用 LDO 供电。选择合理的电阻值使得静态电流和电容充放电速度达到应用要求。比较器工作时钟选择 50MHz,比较器电容充电时间 10ns 以内,选择 1‰的精度,RC 充电时间常数 $\tau=2\text{ns}$。电容选择 $50\sim100\text{PF}$。Flash ADC 工作在两相时钟控制下,有效期内开关闭合,电阻分压网络对比较器电容充电,各个电容带有不同的电荷,充电速度根据具体电阻值仿真效果进行调整。在 ph2 阶段,电容放电到积分器的输出端,在比较器没有输出的时刻,输出为 900mV 的直流电压,电容放电到积分器不会引起积分器的电压变化时为止。比较器的输入和输出编码如表 6-7 所示。Flash ADC 电路如图 6-51 所示。

表 6-7　比较器的输入和输出编码

输 入 电 压	$d_0 d_1 \cdots d_7$	输 入 电 压	$d_0 d_1 \cdots d_7$
$<-\dfrac{3}{7}$	10000000	$0\sim\dfrac{1}{7}$	00001000
$-\dfrac{3}{7}\sim-\dfrac{2}{7}$	01000000	$\dfrac{1}{7}\sim\dfrac{2}{7}$	000000100
$-\dfrac{2}{7}\sim-\dfrac{1}{7}$	00100000	$\dfrac{2}{7}\sim\dfrac{3}{7}$	00000010
$-\dfrac{1}{7}\sim0$	00010000	$>\dfrac{3}{7}$	00000001

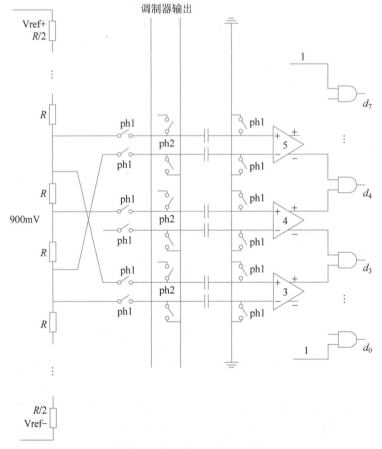

图 6-51　Flash ADC 电路

6）带隙基准电压源电路设计

带隙基准电压源是 ADC 设计的一个重要部分。带隙基准电压源广泛应用于 ADC、DAC、线性稳压源、开关电源电路以及各种传感器电路中。传统的带隙基准电路由三极管和 CMOS 电路共同实现。近年来的低功耗应用中通常采用工作在亚阈值区的 CMOS 管替代三极管。这种新结构的温度特性不如采用三极管实现的带隙基准电压源，因为亚阈值 MOS 管的工作状态不易控制。

带隙基准电压源通过将具有正负温度系数的电压相加，消除随温度的一次项得到的电压。带隙基准电压源在没有二阶补偿的情况下，二阶温度系数决定了其电压-温度曲线为抛物线形状；在有二阶补偿的情况下，带隙基准电压源没有了一次项和二次项，电压-温度曲线为 3 次函数形状。

双极性晶体管的基极-发射极电压具有负温度系数，对温度求偏导，得到

$$\frac{\partial V_{be}}{\partial T} = \frac{V_T}{T}\ln\frac{I_c}{I_s} - (4+u)\frac{V_T}{T} - \frac{E_E}{KT^2}V_T = \frac{V_{be} - (4+u) - E_E/q}{T} \qquad (6\text{-}24)$$

其中，u 是常数，其值约等于 -1.5；E_E 是硅的带隙能级，约等于 1.12eV。从式（6-24）可以看出，当 $T=300\text{K}$ 时，基极-发射极电压的温度系数为负。如果两个双极性晶体管不同，那么它们的基极-发射极电压之差与温度成正比。在这里假设两个相同的晶体管的发射极电流分别为 I_{s1} 和 I_{s2}，那么两个基极-发射极电压之差如下：

$$\Delta V_{be} = V_{be1} - V_{be2} = V_T\ln\frac{nI_c}{I_{s1}} - V_T\ln\frac{I_c}{I_{s2}} = V_T\ln n \qquad (6\text{-}25)$$

其中，$V_T=26\text{mV}$，n 是单位面积流过 BJT 的电流比值。所以对温度求一阶偏导得到的温度系数为一个正数，如下所示：

$$\frac{\partial V_T}{\partial T} = k\ln\frac{n}{q} \qquad (6\text{-}26)$$

根据式（6-24）和式（6-26），得到了带隙基准电压源的正负电压，再通过调零电阻的比例运算，可以消除电压随温度变化的一阶系数，从而得到一个电压不随温度一阶线性变化的带隙基准电压源。

带隙基准电压源电路设计可以根据具体要求选择有误差放大器和没有误差放大器两种实现方式，根据电源电压选择双极性晶体管的级联个数，根据输出参考电压选择输出方式是直接输出还是串联分压输出。

在本设计中，电源电压为 3.3V，基准电压输出可以用电阻串联分压的方式得到 1.27V 和 700mV 的参考电压。带隙基准电压源电路如图 6-52 所示。

下面分析电路的启动和正常工作的原理。已知 Q_1、Q_2 由 5 个相同的 Q_3 组成，Q_3 和 Q_4 相同。首先，当电路上电的时候，放大器的输出端是低压，即 $M_1 \sim M_5$ 全部导通，放大器的同向端输入电压比反向端输入电压大，放大器的输出会升高，使得 $M_1 \sim M_5$ 的栅极电压升高，达到正常工作状态。在设计电路的时候，首先把 M_1 的栅极电压从 0 升高到 3.3V，选择合适的 R_1 达到如下 3 个目的：

（1）由于在正常工作情况下放大器起到钳位作用，迫使 C、D 两点的电压相同，BJT 的 V_{be} 之差被加在 R_1 上面，所以在不考虑电阻温度系数的情况下，得到的电流随温度正相关（PTAT 电流），R_1 的选择决定 PTAT 电流的大小。通常应折中考虑噪声、设计功耗以及芯片面积选择 R_1。

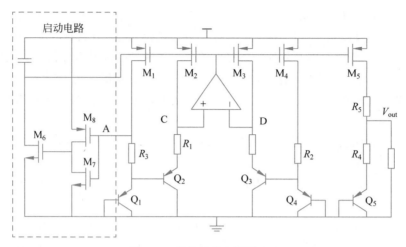

图 6-52　带隙基准电压源电路

（2）R_1 的选择使得 $R_2 \sim R_5$ 成比例地变化。如果 R_1 选择得太大，则整个带隙基准电压源电路的芯片面积会变大。

（3）选择 R_1 满足 M_1 的栅极电压从 0 到 3.3V 变化的过程中 C、D 两点的电压相同。当 V_{G1} 为 3.3V 时，所有 PMOS 管关断，启动电路工作。

在带隙基准电压源电路上电的时候，$M_1 \sim M_5$ 的栅极电压由耦合电容连接到电源。所以正常上电时，$M_1 \sim M_5$ 的栅极电压为高电平，启动电路工作，由于 M_1 的栅极电压为高电平，M_1 工作在线性区，电路 A 点的电压为低电平，经过 M_7 和 M_8 组成的反相器，M_6 的栅极电压为高电平，M_6 导通，对启动电容充电，使得 $M_1 \sim M_5$ 的栅极电压开始下降，直到误差放大器工作，C、D 两点的电压相同。

电路正常工作的时候，放大器迫使 C、D 两点的电压相同，那么 BJT 的基极-发射极电压之差 V_{be} 被加在 R_1 上，得到 PTAT 电流。$M_1 \sim M_5$ 组成电流镜，忽略沟道长度调制效应，M_5 的漏极电流也是 PTAT 电流，在 R_4 上得到一个压降，是一个正温度系数的电压，与 C、D 两点的电压相加得到输出电压 V_{out}。

误差放大器的设计考虑以下两方面：

（1）放大器的高增益。放大器的带宽要求更低。放大器的增益控制带隙基准电压源电路的基准电压的温度系数，误差放大器的带宽影响带隙基准电压源电路的稳定速度和电源抑制比（PSRR）的频率特性。

（2）放大器的共模输入范围为 0~1.8V，单端输出电压为一个 PMOS 正常工作的栅极电压。

带隙基准电压源的 PSRR 在低频时为误差放大器的倒数。为了实现放大器的高增益，选择共源共栅的有源负载，通过增加输出电阻提高增益，同时为了增加输入共模电平的有效范围，误差放大器的输入采用折叠结构，输入共模电平范围为 0~1.8V，采用 PMOS 折叠结构。同时为了增加误差放大器的摆幅，误差放大器采用低电压偏置。误差放大器电路如图 6-53 所示。

设计时，为了提高误差放大器的增益，M_{10} 和 M_{11} 作为输入对管，在设计功耗允许的前提下提高两个输入对管的跨导，就是提高电流。同时输出有源负载的电流减小可以增加输出电阻，因此 M_{10} 和 M_{11} 的电流设计为 1μA，M_3、M_4 的漏极电流设计为 300nA。

在放大器设计过程中，首先设计偏置电路，采用低电压偏置方式，电流 I_bias 采用的是与

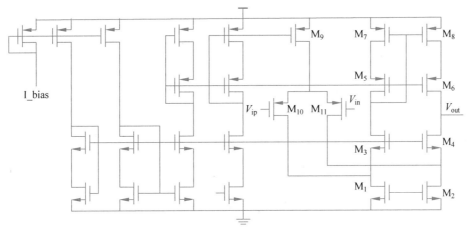

图 6-53　误差放大器电路

电源无关的电流的镜像。为了减弱短沟道效应,放大器管子的栅长采用定制尺寸的 3～5 倍。这里的栅长采用 400nm。现在的 MOS 管模型采用的是 Bsim3v3,采用平方率的模型计算得到的栅宽已经没有参考意义,所以在设计过程中应该利用电流确定带宽和速度,再利用电流调节 MOS 管的参数。快速调节 MOS 管宽度的方法是:首先在 M_{10} 和 M_{11}、M_3 和 M_4 的漏极连接理想电流源,控制注入 M_1 和 M_2 的漏极电流为 1.3μA。在偏置给定的情况下,用 DC 仿真 M_1 和 M_2 的栅宽,得到漏源电压随宽度的变化曲线,选取合适的宽度使得 M_1 和 M_2 的漏源电压和偏置电路对应的 MOS 管的漏源电压相同。其他 MOS 管的设计类似,以保证 MOS 管的电流符合设计要求。

利用 Cadence 仿真带隙基准电压源的参考电压输出,仿真温度为 45～80℃,参考电压的变化为 0.001V。

带隙基准电压源电路在 5 个工艺角下的电源抑制比和温度曲线如图 6-54 所示。PSRR 最坏的情况是 -60dB。

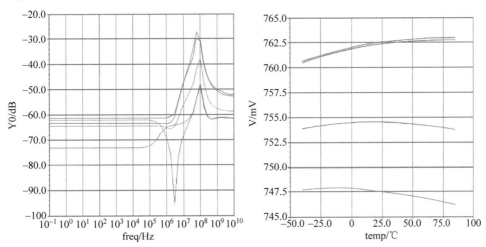

图 6-54　带隙基准电压源电路在 5 个工艺角下的电源抑制比和温度曲线

不同工艺角下带隙基准电压源电路的温度系数如图 6-55 所示。温度系数最坏的情况在 sf 和 fs 工艺角下为 20ppm/℃,最好的情况在 tt 工艺角下为 5ppm/℃。

带隙基准电压源电路的仿真结果如表 6-8 所示。

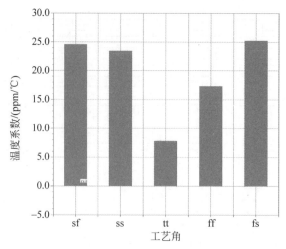

图 6-55　不同工艺角下带隙基准电压源电路的温度系数

表 6-8　带隙基准电压源电路的仿真结果

参　　　数	sf	ss	tt	fs	ff
PSRR@10kHz/dB	−63	−73	−65	−61	−63
输出电压/mV	761	761	774	762	747
温度系数/(ppm/℃)	24	23	6	18	25.5

7）Σ-Δ ADC 的整体电路

前面完成了 Σ-Δ ADC 的模块电路设计,接下来通过以上模块构成 Σ-Δ ADC 的整体电路,版图设计特别说明了放大器、比较器等需要严格对称的全差分电路的设计。

Σ-Δ ADC 采用 MASH2-2 结构。Σ-Δ ADC 的第一级采用二阶调制的 CMFB 结构,S_1 和 S_3 由 ph1 控制,S_2 和 S_4 由 ph2 控制,S_3 比 S_1 稍微延迟关断,S_4 比 S_2 稍微延迟关断。这种开关控制设计可以减少开关的沟道电荷注入,二阶调制器的两个积分器都在 ph1 阶段对采样电容充电,共模电平 V_{cm} 是积分器中放大器的共模输入电平 900mV,积分器中放大器的共模输出电平也是 900mV。在 ph2 阶段,两个积分器同时积分。一阶积分器反馈回路的设计是:如果比较器的输出是高电平,则将二阶积分器的同相输入端电容下极板接 Vref＋,反向输入端电容下极板接 Vref−,使积分器的输出电压下降。Σ-Δ ADC 的第二级采用二阶 3 位量化器的结构。第二级的输入是第一级的残差,第一级的量化误差经过第二级的调制,量化噪声移动到高频。二阶 Σ-Δ ADC 电路如图 6-56 所示。

采样电容使用下极板采样,由 TSMC 0.18μm 工艺中第五层和第六层金属形成的 metal-to-metal 电容。其中,第五层金属板和第四层、第三层等金属板以及有源区和衬底等形成寄生电容。第六层金属板也会形成寄生电容,但是相比于第五层金属板的寄生电容要小得多。通过下极板采样,把电容的下极板(第五层金属板)连接到信号输入端,电容的上极板(第六层金属板)连接到积分器的放大器输入端,可以将寄生电容的影响降低到最小,使得寄生电容不参与电荷转移的运算,从而使得积分器的运算不受寄生电容的影响而更加精确。

本节首先研究了不交叠时钟和下极板采样,以降低沟道电荷注入和寄生电容的影响;其次给出了开关电路积分器的原理和积分器的设计。根据设计的要求,采用合理的结构实现了积分器的精度为 1%。通过优化预放大器的设计,比较器的分辨率降低到 300μV 以内。3 位 Flash ADC 的设计是:先通过电阻分压的方式得到参考电压,通过开关控制比较器的输入端电容的充放电得到比较器的输出,再用简单的数字电路整理得到输出。ADC 电路中涉及的与

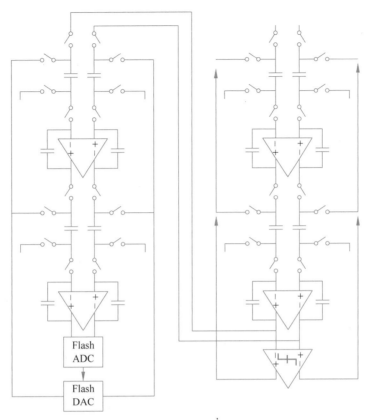

图 6-56 二阶 Σ-Δ ADC 电路

电源电压和温度系数无关的参考电压源采用基本的带隙基准电压源。通过设计合理的误差放大器和启动电路,保证带隙基准电压源的正常工作。

6.4 读写器系统控制模块的构成方法

目前广泛采用的读写器系统控制模块的构成方法有 ARM、DSP 以及各种单片机(如 8051、STM32F207 等)。读写器数字基带系统基本架构如图 6-57 所示。

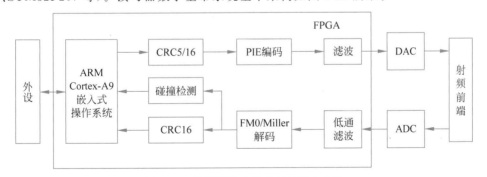

图 6-57 读写器数字基带系统基本架构

6.4.1 采用 ARM9 系列的读写器

Cortex-A9 是 ARM 处理器系列中性能非常高的处理器,它基于 ARMv7-A 架构并支持虚拟内存。图 6-58 为 Cortex-A9 处理器结构。其主要子模块为中央处理单元、L1 指令和数据高速缓存和存储器管理单元。

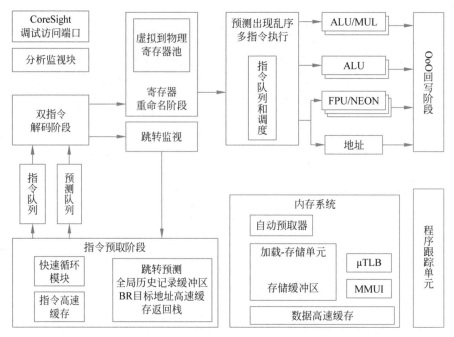

图 6-58　Cortex-A9 处理器结构

(1) 中央处理单元(CPU)。Cortex-A9 的 CPU 可以在单个周期内处理两条指令并且无须顺序执行。CPU 具有动态分支预测以及可变长流水线功能。

(2) L1 指令和数据高速缓存。Cortex-A9 具有 32KB 的 L1 指令和数据高速缓存,其中 L1 指令高速缓存负责向 Cortex-A9 提供指令流,L2 数据高速缓存负责存储 Cortex-A9 所使用的数据。L1 指令和数据高速缓存支持奇偶校验,并且用于连接内核与 AXI 主设备的接口有 64 位。

(3) 存储器管理单元(MMU)。MMU 实现内存保护和地址转换的功能。MMU 与 L1、L2 高速缓存共同实现从虚拟地址到物理地址的转换,同时对外部存储器访问的控制也由它负责。ARMv7-A 架构的 MMU 在安全和多处理器扩展方面进行了加强,提供了地址转换和访问权限检查等功能。

6.4.2　采用 8051 及 STM32F207 单片机

8051 IP 控制模块采用 8051 IP 核实现,该 IP 核具有和传统 51 单片机指令兼容的特性,并且比传统的 51 单片机数据处理速度快。通过该 IP 核可实现与上位机部分的串口通信功能,以及完成指令协调、数据存储等功能。

数据处理模块在 8051 IP 控制模块接收到上位机的数据后完成对数据的并串转换,并将转换后的数据有序地传送给 CRC16 编码模块。当 FM0 模块接收到标签的返回数据后,数据处理模块还要完成对接收数据的串并转换,并将接收的数据通过中断方式发送给 8051 IP 控制模块。此外,数据处理模块还要完成发送数据成帧以及数据接收时各个模块间的时序协调。

时钟分频模块的主要用途就是对外部 16MHz 的晶振源提供的时钟进行分频处理,为曼彻斯特编码模块、FM0 解码模块以及 CRC16 编码模块等提供所需的时钟。设计过程主要从两个大的方向进行:一个为读写器向标签发送数据的通信链路;另一个为读写器接收标签数据的通信链路。

和一般的 32 位 MCU 相比,STM32F207 单片机的优势主要体现在较高的处理速度、低廉的成本等方面,并且这款 MCU 具有支持以太网通信的 MII/RMII 接口,同时兼具丰富的外设资源。该 MCU 的主要特性如下:

(1) 主频高达 120MHz,处理能力达 150DMIPS 的 32 位 ARM Cortex-M3 内核。

(2) 集成 1MB Flash 和 128KB+4KB RAM。

(3) 内置 16MHz 标准 RC 振荡器,支持 4～26MHz 的外部晶振和 32kHz RTC 晶振。

(4) 3×12 位、$0.5\mu s$ 的 ADC,多达 24 个输入通道,在三重交叉模式下转换速率高达 6MSPS;2×12 位 DAC。

(5) 16 组具有集中式 FIFO 以及支持分页功能的 DMA 控制器。

(6) 12 个 16 位和 2 个 32 位定时器,120MHz 频率。

(7) 丰富的外设资源,包括 4 个 USART 接口、2 个 UART 接口(传输速率 7.5Mb/s,支持 ISO 7816、LIN、IrDA 接口和调制解调控制)、3 个 I^2C 接口、3 个 SPI 接口(30Mb/s)、2 个 2.0B 版本的 CAN 接口。

(8) 包含通用 USB 接口及以太网接口,具有片上 PHY 的 USB 2.0 全速设备/主机/OTG 控制器,具有专用 DMA、ULPI 和片上全速 PHY 的 USB 2.0 全速/高速设备/主机/OTG 控制器。

(9) 8～14 位并行 Camera 接口,最高传输速率可以达到 48MB/s。

(10) 具有专用 DMA 的 10/100 Ethernet MAC,支持 IEEE 1588v2(MII/RMII)。

数字基带系统逻辑控制部分的最小系统主要由 MCU、MCU 外部复位电路、外部存储单元及 JTAG 烧写调试口组成。整个数字基带系统逻辑控制部分的电路全部基于此最小系统搭建而成。

6.4.3　数字信号处理系统电路

数字信号处理(DSP)系统以数字信号处理芯片为基础,因此具有数字信号处理的全部优点。

(1) 接口方便。DSP 系统与其他以现代数字技术为基础的系统或设备都是相互兼容的,与这样的系统接口以实现某种功能要比模拟系统与这些系统接口容易得多。

(2) 编程方便。DSP 系统中的可编程 DSP 芯片可使设计人员在开发过程中灵活方便地对软件进行修改和升级。

(3) 稳定性好。DSP 系统以数字处理为基础,受环境温度以及噪声的影响较小,可靠性高。

(4) 精度高。16 位数字系统可以达到 10^{-5} 的精度。

(5) 可重复性好。模拟系统的性能受器件参数性能变化影响比较大;而数字系统基本不受影响,因此数字系统便于测试、调试和大规模生产。

(6) 集成方便。DSP 系统中的数字部件有高度的规范性,便于大规模集成。

当然,DSP 系统也存在一定的缺点。例如,对于简单的信号处理任务,如与模拟交换线的电话接口,若采用 DSP 系统则使成本增加。DSP 系统中的高速时钟可能带来高频干扰和电磁泄漏等问题。DSP 系统消耗的功率也较大。此外,DSP 技术更新的速度快,对开发人员的数学知识要求较高,开发和调试工具还不尽完善。虽然 DSP 系统存在一些缺点,但其突出的优点已经使之在通信、语音、图像、雷达、生物医学、工业控制、仪器仪表等许多领域得到越来越广泛的应用。总的来说,DSP 系统的设计还没有非常好的正规方法。

TMS320VC55 系列是在 TMS320VC54 基础上发展起来的,增加的功能单元增强了 DSP 的运算能力,具有更高的性能和更低的功耗。TMS320VC55 有一条 32 位的程序数据总线(PB)、5 条 16 位的数据总线(BB、CB、DB、EB、FB)和 6 条 24 位的程序地址总线及数据地址总线分别与 CPU 相连。这些总线可通过存储器接口单元与外部程序总线和外部数据总线相连,实现 CPU 对外部存储器的访问。这种并行的多总线结构使 CPU 能在一个 CPU 周期内完成 1 个 32 位程序代码的读操作、3 个 16 位数据的读操作和 2 个 16 位数据的写操作。TMS320VC55 根据功能的不同将 CPU 分为 4 个单元,即指令缓冲单元、程序流程单元、地址流程单元和数据计算单元。

TMS320VC5509A 的主要资源如下:

(1) 模数转换器(ADC)。

(2) 时钟发生器(具有内部锁相环)。

(3) 直接内存访问控制器(DMA)。

(4) 外部存取器接口(EMIF)和主机接口(HPI)。

(5) 三通道缓冲串口(McBSP)和多媒体卡控制器(MMC)。

(6) 通用串行总线 USB 和 I^2C 接口。

(7) 实时时钟(RTC)、通用定时器和看门狗。

本设计中的 DSP 系统主要完成对高速 ADC、DAC 芯片的控制,完成射频信号的编码、解码运算等工作。根据系统功能所需,TMS320VC5509A 外扩了 $4Mb \times 16$ 的 SDRAM 芯片 MT48LC4M16A2TG-8EL 和 $256Kb \times 16$ 的 Flash 芯片 SST39VF400A。由于 DSP 的 GPIO 较少,所以一般都配合 CPLD 芯片完成相关控制功能,选用 Altera 公司的 MAX-Ⅱ系列中的 EPM240T100C5 芯片辅助 DSP 芯片实现相关功能。

DSP 芯片的程序加载是使用过程中的一个关键问题。TMS320VC5509A 可以提供非常丰富的程序加载方式,有主机接口、并行接口,还有 SPI、I^2C、USB 等程序加载方式。可以通过 GP0～GP3 引脚的状态确定程序加载方式。选择通过 EMIF 方式从外部 Flash 芯片 SST39VF400A 启动 DSP 芯片的工作。为了保证系统的可靠性,TMS320VC5509A 还设计了一套备用的程序加载方案,即通过 SPI 的方式从 EEPROM 存储器 CAT25C128 启动,如图 6-59 所示。

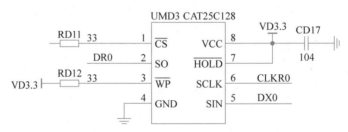

图 6-59　SPI 启动方式

DSP 芯片与 SDRAM 芯片相连需要两个地址空间,可以选用前两个(CE0、CE1)或者后两个(CE2、CE3)地址空间,不可以同时选用 CE1 和 CE2 地址空间,由于系统选用 EMIF 方式进行程序加载,所以 Flash 芯片必须使用 CE1 地址空间,因此 DSP 芯片与 SDRAM 芯片的连接只能选择后一种方式,将 CE2 引脚与 MT48LC4M16A2TG-8EL 的 CS 端相连,CE3 引脚悬空即可,与图 6-60 的连接方式有所区别。

6.4.4　读写器 SoC 架构

本设计中的读写器 SoC 系统是一个大型的复杂数字集成系统,整个系统需要各个单元协同工作才可以完成,因此将其划分为诸多小的模块以完成 SoC 设计非常有必要。各模块的作用被确定以后,还需要对其实现功能进行仿真、测试与验证。读写器 SoC 系统架构如图 6-61 所示。

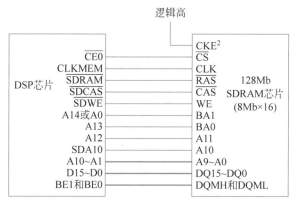

图 6-60   DSP 芯片与 SDRAM 芯片的连接方式

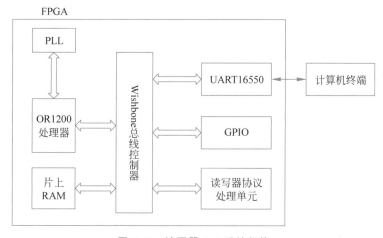

图 6-61   读写器 SoC 系统架构

根据 IP 内核的可裁剪性与读写器 SoC 系统所需要实现的功能,本设计主要完成了 OR1200 处理器、UART16550、Wishbone 总线、GPIO、片上 RAM 以及读写器协议处理单元、PLL(锁相环)等模块。该系统整体被烧写在 FPGA 芯片上形成读写器 SoC 系统。各模块的作用如下:

- OR1200 处理器用来控制各个外设模块以及超高频读写器协议处理单元的读写过程。在 OR1200 的命令控制下,读写器协议处理单元完成基带信号的编解码过程,因此 OR1200 处理器是整个读写器 SoC 系统有序运行的控制指挥中心。
- UART16550(串口)是接收处理器发送的数据并发送给计算机终端显示以便调试的必需设备。在本设计中,通过 UART16550 观察 CPU 对读写器协议处理单元的寄存器操作和打印寄存器中的数值,以验证读写器 SoC 系统设计是否达到要求。
- Wishbone 总线为 OpenCores 组织提供的开源的总线体系。SoC 上 IP 核的接口都可以与 Wishbone 标准兼容,可使 IP 内核轻松挂在该总线上。Wishbone Conmax 提供了仲裁优先级机制,可以保证整个系统有序地运行。
- GPIO 作为一种通信接口,当用作输入时,可以成为依赖于上升沿或下降沿触发的中断源;当用作输出时,可以被清零或置位。GPIO 通常与 UART 等接口的 I/O 复用,这样可以减少嵌入式控制器的引脚数量。在本设计中将其作为一种信息交互接口的扩展。
- RAM 被配置在 FPGA 器件上,处理器执行的程序从片上 RAM 启动,这样可以简化整个读写器 SoC 系统的设计,提高系统的稳定性。该存储器大小为 4KB,容量不是很大,基本上可以满足读写器 SoC 代码测试的需求。

- 读写器协议处理单元是最具特色的模块,主要作用是对来自 CPU 的指令进行编码和对来自标签的数据进行解码并把数据传送给 CPU 供其使用,最终完成读写器的基带数字信号处理。
- PLL 的作用主要是对外部时钟进行分频,为整个读写器 SoC 系统提供工作主频。

OR1200 全称为 Open RISC 1200,是 OpenRISC 系列 RISE 处理器 IP 内核中的一员。OpenRISC 是由 OpenCores 组织负责维护和开发的开源、免费的 RISE 处理器 IP 内核家族成员,包括 OpenRISC 1000、OpenRISC 1200 和 OpenRISC 2000。

OR1200 是开放源代码的 RISC 处理器,采用 32 位或 64 位装载和存储 RISC 架构,其执行特征包括 32 位整数指令、DSP 浮点指令、高速或虚拟内存等。

OR1200 处理器的主要特点如下:

(1) 具有完全开放和自由的结构。

(2) 可以使用物理地址提供线性的 32 位/64 位逻辑地址空间。

(3) 具有各种各样的指令集扩展。

(4) 其向量/DSP 扩展具有 32 位指令,可以操作 8 位、16 位、32 位和 64 位的数据。

(5) 其浮点扩展也具有 32 位指令,可操作 32 位和 64 位的数据。

(6) 32 位指令的处理器基本指令集可在 32 位和 64 位的数据上进行操作。

(7) 大多数指令的两个寄存器操作数的执行结果放在第三个寄存器中。

(8) 支持分开的指令和数据 MMU 或统一的指令和数据 MMU。

OR1200 的基本架构由 CPU/DSP 核心、数据 Cache(D-Cache)和指令 Cache(I-Cache)、数据 MMU(DMMU)和指令 MMU(IMMU)、电源管理单元及接口、Tick 定时器、调试单元和开发接口、中断控制器接口、指令和数据 Wishbone 主机接口(WBD 和 WBI)组成。OR1200 基本架构如图 6-62 所示。

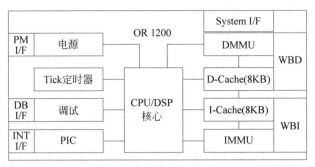

图 6-62　OR1200 基本架构

OR1200 拥有丰富的 I/O 接口,主要包括系统接口、指令和数据 Wishbone 主机接口、电源管理接口、开发接口以及中断接口。本设计主要完成了系统接口、指令和数据 Wishbone 主机接口以及中断接口的引脚定义,以满足读写器 SoC 系统的基本设计需求。

6.5　模块间总线接口协议的选择——AXI

ARM Cortex-A9 与 FPGA 模块之间通过 AXI 总线接口协议进行通信。下面简要介绍该协议。

AXI(Advanced eXtensible Interface,高级可扩展接口)协议也称为 AXI 4.0 协议,其实是基于 ARM 公司提出的 AMBA 3.0 协议的一种改进版本,具有高性能、高带宽、低延迟等优点。AXI 协议包括 3 种接口标准,分别是 AXI4、AXI4-Stream 和 AXI4-Lite。AXI 协议用于定义主从设备之间的数据交换方式。主从设备之间的通信时序如图 6-63 所示,主设备的数据就绪之后,会使能 TVALID 信号。从设备准备的数据就绪后,会使能 READY 信号。只有在 TVALID 和 READY 信号均使能的情况下,数据传输才能进行。主设备可以通过解除 TVALID 信号终止传输。同样,从设备通过解除 READY 信号也可以终止数据传输。

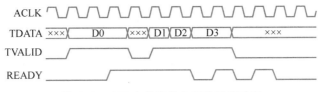

图 6-63　AXI 主从设备之间的通信时序

AXI 接口具有 5 个独立通道,分别是 Write Address、Write Data、Write Response、Read Address 和 Read Data。其中的每一个通道都是一个独立的 AXI 握手协议。AXI 通道如图 6-64 所示。

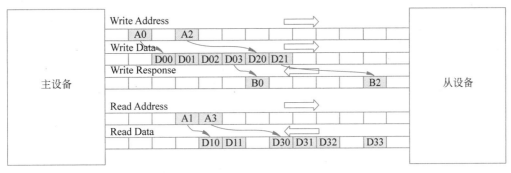

图 6-64　AXI 通道

在 AXI 接口中,由于读写地址分离,数据都是并行的,因此可以直接并行地传输数据。相对于串行数据传输方式,这样的数据交互方式明显提高了数据吞吐量。

第7章

UHF RFID射频前端结构分析和设计——发送部分

7.1　发射机的基本结构

在任何通信系统中,要实现信息的传输,必然会用到发射机。发射机的主要功能是对数字基带信号进行数模转换,生成模拟基带信号,然后将模拟基带信号滤波后上混频到射频信号中,最后通过功率放大器将射频信号功率放大后由天线发射出去。对于发射机结构的选择,主要考虑以下几点:在达到要求的输出功率情况下尽可能提高线性,满足发射机对于线性的要求;输出信号的频谱必须控制在要求的频谱范围内,以免对相邻信道造成不必要的干扰;为了提高发射机的集成度,在进行电路设计时尽量使用片上器件。发射机按照结构可以大致分为超外差发射机、低中频发射机、直接变频发射机、带偏移频率合成器的发射机和环路发射机。

7.2　发射机的性能指标

发射机的主要功能是通过滤波、上混频和功率放大完成基带信号到射频信号的转换,根据这一过程的要求,发射机的主要性能指标包括输出功率和效率、互调系数、相位噪声、通频带宽度和频谱纯度。

7.2.1　输出功率和效率

输出功率定义为发射机提供给负载的有用信号的总功率。发射机的功率放大主要由功率放大器完成,功率放大器需要把前级电路所提供的相对微弱的信号放大到大信号,以满足发射机对输出功率的要求。效率定义为发射机将电源消耗的功耗转换为输出功率的能力,转换得越多,效率越高。

7.2.2　互调系数

由于发射机一般由上混频器和功率放大器等单元电路组成,而这些单元电路一般会处在大信号工作状态,因此正常情况下发射机一般都工作在非线性区域。若存在两个频率不同的正弦信号,设其角频率分别为 ω_1 和 ω_2,则由于电路的非线性将产生许多互调分量,如式(7-1)所示:

$$m\omega_1 \pm n\omega_2, \quad m,n = 0,1,2,3,\cdots \tag{7-1}$$

式(7-1)所示的互调分量称为 $m+n$ 阶互调分量,其中互调分量 $2\omega_1-\omega_2$ 和 $2\omega_2-\omega_1$ 必然会在基频 ω_1 和 ω_2 附近,因此互调分量 $2\omega_1-\omega_2$ 和 $2\omega_2-\omega_1$ 可能会落在通频带范围内,直接对有用信号造成干扰。虽然还有其他一些互调分量也会落在离基频不远的地方,但是在发射机系统的线性不是特别差的情况下,它们对有用信号的干扰基本上可以忽略,因为其功率较小。在射频通信系统中更高阶的互调分量一般会落在通频带之外,因此也不需要考虑其造成的影响。在电路中用互调分量的大小考量电路的线性,互调分量越小,线性度越高。互调分量的大小用互调系数 M_{m+n} 表示。互调系数定义为互调分量功率 P_{m+n} 与基频功率 P_1 或 P_2 之比的对数函数。

例如, $m+n$ 阶互调系数为

$$M_{m+n}=10\lg\frac{P_{m+n}}{P_1}\quad\text{或}\quad M_{m+n}=10\lg\frac{P_{m+n}}{P_2} \tag{7-2}$$

三阶互调系数是表征发射机线性性能的一个重要指标。不同的通信系统对三阶互调系数有不同的要求,一般情况下取决于通信系统的误码率和通信机制等因素。

7.2.3　相位噪声

相位噪声用于衡量频率的短期稳定性。如果存在相位噪声,从频域来看,频谱不再是一条理想的谱线,而是有一定的带宽,从而有可能引起载波频率的扩展。相位噪声通常用单边带 1Hz 带宽上噪声谱密度的实测值与信号的总功率之比表示:

$$a(f_m)=\frac{\rho_N}{\rho_{all}} \tag{7-3}$$

其中, $a(f_m)$ 的单位为 dBc/Hz, ρ_N 为单边带噪声功率谱密度, ρ_{all} 为信号总功率。在发射机中,相位噪声可能造成发射机频谱特性不符合频率规范的要求,基带信号经过上混频之后产生的射频信号具有和本振类似的包络。一般在发射机中总的相位噪声都会转成直流,通过直流补偿消除电路处理这些噪声,并不会影响发射机与标签的通信。

7.2.4　通频带宽度

发射机的输出电压或者输出电流曲线在其顶峰两边电压或者电流的值恰好等于其峰值 $1/\sqrt{2}$ 的两点之间的频带宽度称为通频带宽度,还可以定义为输出信号电平下降 3dB 处上限频率与下限频率之差。在发射机的所有电路中,除了滤波器以外,其他电路一般都具有宽频带特性。正常情况下,对于上混频器电路和小信号功率放大器电路比较容易实现宽频带设计;而对于要求输出大功率的功率放大器电路则很难实现宽频带设计,一般只要求能覆盖两个工作频段。

7.2.5　频谱纯度

在发射机中,中频信号与本振信号之间的基波与谐波的混频会产生杂散干扰,这时可以利用滤波器滤除杂散干扰,但有时候某些杂散干扰还来自发射机中的频率合成器,因此设计滤波器和频率合成器时需要考虑如何更有效地减小杂散干扰。对于整个发射机来说,在正常工作的时候会产生未调制的载波信号、已调信号以及不能预测的杂散信号。功率放大器为了得到较高的效率,一般线性度都不太好,容易产生谐波成分,这些杂散信号通常就是发射机中功率放大器在进行功率放大时所产生的谐波信号,也需要通过滤波消除这些谐波成分。一般通过频谱纯度描述发射机对杂散干扰的抑制程度,频谱纯度定义为发射机输出的实际频谱与理想频谱的逼近程度;若通过频谱分析仪说明,则是指显示频谱相对于发射机输入信号频谱的真实程度。总的来说,频谱纯度越高,杂散干扰越小。

7.3 上混频器设计

在发射前端设计中,混频器的主要功能是实现频率从低到高的转换,或者说将基带信号调制到射频,其性能的优劣将直接影响发射前端的工作。对混频器的性能指标主要考量转换增益、线性度、噪声以及隔离度。在一些混频器中,转换增益不够高,可能会导致输出量偏低,影响下一级电路的工作。有的混频器电路转换增益已足够高,但是线性度不够,这样会造成输出波形的失真。噪声也是影响混频器电路性能的一个很重要的方面,在某些电路中存在着比较大的噪声。在设计电路时需要根据不同的情况和要求,综合考虑这些性能指标。

7.4 混频器概述

混频器的功能是对输入信号和本振信号进行频率合成。即,上混频器实现输入中频信号

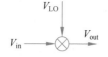

图 7-1 混频器原理图

和本振信号的频率相加,从而输出射频信号;下混频器则实现输入射频信号和本振信号的频率相减,从而输出中频信号。其实频率的相加或者相减都是通过在时域相乘实现的,如图 7-1 所示。

假设 $V_{in}(t) = A \sin \omega_1 t$,$V_{LO}(t) = B \sin \omega_2 t$,则混频器的输出信号为

$$V_{out}(t) = V_{in}(t)V_{LO}(t) = \frac{AB}{2}\left[\cos(\omega_1 - \omega_2)t - \cos(\omega_1 + \omega_2)t\right] \tag{7-4}$$

从输出信号 $V_{out}(t)$ 可以看出,有频率之和与频率之差两个频率分量。如果设计的电路是上混频器,则只需保留频率之和的分量,滤除频率之差的分量;如果设计的电路为下混频器,则只需保留频率之差的分量,滤除频率之和的分量。滤波可以通过在输出端口设置滤波网络实现。

7.4.1 无源混频器

如果混频器电路不提供增益,就称其为无源混频器。无源混频器的优点在于高线性、低噪声和低功耗;缺点在于变换增益小于 1,而且本振到射频的隔离度也不好。最简单的无源混频器是由二极管、电阻、电感和电容组成的,如图 7-2 所示,在这个电路中,输出 RLC 谐振回路调谐在所要求的中频(IF),而 $V_{in}(t)$ 是射频(RF)、本振(LO)和直流(DC)偏置分量之和。其混频原理是利用二极管非线性 V-I 特性使得二极管输出电流中包含各种谐波分量和互调分量,然后通过 RLC 并联谐振网络选择需要的中频频率。

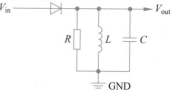

图 7-2 最简单的无源混频器

有些系统中只需要简单的混频效果,对混频器的性能要求比较低,那么这一简单的结构就可能很适用。其缺点是不能提供任何隔离,也不能提供任何转换增益。如果输入信号为调幅信号,那么该结构还可以用来作为调幅信号的解调器,这时不用本振信号,只需采用一个简单的 RC 网络代替 RLC 并联谐振网络完成滤波的作用。

典型的无源混频器包含由 4 个开关连接而成的桥式结构,如图 7-3 所示,开关级晶体管的栅极由本振信号进行反相位驱动,因此在任何时候只有一条对角线上的两个晶体管处于导通状态。当 M_1 和 M_4 导通时,V_{IF} 等于 V_{RF};当 M_2 和 M_3 导通时,V_{IF} 等于 $-V_{RF}$。

假设输入的 LO 信号为单位幅值方波信号,那么这一典型电路的电压转换增益为

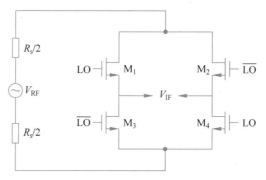

图 7-3 典型的无源混频器

$$G_c = 2/\pi \tag{7-5}$$

实际上,确切的电压转换增益可能不等于 $2/\pi$,因为实际的晶体管不可能在零时间内实现切换,因此一般输入的 RF 信号不是乘以一个纯方波信号。从输出来看,混频器的输出可以视为 3 个时变分量和一个比例系数的乘积:

$$V_{IF}(t) = V_{RF}(t) \frac{g_T(t)}{g_{Tmax}} m(t) \frac{g_{Tmax}}{\overline{g_T}} \tag{7-6}$$

函数 $g_T(t)$ 是从 IF 端口看进去的戴维宁等效电导,而 g_{Tmax} 和 $\overline{g_T}$ 分别为 $g_T(t)$ 的最大值和平均值。混频函数 $m(t)$ 为

$$m(t) = \frac{g(t) - g(t - T_{LO}/2)}{g(t) + g(t - T_{LO}/2)} \tag{7-7}$$

其中,$g(t)$ 为每个开关的电导,T_{LO} 是本振信号驱动的周期。混频函数不存在直流分量,是周期函数,周期为 T_{LO},并且由于是半波对称的,因此只含有奇波分量。由于混频函数频谱的原因,某些不希望出现的乘积项会出现在 IF 端口,所以需要考虑输出端口滤波的问题。

7.4.2 有源混频器

有源混频器的优点是可提供转换增益,隔离度较好;缺点是噪声和功耗较大。根据电路的拓扑结构不同,有源混频器主要分为单平衡混频器和双平衡混频器。单平衡混频器由一个单端输入跨导级晶体管(M_1)和一对由本振信号驱动的差分对开关级晶体管(M_2、M_3)组成,如图 7-4 所示。

它的单端跨导级输入为中频信号,差分对开关级输入为本振信号,输出信号为射频信号(上混频器)。首先,跨导级晶体管 M_1 将栅极的中频电压信号转换成漏极电流信号,然后开关级晶体管 M_2 和 M_3 在本振信号的控制下轮流导通,从而达到混频的效果。其输出电流可表示为

$$i_{out}(t) = \text{sgn}(v_{LO})(i_{bias} + i_{IF} \cos \omega_{IF} t) \tag{7-8}$$

其中,

$$\begin{cases} \text{sgn}(v_{LO}) = \dfrac{4}{\pi}\left(\sin \omega_{LO}t + \dfrac{1}{3}\sin 3\omega_{LO}t + \dfrac{1}{5}\sin 5\omega_{LO}t + \cdots\right) \\ i_{IF}\cos \omega_{IF}t = g_m v_{IF}\cos \omega_{IF}t \end{cases} \tag{7-9}$$

将式(7-8)和式(7-9)结合,得

$$\begin{aligned} i_{out}(t) &= \frac{4}{\pi}\left(\sin \omega_{LO}t + \frac{1}{3}\sin \omega_{LO}t + \frac{1}{5}\sin 5\omega_{LO}t + \cdots\right)(i_{bias} + g_m v_{IF}\cos \omega_{IF}t) \\ &= \frac{4}{\pi}i_{bias}\left(\sin \omega_{LO}t + \frac{1}{3}\sin 3\omega_{LO}t + \frac{1}{5}\sin 5\omega_{LO}t + \cdots\right) + \end{aligned}$$

$$\frac{2}{\pi}g_{\mathrm m}v_{\mathrm{IF}}\Big[\sin(\omega_{\mathrm{LO}}+\omega_{\mathrm{IF}})t+\sin(\omega_{\mathrm{LO}}-\omega_{\mathrm{IF}})t+$$

$$\frac{1}{3}\sin(3\omega_{\mathrm{LO}}+\omega_{\mathrm{IF}})t+\frac{1}{3}\sin(3\omega_{\mathrm{LO}}-\omega_{\mathrm{IF}})t+$$

$$\frac{1}{5}\sin(5\omega_{\mathrm{LO}}+\omega_{\mathrm{IF}})t+\frac{1}{5}\sin(5\omega_{\mathrm{LO}}-\omega_{\mathrm{IF}})t+\cdots\Big] \tag{7-10}$$

可以看出,在输出中含有频率之和的分量及频率之差的分量,这些分量是由本振信号的奇次谐波分量与中频信号混频产生的,并且由于偏置电流(直流)的存在,本振信号的奇次谐波直接出现在输出中,输出频谱如图 7-5 所示。

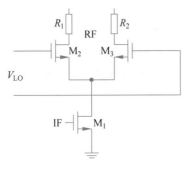

图 7-4 单平衡混频器

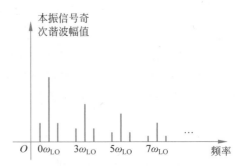

图 7-5 单平衡混频器输出频谱

由于高次谐波分量幅度很小,因此可以忽略高次谐波分量,仅仅留下中频信号与本振信号的和差分量,如式(7-11)所示:

$$i_{\mathrm{out}}(t)=\frac{2}{\pi}g_{\mathrm m}v_{\mathrm{IF}}\big[\sin(\omega_{\mathrm{LO}}+\omega_{\mathrm{IF}})t+\sin(\omega_{\mathrm{LO}}-\omega_{\mathrm{IF}})t\big] \tag{7-11}$$

单平衡混频器的电压增益为

$$G=\frac{2}{\pi}g_{\mathrm m}R \tag{7-12}$$

在理想情况下,可以通过滤波网络滤除本振信号到射频信号的馈通。但是,如果本振信号过大,则有可能会使得射频输出信号达到饱和,从而会降低混频器的 1dB 压缩点。单平衡混频器本振信号到中频信号的隔离度取决于开关级晶体管 M_2 和 M_3 的匹配程度和本振信号的平衡度。当开关级晶体管 M_2 和 M_3 完全匹配并且本振信号完全平衡时,本振信号到中频信号的馈通几乎为 0,隔离度几乎无穷大。但是,由于在实际中晶体管 M_2 和 M_3 不可能完全匹配,本振信号也不可能完全平衡,因此本振信号到中频信号的隔离度为有限值。

双平衡混频器又称为吉尔伯特(Gilbert)混频器,其中频、本振和射频端口均为差分端口,如图 7-6 所示。双平衡混频器的基本原理为利用振幅较大的本振信号使开关级 MOS 管 M_3、M_4、M_5 和 M_6 处于开关状态,从而使得跨导级 MOS 管 M_1 和 M_2 的电流处于切换状态来完成整个混频过程。

在这里假设中频信号为

$$V_{\mathrm{IF}}(t)=v_{\mathrm{IF}}\cos\omega_{\mathrm{IF}}t \tag{7-13}$$

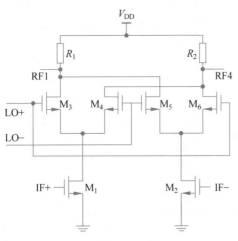

图 7-6 双平衡混频器

本振信号为

$$v_{LO}(t) = \pm v_{LO}\cos\omega_{LO}t \tag{7-14}$$

中频电压信号经过由晶体管 M_1 和 M_2 组成的跨导级以后转换成中频电流信号,如式(7-15)和式(7-16)所示:

$$I_{M_1}(t) = I_{bias} + g_{m1}v_{IF}\cos\omega_{IF}t \tag{7-15}$$

$$I_{M_2}(t) = I_{bias} - g_{m2}v_{IF}\cos\omega_{IF}t \tag{7-16}$$

其中,I_{bias} 为跨导级晶体管 M_1 和 M_2 的栅极偏置电流,g_{m1} 和 g_{m2} 为跨导。

中频电流信号经过开关级晶体管 M_3、M_4、M_5 和 M_6 后可以得到

$$I_{M_{3,4}}(t) = I_{M_1}(0.5 \pm 0.5\text{sgn}(\cos\omega_{LO}t)) \tag{7-17}$$

$$I_{M_{5,6}}(t) = I_{M_2}(0.5 \pm 0.5\text{sgn}(\cos\omega_{LO}t)) \tag{7-18}$$

在射频输出端 I_{M_3}、I_{M_4}、I_{M_5} 和 I_{M_6} 进行叠加,并且进行傅里叶级数展开,忽略高次谐波分量,可得

$$I_{RF}(t) = \frac{4}{\pi}g_m v_{RF}\big[\cos(\omega_{RF}+\omega_{LO})t + \cos(\omega_{RF}-\omega_{LO})t + \cdots\big] \tag{7-19}$$

通过射频输出端滤波网络保留射频分量,可得出双平衡混频器的电压增益:

$$G = \frac{4}{\pi}g_m R_{1,2} \tag{7-20}$$

由于在射频输出端进行了电流的叠加,因此双平衡混频器的射频输出信号中不会出现本振信号。

7.5 混频器性能参数

7.5.1 变换增益

混频器的增益一般称为变换增益,它定义为输出端口有用信号的大小与输入端口有用信号的大小之比。在不同的状态下混频器的变换增益有不同的表示方法。对于单片集成的混频器,其输入端口和输出端口一般需要与外部电路实现阻抗匹配,从而获得最大的传输功率,此时混频器的变换增益(上混频器)可表示为

$$A_p = 10\lg\frac{P_3}{P_{IF}} \tag{7-21}$$

其中,P_{RF} 为负载得到的射频功率,P_{IF} 为信号源的中频功率。

而对于集成在系统内部的混频器,一般用输出电压信号和输入电压信号之比表示变换增益:

$$A_v = 10\lg\frac{V_{RF}}{V_{IF}} \tag{7-22}$$

其中,V_{RF} 为负载得到的电压信号,V_{IF} 为信号源的中频电压信号。

混频器的变换增益表征混频器变换信号的能力。变换增益越大,信号变换能力越强,因此变换增益需要大一些。特别是对于零中频发射结构而言,变换增益大,能够为下一级电路提供更好的驱动,有利于提高发射前端的效率。

7.5.2 噪声

在发射前端电路中,混频器后面紧跟功率放大器,其噪声性能对发射前端的性能影响很大。一般可以把噪声分为热噪声、闪烁噪声、沟道噪声和爆米噪声。

1. 热噪声

在电阻中，热噪声一般由电子的随机热运动引起，而且在正常情况下导体中电子移动的速度远低于电子热运动的速度，因此电子的热运动并不受直流电流的影响。虽然导体中电子的随机热运动所引起的平均电流为0，但是电子的热运动会使得导体两端的电压出现波动，从而产生热噪声。热噪声跟绝对温度 T 有关，当绝对温度 T 趋近0的时候，热噪声也趋近0。热噪声可以表示为

$$\overline{V_n^2} = 4kTR \tag{7-23}$$

其中，k 为玻耳兹曼常数，数值为 1.38×10^{-23} J/K；T 为绝对温度；R 为电阻的阻值。通过式(7-23)可以看出，热噪声通常是与电阻联系在一起的。从理论上说，任何物理上的阻性成分都会产生热噪声。噪声电流在通过容性成分或者感性成分时也会增大，这是由于可将容性成分或者感性成分等效成有损耗的级联网络。而有损耗的级联网络会增大热噪声，因此容性成分或者感性成分本身不会产生热噪声。

2. 闪烁噪声

闪烁噪声的来源可以用两种模型解释：一种是载流子数目波动模型；另一种是迁移波动模型。载流子数目波动模型中的闪烁噪声来源于载流子的随机俘获和释放。例如，在 MOS 管的陷阱中，表面电势的波动会对沟道载流子的密度产生较大影响，从而产生噪声。迁移波动模型中的闪烁噪声是由迁移率的波动引起的。闪烁噪声可等效为与场效应管栅极串联的一个电压源，可表示为

$$\overline{V_n^2} = \frac{K}{C_{ox}WL} \times \frac{1}{f} \tag{7-24}$$

其中，K 为与工艺相关的参数，数量级为 10^{-25} V^2F。从式(7-24)中可以看出，闪烁噪声电压均方值正比于参数 K，反比于频率 f 和器件尺寸，与偏置电流和温度无关。可以通过增大电路中器件的尺寸减小闪烁噪声，因此在一些要求低噪声的应用电路中，经常使用大尺寸的器件。

3. 沟道噪声

在上面分析热噪声时提到，在电阻中由于电子的随机运动会产生热噪声。而 MOS 管从本质上说就是电压控制的电阻，因此一定会有热噪声，尤其是 MOS 管工作在线性状态时。热噪声是 MOS 器件的主要噪声来源，其中 MOS 管沟道热噪声功率谱密度可表示为

$$\frac{\overline{i_d^2}}{\Delta f} = 4kT\gamma' g_{d0} \tag{7-25}$$

其中，k 为波尔兹曼常数，T 为绝对温度，γ' 是与电路的偏置状态有关的噪声系数，g_{d0} 为 MOS 管的漏源电压 V_{DS} 为0时的漏源电导。在漏源电压 V_{DS} 为0时，噪声系数 γ' 的值为1，在不同的情况下会产生不同的变化。例如，对于长沟道器件来说，当其掺杂浓度不高并且工作在饱和状态时，参数 γ' 的值会减小 $1/3$；若在长沟道器件或者短沟道器件中掺杂浓度较高，并且受到衬底噪声和其他强场效应的影响，则噪声系数比掺杂浓度低的长沟道器件要大很多。MOS 管的沟道热噪声功率谱密度还可以表示为

$$\frac{\overline{i_d^2}}{\Delta f} = 4kT\gamma' g_m \tag{7-26}$$

其中，g_m 为器件跨导，其他参数与式(7-25)相同。

4. 爆米噪声

爆米噪声也称为爆破噪声,是一类严重影响半导体电路性能的噪声。爆米噪声最早发现于点接触二极管中,后来通过研究发现在隧道二极管、结型晶体管和某些电阻中也存在爆米噪声。它的特征是幅值为非高斯分布,不存在严谨的规律性。爆米噪声和闪烁噪声一样对掺杂浓度十分敏感,其中掺杂金属杂质的双极型晶体管的爆米噪声最严重。虽然并不是所有掺杂金属杂质的双极型晶体管都存在爆米噪声,但是这表明爆米噪声对金属杂质十分敏感。在电路的器件中,有的显示出很大的爆米噪声,有的却没有显示出或者显示出很小的爆米噪声,这与器件在制造过程中是否严格地保证洁净有很大的关系。下面是爆米噪声频率谱密度的参考式:

$$\overline{V_n^2} = \frac{K_p}{1 + (f/f_c)^2} \tag{7-27}$$

其中,K_p 为与制造工艺相关的参数;f_c 为拐角频率,在低于拐角频率时爆米噪声频率谱密度幅值趋于平坦。

混频器噪声系数定义为输入端的信噪比除以输出端的信噪比:

$$F = \frac{SNR_{in}}{SNR_{out}} \tag{7-28}$$

两边同时取对数,即为噪声系数:

$$NF = 10 \lg F = 10 \lg \frac{SNR_{in}}{SNR_{out}} \tag{7-29}$$

在上混频过程中,由于镜像信号和带有信息的中频信号的存在,会出现这两个不同频率的输入信号和本振信号混频之后产生相同频率的射频信号的情况,这时把中频信号与镜像信号之间的频率间隔称为边带。因此,混频器的噪声系数可以分为单边带噪声系数和双边带噪声系数,单边带噪声系数大于双边带噪声系数,因为两者具有相同的噪声,但前者只在单边带中有信号功率。单边带噪声系数一般比双边带噪声系数高 3dB。

7.5.3 线性度

在通信系统中,对动态范围的要求是非常严格的,其下限是由噪声系数确定的,而其上限则是由大输入信号引起的严重非线性程度确定的。输出正比于输入就是理想的线性,但是一般电路会存在某一限制,例如输入信号幅值偏大,这就会引起输出与输入之间形成非线性关系。通常使用1dB压缩点和三阶互调点衡量混频器的线性度。

时变非线性系统的输入输出函数关系可表示为

$$y(t) = a_1 x(t) + a_2 x^2(t) + a_3 x^3(t) + \cdots \tag{7-30}$$

其中,$x(t)$ 为输入信号,如式(7-31)所示:

$$x(t) = A \cos \omega t \tag{7-31}$$

将式(7-31)代入式(7-30),得到

$$y(t) = a_1 A \cos \omega t + a_2 A^2 \cos^2 \omega t + a_3 A^3 \cos^3 \omega t + \cdots \tag{7-32}$$

忽略四阶及以上高次项以后,输出为

$$y(t) = \frac{a_2 A^2}{2} + \left(a_1 A + \frac{3a_3 A^3}{4} \right) \cos \omega t + \frac{a_2 A^2}{2} \cos 2\omega t + \frac{a_3 A^3}{4} \cos 3\omega t \tag{7-33}$$

其中,一次项为 $\left(a_1 A + \dfrac{3a_3 A^3}{4} \right) \cos \omega t$。

由于 $A\cos\omega t$ 为输入信号,因此 $a_1+\dfrac{3a_3A^2}{4}$ 为增益。当输入信号较小(即增益约为 a_1)时,系统的增益基本保持不变,因此在输入和输出之间能够保持良好的线性关系。但是,随着输入信号的不断增大,即 $\dfrac{3a_3A^2}{4}$ 不能再忽略的时候,增益会不断减小($a_3<0$),从而产生增益压缩的情况,导致输出信号和输入信号之间逐渐呈现出非线性关系。当增益比理想值小 1dB 的时候,将对应的输入或输出信号大小定义为输入或输出 1dB 压缩点。

也可用两个正弦信号的三阶互调点表示混频器的线性特性。在非线性系统中,当有两个不同频率的信号通过时,输出会含有谐波的成分。这种现象来源于两个信号的混频,称其为互调。假设输入信号为两个等幅且频率接近的信号,则

$$x(t)=A\cos\omega_1 t+A\cos\omega_2 t \tag{7-34}$$

将其带入式(7-34),并忽略四阶及以上高次项,得到

$$
\begin{aligned}
y(t)=&a_1(A\cos\omega_1 t+A\cos\omega_2 t)+a_2(A\cos\omega_1 t+A\cos\omega_2 t)^2+\\
&a_3(A\cos\omega_1 t+A\cos\omega_2 t)^3\\
=&\left(a_1+\frac{9}{4}a_3A^2\right)A\cos\omega_1 t+\left(a_1+\frac{9}{4}a_3A^2\right)A\cos\omega_2 t+\\
&\frac{3}{4}a_3A^3\cos(2\omega_1-\omega_2)t+\frac{3}{4}a_3A^3\cos(2\omega_2-\omega_1)t+\\
&\frac{3}{4}a_3A^3\cos(2\omega_1+\omega_2)t+\cdots
\end{aligned}
\tag{7-35}
$$

在输出信号中,由于两个频率接近,那么频率为 $2\omega_1-\omega_2$ 和 $2\omega_2-\omega_1$ 的分量会出现在基波附近,同时其信号功率也比较大,此分量会破坏有用成分,成为最主要的干扰,因此定义三阶互调点(IP3)这个指标表征这一现象。从式(7-35)可得,基波与 A 成比例增加,三阶互调项与 A^3 成比例增加。转换成对数以后,交调项幅度则以 3 倍于基波幅度增长,那么这两条线的交点即为三阶互调点,此时,输入功率对应输入三阶互调点(IIP3),输出功率对应输出三阶互调点(OIP3)。

7.5.4　隔离度

混频器是一个三端口电路,3 个端口分别为输入端口、本振端口和输出端口。3 个端口的工作频率不同,因此需要保证各端口独立工作,不被其他端口的信号干扰。隔离度用来衡量各端口之间的相互影响程度。在理想的情况下,本振信号不应出现在输入端口,输入信号和本振信号不应出现在输出端口;但是在实际情况中,由于电路结构以及各种寄生效应的影响,端口之间会存在信号的泄漏通路(称为馈通)。

根据图 7-7,隔离度有以下 3 个:

$$\text{IF-RF 隔离度}=\frac{\text{射频端口测得的中频信号功率}}{\text{中频信号功率}}$$

$$\text{LO-IF 隔离度}=\frac{\text{中频端口测得的本振信号功率}}{\text{本振信号功率}}$$

$$\text{LO-RF 隔离度}=\frac{\text{射频端口测得的本振信号功率}}{\text{本振信号功率}}$$

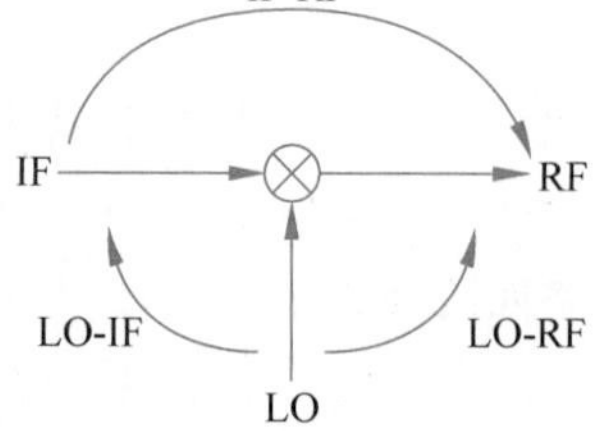

图 7-7　混频器端口隔离度

中频信号到射频信号(IF-RF)的馈通以及本振信号到射频信号(LO-RF)的馈通会直接影响后级电路的正常工作,例如直接影响功率放大器电路的功率

放大,从而影响整个发射前端的性能。本振信号到中频信号(LO-IF)的馈通则会影响前级电路的正常工作。

7.6　本设计中的上混频器

7.6.1　电流注入技术

传统的混频器在性能上已经很难达到一些应用的要求。在传统的混频器中最为典型的是吉尔伯特双平衡混频器,它在设计时会存在以下问题。

首先,由于传统吉尔伯特双平衡混频器中的跨导级和开关级都处于电源和地之间,需要提供较大的电压才能够保证跨导级和开关级 MOS 管正常工作,因此很难实现低电压和低功耗的要求。

其次,一般情况下如果将电路的开关级近似为理想开关,那么电路的跨导级就决定了整个混频器电路的线性,而组成电路跨导级的 MOS 管的平方律特性会造成混频器的非线性。可以通过以下方法提高线性度。①调整跨导级 MOS 管的偏置电压或者偏置电流,使得跨导级 MOS 管工作在线性电阻区,或者在跨导级 MOS 管的源极加上负反馈,但这都会使得变换增益降低,因此需要在线性度和变换增益之间折中;②可以在混频器电路中使用欠采样技术,但是这种方法在提高线性度的同时会增大噪声,所以使用这种技术就需要在线性度和噪声之间折中;③由于输入三阶互调点(IIP3)与混频器跨导级的偏置电流成正比,在理论上可以通过增大跨导级的偏置电流提高线性度,但与此同时也会增大电路的功耗,因此需要在线性度与功耗之间折中。

最后,在传统的吉尔伯特混频器中,每一个开关级 MOS 管都会在输出端贡献噪声。在电路中,与跨导级 MOS 管相联的开关级 MOS 管在同一时间只有一个处于导通状态,那么任何一个跨导级 MOS 管的噪声都不能同时输出到差分两端,噪声无法相互抵消,并且产生的这些噪声都是相互独立的,因此开关级对总的输出噪声贡献很大。

根据上述分析可知,通过在混频器中使用电流注入技术,能很好地改善混频器的变换增益、线性度和噪声等性能,并且能在这些性能参数之间达到良好的平衡。电流注入技术主要分为传统电流注入和互补跨导电流注入。在以上分析中提到,可以通过增加跨导级 MOS 管的偏置电流获得较高的线性度和增益,但是当通过开关级 MOS 管的电流变大时,电压裕度就有可能达不到要求,因此传统电流注入的基本原理就是减小流过开关级 MOS 管的电流。传统电流注入结构如图 7-8 所示。

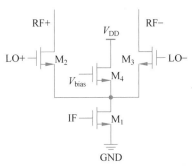

图 7-8　传统电流注入结构

在图 7-8 中,NMOS 管 M_1 为跨导级,NMOS 管 M_2 和 M_3 为开关级,此结构在保持混频器跨导级电流较大的情况下,通过 PMOS 管 M_4 的分流作用保证流过开关级 NMOS 管的电流不至于过大,这时通过开关级的电流 i_{LO} 可表示为

$$i_{LO} = \frac{R_p}{\dfrac{1}{g_{m2}+g_{m3}}+R_p} \times \frac{g_{m2}-g_{m3}}{g_{m2}+g_{m3}} \times i_{IF} = \frac{R_p(g_{m2}-g_{m3})}{1+R_p(g_{m2}+g_{m3})} \times i_{IF} \quad (7\text{-}36)$$

其中,R_p 为 PMOS 管 M_4 的等效电阻,$1/g_{m2}$ 和 $1/g_{m3}$ 为开关级 NMOS 管 M_2 和 M_3 的等效电阻,i_{IF} 为流过跨导级 NMOS 管 M_1 的中频电流。通过式(7-36)可知,由于 PMOS 管 M_4 组成的注入通路的存在,会使得流过开关级 NMOS 管 M_2 和 M_3 的电流减小,从而达到分流的

作用,因此噪声性能可以得到显著的改善。传统电流注入结构也存在一些缺点。例如在交流电路中,由于 PMOS 管 M_4 阻抗接交流地,可能会导致中频信号泄漏到交流地中,从而造成部分中频信号损耗。

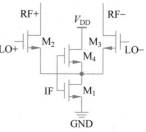

为了解决在传统电流注入结构中存在的中频信号泄漏的问题,把图 7-8 中的 PMOS 管 M_4 的栅极由接直流偏置电流改为接中频信号,形成了互补跨导电流注入结构,如图 7-9 所示。

和图 7-8 一样,NMOS 管 M_1 为跨导级,NMOS 管 M_2 和 M_3 为开关级,将 PMOS 管 M_4 的栅极与中频输入端相连,使得 M_4 成为混频器跨导的一部分,这样不仅有效地防止了中频信号的泄漏,而且由于跨导的增加也提高了增益。

图 7-9　互补跨导电流注入结构

7.6.2　上混频器整体结构与分析

本设计中的上混频器可以把基带信号转换成 $860\sim960\mathrm{MHz}$ 频段的射频信号,通过采用互补跨导电流注入技术,使得电路具有高线性度、高增益和低噪声的特点。

图 7-10 是本设计中的上混频器电路,其基本结构为传统吉尔伯特双平衡混频器的结构,PMOS 管 M_3 和 M_4 为互补跨导级,NMOS 管 $M_5\sim M_8$ 管为开关级。

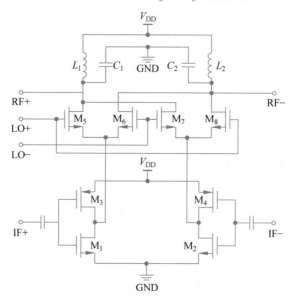

图 7-10　本设计中的上混频器电路

该上混频器的增益表示为

$$\mathrm{CG}=\frac{2}{\pi}(g_1+g_3)\omega L_1 \quad\text{或}\quad \mathrm{CG}=\frac{2}{\pi}(g_2+g_4)\omega L_2 \tag{7-37}$$

从式(7-37)可以看出,与单管相比,该上混频器的变换增益提高了。在传统吉尔伯特混频器中,噪声系数可以表示为

$$\mathrm{NF}_{\mathrm{SSB}}=\frac{\alpha}{c^2}+\frac{2\alpha}{c^2}\left(\frac{\gamma_1}{gR_s}+\frac{\gamma_{g_1}}{R_s}\right)+\frac{4\gamma_3\overline{G}+4\gamma_3\overline{G}^2+\dfrac{1}{R_L}}{c^2g^2R_s} \tag{7-38}$$

其中,R_L 是 MOS 管的栅极电阻,γ 表示 MOS 管的噪声因子,α、c、$\overline{G}$、$\overline{G}^2$ 根据开关级 MOS 管的偏置电流计算,g 表示传统吉尔伯特混频器结构中跨导级 MOS 管的跨导,而电流注入

结构中的跨导为 $g_1 + g_3$ 或者 $g_2 + g_4$。将 $g = g_1 + g_3$ 代入式(7-38)得到本设计中的上混频器的噪声系数：

$$\mathrm{NF}_{\mathrm{SSB}} = \frac{\alpha}{c^2} + \frac{2\alpha}{c^2}\left[\frac{\gamma_1}{(g_1 + g_3)R_s} + \frac{\gamma_{g_1}}{R_s}\right] + \frac{4\gamma_3\overline{G} + 4\gamma_3\overline{G}^2 + \dfrac{1}{R_L}}{c^2(g_1 + g_3)^2 R_s} \tag{7-39}$$

由式(7-39)可以看出，由于跨导的增大，该互补跨导电流注入结构混频器的噪声系数减小了。在电路的线性方面，传统混频器中跨导级 MOS 管的漏极电流 i_{DS} 可表示为

$$i_{\mathrm{DS}} \approx I_{\mathrm{DC}} + g v_{\mathrm{gs}} + \frac{1}{2}g'v_{\mathrm{gs}}^2 + \frac{1}{3}g''v_{\mathrm{gs}}^3 \tag{7-40}$$

其中，v_{gs} 为 MOS 管的漏源电压。传统混频器的 IIP3 表示为

$$\mathrm{IIP3} = 4\sqrt{\frac{2}{3} \times \frac{i_{\mathrm{DS}}}{K}} \tag{7-41}$$

结合式(7-41)可得

$$\mathrm{IIP3} = 4\sqrt{\frac{2}{3} \times \frac{I_{\mathrm{DC}} + g v_{\mathrm{gs}} + \dfrac{1}{2}g'v_{\mathrm{gs}}^2 + \dfrac{1}{3}g''v_{\mathrm{gs}}^3}{K}} \tag{7-42}$$

其中，K 为与 MOS 管尺寸相关的参数，将式(7-42)中的 g 用 $g_1 + g_3$ 代替，得到本设计中的上混频器的 IIP3：

$$\mathrm{IIP3} = 4\sqrt{\frac{2}{3} \times \frac{I_{\mathrm{DC}} + (g_1 + g_3) v_{\mathrm{gs}} + \dfrac{1}{2}(g_1 + g_3)'v_{\mathrm{gs}}^2 + \dfrac{1}{3}(g_1 + g_3)''v_{\mathrm{gs}}^3}{K}} \tag{7-43}$$

由式(7-43)可知，由于跨导的增加，本设计中的上混频器比传统的混频器线性度高。电感和电容 L_1、C_1、L_2、C_2 组成的匹配网络谐振在 860～960MHz 频段中指定的频率，以保证获得高的变换增益。从图 7-10 可以看出，这是一个全差分的电路结构，可以保证电路高效地抑制谐波。

7.6.3 电路仿真

在 Cadence 平台上采用 Chartered 0.18μm CMOS 工艺对本设计中的上混频器进行仿真。图 7-11～图 7-14 给出了上混频器的 IIP3、变换增益和噪声系数（基带信号为 10MHz，本振信号为 850～950MHz）的仿真结果。

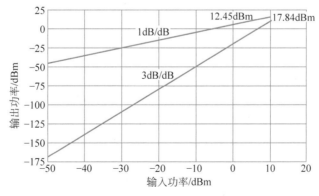

图 7-11 上混频器的 IIP3 和变换增益仿真结果（860MHz）

图 7-11～图 7-13 分别是上混频器电路在 860MHz、900MHz、960MHz 时的 IIP3 和变换增益仿真结果。可以看出，在 860～960MHz 的频率范围内，IIP3 为 10.92～12.45dBm，变换

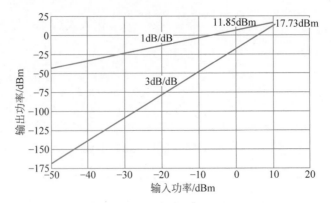

图 7-12　上混频器的 IIP3 和变换增益仿真结果（900MHz）

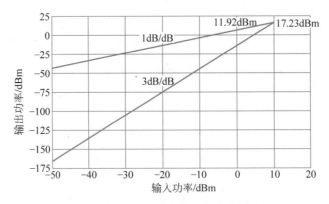

图 7-13　上混频器的 IIP3 和变换增益仿真结果（960MHz）

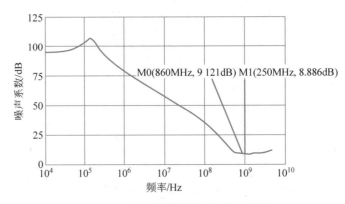

图 7-14　上混频器噪声系数仿真结果

增益为 5.39～6.31dB，符合高线性度和高增益的要求。

图 7-14 是电路在 860～960MHz 频率范围内的噪声系数仿真结果。在整个频带内噪声系数为 8.886～9.121dB，符合低噪声的要求。

表 7-1 为上混频器仿真结果总结。

表 7-1　上混频器仿真结果总结

指　　标	数　　值	指　　标	数　　值
电压/V	1.2	变换增益/dB	5.88
频率/MHz	860～960	噪声系数/dB	8.98
IIP3/dBm	11.85		

7.7　功率放大器设计

在发射前端电路中,功率放大器是极其重要的一个模块,它的作用是把经过上混频器转换而来的射频信号放大到所需的功率,其性能的好坏将直接影响发射前端的输出效率和输出功率。到目前为止,已经提出了很多不同类型的功率放大器。有的功率放大器电路虽然供电电压低,但是效率不高。有的电路输出功率足够大,但是供电电压较高,而且附加功率效率偏低。在某些功率放大器电路中,输出功率大,附加功率效率高,可是线性度偏低。在标准 CMOS 工艺中设计功率放大器时,最大的挑战就是击穿电压低,极易造成电路不能正常工作。因此,在设计功率放大器时,既要使得供电电压、输出功率、效率和线性度这些性能参数达到平衡,也要解决好击穿电压低的问题。

功率放大器可以分为线性功率放大器和非线性功率放大器两种。线性功率放大器的输出是输入的线性复制,而非线性功率放大器的输出是在导通和截止之间的瞬间转换。线性功率放大器根据导通角的不同可分为 A 类、AB 类、B 类和 C 类,非线性功率放大器则可分为 D 类、E 类和 F 类。

7.7.1　线性功率放大器

4 类线性功率放大器的主要区别就在于静态偏置不同,因此都可以通过图 7-15 所示的通用模型加以研究。

假设输入电压定义为

$$V_{in} = V_b + v_{in}\cos \omega t \qquad (7-44)$$

其中,V_b 是静态偏置电压,$v_{in}\cos \omega t$ 为动态输入信号。对应的漏极电流可表示为

$$I_D = \begin{cases} I_q + i\cos \omega t, & -\theta < \omega t \leqslant \theta \\ 0, & \theta < \omega t \leqslant 2\pi - \theta \end{cases} \qquad (7-45)$$

其中,I_q 为静态电流,$i\cos \omega t$ 为漏极动态电流,θ 表示在一个信号周期内电路中器件导通的角度。

依据角度 θ 的不同,线性功率放大器可以划分为以下 4 种工作模式:

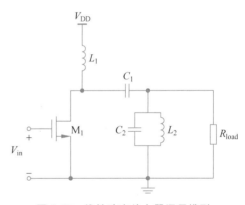

图 7-15　线性功率放大器通用模型

(1) 当 $\theta = 180°$ 时,为 A 类工作模式。

(2) 当 $90° < \theta < 180°$ 时,为 AB 类工作模式。

(3) 当 $\theta = 90°$ 时,为 B 类工作模式。

(4) 当 $\theta < 90°$ 时,为 C 类工作模式。

根据导通角可以看出,A 类在 100% 的时间导通,AB 类在 50%～100% 的时间导通,B 类在 50% 的时间导通,C 类则在小于 50% 的时间导通。效率基本上和导通角成反比,即导通角越小,效率越高。

7.7.2　非线性功率放大器

由于非线性功率放大器中的驱动电压比较高,使得 MOS 管工作在开关状态,在导通和截止之间切换,理论上可以达到 100% 的效率。在非线性功率放大器中,只有 E 类在射频集成电路方面应用较多。E 类功率放大器利用高阶电抗网络的自由度改变开关电压的波形,

使得开关在导通时的值和斜率都为 0,从而有效地降低了开关损耗。图 7-16 为 E 类功率放大器模型。

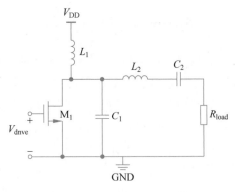

虽然 E 类功率放大器有很高的效率,但是需要采用大尺寸器件才能把较大的功率传递到负载上,传递到负载上的最大输出功率为

$$P_0 = \frac{2}{1+\pi^2/4} \times \frac{V_{DD}^2}{R_{load}} \approx 0.577 \times \frac{V_{DD}^2}{R} \tag{7-46}$$

图 7-16 E 类功率放大器模型

7.8 功率放大器性能参数

与小信号放大器不同,功率放大器一般工作在大信号状态,其目的是提供足够大的输出功率,因此对于功率放大器来说,不但要考虑电压增益,还要考虑功率增益。功率放大器的主要性能指标有输出功率、效率、功率增益、线性度和稳定系数。

1. 输出功率

功率放大器的输出功率定义为功率放大器提供给负载的有用信号总功率,不包括谐波成分和杂散成分的功率。通常情况下功率放大器的输出与天线相连,通过天线把功率放大后的信号发射出去,天线的等效阻抗为 50Ω。假设功率放大器的输出为一个幅度为 V_{out} 的余弦信号,则它的瞬时输出功率为

$$P_{out} = \frac{V_{out}^2}{2R_L} \tag{7-47}$$

其中,R_L 为负载等效阻抗。

由于功率放大器放大的信号都是经过处理的信号,信号的包络会随着基带信号的不同而变化,因此需要计算功率放大器的平均输出功率。计算方法有两种:一种是对瞬时功率在时间上求平均值;另一种是通过确定信源和信号调制方式的概率分布函数求出平均功率,这种方法的计算可能会比较复杂。

2. 效率

功率放大器的效率定义为功率放大器将电源消耗的功耗转化为输出功率的能力。功率放大器的效率一般由漏极效率和功率附加效率(Power-Added Efficiency,PAE)衡量。漏极效率定义如下:

$$\eta = \frac{P_{out}}{P_{dc}} \tag{7-48}$$

功率附加效率定义如下:

$$PAE = \frac{P_{out} - P_{in}}{P_{dc}} \tag{7-49}$$

其中,P_{out} 为功率放大器的输出功率,P_{in} 为功率放大器的输入驱动功率,P_{dc} 为电源消耗的功率。

3. 功率增益

功率放大器的功率增益定义为功率放大器的输出信号功率与输入信号功率之比:

$$G = \frac{P_{out}}{P_{in}} \tag{7-50}$$

在发射前端中,功率放大器的负载是天线,即通过天线把信号发射出去。按照无线通信系统的标准,功率放大器的输出功率一般要达到 15~25dBm,而功率放大器的前级电路仅能提供几毫瓦的驱动功率,因此,功率放大器的功率增益就必须大于 15dBm。

4. 线性度

功率放大器的线性度一般通过 1dB 压缩点和三阶互调点衡量。1dB 压缩点定义为在较高功率时相比增益减少 1dB 的输入或者输出功率点。1dB 压缩点越高,则输出功率越大。一般要求功率放大器的输出功率小于它的输出 1dB 压缩点,从而保证电路的线性。在功率放大器电路中存在若干阶非线性的情况,若只考虑基频项受到的三阶非线性的影响,定义一阶输出曲线和三阶输出曲线的交点为三阶互调点,用它衡量电路的失真或者线性度。电路的 IP3 越高,则线性度越高,或者说失真越小。

5. 稳定系数

在功率放大器电路中处理的都是大信号,因此必须考虑稳定性的问题。稳定性通常可以划分为条件稳定性和绝对稳定性。条件稳定性是指在某特定源阻抗或负载阻抗范围内功率放大器是稳定的;一旦超过这个范围,功放就变得不稳定。绝对稳定性是指功率放大器对任意源阻抗或负载阻抗都是稳定的。

7.9　功率放大器设计

功率放大器是对整个发射前端的效率和输出功率影响最大的单元电路。由于存在击穿电压低的问题,因此在 CMOS 工艺中实现高效率的功率放大器是一个很大的挑战。为了解决这个问题,本设计中的功率放大器采用了自偏置共源共栅技术。电路中的电感全部采用片上电感,更有利于集成。

7.9.1　自偏置共源共栅结构

在功率放大器各种电路结构中,经常采用共源共栅结构。通常情况下共源共栅结构中共栅管的栅极连接的是固定偏置电压,漏极的电压摆幅会达到 2~3 倍供电电压,因此栅漏电压会超过击穿电压,从而导致功率放大器不能正常工作,通过采用自偏置共源共栅技术可以解决这个问题。自偏置共源共栅结构如图 7-17 所示。

自偏置共源共栅技术的原理为:通过调节共栅管的 G_1 和 G_2 点的电压在一定范围内与 D_1 和 D_2 点的电压同步变化,使得在保持 D_1 和 D_2 点电压大幅值的情况下栅漏电压(G_1-D_1,或者 G_2-D_2)不会超过击穿电压,进而保证电路在输出大功率信号时能够正常工作。

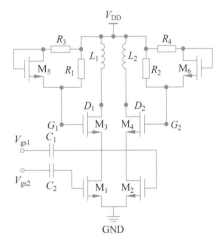

图 7-17　自偏置共源共栅结构

7.9.2　功率放大器整体结构

本设计中的功率放大器电路采用了自偏置共源共栅技术,电路为三级放大结构,因为单级放大结构很难达到理想的输出功率。第一级和第二级属于 AB 类,用来提供较大的驱动信号给输出级。本设计中的功率放大器电路如图 7-18 所示。

在电路中,输入匹配网络由电容 C_1~C_4 和电感 L_1、L_2 组成。MOS 管电阻 R_1~R_4 组

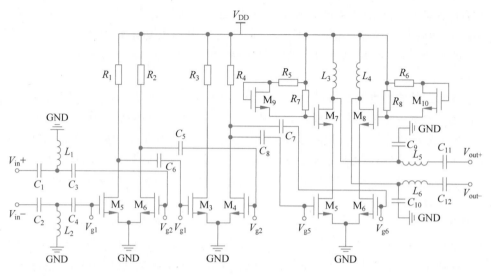

图 7-18   本设计中的功率放大器电路

成了前两级放大电路,由于电感会占据很大的面积,因此用电阻 $R_1 \sim R_4$ 代替电感。级间匹配采用电容直接耦合。输出级采用共源共栅结构,当输出功率达到最大的时候,M_7 和 M_8 管的漏极电压摆幅是电源电压 V_{DD} 的 2~3 倍,在正常情况下这将导致栅漏电压超过击穿电压,因此本设计采用了自偏置技术突破这个难点。从图 7-19 可知,电容 $C_9 \sim C_{12}$ 和电感 L_5、L_6 组成了 π 形输出匹配网络,具体器件值由式(7-51)~式(7-53)确定。

$$L_5 = L_6 = \frac{QR_{load}}{\omega} \tag{7-51}$$

$$C_9 = C_{10} = \frac{1}{\omega R_{load}\left(\dfrac{\pi^2}{4}+1\right)\dfrac{\pi}{2}} \tag{7-52}$$

$$C_{11} = C_{12} \approx C_9 \frac{5.447}{Q}\left(1+\frac{1.42}{Q-2.08}\right) \tag{7-53}$$

其中,R_{load} 是负载电阻,Q 是品质因数。输出匹配网络可以消除高频时的寄生参数效应,从而提高增益,同时滤除杂波。图 7-19 为功率放大器电路的等效模型。

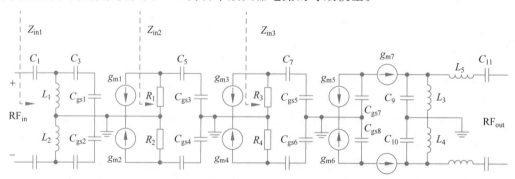

图 7-19   功率放大器电路的等效模型

从图 7-19 可计算出输入阻抗:

$$Z_{in} = Z_{in1} = \frac{s^2 L_1 C_a + s C_1 L_1}{s^3 L_1 C_1 + s C_1} \tag{7-54}$$

其中，$\dfrac{1}{sC_a} = \dfrac{1}{sC_{gs1}} + \dfrac{1}{sC_3}$。

电路为三级放大结构，A_1、A_2、A_3 分别为每一级的电压增益，具体如下。

第一级电路的电压增益可表示为

$$A_1 = \frac{g_{m1}sL_1sC_{gs1}\dfrac{R_1}{sC_bR_1+1}}{\left(\dfrac{1}{sC_3} + \dfrac{1}{sC_{gs1}} + \dfrac{1}{sL_1}\right)\dfrac{\left(\dfrac{1}{sC_3}+\dfrac{1}{sC_{gs1}}\right)sL_1}{\dfrac{1}{sC_3}+\dfrac{1}{sC_{gs1}}+sL_1} \times \dfrac{1}{sC_1}}$$

$$= \frac{s^6 L_1^3 C_1 C_a g_{m1} C_{gs1} R_1 + s^4 C_a L_1^2 g_{m1} C_1 C_{gs1} R_1}{s^3 C_b R_1 L_1 C_a (L_1 + C_a) + s^2 L_1 (L_1 + C_a)(C_a + C_b R_1 C_1) + sL_1 C_1 (L_1 + C_a)} \tag{7-55}$$

其中，$\dfrac{1}{sC_b} = \dfrac{1}{sC_{gs3}} + \dfrac{1}{sC_5}$。

第二级电路的电压增益可表示为

$$A_2 = \frac{g_{m3}\dfrac{R_3}{sC_cR_3+1} \times \dfrac{1}{sC_{gs3}}}{\dfrac{1}{sC_{gs3}} + \dfrac{1}{sC_5}}$$

$$= \frac{R_3 C_b g_{m3}}{sC_c R_3 C_{gs3} + C_{gs3}} \tag{7-56}$$

其中，$\dfrac{1}{sC_c} = \dfrac{1}{sC_{gs5}} + \dfrac{1}{sC_7}$。

第三级电路的电压增益可表示为

$$A_3 = \frac{\dfrac{\dfrac{1}{sC_9}\dfrac{1}{sL_3}}{\dfrac{1}{sC_9}+\dfrac{1}{sL_3}}R_{Load}}{sL_5 + \dfrac{1}{sC_{11}} + \dfrac{\dfrac{1}{sC_9}\times\dfrac{1}{sL_3}}{\dfrac{1}{sC_9}+\dfrac{1}{sL_3}}} g_{m7}g_{m5}\frac{\dfrac{1}{sC_{gs5}}}{\dfrac{1}{sC_{gs5}}+\dfrac{1}{sC_7}} \times \frac{\dfrac{1}{g_{m7}}\times\dfrac{1}{sC_{gs7}}}{\dfrac{1}{g_{m7}}+\dfrac{1}{sC_{gs7}}}$$

$$= \frac{R_{Load}g_{m5}g_{m7}C_c}{S^3 Z_1 C_{gs7} + S^2 Z_1 g_{m7} + sC_{gs7}Z_2 + C_{gm7}Z_2} \tag{7-57}$$

其中，

$$Z_1 = C_{gs5}C_{11}L_5(C_9+L_3)$$
$$Z_2 = C_{gs5}(C_9+L_3+C_{11})$$

电路总的电压增益为

$$A = A_1 A_2 A_3 \tag{7-58}$$

将式(7-55)、式(7-56)、式(7-57)代入式(7-58)，得

$$A = \frac{s^3 B + s^4 C}{s^7 D + s^6 E + s^5 F + s^4 G} \tag{7-59}$$

其中,

$$
\begin{cases}
B = C_a L_1^3 g_m C_{gs1} C_b C_c R_{Load} C_1 \\
C = C_a L_1^2 g_m C_{gs1} C_b C_c R_{Load} C_1 \\
D = e C_b C_c R_1 R_3 C_{gs7} \\
E = e \left[C_{gs7} (C_b R_1 + C_c R_3) + C_b C_c R_1 R_3 g_{m7} \right] \\
F = e C_{gs7} (C_b R_1 + C_c R_3) g_{m7} \\
G = e g_{m7} \\
e = L_1 C_{gs3} C_{gs5} C_{11} L_5 C_a (C_a + L_1)(C_9 + L_3) \\
g_m = g_{m1} g_{m3} g_{m5} g_{m7}
\end{cases}
\tag{7-60}
$$

在 $f = 900\text{MHz}$ 的情况下,部分参数取值如下: $L_1 = 3\text{nH}, L_3 = 8\text{nH}, C_{gs} \approx 10\text{pF}, C_1 = 3\text{pF}, C_9 = 6\text{pF}, R_{Load} = 50\Omega$。将这些参数代入式(7-60)进行初步估算,电路总放大倍数(即电压增益)A 约为 18dB。可根据初步估算结果在仿真软件中综合调节电路中各器件参数以提高放大倍数,参数值的确定需符合工艺的要求。虽然本设计中的功率放大器电路不属于理想线性电路,但仍可将 $V_{out}/V_{in} = A$ 代入功率转换增益、输出功率和功率附加效率表达式中进行近似分析。由功率放大器电路理论分析可知,电路的功率增益可表示为

$$
G = \frac{P_{out}}{P_{in}} \tag{7-61}
$$

其中,$P_{out} = V_{out}^2 / 2R_{Load}$,$P_{in} = V_{in}^2 / 2Z_{in1}$。将 $V_{out}/V_{in} = A$ 代入式(7-64)进行近似分析,可得

$$
G = \frac{\dfrac{V_{out}^2}{2R_{Load}}}{\dfrac{V_{in}^2}{2Z_{in1}}} = \frac{A^2 Z_{in1}}{R_{Load}} \tag{7-62}
$$

其中,R_{Load} 为负载阻抗。假设输入电压为 V_{in},则电路输出功率可表示为

$$
P_{out} = \frac{V_{in}^2}{2Z_{in1}} G = \frac{A^2 V_{in}^2}{2R_{Load}} \tag{7-63}
$$

功率附加效率(PAE)可表示为

$$
\text{PAE} = \frac{P_{out} - P_{in}}{P_{dc}} = \frac{\dfrac{A^2 V_{in}^2}{2R_{Load}} - \dfrac{V_{in}^2}{2Z_{in1}}}{P_{dc}} \tag{7-64}
$$

其中,P_{out} 为输出功率,P_{in} 为输入功率,P_{dc} 为电源所消耗的功率。

从上述推导可得出以下结论:总放大倍数 A 越大,则功率增益(G)和输出功率(P_{out})越大,功率附加效率(PAE)越高,因此,可通过提高电路总放大倍数有效地提高电路的变换增益、输出功率和功率附加效率。

7.9.3 电路仿真

在 Cadence 平台上采用 Chartered $0.18\mu\text{m}$ CMOS 工艺对本设计中的功率放大器进行仿真。在 $860 \sim 960\text{MHz}$ 频段中功率放大器的输出功率、功率附加效率、输出 1dB 压缩点、S22 和输出电压的仿真结果如图 7-20~图 7-24 所示。

图 7-20 中显示的 3 条曲线分别是在 860MHz、900MHz、960MHz 时本设计中的功率放大

器的输出功率。这3条曲线说明,在860~960MHz频带内,当功率放大器输入功率为0dBm时,输出功率达到21dBm,最大输出功率达到21.5dBm,符合输出功率的要求。

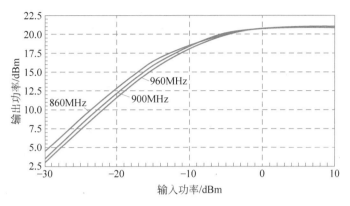

图 7-20　输出功率仿真结果

图7-21中显示的3条曲线是在860MHz、900MHz、960MHz时本设计中的功率放大器的功率附加效率。这3条曲线说明,在860~960MHz频带内,当功率放大器输入功率为0时,功率附加效率达到28%,最大功率附加效率达到32%,符合高效率的要求。

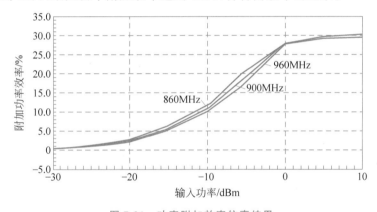

图 7-21　功率附加效率仿真结果

图7-22是本设计中的功率放大器在900MHz频点的输出1dB压缩点仿真结果,为19.56dBm,体现了电路良好的线性。

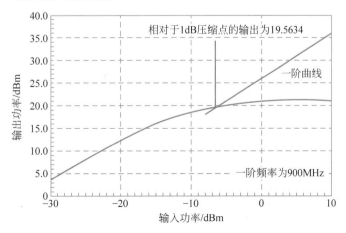

图 7-22　输出 1dB 压缩点仿真结果

图 7-23 是本设计中的功率放大器在 860~960MHz 频率范围内的 S22 仿真结果。在整个频带内 S22 为－8.12~－8.28dB,很好地抑制了从后级电路天线反射回来的回波干扰。

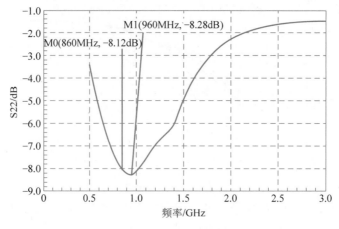

图 7-23　S22 仿真结果

图 7-24 为电路的输出电压仿真结果。可以看出输出电压幅值超过 3V,当输入功率为 0 时,输出功率超过 20dBm。

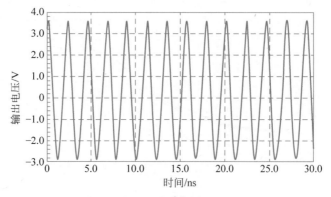

图 7-24　输出电压仿真结果

表 7-2 是本设计中的功率放大器仿真结果总结。

表 7-2　功率放大器仿真结果总结

指　　标	数　　值	指　　标	数　　值
电压/V	3	功率附加效率/%	32
频率/MHz	860~960	输出 1dB 压缩点/dBm	19.56
输出功率/dBm	21.5	S22/dB	－8.20

7.10　射频前端发射芯片电路设计

随着集成电路的快速发展以及标签尺寸和成本的下降,射频识别得到了飞速的发展。射频识别系统和雷达一样,采用的是反向散射通信原理。在射频识别中,UHF RFID 由于传输距离远和传输数据快而得到了广泛的应用,尤其是在供应链管理中。UHF RFID 芯片是整个系统的核心,目前,已经出现了越来越多的工作于超高频频段的芯片。在整个发射结构中,发射前端的作用是转换频率和放大信号,并且在与标签通信的过程中提供标签所需的能量。

7.10.1　射频发射前端工作原理

一套完整的 UHF RFID 系统包括标签、读写器和天线。读写器发射和接收来自标签的信号,然后将标签携带的信息发送给控制器。当读写器和标签之间进行通信的时候,读写器发送未调制载波以供给标签所需的能量。目前,UHF RFID 芯片的设计和制造主要基于 $0.18\,\mu m$ CMOS 工艺。读写器芯片主要分为 3 部分,即发射机、接收机和基带电路。

图 7-25 为射频识别读写器芯片总体结构。虚线框所示为射频发射前端,由上混频器和功率放大器组成。已调的数字基带信号经过数模转换变成模拟信号,然后通过上变频把模拟基带信号转换成射频信号,功率放大器把射频信号的功率放大到理想的功率,最后通过天线发射出去。

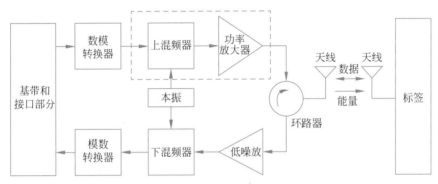

图 7-25　射频识别读写器芯片总体结构

7.10.2　芯片结构

本设计中的射频发射前端电路由前面提出的上混频器和功率放大器直接级联组成,即将上混频器的差分输出端直接连接到功率放大器的差分输入端,如图 7-26 所示。

射频发射前端电路中的上混频器采用了跨导互补电流注入技术,功率放大器使用了自偏置技术,因此该射频发射前端电路集合了上混频器和功率放大器的优点,包括高线性度、高效率、大输出功率等,并且整个发射前端电路的器件全部采用片上器件,有利于电路的集成。

7.10.3　电路仿真

在 Cadence 平台上采用 Chartered $0.18\,\mu m$ CMOS 工艺对射频发射前端进行仿真。射频发射前端输出电压仿真结果和放大后的波形如图 7-27、图 7-28 所示。当输入功率为 0dBm 时,输出功率为 20.5dBm。

从输出电压放大后的波形可知,该电路存在一定的非线性。虽然在射频发射前端的上混频器中采用了跨导互补电流注入技术提高线性,但由于后级电路功率放大器为了提高效率而在其第三级电路中采用了非线性结构,因此造成了整个发射前端电路存在一定的非线性,需要在线性度和效率之间折中。射频发射前端仿真结果总结在表 7-3 中。

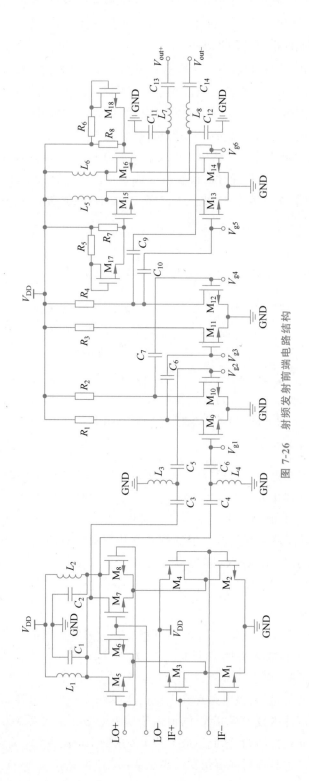

图 7-26 射频发射前端电路结构

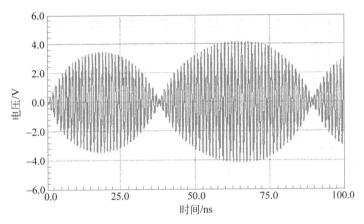

图 7-27　射频发射前端输出电压仿真结果

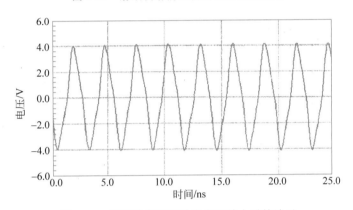

图 7-28　射频发射前端输出电压放大后的波形

表 7-3　射频发射前端仿真结果总结

指　　标	数　　值	指　　标	数　　值
电压/V	3	射频频率/MHz	860~960
本振频率/MHz	850~950	功率增益/dBm	20.5
中频频率/MHz	10	输出功率/dBm	20.5

　　从表 7-3 可以看出,本设计中的射频发射前端在电源电压为 3V 的情况下在 860~960MHz 频率范围内达到了高线性度、高效率和大输出功率的要求。

7.11　射频芯片的版图设计

7.11.1　概述

　　随着集成电路产业的迅猛发展,工艺水平不断提高,集成电路特征尺寸遵循着摩尔定律不断缩小,CMOS 模拟电路正从原来在大工作电压下处理速度低、集成度低和只能处理小信号的状态逐步向在低工作电压下处理速度高、集成度高和能够处理混合信号的方向发展。虽然 CMOS 器件尺寸缩小会提高晶体管工作速度,但是集成电路不同模块间有害的相互干扰和版图的非理想性都限制了系统的工作速度和精度。而且,由于电路系统的复杂度越来越高,从而对设计者的要求也越来越高。集成电路版图设计是集成电路结构到集成电路芯片转化过程中一个至关重要的环节,版图设计者必须具备扎实的电路设计及电路元件理论基础知识,需要非常熟悉相关的芯片制造工艺,并且还需要设计者能够熟练操作版图设计软件对由电路原理图生成的版图器件进行合理的规划布局,最大程度地减小寄生效应,从而设计出低功耗、低成本、高性能、高稳定性的芯片版图。集成电路版图设计包括数字电路、模拟电路、标准单元、高频电路和射频集成电路等的版图设计,版图设计者需要有丰富的经验,并需要花费很多的时间。

7.11.2　器件匹配

器件的匹配主要包括 MOS 管的匹配、电阻的匹配和电容的匹配。

MOS 管的匹配主要需要注意下面几个问题:

(1) MOS 管的尺寸不同会导致匹配程度较差,因此需要使用相同尺寸的 MOS 管。在设计电路时经常会遇到需要较宽的 MOS 管的情况,可以通过并联 MOS 管有效地解决这一问题。

(2) 未靠近排列或者未互相平行排列的 MOS 管对于压力、温度、氧化层厚度和由倾斜引起的迁移率比较敏感,甚至可能会引起跨导级 MOS 管的跨导值发生不小的变化,因此 MOS 管需要尽量靠近并且互相平行排列。

(3) 电路中的大功率器件在工作时会产生一定热量,这也会造成 MOS 管不匹配,所以在版图面积允许的情况下,大功率器件尽量不要和 MOS 管靠得太近。在能用 NMOS 管的情况下尽量用 NMOS 管,尽量避免使用 PMOS 管,因为 NMOS 管的匹配度比 PMOS 管好。

电阻的匹配需要注意下面几个问题:

(1) 从电阻的材料来说,使用非同种材料或工艺制造的电阻很难做到相互匹配,因为两个电阻的材料或者工艺不同会引起这两个电阻值之间产生不可预测的差异,并且随之而来的温度系数不同的问题也会使得这两个电阻值随着温度的变化产生不一致的变化,所以应尽量使用同种材料和工艺制造的电阻。

(2) 由于电阻宽度不够或者匹配电阻没有做成相同的宽度,也会带来不匹配的问题。若出于电路性能方面的考虑,一个电阻需要比另一个电阻宽,可以将电阻并联。虽然电阻的宽度增加能够使得匹配程度提高,但是宽度太大也会产生不可预测的寄生效应,所以在选择电阻宽度的时候需要在匹配度和寄生效应之间求得平衡。

(3) 尽量采用几何形状相同的电阻并且使得这些电阻靠近同方向排列。相同形状的电阻存在相同拐角和一致的端点效应,靠近放置电阻能够避免随着放置距离的增加而引起的不匹配,因此相同形状的电阻靠近放置能提高电阻的匹配程度。同方向放置的电阻不会引起电阻值产生较大的变化,使电路能够保持稳定的状态。

(4) 和 MOS 管的匹配一样,不要将匹配电阻和功率器件放得太近,因为功率器件产生的较高温度会引起电阻的不匹配。正确的放置方式为电阻放置在功率器件的对称轴上,并且电阻应该垂直或者水平放置。在能够使用多晶电阻的情况下,尽量使用多晶电阻,尽量避免使用扩散电阻,因为调整多晶电阻的尺寸对匹配程度影响不大,并且它还不受电压调制的影响。

电容的匹配需要注意下面几个问题:

(1) 几何形状不同的电容匹配程度很差。若电容匹配的过程中需要由大量的小电容组成,那么这些组成大电容的小电容应尽量为相同的几何形状和电容值。在几何形状相同的情况下,正方形的电容匹配程度最好,因为正方形在各种矩形中周长与面积之比是最小的,而匹配程度和周长与面积之比成反比。

(2) 在电路的连接中,应该把电容的上极板与电路中高阻值的节点相连,因为电容的下极板比上极板显示出更大的寄生电容,并且衬底耦合噪声对下极板影响比较大,这个问题可以通过在电容的下极板下面设置一个阱来解决,这个阱在功能上就相当于一个隔离保护层。

（3）在版图的整体布局中，尽量不要在电容上面走线，因为布的线会和电容的上极板或者下极板重新组成一个不可预测的电容，从而影响电容之间的匹配。如果布的线必须从电容上经过，那么需要在布的线和电容极板之间插入隔离保护层。

7.11.3　布局和布线

布局的目的是判断整个布线的复杂程度，确定芯片上用于布线的区域，并找到布线过程中潜在的瓶颈或问题。在对版图进行总体布局时，应尽量使得版图布局为正方形结构，因为这样最节约空间。如果把握不好布局和布线技术，将会对电路产生极大的影响，例如，不恰当的连线会造成时延、驱动能力不足、天线效应以及功能失效等问题。

在布局时，对称性是需要考虑的最关键的问题之一。良好的对称性可以抑制共模噪声和偶次非线性效应。例如，在差分电路中，差分信号输入端放置的方式会在很大程度上影响电路的性能。考虑到在圆片加工及光刻等工艺过程中沿不同轴向的特性不同，若两个管子沿不同方向放置，破坏了对称性，结果会产生很大的失配，所以应该将差分输入的两个管子对称放置；在考虑3个管子（例如一对差分管加一个电源管）布局时，有一种方案是将3个管子做成插指结构，可是这样带来的问题就是每个管子横向过长，由此会带来输入失调电压较大的问题。为了减小这种不利因素，可以采用共中心布局法，即将差分对称的两个管子分拆成宽度是原来的一半的两个管子，沿对角线放置。电源管也被拆成宽度相同的两部分，分别放在拆开的差分管下面。

布线分为细节布线和全局布线，细节布线是指电路某个模块单元内部器件之间的连接布线，而全局布线是指电路各模块之间的连接布线。在进行细节布线时，不可能做到每个线网都最短，所以需要做到平均线网最短并且尽可能使用同一层金属布线；在进行全局布线时，电源的布线是首先要考虑的，也是非常重要的。在芯片上，电源线是为各个电路模块供电的通道，电路中各模块电路都需要连接到电源线。由于电源线要传输大电流，因此在对电源线进行规划时需要考虑3个问题，即电子迁移、导线和电阻的电压降以及电源线噪声。为解决上述问题，可采取以下措施：

（1）电源线一般放置在电路各模块的附近，并与各模块相连接，为此可根据各模块所需要的供电量确定与其连接的电源线的尺寸。总的来说，电源线的尺寸需要满足整个电路对于功耗的要求。

（2）在较宽的电源线需要拐角时应该采用45°角，因为电源线使用45°的拐角可以使大电流对于金属的压力得到缓解，并且可以有效地控制电子迁移。

（3）对单个接触孔而言，从器件或者某信号路径引入另一路电流线可以有效地减小电阻，进而减小对电路正常工作产生的干扰。因此，当使用不同金属层的各电源线需要汇总连接在一起时，应该适量多打一些接触孔以减小不必要的噪声干扰。

布局和布线全部完成以后，对版图进行DRC（设计规则检查），对任何违反设计规则的布局和布线都要做相应调整和修改，然后才能进行下一步。

7.11.4　闩锁效应

在集成电路中，闩锁效应是一个非常值得注意的问题，它会直接影响电路的稳定性。闩锁效应是指在芯片的电源和地之间存在一个低阻抗的通路，产生很大的电流，使得电能过于分散并使器件处于过热状态，导致电路无法正常工作，甚至烧毁电路。为防止闩锁效应，可以采取以下几种措施：

（1）外延衬底。通过使用双层衬底，在低掺杂的衬底下方加上一层较高掺杂的衬底，通过这样的措施,可以有效地抑制闩锁效应。

(2) 倒掺杂阱。该工艺的目的是:使阱中较深处的杂质浓度较大,提高闩锁效应预防水平;使表面的杂质浓度较小,以此保证载流子迁移率高,驱动电流足够大,使得 MOS 器件获得足够的速度。

(3) 槽绝缘层。该工艺的目的是在晶体管的有源区之间构造一个槽体,用于削弱 MOS 管放电路径,对有源区形成保护。

(4) 在衬底上加绝缘层,这样不仅可以阻止 MOS 管形成放电路径,而且会使得阻抗变大,电子不会迁移到下层,从而加快电子迁移速度,最终有效地抑制闩锁效应并提高电路的处理速度。

(5) 保护环。除了采用适当的工艺,还可以在电路设计上采取措施以避免闩锁效应。从原理上看,只需要增加不同类型管子之间的距离即可,但其实际效果有限。更有效的方法是增加保护环。保护环一般添加在两种不同类型的管子之间,这样可以使得多数载流子被保护环吸收,从而防止闩锁效应的形成。

7.11.5　耦合效应

版图耦合效应一般分为衬底耦合和信号线之间的耦合。

随着电路尺寸不断缩小和电路工作频率越来越高,衬底已经成为信号耦合的主要载体。衬底噪声通过版图中的寄生电阻或者寄生电容耦合到电路的所有节点,从而对电路各方面的性能带来不可预计的影响,特别是在数模混合电路中。为了防止衬底耦合,一般可采取以下几种措施:

(1) 一般在单端输入和单端输出电路中存在共模噪声的影响,因此可以通过使用差分电路抑制共模噪声的影响。

(2) 在数模混合电路中,信号采样或者电容间电荷转移应该尽可能在时钟跳变以后进行,因为此时衬底电位更加稳定,能有效地减小耦合。另外,数字信号与时钟信号应以互补的形式布局。

(3) 电路中的耦合噪声有可能是由其他电路的衬底电位变化引起的,因此可以在电路中增加保护环,并且保护环与要隔离的器件越近越好,从而达到保护器件的作用,并且能够很好地抑制衬底耦合。

信号线之间的耦合是由于信号线之间产生电容效应而带来的干扰。为了防止信号线之间的耦合,一般可采取以下几种措施:

(1) 可以通过减小信号线或者两个导体的平行放置长度或者交叠面积抑制电容效应,从而抑制耦合。

(2) 通过电路的优化设计,尽量使得两根信号线或者两个导体上的电位同步变化以抑制耦合。

(3) 若两根信号线或者两个导体必须平行排列,则可以在它们之间放置一个与固定参考电压相连的导体。

7.11.6　射频发射前端芯片电路的版图设计

射频发射前端芯片电路版图由上混频器电路版图和功率放大器电路版图组成,上混频器和功率放大器电路版图如图 7-29 和图 7-30 所示,射频发射前端芯片电路版图如图 7-31 所示,尺寸为 1.7mm×1.1mm。射频发射前端芯片电路的版图设计和仿真是在标准 0.18μm CMOS 工艺下进行的。

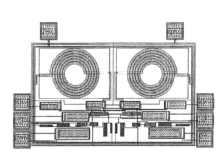

图 7-29　上混频器电路版图

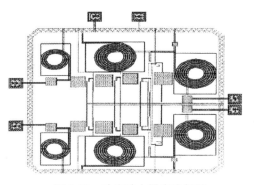

图 7-30　功率放大器电路版图

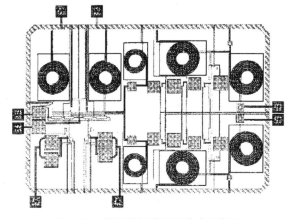

图 7-31　射频发射前端芯片电路版图

从图7-29～图7-31可以看出,在版图设计中电感是最占面积的,因此在进行版图设计时尽量做到少使用电感,而矛盾的是电感基本上是和电路的增益成正比的,所以需要在面积和增益之间折中考虑,而且尽量通过加大别的器件的参数值加大增益。上混频器电路的版图设计中使用了两个电感,这两个电感连接在上混频器开关级MOS管的漏极上,起到滤波的作用,必不可少。在功率放大器的版图设计中使用了6个电感,其中4个电感起到滤波的作用,另外两个电感作为最后一级的漏极负载以提高功率增益和效率。功率放大器的前两级放大都没有采用电感作为漏极负载,而是用电阻代替电感,有效地减小了版图的面积。整个射频发射前端电路版图只使用了8个电感,在不影响电路性能的情况下有效地控制了版图的面积,节约了成本。由于在射频发射前端电路中包括了功率放大器,功率放大器版图的布局布线是经过特别考虑的,因为功率放大器中会出现大电流或者大电压的情况。会出现大电流的线路已经设得足够宽,特别是与放大级MOS管漏极相连的电感的连线设置得短而宽,从而有效地抑制了寄生效应。上混频器和功率放大器都采用了差分结构,因此版图布局完全对称,使得电路整体匹配度好,最大限度地减小了失配所造成的影响。

第8章

UHF RFID射频前端结构分析和设计——接收部分

8.1　射频前端——接收部分

在无线通信系统中,接收机是信息源与信道之间的信息交换中介。信息以电磁波的形式在空气中传播,然后被接收机接收。接收机完成对信号的放大、下变频和解调后,将数据还原并发给上层模块处理。在当前成熟的数字处理技术条件下,接收机射频前端电路的性能决定了接收机的性能。

要设计出一款性能优异的 UHF RFID 读写器接收机,首先要了解接收机的各种基本结构和性能指标。常见的接收机结构有两种,分别为超外差接收机结构和零中频接收机结构。这两种结构各有优缺点,所以在设计接收机射频前端电路时需要针对具体的应用决定使用哪种结构。接收机的性能指标主要包括输入匹配、增益、噪声系数、线性度和灵敏度。接收机总的性能与射频前端电路中各子电路的性能有关,所以设计射频前端电路还需要了解它的各组成部分。

接收机射频前端电路通常由 LNA(Low Noise Amplifier,低噪声放大器)和下混频器构成。LNA 主要完成对接收信号的放大。下混频器则主要对放大的信号进行下变频处理,即将射频信号的频谱搬移到较低的频率或者零频率上。

LNA 的基本结构有很多,例如源简并共源放大器、共栅放大器等。LNA 的性能指标主要有增益、反向隔离度、稳定系数、噪声系数和线性度。设计一个基本结构的 LNA 首先要解决它的输入阻抗匹配问题,然后再考虑 S 参数、噪声系数以及线性度。

下混频器的基本结构只有两种:无源下混频器和有源下混频器。其中有源下混频器又分为单平衡和双平衡两种结构。根据接收机结构的不同,还可以将下混频器分为中频下混频器和直接下混频器。在超外差接收机结构中,将信号频谱搬移到较低频率上的下混频器称为中频下混频器;在零中频接收机结构中,将频谱直接搬移到零频率上的下混频器称为直接下混频器。下混频器的性能指标和 LNA 的性能指标大部分是一样的,只是在某些指标的定义上有差别。

8.1.1　UHF RFID 系统信道分析

读写器和标签之间的通信会受到路径损耗(path loss)、多径衰落(multipath fading)、时延扩展(delay spread)、多普勒效应(Doppler effect)等影响。分析可知,时延扩展由于 UHF RFID 系统通信速率较低而可以忽略,并且系统即使在最严格的条件、标签和读写器相对运动最快的情况下,多普勒效应引入的影响仍可以忽略。因此,读写器和标签之间的通信主要受路径损耗的影响。

根据 Friis 公式,无线信道的路径损耗(单位为 dBm)为

$$L = \left(\frac{\lambda}{4\pi d}\right)^2 \tag{8-1}$$

其中,λ 为电磁波的波长,d 为读写器与标签的距离。对于典型的 UHF RFID 通信系统,假设工作频率 $f = 900\mathrm{MHz}$,读写器与标签的距离 $d \in [1, 10]$(单位为 cm),则有

$$\lambda = \frac{c}{f} = \frac{3 \times 10^8\,\mathrm{m/s}}{900 \times 10^6\,\mathrm{Hz}} \approx 0.33\mathrm{m} \tag{8-2}$$

$$L = 20\,\lg\frac{\lambda}{4\pi d} \in [-31.5, -51.5] \tag{8-3}$$

而标签天线接收到的信号功率(单位为 dBm)为

$$P_{\mathrm{r,tag}} = P_{\mathrm{EIRP}} L G_{\mathrm{tag}} \tag{8-4}$$

其中,P_{EIRP} 为读写器天线的等效全向辐射功率(Equivalent Isotropically Radiated Power,EIRP),是指当把天线辐射强度的最大值等效为一个假想的全向天线时该全向天线辐射的总功率。中国 UHF RFID 频率规范规定 $P_{\mathrm{EIRP}} = 36\mathrm{dBm}$。$G_{\mathrm{tag}}$ 为标签天线的接收增益,假设 $G_{\mathrm{tag}} = 0\mathrm{dBi}$,则标签天线接收到的能量为

$$P_{\mathrm{r,tag}} = P_{\mathrm{EIRP}} + L + G_{\mathrm{tag}} \in [4.5, -15.5] \tag{8-5}$$

而读写器接收机前端接收到的能量为

$$P_{\mathrm{r,reader}} = \alpha P_{\mathrm{r,tag}} L G_{\mathrm{reader}} \tag{8-6}$$

其中,α 为标签反射能量与入射能量的比值,典型值为 $\alpha = 0.2$;G_{reader} 为读写器的天线增益,典型值为 6dBi。则读写器接收机前端接收到的能量为

$$P_{\mathrm{r,reader}} = -7 + P_{\mathrm{r,tag}} + L + 6 \in [-28, -68] \tag{8-7}$$

为补偿多径衰落、读写器天线和标签天线之间的极化误差等的影响,考虑 7dBm 的路径损耗裕量,则有

$$P_{\mathrm{r,reader}} \in [-35, -75] \tag{8-8}$$

因此,最大阅读距离 $d = 10\mathrm{m}$ 时要求读写器接收机的灵敏度 Sensitivity$<-75\mathrm{dBm}$。并且,当标签离天线很近时,会由于接收的能量过大而导致整流电压过大,损坏芯片,因此标签芯片会采取措施放电,使得反射回的最大能量在$-40\mathrm{dBm}$ 左右。

8.1.2　UHF RFID 读写器接收机系统指标

在读写器接收机接收最大数据率、最小能量的信号时,接收机射频前端天线处的信号有最小信噪比。此时信号带宽 $W = 2.56\mathrm{MHz}$,信号能量 $P_{\mathrm{signal}} = -75\mathrm{dBm}$。假设信号只受到热噪声的干扰,则信噪比为

$$
\begin{aligned}
\mathrm{SNR}_{\mathrm{RF,in}} &= P_{\mathrm{signal}} - P_{\mathrm{Thermal}} \\
&= -75 - (-174 + 10\lg W) = -75 - (-110) = 35\mathrm{dB}
\end{aligned} \tag{8-9}
$$

标签返回的数据采用 ASK 和 PSK 调制方式,不同的调制方式有不同的误比特率。如果通过匹配滤波器检测和解调,则有最佳差错性能,其误比特率如图 8-1 所示,在两种调制方式下分别为

$$P_{B,ASK} = Q\left(\sqrt{\frac{E_b}{N_0}}\right) \tag{8-10}$$

$$P_{B,PSK} = Q\left(\sqrt{\frac{2E_b}{N_0}}\right) \tag{8-11}$$

其中，$\dfrac{E_b}{N_0}$ 是信噪比的归一化形式。E_b 为每比特的能量，等于信号能量 S 与每比特持续时间 T_b 的乘积；N_0 是噪声功率谱密度，等于噪声功率 N 与带宽 W 之比。又因为 T_b 与数据率 R 互为倒数，所以有

$$\frac{E_b}{N_0} = \frac{S/R}{N/W} = SNR\frac{W}{R} \tag{8-12}$$

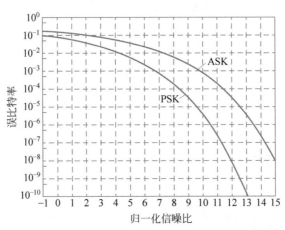

图 8-1　ASK 和 PSK 解调的误比特率

由图 8-1 可得，要保证 10^5 的误比特率，ASK 解调要求的最小 $E_b/N_0 = 12.6\text{dB}$。PSK 解调要求的最小 $E_b/N_0 = 9.6\text{dB}$，又有 $W/R = 0.5$，则要求数字解调输入信号的最小信噪比为

$$SNR_{Dig,in} = 10\,\lg\left(\frac{E_b}{N_0} \times \frac{R}{W}\right) = 12.6 + 10\,\lg 0.5 = 9.6\text{dB} \tag{8-13}$$

理想解调和实际解调之间考虑 5dB 的解调信噪比，则 $SNR_{Dig,in} \approx 15\text{dB}$。因此读写器接收机射频/模拟前端的噪声系数上限为

$$NF_{RF,Analog} \leqslant SNR_{RF,in} - SNR_{Dig,in} = 35\text{dB} - 15\text{dB} = 20\text{dB} \tag{8-14}$$

则接收机射频/模拟前端的等效输入噪声功率为

$$P_{n,in} = P_{Thermal} + NF_{RF,Analog} = -110\text{dBm} + 20\text{dBm} = -90\text{dBm} \tag{8-15}$$

接收机的输入二阶交调点和输入三阶交调点根据定义分别表示为

$$P_{IIP2} = P_{in} + (P_{out} - P_{IM2,out}) = 2P_{in} - P_{IM2,in} \tag{8-16}$$

$$P_{IIP3} = P_{in} + \frac{P_{out} - P_{IM3,out}}{2} = \frac{3P_{in} - P_{IM3,in}}{2} \tag{8-17}$$

这里假设干扰信号强度 P_{in} 比最大返回信号高 10dB（即 -30dBm），要求等效输入二阶交调量 $P_{IM2,in}$ 和等效输入三阶交调量 $P_{IM3,in}$ 均小于等效输入噪声功率 $P_{n,in}$，并考虑 3dB 的裕量，则有 $P_{IIP2} \geqslant 33\text{dBm}$，$P_{IIP3} \geqslant 3\text{dBm}$。

而接收机射频前端的 1dB 压缩点受发射机泄漏的载波信号的严重影响，因此，要达到较高的灵敏度，接收机射频前端必须能够在前端存在 5dB 左右的载波信号时正常放大信号，这

也是要解决的关键问题。

综上所述,读写器接收机射频/模拟前端系统指标如表 8-1 所示。

表 8-1　读写器接收机射频/模拟前端系统指标

参　　数	指　　标	参　　数	指　　标
频率范围	840～925MHz	灵敏度	−15dBm
信号带宽	16kHz～2.56MHz	输入三阶交调点(IIP3)	3dBm
噪声系数	20dB	输入二阶交调点(IIP2)	33dBm

8.2　接收机的基本结构

读写器分为数字基带和射频/模拟前端两大部分。数字基带部分由模数转换器、FPGA、中央处理器(CPU)等组成,主要实现的功能包括信号数字化采样、通道计算选择、数据判决、数据编解码等。

发射电路由锁相环电路、0°相移功率分配器、调制放大器、射频功率放大器、射频带通滤波器和电源管理电路组成。接收电路由环行器、反向功率检测电路、低噪声射频放大器、0°相移功率分配器、90°相移功率分配器、两个混频器、两组基带滤波放大电路和门限判别电路组成。

天线将来自射频功率放大器的射频信号辐射到空中,同时也接收来自标签的后向散射射频信号。环行器用作收发双工器,将发射的射频信号与接收的射频信号分开。数字基带电路通过检测由反向功率检测电路提供的 RF_Receiver 信号判断射频输出端口的负载匹配情况,以防止负载严重失配时反向功率过大烧毁器件。低噪声射频放大器用来放大锁相环输出的本振信号。0°相移功率分配器、90°相移功率分配器和两个混频器构成了双信道(I 信道和 Q 信道)非相干正交解调器,数字基带电路将从解调器的 I_DATA 和 Q_DATA 两个信道中选择具有更高信噪比的信道以提取标签的数据信息。基带滤波放大电路用来滤除无用或者有害的直流、低频和高频噪声信号成分。

8.2.1　超外差接收机结构

从解调方式来看,接收机可以分为相干接收机与非相干接收机。非相干接收机(解调未知频率和相位信号的接收机)具有结构简单、易于实现的优点。但是,它的噪声比较大,原因是,在解调过程中,很宽的频带内的噪声能量会被接收并叠加到信号上,对信号的信噪比造成较大的影响。尤其是在多读写器环境下,其他读写器的干扰都会被接收并叠加到基带信号上,抗干扰性能很差。而对于采用相干解调的接收机,影响信号的只有带内的噪声,所以接收机的噪声系数较小,可以得到较高的灵敏度。

超外差接收机结构是当前应用最广泛的一种接收机结构,如图 8-2 所示。

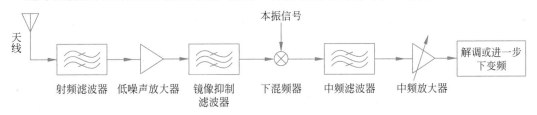

图 8-2　超外差接收机结构

从图 8-2 中可以看出,天线接收到的信号首先要通过射频滤波器。该滤波器会滤除工作频带外的干扰信号以及衰减部分的镜像信号。此后,信号由 LNA 放大。在放大后的信号中,仍然存在的镜像信号会被下一级镜像抑制滤波器进一步抑制,最后衰减到可接受的范围。滤波后的射频信号和本振信号在混频器中进行混频,最后输出固定的中频信号。该中频信号经过中频滤波器(即信道选择滤波器)、中频放大器进行信道选择和放大后,传输到下一级作进一步变频或者解调。

在实现超外差接收机时,首先要解决两个问题,即镜像信号干扰和相邻信道干扰。

1. 镜像信号干扰

在超外差接收机结构中,假设射频信号、本振信号、中频信号、镜像信号分别是频率为 ω_{RF}、ω_{LO}、ω_{IF}、ω_{img} 的余弦波。根据定义,镜像信号与射频信号对称分布在本振信号两边。那么它们之间关系可以表示为

$$\omega_{IF} = |\omega_{RF} - \omega_{LO}| = |\omega_{img} - \omega_{LO}| \tag{8-18}$$

如果 LNA 的输出端没有加入镜像抑制滤波器,那么射频信号和镜像信号将一起进入下混频器的输入端。在混频的过程中,考虑到下混频器的输出信号与两个输入信号频率差的极性没有直接的关联,所以在下混频器的输出端会产生两种不同的输出信号。

(1) 射频信号与本振信号混频后的输出信号为

$$\cos \omega_{RF} t \times \cos \omega_{LO} t = \frac{e^{j\omega_{RF}t} + e^{-j\omega_{RF}t}}{2} \times \frac{e^{j\omega_{LO}t} + e^{-j\omega_{LO}t}}{2}$$

$$= \frac{1}{4} \left[e^{j(\omega_{RF}-\omega_{LO})t} + e^{-j(\omega_{RF}-\omega_{LO})t} + e^{j(\omega_{RF}+\omega_{LO})t} + e^{-j(\omega_{RF}+\omega_{LO})t} \right]$$

$$= \frac{1}{4} \left[e^{j\omega_{IF}t} + e^{-j\omega_{IF}t} \right] + \frac{1}{4} \left[e^{j(\omega_{RF}+\omega_{LO})t} + e^{-j(\omega_{RF}+\omega_{LO})t} \right] \tag{8-19}$$

由于射频信号和本振信号都是实信号,所以它们都有正负两种频率成分。从式(8-19)可以看出,射频信号的负频率成分 $e^{-j\omega_{RF}t}$ 与本振信号的正频率成分 $e^{j\omega_{LO}t}$ 混频后,会产生负频率的中频信号 $e^{-j\omega_{IF}t}$;同样,射频信号的正频率成分 $e^{j\omega_{RF}t}$ 与本振信号的负频率成分 $e^{-j\omega_{LO}t}$ 混频后,会产生正频率的中频信号 $e^{j\omega_{IF}t}$。除此之外,还会产生这两种频率之和的成分 $e^{j(\omega_{RF}+\omega_{LO})t} + e^{-j(\omega_{RF}+\omega_{LO})t}$。

(2) 镜像信号与本振信号混频后的输出信号为

$$\cos \omega_{img} t \times \cos \omega_{LO} t = \frac{e^{j\omega_{img}t} + e^{-j\omega_{img}t}}{2} \times \frac{e^{j\omega_{LO}t} + e^{-j\omega_{LO}t}}{2}$$

$$= \frac{1}{4} \left[e^{j(\omega_{img}-\omega_{LO})t} + e^{-j(\omega_{img}-\omega_{LO})t} + e^{j(\omega_{img}+\omega_{LO})t} + e^{-j(\omega_{img}+\omega_{LO})t} \right]$$

$$= \frac{1}{4} \left[e^{j\omega_{IF}t} + e^{-j\omega_{IF}t} \right] + \frac{1}{4} \left[e^{j(\omega_{img}+\omega_{LO})t} + e^{-j(\omega_{img}+\omega_{LO})t} \right] \tag{8-20}$$

在式(8-20)中,镜像信号与本振信号混频后的输出信号中同样包含了中频信号的正负频率成分。很显然,镜像干扰产生的中频信号和有用中频信号最终会叠加在一起。由于这两种中频信号都位于同一频率点上,所以无法用滤波器清除。唯一的办法就是在下混频器的前面加入一个镜像抑制滤波器。为了尽可能抑制镜像干扰,镜像抑制滤波器必须具有很高的抑制比,而这就需要滤波器具有很高的品质因数 Q,并且中心频率还要可调。在目前的技术条件下,高 Q 值的镜像抑制滤波器还无法实现全集成,通常都是由外部的无源器件构成的,这样就会增加接收机的体积和成本,所以超外差接收机结构一般不用于设计便携式低成本的接收机。尽管如此,当 $2\omega_{IF}$ 足够大时,镜像信号的频率与有用信号的频率相差较大,此时镜像抑制滤波器对镜像信号的抑制能力很强,所以通过提高中频频率可以降低镜像抑制滤波器对品质因数

的要求。

2. 相邻信道干扰

在超外差接收机中,各信道之间的频率间隔很小。为了选出有用信道,一般会在下混频器的输出端连接一个中频滤波器。这个中频滤波器实际上是一个信道选择滤波器,它用于将有用信号与相邻信道的干扰信号分离。由于中频滤波器的通带频率要非常窄才能很好地抑制干扰信号,所以该滤波器要具有很高的 Q 值和非常大的阶数。因此,这种滤波器也很难实现全集成。通过降低 ω_{IF} 可以降低该滤波器对 Q 值的要求,但 ω_{IF} 的降低又会减弱镜像抑制滤波器的抑制能力,所以在超外差接收机结构中要充分考虑中频频率的权衡选择。高的中频频率可以充分抑制镜像干扰,而低的中频频率则可以充分抑制邻近信道的干扰。

8.2.2　零中频接收机结构

在零中频接收机中,有用信号通过下变频后直接变换为基带信号。图 8-3 显示了零中频接收机结构。

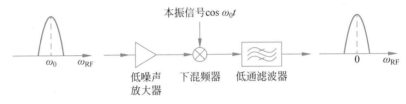

图 8-3　零中频接收机结构

由于射频输入信号的频率与本振信号的频率是相同的,射频信号的频谱经过下变频后将直接被搬移到零频率点上,使得中频信号 $\omega_{IF}=0$,因此在零中频接收机结构中不存在镜像干扰信号。在图 8-3 中,零中频接收机结构没有使用镜像抑制滤波器和中频滤波器,而只用了一个低通滤波器滤除高频信号。

与超外差接收机相比,零中频接收机有 3 个优点:①结构简单;②没有镜像抑制滤波器和中频滤波器,电路模块的数量和外节点数较少;③LNA 不需要驱动 50Ω 的负载。这些优点一方面有利于接收机的单片集成,降低成本和功耗;另一方面也减少了接收机受外部信号干扰的机会。此外,它的后端电路由低通滤波器和基带放大器组成,这些电路的设计非常成熟,性能可靠,而且适合单片集成,所以零中频接收机的灵敏度和单片集成度都很高。

尽管零中频接收机结构有很多优点,但也存在一些缺点。

1. 直流失调

零中频接收机结构虽然消除了镜像干扰问题,但也产生了直流失调的问题。如果直流失调信号和有用信号叠加在一起,会对有用信号造成很大的干扰。因为直流失调信号的功率一般比有用信号功率大得多,它流入接收机后级电路后会造成接收机饱和。

在实际应用中,模块(主要是下混频器)中的耦合会使得本振信号泄漏到混频器或低噪声放大器的输入端,同时输入信号也会耦合到混频器的本振输入端,发生自混频,导致在下混频器的输出端出现直流失调。而接收链路由于要处理很弱的信号,增益很大,这就使得直流失调问题非常严重。直流失调不仅会严重破坏零频率处的信号信息,而且会使下混频器后级电路进入饱和而无法正常工作。

产生直流失调的原因有很多,但本振信号泄漏是主要因素。目前,各种接收机集成电路都主要由有源器件中的晶体管和场效应管构成。这些有源器件存在各种寄生效应和衬底噪声耦合效应,使得接收机中各电路的端口之间并不能完全被隔离。下混频器中的本振信号会通过这些效应耦合到其他电路的输入端。如图 8-4 所示,下混频器中的本振信号会耦合到 LNA 的输入端和下混频器的输入端,最后和有用信号叠加在一起。由于泄漏的本振信号和混频器中输入的本振信号在频率上相同,它们经过混频后,会转换成直流信号,从而产生了直流失调。

2. 正交 I/Q 失配

当读写器采用相移键控(PSK)和频移键控(FSK)两种调制技术时,零中频接收机必须采用正交 I/Q 两路结构才可以避免信息的损失。这是因为这两种调制信号频谱中的两个边带都带有不同的信息,所以在下变频中调制信号必须被分离为两个正交相位,才能保留原有的信息。除此之外,零中频接收机虽然没有镜像信号,但由于存在自身镜像问题,也需要采用正交两路的结构给信号解调提供一个相位上的维度,然后通过数字处理消除自身镜像问题。这就要求射频输入信号或者本振输出移相 90°,如图 8-5 所示。I 路的本振信号为 $\cos \omega_0 t$,Q 路的本振信号为 $\sin \omega_0 t$,两路的本振信号的相位相差为 90°。零中频接收机采用正交两路结构后,它的性能很大程度上取决于 I/Q 两路的匹配性。

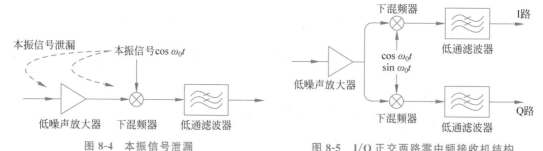

图 8-4　本振信号泄漏　　　　图 8-5　I/Q 正交两路零中频接收机结构

本地振荡器中存在的寄生效应通常会导致 I/Q 本振信号在幅度和相位上失配。这种失配在超外差结构中可以被忽略,但是在零中频结构中会降低接收机信噪比并恶化系统性能。因此,在一些复杂的调制技术中,要求零中频接收机的幅度失配小于 1dB,相位误差小于 5°。

3. $1/f$ 噪声

在集成电路中,有源器件会产生 $1/f$ 噪声。这种噪声的大小与有源器件的工作频率成反比。当工作频率较高时,产生的 $1/f$ 噪声很小,可以忽略;但是当工作频率较低时,$1/f$ 噪声则比较大。一般来说,在零中频接收机中,射频前端电路的典型增益为 30dB,所以混频器输出的基带信号电平值大约为几十微伏。而下混频器输出信号的中心频率为 0,因此下混频器产生的 $1/f$ 噪声非常大,该噪声很容易对微弱的基带信号造成干扰。这一点在 MOS 工艺中尤其严重(MOS 晶体管由于表面缺陷的原因,$1/f$ 噪声比双极性晶体管要大很多)。正是由于这些缺点,零中频接收机在很长的时间内没有在实际中被广泛应用。

为了降低 $1/f$ 噪声对基带信号的影响,可以提高 LNA 的增益或者使用大尺寸的有源器件。此外,随着技术的发展,这些问题逐渐有了解决方案,例如直流失调消除、零直流能量编码、偶次谐波抑制等技术。在这些新技术的推动下,零中频接收机由于具备了结构简单、可集成性高、可以处理宽带基带信号等优点,逐渐为人们所重视,并得到越来越广泛的应用。还可以结合无直流编码技术和高通滤波器滤除噪声。

4. 偶数阶失真

当 LNA 的信道周围同时存在两种较强的干扰信号时,会在 LNA 中产生偶次互调失真。这种失真会给接收机带来严重的干扰。

在超外差接收机中,在第一次变频之后,偶次谐波产生的交调量在靠近直流处离中频较远,可以被有效地滤除,所以超外差接收机只对奇次谐波敏感。而在零中频接收机中,电路的偶次非线性会使得在射频通带中的干扰被变频到直流附近,与信号叠加在一起。

假设两种干扰信号的组合表达式为 $x(t) = A_1 \cos \omega_1 t + A_2 \cos \omega_2 t$,而 LNA 中存在一个非线性的变换 $y(t) = a_1 x(t) + a_2 x^2(t)$。当干扰信号经过非线性变换后,会产生 $a_2 A_1 A_2 \cos(\omega_1 - \omega_2)t$ 这一项,很显然它的频率很小。如果下混频器的隔离度较差,该低频成分就会通过下混频器输入端耦合到它的输出端,并与基带信号混合,最终造成干扰。为了消除偶次失真,通常采用具有差分结构的 LNA 和下混频器,并要尽可能地提高下混频器的隔离度。

对于 RFID 读写器而言,以下原因使得零中频接收机成为一个很好的选择:①读写器收到的信号是标签反射回来的信号,频率与发射的信号完全一样,采用零中频接收机使收发共用同一个频率综合器,电路结构简单;②在现有的 RFID 协议中,标签-读写器采用的编码在直流处都没有能量,这为抑制直流失调提供了很大的便利;③零中频接收机收发本振同源,使泄漏的载波中相位噪声对接收机的影响可以得到一定的抑制。因此,RFID 读写器适合选择零中频接收机作为系统架构设计的出发点。图 8-6 给出了一个典型的零中频接收机结构。

图 8-6　典型的零中频接收机结构

首先天线接收到的信号经过滤波和双工器/隔离器之后由低噪声放大器进行放大,提高信号的强度,以减小后级电路的噪声对信号的影响。放大后的信号进入下混频器,和与载波频率相同的本振信号进行混频,经过一次变频直接将信号转换到基带。下变频后的信号必须经过一次滤波,去除高频信号、带外杂散、干扰及噪声。同时载波混频产生的直流量是不含有信息的,而且有时幅度相当大,也是需要去除的。滤波之后的基带信号通过可变增益放大器将幅度调整到合适的大小,然后进入 ADC 转换为数字信号。

当前的技术水平下窄带零中频接收机射频前端性能的典型值如下:增益为 30dB 左右,IIP3 为 5dBm 左右,噪声系数为 4~5,这也是当前大部分窄带无线通信系统对射频前端的指标要求。与前面提到的系统链路指标相比,UHF RFID 系统在某些方面有以下特殊性:①它对灵敏度的要求不是很高,如 −70dBm 左右就能满足很大一部分应用的需要;②由于收发同频,在接收端存在本地载波强干扰,这要求前端电路的 1dB 压缩点很高,而传统的结构该指标可能在 −10dBm 以下。在这种情况下,就要求对 RFID 接收机的各模块指标进行合理的分配,对部分模块进行特殊设计,或者调整链路结构,使整个接收机链路能够达到要求的性能。

根据上面的分析可知,接收机前端面临着 0dBm 载波强干扰的挑战,这相当于在接收机输入端存在幅度为 316.2~562.3mV 的干扰信号。而此时最大的有用信号仅为 −40dBm,幅度为 3.16mV;最小信号为 −71.2dBm,幅度为 87.1μV。面对同时存在且差异如此巨大的信号与干扰,要进行正常接收一般可以采用两种方案:一是将干扰源与信号通路通过它们之间的差异进行分离,在处理信号时减小干扰的幅度;二是使信号与干扰都进入接收机并下变频,然后通过适当的方法去除干扰信号,最后再对信号进行放大和基带处理。相比而言,第一种方案更直接而且效果好,也是目前较为常用的方案,但是在本设计中实现时会遇到很大的问题。信号和本地载波干扰最大的区别是它们的传播方向不同,这种情况下最常见的方法是使用环形器或者定向耦合器隔离。市场上现有的环行器隔离度为 25~30dB,

这样泄漏到接收机的载波仍然有 0dBm 以上的幅度，对于传统结构的 1.8V 接收机而言，无法处理如此大强度的干扰。参考类似的系统，如雷达，可以采用一些有源的载波消除方案增加收发隔离度，但这样会大大提高系统的复杂度和功耗，违背了设计单芯片读写器的初衷，所以该方案并不合适。下面考虑第二种方案的实现。

由于本地载波干扰是点频信号，在进入零中频接收机进行下变频之后会成为直流量，而 UHF RFID 协议中使用的信源编码方式决定了返回信号在直流处没有能量，这使得下变频后直流消除的实现成为可能。所以在第二种方案中，一个比较简单的方法是使有用信号和干扰同时进入接收机，然后一起下变频到基带，利用它们在频率上的不同将干扰去除，最后再对信号进行放大和后续处理。要实现这个方案，必须保证以下两点：①输入信号在被下变频及滤波之前不能阻塞前端电路，这需要前端电路具有足够高的输入压缩点；②由于在干扰被去除之前信号不能被有效地放大，所以必须保证后级电路的噪声不能对输入信号的信噪比造成太大的影响，这里的噪声问题要比传统结构中的射频前端有 30dB 左右的增益的接收机要严重得多，需要仔细地考虑。下面就对此进行进一步的讨论。

根据前面的讨论可以知道，在现有的常用隔离方法下，当发射功率为 30dBm 时，接收端收到的泄漏信号幅度在 30dB 时的隔离度为 316.2mV。这种幅度的干扰在接收机工作时始终存在。对于传统的 V-V 低噪声放大器而言，电压增益通常大于 10，而在这样的增益下，1.8V 的电路很早就会进入饱和，第一级放大器就会被阻塞，有用信号无法进入接收机。通过在接收机第一级进行衰减可以使信号进入接收机，但是待接收信号在被衰减之后对后级电路的噪声会非常敏感，从而要求接收机具有更好的噪声性能。例如，若在接收机输入端加 20dB 的衰减，则要求接收机的噪声系数降低 20dB 才能达到原本要求的灵敏度，这对接收机的设计是一个很大的挑战。再考虑到信号和载波干扰进入接收机后需要快速被下变频到基带，进行随后的直流消除，接收机的第一级可以确定为一个高输入压缩点的混频器，这里无源混频器是一个满足上述要求的选择。在无源混频器之后，放大信号之前，需要将由载波下变频而来的直流分量消除。而在此之前由于信号没有得到有效的放大，该模块自身的噪声需要足够小，同时在直流分量消除之后，滤波之前，需要对信号进行放大，以抑制中频滤波器噪声的影响，同样，此放大电路也需要是低噪声的。到此为止，载波泄漏造成的影响已经被消除了，后面就可以用常用的方法处理中频信号。此处还需要考虑的是放大电路的增益，此处的增益不能太小，因为需要抑制中频模块的噪声；同时也不能太大，因为需要对带内干扰有一定的承受能力。所以这里的增益根据两个数据确定：一个是带内干扰的幅度；另一个是中频模块的噪声。在 CMOS 工艺中，一个中频滤波器典型的噪声系数（以 50Ω 源阻抗为参考）为 40～50dB，而接收机链路的噪声系数要求小于 23.2dB。根据现有前端模块的可实现线性度可以计算出在接收最小幅度信号时能够承受的干扰最大值为 −30dBm 左右。因此，此处的放大器增益可以大致确定为 30dB。

根据以上分析，接收机前端的架构可以初步定为无源混频器加中频低噪声直流消除放大器。其中无源混频器提供足够高的 1dB 压缩点，而单平衡无源混频器从单端电压输入到差分电压输出有 2 倍的增益，也免除了对单端转差分换衡器（balun）的要求，是一个很好的选择。中频放大器需要在保证自身噪声较低的前提下对信号进行放大，同时需要实现直流消除的功能，直流幅度过大时，不消除就无法对信号进行放大。

直流消除之后的中频模块是 LPF（低通滤波器）以及 AGC（Automatic Gain Controller，自动增益控制器）。LPF 主要起抑制信道外干扰以及 ADC 输入抗混叠滤波的作用。AGC 用来给 ADC 提供一个幅度接近满幅的输入，以尽量充分利用 ADC 的动态范围（或者说减小量化噪声的影响)。LPF 和 AGC 的配置有多种选择,如 LPF-AGC-LPF 或 AGC-LPF-AGC 等。

综上所述,读写器接收机解决方案及链路信号特征如图 8-7 所示。标签返回信号在被读写器天线接收到以后会经过如下处理。首先经过片外射频滤波器去除带外干扰和噪声,然后通过环形器进入接收机。与返回信号一起进入接收机的还有从发射机通过环形器泄漏的载波,它们一起被无源混频器下变频到基带。下变频后的信号包含有用信号、由载波下变频而来的大幅度直流量以及部分邻近信道的干扰。此时的信号尚未经过有效放大,很微弱。中频直流放大器实现对信号的放大,对直流分量进行消除,同时保持噪声比较低。经过处理后的有用信号可以得到大约 30dB 的增益,而直流信号将会得到大约 40dB 的抑制(此处的信号增益和直流抑制量可以分开设计,两者没有联系)。经过放大和直流消除的信号可以被正常处理,首先经过低通滤波器进行带内选择,同时也为后级 ADC 提供抗混叠滤波。滤波之后的信号进入 VGA 调制幅度,最后进入 ADC 转换为数字信号并送入数字接收机进行后续处理。

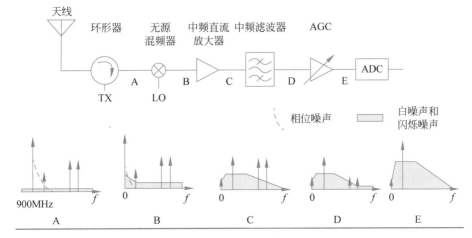

图 8-7　读写器接收机解决方案及链路信号特征

此外,考虑到接收机本振信号与接收信号相位不确定因素,在标签处于某些特定位置(相位差为 90°)时,混频后信号幅度为 0。为了解决此类零点问题,接收机必须采用正交解调结构,使用正交的本振信号与接收到的信号混频,得到 I、Q 两路下变频后的中频信号。

相对于接收机而言,发射机的结构比较简单且固定,如图 8-8 所示。正交调制的直接变频发射机是一种简单且常用的结构,它的性能完全能够满足 UHF RFID 读写器对信号发射的要求。

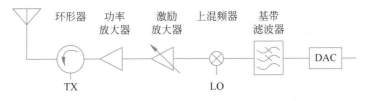

图 8-8　发射机的结构

读写器收发机芯片模块(图 8-9)DAC 输出的离散时间信号经过重构滤波器之后恢复为连续时间信号,进入上混频器进行调制输出,最后送入功率放大器放大,并由天线发射出去,这里的频率综合器与接收机是共用的。发射信号为最高速率是 160kHz 的 PIE 编码信号。调制方式为 DSB-ASK、SSB-ASK 或 PR-ASK。

由于需要使用单边带调制,发射机也需要使用正交调制器,即 I、Q 两路基带信号(分别为复包络的实部和虚部)分别与相差为 90°的本振信号混频,生成的信号相加之后便得到单边带幅度调制的通带信号。

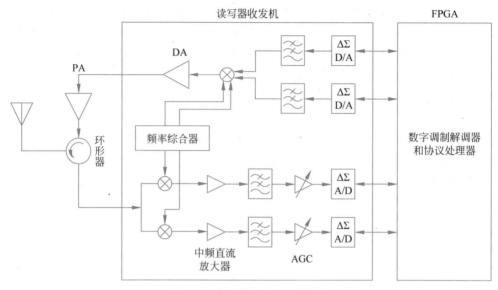

图 8-9　读写器收发机芯片模块

8.3　接收机的性能指标

8.3.1　输入匹配

在当前各种无线收发系统中,为了保证滤波器的通用性,通常规定它的端口标准阻抗为 50Ω。那么与其相连的各种射频电路模块的端口输入阻抗也要设计为 50Ω,才不会使滤波器的传输频带和抑止频带的特性呈现出严重的衰减和大幅度波动。

输入匹配是用来描述端口匹配度的参数。通常将输入匹配的大小用输入回波损耗(Return Loss,RL)表示。RL 描述了源功率与输送到传输线的功率之间的失配度,它可以表示为反射功率 P_r 与输入功率 P_i 之比。具体表达式为

$$\mathrm{RL} = -10\lg\frac{P_r}{P_i} = -20\lg|\Gamma_{\mathrm{in}}| \tag{8-21}$$

其中,Γ_{in} 是对应源阻抗 Z_0 的输入电压反射系数。当输出端口匹配时,Γ_{in} 和输入端口反射系统 S_{11} 相等。S_{11} 是一个可以通过仪器测量得到的具体数据,它可以表示为

$$S_{11} = \Gamma_{\mathrm{in}} = \frac{Z_{\mathrm{in}} - Z_0}{Z_{\mathrm{in}} + Z_0} \tag{8-22}$$

其中,Z_{in} 为输入阻抗,Z_0 为 50Ω。在超外差接收机结构中,由于存在镜像抑制滤波器,LNA和混频器的输入输出端口都要与 50Ω 电阻匹配。而在零中频接收机结构中,只需要 LNA 的输入端与 50Ω 电阻匹配。

8.3.2　增益

增益是指放大器将信号的电压或功率放大的倍数,单位为 dB。射频电路中存在多种类型的增益,例如功率增益、电压增益。通常增益可表示为

$$A = 20\lg\frac{V_{\mathrm{out}}}{V_{\mathrm{in}}} = 10\lg\frac{P_{\mathrm{out}}}{P_{\mathrm{in}}} \tag{8-23}$$

当输入和输出阻抗相同时,电压增益和功率增益在数值上是相等的。整个接收机电路的增益 A_{total} 是各个子单元电路增益的总和:

$$A_{\text{total}} = A_1 + A_2 + \cdots + A_m \tag{8-24}$$

8.3.3　噪声系数

在射频集成电路中,与有用信号无关的随机干扰信号称为噪声。噪声的种类有很多,例如热噪声、散粒噪声和闪烁噪声。由于各种噪声的存在,信号通过接收机系统后会产生误差。通过测量噪声的大小,就能衡量接收机中噪声对信号的影响。噪声系数(NF)就是描述接收机中噪声大小的参数。它定义为

$$\text{NF} = 10 \lg \frac{\text{SNR}_{\text{in}}}{\text{SNR}_{\text{out}}} \tag{8-25}$$

由于接收机输入信噪比 SNR_{in} 始终大于输出信噪比之比 SNR_{out},所以 NF 大于 0。

一个接收机系统是由 LNA、下混频器、信道选择滤波器等电路级联构成的,那么,接收机系统总的 NF 也与这些级联子电路的噪声系数(NF)有关。图 8-10 显示了一个 m 级的噪声级联网络。

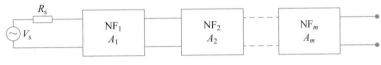

图 8-10　一个 m 级的噪声级联网络

在图 8-10 中,NF_m 和 A_m 分别代表第 m 级的噪声系数和增益。整个网络总的噪声系数 NF_{total} 可表示为

$$\text{NF}_{\text{total}} = 1 + (\text{NF}_1 - 1) + \frac{\text{NF}_2 - 1}{A_1} + \frac{\text{NF}_3 - 1}{A_1 A_2} + \cdots + \frac{\text{NF}_m - 1}{A_1 A_2 \cdots A_{m-1}} \tag{8-26}$$

式(8-26)表明,接收机总的噪声系数与各子级的噪声系数和增益有关。前级网络的增益越大,后级网络中的噪声对总噪声的贡献就越小。前级网络的增益减小一定倍数,后级网络的噪声在该级网络的输入端将以相同的倍数被放大。

8.3.4　线性度

由于射频接收机电路中的有源器件是非线性的,会产生非线性失真,所以必须度量非线性对接收机电路造成的影响。在射频电路设计中,通常采用 1dB 增益压缩点和三阶交调截点(IP3)描述接收机的线性度。

图 8-11 显示了一个 m 级的非线性级联网络,A_m 和 $A_{\text{IP3},m}$ 分别是第 m 级的增益和三阶交调截点增益。

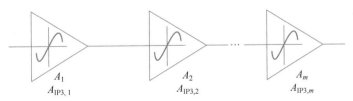

图 8-11　一个 m 级的非线性级联网络

级联网络总的三阶交调截点增益 A_{IP3} 与各子级增益的关系可以表示为

$$\frac{1}{A_{\text{IP3}}^2} \approx \frac{1}{A_{\text{IP3},1}^2} + \frac{(A_1)^2}{A_{\text{IP3},2}^2} + \cdots + \frac{(A_1 A_2 \cdots A_{m-1})^2}{A_{\text{IP3},m}^2} \tag{8-27}$$

可以看出,接收机系统总的 A_{IP3} 小于系统中各子级的 $A_{IP3,m}$,此外每一级的 IP3 增益都比之前所有级的总增益小。因此,在接收机系统中,后级电路的三阶交调截点增益对整个接收机线性度的影响最大。

8.3.5　灵敏度

灵敏度是指接收机在规定的输出信噪比条件下能检测到的最小输入信号电平值。灵敏度越高,接收机能接收的信号电平就越小。灵敏度与接收机的输出信噪比和噪声系数有关,它可表示为

$$P_{in,min} = -174 + NF_{total} + 10\lg B + SNR_{out,min} \qquad (8-28)$$

其中,B 为接收机系统的信道带宽,NF_{total} 为接收机系统总的噪声系数,$SNR_{out,min}$ 为接收机系统所要求的输出信噪比。从式(8-28)可以看出,在带宽和输出信噪比不变的条件下,系统的噪声系数越小,接收机的灵敏度越高。

8.4　模块技术指标

8.4.1　环形器技术指标

环形器的位置如图 8-12 所示。

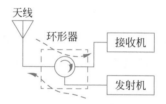

图 8-12　环形器的位置

环形器的技术指标如表 8-2 所示。

表 8-2　环形器的技术指标

指　　标	要　　求	指　　标	要　　求
工作频段	860~960MHz	插损	<1dB
端口特征阻抗	50Ω	隔离度	30dB
驻波比	<1.25dB		

8.4.2　下变频混频器技术指标

下变频混频器的位置如图 8-13 所示。

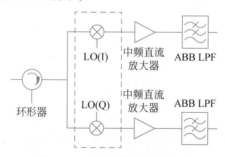

图 8-13　下变频混频器的位置

接收机的第一级无源混频器工作在电压模式,采用单平衡结构。其前级是环形器的输出,需要实现 50Ω 匹配,匹配电路可以在片外实现。其后级是中频直流放大器,需要高阻输入,若

后级满足不了需求则需要插入缓冲器。

下变频混频器的技术指标如表 8-3 所示。

表 8-3　下变频混频器的技术指标

指　　标	要　　求	指　　标	要　　求
转换增益	>4dB	输入二阶交调点	>35dBm
双边带噪声系数	<20dB(@0 载波泄漏)	射频输入频率	860～960MHz
输入 1dB 压缩点	>0	本振信号频率	860～960MHz
输入三阶交调点	>0		

8.4.3　中频直流放大器技术指标

中频直流放大器的位置如图 8-14 所示。

中频直流放大器主要实现对载波下变频后形成的直流分量的抑制以及对信号的有效放大,以抑制后级电路的噪声。同时,该模块自身的噪声需要控制在比较低的状态,才能满足接收机对噪声的要求。其前级为输出阻抗为数百至数千欧姆的无源混频器,后级为输入阻抗在 10Ω 以上的中频滤波器。

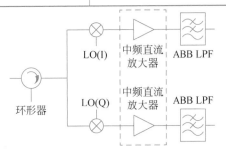

图 8-14　中频直流放大器的位置

中频直流放大器的技术指标如表 8-4 所示。

表 8-4　中频直流放大器的技术指标

指　　标	要　　求	指　　标	要　　求
增益	30dB	高通 3dB 频率	<10kHz
直流抑制	>40dB	噪声系数	<20dB
低通 3dB 频率	>3MHz	总谐波失真	<0.5%

8.4.4　中频低通滤波器技术指标

中频低通滤波器的位置如图 8-15 所示。

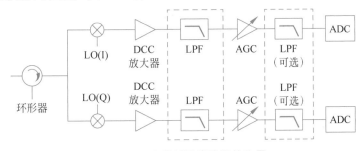

图 8-15　中频低通滤波器的位置

若不考虑信道带宽,则标签返回的信号最高速率为 640kHz,占用带宽 1.28MHz,再考虑到允许标签返回信号 20% 的频偏,最大带宽约为 1.54MHz。若考虑信道分配,则需要根据不同地区的频率规范确定最大允许的数据率及其实际需要占用的带宽。在下面的分析中,以中国对 UHF RFID 频率规范中的 250kHz 信道带宽为依据为依据(其他国家以 500kHz 信道带宽为依据)。

由于在现有协议中允许多种不同的返回数据率,所以需要带宽可变的信道选择滤波器。而在 250kHz 信道带宽条件下,用片上集成模拟滤波器实现信道选择是比较困难的。所以最简单而有效的方法就是使用数字滤波器实现信道选择功能。可以在 ADC 之前使用一个简单的模拟抗混叠滤波器,然后将剩下的信道选择工作留给数字滤波器完成。但是有一点需要注意,模拟滤波器虽然不需要完成信道选择功能,但是它必须提供足够的带外抑制,使得输入ADC以及VGA的信号中不会含有幅度很大的干扰信号阻塞后级电路或引起强烈的非线性。根据协议可知,在密集读写器条件下,最大的邻近信道泄漏为一20dB,而数字接收机需要的信噪比为15dB左右,所以本信道的最小信号会比邻近信道允许的最大干扰低5dB。而为了使AGC能够正确调整到ADC的信号幅度,要求干扰的幅度不超过信号的幅度,可以认为最坏情况是两者相等。于是可以得到需要的最小邻近信道抑制为一5dB。这是一个相当宽松的指标,可以要求邻近信道干扰比信号幅度低10dB,于是基带模拟滤波器在两倍信道带宽处抑制要求大于15dB,相当于第10倍频为50dB,这要求模拟中频滤波器至少是3阶的。

基带模拟低通滤波器可以由一级实现,也可以分为两级或更多级,例如在可变增益放大器前后就可以根据需要有选择地加入滤波器。由于VGA是接收机中最后一级放大模块,它的增益很大,相应地线性度会比较差。VGA之前的滤波器是必需的,用来滤除混频之后的高频成分、带外干扰以及带外噪声。其中带外干扰是需要被滤除的主要部分,若让其进入VGA,则会影响AGC的增益控制,使放大器的线性度恶化,产生会破坏信号的交调量。VGA之后的滤波器主要是去除信号经过VGA之后产生的谐波失真。在本设计中,考虑到信号适度的失真对解调影响不大,所以决定只使用VGA之前的滤波器。

该滤波器同时起到ADC输入抗混叠的作用,即滤除ADC采样时所有镜像频率上的噪声和干扰,以保证带内信号不被混叠所破坏。根据协议可知,标签返回信号的数据率最低为40kHz,最高为640kHz,相应的奈奎斯特频率分别为160kHz和2.56MHz。若ADC为两倍过采样,则要求在4倍通带频率处有足够的抑制,如50dB,这需要至少5阶的滤波器,会产生较多的功耗,需要较大的芯片面积。因此采用32倍过采样2-AADC,在达到所需量化精度要求的同时降低对抗混叠滤波器的要求。此时ADC的采样率为128MHz,信号带宽为3MHz,刚才计算的每10倍频50dB的指标完全可以满足此时的抗混叠要求。此外,由于标签返回的信号接近方波,带宽较大,需要滤波器具有较小的相位失真,因此要求群延时比较稳定。

中频低通滤波器的技术指标如表8-5所示。

表8-5 中频低通滤波器的技术指标

指　　标	要　　求	指　　标	要　　求
3dB 转折频率	3MHz	噪声	＜50dB
通带纹波	1.5dB	总谐波失真	＜0.5%
带外抑制	＞50dB/dec	其他要求	群延时稳定

8.4.5　自动增益控制器技术指标

自动增益控制器的位置如图8-16所示。

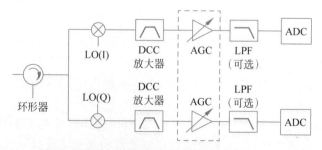

图8-16　自动增益控制器的位置

自动增益控制有数字控制和模拟控制两种方式。数字控制通过检测 ADC 输入信号的幅度判断当前的增益,然后通过数位的控制字调节可变增益放大器的增益(一般通过改变放大器反馈系数的方法改变增益),使之输出的幅度接近一个固定值。这种方法的好处是增益控制比例精确,且放大器设计时不需要考虑增益控制问题,便于简化设计。其缺点是数字控制的各级增益是不连续的,当增益相差比较大时,需要更多的控制位达到所需的增益控制精度。当前读写器芯片并未包含数字基带,这意味着需要在片外(如 FPGA)进行基带处理,提供反馈的增益控制字,因此芯片需要提供相应的输入接口。在该测试版本的引脚数本来就很紧张的情况下,这个方案并不可取。而模拟控制方法可以实现连续增益可调,而且结构简单,整个环路都可以做在芯片内部,所以本设计选择模拟控制的方案。

自动增益控制器的技术指标如表 8-6 所示。

表 8-6 自动增益控制器的技术指标

指 标	要 求	指 标	要 求
增益范围	0~60dB	谐波失真	<0.5%
带宽	3MHz	增益控制	模拟
噪声系数	<60dB	其他要求	增益控制参考电压片外可调

8.4.6 模数转换器技术指标

模数转换器的精度要求为其量化噪声在噪声基底之下(或满足信噪比要求)。根据前面的分析可以知道送入数字接收机信号的信噪比要求为 14.6dB,考虑信号幅度波动,4 位模数转换器可以满足信噪比的要求。这是一个比较低的要求,再考虑设计裕量,将模数转换器的位数定为 6 位。在最大通信速率时,若数字接收机要求 8 倍过采样,则模数转换器的转换速率必须大于 $1.56\text{MHz}\times2\times8\approx25\text{MHz}$。

模数转换器的技术指标如表 8-7 所示。

表 8-7 模数转换器的技术指标

指 标	要 求	指 标	要 求
结构	过采样 Σ-Δ	转换速率	>25MHz
有效位数	6 位	输入幅度	>300mV
信号带宽	2MHz		

8.4.7 频率综合器技术指标

频率综合器的位置如图 8-17 所示。

频率综合器采用分数分频结构实现。为了减小牵引效应,采用两倍频振荡器,即中心频率为 1.8GHz。相位噪声是频率综合器的核心指标之一,下面对其进行详细的分析。

相位噪声对接收机的影响有两种情况:一种是下变频混频器本振上的相位噪声会将邻近信道的干扰下变频到基带,对接收信号造成破坏;另一种是邻近信道中载波

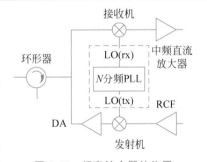

图 8-17 频率综合器的位置

的相位噪声落在接收信道中,叠加在信号上而恶化了信噪比。对于第一种情况,可以通过转换增益计算落在信道内的干扰功率。根据相位噪声的随机性和统计特性,可以假设在相位噪声出现处的转换增益与其能量成正比。因此,在可能出现的最大干扰相同时,这种情况计算出来的相位噪声要求不会超过第二种情况,因此以第二种情况的计算结果为准。

对于第二种情况,要求相位噪声出现在本信道的能量比接收机等效输入噪声低 3dB,假设出现的最大干扰为邻近信道发射的载波,到接收机的能量与本地载波泄漏相当,即为 0dBm。

$$\begin{cases} N_{\text{leak}} = P_{\text{carr,max}} + \text{PN} + 10 \lg \text{BW} < N_{\text{in,max}} - 3\text{dB} \\ \text{PN} < N_{\text{in,max}} - P_{\text{carr,max}} - 10 \lg \text{BW} - 3\text{dB} \\ \quad = -85.8\text{dBm} - 0\text{dBm} - 10 \lg 250\text{kHz} - 3\text{dB} \\ \quad = -142.8\text{dBc@250kHz} \end{cases} \tag{8-29}$$

该指标在现有的工艺和技术条件下几乎无法达到。但是从另一个角度看,当一个频率与本振相差 250kHz 或者 500kHz,功率为 0dBm 的干扰出现在接收机上时,接收机前端将被完全阻塞。也就是说,当间隔一个信道有 0dBm 的其他读写器的载波干扰时,读写器无法正常工作,在这种情况下计算出的相位噪声指标并没有参考价值(除非是使用其他工艺或分立器件设计的读写器,其前端具有很高的压缩点)。在实际使用时,需要限制读写器之间的最小距离或者对输入信号进行衰减,以降低进入接收机的干扰的幅度,读写器才能正常工作。

在这种情况下,设置相位噪声参数时,需要考虑的是电路的动态范围。动态范围定义为电路能处理的最大信号与最小信号的比值。电路能处理的最大信号由电路的增益及线性度决定,最小信号由电路的噪声决定。以接收到的返回信号强度为例,最大信号为 −40dBm,最小信号为 −70dBm 左右,这对于接收机前端增益为 30dB 的接收机是一个合理的范围。于是对相位噪声的要求是

$$\text{PN} + 10 \lg \text{BW} \leftarrow 30\text{dB} - 14.6 \tag{8-30}$$

$$\text{PN} \leftarrow 33\text{dB} - 10 \lg 250\text{kHz} = -98.6\text{dBc@250kHz} \tag{8-31}$$

在计算噪声功率时,应根据相位噪声在信道内的分布进行积分,这里取信道中心的值作为平均值进行计算。

频率综合器的指标如表 8-8 所示。

表 8-8   频率综合器的指标

指　　标	要　　求	指　　标	要　　求
输出频率范围	860~960MHz	锁定时间	$<100\mu s$
频率精度	±10ppm	相位噪声	$<-98.6\text{dBca250kHz}$
频率分辨率	$<5\text{kHz}$	VCO 振荡频率	2 倍频

此处的指标仅适用于邻近信道干扰对接收机影响的情况,对于本地载波相位噪声的要求依然很高,这也是目前 CMOS 读写器芯片只用于小功率发射情况的原因。

8.5   低噪声放大器的基本理论和结构

8.5.1   基本结构

1. 源简并电感型共源放大器结构

图 8-18(a)为源简并电感型共源放大器结构。它是当前使用最为广泛的窄带放大器结构。该结构通过在晶体管的源极引入电感为输入阻抗提供了实部,然后通过源极串联电感 L_{g} 与栅源电容 C_{gs} 谐振,使输入阻抗虚部为 0,从而实现 50Ω 的输入阻抗匹配。由于电感和电容只能在有限带宽内谐振,所以该放大器只能实现窄带放大。

根据图 8-18(b)所示的小信号可以计算出该结构的输入阻抗。其中,MOS 管输出阻抗 r_0 很大,可以忽略。那么输入阻抗 Z_{in} 可表示为

$$Z_{\text{in}} = \omega_{\text{T}} L_{\text{S}} + \text{j}\omega\left(L_{\text{S}} + L_{\text{g}} - \frac{1}{C_{\text{gs}}}\right) \tag{8-32}$$

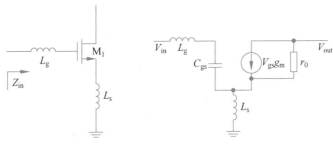

(a) 源简并电感型共源放大器结构　　　　　(b) 小信号模型

图 8-18　源简并电感型共源放大器结构和小信号模型

其中,ω_T 是特征频率,$\omega_T = g_m/C_{gs}$。从式(8-33)可以看出,通过选择合适的电感值,可以使虚部 $L_S + L_g - 1/C_{gs}$ 等于 0。$\omega_T L_S$ 构成了输入电阻的实部,通过调节共源管的直流工作点,选择合适的跨导值,可以使实部值等于 50Ω,从而实现输入阻抗匹配。

源简并电感型共源放大器结构可以很好地实现 LNA 的输入阻抗匹配,但是源极电感会恶化 LNA 的功率增益。此外,M_1 管的栅极和漏极之间存在寄生电容 C_{gd},会在 LNA 中产生米勒效应。而米勒效应会恶化 LNA 的噪声性能和输入匹配性能,还会降低增益和反向隔离度。

2. 共栅放大器结构

图 8-19(a)为共栅放大器结构。在该结构中,输入信号从 M_1 管的源极输入。该结构利用了共栅放大器自身的输入阻抗实现输入阻抗匹配。根据图 8-19(b)所示的小信号模型,其输入阻抗值可表示为

$$Z_{in} = \frac{V_{in}}{i_{in}} = \frac{V_{gs}}{g_m V_{gs} + j\omega V_{gs} C_{gs}} = \frac{1}{g_m + j\omega C_{gs}} \approx \frac{1}{g_m} \tag{8-33}$$

可以看出,Z_{in} 与栅漏寄生电容 C_{gd} 无关,所以该结构不会产生米勒效应。由于 MOS 管跨导 g_m 通常很小,当 $g_m = 20\text{ms}$ 时,$Z_{in} = 50\Omega$。因此,只需要调节 M_1 管的直流工作点,就可以很容易地实现输入阻抗匹配。此外,该结构还具有良好的隔离度和线性度。尽管如此,共栅放大器的噪声性能较差,所以采用共栅结构的 LNA 通常要使用辅助技术降低噪声。

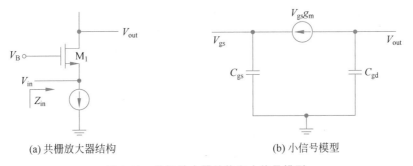

(a) 共栅放大器结构　　　　　　　　　(b) 小信号模型

图 8-19　共栅放大器结构和小信号模型

3. 共源共栅放大器结构

图 8-20 为共源共栅放大器结构。这种结构结合了共源放大器和共栅放大器两种结构,所以它具有这两种结构的优点和缺点。在该结构中,电压信号从共源放大器 M_1 管的栅极输入,经过电压放大后,被转换为电流信号。该电流信号从共栅放大器 M_2 管的栅极流入,从漏极流出,经过负载电阻后再被转换为电压信号。整个过程完成了从电压到电流和从电流到电压的二次转换,实现了对输入信号的二级放大。

由于输入信号是共源输入,所以该结构通过使用源简并结构就可以实现输入阻抗匹配。虽然共源放大器的寄生电容 C_{gd} 会在 M_1 管的漏极产生米勒效应,但输出端的共栅放大器既能降低这种米勒效应的影响,又能提高放大器的稳定性和隔离度。两种结构的优势互补使这种放大器结构成为当前使用最为广泛的结构。尽管如此,该结构由于采用了两层 MOS 管叠加,当所有的 MOS 管都工作在饱和区时,就必须具备较高的工作电压,所以该结构不适用于设计工作电压较低的 LNA。

4. 电压并联负反馈放大器结构

图 8-21 为电压并联负反馈放大器结构。

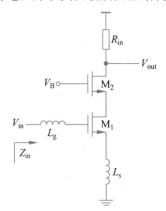

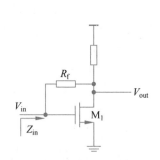

图 8-20　共源共栅放大器结构　　　图 8-21　电压并联负反馈放大器结构

在该结构中,M_1 管的栅极和漏极之间并联了电阻 R_f。引入电阻后,放大器的输入阻抗可表示为

$$Z_{in} = \frac{R_f}{1 + A_V} \tag{8-34}$$

其中,A_V 是放大器的电压增益。通常放大器的增益大约为 10,当电阻为 500Ω 时,正好可以使输入阻抗转换为 50Ω,所以通过选择合适的反馈电阻值和 M_1 管的宽度值,就可以实现输入阻抗匹配。此外,该结构还具有宽带性能。但该结构有两个缺点:①反馈电阻会在 M_1 管的漏极和栅极之间引入较大的寄生电容,加剧米勒效应;②反馈通路会使输入端与输出端之间的直流电压相互干扰。

8.5.2　性能指标

1. S 参数

在射频系统中,传统的终端开路、短路等测量性能的方法已经不再适用,取而代之的是采用二端口网络的 S 参数。要了解 S 参数,必须先了解传输线的基本理论。

图 8-22 给出了电压信号通过传输线传输到负载 Z_L 的过程。

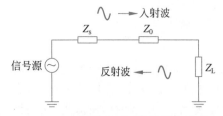

图 8-22　电压信号通过传输线传输到负载 Z_L 的过程

当 $Z_L = Z_0$ 时,入射波完全被负载吸收,没有反射波;否则,将有部分入射波被反射到信号源。反射波振幅与入射波振幅之比称为反射系数 Γ。Γ 是一个复数,它描述了传输线与终端阻抗的匹配程度,具体表示为

$$\Gamma = \frac{反射波}{入射波} \tag{8-35}$$

当 $Z_L = Z_0$ 时,传输线上没有反射波,$\Gamma = 0$。

图 8-23 为双端口网络。该端口的左右两端分别接信号源和负载。为了描述两个端口中入射波和反射波之间的关系,可以用 4 个 S 参数表示。在图 8-23 中,a_1 和 b_1 分别代表端口 1 的入射波和反射波,a_2 和 b_2 分别代表端口 2 的入射波和反射波。

图 8-23　双端口网络

很显然,反射波 b_1 是由入射波 a_1 的反射部分和入射波 a_2 的网络反向输出部分组成的,反射波 b_2 是由入射波 a_2 的反射部分和入射波 a_1 的网络正向输出部分组成的。它们之间的关系可表示为

$$b_1 = S_{11}a_1 + S_{12}a_2 \tag{8-36}$$

$$b_2 = S_{21}a_1 + S_{22}a_2 \tag{8-37}$$

其中:

参数 $S_{11} = \dfrac{b_1}{a_1}\bigg|_{a_2=0}$,表示当 $a_2 = 0$ 时端口 1 的反射波与入射波之比,即端口 1 的反射系数。而 $a_2 = 0$ 表明端口 2 没有反射波,即端口 2 与负载匹配。

参数 $S_{21} = \dfrac{b_2}{a_1}\bigg|_{a_2=0}$,表示当端口 2 与负载匹配时输入向输出的正向传输增益。

参数 $S_{12} = \dfrac{b_1}{a_2}\bigg|_{a_1=0}$,表示当端口 1 与源电阻匹配时输出向输入的反向传输增益。

参数 $S_{22} = \dfrac{b_2}{a_2}\bigg|_{a_1=0}$,表示当端口 1 与源电阻匹配时端口 2 的反射系数。

从上述定义可知,一个双端口网络的传输增益、输入反射系数、输出反射系数以及反向隔离度可以由 S 参数描述。LNA 是一个典型的二端口网络,所以可以通过测量 S 参数分析 LNA 的性能。此外,LNA 的输入阻抗 Z_{in} 和输出阻抗 Z_{out} 也可以由 S 参数表示。当 LNA 的输入和输出阻抗匹配时,可知

$$S_{11} = \frac{Z_{in} - Z_0}{Z_{in} + Z_0}Z_{in} = Z_0\frac{1 + S_{11}}{1 - S_{11}} \tag{8-38}$$

$$S_{22} = \frac{Z_{out} - Z_0}{Z_{out} + Z_0}Z_{out} = Z_0\frac{1 + S_{22}}{1 - S_{22}} \tag{8-39}$$

可以看出,输入阻抗可以由 S 参数 S_{11} 和特性阻抗 Z_0 表示,输出阻抗可以由 S 参数 S_{22} 和特性阻抗 Z_0 表示。

2. 稳定系数

放大器只在工作稳定时才具有放大的功能。对于双端口网络,只有反射系数的模小于 1 才能保持稳定。根据相关文献可知,双端网络要完全稳定必须满足两个条件:

$$|\Delta S| = |S_{11}S_{22} - S_{21}S_{12}| < 1 \tag{8-40}$$

$$K = \frac{1 - |S_{11}|^2 - |S_{22}|^2 + |\Delta S|^2}{2|S_{12}S_{21}|} > 1 \tag{8-41}$$

3. 噪声系数

LNA 的噪声系数对接收机总的噪声系数影响最大。在采用 CMOS 工艺设计的 LNA 中，场效应管是产生噪声的主要来源。一般来说，半导体中的噪声包括白噪声和 $1/f$ 噪声。下面就分别讨论这两种噪声的特性和产生的机理。

1）白噪声

功率谱密度不随频率变化的噪声称为白噪声。半导体器件中的白噪声包括热噪声和散粒噪声。在温度为 T 和带宽为 Δf 时，电阻 R 的热噪声可表示为

$$E_t = \sqrt{4kTR\Delta f} \tag{8-42}$$

其中，E_t 为热噪声电压均值，K 为波尔兹曼常数。工作在可变电阻区的场效应管（MOSFET）通常可以被看作一个受电压控制的电阻，因此它会产生热噪声。这种噪声实际上是 MOSFET 沟道中载流子的随机热运动产生的。

当 MOSFET 工作在强反型区时，热噪声的电流功率谱密度 E_{ith} 为

$$E_{ith} = \sqrt{4kT\frac{2}{3}(g_m + g_{mb})\Delta f} \tag{8-43}$$

其中，g_m 是小信号跨导，g_{mb} 是小信号背栅跨导，它们与 MOSFET 的电流成正比。

当 MOSFET 工作在弱反型区时，热噪声的电流功率谱密度 E_{ith} 为

$$E_{ith} = \sqrt{2qI_D\Delta f} \tag{8-44}$$

其中，q 是载流子电荷，I_D 是 MOSFET 漏极电流。从式（8-43）和式（8-44）可以看出，在带宽和工作温度不变的条件下，流过 MOSFET 的电流越大，产生的热噪声越大。所以，在 LNA 设计中，要尽量降低流过各 MOSFET 的电流。

2）$1/f$ 噪声

$1/f$ 噪声是由 MOSFET 的氧化膜与硅接触面的工艺缺陷等原因产生的。其功率谱密度可表示为

$$S_n = \frac{K}{WLC_{ox}}\frac{1}{f} \tag{8-45}$$

其中，K 为工艺参数，W 和 L 分别是 MOSFET 的宽度和长度，C_{ox} 代表栅氧化层单位面积电容，f 是工作频率。从式（8-45）可以看出，工作频率 f 越大，$1/f$ 噪声越小。这说明只在频率较低时，电路中产生的 $1/f$ 噪声才会较大。通常 LNA 的工作频率达到几百兆赫兹，所以 LNA 中的 $1/f$ 噪声很小，在设计时可以忽略。

4. 1dB 压缩点

通信电路系统可分为线性系统和非线性系统。在线性系统中，输出信号可以由每个输入信号分别对应的输出信号线性叠加构成。而在非线性系统中，输出信号不是简单的线性叠加。因为非线性系统会在输出端产生非线性失真，这种失真表现为在输出信号中会产生与输入信号频率不同的其他频率成分。一个典型的正弦波作用于非线性系统后，它的输出信号中一般会包含输入信号频率整数倍的各种频率分量。假设输入信号为 $x(t) = A\cos\omega t$，则输出信号 $y(t)$ 可表示为

$$\begin{aligned}
y(t) &= a_1 A\cos\omega t + a_2 A^2\cos^2\omega t + a_3 A^3\cos^3\omega t \\
&= a_1 A\cos\omega t + \frac{a_2 A^2}{2}(1 + \cos 2\omega t) + \frac{a_3 A^3}{4}(3\cos\omega t + \cos 3\omega t) \\
&= \frac{a_2 A^2}{2} + \left(a_1 A + \frac{3a_3 A^3}{4}\right)\cos\omega t + \frac{a_2 A^2}{2}\cos 2\omega t + \frac{a_3 A^3}{4}\cos 3\omega t
\end{aligned} \tag{8-46}$$

在式(8-46)中,输出信号中除了包括输入频率 ω 外,还包括 2ω、3ω 等其他频率分量。通常将输入频率的分量称为基波,将高次频率的分量称为谐波。通过图 8-24 所示的输入输出频谱图可以很直观地了解非线性系统对输出信号的影响。

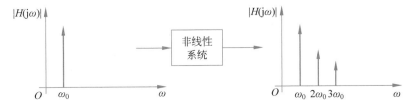

图 8-24　非线性系统输入输出频谱图

通常,在分析一个放大器的小信号增益时,都会忽略式(8-46)中的谐波项,那么放大器的增益就为 $a_1 + \dfrac{3a_3A^2}{4}$。当 $a_1 \gg \dfrac{3a_3A^2}{4}$ 时,小信号的增益就等于 a_1,放大器可以看作线性系统。随着输入信号幅度 A 的增加,$\dfrac{3a_3A^2}{4}$ 会变得足够大。由于 a_3 小于 0,当 A 达到一定值时,放大器的增益就会变为 0。

在射频电路中,当输入信号功率超过一定范围后,输出信号功率与输入信号功率不再保持线性关系,这种现象称为压缩。1dB 压缩点则是对该现象的量化,它度量了放大器的线性动态范围。1dB 压缩点可定义为使小信号增益下降 1dB 时输入信号的幅值,如图 8-25 所示。

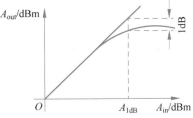

图 8-25　1dB 压缩点的定义

根据图 8-25 可得

$$20 \lg \left| a_1 + \frac{3}{4} a_3 A_{1\text{dB}}^2 \right| = 20 \lg |a_1| - 1\text{dB} \tag{8-47}$$

化简可得 1dB 压缩点为

$$A_{1\text{dB}} = \sqrt{0.145 \left| \frac{a_1}{a_3} \right|} \tag{8-48}$$

其中,参数 a_1 和 a_3 与 LNA 使用的半导体器件类型和它的直流工作点有关。

5. 输入三阶交调截点

当两个频率相近的信号同时输入一个非线性系统后,会在系统输出端产生除这两种频率成分外的其他频率分量。输出频率成分中包含了这两种频率的组合频率,其中一些组合频率和基波的频率很接近。这些组合频率来源于两种信号的交调,即乘积。假设输入的两种信号分别为 $A_1 \cos \omega_1 t$ 和 $A_2 \cos \omega_2 t$,并且 $A_1 = A_2 = A$,将输入信号组合 $x(t) = A_1 \cos \omega_1 t + A_2 \cos \omega_2 t$ 代入式(8-46),忽略谐波分量和直流分量,可得

$$y(t) = \left(a_1 + \frac{9}{4} a_3 A^2 \right) A \cos \omega_1 t + \left(a_1 + \frac{9}{4} a_3 A^2 \right) A \cos \omega_2 t +$$

$$\frac{3}{4} a_3 A^3 \cos(2\omega_1 - \omega_2) t + \frac{3}{4} a_3 A^3 \cos(2\omega_2 - \omega_1) t + \cdots \tag{8-49}$$

从式(8-49)可以看出,两种输入信号在式(8-46)中的三阶交调项作用下产生了两种频率组合分量 $2\omega_1 - \omega_2$ 和 $2\omega_2 - \omega_1$。由于频率 ω_1、ω_2 和基频频率很接近,因此组合频率分量就会落在有用信道区域,从而产生干扰。图 8-26 为三阶交调输入输出频谱图。

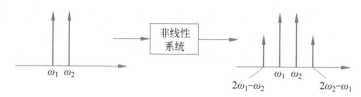

图 8-26　三阶交调输入输出频谱图

当三阶交调项的幅值与基频信号的幅值相等时,对应的输入信号功率值称为输入三阶交调截点(IIP3),输出信号功率值称为输出三阶交调截点(OIP3)。OIP3 与 IIP3 的差为系统增益。当 $a_1 \gg \dfrac{9a_3 A^2}{4}$ 时,根据定义可得

$$|a_1|A = \frac{3}{4}|a_3|A^3 \tag{8-50}$$

化简可得 IIP3 为

$$A = \sqrt{\frac{4}{3}\left|\frac{a_1}{a_3}\right|} \tag{8-51}$$

其中,参数 a_1 和 a_3 与放大器的半导体器件类型和直流工作点有关。在实际应用中,IIP3 可以直接衡量非线性系统的线性度。理论上,IIP3 的值要比 1dB 压缩点的值大 9.6dB。

8.6　下混频器的基本理论

8.6.1　基本结构

按照混频器有无增益可以将混频器分为无源混频器和有源混频器。

1. 无源混频器

图 8-27 为无源混频器结构。该混频器由 4 个连接成桥式结构的开关管组成。无源混频器不需要直流偏置电压,只通过 LO 信号就可以控制 4 个开关管的导通和关闭,所以无源混频器的功耗非常低。在无源混频器中,始终只有一条对角线上的两个 MOS 管处于导通状态。假设 LO 信号为理想的方波信号,那么无源混频器的电压转换增益为 $2/\pi$,转换成对数为 -3.9dB。可以看出,无源混频器没有放大信号的能力。

由于无源混频器的非线性失真和噪声仅由开关管产生,所以无源混频器可以获得很高的线性度和很好的噪声性能。在应用中,为了使 MOS 管成为理想的开关管,需要输入大功率的本振信号,这样会增加频率合成器的功耗。此外,开关管的输入输出阻抗不易控制,使得无源混频器的输入阻抗匹配和输出阻抗匹配很难实现。总的来说,在对线性度和噪声性能要求较高的集成电路设计中,无源混频器是较好的选择。

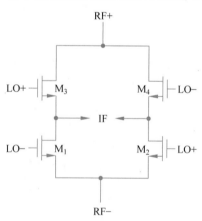

图 8-27　无源混频器结构

2. 有源混频器

有源混频器是当前广泛使用的混频器结构。它可以提供较大的增益以放大信号和压缩后级电路的噪声。根据输入信号是否采用差分形式,可以将其分为单平衡有源混频器和双平衡有源混频器。

1) 单平衡有源混频器

图 8-28 为基本的单平衡有源混频器结构。输入信号由 M_1 管的栅极输入,经过电压放大后,M_1 管将电压信号转换成电流信号并将其输入混频器的开关管。开关管 M_2 和 M_3 在本振信号的驱动下,按照本振信号的周期对输入电流进行周期性变换,最终完成对输入信号的频率转换。

当开关管为理想开关时,单平衡有源混频器的电压转换增益为

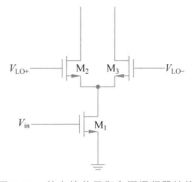

图 8-28 基本的单平衡有源混频器结构

$$G_V = g_m \frac{2}{\pi} R_L \qquad (8\text{-}52)$$

在单平衡有源混频器中,由于本振端口与 IF 输出端口存在馈通,导致混频器输出信号中除了包含 IF 频率成分外,还有部分本振信号。当馈通的本振信号功率较大时,会增加输出电压的摆幅,甚至会造成混频器后级电路饱和。为了抑制馈通信号,通常需要在混频器的输出端口加入低通滤波器。

2) 双平衡有源混频器

双平衡有源混频器是由吉尔伯特单元电路组成的。在输入信号功率很小的条件下,双平衡有源混频器仍然具有模拟信号相乘的功能。图 8-29 为基本的双平衡有源混频器结构。射频差分信号通过差分对管 M_1 和 M_2 输入混频器。由 M_1 和 M_2 构成的跨导级一方面放大输入的差分信号,另一方面将差分电压信号转换为电流形式输入开关对管。开关对管由 4 个交叉相连的 MOS 管 $M_3 \sim M_6$ 组成。它们在本振信号的驱动下实现周期性打开和闭合,从而完成信号相乘。图 8-29 中的电流源也可以换成直接接地。通常,使用电流源的跨导级被称为全差分跨导级,它可以抑制共模信号失真;直接接地的跨导级被称为伪差分跨导级,它不能抑制共模失真,但可以增加混频器输出端的电压摆幅,降低电路对电源电压的要求。此外,伪差分跨导级的 IIP3 要比全差分跨导级的 IIP3 高 4dB,但前者的二阶交调失真比后者严重。

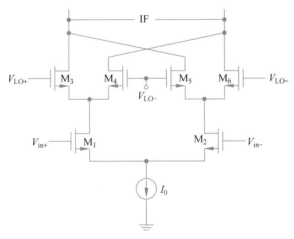

图 8-29 基本的双平衡有源混频器结构

由于基本的放大单元结构相同,双平衡结构和单平衡结构的增益相同。但双平衡结构具有两个优点:

(1) 它的端口隔离度好。在图 8-29 中,输入 IF 端口的两个差分对管的电流相位相反,正

好可以抵消本振信号到 IF 端口的泄漏。

（2）它的线性度好。由于射频输入端口采用差分对管,因此它的伏安特性的线性范围较好。在同一失真环境下,差分放大器的线性动态范围比单管放大器要大好几倍。

基于这些优点,有源下混频器通常采用双平衡结构。

8.6.2 性能指标

1. 转换增益

混频器的增益称为转换增益。在 LNA 中,增益是输出功率与输入功率的比值,可以用 S 参数表示。但混频器有 3 个端口,并且 3 个端口的输入信号频率各不相同,所以混频器的转换增益不能用 S 参数表示。转换增益可以分为电压转换增益和功率转换增益。混频器的电压转换增益定义为中频信号的有效电压与射频信号的有效电压的比值。混频器的功率转换增益定义为传送到负载的功率与从信号源得到的功率的比值。只有当输入阻抗和负载阻抗相等且等于源阻抗时,两者在数值上才相等。

2. 线性度

因为混频器存在有源器件产生的非线性失真,所以下混频器的线性度也是由 1dB 压缩点和 IIP3 衡量的。在接收机前端电路中,由于干扰信号被 LNA 放大后容易造成接收机饱和,并且干扰信号交调后产生的三阶交调(IM3)电流幅值比 LNA 中的更大,因此下混频器的非线性问题表现得更加严重。

3. 噪声系数

下混频器的噪声系数可以分为两种类型：单边带噪声系数和双边带噪声系数。在超外差结构中,有用信号位于本振信号的两边,镜像信号的频率与有用信号的频率不同,所以要用单边带噪声系数测量混频器的噪声。在零中频接收机中,有用信号和镜像信号的频率相同,所以用双边带噪声系数才能测量混频器的噪声。通常,单边带噪声系数比双边带噪声系数大 3dB。

下混频器中的噪声主要来源于开关管产生的 $1/f$ 噪声。特别是在零中频结构中,$1/f$ 噪声对下混频器噪声的影响最大。从产生机制看,$1/f$ 噪声可以分为直接 $1/f$ 噪声和非直接 $1/f$ 噪声。

由于本振信号的斜率有限,噪声信号导致开关管的切换时间提前或延后,从而在开关管输出端产生了方波噪声电流。这种方波噪声电流最终产生了直接 $1/f$ 噪声。由于方波噪声电流与流过开关管的电流成正比,与晶体管的尺寸和本振信号的斜率成反比,所以有 3 种方法可以降低直接 $1/f$ 噪声：

（1）增大电路中 CMOS 管器件的尺寸。

（2）增加本振信号的功率,即提高本振信号的斜率。

（3）减少流过开关管的电流。

非直接 $1/f$ 噪声是由开关管的共源节点与地之间的寄生电容引起的。由于开关管在不断地打开或关闭,使得共源节点的电压值在不断地发生变化,从而形成了对寄生电容的重复充放电过程。该过程会引入噪声电流,从而产生非直接 $1/f$ 噪声。

8.7 放大器的高线性技术

8.7.1 二阶交调电流注入技术

放大器的线性度取决于放大器产生的三阶交调电流的大小。图 8-30 为二阶交调(IM2)电流注入技术。该技术可以减少放大器的三阶交调电流。在图 8-30 中,全差分对的共源节点注入了一个低频率的、具有合适相位和幅度的二阶交调电流。该电流与输入电流在 M_1 和 M_2 管的二阶交调项作用下会产生一个三阶交调电流。该三阶交调电流的幅度与输入信号产生的三阶交调电流相同,但相位相反,因此两种三阶交调电流会在输出端相互抵消,从而提高放大器的线性度。

该技术采用平方电路产生二阶交调电流,这种平方电路在设计上很难实现,而且当二阶交调信号产生的三阶交调电流与输入信号产生的三

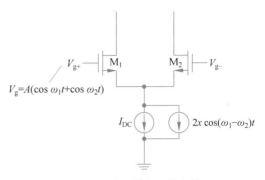

图 8-30　二阶交调电流注入技术

阶交调电流在相位上失配时,不仅无法消除三阶交调电流失真,而且会增大放大器的噪声。

8.7.2　多栅晶体管技术

在传统的共源放大器结构中,共源管的二阶跨导值 g_m'' 在三阶交调失真中起到了很大的作用。如果减小 g_m'' 的值,那么就能提高放大器的线性度。有研究表明,当 MOS 管工作在饱和区时,g_m'' 为负值;当工作在亚阈值区时,g_m'' 为正值。图 8-31 为多栅晶体管(Multi-Gate Transistor,MGTR)结构。该技术在共源放大器的跨导管(MT)的两端并联了一个辅助晶体管(AT)。在强偏置电压(V_{GS})下,MT 工作在饱和区,此时 MT 的 g_m'' 为负值,在弱偏置电压($V_{GS}-V_{shift}$,其中 $V_{shift}=140\text{mV}$)下,AT 工作在亚阈值区,此时 AT 的 g_m'' 为正值。那么在输出电流中两个 g_m'' 相加,从而减小了总的 g_m'' 值,提高了放大器的线性度。尽管如此,在多栅晶体管技术中,AT 的跨导值对偏置电压很敏感,当外界因素造成偏置电压 $V_{GS}-V_{shift}$ 波动时,线性度会不稳定。

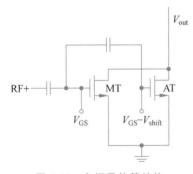

图 8-31　多栅晶体管结构

8.7.3　后线性化技术

图 8-32 为采用后线性化技术的共源共栅放大器。图 8-32 中共源输入管 M_A 的两端并联了一个 PMOS 管 M_C。流过 M_A 的小信号电流 i_{dA} 流过 M_C 管的小信号电流 i_{dC} 可分别表示为

$$i_{dA} = a_{1A}V_{gsA} + a_{2A}V_{gsA}^2 + a_{3A}V_{gsA}^3 \tag{8-53}$$

$$i_{dC} = a_{1C}V_{sgC} + a_{2C}V_{sgC}^2 + a_{3C}V_{sgC}^3 \tag{8-54}$$

其中,V_{sgB} 可以用 V_{gsA} 表示:

$$V_{sgB} = c_1V_{gsA} + c_2V_{gsA}^2 + c_3V_{gsA}^3 \tag{8-55}$$

当 $V_{sgB}=V_{sgC}$ 时,将式(8-55)代入式(8-53),可得

$$i_{sB} = i_{sA} + i_{sC}$$

$$\approx (a_{1A} + c_1a_{1C})V_{gsA} + (a_{2A} + c_1^2a_{2C})V_{gsA}^2 + (a_{3A} + c_1^3a_{3C})V_{gsA}^3 \tag{8-56}$$

由于共源放大器是一个反向放大器,可知 c_1 是一个负值。因此,当 M_C 管具有合适的偏置电压和尺寸时,式(8-56)中 ≈ 后第三项的系数可以等于 0,那么三阶交调电流就减小了,从而提高了线性度。

由于引入了 M_C 管,式(8-56)中 ≈ 后第一项的系数变小,说明该技术会降低放大器的增

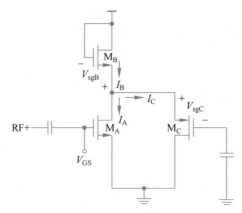

图 8-32　采用后线性化技术的共源共栅放大器

益。式(8-56)中第二项二次谐波分量的系数变大,说明该技术会恶化二阶交调电流失真。此外,M_C 管还会增大放大器的功耗和噪声。

8.8　低噪声技术

8.8.1　静态电流注入技术

前面提到,$1/f$ 噪声是下混频器中噪声的主要来源。有 3 种途径可以降低直接 $1/f$ 噪声。静态电流注入技术通过降低流过开关管的直流电流实现直接 $1/f$ 噪声的降低。该技术使用两个电流源分别向两个开关对管的共源节点注入直径电流。由于流过跨导管的电流不变,因此流过开关管的电流就会减小。图 8-33 显示了采用静态电流注入技术和源极电感调谐的双平衡有源混频器。PMOS 管 M_7 和 M_8 的漏极分别与两个共源节点相连。当在它们的栅极加上相同的固定偏置电压后,M_7 和 M_8 就构成了两个完全相同的电流源。假设流过跨导管的电流为 I。当不采用静态电流注入技术时,流过开关管 M_3 的电流与跨导管的电流都为 I;当采用了该技术时,假设注入的电流为 I_1,则流过开关管的电流为 $I-I_1$。显然,采用该技术后流过开关管的电流减小了,这样直接 $1/f$ 噪声也被降低了。

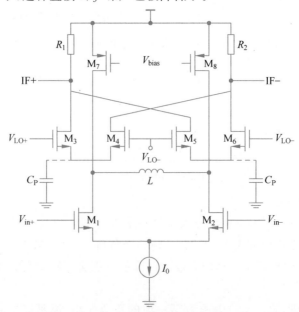

图 8-33　采用静态电流注入技术和源极电感调谐的双平衡有源混频器

虽然静态电流注入技术降低了噪声。但该技术存在 3 个缺点:①电流源中的 PMOS 管会引入额外的热噪声;②电流源会增加共源节点的寄生电容;③由于流过开关管的直流电流减小,因此开关管的源极端阻抗值就会增大,导致小信号电流成分通过寄生电容流失,进而降低了混频器的增益和线性度。

8.8.2 动态电流注入技术

为了克服静态电流注入技术的缺点,可以采用动态电流注入技术。在采用该技术的混频器中,只有在开关对管关闭或导通的瞬间,电流才被注入开关对管的共源节点中。这样在降低 $1/f$ 噪声的同时,不会引入过多的额外噪声,也不会增加寄生电容。图 8-34 显示了采用动态电流注入技术的有源混频器。图 8-34 中 PMOS 管 P_1 和 P_2 的栅极连接到共源节点上,构成了一个随共源节点电压变化的开关电路。在开关管关闭或导通的瞬间,共源节点的电压较低,P_1 和 P_2 导通,电流源将电流注入共源节点中;当开关管处于其他状态时,共源节点电压较高,P_1 和 P_2 关闭,没有电流注入。这样通过 P_1 和 P_2 的开关就实现了对注入电流的控制。

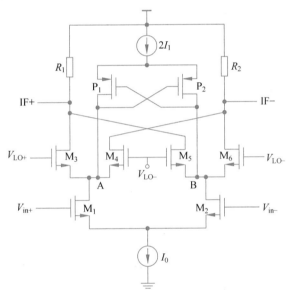

图 8-34 采用动态电流注入技术的有源混频器

尽管如此,该技术仍然存在一些缺点。首先,很难实现 P_1 和 P_2 精准的关断;其次,当 PMOS 管的尺寸过小时,P_1 和 P_2 很容易进入线性区,这样会使注入的电流减小,从而影响噪声降低的效果。

8.8.3 源极电感调谐技术

使用电流注入技术可以降低混频器的直接 $1/f$ 噪声,但为了降低非直接 $1/f$ 噪声,则需要使用源极电感调谐技术。从前面对噪声的分析可知,非直接 $1/f$ 噪声是由开关管对共源节点存在的寄生电容 C_p 引起的。源极电感调谐技术可以减少流入寄生电容的电流,从而降低非直接 $1/f$ 噪声。在图 8-34 中,共源节点 A 和 B 之间连接了一个电感 L,通过选择合适的电感值 L,使其与两倍的寄生电容 C_p 在输入信号的频率点上产生谐振。由于谐振后电阻值非常大,流过寄生电容的电流就会减少,从而提高了混频器的噪声系数和增益。使用该技术必须精确计算出寄生电容 C_p 的值。在实际应用中,寄生电容会随着物理环境的变化而发生改变,所以选择合适的电感值会比较困难。此外,该技术只适用于工作频率为 1GHz 以上的混频器。

因为在 1GHz 以下的频率会产生谐振,电感值太大,无法实现片上集成。

8.9 一种增益可控制的宽带低噪声放大器的设计

8.9.1 概述

在 UHF RFID 读写器接收机中,LNA 的作用就是放大读写器接收的标签信号。由于信号进入接收机后首先要经过 LNA,所以 LNA 的性能至关重要。根据读写器的工作特点,在设计 LNA 时要考虑以下 3 个问题:

(1) LNA 的工作频率应符合 ISO/IEC 18000-6B/C 协议规定。UHF RFID 读写器的工作频率为 860~960MHz,那么 LNA 的工作频率也为 860~960MHz。有些 LNA 只能工作在 900MHz 一个频率点上,没有全频带工作的能力。为了使读写器在 860~960MHz 频率范围内具有通用性,LNA 就必须具备在宽带条件下的工作能力,即在工作频率内 LNA 要具有良好的输入匹配性能、平坦的增益和平坦的噪声系数。前面提到,共源共栅放大器和共栅放大器都是窄带放大器,它们没有宽带的工作性能。只有电压并联负反馈放大器具有宽带的工作性能,它常应用于 3~5GHz 超宽带系统中。但该放大器中引入的反馈电阻会降低隔离度,同时还会造成静态工作点不稳定。

(2) UHF RFID 读写器接收机会同时接收到两种不同类型的信号——标签发射的有用信号和发射机泄漏的载波干扰信号。通常,有用信号的功率为 -60dBm,而载波干扰信号的功率为 -5dBm。很显然,载波干扰信号的功率比有用信号的功率大很多。根据 LNA 的基本理论,如果 LNA 的 1dB 压缩点小于 -5dBm,或者 IIP3 小于 5dBm(IIP3 比 1dB 压缩点大 9.6dBm 左右),那么 LNA 的增益就会饱和,而且会产生严重的非线性失真。所以 LNA 的 IIP3 必须大于 5dBm。共栅放大器具有很高的线性度,但它的噪声却很大。而共源共栅放大器则需要引入额外的电感才能获得高线性度,但电感会极大地增加芯片的面积。电压并联负反馈放大器的线性度较高,但隔离度很差,很容易造成二次非线性失真。

(3) 有用信号和干扰信号会同时进入 LNA。如果 LNA 的增益较大(假设增益为 15dB),那么在 LNA 的输出端干扰信号的功率为 10dB。如此大的功率会导致接收机后端电路阻塞饱和,从而使接收机无法正常工作。为了避免这种情况,很多 UHF RFID 读写器的接收机没有采用 LNA。但 LNA 的增益可以压缩混频器以及混频器后级电路产生的噪声,并提高接收机的灵敏度。由于标签信号的功率很小,提高灵敏度就能增加 UHF RFID 读写器的读写距离。对于具有远距离读写功能的 UHF RFID 系统来说,具有高灵敏度就非常重要。所以,为了兼顾读写器的抗干扰能力和灵敏度,就需要平衡 LNA 的增益大小。

针对 LNA 的设计要求以及各种 LNA 结构的特点,本设计提出了一种增益可控制的宽带 LNA。该 LNA 采用了电压并联负反馈放大器结构和共源共栅放大器结构。利用这两种结构的优点,并通过改进它们各自的缺点使该 LNA 满足了设计要求。此外,为了平衡 LNA 的增益大小,本设计采用了一种新开关增益控制技术,也能满足设计需求。

8.9.2 电路的结构与性能分析

图 8-35 为本设计提出的 LNA 电路。由于标签信号是差分输入的,所以该 LNA 采用伪差分输入结构。这种结构还可以提高放大器的线性度。图 8-35 中,M_1(或 M_2)和 M_3(或 M_4)组成了一个典型的共源共栅放大器。在 M_1(或 M_2)的栅极和 M_3(或 M_4)的漏极之间则并联了一个负反馈电阻 R_f,构成了电压并联负反馈网络。通过反馈网络可以使 LNA 具备宽带的工作性能和很高的线性度。此外,虽然负反馈网络的隔离度很差,但引入共栅结构的 M_3 和

M_4 后,可以减轻米勒效应的影响,提高 LNA 的隔离度。

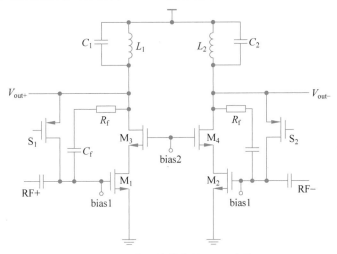

图 8-35 本设计提出的 LNA 电路

为了防止负反馈电阻 R_f 造成静态工作点不稳定,该 LNA 在电阻 R_f 的一端串联了一个隔直电容 C_f。该电容可以消除 M_1 的栅极电压与 M_3 的漏极电压的相互影响,保证静态工作点稳定。

为了兼顾读写器的抗干扰能力和灵敏度,本设计提出了一种开关增益控制技术。在图 8-35 中,PMOS 管 S_1 和 S_2 构成了两个开关。当读写器工作在监听模式时,S_1 和 S_2 工作在截止区,开关打开,LNA 正常工作,此时 LNA 将提供合适的增益以压缩后端噪声,从而提高接收机的灵敏度;当读写器工作在对话模式时,S_1 和 S_2 工作在线性区,开关闭合,LNA 将被开关短路,输入信号通过开关直接进入混频器,避免了接收机饱和。

下面对 LNA 的输入阻抗、噪声系数、线性度以及增益进行具体的研究和分析。

1)输入阻抗

在图 8-35 中,负反馈电阻 R_f 的加入改变了电路的结构,它可以降低 LNA 输入端谐振回路的品质因数,使 LNA 具备宽带的性能。为了分析负反馈回路对 LNA 输入阻抗的影响,图 8-36 给出了加入负反馈电阻后 LNA 输入端的小信号等效电路。通过图 8-36 可以计算出 LNA 的输入阻抗。

因为在共源共栅放大器结构中 MOS 管 M_3 和 M_4 可以被看作理想的电流源,所以它们不影响输入端的阻抗值。同时由于 C_f 的值较大,对小信号电路的分析影响很小,所以可以将其忽略。故一个传统的共源放大器的输入阻抗可以表示为

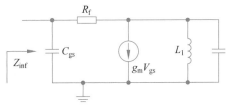

图 8-36 LNA 输入端的小信号等效电路

$$Z_{in} = \frac{1}{j\omega C_{gs}} \tag{8-57}$$

而加入负反馈电阻后,输入阻抗 Z_{inf} 可表示为

$$Z_{inf} = \frac{1}{\dfrac{1 + g_m Z_L}{Z_f + Z_L} + j\omega C_{gs}} \tag{8-58}$$

$$Z_L = j\omega l_{1,2} // \frac{1}{j\omega c} \tag{8-59}$$

$$Z_f = R_f \tag{8-60}$$

其中，$l_{1,2}$ 是 M_1 和 M_2 的跨导值。通过对比式(8-58)和式(8-59)，可以发现加入负反馈电阻后输入阻抗值变小了。由于 g_m 通常较大，所以 $1+g_m Z_L$ 远大于 $Z_f + Z_L$，那么输入阻抗 Z_{inf} 就可以转变为一个较小的值。通过调整 M_1 和 M_2 的工作电压和宽长比，并选择合适的 R_f 后，就可以使输入阻抗值等于 50Ω。此外，由于负反馈电阻的加入可以使 LNA 的 3dB 带宽变得较大，因此输入阻抗值在 $860\sim960\mathrm{MHz}$ 的频率范围内就始终能保持在 50Ω 左右。

2) 噪声系数

负反馈技术一方面优化了放大器的宽带性能，另一方面会改变放大器的噪声性能。通常，放大器的噪声系数 F 可以由该放大器构成的二端口网络中的 4 个噪声参数 R_n、G_{opt}、B_{opt}、F_{min} 确定，其表达式为

$$F = F_{min} + \frac{R_n}{G_s} \left[(G_s - G_{opt})^2 + (B_s - B_{opt})^2 \right] \tag{8-61}$$

其中，G_s 和 B_s 为信号源导纳 $Y_s = G_s + jB_s$ 的实部和虚部，R_n 为网络等效输入噪声电阻，G_{opt} 和 B_{opt} 分别是达到最小噪声系数时最佳源导纳的实部和虚部，F_{min} 是最小噪声参数。

为了深入分析负反馈对噪声的影响，需要分别计算出传统的共源放大器和电阻负反馈共源共栅放大器各自的噪声参数值。图 8-37 显示了 LNA 的二端口噪声模型。

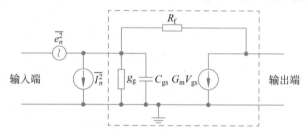

图 8-37　LNA 的二端口噪声模型

在传统的共源放大器中，4 个噪声参数可表示为

$$R_n = \frac{\gamma g_{d0}}{g_m^2} \tag{8-62}$$

$$G_{opt} = \frac{g_m}{g_{d0}} \omega C_{gs} \sqrt{\frac{\delta}{5\gamma}} (1 - |c|^2) \tag{8-63}$$

$$B_{opt} = -\omega C_{gs} \left(1 - \frac{g_m}{g_{d0}} |c| \sqrt{\frac{\delta}{5\gamma}} \right) \tag{8-64}$$

$$F_{min} = 1 + \frac{2}{5} \frac{\omega}{\omega_t} \sqrt{\gamma\delta(1 - |c|^2)} \tag{8-65}$$

根据图 8-37 中的噪声模型，电压负反馈共源放大器的 4 个噪声参数可表示为

$$R_n' = \frac{\gamma g_{d0}}{g_m^2} \tag{8-66}$$

$$G_{opt}' = \frac{g_m}{g_{d0}} \omega C_{gs} \sqrt{\frac{\delta}{5\gamma}} (1 - |c|^2) + \frac{g_{d0}}{\gamma R_f \omega^2 C_{gs}^2} \tag{8-67}$$

$$B_{opt}' = -\omega C_{gs} \left(1 - \frac{g_m}{g_{d0}} |c| \sqrt{\frac{\delta}{5\gamma}} \right) \tag{8-68}$$

$$F_{min}' = 1 + 2 \left[\frac{\omega}{\omega_t} \sqrt{\frac{\gamma\delta(1 - |c|^2)}{5} \left(\frac{\omega}{\omega_t} \right)^2 + \frac{\gamma g_{d0}}{g_m^2} + \frac{\gamma g_{d0}}{g_m^2 R_f}} \right] \tag{8-69}$$

其中，参数 δ 是晶体管的栅极噪声系数，g_{d0} 是漏极与源极之间的电压(V_{DS})为 0 时的漏源导纳，ω_t 是 CMOS 器件的截止频率。γ 是与偏置有关的因子。对于长沟道器件，当晶体管处于饱和区时，$\gamma = \dfrac{2}{3}$；而对于短沟道器件，γ 的值大于 2。c 是一个纯虚数。对于长沟道器件，它的值为 j0.395；对于短沟道器件，它的值介于 j0.3 和 j0.35 之间。

依次比较式(8-62)～式(8-69)中对应的噪声参数项可知，与传统的共源放大器相比，电压负反馈共源共栅放大器中的最小噪声参数 F_{min} 和最优输入噪声匹配跨导 G_{opt} 增大了。而且在这两个参数增大的部分中都存在一个共同的因子 R_f。在式(8-63)中，如果减小负反馈电阻 R_f，则可以增大 G_{opt}，根据式(8-63)可知，G_{opt} 增大可以减小噪声系数 F。在式(8-65)中，如果增大电阻 R_f 和 MOS 管的跨导 g_m，则最小噪声系数 F_{min} 将会减小。根据式(8-65)可知，最小噪声系数 F_{min} 变小，噪声系数 F 也变小。此外，根据式(8-69)可知，增大 R_f 还会增大输入阻抗值，不利于输入阻抗匹配。所以需要选择合适的 R_f 以平衡输入阻抗和噪声系数。

综上所述，在本设计提出的 LNA 中，选择一个合适的 R_f，既可以保证 LNA 拥有良好的输入匹配性能，也可以保证 LNA 具有最低的噪声系数。

3）线性度

一个基本的非线性放大器的输出信号 Y 约等于输入信号 X 组成的前 3 项泰勒级数之和。Y 可表示为

$$Y = g_1 X + g_2 X^2 + g_3 X^3 \tag{8-70}$$

其中，g_1、g_2 和 g_3 分别代表放大器的线性增益、二阶非线性系数和三阶非线性系数。要提高放大器的线性度，就需要将 g_2 和 g_3 的值降低到足够小，使式(8-70)中只保留线性增益 g_1。

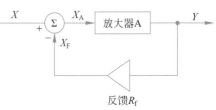

图 8-38 为本设计中的闭环非线性 LNA 结构。其中 X 和 Y 分别代表输入信号和输出信号，X_F 代表反馈信号，X_A 代表输入信号与反馈信号之差。

图 8-38　闭环非线性 LNA 结构

根据反馈回路的基本特性，图 8-38 中闭环放大器输出信号 Y 可表示为

$$Y = G_1 X + G_2 X^2 + G_3 X^3 \tag{8-71}$$

$$G_1 = \frac{g_1}{1 + g_1 R_f} \tag{8-72}$$

$$G_2 = \frac{g_2}{(1 + g_1 R_f)^3} \tag{8-73}$$

$$G_3 = \frac{g_2}{(1 + g_1 R_f)^4} \left(g_3 - \frac{2g_2^2}{g_1} \frac{g_1 R_f}{1 + g_1 R_f} \right) \tag{8-74}$$

其中，G_1、G_2 和 G_3 分别代表闭环放大器的线性增益、二阶非线性系数和三阶非线性系数。根据式(8-71)～式(8-74)，开环放大器的 IIP3 可表示为

$$A_{IIP3,开环} = \sqrt{\frac{4}{3} \left| \frac{g_1}{g_3} \right|} \tag{8-75}$$

而本设计中的 LNA 的 IIP3 可表示为

$$A_{IIP3,开环} = \sqrt{\frac{4}{3} \left| \frac{g_1}{g_3} \right|} \tag{8-76}$$

比较可得,加入反馈电阻 R_f 可以大幅度地提高 LNA 的 IIP_3。

4)增益

在本设计中的 UHF RFID 读写器前端电路中,为了保证接收机前端电路在监听模式下具有较高的灵敏度,在对话模式下具有较好的抗干扰能力,需要 LNA 在两种不同工作模式下具有不同的增益。因此本设计提出了一种开关增益控制技术。

在图 8-39 中,LNA 采用伪差分输入结构。由于差分放大器的交流小信号增益和单边电路的增益是一样的,所以只需要计算单边电路的增益,就可以得到 LNA 的增益。为了简化计算,可以忽略 M_1 和 M_3 中的栅漏寄生电容和背栅效应。图 8-39 给出了 LNA 单边电路的高频小信号等效电路。由于冷开关 S_1 的存在,LNA 的增益需要分两种情况计算。

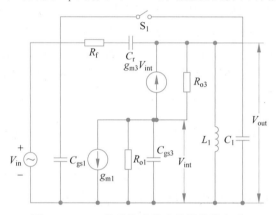

图 8-39 LNA 单边电路的小信号等效电路

(1)开关 S_1 断开。

为了便于分析,首先分析开环放大器的增益。根据图 8-39 所示,共源共栅放大器总的增益可表示为

$$\begin{cases} G_{V,开环} = \dfrac{V_{out}}{V_{in}} = -\dfrac{-g_{m1}}{j\omega C_{gs3} + \dfrac{1}{R_{o1}}} \left(g_{m3} + \dfrac{1}{R_{o3}}\right) \dfrac{R_{o3}}{R_L} \\ R_L = L_1 / C_1 \end{cases} \tag{8-77}$$

其中,加入反馈网络后,LNA 的闭环增益可表示为

$$G_{V,闭环} = \frac{G_{V,开环}}{1 + G_{V,开环}(R_f + j\omega C_f)} \tag{8-78}$$

由于晶体管输出电阻 R_{01} 和 R_{03} 都为千欧级,在计算中可以忽略。将式(8-77)代入式(8-78),化简得

$$G_{V,LNA} = \frac{-g_{m1}g_{m3}(L_1/C_1)}{j\omega C_{gs3} - g_{m1}g_{m3}(R_f + j\omega C_f)(L_1/C_1)} \tag{8-79}$$

(2)开关 S_1 关闭。

当 S_1 关闭时,LNA 被直接短路,此时输出信号等于输入信号,LNA 的增益为 1。

综上所述,本设计中的 LNA 总的增益为

$$G_{V,LNA} = \begin{cases} \dfrac{-g_{m1}g_{m3}(L_1/C_1)}{j\omega C_{gs3} - g_{m1}g_{m3}(R_f + j\omega C_f)(L_1/C_1)}, & S_1\ 断开 \\ 1, & S_1\ 闭合 \end{cases} \tag{8-80}$$

从式(8-80)可以看出,电压负反馈网络降低了放大器的增益,但会使增益变得更稳定。同

时,由于电压负反馈网络具有宽带性能,所以该 LNA 能在工作频带内获得平坦的增益。

在图 8-39 中,开关管 S_1 和 S_2 的栅极电压由数字基带控制。假设 1 代表高电平电压 V_{DD},0 代表低电平电压 0。那么读写器工作模式、栅极电压及 LNA 增益大小之间的关系如表 8-9 所示。

表 8-9　读写器工作模式、栅极电压及 LNA 增益大小之间的关系

工作模式	S_1 栅极电压	S_2 栅极电压	LNA 增益大小
监听模式	1	1	高增益
对话模式	0	0	低增益

8.10　一种高线性度低噪声下混频器的设计

8.10.1　概述

下混频器是接收机前端电路中的重要组成部分之一,它的作用就是将 LNA 放大的高频信号下变频到较低的频率或者零频率上,并保证转换后的信号不失真。根据读写器的工作特点,下混频器要满足以下两个性能要求:

(1) 下混频器有两个输入端口,分别称为射频输入端口和本振输入端口。两个端口输入的信号在下混频器中混频后就可以产生中频信号。由于混频器的端口较多,端口之间的信号很容易相互干扰。为了避免干扰信号在下混频器中产生严重的非线性失真,所以下混频器要具有高隔离度。下混频器的线性度对接收机前端电路的线性度影响最大,可以说下混频器的线性度直接决定了前端电路的动态范围。由于 UHF RFID 读写器接收机会接收到大功率的载波干扰信号,因此接收机前端电路的动态范围就必须很大,所以下混频器还要具有高线性度。

(2) 在读写器接收机电路中,由于 LNA 的增益可以压缩下混频器中产生的噪声,所以下混频器的噪声系数不需要像 LNA 那么低。但在 UHF RFID 系统中,为了增加读写器的工作距离,接收机的灵敏度就必须尽可能提高。而噪声系数越低,接收机的灵敏度就越高,所以在设计中也要尽量降低下混频器的噪声,并提高它的增益。

为了使下混频器满足上述要求,有些 UHF RFID 读写器接收机采用了无源下混频器。无源下混频器结构简单,具有很高的线性度和很低的噪声系数,同时无源下混频器的功耗也很低。尽管如此,无源下混频器仍然存在一些问题。首先,由于无源下混频器的增益为负值,所以它不能压缩后端电路的噪声,从而无法使接收机获得很高的灵敏度。其次,有用信号通过无源下混频器后功率没有被放大,所以中频信号的功率很小。而中频信号的功率越小,在后端电路中受到其他信号干扰的可能性就越大。最后,如果前端电路的增益过低,就需要增加后端中频放大器的增益,这样会增加中频放大器的设计难度。

双平衡有源下混频器虽然具有正的增益和较高的隔离度,但与无源下混频器相比,双平衡有源下混频器的噪声较大,线性度较低。虽然可以采用提高放大器线性度的技术,并且这些技术同样适用于提高有源混频器跨导级的线性度,但这些技术都存在各自的缺点:二阶交调电流注入技术在电路上不容易实现;MGTR 技术对偏置电压的波动比较敏感;后线性化技术会降低跨导级的增益并且增加噪声。

开关管中 $1/f$ 噪声的大小决定了有源下混频器的噪声系数。目前有 3 种降低 $1/f$ 噪声的技术,这些技术也同样存在各自的缺点:静态电流注入技术会增加共源节点的寄生电容,从而引入过多的噪声;动态电流注入技术降低噪声的效果会受到开关电流源的影响;源极电感

调谐技术不适用于设计工作频率低于吉赫(GHz)级的下混频器。

　　针对 UHF RFID 读写器中下混频器的设计要求和各种辅助技术的特点,本设计提出了一种高线度低噪声的双平衡有源下混频器。该下混频器采用了改进型静态电流注入技术和改进型的 MGTR 技术,最终获得了满足要求的下混频器。

8.10.2　电路的结构与性能分析

　　图 8-40 为本设计中的直接下混频器电路。该下混频器采用了传统的吉尔伯特双平衡有源下混频器结构。

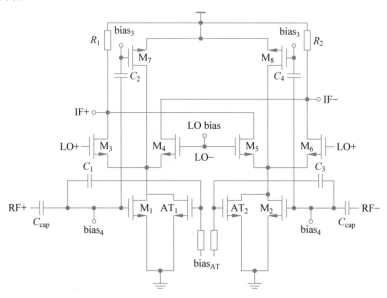

图 8-40　本设计中的直接下混频器电路

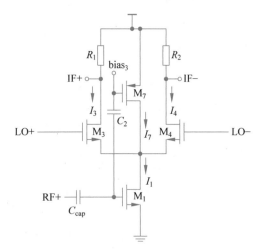

图 8-41　电流复用注入结构

　　为了降低 $1/f$ 噪声,在改进静态电流注入技术的基础上,本设计提出了一种电流复用注入技术,这种技术能够在消除噪声的同时提高混频器的增益、线性度和隔离度,其结构如图 8-41 所示,电容 C_2(或 C_4)、PMOS 管 M_7(或 M_8)、NMOS 管 M_1(或 M_2)组成了电流复用注入结构。与图 8-40 相比,图 8-41 在 M_7 的栅极与 M_1 的栅极之间添加了一个电容。这样改进后,M_7 和 M_8 既可以作为电流源提供注入的电流,也可以作为跨导管放大输入信号。

　　此外,为了减少 MGTR 技术对偏置电压波动的敏感度,本设计还提出了一种稳定偏置电压电路,该电路可以为辅助管 AT_1 和 AT_2 提供稳定的偏置电压。

　　下面就对该直接下混频器的性能进行具体的分析。

1. 转换增益和隔离度

1) 转换增益

假设输入的射频信号为 $V_{in}=V_{RF}\cos\omega_{RF}t$,本振信号为 $V_{LO}=\cos\omega_{LO}t$。在使用静态电

流注入技术的混频器中,输出端的中频电流可表示为

$$i_{\text{IF,conv}} = i_{\text{IF}}^+ - i_{\text{IF}}^-$$

$$= \frac{4I_1}{\pi}\cos\omega_{\text{LO}}t + \frac{2g_{\text{m1}}V_{\text{RF}}}{\pi}\cos(\omega_{\text{LO}} \pm \omega_{\text{RF}})t + \cdots \tag{8-81}$$

使用了电流复用注入技术后,根据图8-40,可得中频电流的表达式为

$$i_{\text{IF,bled}} = i_{\text{IF}}^+ - i_{\text{IF}}^- = \frac{4(I_1 - I_7) + (\beta_{\text{m1}} - \beta_{\text{m7}})V_{\text{RF}}^2}{\pi}\cos\omega_{\text{LO}}t +$$

$$\frac{2(g_{\text{m1}} + g_{\text{m7}})V_{\text{RF}}}{\pi}\cos(\omega_{\text{LO}} \pm \omega_{\text{RF}})t + \cdots \tag{8-82}$$

其中,β_{m1} 和 β_{m7} 是与 MOS 管 M_1 和 M_7 的宽长比以及与工艺有关的参数,g_{m1} 和 g_{m7} 分别是 M_1 和 M_7 的跨导值。

$$\beta_{\text{m1}} = K_{\text{n}} \frac{W}{L}\bigg|_{\text{m1}} \tag{8-83}$$

$$\beta_{\text{m7}} = K_{\text{n}} \frac{W}{L}\bigg|_{\text{m7}} \tag{8-84}$$

式(8-81)和式(8-82)中第二项的系数代表各混频器中频信号的幅度值。通过比较这两项的系数可知,使用电流复用注入技术后,混频器总的跨导值由 g_{m1} 变为 $g_{\text{m1}} + g_{\text{m7}}$,电压转换增益 G_{V} 则变为

$$G_{\text{V}} = \frac{2(g_{\text{m1}} + g_{\text{m7}})}{\pi} \tag{8-85}$$

很显然,电压转换增益 G_{V} 变大了,说明该技术提高了混频器的转换增益。

2) 隔离度

由于 LO 端口与中频端口的隔离度有限,会有一部分本振信号馈通到输出的中频电流中。从式(8-86)可得,在传统的混频器中,泄漏的本振信号幅度为

$$A_{\text{LO,泄露}} = \frac{4I_1}{\pi} \tag{8-86}$$

从式(8-86)可得,在提出的混频器中,泄漏的本振信号幅度为

$$A_{\text{LO,泄露}} = \frac{4(I_1 - I_7) + (\beta_{\text{m1}} - \beta_{\text{m7}})V_{\text{RF}}^2}{\pi} \tag{8-87}$$

由于输入信号的幅值非常小,所以式(8-87)中的 $(\beta_{\text{m1}} - \beta_{\text{m7}})V_{\text{RF}}^2$ 几乎等于 0。那么,当电流 $I_1 = I_7$ 时,式(8-87)可简化为

$$4(I_1 - I_7) + (\beta_{\text{m1}} - \beta_{\text{m7}})V_{\text{RF}}^2 = 0 \tag{8-88}$$

对比式(8-86)和式(8-88)可知,采用电流复用注入技术后,只要选择合适的注入电流 I_7,就可以消除馈通的本振信号。当然,在有源混频器中始终存在 $I_1 > I_7$,所以馈通的本振信号不能完全消除,但可以被降低到最小值。综上所述,采用电流复用注入技术后可以提高混频器中频输出端口与本振端口之间的隔离度。

2. 噪声性能和电压动态范围

1) 噪声性能

前面提到,开关管输出端产生的方波噪声电流决定了直接 $1/f$ 噪声。在图 8-40 中,M_7 和 M_8 分别构成了一个电流源。该电流源会向开关管的共源节点注入电流 I_7。当未注入电流 I_7 时,流过开关管的电流 $I_3 = I_1$,开关管中产生的方波噪声电流平均值可表示为

$$i_{o,n} = 4I_1 \frac{v_n}{ST} \tag{8-89}$$

其中，S 和 T 分别是本振信号的斜率和周期，v_n 是开关管的等效噪声源。当注入电流 I_7 后，流过开关管的电流 $I_3 = I_1 - I_7$，开关管中产生的方波噪声电流平均值则表示为

$$i_{o,n} = 4(I_1 - I_7) \frac{v_n}{ST} \tag{8-90}$$

对比式(8-89)和式(8-90)可知，注入电流后，方波噪声电流平均值变小了，所以直接 $1/f$ 噪声也减小了。此外，为了进一步降低直接 $1/f$ 噪声，在设计中，要尽量增大开关管的宽度。

2) 电压动态范围

由于注入电流后，流过跨导管 M_1 的电流并没有发生变化，而流过负载 R_1 的电流却减小了，因此中频输出端口的电压也就变大了，从而提高了输出电压的动态范围。

3. 线性度

1) 电流复用注入技术对线性度的影响

有源混频器中非线性失真主要是由射频输入跨导管的非线性产生的。它的 IIP3 可表示为

$$P_{IIP3} \approx \sqrt{\frac{32I_S}{3K_n}} \tag{8-91}$$

其中，I_S 为流过跨导管的偏置电流，K_n 与跨导管的工艺参数有关，可表示为

$$K_n = \mu_n C_{ox} \tag{8-92}$$

其中，μ_n 代表导电沟道中电子的迁移率，C_{ox} 代表栅氧化层单位面积电容。

从式(8-91)可知，混频器的 IIP3 与流过跨导管的偏置电流 I_S 的平方根成正比，所以通过提高混频器跨导的偏置电流可以增加 IIP3。在传统的下混频器中，要增大跨导管的偏置电流，就必须降低负载值，这样会导致混频器的增益降低。在静态电流注入技术中，M_7 仅作为电流源，此时流过跨导管的偏置电流 $I_S = I_1$；而在电流复用注入技术中，M_7 还是跨导级的一部分，很显然，流过跨导管的偏置电流被提高了。此外，流过开关管的电流减小，使得增大跨导级电流不需要降低负载值，所以该技术可以在不影响增益的情况下提高线性度。

2) 改进型多栅晶体管技术对线性度的影响

前面已经提到，混频器的线性度 IIP3 还取决于输入跨导管总的二阶跨导值 g_m'' 的大小。为了进一步提高线性度，本设计提出的有源下混频器采用了一种改进型的 MGTR 技术。MGTR 技术是一种用来提高共源放大器线性度的技术。因为本设计提出的下混频器采用的是伪差分共源输入跨导级，所以采用 MGTR 技术可以提高下混频器的线性度。

MGTR 技术在下混频器的跨导管两端添加了一个辅助管。由于跨导管和辅助管的二阶跨导值的符号相反，相加后会减小跨导管总的二阶跨导值，从而减小下混频器的三阶交调失真。在图 8-40 中，M_1 和 M_2 构成了一个伪差分输入跨导级，AT_1 和 AT_2 则作为辅助管。通常，一个共源 MOS 管放大器的漏极输出电流 i_{DS} 可表示为

$$i_{DS} = I_{DS} + g_m V_{gs} + \frac{g_m'}{2} V_{gs}^2 + \frac{g_m''}{2} V_{gs}^3 + \cdots \tag{8-93}$$

其中，V_{gs} 是输入的 RF 小信号，g_m、g_m' 分别是 MOS 管的跨导和一阶跨导，V_{gs}^3 的系数 $\frac{g_m'}{6}$ 决定了放大器三阶交调失真的大小，而 g_m'' 是随晶体管的栅源电压 V_{gs} 变化而变化的，两者之间的关系如图 8-42 所示。从图 8-42 可以看出，当晶体管工作在饱和区($V_{gs} > V_{th}$)时，g_m'' 为负值；当工作在亚阈值区($V_{gs} < V_{th}$)时，g_m'' 为正值。在本设计提出的下混频器中，M_1 和 M_2 工作在饱

和区,而 AT_1 和 AT_2 工作在亚阈值区,那么 M_1 和 M_2 的漏极输出电流 i'_{DS} 可表示为

$$i'_{DS} = I_{DS} + (g_{m,M1} + g_{m,AT1})V_{gs} + \frac{g'_{m,M1} + g'_{m,AT1}}{2}V_{gs}^2 +$$

$$\frac{g''_{m,M1} + g''_{m,AT1}}{6}V_{gs}^3 + \cdots \tag{8-94}$$

其中, $g''_{m,M1} < 0, g''_{m,AT1} > 0$。对比式(8-93)和式(8-94) 可知,使用 MGTR 技术后, V_{gs}^3 的系数减小了,从而 实现了线性度的提高。所以在设计中,只要通过调 整 M_1、M_2、AT_1 和 AT_2 的栅源偏置电压和宽长比, 就可以消除跨导管的非线性失真。

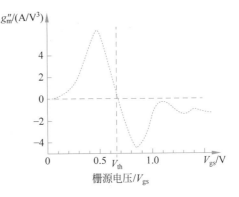

图 8-42　MOS 管的二阶跨导 g''_m 与栅源
电压 V_{gs} 的关系

尽管 MGTR 技术可以提高下混频器的线性度, 但是这种技术存在缺点。在图 8-43 中, g''_m 与栅源电 压 V_{gs} 之间的关系曲线并不是平坦的,在波峰到波谷 的电压值区间, g''_m 变得非常陡峭,这说明 g''_m 对 V_{gs} 电 压的波动非常敏感。如果辅助管的偏置电压发生变 化,那么线性度就会受到影响。在传统的 MGTR 技 术中,一般使用电压源提供偏置电压,如图 8-43 所

示。这种电压源的电压很容易因为外界环境(例如工艺、温度、供电电压)的变化而发生改变。 为了保证下混频器获得稳定的线性度,本设计提出了一种改进型 MGTR 电路,如图 8-44 所 示。该 MGTR 电路采用了一种稳定偏置电压电路,该偏置电路由 MOS 管 $N_1 \sim N_3$、电流源以 及电阻组成。N_1 和 N_2 的栅极相连构成了一个基本的电流镜, N_3 作为负反馈控制电路保证 输出电流始终与电流源的电流相同,从而使输出电压保持稳定。当外界环境发生微弱的变化 时,该电路仍然能保证辅助管的偏置电压稳定不变,从而减缓了线性度的恶化。

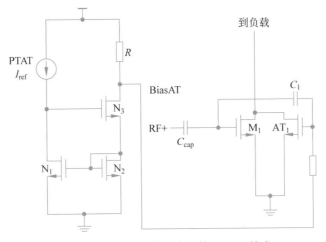

图 8-43　采用传统偏置电压的 MGTR 技术

8.10.3　电路仿真结果分析

在 Chartered 0.18μm CMOS 工艺下,采用 Cadence 对本设计中的下混频器进行了电路仿 真。混频器的工作频率为 860~960MHz,工作电压为 1.8V,功耗为 4.6mW。

根据前面对电流复用注入技术的分析,为了使本设计中的下混频器获得最优的噪声系数 和隔离度,PMOS 管 M_7 和 M_8 的宽度 W 为 280μm, M_1 和 M_2 的宽度 W 为 90μm,电容 $C_2 =$ $C_4 = 4pF$。下混频器的本振信号输入频率为 900MHz,功率为 $-4dBm$;射频信号输入频率为

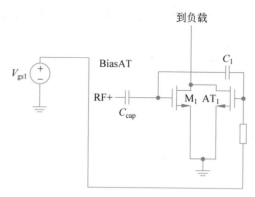

图 8-44　采用稳定偏置电压电路的 MGTR 技术

910MHz,功率为-30dBm。图 8-45 显示了下混频器双边带噪声系数(DSB-NF)的仿真结果。结果显示,当输出中频信号的频率为 1MHz 时,DSB-NF 为 8.02dB;当输出中频信号的频率为 10MHz 时,DSB-NF 为 5.483dB。此时,流过跨导管的电流 I_1 为 1.3mA,流过开关管的电流 I_3 为 580μA,注入电流 I_7 为 720μA。仿真结果说明,采用电流复用注入技术后可以在很大程度上降低下混频器的直接 $1/f$ 噪声。

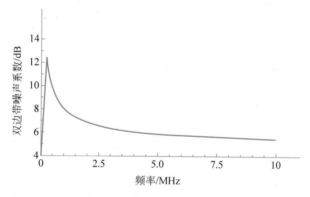

图 8-45　下混频器双边带噪声系数(DSB-NF)的仿真结果

　　为了获得高线性度,下混频器采用了改进型 MGTR 技术。辅助管 AT_1 和 AT_2 的宽度为 480μm,固定偏置电压电路为其提供的偏置电压为 440mV。主放大管的偏置电压为 580mV。通过对下混频器进行双频测试仿真,可以得到下混频器的线性度。在测试中,输入的双频信号分别为 901MHz 和 901.1MHz,本振信号的频率为 900MHz。仿真结果如图 8-46 所示,下混

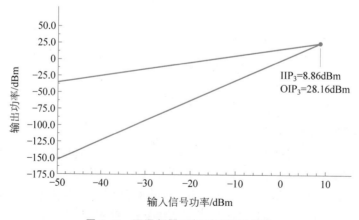

图 8-46　下混频器双频测试仿真结果

频器的线性度 IIP3 为 8.86dBm,增益为 19.3dB。显然,该下混频器的增益很大,所以它可以提高接收机的灵敏度。其次,它的线性度也很高,说明它具有较强的抗干扰能力。

表 8-10 为下混频器性能仿真结果汇总。可以看出,本设计中的下混频器通过采用电流复用注入技术降低了闪烁噪声,获得了较低的噪声系数和较高的转换增益,同时本设计采用的MGTR 技术使下混频器拥有合适的线性度。

表 8-10 下混频器性能仿真结果汇总

参 数 指 标	仿 真 结 果
噪声系数	8.02dB
转换增益	19.3dB
线性度	8.86dBm

8.10.4 接收机前端电路设计

UHF RFID 读写器接收机前端电路是整个读写器模拟电路的重要部分,它直接决定了接收机的性能。在 UHF RFID 读写器的工作环境中,由于存在大功率的载波干扰信号,因此读写器接收机前端电路首先要具备消除干扰信号的能力。同时,读写器接收机前端电路要能够在干扰下完成对有用信号的正常接收和下变频处理。

超外差接收机结构通过两次或多次下变频将射频信号转换为基带信号。由于每一次下变频时本振信号的频率相差较大,所以这种结构不会受到本振信号的干扰。但是,为了抑制镜像信号干扰,该接收机结构需要加入镜像抑制滤波器。此外,为了选择有用的中频信号,还需要使用中频滤波器。由于这两种滤波器都不能实现全集成,所以该接收机结构不适用于设计全集成的接收机电路。

为了实现全集成的接收机前端电路,可以采用零中频接收机结构。该结构比较简单,不需要使用额外的滤波器,非常适合用于全集成接收机电路的设计。此外,在这种结构中,射频信号通过一次下变频就被转换为基带信号,而泄漏的载波干扰信号则被转换为直流信号,通过在混频器输出端口加入能滤除直流的交流电容,就可以实现消除载波干扰的目的。

在使用零中频接收机结构后会存在 3 个问题:偶数阶失真、直流失调和正交 I/Q 失配。通常采用差分结构的 LNA 和混频器可以消除偶次失真。在混频器输出端口加入两个交流电容就可以消除直流失调。正交 I/Q 失配则需要通过提高本地振荡器的精度解决。

根据对前端电路的研究和分析,本设计提出了一种全集成、性能均衡的接收机前端电路。该前端电路能满足 UHF RFID 系统的工作要求。下面就具体分析该接收机前端电路的结构及工作原理,并给出仿真结果。

1. 前端电路的结构

读写器有两种工作模式:监听模式和对话模式。在监听模式下,读写器需要监听空白信道,所以要求接收机具有较高的灵敏度。在对话模式下,读写器要与无源电子标签进行对话。由于载波的泄漏影响了接收机对信号的接收,所以接收机要具有消除载波干扰的能力和较高的线性度。

本设计提出了一种能同时在 ISO/IEC 18000-6C 和 GB/T 29768—2013 两种协议下工作的接收机前端电路,该电路采用了零中频 I/Q 两路直接下变频结构。图 8-47 显示了本设计提出的接收机前端电路结构。在该结构中,由读写器天线接收的射频信号首先进入 LNA 中,该LNA 会根据不同的工作模式以不同的增益对射频信号进行放大,放大之后的信号会分为 I、Q 两路,分别传输到 I 路下混频器和 Q 路下混频器中。下混频器对放大信号进行直接下变频处理后,输出信号的高频率成分和直流失调分别会被低通滤波器和 AC 耦合电容滤除,剩卜的有用中频信号则传输到基带处理器中。

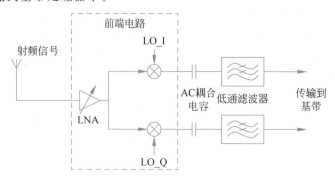

图 8-47　本设计提出的接收机前端电路结构

该结构有 3 个优点：

（1）在 ISO/IEC 18000-6C 协议中，标签的调制方式包括 ASK 和 PSK。采用 I/Q 两路结构可以实现相位信号的分离，从而完整地传输 PSK 频谱中两个边带的相位信息。因此该结构可以同时满足两种调制信号的接收要求，使设计的读写器在两种协议下具有通用性。

（2）在直接下变频结构中，发射机泄漏的大功率载波干扰信号和接收机泄漏的本振信号都会被转换为直流信号。该结构中的 AC 耦合电容可以滤除直流信号，所以该结构具有消除干扰信号和直流信号失调的能力。

（3）零中频接收机结构简单，而且 LNA 的输出端以及下混频器的输入端和输出端都不需要进行电阻匹配，简化了电路设计。

2. 前端电路图及其工作原理

在图 8-47 所示的电路结构基础上，结合前面提出的 LNA 和下混频器电路构成了一个具有高灵敏度和高线性度的接收机前端电路。图 8-48 给出了本设计提出的接收机前端电路芯片版图。整个电路中包括一个增益可控制的 LNA、一个 I 路有源下混频器、一个 Q 路有源下混频器和一个稳定偏置电压电路。

由于本设计的 LNA 和下混频器电路都采用差分输入结构，所以该前端电路可以消除零中频接收机的偶数阶失真。

当读写器工作在监听模式时，读写器首先发送一个高电平信号 1 给 LNA 的开关管 S_1 和 S_2，开关管将断开，此时 LNA 工作在高增益模式。这样 LNA 后级电路的噪声可以被它的增益等比例压缩，从而提高接收机的灵敏度。当监听到空白信道后，读写器转换到对话模式，读写器将发送一个低电平信号 0 给 LNA 的开关管 S_1 和 S_2，开关管则闭合，此时，LNA 将工作在低增益模式。天线接收的信号直接进入有源下混频器中进行下变频处理。有用信号下变频为基带信号，而大功率的载波干扰信号则转换为直流信号，这样就避免了干扰信号被 LNA 放大而造成接收机阻塞饱和。此外，LNA 与 I/Q 两路下混频器通过交流耦合电容直接级联，可以减小电路的面积并提高芯片的集成度。

本设计提出的高增益有源下混频器还提高了接收机的灵敏度。当读写器从监听模式转换到对话模式后，由于本设计的有源下混频器增益达到了 19.3dB，该值远大于 LNA 的增益值，所以 LNA 的断开不会使接收机总的增益降低过多。那么在对话模式下，接收机前端电路仍然具有较大的增益以压缩后级电路噪声，因此接收机的灵敏度不会大幅度地降低。此外，该有源下混频器的线性度 IIP3 为 8.86dBm，所以该接收机在对话模式下还具有较强的抗干扰能力。

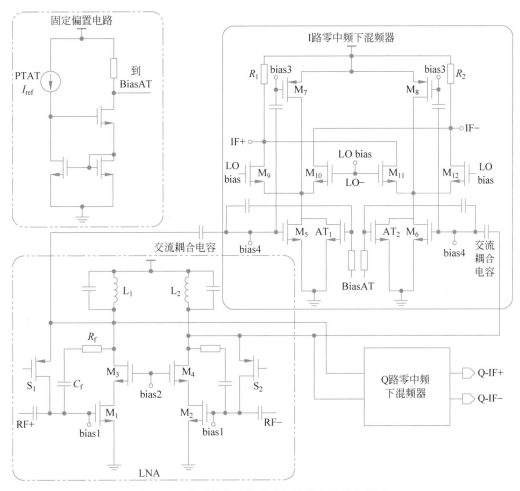

图 8-48　本设计提出的接收机前端电路芯片版图

3. 前端电路版图及仿真结果

在 Cadence 软件平台上设计整个接收机前端电路的芯片版图,版图的面积为 1.5mm^2,整个版图的布局布线严格按照设计规则完成。为了验证版图的合理性,还对版图做了设计规则检测、版图与原理图一致性检测。最后提取了版图的寄生参数,并进行了后仿真实验。在后仿真实验中,充分考虑了版图寄生参数对性能的影响,并尽量使后仿真结果满足原理图的设计要求。具体的仿真结果分析如下。

图 8-49 显示了接收机前端电路输入匹配参数 S_{11} 的后仿真结果。从中可以看出,接收机前端电路的后仿真输入匹配 S_{11} 小于 -14.03dB。相比前仿的结果,S_{11} 后仿真结果有所恶化。经过分析,认为版图中输入信号的引脚焊盘与 LNA 输入管之间的金属走线对输入匹配造成了一定的影响。因为差分输入信号流经的两条金属走线是平行布置的,所以在两条金属走线之间会产生平板寄生电容。该寄生电容与 LNA 输入端的寄生电容并联后,增大了 C_{gs} 的值,最后导致输入阻抗值减小,S_{11} 增大。

图 8-50 和图 8-51 分别显示了在两种不同工作模式下接收机前端电路 IIP3 的后仿真结果。在双频测试中,LNA 的输入端口同时输入了频率分别为 901MHz 和 901.1MHz 的两种信号,它们的功率都为 -50dBm。本振信号的频率为 900MHz,功率为 -4dBm。那么在下混频器的输出端口将同时输出频率为 1.1MHz 和 1MHz 的两种中频信号。从仿真结果可以看

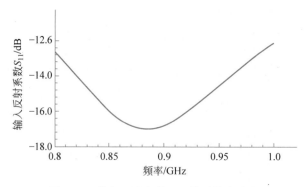

图 8-49 输入匹配参数 S_{11} 的后仿真结果

出,在监听模式下,接收机前端电路的线性度为 3.37dBm;在对话模式下,接收机前端电路的线性度为 8.86dBm。

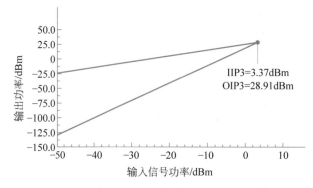

图 8-50 在监听模式下接收机前端电路 IIP3 的后仿真结果

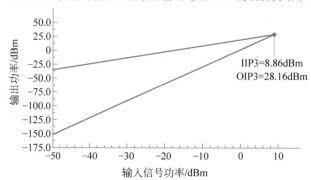

图 8-51 在对话模式下接收机前端电路 IIP3 的后仿真结果

图 8-52 和图 8-53 分别显示了在两种不同工作模式下接收机前端电路双边带噪声系数 (DSB-NF)的后仿真结果。可以看出,当输出中频信号为 1MHz 时,在监听模式下,DSB-NF 为 5.29dB;在对话模式下,DSB-NF 为 9.8dB。由于在对话模式下 LNA 不能压缩后级电路噪声,所以噪声系数会大幅度增加。但该前端电路的 DSB-NF 增加的比例并不大。这说明本设计提出的高增益、低噪声有源下混频器抑制了 DSB-NF 的恶化,提高了对话模式下接收机的灵敏度。假设当接收机的带宽 B 为 1MHz 时接收机的输出信噪比(SNR_{out})为 11dB。可得,在监听模式下,接收机的灵敏度为 -97.5dBm;在对话模式下,接收机的灵敏度为 -94dBm。通过对比可以看出,从监听模式转换到对话模式后,接收机的灵敏度只减少了 -3.5dBm,证明了本设计在理论上的正确性。

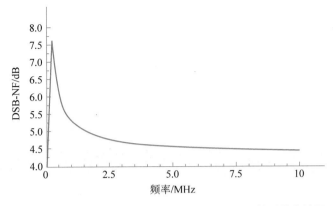

图 8-52 在监听模式下接收机前端电路 DSB-NF 的后仿真结果

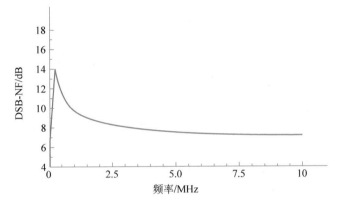

图 8-53 在对话模式下接收机前端电路 DSB-NF 的后仿真结果

第9章

基带发送链路关键模块分析设计

UHF RFID 阅读器主要由射频前端与数字基带构成。射频前端的主要功能是通过混频器调制与解调射频信号与基带信号,实现阅读器与标签的通信。数字基带模块主要负责处理上位机命令,并按照协议要求完成原始数据流的编码与解码,在上位机与射频前端之间架起桥梁。因此可以将数字基带分为 3 部分:发送模块、接收模块和链路控制模块。

数字基带由控制模块进行操控。上位机使能控制模块后,数字基带开始读取 FIFO 缓存器中的配置参数,并且结合当前命令状态,自动填充完整的待发送数据,随后将数据及数据长度送入发送模块,同时使能发送模块。在发送模块中,待发送的数据先进行 CRC 编码,完成之后 CRC 校验码必须添加到待发送的数据之后,并且一同送入 PIE 编码模块进行编码。为去除码间干扰,PIE 编码后的数据必须送入升余弦滤波器进行波形整形,为了满足协议中要求的单边带振幅键控数字基带调制方式,发送模块需产生 I/Q 两路正交信号,为此在整形滤波之后添加一个希尔伯特滤波器,实现对整形后的信号进行 90°相移操作。最后两路信号通过 DigRF 接口送至射频前端进行调制并发射。与此同时,接收模块部分将射频前端 ADC 转换后的输入信号经过串并转换模块预先判决,完成信号的整形,提高解码正确性,接着送入解码模块,输出的单比特数据经 CRC 以验证数据的正确性后会将解码得到的信息保存在接收 FIFO 缓存器中,供上位机查询使用。

整个读写器的基带发送链路是由多个子模组成的,在工作之前必须先配置好参数才能保证其功能正常。同时由于读写器支持多协议切换,这就要求这些寄存器可以快速地重新配置,以适应不同的指标要求。为了方便控制寄存器的访问与管理,本设计中将所有模块的控制参数统一存储在一片 RAM 中,ARM 处理器可以通过 AXI 总线直接访问该存储区,以完成读写器启动时对控制寄存器的初始化操作。

此外,基带发送电路的处理过程还需要进行流程控制。例如数据在基带子模块中的处理时间可能不同,一些模块在处理过程中还会产生一些无效数据。如果在前一级模块的有效数据出现之前激活了后续模块,就会造成无效数据干扰,引发逻辑错误。本设计的基带模块通过一个状态机控制,状态机通过获取每个子模块的工作状态决定下一状态的跳转,同时根据现有状态产生不同的使能信号控制发送链路中的模块,这样各个模块就可以有序地打开或者关闭,避免了处理延迟与无效数据的干扰。

9.1　CRC

本节以国家标准 GB/T 29768—2013 和国际标准 ISO/IEC 18000-6C 为基础,对 CRC 进行分析设计。

本节主要对两种形成 CRC 电路的设计方法做一个说明,具体如下：①采用串联 CRC 的硬件设计方法；②采用软件编程后再形成电路的设计方法。

9.1.1　CRC 软件设计电路

读写器和标签之间进行非接触式通信,由于信道传输特性达不到理想状态,并且通信过程中会存在相关干扰和噪声,故数据传输到接收端时有可能会出现错误。为了降低通信中的错误率,提高系统的可靠性和数据完整性,需要进行差错控制编码。CRC 是数字通信领域最常见的一种差错校验方法,主要利用除法及其余数进行错误检测,其特征是信息码和校验码的长度可任意选定。

CRC 用多项式 $M(x)$ 表示一个二进制数据,其中多项式的系数只有 1 和 0,在发送过程中用 $M(x)$ 除以生成多项式 $g(x)$,利用余数判断数据在发送过程中是否发生了错误。

在 CRC 中,可以用一个 n 次多项式表示一个长度为 n 的数据。例如,对于 8 位代码 11010011, $1 \times x^7 + 1 \times x^6 + 0 \times x^5 + 1 \times x^4 + 0 \times x^3 + 0 \times x^2 + 1 \times x^1 + 1$ 是对应的多项式。接收方和发送发在进行通信时要事先约定一个共同的生成多项式 $g(x)$。CRC 过程中的除数即为 $g(x)$,数据多项式 $M(x)$ 的系数即为待发送数据的比特序列。发送方用 $M(x)$ 除以 $g(x)$ 就会得到一个余数多项式 $r(x)$,提取出 $r(x)$ 的系数,最后将 $r(x)$ 的系数添加到数据码的后面,这样就组成了发送码。发送码被接收方收到后,接收方会用发送码除以双方约定的生成多项式。如果余数不等于 0,就表示发送过程中数据发生了错误；如果余数等于 0,就表示数据被正确传送。

在实际的通信过程中,设备在发送时会计算出 CRC 的校验码,然后将校验码放在数据码的后面一起发送。接收方收到数据后会重新计算校验码,将计算结果与收到的校验码进行比较,如果两者不一致,说明传输过程中出现了错误,接收方会将信息反馈给发送方,请求重传。

根据协议规定,系统采用的是 CCITT 的标准,即生成多项为 $x^{16} + x^{12} + x^5 + 1$。本模块采用并行的计算方法,在一个时钟周期内能实现单字节的校验码计算。最后通过 Verilog 语言实现了该模块的功能,并在 Quartus 中进行了功能仿真。

部分程序如下：

```
if(!rstn) begin
  crc_reg <= 16'hffff;
end elseif (crc_en) begin
  crc_reg[15] <= crc_t[3];
  crc_reg[14] <= crc_t[2];
  crc_reg[13] <= crc_t[1];
  crc_reg[12] <= crc_t[0];
  crc_reg[11] <= creg[3];
  crc_reg[10] <= creg[2]^crc_t[3];
  crc_reg[9] <= creg[1]^crc_t[2];
  crc_reg[8] <= creg[0]^crc_t[1];
```

```
    crc_reg[7]< = crc_reg[15]^crc_t[0];
    crc_reg[6]< = crc_reg[14]^creg[3];
    crc_reg[5]< = crc_reg[13]^creg[2];
    crc_reg[4]< = crc_reg[12]^creg[1];
    crc_reg[3]< = crc_reg[11]^crc_t[3]^creg[0];
    crc_reg[2]< = crc_reg[10]^crc_t[2];
    crc_reg[1]< = crc_reg[9]^crc_t[1];
    crc_reg[0]< = crc_reg[8]^crc_t[0];
end else begin
    crc_reg < = 16'hffff;
end
```

模块在复位之后,存储在 CRC16 寄存器 crc_reg 中的值为 16'hffff,使能信号 crc_en 为低电平时该寄存器的值也是 16'hffff,满足了协议对该模块设计的要求。

仿真结果显示,信号只有在使能信号有效、复位信号无效时模块才开始计算 CRC 的值,其余情况下都为 ffff。给予模块一定的激励,即输入的数据为 8'h00001001,在使能信号有效和时钟上升沿时,输出 CRC16 的值为 16'h70d9,其结果与协议中的例子一致,所以本模块能正确计算 CRC16 的值。并行的 CRC 计算方法虽然在效率上有所提高,但是相比串行的计算方法会消耗更多的面积。

9.1.2　CRC 硬件设计电路

本设计采用串行 CRC 电路,具体介绍如下。

1. CRC16 模块电路

CRC16 模块电路如图 9-1 所示。该电路主要由移位寄存器构成,需要在特定位置进行异或运算,结构简单,最终的校验码是以并行 16 位的方式输出的,所以还需要设计并串转换电路,将校验码拼接到发送数据流中。

电路开始工作前,寄存器初始化为 ffff。电路开始工作后,数据按照时钟顺序依次移入寄存器,根据 CRC16 的特征多项式,将特定的寄存器位输出并进行异或运算,即 $D_0 = Q_{15} \oplus D_{in}$, $D_5 = Q_4 \oplus D_0$, $D_{12} = Q_{11} \oplus D_0$。当数据全部送入移位寄存器后,CRC16 运算完成,得到校验码对应的补码,将结果取反后即可添加到发送数据末尾。

接收方在解校验时,电路结构和预置值不变,输入数据为原始数据与拼接在后面的 16 位校验码。如果输出数据为 1d0f,则校验通过。

2. CRC5 模块电路

CRC5 模块电路如图 9-2 所示。根据 CRC5 的特征多项式,对相应的寄存器输出进行异或运算,即 $D_0 = Q_4 \oplus D_{in}$, $D_3 = Q_2 \oplus D_0$。进行 CRC5 编码时,首先将寄存器预置为 01001_2,然后在时钟驱动下,输入准备进行编码的数据位,高位优先。全部数据位输入完成之后,寄存器中的值就是 CRC5 的校验码。

接收方如果选择了 CRC5 进行校验解码,电路结构依然不需要变化。首先解码器需要将寄存器内部的初始值设置为 01001_2,然后在时钟驱动下,将收到的数据位以及校验码输入标记,高位优先。如果解码完成之后寄存器的值为 00000_2,则校验通过。

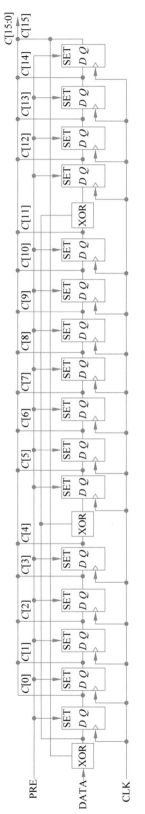

图 9-1 CRC16 模块电路

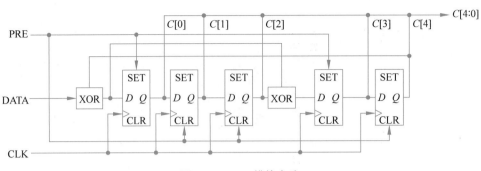

图 9-2　CRC5 模块电路

9.2　发送链路编码模块

9.2.1　TPP 编码器实现

当工作协议设置为 GB/T 29768—2013 时,电路将使用 TPP 编码器进行数据编码。TPP 编码器有两个控制寄存器,分别代表发送数据长度以及 Tc 计时器上限值。在开始工作之前,必须先配置好控制寄存器的参数,然后编码器进入初始状态等待激活。在发送控制状态机给 TPP 编码器发送使能信号后,TPP 编码器开始工作。

TPP 编码器内部主要有编码状态机、FIFO 缓冲器、前导头寄存器、Tc 计时器以及发送计数器。TPP 编码器的状态跳转如图 9-3 所示。

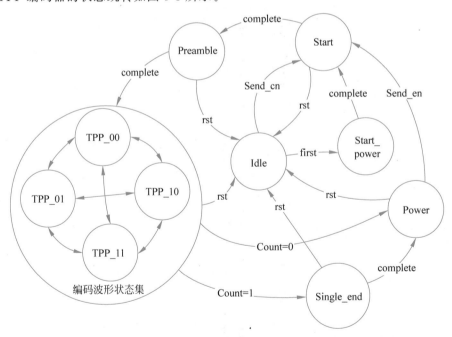

图 9-3　TPP 编码器的状态跳转

开始工作之后,如果是第一次发送命令,则 TPP 编码器先进入 Start_power 状态,输出 1.5ms 持续载波为标签上电。如果输出结束或者本轮不是第一次发送命令,则 TPP 编码器跳转到 Start 状态,该状态表示 TPP 编码器开始输出 TPP 数据帧起始位置固定的 12.5μs 低电平信号,该信号由一个计时器控制,可以保证持续时间的准确性。然后 TPP 编码器进入

Preamble 状态,此时将一次输出前导码寄存器中预先存储的前导波形。本设计中的 TPP 编码器的低电平脉冲宽度 PW 与参考时间 Tc 是相等的,这样所有波形的持续时间都是 Tc 的整数倍,方便电路实现。所以前导码寄存器中只需要存储 1111111010_2 即可表示完整的波形,每个寄存器输出后持续时间由 Tc 计时器控制,其计时周期由 Tc 计时上限寄存器控制。这样波形的速率就能在 Tc=6.25μs 与 Tc=12.5μs 之间切换。

前导波形输出完毕之后,TPP 编码器进入正式编码阶段。由于 TPP 是不等长编码,不同的比特组合所产生的波形时间不同,所以数据进入编码器的速率与编码器读取数据的速率不相等,这就可能出现编码器编码没有完成而数据已经开始送入的情况,造成数据丢失,所以编码器的数据入口处设计了一个 FIFO 缓冲器,这样送入编码器的串行数据就可以先缓存到 FIFO 缓冲器中,等待编码器读取。编码器每次需要输入 2b 数据进行编码,所以从 FIFO 缓冲器读出的数据还需要先进行串并转换才可以使用。编码器根据输入的比特组合,分别进入 TPP_00、TPP_01、TPP_10、TPP_11 的波形起始状态与相应的波形子状态,然后依次输出对应的波形,同时控制 FIFO 缓冲器读取使能,进行数据提取。发送计数器同时会对已发送的数据位数进行计数,在即将结束编码时,TPP 编码规则要求编码数据输入位数是奇数的时候在末尾自动补零,然后进行编码。如果发送奇数位的情况下不按照编码要求做补零操作,在最后一次读取时,由于 FIFO 缓冲器已经为空,读取指针不会移动,所以一定会读入两个一样的数值,这时如果最后一个值是 1,那么就会发生编码错误。发送状态机会时刻检测发送计数器与发送长度寄存器的差值。如果差值为 2,则表明发送的总数据位为偶数个,直接进行编码,然后跳转到 Power 状态;如果差值为 1,表明发送的总数据位为奇数个,此时自动将读取的第二位数据补零后进行编码,再进入 Power 状态。

Power 状态表明 TPP 编码已经结束,但读写器在发送完命令信息之后,还必须持续发送调制的载波为 UHF RFID 标签供电,所以,在 Power 状态下,编码器会一直输出一个高电平,以此让射频前端继续提供射频信号。

9.2.2　PIE 编码器实现

当执行的协议选择 ISO/IEC 18000-6C 时,PIE 编码器将替代 TPP 编码器。在开始工作之前,同样必须先配置 PIE 编码器的控制寄存器。PIE 编码器的控制寄存器分为发送长度寄存器、Tari 宽度寄存器、TRcal 宽度寄存器以及标志寄存器。PIE 编码器的结构与 TPP 编码器类似,由编码状态机、FIFO 缓冲器、脉冲宽度计时器组成,由于 PIE 编码数据包的前导头比 TPP 编码复杂,要求帧同步头中 TRcal 位段的脉冲宽度可以调节,所以不适合预先对波形进行存储,在实际设计中前导头编码状态机与脉冲宽度计时器共同生成的。图 9-4 是 PIE 编码器的状态跳转。

PIE 编码器激活后,首先会根据标志位进行跳转判断。如果标志位为 0,则进入 Start 状态,开始发送 PIE 编码数据包起始位置的 12.5μs 低电平,表明数据传输即将开始;如果标志位为 1,表明当前读写器发送给标签的是 query 命令,而且此命令是这个盘存周期的第一条请求命令,此时按照 ISO/IEC 18000-6C 协议要求,读写器需要在发送命令前先发送 1.5ms 的无调制载波为 UHF RFID 标签供电。所以,在后一种情况下 PIE 编码器首先会进入 Start_15 状态,计时器控制编码器输出 1.5ms 的高电平 1。计时结束后,状态机再跳转到 Start 状态,开始发送起始低电平。

由协议分析可知,PIE 编码的两种前导头波形构成中都包含一个 PIE_0 编码以及 RTcal 校准符。两者的主要区别在于是否要发送 TRcal 校准符。而且 TRcal 校准符的长度可变。

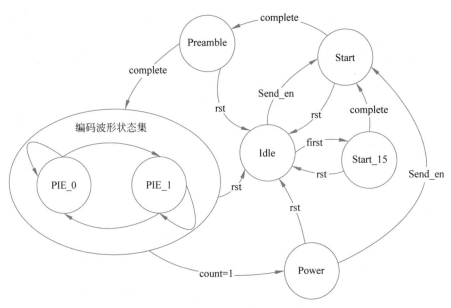

图 9-4   PIE 编码器的状态跳转

为了简化硬件设计,令 PIE 低电平脉冲宽度 PW 等于 Tari 的二分之一,同时固定 RTcal 的长度为 3 倍 Tari。在 Start 状态结束之后,标签进入 Preamble_0 状态,由计时器控制输出长度为 Tari 的 PIE_0 编码,然后跳转至 Preamble_rt 状态,输出长度为 3 倍 Tari 的 RTcal。当计时器完成计时后,编码状态机通过标志位进行前导头选择。由 ISO/IEC 18000-6C 协议可知,只有当标志位为 1 时才需要发送前同步码,其余情况均使用帧同步头。所以当标志位为 1 时,编码器进入 Preamble_tr 状态,计时器首先初始化为 TRcal 宽度寄存器的参数值,然后递减计数,同时编码器输出高电平 1。当计时器的值等于 PW 时,输出低电平 0,直到计时结束,跳转到 PIE 编码状态为止,此时输出的波形即为 TRcal。如果标志位为 0,在输出 RTcal 波形后,立刻跳转至 PIE_0 或者 PIE_1 状态。

PIE 编码与 TPP 编码同样是不等长编码,比特 1 与 0 的编码长度不同,电路设计中 0 的编码长度等于 Tari,1 的编码长度等于 2 倍 Tari。由此可见,对于恒定速率的输入数据,可能会出现漏取或者取空的情况,所以为了简化流量控制过程,数据输入端口增加了一级 FIR。PIE 编码器每次只对 1b 数据进行编码,所以不需要串并转换,同时也不限制发送位数的奇偶性,控制相对简单。当前导码发送完毕后,编码器会根据当前 FIFO 缓冲器的读出值进入 PIE_0 或者 PIE_1 状态。进入这两种状态后分别会输出 0 与 1 对应的波形,同时 FIFO 缓冲器读取下一位,直到发送计数器的位数与控制寄存器中的预设值相等为止,PIE 编码器结束编码,跳转到 Power 状态继续发送高电平 1,为 UHF RFID 标签供电。

9.3   脉冲整形

从编码模块输出的数字基带信号为矩形脉冲信号,并不适合带限信道的传输。如果不经过整形,会导致前后信息码元的波形产生畸变、展宽,并使前面波形出现很长的拖尾。如果蔓延到当前码元的采样时刻,便会对当前码元的判决造成干扰,称为码间串。如果码间串串扰严重,便会产生错误判决。为此,需要在发送模块中添加数字滤波模块,消除码间串扰。同时,为了实现单边带调制功能,需要使用希尔伯特滤波器对整形后的信号进行 90°相移,以产生 I/Q 正交两路信号。

发送数据经过编码后,基带波形近似方波,由于方波边沿陡峭,造成基带信号有很多高频分量,占用不必要的带宽。在 GB/T 29768—2013 与 ISO/IEC 18000-6C 协议中,对通信信道的带宽都作出了规定,直接以方波发送不符合协议中的邻近信道功率泄漏和射频包络的要求。同时,由于信道带宽有限,实际传输函数不够平坦,方波信号会发生形变,各码元的形变互相叠加,形成码间串扰,严重影响通信质量。所以编码后发送的数据必须对脉冲进行整形处理,称为成型,避免直接调制方波信号。

要消除码间串扰,应有

$$\sum_{n \neq k} a_n h\left[(k-n)T_s + t_0\right] = 0 \tag{9-1}$$

由于 a_n 是随机的,无法通过在接收滤波器输出的采样信号中的各项相互抵消使码间串扰为 0,这就需要对基带传输系统的总传输特性 $h(t)$ 的波形提出要求。当相邻码元的前一个码元的波形到达时,如果后一个码元采样判决时刻已经衰减到 0,就能满足要求。但是,这样的波形不易实现,因为现实中的 $h(t)$ 波形有很长的拖尾,也正是由于每个码元的拖尾才造成了对相邻码元的串扰。这就是消除码间串扰的基本思想。

只要基带传输系统的冲激响应波形 $h(t)$ 仅在本码元的采样时刻有最大值,并在其他码元的采样时刻均为 0,就可消除码间串扰。所以应满足

$$h(kT_s) = \begin{cases} 1, & k=0 \\ 0, & \text{其他} \end{cases} \tag{9-2}$$

由此可以得到基带传输特性应满足的频域条件:

$$\sum_i H\left(\omega + \frac{2\pi i}{T_s}\right), \quad |\omega| \leqslant \frac{\pi}{T_s} \tag{9-3}$$

此条件称为奈奎斯特第一准则。

由此准则可设计出理想低通滤波器,如图 9-5 所示。

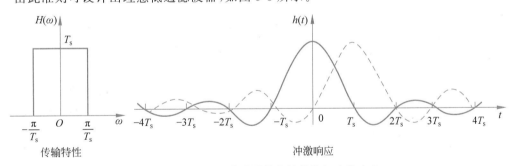

图 9-5 理想低通滤波器的传输特性与冲激响应

但理想低通滤波器存在一些问题。理想矩形特性的物理实现极为困难。理想的冲激响应 $h(t)$ 的尾巴很长,尾部摆幅较大,衰减缓慢,对位定时的要求严格,要求采样时刻严格对准零点。当定时存在偏差时,偏离零点可能出现严重的码间串扰。

解决方法是引入滚降系数:

$$\alpha = \frac{W_2}{W_1}, \quad 0 \leqslant \alpha \leqslant 1$$

此时 $H(\omega)$ 和 $h(t)$ 变为

$$H(\omega) = \begin{cases} T_s, & 0 \leqslant |\omega| < \dfrac{(1-\alpha)\pi}{T_s} \\[2mm] \dfrac{T_s}{2}\left[1 + \sin\dfrac{T_s}{2\alpha}\left(\dfrac{\pi}{T_s} - \omega\right)\right], & \dfrac{(1-\alpha)\pi}{T_s} \leqslant |\omega| < \dfrac{(1+\alpha)\pi}{T_s} \\[2mm] 0, & |\omega| \geqslant \dfrac{(1+\alpha)\pi}{T_s} \end{cases} \qquad (9\text{-}4)$$

$$h(t) = \frac{\sin \pi t/T_s}{\pi t/T_s} \cdot \frac{\cos \alpha \pi t/T_s}{1 - 4\alpha^2 t^2/T_s^2} \qquad (9\text{-}5)$$

理论传输特性如图 9-6 所示。

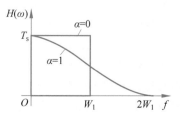

图 9-6　理论传输特性

理论冲击响应如图 9-7 所示。

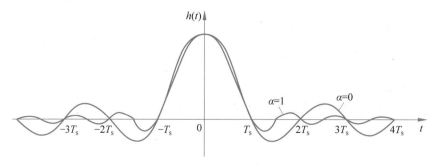

图 9-7　理论冲击响应

9.3.1　升余弦滚降滤波器原理

带限信道首先要解决的就是码间串扰问题,由奈奎斯特第一准则可知,数字基带传输码间串扰的充要条件是传输系统的总冲击响应应满足

$$\sum_{k=-\infty}^{+\infty} H\left(f - \frac{k}{T_s}\right) = C \qquad (9\text{-}6)$$

其中,C 为常数。理想升余弦滚降滤波器的频域与时域表达式如式(9-7)和式(9-8)所示:

$$H_{RC}(f) = \begin{cases} \dfrac{1}{2f_0}, & 0 \leqslant |f| \leqslant (1-\alpha)f_0 \\[2mm] \dfrac{1}{4f_0}\left\{1 + \cos\dfrac{\pi\left[|f| - (1-\alpha)f_0\right]}{2\alpha f_0}\right\}, & (1-\alpha)f_0 < |f| \leqslant (1+\alpha)f_0 \\[2mm] 0, & |f| > (1+\alpha)f_0 \end{cases} \qquad (9\text{-}7)$$

$$h_{RC}(t) = \frac{\sin 2\pi f_0 t}{2\pi f_0 t}\frac{\cos 2\pi \alpha f_0 t}{1 - (4\alpha f_0 t)^2} \qquad (9\text{-}8)$$

其中,α 表示滚降系数,可以决定滤波器的零点带宽与平滑度;f_0 表示 6dB 带宽。

在数字基带处理中,需要将滤波器的连续时间函数离散化,所以在整形之前一般需要对基带信号按照某一特定频率进行插值处理,这个插值频率就是滤波器的采样频率。假设插值频率为 f_s,则离散化后的升余弦滚降滤波器时域表达式为

$$h_{RC}(n) = \frac{\sin(2\pi f_0 n/f_s)}{2\pi f_0 n/f_s} \frac{\cos(2\pi\alpha f_0 n/f_s)}{1-(4\alpha f_0 n/f_s)^2} \tag{9-9}$$

理想升余弦滚降滤波器有无穷多的系数,电路实现前需要用窗函数对滤波器的系数进行截断。在本设计中采用了海明窗函数,如式(9-10)所示:

$$w(n) = 0.54 - 0.46\cos\frac{2\pi n}{2M+1}, \quad 0 \leqslant n \leqslant 2M \tag{9-10}$$

其中 M 表示海明窗函数长度的一半。

利用海明窗函数与理想的升余弦函数相乘,就得到了需要的滤波器的系数,如式(9-11)所示:

$$h(n) = \frac{\sin(\pi n R_s/f_s)}{\pi n R_s/f_s} \frac{\cos(\pi\alpha n R_s/f_s)}{1-(2\alpha n R_s/f_s)^2}\left(0.54 - 0.46\cos\frac{2\pi n}{2M+1}\right), \quad 0 \leqslant n \leqslant 2M \tag{9-11}$$

由于加窗之后滤波器的系数只有 $2M+1$ 个,因此就可以利用 FIR 结构实现滤波功能。

在实际设计中,信号成型之前先要进行插值处理,即按照固定频率在原始串行数据之间插入 0 值,然后再将插值后的数据通过升余弦滚降滤波器进行处理。虽然基带信号和方波相比有了比较大的变形,但是根据奈奎斯特第一准则可知,处理后的信号在采样时刻的幅值不会发生变化,有效地消除了码间串扰,同时降低了发送信号需要的基带带宽。

9.3.2 升余弦滚降滤波器设计

发送数据成型后经过 ADC 芯片转换成基带模拟信号,就可以通过射频前端电路发送给 UHF RFID 标签。GB/T 29768—2013 与 ISO/IEC 18000-6C 协议射频发射信号包络分别如图 9-8、图 2-4(a)所示,相应的参数分别如表 9-1、表 2-3 所示。经过滚降之后的基带信号的过冲、欠冲、上升与下降时间等参数必须满足协议要求。

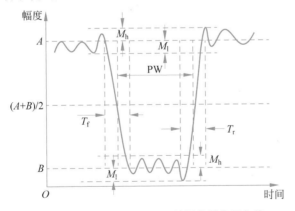

图 9-8 GB/T 29768—2013 射频发射信号包络

表 9-1 GB/T 29768—2013 射频发射信号包络参数

参 数	符 号	最小值	典型值	最大值
调制深度/%	$(A-B)/A$	30		100
过冲/(V/m)	M_h	0		$0.05(A-B)$
欠冲/(V/m)	M_l	0		$0.05(A-B)$
射频包络上升时间/μs	T_r	1		$0.66Tc$
射频包络下降时间/μs	T_f	1		$0.66Tc$
射频脉冲宽度/μs	PW	$0.5Tc$	Tc	$1.1Tc$

图 9-9 是利用 MATLAB 对升余弦滚降滤波器频谱进行的仿真。可以看出,阶数越高,阻带衰减越快,对带外能量泄漏的抑制效果越好。但是,阶数太高会导致滤波器的抽头过多,增加电路的复杂度。

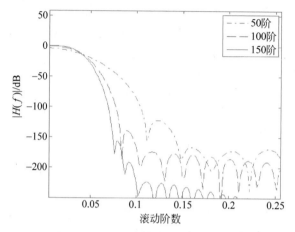

图 9-9 不同阶数的滚降滤波器频谱

滚降系数 α 会影响过零衰减的速度。从滤波器的频域表达式就可以看出,α 越小,零点带宽就越小,但是过渡带也会越窄,时域波形的抖动越剧烈,如图 9-10 所示。

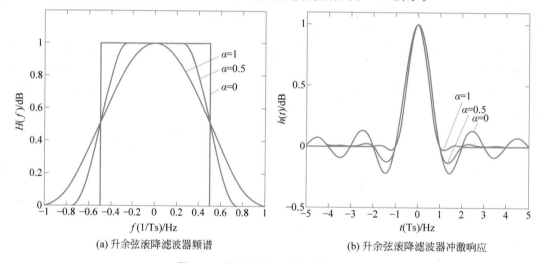

(a) 升余弦滚降滤波器频谱   (b) 升余弦滚降滤波器冲激响应

图 9-10 滚降系数 α 对滤波器的影响

通过仿真,在固定 25 倍过采样、滚降系数为 0.7 以及 124 阶的条件下,滚降后的波形可以满足要求。滚降成型仿真结果如图 9-11 所示。

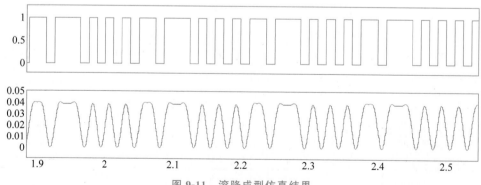

图 9-11 滚降成型仿真结果

9.3.3　滤波器电路实现

9.3.2 节对升余弦滚降滤波器的参数进行了分析,确定了设计参数。由于发送链路是一个多速率系统,需要支持 GB/T 29768—2013 在 800～900MHz 的 40kHz、80kHz 以及 ISO/IEC 18000-6C 的 40kHz、80kHz、160kHz 速率,如果不统一过采样时钟频率,那么不同的速率对应的滤波器系数将会不一致,导致硬件消耗成倍增加。所以,本设计将 3 种发送速率(40kHz、80kHz、160kHz)对应的过采样时钟频率分别设置为 1MHz、2MHz、4MHz。

传统的 FIR 成型滤波器工作流程分为插值与滤波两部分。首先,数据在经过 TPP 编码或者 PIE 编码后,按照 0/1 比特流的形式送入插值模块,差值模块在每个输入比特之间插入 24 个 0,完成 25 倍过采样数据流。然后,数据被送入滤波器中进行运算。由于数据流中只存在 1 和 0,所以数据与滤波器的乘法运算可以简化为开关操作,不需要消耗任何乘法器资源。但是 FIR 结构共有 124 阶,滤波器抽头高达 125 个,需要大量加法器,所以要改进高阶滤波器的实现方式。

通过观察数据流与滤波器的运算过程可知,由于送入滤波器的有效数据之间都存在 24 个 0,实际滤波器中的 125 个寄存器最多同时出现 5 个 1,抽头实际上是按照开关设计的,只有输入数据为 1 的时候开关才会打开,否则数据其实不参与后续的加法运算。根据输入数据的特点,可以将滤波器改进为分布式结构,步骤如下:将滤波器的系数按顺序平均分为 5 组,每一组包含 25 个系数。有效数据流进入滤波器之后,会在每个区间移动 25 个周期,然后进入下一个区间,直到最终移出所有寄存器。由于每个区间在任何时刻至多有一个寄存器是 1,只有对应的抽头系数才会参与运算。

如图 9-12 所示,电路实现中可以将均分的 5 组系数分别存入 5 个 ROM 中,利用外部的地址控制器统一控制读取位置。滤波器工作时,首先按照数据速率将其存入移位寄存器,地址累加器以 25 倍数据速率循环进行地址累加,循环次数为 25。而 5 个 ROM 读取的系数是否参与加分运算则由对应的寄存器控制。如果寄存器的值是 1,则输出读取的系数进行计算;否则抽头输出 0。所以,本设计中的滤波器抽头数只有 6 个,乘法器使用开关代替。抽头输出的加法操作可以采用二叉树加法器结构,同时在中间插入寄存器以降低每一级运算的延迟。通过分布式结构设计的升余弦滚降滤波器有效地减少了加法器的数量,减小了移位寄存器长度,并且不需要设置额外的插值电路。

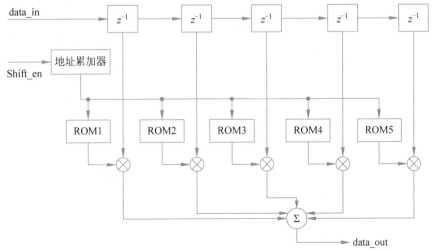

图 9-12　升余弦滚降滤波器分布式实现结构

9.4　希尔伯特滤波器

9.4.1　SSB 调制方式

GB/T 29768—2013 与 ISO/IEC 18000-6C 要求读写器支持 DSB 与 SSB 两种调制方式。SSB 由于在传输中去掉了信号的镜像频率部分,相比于 DSB 可以节约一半的传输带宽,提高频谱的利用率。

9.4.2　离散希尔伯特变换

SSB 调制需要先获得信号的希尔伯特变换形式。希尔伯特滤波器的时域以及频域表达式如下:

$$\hat{x}(t) = x(t)\frac{1}{\pi t} \tag{9-12}$$

为了得到希尔伯特滤波器的离散表达式,可以先推导出其频域表达式,然后利用离散傅里叶反变换得到其离散时间表达式。考虑到数字频域的周期性质,可以得到希尔伯特变换数字域的传输函数,再对该函数进行离散傅里叶反变换,就能得到希尔伯特变换的单位冲激响应,如下所示:

$$H(e^{j\omega}) = \begin{cases} -j, & 0 \leqslant \omega < \pi \\ j, & \pi \leqslant \omega < 0 \end{cases} \tag{9-13}$$

$$h(n) = \frac{1}{2\pi}\int_{-\pi}^{0} je^{j\omega n}\,d\omega - \frac{1}{2\pi}\int_{0}^{\pi} je^{j\omega n}\,d\omega = \begin{cases} \dfrac{2\sin^2(\pi n/2)}{n\pi}, & n \neq 0 \\ 0, & n = 0 \end{cases} \tag{9-14}$$

选用海明窗对离散希尔伯特滤波器进行加窗截断,加窗后的表达式为

$$h(n) = \begin{cases} \dfrac{1-\cos \pi n}{n\pi}\left(0.54 + 0.46\cos\dfrac{2\pi n}{2M+1}\right), & -M \leqslant n \leqslant M \text{ 且 } n \neq 0 \\ 0, & n = 0 \end{cases} \tag{9-15}$$

9.4.3　希尔伯特滤波器的电路设计

通过分析,确定希尔伯特滤波器采用 60 阶系数。希尔伯特系数有两个特征:首先,偶次系数为 0,60 阶的滤波器只有 30 个非零系数;其次,整个滤波器系数呈中心对称分布,所以可以只保存 15 个系数,其余系数可以取反表示。

图 9-13 是希尔伯特滤波器的电路结构。利用以上两个特点,滤波器可采用 FIR 对称结构,对应的寄存器值先做减法,然后再与系数相乘,整个滤波器共使用 15 个乘法器。

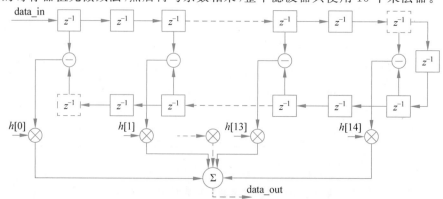

图 9-13　希尔伯特滤波器的电路结构

9.5　频率预搬移

9.5.1　频率预搬移的目的

ISO/IEC 18000-6C 对 SSB 调制提出了较高的要求，即需要保证单边带调制信号的中心频点在信道的中心。一般情况下，读写器的发送载波频率会与信道的中心频率保持一致。常规方法得到的 SSB 频谱如图 9-14 所示，f_c 表示载波频率，同时 f_c 等于信道的中心频点，无论是上边带（USB）信号还是下边带（LSB）信号，其信号的频谱中心都会偏向 f_c 的内侧或者外侧。

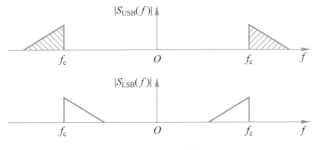

图 9-14　SSB 频谱

为了保证 SSB 的中心频点 f_c 位于图 9-14 所示的位置，可以采取两种方法。

第一种方法是根据上、下边带信号直接将载波的频率改变为 $f_c-\theta$ 或者 $f_c+\theta$，直接让调制后的信号与信道的中心频点对齐，如图 9-15 所示。这种方法思路简单。其缺点是调整载波的工作全部依赖射频前端完成，增加了射频前端电路的复杂程度。

第二种方法是对基带信号做预处理，即先对基带信号进行频率预搬移，然后使用标准的 f_c 频

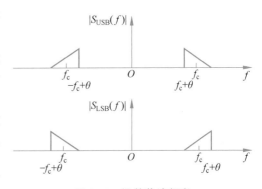

图 9-15　调整载波频率

率进行 SSB 调制。经过公式推导后发现这种方法的电路实现复杂度并不高，同时不需要改变射频前端设置，所以在本设计中采用这种方法。

9.5.2　SSB 基带预搬移方案

本设计的思路是：将基带信号在频域上提前搬移 θ，然后进行 SSB 调制。由于对基带信号已经进行了频率补偿，因此 SSB 信号的中心频点可以和信道的中心频点对齐。具体的推导过程如下。

将基带信号分成 I、Q 两路。I 路信号 $m(t)$ 表示原始基带信号，Q 路信号 $\hat{m}(t)$ 为希尔伯特变换形式。通过观察公式可以发现，SSB 信号实际上就是 $m(t)$ 与 $\hat{m}(t)$ 搬移后叠加产生的，所以，为了补偿由此产生的中心频率偏移，就要对 $m(t)$ 与 $\hat{m}(t)$ 进行变换。根据以上思路，重新定义 I、Q 两路的补偿信号 $m_I'(t)$ 和 $m_Q'(t)$，它们是由原始的 I、Q 两路信号经过频谱搬移后得到的信号，搬移量即需要补偿的频率偏移量，这里记为 f_0，其值等于基带信号带宽频率的 $1/2$。$m_I'(t)$ 和 $m_Q'(t)$ 的具体计算公式如下：

$$m_I'(t) = m(t)\cos 2\pi f_0 t + \hat{m}(t)\sin 2\pi f_0 t \tag{9-16}$$

$$m_Q'(t) = \hat{m}(t)\cos 2\pi f_0 t - m(t)\sin 2\pi f_0 t \tag{9-17}$$

得到 $m_I'(t)$ 和 $m_Q'(t)$ 信号后，按照式（9-18）和式（9-19）所示进行正交调制，就可以得到频

率矫正后的 SSB 信号。

$$S_{\text{SSB}}(t) = \frac{1}{2}m'_{\text{I}}(t)\cos 2\pi f_{\text{c}}t + \frac{1}{2}m'_{\text{Q}}(t)\sin 2\pi f_{\text{c}}t \tag{9-18}$$

$$\frac{1}{2}m(t)\cos 2\pi(f_{\text{c}}+f_0)t + \frac{1}{2}\hat{m}(t)\sin 2\pi(f_{\text{c}}+f_0)t \tag{9-19}$$

设置合适的频率偏移量 f_0 后,就可以在不改变载波频率 f_{c} 的前提下将 SSB 信号的中心频点搬移到信道中心。这种方法的核心就是要得到 $m'_{\text{I}}(t)$ 和 $m'_{\text{Q}}(t)$ 信号,利用数字方式比较容易实现。由于需要补偿的 f_0 一般较小,在数字处理中可以利用查表法或 CORDIC 算法实现直接数字频率合成器以获得信号,然后就可以将 $m'_{\text{I}}(t)$ 和 $m'_{\text{Q}}(t)$ 看成 $m(t)$ 与 $\hat{m}(t)$。对载波进行 SSB 调制时,对 $m(t)$ 与 $\hat{m}(t)$ 做乘加运算就能得到 $m'_{\text{I}}(t)$ 和 $m'_{\text{Q}}(t)$ 信号。对射频前端也不需要额外改动,直接对 $m'_{\text{I}}(t)$ 和 $m'_{\text{Q}}(t)$ 以频率 f_0 进行正交调制后就可以获得满足要求的 SSB 信号了。利用 MATLAB 可以绘制出预搬移后的信号,如图 9-16 所示。

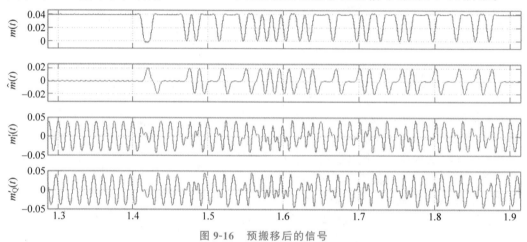

图 9-16　预搬移后的信号

9.5.3　直接数字频率合成器

直接数字频率合成器(Direct Digital Synthesizer,DDS)用来产生 SSB 预搬移所需的低频载波,可以使用 CORDIC 算法或者查找表法实现。本设计选择了结构相对简单的查找表法。

DDS 的工作原理是,在参考时钟的驱动下,相位累加器对频率控制字进行线性累加,利用得到的相位码对波形存储 ROM 进行寻址,输出对应的幅度码。所以可以将三角函数的幅度采样量化后进行存储,然后按照既定速率输出,就能得到响应的三角函数数字信号。

9.5.4　SSB 频率预搬移模块的实现

根据对 SSB 频率预搬移模块的分析,预搬移操作需要获取与 $m'_{\text{I}}(t)$ 与 $m'_{\text{Q}}(t)$ 信号。为了能够在 FPGA 中实现预搬移算法,需要对第 3 章的搬移公式进行离散化。从推导过程可知,$m'_{\text{I}}(t)$、$m'_{\text{Q}}(t)$、$m(t)$ 以及 $\hat{m}(t)$ 都是带限信号,如果保证离散化的采样频率高于奈奎斯特频率,在进行数字处理后仍然可以恢复成原始的连续时间信号。设采样频率为 f_{sample},周期 $T_{\text{sample}}=1/f_{\text{sample}}$,则可得以下离散表达式:

$$m'_{\text{I}}(T_{\text{sample}}n) = \cos(2\pi n f_0/f_{\text{sample}})m(T_{\text{sample}}n) + \\ \sin(2\pi n f_0/f_{\text{sample}})\hat{m}(T_{\text{sample}}n) \tag{9-20}$$

$$m'_{\text{Q}}(T_{\text{sample}}n) = \cos(2\pi n f_0/f_{\text{sample}})\hat{m}(T_{\text{sample}}n) - \\ \sin(2\pi n f_0/f_{\text{sample}})m(T_{\text{sample}}n) \tag{9-21}$$

其中,f_0 表示基带信号 $m(t)$ 的 1/2 带宽,基带信号的带宽与发送速率成正比。显然,随着前向链路速率的变化，f_0 也会发生改变。如果采用单一频率的 f_{sample} 进行离散化，则 f_0/f_{sample} 的值共有 3 种情况，由式(9-20)和式(9-21)可知，需要记录 3 组不同的三角函数离散序列，增大了数字振荡器的硬件消耗。为了简化这种多速率系统，本设计仍然采用固定过采样率的方式，目的是保持 f_0/f_{sample} 的值不变。这里可以沿用前面升余弦成型滤波器的过采样时钟设计，输入信号满足 $R_s/f_{sample}=1/25$，R_s 表示码元速率。前一级成型滤波器的滚降系数 $\alpha=0.7$，所以理想情况下输入信号带宽为 $(1+\alpha)R_s/2$，$f_0=(1+\alpha)R_s/4$。为了简化电路，令 $(1+\alpha)R_s/4\approx R_s/2$，则 $f_0/f_{sample}\approx1/50$，代入式(9-20)和式(9-21)，得到新的离散表达式：

$$m'_I(T_{sample}n)=\cos(\pi n/25)m(T_{sample}n)+\sin(\pi n/25)\hat{m}(T_{sample}n) \tag{9-22}$$

$$m'_Q(T_{sample}n)=\cos(\pi n/25)\hat{m}(T_{sample}n)-\sin(\pi n/25)m(T_{sample}n) \tag{9-23}$$

根据推导出的离散表达式，SSB 频率预搬移模块的电路结构如图 9-17 所示。整个模块由两级流水线组成。在第一级流水线中，基带信号 $m(t)$ 以及 $\hat{m}(t)$ 完成与数字振荡器输出的乘法运算；在第二级流水线中，完成离散表达式中的加减运算，然后寄存输出。这种实现方式结构简单，计算精度较高。

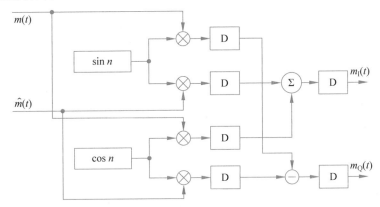

图 9-17 SSB 频率预搬移模块的电路结构

9.5.5 DDS 电路实现

由 DDS 的工作原理可知，其电路基本由相位累加器以及波形 ROM 组成。由于应用中需要同时输出正弦与余弦函数，为了节约硬件资源，采用了复用设计。如图 9-18 所示，正弦与余弦 DDS 共用相位累加器与波形 ROM，DDS 的驱动时钟为输出采样率的 2 倍，其中相位累加器、输出寄存器由二分频电路驱动，而地址选通器、波形 ROM 直接由时钟启动。地址选通器每个时钟周期选通一路地址，通向地址选通器的分别是相位累加器的两个输出，相位相差 $\pi/2$。由于波形 ROM 可以在相位累加器的执行周期内进行两次不同的寻址读取，所以可以同时输出相位相差 $\pi/2$ 的三角函数波形。这样的电路设计就能节约一个波形 ROM。

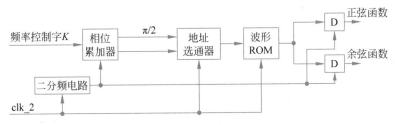

图 9-18 采用了复用设计的 DDS 电路结构

第10章

基带接收链路的关键模块分析设计

10.1　码元同步和实现

RFID 与标签之间属于异步通信类型,要求双方从能够从接收的信号中恢复出定时信息,否则将造成通信失败。RFID 无源标签由于制作工艺的特点,难以保证其反馈信号速率的稳定性,GB/T 29768—2013 与 ISO/IEC 18000-6C 协议均要求读写器能够根据标签的反馈信号速率偏差作出相应的修正,实现快速的位同步以保证判决的正确性。根据两种协议中的规定,标签到读写器的信号速率偏差最大不超过±22%,读写器可以承受的最大速率偏差应不大于±22%才能保证判决的可靠性。

码元同步指接收端根据接收的信号恢复出定时信息后,在正确时间点进行采样判决。错误的定时会造成信号重复判决或者丢失,所以同步模块会直接影响接收质量,是读写器设计中的重点与难点。

10.2　采样

在数字信号处理领域中,奈奎斯特提出的时域采样定理是连续时间信号(通常称为模拟信号)和离散时间信号(通常称为数字信号)之间的桥梁。该定理说明采样频率与信号频谱之间的关系,是连续信号离散化的基本依据。它为采样频率确立了一个条件,该采样频率允许离散采样序列从有限带宽的连续时间信号中捕获所有信息。

该定理表达如下:在进行模拟信号到数字信号的转换的过程中,当采样频率大于信号中最高频率的 2 倍时,采样之后的数字信号就可以完整地保留原始信号中的信息。一般在实际应用中保证采样频率为信号最高频率的 2.56～4 倍。

频带为 F 的连续信号 $f(t)$ 可用一系列离散的采样值 $f(t_1),f(t_1\pm\Delta t),f(t_1\pm2\Delta t),\cdots$ 表示,只要这些采样点的时间间隔 $\Delta t\leqslant1/(2F)$,便可根据各采样值完全恢复原来的信号 $f(t)$。这是时域采样定理的一种表述方式。

时域采样定理的另一种表述方式是:当时间信号函数 $f(t)$ 的最高频率分量为 f_M 时, $f(t)$ 的值可由一系列采样间隔小于或等于 $1/(2f_M)$ 的采样值确定,即采样点的重复频率 $f\geqslant2f_M$。图 10-1 为模拟信号和采样样本。

时域采样定理是采样误差理论、随机变量采样理论和多变量采样理论的基础。

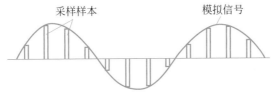

图 10-1 模拟信号和采样样本

对于时间上受限制的连续信号 $f(t)$（即当 $|t| > T$ 时，$f(t) = 0$，这里 $T = T_2 - T_1$ 是信号的持续时间），若其频谱为 $F(\omega)$，则可在频域上用一系列离散的采样值表示，只要这些采样点的频率间隔 $\omega \leqslant \pi / t_m$。

理想低通信道的最高码元传输速率 $B = 2W$（其中 W 是带宽）

$$C = B \log_2 N$$

10.2.1　降采样波滤器

在读写器接收链路中，模拟接收信号经过 ADC 转换成数字信号后进入数字基带电路。GB/T 29768—2013 800～900MHz 与 ISO/IEC 18000-6C 协议中的最大反向链路速率都是640kHz，而 ADC 在设计中采用了 25MHz 的采样频率，满足时域采样定理。过采样的目的主要是为了提高信号信噪比，因为过采样会使量化噪声分散到更宽的频域内，而总的量化噪声功率并没有增加，所以混叠到有用信号频域内的噪声功率就减少了。

虽然过采样可以提高接收信号质量，但是处理高速多位数字信号会给数字电路的设计带来很多困难。首先，如果对处理速度要求越高，数字电路所需要的工作时钟周期就越大，在电路实现上对器件的运算延迟要求也会变高，增加 FPGA 综合布线难度。其次，频率过高的驱动时钟会极大地增加数字电路的功耗。所以在处理接收的数字基带信号前需要适当降低采样频率。

数字信号在降低采样频率之后，频谱会发生变化。设接收的模拟基带信号为 $x(t)$，频谱为 $X_a(e^{j\omega})$，过采样数字信号为 $x(n)$，频谱为 $X(e^{j\omega})$，$x(n)$ 降采样为原来的 $1/M$（称为 M 倍降采样）后的信号为 $y(n)$，频谱为 $Y(e^{j\omega})$，则其关系可以表示为

$$\begin{cases} X(e^{j\omega}) = \dfrac{1}{T_s} \sum_{-\infty}^{+\infty} X_a[j(\omega/T_s - 2\pi n/T_s)] \\ Y(e^{j\omega}) = \dfrac{1}{M} \sum_{i=0}^{M-1} X[j(\omega/M - 2\pi i/M)] \end{cases} \tag{10-1}$$

其中 T_s 为采样周期，且 $T_s = 1/f_s$。

由式（10-1）可以发现，数字信号降采样为原来的 $1/M$ 以后，频谱相当于被拉伸为原来的 M 倍，如图 10-2（a）所示。如果 M 值设置得不合理，信号频谱拉伸后带宽超过了时域采样定理规定的频率，就会出现频谱混叠的现象，从而造成信号失真，如图 10-2（b）所示。

为了避免降采样带来的信号频谱混叠，在处理之前，可以先对信号进行低通滤波，抑制可能发生频谱混叠的区间，避免信号失真，如图 10-3 所示。常用的降采样抗混叠滤波器结构有 CIC 级联滤波器与半带滤波器。

10.2.2　降采样滤波器组

当读写器访问 GB/T 29768—2013 标签时，标签可能的返回数据速率为 640kHz、320kHz、160kHz、128kHz、80kHz、64kHz，而 ISO/IEC 18000-6C 标签的典型返回数据速率为640kHz、320kHz、160kHz、80kHz、40kHz。将采样频率与反向链路数据率的比值定义为过采样率。从第 3 章的分析中可以看出，对于多速率系统，采用固定过采样率的处理方式可以降低

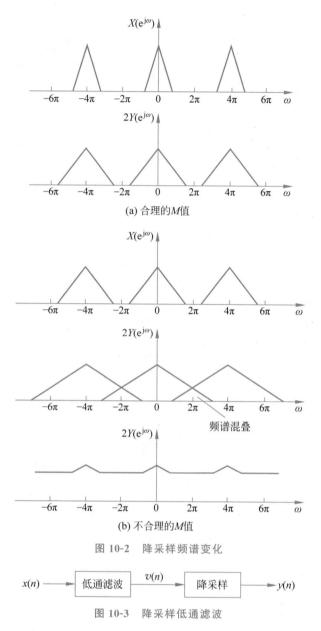

(a) 合理的M值

(b) 不合理的M值

图 10-2　降采样频谱变化

$$x(n) \longrightarrow \boxed{\text{低通滤波}} \xrightarrow{v(n)} \boxed{\text{降采样}} \longrightarrow y(n)$$

图 10-3　降采样低通滤波

设计复杂度。标签的反馈信号经过射频前端下变频之后,进入 ADC 进行 25MHz 的过采样。因为后续的码元同步模块要求输入的数字信号在每个脉冲中约有 10 个采样点,电平脉冲的宽度等于 1/(2BLF),其中 BLF 为反馈信号速率,所以转换后的数字信号需要根据当前的反向链路数据速率适当地降低采样频率,保证所有脉冲的过采样率满足要求。图 10-4 是接收链路中的降采样抗混叠滤波器组方案。

　　在图 10-4 中已经标注出了各数据速率情况下的信号提取位置。这里首先将多路选择器 DOW_SEL 的值设置为 0。当输入的信号速率为 640kHz、ADC 采样率为 25MHz 时,基带信号首先会经过半带滤波器(Half)A 进行 2 倍降采样(在图 10-4 中用 2↓表示),则采样频率降低为 12.5MHz,脉冲过采样率约为 9.77。640kHz 速率的信号脉冲宽度等于 1/(640kHz×2)＝ 0.781 25μs,要实现对脉冲电平的 10 倍过采样,采样频率需要达到 12.8MHz,显然降采样后的频率与实际需要的频率相差约 2.3%,但是考虑到 RFID 标签返回数据速率自身就会有 0～

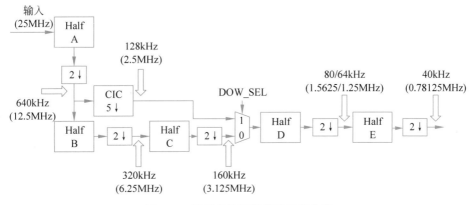

图 10-4　降采样抗混叠滤波器组方案

22% 的频率偏差,所以 2.3% 的偏差可以在后续的码元同步模块中得到补偿。同理,如果进入的原始信号是 320kHz,则经过半带滤波器 A 进行 2 倍降采样之后,还需要再通过半带滤波器 B 进行 2 倍降采样,此时实际采样频率变成 6.25MHz,脉冲过采样率约为 9.77,同理,其采样偏差可以在后同步模块中获得补偿。半带滤波器 C、D、E 分别是针对 160kHz、80kHz 以及 40kHz 信号的带宽设计的。经过降采样处理,640kHz、320kHz、160kHz、80kHz、40kHz 速率的信号脉冲过采样率都能达到 10 左右。滤波器组为了支持 GB/T 29768—2013 协议中的 128kHz、64kHz 速率,在半带滤波器 A 后又增设了第一级 CIC(Cascaded Integrator Comb,级联积分梳状)滤波器,同时在半带滤波器 C、D 之间插入了一个 DOW_SEL 多路选择器。当基带信号的数据率为 128kHz 时,半带滤波器 A 与 CIC 滤波器分别对信号进行 2 倍与 5 倍降采样,此时采样频率变为 2.5MHz,过采样率保持在 9.77 左右。当数据速率等于 64kHz 时,数据先经过 CIC 滤波器降采样至 2.5MHz,然后可以通过第一级半带滤波器 2 倍下采样后保持约 9.77 的脉冲过采样率,由于归一化频率后半带滤波器的参数与 Half D 一致,所以可以复用半带滤波器 D,此时只需要将半带滤波器 D 的驱动时钟从 3.125MHz 调整为 2.5MHz 即可。具体操作是:先将选择器 DOW_SEL 的值设置为 1,使得数据的传输方向变成半带滤波器 A→CIC 滤波器→半带滤波器 D,然后将半带滤波器 D 的驱动时钟改为 2.5MHz,这样降采样后的频率为 25MHz÷2÷5÷2=1250kHz,脉冲过采样率仍然保持在 9.77 左右,符合设计要求。

10.2.3　CIC 滤波器

对高采样率的信号进行抗混叠滤波,如果直接使用 FIR 低通滤波器,不仅会消耗大量硬件资源,同时大量高速输入数据对电路的处理延迟要求也较高。CIC 滤波器的结构则相对简单,只需要利用加法器,资源消耗小。它的优点是避免了乘法运算,电路延迟较小,所以非常适合用于高速信号的前级滤波。

CIC 滤波器的离散时间系统响应与频域响应如下:

$$h(n)=\begin{cases}1, & 0 \leqslant n \leqslant M-1 \\ 0, & \text{其他}\end{cases} \tag{10-2}$$

$$H(z)=\frac{1-z^{-M}}{1-z^{-1}} \tag{10-3}$$

其中,M 表示滤波器阶数,与降采样倍数保持一致。

利用 MATLAB 可以绘制出不同 M 值对应的 CIC 滤波器的幅频响应。从图 10-5 可以看出,CIC 滤波器具有低通特性,但是它的缺点是阻带衰减十分有限,第一旁瓣约为 −13dB,衰减程度并不理想。为了提高 CIC 滤波器的阻带抑制效果,可以采用多级 CIC 滤波器级联的方式提高衰减程度。每增加一级滤波器,旁瓣衰减效果提高 13dB 左右。

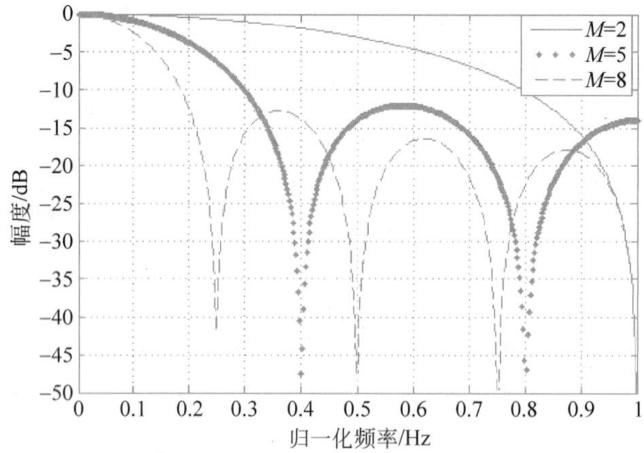

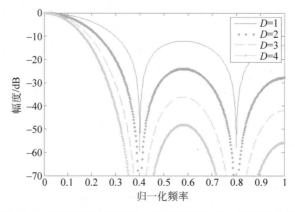

图 10-5　不同阶数 CIC 滤波器的幅频响应

10.2.4　多级 CIC 滤波器实现

CIC 滤波器需要完成 5 倍降采样滤波。前面分析了单个 CIC 滤波器的频谱特性。从图 10-5 中可以发现,CIC 滤波器的第一旁瓣衰减仅有 13dB 左右。为了加强滤波效果,通常可以级联多个 CIC 滤波器,这样每增加一级,显然旁瓣衰减就会提高 13.46dB。图 10-6 为不同级联数的 5 阶 CIC 滤波器归一化幅频响应,其中 D 表示级联数量。2 级级联时,滤波器第一旁瓣衰减就可以达到 26dB 左右;3 级级联后,滤波器第一旁瓣衰减已经达到 39dB 左右。本设计采用 3 级级联。

图 10-6　不同级联数的 5 阶 CIC 滤波器的归一化幅频响应

级联滤波器可以增加阻带衰减,但是也增加了硬件消耗。由诺贝尔(Noble)恒等式可知,对于多级系统,当包括线性系统、抽取器或内插系统时,可以在处理信号的流程中重新排列这几部分,以方便系统实现。对于多速率信号处理系统来说,如果线性系统后面紧跟着就是 M 倍的抽取器,则式(10-4)便可以成立。

$$F(z^M)(\downarrow M) = (\downarrow M)F(z) \tag{10-4}$$

式(10-4)表明,调换线性系统抽取位置,能够将线性滤波器的长度降低为原来的 $1/M$,使得电路实现中滤波器的抽头数为原来的 $1/M$。M 阶 CIC 滤波器的 D 级级联幅频响应表达式如下:

$$H(z) = \left(\frac{1 - z^{-M}}{1 - z^{-1}}\right)^D \tag{10-5}$$

当 CIC 滤波器阶数等于降采样倍数时,滤波器的结构可以得到最大限度的简化。图 10-7 是 5 阶 CIC 滤波器 3 级级联的直接实现方式,其中降采样倍数等于 5。再根据式(10-5)调整抽取器的位置,就得到了图 10-8 所示的简化结构。

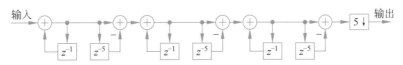

图 10-7　5 阶 CIC 滤波器 3 级级联的直接实现方式

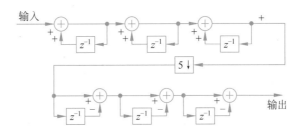

图 10-8　调整抽取器的位置后的级联 CIC 滤波器简化结构

CIC 滤波器最大字长估算公式如下:

$$W_{\mathrm{I}} = W_{\mathrm{in}} + N \log_2 MD \tag{10-6}$$

其中,W_{I} 表示 CIC 滤波器的中间字长,W_{in} 为输入数据位宽,N 为 CIC 滤波器的阶数,M 为系统抽取因子,D 为滤波器的级联级数。估算结果需向上取整。通过式(10-6)比较容易获得电路实现中数据运算的宽度。

降采样滤波器组中第一级 CIC 滤波器的输入数据宽度等于 12,滤波器阶数等于 5,级联级数等于 3,抽取因子等于 5,带入式(10-6)可知,第一级 CIC 滤波器的数据位宽 $W_{\mathrm{I}} \approx 31.53$,向上取整后 $W_{\mathrm{I}} \approx 32$,计算结果将被截取为 12 位后输出。

10.2.5　半带滤波器

数字信号处理主要关注的不是信号的实际频率,而是它的频率归一化形式,即频率与二分之一采样频率的比值。在设计中,信号经过 CIC 滤波后被降采样到一个统一的采样频率,定义信号的速率与采样频率的比值为过采样率。在 GB/T 29768—2013 协议中,反向链路典型速率为 640kHz、320kHz、128kHz、64kHz,而 ISO/IEC 18000-6C 协议则规定反向链路典型速率为 640kHz、320kHz、160kHz、80kHz、40kHz。对于这样的多速率信号处理系统,如果仅使用固定的采样频率,则不同速率的信号的归一化带宽各不相同,需要针对每种速率单独设计后续的处理模块,使得设计复杂度大大增加。为了使得所有信号的归一化频率保持一致,就需要使用不同的采样频率,这样就可以保证不同速率的过采样率保持不变,从而简化后续处理的工作。在 GB/T 29768—2013 协议中,反向链路速率 640kHz 与 320kHz 是 2 倍关系,128kHz 与 64kHz 是 2 倍关系;而在 ISO/IEC 18000-6C 协议中,反向链路速率从 640kHz 到 40kHz 依次是 2 倍关系,信号的采样频率可以按照需要进行 2^n 倍降采样以统一过采样率。对于降采样倍数是 2^n 的情况,适合使用半带滤波器进行抗混叠处理。

半带滤波器的频域响应特性曲线如图 10-9 所示。其中,f_s 表示原始采样频率,F_p 表示通带带宽。F_p 到 F_s 为过渡带,F_s 到 $f_s/2$ 为阻带。

如图 10-10 所示,经过半带滤波器后,信号进行 2 倍降采样,使得原始归一化频谱被拉伸为原来的 2 倍,过渡带(F_p 到 F_s)内的频带会发生混叠,通带内不会受到影响。

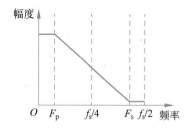

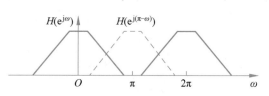

图 10-9　半带滤波器的频域响应特性曲线　　　　图 10-10　半带滤波器抗混叠示意图

10.2.6　半带滤波器的实现

由于反向链路中的基带信号能量主要集中在主瓣,约等于信速率的 2 倍,所以这里取 4BLF 作为滤波器的通带带宽。由前面的分析可知,各级半带滤波器在频率归一化后系数可以保持一致,所以只需要针对其中一种速率设计半带滤波器的系数。

由于可任选反馈速率进行设计,因此以下针对滤波器组中的半带滤波器 C 进行参数分析,此时对应的信号速率等于 160kHz。如图 10-11 所示,在 MATLAB 的 FDATool 工具中将半带滤波器的采样率设置为 160kHz 在 2 倍降采样之前对应的采样频率,即 6.25MHz,将通带截止频率设置为 $160 \times 1.22 \times 5 = 976$kHz,则半带滤波器仅需要 6 阶就能实现,阻带衰减可以达到 30dB。实现中对半带滤波器的系数进行 8 比特量化,量化前后的仿真结果如图 10-12 所示,8 比特量化的系数如表 10-1 所示。

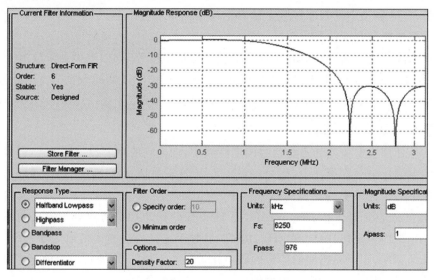

图 10-11　FDATool 参数设置

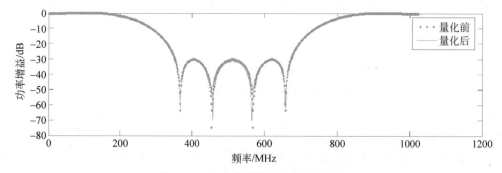

图 10-12　8 比特量化前后的仿真结果

表 10-1　半带滤波器 8 比特量化的系数

系　　数	取　　值	8 比特量化
$h(0)$	$-0.067\,729\,434$	11101111_2
$h(1)$	0	00000000_2
$h(2)$	$0.302\,133\,199$	01001101_2
$h(3)$	0.5	01111111_2
$h(4)$	$0.302\,133\,199$	01001101_2
$h(5)$	0	00000000_2
$h(6)$	$-0.067\,729\,434$	11101111_2

在半带滤波器的 7 个系数中,有两个系数等于 0,并且其系数是中心对称的,所以当输入信号为 $x(n)$、输出信号为 $y(n)$ 时,系统的输入和输出的关系可以表示为

$$y(n) = [x(n) + x(n-6)]h(0) + [x(n-2) + x(n-4)]h(2) +$$
$$x(n-3)h(3) \tag{10-7}$$

半带滤波器利用对称结构,可以将乘法器减少 4 个,节约了硬件资源。图 10-13 为半带滤波器的结构。半带滤波器的实现只需要 3 个抽头乘法器。

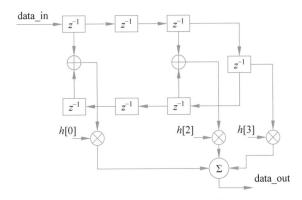

图 10-13　半带滤波器的结构

10.3　FIR 低通滤波器

数字基带信号经过半带滤波器可以在降低采样速率的同时滤除噪声,但是半带滤波器的过渡带较长,并且过渡带中的衰减幅度一般不能满足要求,这时可以针对基带信号带宽,使用阻带更窄、衰减更大的 FIR 低通滤波器(以下简称 FIR 滤波器)做最后一级信道滤波,尽可能滤除前级降采样滤波器过渡带里的噪声信号,进一步提高信号质量。

由于 RFID 无源标签只能从读写器的载波中获取工作能量,所以为了降低功耗,不会对反向链路中的基带信号做任何成型处理,而是直接将其调制发送给 RFID 读写器。标签反馈信号中常用的编码有 FM0 与 Miller 编码,而反向链路速率(BLF)越高,基带信号的带宽越大,并且其信号的主要能量集中在前 3 个主瓣上,所以,在设计 FIR 滤波器时,将通带带宽设计为 5BLF,以尽可能减少信号形变,同时滤除带外噪声。

FIR 滤波器本身是一个线性时不变系统,其单位取样响应一个 N 点的有限长序列,没有反馈结构,而 IIR 滤波器存在反馈环路,所以 FIR 滤波器的实现难度比 IIR 滤波器低很多。FIR 滤波器的输出 $y(n)$ 可以表示为输入序列 $x(n)$ 与单位取样响应 $h(k)$ 的线性卷积:

$$y(n) = \sum_{k=0}^{N-1} x(n-k)h(k) \tag{10-8}$$

根据离散傅里叶变换可知,FIR 滤波器的频谱响应为

$$H(\mathrm{e}^{\mathrm{j}\omega}) = \sum_{k=0}^{N-1} h(k)\mathrm{e}^{-\mathrm{j}\omega} = |H(\mathrm{e}^{\mathrm{j}\omega})|\mathrm{e}^{\mathrm{j}\phi\omega} \qquad (10\text{-}9)$$

FIR 滤波器可以使相位响应呈线性变化,滤波后输出信号不会出现相位失真。但是线性相位这种优点并不是所有 FIR 滤波器都具有的,可以证明,只有当 FIR 滤波器的单位取样响应满足对称条件时,其相位响应才有线性性质,即

$$h(n) = h(N-1-n) \qquad (10\text{-}10)$$

由前面的分析可知,设计中以 5BLF 作为基带信号的有效带宽。由于经过了降采样滤波器组后,基带信号统一了过采样率,不同速率的归一化频率是相同的,所以也可以任选一种传输速率进行滤波器分析。选取 BLF=160kHz 的信号进行设计。

如图 10-14 所示,考虑到标签返回数据速率中可能出现的±22％的偏差,在 FDATool 中,滤波器的采样速率设置为 3125kHz,通带截止频率设置为 160×5×1.22＝976kHz,阻带截止频率设置为 160×6.5×1.22＝1268.8kHz,阻带衰减设置为 50,可以得到一个 18 阶的 FIR 滤波器。对所得的滤波器系数采用 12 比特进行量化前后频率响应的变化如图 10-15 所示。表 10-2 列出了 FIR 滤波器 12 比特量化的系数。

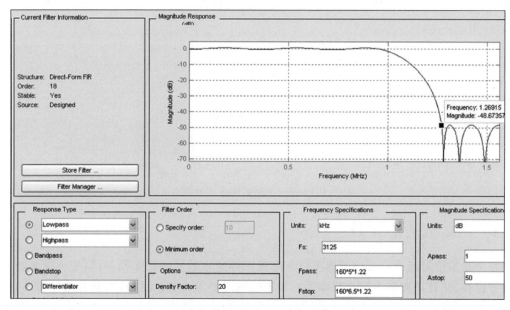

图 10-14　FDATool 参数设置

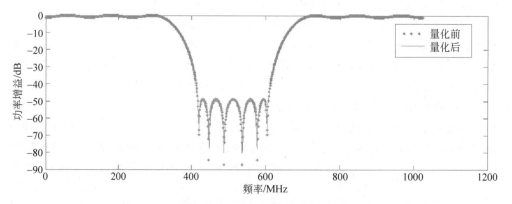

图 10-15　FIR 滤波器系数 12 比特量化前后频率响应的变化

表 10-2　FIR 滤波器 12 比特量化的系数

系　　数	仿真取值	12 比特量化
$h(0)$	$-0.013\,473\,03$	111111011000_2
$h(1)$	$-0.033\,967\,52$	111110011100_2
$h(2)$	$0.013\,334\,68$	000000100111_2
$h(3)$	$0.017\,929\,16$	000000110101_2
$h(4)$	$-0.048\,975\,51$	111101110000_2
$h(5)$	$0.043\,858\,544$	000010000001_2
$h(6)$	$0.024\,544\,68$	000001001000_2
$h(7)$	$-0.143\,356\,54$	111001011001_2
$h(8)$	$0.258\,119\,26$	001011111001_2
$h(9)$	$0.694\,343\,63$	011111111111_2
$h(10)$	$0.258\,119\,26$	001011111001_2
$h(11)$	$-0.143\,356\,54$	111001011001_2
$h(12)$	$0.024\,544\,68$	000001001000_2
$h(13)$	$0.043\,858\,54$	000010000001_2
$h(14)$	$-0.048\,975\,51$	111101110000_2
$h(15)$	$0.017\,929\,16$	000000110101_2
$h(16)$	$0.013\,334\,68$	000000100111_2
$h(17)$	$-0.033\,967\,52$	111110011100_2
$h(18)$	$-0.013\,473\,03$	111111011000_2

图 10-16 为电路设计中的 FIR 滤波器的结构,采用对称结构后 FIR 滤波器共需要 10 个乘法器。

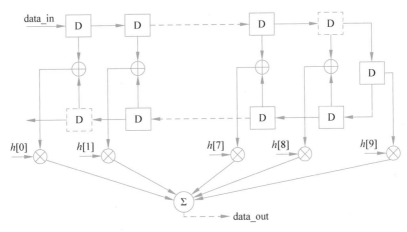

图 10-16　FIR 滤波器的结构

10.4　接收功率计算

标签反馈的信号能量大小和读写器与标签之间的距离为反向关系。在接收过程中,读写器需要检测信号的能量,并将信号通过 VGA 调节波形到适当幅度。图 10-17 是射频前端接收链路的电路结构,射频前端使用的是正交解调的方式,所以会得到 I、Q 两路基带信号。

假设接收信号的载波为 $\cos\omega_c t$,用于下变频的正交信号 $\cos(\omega_c t+\varphi)$、$\sin(\omega_c t+\varphi)$ 与接收信号的载波存在一个随机的相位差 φ,经过低通滤波器(LPF)后 I、Q 两路的信号为 $m(t)\cos f$ 与 $m(t)\sin f$。显然 I、Q 两路的能量分配是随机的,不能从单路估计出信号的实际能量。为了

排除相位差 φ 的干扰,一般会将 I、Q 信号取模求和:

$$|m(t)|=\sqrt{[m(t)\sin f]^2+[m(t)\cos f]^2}$$

这样就可以利用 $|m(t)|$ 判断信号的幅值。

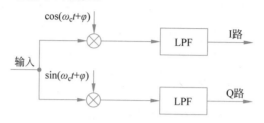

图 10-17　射频前端接收链路的结构

$|m(t)|$ 的计算需实现开放运算,数字电路可以使用 CORDIC 算法的变形式实现。下面对 CORDIC 算法的基本原理做具体介绍。

10.4.1　CORDIC 算法介绍

在坐标平面内,将向量 (x_1,y_1) 旋转角度 θ 到向量 (x_2,y_2),则它们之间的位置关系可以用式(10-11)和式(10-12)表示:

$$x_2=x_1\cos\theta-y_1\sin\theta \tag{10-11}$$

$$y_2=x_1\sin\theta-y_1\cos\theta \tag{10-12}$$

由三角函数公式可知,存在公因子 $\cos\theta$,提出公因子之后可得

$$x_2=\cos\theta(x_1-y_1\tan\theta) \tag{10-13}$$

$$y_2=\cos\theta(y_1+x_1\tan\theta) \tag{10-14}$$

由于 $\cos\theta$ 只影响向量的模,对旋转角度不影响,所以分析中可以暂时忽略 $\cos\theta$,这样就得到了伪旋转公式:

$$x_2'=x_1-y_1\tan\theta \tag{10-15}$$

$$y_2'=y_1+x_1\tan\theta \tag{10-16}$$

CORDIC 算法的核心就是利用伪旋转角度逼近真实的结果,记伪旋转角度为 θ^i,i 表示角度编号。伪旋转角度的正切函数可以用 2 的幂表示,即 $\tan\theta^i=2^{-i}$,这样用 2^{-i} 替换 $\tan\theta^i$ 后可得

$$x_2'=x_1-y_1 2^{-i} \tag{10-17}$$

$$y_2'=y_1+x_1 2^{-i} \tag{10-18}$$

在计算中,会不断迭代 $\tan\theta^i$ 进行计算,而 $\tan\theta^i$ 对应的实际角度可以提前计算出来,表 10-3 列出了 θ^i 与 $\tan\theta^i$ 的对应关系。

表 10-3　θ^i 与 $\tan\theta^i$ 对照表

i	$\theta/(°)$	$\tan\theta^i=2^{-i}$
0	45.000 00…	1
1	26.565 05…	0.5
2	14.036 24…	0.25
3	7.125 01…	0.125
4	3.576 33…	0.0625

为了实现任意角度旋转,必须反复迭代 $\tan\theta^i$,让向量的旋转角度不断接近目标角度,相当于让向量反复摆动,直到摆动后的位置与目标位置的误差在允许范围以内。每一次的摆动

后得到的中间向量记为(x_i, y_i),而z_i用来追踪旋转后的叠加角度,它们的递推公式如下:

$$x_{i+1} = x_i - d_i y_i 2^{-i} \tag{10-19}$$

$$y_{i+1} = y_i - d_i x_i 2^{-i} \tag{10-20}$$

$$z_{i+1} = z_i - d_i \theta_i \tag{10-21}$$

一般z_i的初始值设置为需要旋转的角度;d_i为旋转判决因子,可以取-1和用来控制每次迭代的旋转方向,其目标是尽可能让z_i趋近0,所以d_i需满足

$$d_i = \begin{cases} -1, & z_i \geqslant 0 \\ 1, & z_i < 0 \end{cases} \tag{10-22}$$

在计算完成后,可以将之前省略的$\cos \theta$一次性乘入,这样就可以还原到原来向量的模值。旋转了n次,令$K_n = \cos \theta_0 \cos \theta_1 \cdots \cos \theta_n$,则迭代$n$次后的结果可以表示为

$$x_n = K_n (x_0 \cos z_0 - y_0 \sin z_0) \tag{10-23}$$

$$y_n = K_n (y_0 \cos z_0 - x_0 \sin z_0) \tag{10-24}$$

该算法由于只能在$-99.7° \sim 99.7°$的范围内进行,所以在进行迭代运算前一般需要检查输入向量的象限,如果不在该范围内,需要先做预处理。

10.4.2　CORDIC算法的应用

通过上面的分析可知,利用CORDIC算法进过n次迭代运算后可以将一个向量(x_0, y_0)旋转到(x_n, y_n),如果改变旋转因子d_i的判定策略,将原来的让z_0趋近0改为让y_n逐步趋近0,这样经过迭代运算y_n将等于或者约等于0,相当于将(x_0, y_0)旋转到x轴上。由于旋转后的向量与原向量拥有相同的模值,所以x_n与(x_0, y_0)之间的关系可以表示为

$$x_n = \sqrt{x_n^2} \approx \sqrt{x_n^2 + y_n^2} = \sqrt{x_0^2 + y_0^2}, \quad y_n \to 0 \tag{10-25}$$

由式(10-25),就可以通过迭代运算间接获得$\sqrt{x_0^2 + y_0^2}$,从而实现开方运算。

10.4.3　接收功率计算模块实现

为了实现开方运算,对于任意一个输入向量(x, y),需要保证其初始角度为$-99.7° \sim 99.7°$,可以先对向量做象限转换,实现的方法是,将x无条件转换为正数形式。这样任意一个输入向量都可以转换到第一、四象限中,保证向量的夹角为$-90° \sim 90°$。

CORDIC算法的每次迭代运算,d_i的取值都必须要使得本轮计算出的$y^{(i+1)}$朝着绝对值减小的方向运动。由于保证输入的向量初始坐标一定在第一、四象限中,那么只要每次向量都朝着x轴方向旋转,就可以保证$y^{(i+1)}$不断减小。所以,d_i判定表达式如下:

$$d_i = \begin{cases} -1, & y^{(i)} \geqslant 0 \\ 1, & y^{(i)} < 0 \end{cases} \tag{10-26}$$

CORDIC算法的结果精度与迭代次数有关。一般,次数越多,结果与真实值越接近。但是实际电路中由于硬件资源的限制,无限次的迭代运算显然是不合理的。所以设计中必须在精度与硬件消耗上折中。当CORDIC算法迭代5次之后,误差已经可以忽略,所以设计中的迭代次数确定为5。

CORDIC算法用5级流水线的方式实现。利用寄存器对每次迭代进行隔离。CORDIC算法的5级流水线结构如图10-18所示。

模块内部的流水线由5个子模块构成,如图10-19所示,上一级子模块计算出的结果$x^{(i)}$、$y^{(i)}$输入本级子模块后,先对旋转因子d_i做判断,然后按照旋转公式计算本级子模块输

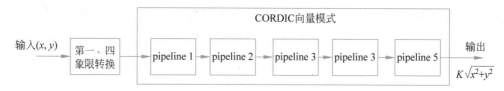

图 10-18　CORDIC 算法的 5 级流水线结构

出 $x^{(i+1)}$、$y^{(i+1)}$。模块中会涉及与 2^{-i} 的乘法运算,可以利用截位操作代替。迭代完成后,输出的结果相当于乘以一个系数 K,由于固定迭代次数后 K 是一个常数,所以不影响模块功能。

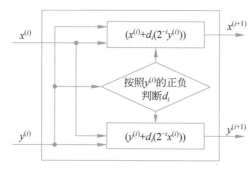

图 10-19　CORDIC 算法流水线子模块

10.5　码元同步分析和设计

10.5.1　码元同步模块分析

根据 ISO/IEC 18000-6C 和 GB/T 29768—2013 的规定,标签通过接收读写器发送的载波获得能量,并通过后向散射返回信号,信号采用 FM0 或 Miller 编码方式。RFID 中标签返回信号具有特殊性。首先,由于无源标签没有一个参考时钟校准返回的数据速率,使得基带接收到的信号速率偏差较大,最大可达 ±22% 的频偏,增加了同步和频率估计的难度;其次,从 FM0 或 Miller 函数的基本特征可知,返回信号的导引头过短,过于理想化,难以达到同步;最后,数字接收信号相位和功率受射频接收机、天线、多路径衰减信道、距离和直流偏置等因素的影响,使得信噪比(SNR)较低。

基于接收到的返回信号的种种不确定因素,码元同步模块一直是读写器数字基带设计的难点和重点。目前,对于该模块的设计,有很多研究者提出了解决方案,主要有 3 种方案:边沿过零检测结构、相关器阵列结构和全数字锁相环结构。下面简要描述这 3 种方案,通过对比分析,确定本设计的码元同步模块的结构方案。

1. 边沿过零检测结构

对于理想的 FM0 或 Miller 编码接收信号,信号的上升和下降跳变沿的出现频率与数据率一一对应,可通过检测信号的跳变沿判决得到基带码元数据,通过跳变沿的变化实现码元频率和相位的同步。而对于有频偏的接收信号,事先设定比较阈值,也可通过该结构实现码元的判决和同步。

该结构设计和实现极其简单,所耗资源较少,并且同步几乎无响应时间。但是,该结构由于接收信号受噪声和干扰影响较大,造成其边沿容易恶化,不易检测,或者容易出现检测错误。同时,该结构的同步性能与采样频率成正比。

2. 相关器阵列结构

根据标签返回的信息,码元同步问题可以简化为 3 种事件:①判断接收的数字基带信号是否是[0.22:step:0.22]频偏的某个信号;②判断接收的数字基带信号导引头是否存在;③在接收的数字基带信号中逐一判断信号 0 或信号 1 是否存在。在该码元同步模块中设置多组相关器,针对上述 3 种事件,将接收信号与每组相关器进行相关运算,由此实现码元同步。

该结构设计和实现较为简单,只需要进行乘、加操作。但该结构资源消耗巨大,同步性能与相关器的组数成正比,锁定速度和精度与迭代结构的相关器数目成正比。

3. 数字锁相环结构

该结构借鉴锁相环对模拟信号进行频率及相位同步的原理,利用数字电路实现数字信号的频率及相位同步。

数字锁相环结构消耗的资源较少,对频率偏差的跟踪效果和同步性能优于边沿检测和相关器,但其结构最为复杂,实现起来比前两种结构困难,并且数字锁相环较难实现在短时间内突发信号的定时和判决,而读写器和标签的通信形式是突发模式,数字锁相环结构较难满足要求。

据调研,以上 3 种结构在不同的读写器芯片中都有采用,有的芯片还采用了多种结构结合的方式。综合考虑了同步性能、资源消耗和设计难度 3 个因素,本设计的码元同步模块采用一种改进型的边沿过零检测结构,在低资源消耗下能实现较高的同步性能。

接下来分析模块转换之后的接收信号,可由式(10-27)进行描述:

$$
\begin{aligned}
r(t) &= s(t)\mathrm{e}^{-\mathrm{j}\left(\frac{2\pi f_c r_k}{c}+\theta_0\right)} + n_{\mathrm{dc}}(t) + n(t) = s(t)\mathrm{e}^{-\mathrm{j}\theta} + n_{\mathrm{dc}}(t) + n(t) \\
&= \mathrm{Re}\{r(t)\} + \mathrm{jIm}\{r(t)\} = r_{\mathrm{I}}(t) + \mathrm{j}r_{\mathrm{IQ}}\{r(T)\}
\end{aligned}
\tag{10-27}
$$

其中,$s(t)$、$r(t)$、$n_{\mathrm{dc}}(t)$ 和 $n(t)$ 分别为读写器发射信号、接收信号、直流偏置噪声和高斯白噪声,f_c 表示射频载波频率,r_k 表示读写器与标签之间的距离,θ_0 是标签返回信号的初始相位。

根据分析的标签返回信息的特殊性以及式(10-27)对模数转换之后的接收信号的数学描述,本设计在接收链路上加了窗函数控制功能,即用一位 inx_o 控制接收链路模块的开启和关闭,接收时开启接收链路,发送时关闭接收链路,以缓解直流偏置噪声的影响,提高信噪比。窗函数控制时序如图 10-20 所示,这里不作详细说明。

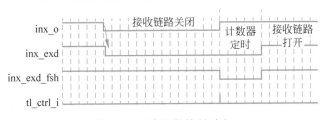

图 10-20 窗函数控制时序

10.5.2 码元同步模块设计

常用的码元同步方法有边沿过零检测法、相关器阵列法、数字锁相环法。本节介绍第一、三种方法。

1. 边沿过零检测模块设计

本设计的码元同步模块采用一种新颖的改进型边沿过零检测结构,增加一级累加器结构用于过零检测,以提高判决的正确性,整个结构如图 10-21 所示。该结构主要由过零检测处理器、频率选择及频偏计算器、累加高位符号判决器、同步时钟生成器和符号判决器组成。读写器天线接收的射频信号经过匹配滤波器后,经 ADC 量化成数字基带信号供同步模块提取接收频率、相位和符号信号。频率选择、协议标准及接收结束标志等由外部模块及外部接口提供。

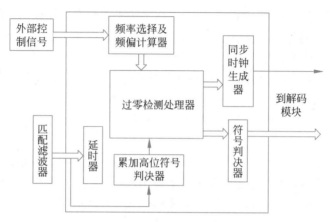

图 10-21 边沿过零检测结构

根据上文对标签返回信息的描述,标签返回信息包含的直流偏置噪声影响过零点的判断标志,虽然经过窗函数控制消除了部分直流偏置噪声的影响,但残存的直流偏置噪声仍然会影响过零点的判断,造成判决结果的正确率降低,并且由于边沿过零检测结构性能受采样频率的影响,过零点的最佳判断标志位的位置与采样频率成正比,如图 10-22 所示,所以在设计中增加过零阈值的配置,根据处理后的标签返回信息中仅存的直流偏置噪声配置过零阈值,以提高判决的正确率。同时,采样频率越高,采样点数越密,判决的正确率也越高。

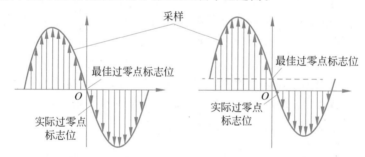

(a) 无直流偏置噪声过零点标志位   (b) 有直流偏置噪声过零点标志位

图 10-22 过零点标志位

根据上文的描述,边沿过零检测结构抗干扰性差,噪声及干扰会严重恶化过零点边沿的检测性能,且其同步性能与过采样率密切相关。为了能正确判断最佳的过零点标志位,在前面的设计基础上,对量化后的数字信号进行累加运算,再进行加权运算处理,提取它的高位符号给过零检测处理器。考虑到返回信号最大速率 40kHz 及 ±22% 的频偏,可得累加器位宽计算公式:

$$\mathrm{MSB} = N + \log_2 \frac{f_{\mathrm{spl}}}{40 \times (1-22\%)} = N + 9 \tag{10-28}$$

其中,MSB 为累加器位宽,N 为量化器位宽,f_{spl} 为采样时钟频率。

综合考虑了同步性能和功耗的影响,采样时钟频率设计为 10MHz,采用 6 比特量化器,所以 MSB 为 15,即累加器位宽为 15。符号的判别由累加器的最高位提供,每次过零点标志置 1 时,重新装载数字基带信号,误差不累积,大大地提高了信噪比及抗干扰能力。

标签反向数据率具有频偏,根据 ISO/IEC 18000-6C 和 GB/T 29768—2013 的规定,要求对标签反向数据率有±22%的偏差容忍,所以读写器应该对返回的标签数据率在[Rd×(1−22%),Rd×(1+22%)]范围内的响应数据都能正确解调,Rd 为标签理论上应返回的标准数据率,根据设计指标,ISO/IEC 18000-6C 协议支持的标准数据率有 640kHz、320kHz、256kHz、213kHz、160kHz、80kHz、40kHz,GB/T 29768—2013 协议支持的标准数据率有 640kHz、320kHz、160kHz、80kHz。

现以 Miller2 解码的 640kHz、320kHz 和 80kHz 为例说明该码元同步模块对频偏的处理以及判决功能。该模块事先存储了在采样频率下每种返回速率的理想计数值 t_s,即做判决运算时的典型值,计算公式如式(10-29)所示:

$$t_s = \text{int}\left(\frac{10\text{MHz}}{640\text{kHz}}\right) \tag{10-29}$$

设定好支持的频偏,由此计算出该频偏下的频率计数值,取值范围为[$t_s/(1+22\%)$,$t_s/(1−22\%)$],即计数阈值1(V_{th1})为 $t_s/(1+22\%)$,计数阈值2(V_{th2})为 $t_s/(1−22\%)$。表 10-4 给出了 640kHz、320kHz 和 80kHz 下的频率计数值。进行符号判决时,计数器 cnt_ts 与计数阈值1和计数阈值2的比较。当 cnt_ts 小于 V_{th1} 时,判决符号为~S_{MSB};当 cnt_ts 大于或等于 V_{th1} 且小于或等于 V_{th2} 时,判决符号为[~S_{MSB},~S_{MSB}]。其中,~S_{MSB} 为累加器最高位的值。

表 10-4　频率计数值

理想频率/kHz	理想计数值 t_s	计数阈值 1	计数阈值 2	最大支持频偏
640	14	10.50	17.50	−25%~+25%
320	31	23.25	38.75	−25%~+25%
80	125	93.75	156.25	−25%~+25%

上述设计解决了码元同步模块中信号判决的问题,能正确地判决出具有频偏的标签返回信号。同时,为了对判决出的符号信号进行解码,得到标签的二进制数据,需要得到每个码元的同步信息。接下来对信号进行同步设计,通过同步生成同步时钟,供解码模块使用。

首先,确定过零点标志位,可参看前面的设计和介绍。当采样到该标志位时,同时对其进行边沿判断,当检测到有边沿变化时,ts_bgn 形成一个采样时钟宽度的脉冲,从而得到该信号的同步信息,同时开启计数器 cnt_ts,并且在下一个 ts_bgn 形成一个采样时钟宽度的脉冲前将计数器清零,该计数器包含标签反向数据中每个数据的定时信息以及在采样时钟频率下每个数据的计数值。

然后,定义计数器 smn_half,用于累加标签反向数据在采样时钟下每个符号的计数值;定义计数器 cnt_sym,用于计算符号的个数,从而将累加值除以符号的个数,以得到平均每个符号的计数值。根据 ISO/IEC 18000-6C 和 GB/T 29768—2013 两种标准协议规定,标签反向数据的符号主要有 3 种类型,如图 10-23 所示。其中,对于图 10-23(a),两个过零点标志位得到一个符号的计数值,计数器 cnt_sym+1;对于图 10-23(b),两个过零点标志位得到两个符号的计数值,计数器 cnt_sym+2;对于图 10-23(c),两个过零点得到 3 个符号的计数值,计数器 cnt_sym+3。这里设计成 16 个符号,求得每一个符号的计数值 b1 以及每两个符号的计数值 b0。其计算结构框图如图 10-24 所示。b1 和 b0 根据标签反向数据的速率进行调节,判决和同步能够达到最大的相关性。

最后,通过平均求得的 b1 和 b0 值进行同步时钟生成的设计,理想的标签返回数据可以直

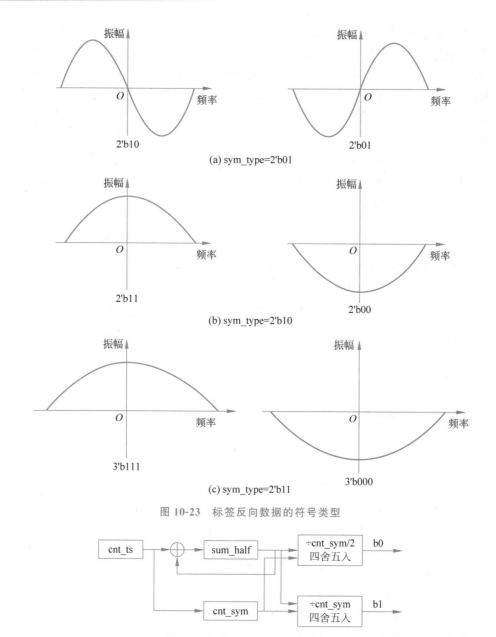

图 10-23　标签反向数据的符号类型

图 10-24　b0 和 b1 计算结构框图

接通过平均求得的 b1 和 b0 值得到同步时钟,但是由于受标签返回数据频偏的影响,不加任何处理直接得到的同步时钟不够准确,并且会出现同步错误。本设计通过增加辅助信号 flag_b1和计数器 cnt_div,通过与 b1 和 b0 值的比较判断,从而生成同步时钟。下面介绍该同步时钟生成方案的设计思路。以标签返回数据速率 640kHz 为例,其时序设计如图 10-25 所示。图 10-25(a)为标签返回数据速率降低时平均求得的 b1 值增大的情况,当 cnt_div=b1_o-1'b1时,cnt_div 加 1,同步时钟 clk_data 翻转,假设正好 b1 在该时刻也加 1,使得 clk_data 在下个时钟也翻转(本来是不该翻转的),从而使生成的 clk_data 错误。当增加了 flag_b1 信号的约束后,dk_data 在此情况下不会发生翻转。当在该时刻 b1 加的值大于 1 时,也采用同样的处理。图 10-25(b)为标签返回数据速率提高时平均求得的 b1 值减小的情况,假设 cnt_div 计数值等于 b1-2 时出现 b1 减小 1 的情况,而此时计数器 cnt_div 加 1,使得 clk_data 本该翻转时

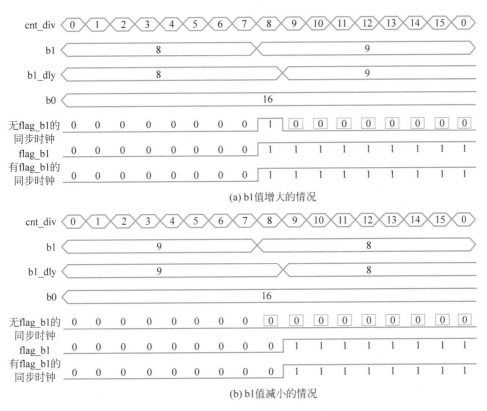

(a) b1值增大的情况

(b) b1值减小的情况

图 10-25 同步时钟生成时序设计

不翻转,使生成的 clk_data 出现错误。增加了 flag_b1 后,clk_data 正常翻转。当在该时刻 b1 减小的值大于 1 时,也采用同样的处理。

码元同步模块的判决和同步的性能最终影响解码模块的解码正确率,决定整个数字基带的接收性能。采用边沿过零检测对数据进行判决,可以通过计算得到这种判决方式的 SNR 与误码率之间的关系。经过推导,这种判决方法的误码率为

$$P_e = \frac{1}{2}\mathrm{erfc}\left(\sqrt{\frac{\mathrm{SNR}}{2}}\right) \tag{10-30}$$

2. 数字锁相环模块设计

本设计采用数字锁相环的结构实现码元同步,其结构如图 10-26 所示。

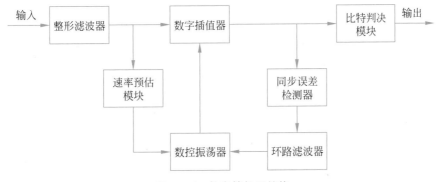

图 10-26 数字锁相环结构

在数字锁相环结构中,数字插值器用于进行信号的二次采样,实现对信号最佳采样时刻的幅度估计;同步误差检测器用于检测数字插值器的插值偏差,产生反馈控制信号。环路滤波

器可以消除误差信号中的噪声,同时对反馈信号的幅度进行二次调整。数控振荡器根据反馈信息调节插值速率,然后在最佳时刻驱动数字插值器进行内插。速率预估模块可以缩短锁定范围。在离散信号进入数字锁相环之前,会先通过一个预设的整形滤波器,使得信号在每个脉冲中出现相应的凸起与凹陷,方便同步误差检测器进行判定。同时,整形滤波器相当于对信号进行了相关运算,提高了输入信号的信噪比,有利于准确插值。

1) 数字插值器的实现

在数字信号处理中,由于离散信号只在采样时刻有定义,而在两个采样点之间进行采样是没有意义的。但是同步模块为了寻找最佳采样点,必须在任意时刻获取基带信号的采样值。对于这种应用要求,可以先将数字信号恢复成模拟信号,然后再按照需求重新对信号进行采样。图 10-27 展示了重采样的一般实现方式,$x(mT_s)$ 是以 T_s 为采样周期的数字信号,$x(t)$ 是 $x(mT_s)$ 数模转换后的模拟信号,$h(t)$ 为模拟滤波器时域响应函数,$y(t)$ 表示恢复的模拟信号,$y(kT_i)$ 表示以 T_i 为周期的重采样数字信号。

图 10-27 重采样的一般实现方式

在读写器接收链路的设计中,保证了采样率大于基带信号带宽的两倍,所以由奈奎斯特采样定理可知,数字信号可以通过一个与带宽对应的模拟低通滤波器恢复成原始的模拟信号。但是采用这样的方案需要设计模拟低通滤波器,同时还需要添加新的模数转换器,增加了设计的复杂性,所以本设计采用全数字的方式实现信号重采样功能。

数字信号与恢复出的模拟信号之间的关系可以表示为

$$y(t) = \sum_m x(mT_s)h_I(t - mT_s) \tag{10-31}$$

如果模拟低通滤波器足够理想,模拟信号 $y(t)$ 可以认为就是采样前的原始信号,然后将该信号以 $1/T_i$ 离散化,则新获得的采样序列可表示为

$$y(kT_i) = y(t)\big|_{t=kT_i} = y(t) = \sum_m x(mT_s)h_I(kT_i - mT_s) \tag{10-32}$$

可以发现,利用 $x(mT_s)$ 与滤波器 $h(t)$ 的离散形式就能计算出模拟信号。令

$$\begin{cases} mk = int(kT_i/T_s) \\ uk = kT_i/T_s - mk \\ i = int(kT_i/T_s) - m = mk - m \end{cases} \tag{10-33}$$

式(10-33)表示的插值原理如图 10-28 所示,mk 与 uk 分别表 7K 插值的整数时刻与小数时刻,数控振荡器负责控制 mk、uk。

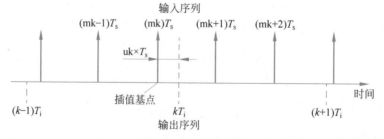

图 10-28 插值原理

虽然以上推导将 $y(kT_i)$ 的计算全部进行了离散处理,但是由于 $h_1(kT_i - mT_s)$ 是滤波器连续时间响应 $h(t)$ 的采样,但是 T_i 与 T_s 的具体关系在同步前并不能完全确定,所以不能事先对 $h_1(kT_i - mT_s)$ 进行离散存储。由于定时算法只需要计算出与真实插值时刻误差不大的幅度估计值就能够完成同步,所以 Gardner 针对重采样的滤波器实现提出了改进措施,即使用多项式插值法简化设计。

简化后的插值计算表达式为

$$y(kT_i) = \sum_{i=-2}^{1} C_i x(mk - i)$$

$$= C_{-2} x(mk + 2) + C_{-1} x(mk + 1) + C_0 x(mk) + C_1 x(mk - 1) \quad (10\text{-}34)$$

利用多项式插值方式,$y(kT_i)$ 计算只需要 4 个原采样值,相当于一个 3 阶滤波器,但是 C_i 的值并不是固定的,滤波器的系数会根据 uk 变化,C_i 与 uk 的对应关系为

$$
\begin{aligned}
C_{-2} &= \mathrm{uk}^2/2 - \mathrm{uk}^2/2 \\
C_{-1} &= -\mathrm{uk}^2/2 + 3\mathrm{uk}^2/2 \\
C_0 &= -\mathrm{uk}^2/2 - \mathrm{uk}^2/2 + 1 \\
C_1 &= \mathrm{uk}^2/2 - \mathrm{uk}^2/2
\end{aligned}
\quad (10\text{-}35)
$$

数字插值器的多项式插值法采用了 Farrow 结构实现,如图 10-29 所示。

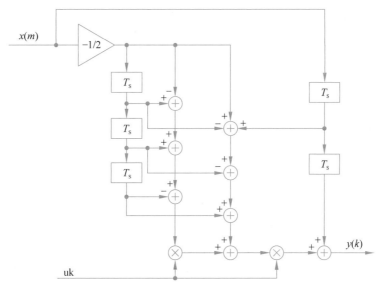

图 10-29　数字插值器的实现结构

2) 同步误差检测器的实现

数字锁相环模块刚开始工作时,插值位置与基带信号的最佳差值时刻一般都会有误差,此时需要对这种位置误差进行检测,同时将误差映射成数值反馈给数控振荡器,从而达到调节插值位置的目的。同步误差检测模块需要准确地检测出误差大小并及时作出反馈。

在 Gardner 算法中给出了一种比较有效的检测方法,如图 10-30 所示。当插值位置较为理想时,其位置应该处于信号的峰值与过零点处;如果差值速率与信号速率不匹配,插值位置就会逐渐偏离理想位置。

Gardner 算法利用了这种偏差现象,将环路同步误差定义为

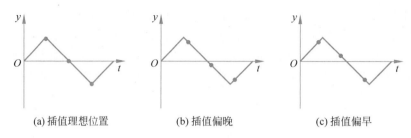

(a) 插值理想位置　　　　　(b) 插值偏晚　　　　　(c) 插值偏早

图 10-30　Gardner 算法的误差检测方法

$$e(k) = x(k)[x(k-1) - x(k+1)] \tag{10-36}$$

其中, $e(k)$ 就是误差检测模块的输出, $x(k)$、$x(k-1)$、$x(k+1)$ 分别是当前插值时刻与前后相邻时刻的具体数值。

如果插值位置是理想的,由于 3 个点中总会有过零点,所以误差等于 0。当插值位置存在偏差时,显然 $e(k)$ 不再等于 0,并会根据偏差的大小而变化。

本设计采用的是 Gardner 算法的误差判定的改进形式:

$$e(k) = x(k)\max\{\text{abs}[x(k-1) - x(k)], \text{abs}[x(k) - x(k+1)]\} \tag{10-37}$$

结合式(10-37),同步误差检测模块的电路结构可以按照图 10-31 所示进行设计。

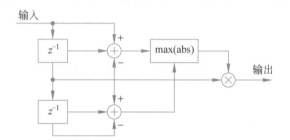

图 10-31　同步误差检测模块的电路结构

3) 整形滤波器的实现

同步器的任务是在输入信号的每一个脉冲中进行最佳采样,但是 Gardner 算法最初是针对特定信号波形设计的,该算法要求输入的信号能够频繁出现峰值与过零点,使得误差检测模块可以计算出当前的同步偏差。对于读写器接收到的基带信号,理想情况下可以认为是一种脉冲方波。显然,由于方波边沿比较陡峭,过零点并不容易检测到,同时 Gardner 算法中的峰值在方波信号中也不好定义。所以基带信号在同步处理之前首先要进行整形滤波。

接收的基带信号每个脉冲包含约 10 个采样点。为了平滑脉冲的边沿,使得波形出现波峰、波谷与过零点这些特征,同时提高信号的 SNR,可以将信号先积分再求差,其效果如图 10-32 所示。由于对信号的固定长度积分运算可利用滑窗实现,所以将整形滤波器按照图 10-33 所示的结构设计。

图 10-33 所示的滑窗整形滤波器共有 20 个抽头,前 10 个抽头与后 10 个抽头分别求和,然后将两个和求差,这等价于对两个长度为 10 的滑窗积分求差。信号经过滤波运算,就会在脉冲之间出现波形的起伏,便于相位判定。

4) 环路滤波器的实现

与模拟锁相环类似,为了使反馈回路更快地稳定,同时减少可能的干扰,数字锁相环通常会在反馈回路中添加一个环路滤波器。环路滤波器可以滤除误差信号中可能存在的噪声,使得反馈信号趋于平滑,同时利用滤波器的增益可以对反馈信号进行二次调节,如果设计得当,可以加速环路的稳定过程。由于数控振荡器需要及时获取反馈的误差信号,所以对环路中的

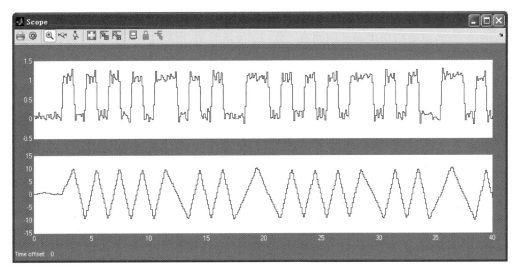

图 10-32 滑窗整形滤波效果

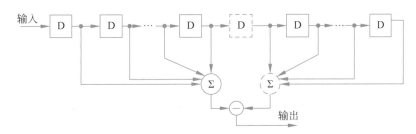

图 10-33 滑窗整形滤波器结构

处理时间必须加以控制,如果使用阶数较高的 FIR 滤波器,则信号将出现数个周期的延迟,使得整个环路无法稳定,所以在本设计中使用滤波效率更高的 IIR 滤波器。环路滤波器的响应表达式为

$$H(z) = k_p + \frac{k_i}{1 - z^{-1}} \tag{10-38}$$

IIR 滤波器的结构如图 10-34 所示。

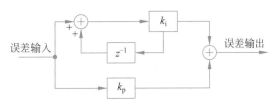

图 10-34 IIR 滤波器的结构

5) 数控振荡器的实现

数控振荡器根据误差信号与预估值调节 mk、uk。本设计中的数控振荡器将使用递减计数器实现。数控振荡器的数学模型可以表示为

$$n(m + 1) = (n(m) - 2) \bmod 1 \tag{10-39}$$

其中,$n(m)$ 与 $n(m+1)$ 分别表示第 m 与 $m+1$ 个周期的记录值,溢出控制字 w 主要控制计数器的溢出速度,取值范围为 0~1,由预估模块与反馈环路共同决定。$w = w_{pre} + e_0$,w_{pre} 表示预估模块的输出,e_0 则表示反馈环路中的数据。

设原始采样周期与新的插值周期分别为 T_s、T_i。递减计数器的驱动时钟频率设置为 $1/T_s$,

当计数出现下溢,则以 1 求模后继续计数。由于模型中计数器的范围是 $0 \sim 1$,所以每次溢出的时间为 T_s/w,而溢出则代表该期间有一个 T_i 插值时刻,所以溢出与插值时刻的关系为

$$T_i = \frac{T_s}{w} \tag{10-40}$$

图 10-35 为重采样时间点。利用几何关系,可以找到 uk 与 $n(m)$ 之间的关系,如式(10-41)所示:

$$\text{uk} = \frac{n(\text{mk})}{1 - n(\text{mk}+1) + n(\text{mk})} = \frac{n(\text{mk})}{w} \tag{10-41}$$

在设计电路实现时,计数器位宽将扩展为 12 位,同时 w 也适当量化为 12 位。数控振荡器电路结构如图 10-36 所示。

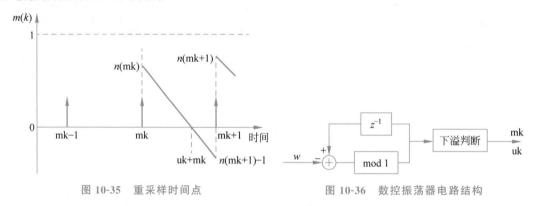

图 10-35　重采样时间点　　　　　　图 10-36　数控振荡器电路结构

6)速率预估模块的实现

接收速率的频偏越大,环路稳定需要的时间越长,所以,为了减少同步的耗时,需要在同步误差检测器开始工作前就对输入信号的速率进行估计。在 GB/T 29768—2013 与 ISO/IEC 18000-6C 协议中,标签返回的数据不管是采用 FM0 编码还是 Miller 编码,在数据开始前都会附带前导信息,可以看成一串周期等于 BLF 的矩形脉冲。当这一串前导信息通过整形滤波器后,会输出一段相应的锯齿波,速率预估模块可以通过峰值检测与计数对信号的速率进行初步估计。

电路可以通过检测前后 3 个具有一定间隔的采样值找到锯齿波的峰值。锯齿波的第一个峰值通常会出现一定的变形,所以速率预估模块第一次检测到峰值时并不会开始工作,而是等待下一个峰值的到来。当检测到第二个峰值后,计数器开始计数,同时继续寻找峰值。预估计数器在第四个峰值出现后停止工作。由于输入的基带信号存在各种速率偏差,出现 4 个峰值的时间间隔也会各不相同,通过比较计数器中的数值,就可以大致判断出当前信号的速率偏差范围。表 10-5 列出了计数值与速率偏差范围的对应关系,考虑到反向速率偏差最大能达到 $\pm 22\%$,所以这里将速率偏差范围提高到 $\pm 24\%$,保证可以完全覆盖所有速率偏差。

表 10-5　计数值与速率偏差范围的对应关系

计　数　值	速率偏差范围
66～80	$-24\% \sim 6\%$
58～65	$-6\% \sim 6\%$
49～57	$-6\% \sim 24\%$

7)比特判决模块的实现

数字同步环路稳定后,数字插值器将在比较理想的位置对信号进行插值,同时输出伴随时

钟。此时比特判决模块需要根据插值时刻的幅值进行判断,将幅值信息转化为 0/1 比特信息。比特判决模块首先需要设置两个门限 A 与 B,将输入信号的幅值划分为 3 段,且 $A>0>B$。当输入信号的幅度大于 A,判断为 1;如果幅值在 A、B 之间,判断为 0;而如果幅值小于 B,则判断为 -1。显然,此时信号并非表示成标签发送的 FM0 或者 Miller 编码形式,所以最后一步需要对判决的信号进行比特译码。译码器以 1/2 插值频率对 1/0/-1 序列进行间隔译码。当输入为 1 与 -1 时,译码器分别输出 1 与 0;而当输入为 0 时,表明原波形出现了持续脉冲,此时输出上一次的译码结果。最终 1/0/-1 序列将恢复成标签的原始编码。

10.5.3 码元同步模块仿真

本设计的码元同步模块采用 MATLAB、ModelSim 进行联合仿真。首先利用 MATLAB 进行码元同步模块的分析和建模,然后根据标签返回信息的特点以及接收信号的数学描述,利用 MATLAB 进行标签返回信息的建模,最后利用 Verilog 语言进行码元同步模块的硬件设计,并采用 MATLAB 和 ModelSim 进行联合仿真,得到该模块的功能仿真结果。

根据设计指标,码元同步模块在 10dB 的 SNR 下要能正确进行判决和同步,这里通过 MATLAB 建模产生两路标签返回信息进行码元同步模块的仿真,一路是理想的数字基带信号,另一路是具有一定 SNR 的数字基带信号。两路标签返回信息的 MATLAB 建模过程如图 10-37 所示,采用 MATLAB 语言进行模型的搭建。首先生成一组二进制随机数作为标签返回的二进制数据,对其进行 FM0 或 Miller 编码。然后经过 CIC 滤波器进行降采样,再经过脉冲成型滤波器。最后,一路通过加噪处理,产生 10dB SNR 的数字基带信号;另一路不经过任何处理,即理想的数字基带信号。输出两路数字基带信号,用于码元同步模块的仿真。

图 10-37　两路标签返回信息的 MATLAB 建模过程

其中,加噪处理采用式(10-42)和式(10-43)进行信噪比的计算。N_0 为实际系统中噪声的单边功率谱密度;E_b 是在相干接收条件下解调后的信号能量,对于解调后的信号,根据它的幅值 a 和 SNR,可采用式(10-43)计算噪声幅值 b。式(10-44)为对信号的归一化处理。

$$\text{SNR} = \frac{E_b}{N_0} \tag{10-42}$$

$$\text{SNR} = 20\lg_{10} \frac{a^2}{b^2} \tag{10-43}$$

$$\overline{x(n)} = \frac{x(n)}{\sqrt{\text{sum}(x(n)^2)}} \tag{10-44}$$

根据标签返回信息的 MATLAB 建模,得到两路数字基带信号,从而可以将 MATLAB 产生的信号作为输入信号源,对码元同步模块进行仿真。

为了缓解直流偏置噪声的影响,本设计引入了窗函数控制。在 inx_exd 为低电平时,发射链路开启,接收链路关闭;在 inx_exd 为高电平时,接收链路开启,发射链路关闭。

在仿真过程中,MATLAB 产生的两路数字基带信号作为提供给码元同步模块的 6 比特信号源。当有 6 比特的信号讲来时,首先根据读写器标签的通信方式得到标签的返回速率和返回数据的编码方式。仿真中边沿过零阈值的选择设为默认值。接着是频偏计数,这里以

640kHz 的返回速率为例,理想计数为 14,计数阈值 1tslp_d 为 10.5,计数阈值 2tslp_ii 为 17.5。对于理想的数字信号,每个返回速率的周期过零点数最多不超过两个,即 ts_bgn 脉冲信号在一个返回速率周期中不超过两个脉冲信号,cnt_ts 是两个 ts_bgn 脉冲之间的采样计数,acc 是累加器的累加和,可通过 cnt_ts 和 acc 的最高位共同判决符号,并存入内部 FIFO。

10.6　解码器

同步后的数据需要进行相应的解码才可以得到最终的数据。GB/T 29768—2013 与 ISO/IEC 18000-6C 的反向链路传输中可以使用 FM0 编码与 Miller 编码。根据编码状态跳转图,可以设计出相应的状态机进行解码。

10.6.1　FM0 解码

GB/T 29768—2013 与 ISO/IEC 18000-6C 所使用的 FM0 的基本编码规则相同,如图 10-38 所示。FM0 的波形特点是码元的边界一定会发生波形翻转。同时,在传输比特 0 时,码元持续周期内也需要翻转;传输比特 1 时,则码元持续周期内保持波形稳定。所以,解码器可以通过检测码元内部的翻转进行数据判决。FM0 编码规则及输出波形详见 2.2.3 节。

FM0 一个码元会持续两个脉冲周期,所以解码需要定位码元的起始位置。如果定位偏差达到半个码元,会造成连续解码错误,直接导致接收失败。由于 FM0 编码前会首先发送一段前导头,所以可以先进行前导头搜索,确定编码起始位置。

对于 GB/T 29768—2013 协议,前导头有两种模式,具体选择由 TRext 字段控制。如图 10-38 所示,第一种前导头可以用 FM0 编码规则翻译为 1110V00V,其中 V 表示 FM0 编码状态以外的波形,简称违例符。第二种前导头还会先携带一串连续的脉冲信号,有利于进行码元速率同步。前导头中的违例符可以将前导头与普通的 FM0 编码区分开,从而可以让前导头搜寻更加准确。

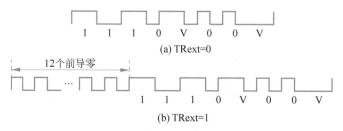

图 10-38　GB/T 29768—2013 的 FM0 前导头波形

在 ISO/IEC 18000-6C 协议中也存在两种帧头,称作导引头,如图 10-39 所示,除波形变成了 1010V1 之外,其他方面与 GB/T 29768—2013 相同。

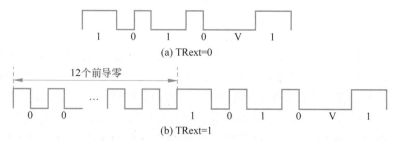

图 10-39　ISO/IEC 18000-6C 的 FM0 导引头波形

FM0 编码完成后,还需要在数据末尾添加如图 10-40 所示结束符,表示数据帧的结束。

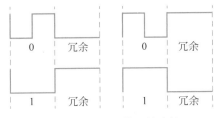

图 10-40　FM0 编码结束符

10.6.2　Miller 解码

Miller 编码可以分成两个阶段。

第一个阶段是进行基本编码，Miller 基本编码规则详见 2.2.3 节。Miller 编码的波形会持续两个脉冲周期。其中，在传输比特 0 时，在码元持续周期内不发生翻转；传输比特 1 时，在码元持续周期内需要进行一次翻转。同时在码元的边界上，传输两个连续的 0 码元时需要翻转，而传输连续的 1 或者两个不同的比特时不发生翻转。

第二个阶段是将原始编码波形调制到副载波中，副载波可以理解为频率是码元频率整数倍的脉冲序列，具体倍数由参数 M 确定。不同 M 值的副载波调制后的 Miller 编码详见 2.2.3 节内容。

Miller 编码同样会发送前导头以定位编码起始位置，如果具体波形按照编码方式表示，在 GB/T 29768—2013 中可表示为 00111101，而在 ISO/IEC 18000-6C 中可以表示为 010111。

10.7　碰撞判定

标签在读写的过程中会随机等待一个时间后才开始响应读写器命令，这就有可能出现两张以上的标签同时响应读写器的情况，即通信发生碰撞。碰撞发生后信号会出现交叠，直接导致信号失真，严重影响通信质量，所以 GB/T 29768—2013 与 ISO/IEC 18000-6C 协议中都规定了详细的防碰撞机制，以尽可能减少碰撞的出现。要实现防碰撞机制，前提是读写器可以检测出碰撞发生。

读写器在解码的同时会进行碰撞检测。由于 FM0 编码和 Miller 编码的特点都是用信号翻转表示数据，在信道出现碰撞情况后，信号相互叠加就会使得编码翻转异常，不符合编码规则的翻转会被判断成违例情况。解码过程中会一直检测违例是否发生，如果检测到，就会立刻判定信道中发生了碰撞。

10.8　接收 CRC 校验

与发送链路的 CRC 校验生成电路设计相似，接收链路同样采用串行 CRC 校验电路，具体设计方案参考 9.1 节。同时，GB/T 29768—2013 协议的接收链路需要支持 CRC5 校验。

第11章

基带自干扰信号抑制及LNA方案设计

11.1 问题的提出

读写器需要持续发送载波,为无源标签提供能量和反射信号,泄漏到接收端的载波在频域上会与标签返回的信号叠加,当自干扰信号极大时,会造成接收机饱和、标签信号无法解调等问题。

接收机是读写器中的主要部分。而低噪声放大器是接收前端的主要部分,与天线信号直接相连。由于低噪声放大器位于接收机的第一级,所以它的噪声特性将影响整个接收机系统的噪声性能。当射频电路的信号频率达到 GHz 及以上时,信号波长和电路元件尺寸相当,信号在传输的过程中会出现趋肤效应、辐射效应等,对电路影响较大,不可以被忽略。同时,随着要传输的数据量越来越大,相应的信息传输对通信设备的要求也越来越高。

11.2 自干扰信号产生机理和对接收性能的影响

11.2.1 自干扰信号的产生

在采用无源标签的 UHF RFID 系统中,读写器通常采用单天线收发的结构,使用环形器或定向耦合器实现收发链路的相对隔离。在标签反向散射链路中,标签反射读写器发射的连续载波,完成与读写器的通信,读写器同时发射载波和接收标签信号。在此过程中,环形器或定向耦合器的隔离度和天线反射等多种因素会导致大量的载波信号进入接收链路,成为自干扰信号,影响标签返回的有用信号。自干扰信号往往在功率上远大于标签反向散射的有用信号,导致接收性能的下降。在单天线的 UHF RFID 系统中,自干扰信号主要有以下 3 种来源:

(1)由于环形器或定向耦合器隔离端口间的非完美隔离,从发射端泄漏到接收端的载波信号。

(2)由于天线的不完全匹配,被天线端口反射回环形器或定向耦合器,直接进入接收端的载波信号。

(3)由于周围环境对发射信号的反射而被天线接收的载波信号。

下面分别对使用环行器和定向耦合器的单天线 UHF RFID 读写器的自干扰信号功率大小进行分析,参数使用实验室自研项目样机的测试结果。由于天线接收的环境反射自干扰信号较小,因此这里不考虑该项。

使用定向耦合器时产生的自干扰信号如图 11-1 所示。在路径 1 中,若读写器发射端功率为 28dBm,定向耦合器输入端至耦合端的隔离度为 20dB,则会在接收端产生一个 8dBm 的泄漏信号。另外,输入端至直通端有 0.7dB 的插入损耗,天线的回波损耗为 20dB,且直通端到隔离端的插入损耗为 10dB,则会通过路径 2 在接收端产生 −3dBm 的自干扰信号。两条路径的自干扰信号混合,被接收机接收。

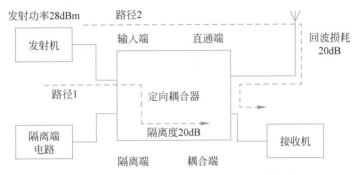

图 11-1　使用定向耦合器时产生的自干扰信号

使用环形器时产生的自干扰信号如图 11-2 所示,假定发射端功率为 28dBm,天线的回波损耗为 25dB,环形器的隔离度为 20.14dB,发射机至天线与天线至接收机的插入损耗均为 0.5dB。根据以上条件,会通过路径 1 和路径 2 分别产生 7dBm 和 3dBm 的自干扰信号。

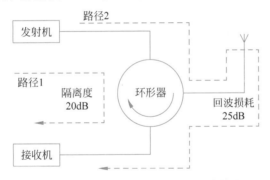

图 11-2　使用环形器时产生的自干扰信号

可以看出,自干扰信号在单天线 UHF RFID 读写器系统中是普遍存在的问题。与定向耦合器相比,环形器从发射端到接收端的隔离度高,直接泄漏的自干扰信号功率较小,并且从接收天线到接收端的损耗小,在隔离载波自干扰信号和提高接收读写器灵敏度的性能上均优于定向耦合器。但是,其硬件体积较大,会给电路板的小型化带来不便。目前环形器的使用仍然较定向耦合器更多。

以使用环形器的单天线收发隔离框架为例,假定无任何自干扰信号措施的情况下射频前端的自干扰信号功率为 7dBm。下面通过公式分析自干扰信号的频域、时域特性。

UHF RFID 系统采用近似连续雷达系统原理,使用无源电子标签,在正常工作时,需要在接收信号的同时连续发射载波为标签供电,从而因泄漏、天线反射、空间散射产生大量的自干扰信号。这些自干扰信号是不同幅度和延时的同频射频载波的叠加。同时,由于读写器本地振荡器的非理想工作情况,实际的载波往往含有一定量的相位噪声,使本振信号在频域上体现为在中心频率达到一个极高的峰值,而后向两侧迅速衰减的特性。

根据 ISO/IEC 18000-6C 协议,标签的反向速率由读写器发出的命令决定,可支持 40～640kb/s 的速率。此时,有用的标签返回信号与载波的中心频率很近,与自干扰信号中的相位噪声部分处于相同频段,常用的滤波等去噪方法难以将自干扰信号去除。相位噪声相对于自干扰信号本身的功率极小,通常情况下可忽略。但在 UHF RFID 读写器系统中,载波泄漏自干扰信号功率比有用信号大得多。如图 11-3 所示,自干扰信号中的相位噪声部分会与有用信号的频段重叠甚至将其覆盖,导致信号解析失败。

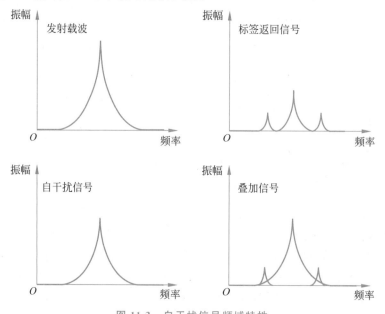

图 11-3　自干扰信号频域特性

假设有一个频率固定为 1GHz 的载波信号,在理想情况下,它将每 1ns 完成一个周期。但在实际应用中这种完美信号并不存在,由于多种因素的影响,信号的周期总会变化。具体到某一时刻,体现为其实际相位与理想相位间存在着随机的误差,在频域上体现为此载波的一部分功率拓展到了 1GHz 周边的频率上。在某频率偏移处,1Hz 带宽内的信号功率与载波信号功率之比被定义为载波信号在此偏移频率大的相位噪声,其单位常用 dBc/Hz。

与相位相关的参数均采用 $\theta = \omega t$ 表示信号在 t 时刻的理想瞬时相位值,使用 $\Phi(t)$ 表示 t 时刻的随机相位噪声,由此可以直观地反映某变量是否受到相位噪声的影响。将读写器的本地射频载波 $s_{LO}(t)$ 表示为

$$s_{LO}(t) = e^{j\omega t + j\Phi(t)} \tag{11-1}$$

其中,ω 为载波频率,在以后的描述中均以 $\Phi(t)$ 为相位噪声,它是一个零均值的平稳随机过程,其自相关函数为

$$R_{\Phi}(\tau) = e\{\Phi(t)\Phi(t+\tau)\} \tag{11-2}$$

由以上分析可知,接收端接收到的自干扰信号 $s_{inf}(t)$ 可表示为

$$\begin{aligned}
s_{inf}(t) &= s_{le}(t) + s_{re}(t) + s_{su}(t) \\
&= A_{le} e^{j\omega(t-t_{le})+j\Phi(t-t_{le})} + A_{re} e^{j\omega(t-t_{re})+j\Phi(t-t_{re})} + \\
&\quad A_{su1} e^{j\omega(t-t_{su1})+j\Phi(t-t_{su1})} + \cdots + A_{sun} e^{j\omega(t-t_{sun})+j\Phi(t-t_{sun})}
\end{aligned} \tag{11-3}$$

其中,$s_{le}(t)$ 为直接泄漏(leakage)的自干扰信号,其幅度 A_{le} 仅与环形器隔离度有关;$s_{re}(t)$ 为天线反射(reflect)产生的自干扰信号,其幅度 A_{re} 与发射机至天线的插入损耗、天线回波损耗及天线至接收机的插入损耗有关;$s_{su}(t)$ 为环境(surround)反射的自干扰信号,其与标签返回信号拥有类似的信道特性,且常常同样表现为多径,其幅度 $A_{su1} \sim A_{sun}$ 和时延 $t_{su1} \sim t_{sun}$ 与每条路径的距离有关,其表现为:距离越远,时延越大,幅度越低。

可以看出,接收端的总自干扰信号可表示为发射端本振的调幅和调相信号。一旦读写器收发端结构固定,较大功率的直接泄漏自干扰信号 $s_{le}(t)$ 与天线反射自干扰信号 $s_{re}(t)$ 的参数便固定下来。相对地,读写器的环境处于经常变化的状态,环境反射自干扰信号 $s_{su}(t)$ 的功率较小,但有极大的随机性。

11.2.2　自干扰信号对接收电路的影响

在读写器通信过程中,泄漏的载波自干扰信号往往在功率上远大于标签反向散射的有用信号。过大的自干扰信号会带来接收链路的多种问题,最终导致标签反射的有用信号无法成功解析。自干扰信号带来的影响具体如下:

(1) 大功率的自干扰信号会使接收端的射频前端饱和,导致有用信号被淹没。

(2) 由于硬件的非理想性,载波信号中往往存在一定的相位噪声,自干扰信号中的相位噪声会最终转化为有用信号里的低频幅度噪声,且其往往高于系统底噪,频段位于读写器接收信号频域内,会降低接收机的信噪比,严重影响读写器的灵敏度。

(3) 若在模数转换器前仍存在过量的基带自干扰信号,标签反向散射的基带信号就会被抬高,导致有用信号被量化噪声覆盖,恶化基带信号的处理。

泄漏的载波自干扰信号和标签反向散射的有用信号有相同的中心频率。首先讨论在不考虑相位噪声的情况下过量的自干扰信号残留对模数转换器产生的影响。

本设计使用的 UHF RFID 读写器系统符合 ISO/IEC 18000-6C 协议的规定,前向链路和反向链路均使用 ASK 调制方式。仅从基带信号考虑,假设本地载波不存在相位噪声,则基带的残留自干扰信号表现为较强的直流信号。

在射频域上,大功率的自干扰信号与标签返回信号混合,使有用信号的包络相对于自干扰信号变得不可辨认。在基带上,强自干扰信号将极大地抬高有用信号的电平,如图 11-4 所示。模数转换器有固定的比特值。在这种情况下,经过模数转换后的数字信号已经难以将有用信号还原出来,导致通信失败。

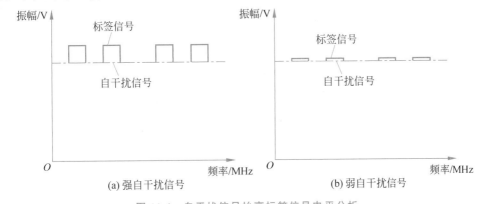

图 11-4　自干扰信号抬高标签信号电平分析

自干扰信号功率几乎与发射功率和标签反射信号功率成正比。若发射功率加大,势必会使自干扰信号随之加大,使读写器接收端射频前端饱和;若发射功率减小,反射的有用信号也随之减小,同时,读写器发射的载波也为标签提供能量,一旦发射功率下降过多,标签就无法正常工作。

11.3　基带自干扰信号抑制技术设计

11.3.1　联合抑制方案设计

自干扰信号联合抑制方案由射频自干扰信号抑制和基带自干扰信号抑制两部分组成。射频自干扰信号抑制主要用于在模拟域抑制功率较大的泄漏自干扰信号、天线反射自干扰信号以及环境反射的多径自干扰信号中功率较大的部分,防止过大的接收信号使接收机饱和。基带自干扰信号抑制主要用于消除与标签有效信号处于同一频段的基带自干扰信号,提高接收机的信噪比。

1. 自干扰信号联合抑制方案总体设计

自干扰信号联合抑制方案框架如图 11-5 所示。射频自干扰信号抑制采用定向耦合器引出一路参考信号,通过调幅和调相匹配自干扰信号的幅度和相位,在功率合成器中相加以抑制射频自干扰信号。本设计使用的定向耦合器耦合端的功率和环形器的载波泄漏自干扰信号强度相近,在保证了发射功率的同时降低了产生参考信号的成本。

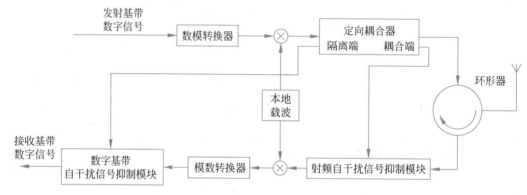

图 11-5   自干扰信号联合抑制方案框架

射频自干扰信号抑制后仍然会残留一部分自干扰信号,下变频后成为基带自干扰信号。为了抑制基带自干扰信号的幅度,利用定向耦合器隔离端输出的信号,通过功率分配器分成两路,然后下变频到基带,作为参考信号。由于参考信号和自干扰信号具有很强的相关性,可以通过重建自干扰信号实现基带自干扰信号抑制。

2. 射频自干扰信号抑制对基带自干扰信号的影响

前面已经分析了基带自干扰信号的各种特性,但是未考虑射频自干扰信号抑制。在加入射频自干扰信号抑制模块后,基带自干扰信号也会相应地发生变化。

考虑射频自干扰抑制中的参考信号为一个与射频自干扰信号幅度相近、相位相反的射频载波:

$$s_{\mathrm{rfref}}(t)=\mu' s_{\mathrm{LO}}(t-t_{\mathrm{if}}-t_{e})=\mu\mathrm{e}^{\mathrm{j}w(t-t_{\mathrm{if}}-t_{e})+\mathrm{j}\Phi(t-t_{\mathrm{if}}-t_{\varepsilon})} \tag{11-4}$$

其中,μ' 为参考信号幅度,t_e 为参考信号相对于自干扰载波信号的延时。显然,要达到良好的抑制效果,参考信号和自干扰信号应正好同幅反向,如式(11-5)所示。一般情况下,自干扰信号射频抑制后的残留信号如式(11-6)所示。

$$\mu' \approx \mu, w t_{\varepsilon} \approx \pi \tag{11-5}$$

$$s_{\mathrm{rfinf}}(t)=s_{\mathrm{rfref}}(t)+s_{\mathrm{inf}}(t)=\mu s_{\mathrm{LO}}(t-t_{\mathrm{if}})+\mu' s_{\mathrm{LO}}(t-t_{\mathrm{if}}-t_{\varepsilon})$$

$$=(\mu'\mathrm{e}^{-\mathrm{j}w(t_{\mathrm{if}}+t_{e})+\mathrm{j}\Phi(t-t_{\mathrm{if}}-t_{e})}+\mu\mathrm{e}^{-\mathrm{j}wt_{\mathrm{if}}+\mathrm{j}\Phi(t-t_{\mathrm{if}})})\mathrm{e}^{\mathrm{j}wt} \tag{11-6}$$

下变频后,基带自干扰信号为

$$s'_{\mathrm{bbinf}}(t)=(\mu'\mathrm{e}^{-\mathrm{j}w(t_{\mathrm{if}}+t_{e})+\mathrm{j}\Phi(t-t_{\mathrm{if}}-t_{e})}+\mu\mathrm{e}^{-\mathrm{j}wt_{\mathrm{if}}+\mathrm{j}\Phi(t-t_{\mathrm{if}})})\mathrm{e}^{-\mathrm{j}\Phi t}$$

$$=\mu'\mathrm{e}^{-\mathrm{j}w(t_{\mathrm{if}}+t_{e})+\mathrm{j}\Phi(t-t_{\mathrm{if}}-t_{e})}+\mu\mathrm{e}^{-\mathrm{j}wt_{\mathrm{if}}+\mathrm{j}\Phi(t-t_{\mathrm{if}})-\mathrm{j}\Phi(t)} \tag{11-7}$$

记 $\Delta\Phi_{\varepsilon}=\Phi(t-t_{\mathrm{if}})-\Phi(t-t_{\mathrm{if}}-t_{\varepsilon})$,将式(11-6)代入式(11-7)可以简化运算:

$$s'_{\text{bbinf}}(t) \approx \mu e^{-jwt_{\text{if}}+j\varPhi(t-t_{\text{if}})-j\varPhi(t)} - \mu e^{-jwt_{\text{if}}+j\varPhi(t-t_{\text{if}}-t_{\varepsilon})-j\varPhi(t)}$$

$$= \mu e^{-jwt_{\text{if}}}(e^{j\varPhi(t-t_{\text{if}})-j\varPhi(t)} - e^{j\varPhi(t-t_{\text{if}}-t_e)-j\varPhi(t)})$$

$$\approx \mu e^{-jwt_{\text{if}}}(j\varPhi(t-t_{\text{if}}) - j\varPhi(t-t_{\text{if}}-t_{\varepsilon}))$$

$$= j\Delta\varPhi_{\varepsilon}(t)\mu e^{-jwt_{\text{if}}} \tag{11-8}$$

类似地，可以计算其自相关函数：

$$R_{\text{bbinf}}(\tau) = E[s'_{\text{bbinf}}(t+\tau)s'^{*}_{\text{bbinf}}(t)]$$

$$= (\mu e^{-j\theta_{\text{if}}})^2 \{E\{[\varPhi(t+\tau-t_{\text{if}}) - \varPhi(t-t_{\text{if}}-t_{\varepsilon}+\tau)]$$

$$[\varPhi(t-t_{\text{if}}) - \varPhi(t-t_{\text{if}}-t_{\varepsilon})]\}\}$$

$$= (\mu e^{-j\theta_{\text{if}}})^2 [2R_{\varPhi}(\tau) - R_{\varPhi}(\tau-t_{\varepsilon}) - R_{\varPhi}(\tau+t_{\varepsilon})] \tag{11-9}$$

可以看出，经过射频自干扰信号抑制后，残留的信号在下变频后的基带自干扰信号与不经过射频自干扰信号抑制的基带自干扰信号具有相似的性质。根据第3章的分析可知，该信号仍然为平稳随机过程，且其功率谱密度受到射频自干扰信号相位噪声的大小和射频自干扰信号抑制时参考信号与自干扰信号之间的延时影响，而与自干扰信号下变频时与混频器本振信号间的延时 t_{if} 无关。

3. 基带自干扰信号抑制的射频设计

UHF RFID 读写器系统中的天线抑制和射频自干扰信号抑制是研究的主要方向，而数字抑制的相关研究则较少，其抑制效果相对于其他技术往往不理想。决定基带自干扰信号抑制效果的关键因素在于获取合适的参考信号。

在同时同频双工系统中，数字自干扰抑制的参考信号往往采用发射端的数字信号。但在UHF RFID 系统中，连续载波对应的基带信号为纯 1 信号，无法直接作为参考信号。

接收链路中的自干扰信号经过射频自干扰信号抑制和下变频，与发射端参考信号的相关性大大降低，对自干扰信号中的非理想因素引起的分量无法进行有效的抑制。要在数字基带域重建基带自干扰信号，参考信号中必须包含相位噪声信息，而且其延时要尽量与自干扰信号的延时相近。因此，参考信号需要从射频阶段引出与发射信号同源的载波信号，保证其包含的相位噪声信息与接收端的基带自干扰信号一致。同时，为了获得更好的基带自干扰抑制效果，需要尽量将参考信号链路的布局和走线与接收链路保持一致，这样就可以使参考信号和自干扰信号的相关性更强，保证基带自干扰信号抑制的效果。

综上所述，基带自干扰信号抑制的射频部分设计首先利用耦合器隔离端口获取发射载波的备份，然后通过一个延时调节电路控制其延时，再与射频本振信号混频，将信号下变频至基带，最后输入模数转换器。

11.3.2　基于自适应滤波器的基带自干扰信号抑制方案设计

基于自适应滤波器的基带自干扰信号抑制方案如图 11-6 所示。其中的参考信号不再采用同时同频全双工使用的发射基带数字信号，改为由发射端引出两路射频载波信号，使用参考路径模仿自干扰信号链路，使用参考链路模仿接收端下变频信号，两路混频后下变频至基带，最后输入模数转换器成为参考信号。

由前述分析可知，基带自干扰信号是一个与载波相位噪声相关的平稳随机过程，基于自适应算法的自适应滤波器可用于重建随机信号，其主要特征为自学习与自跟踪。利用自适应滤波器，可以训练并估计重建自干扰信号所需的参数，再通过线性相位滤波器重建自干扰信号，与读写器接收端的接收信号进行对消，以抑制其对接收性能的影响。

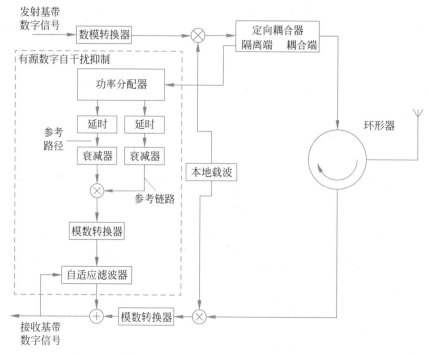

图 11-6　基于自适应滤波器的基带自干扰信号抑制方案

自适应滤波器是自适应信号处理领域的常见应用之一,在分类上属于现代滤波器,产生于 20 世纪 40 年代,广泛应用于无线信道处理、音频处理和图像处理等领域。自适应滤波器的作用之一是模拟环境变化以抑制可变环境带来的干扰,它具有传统算法所缺乏的灵活性。

由第 3 章的推导得到基带自干扰信号:

$$s_{\text{bbinf}} = [1 + j\Delta\Phi_{\varepsilon}(t)]\mu e^{-j\theta_{\text{if}}} \qquad (11\text{-}10)$$

引入两路参考信号,分别进行不同的时延和功率处理,混频后得到

$$s_{\text{bbref}} = [1 + j\Delta\Phi_{\text{r}}(t)]\mu e^{-j\theta_{\text{r}}} \qquad (11\text{-}11)$$

两路参考信号隔离直流后表示为

$$s_{\text{bbinf}} = j\Delta\Phi_{\varepsilon}(t)\mu e^{-j\theta_{\text{if}}} \qquad (11\text{-}12)$$

$$s_{\text{bbref}} = j\Delta\Phi_{\text{r}}(t)\mu e^{-j\theta_{\text{r}}} \qquad (11\text{-}13)$$

从总体上讲,基带自干扰信号抑制就是利用参考信号重建自干扰信号,并将两者相减以降低其影响。从信号处理的角度看,也就是使用一个随机过程的样本值估计另一个随机过程的值。此方案包含参数训练和信号重建两个步骤。

首先,利用参考信号和自干扰信号的样本值进行参数训练。此步骤在协议通信的间隙(即正式通信前)进行,此时可以获取自干扰信号和参考信号的样本,根据自适应算法调节自干扰信号重建所需的参数。

然后,进行信号重建与抑制。在正式通信时,自干扰信号与有用信号混合,已经无法直接获取自干扰信号的样本,因此采用参考信号的线性组合重建自干扰信号,并将其与接收的信号进行合成对消,最大限度地抑制自干扰信号。

对自干扰信号的估计为参考信号的线性组合,如式(11-14)所示。估计误差如式(11-15)所示。

$$\hat{s}_{\mathrm{bbinf}} = \sum_i W_i s_{\mathrm{bbref}}(t_i) \tag{11-14}$$

$$J(w) = E\left\{\left[\sum_i W_i s_{\mathrm{bbref}}(t_i) - \mathrm{j}\Delta\Phi_\varepsilon(t)\mu \mathrm{e}^{-\mathrm{j}\theta_{\mathrm{if}}}\right]^2\right\} \tag{11-15}$$

基带自干扰信号抑制方案的工作过程如表 11-1 所示。在训练期间,读写器的自适应滤波器完成自干扰信号重建参数的训练,在通信时进行信号重建与抑制。在实际的应用场景中,往往在一个数据帧的通信时段中自干扰信号信道特性不会有太大的变化,因此信号重建参数可以保持不变或只需要进行细微调整。

表 11-1　基带自干扰信号抑制方案的工作过程

设　　备	通　信　间　隔	通　信　中
读写器发射端	连续载波	标签相关指令或连续载波
读写器接收端	自干扰信号	自干扰信号和标签返回信号
自适应滤波器	信号重建参数训练	信号重建与抑制

在 ISO/IEC 18000-6C 协议中,通信间隔的训练时间段可采用链路时序下的 T_1。此时标签正在接收和解析读写器的命令,准备通过后向散射发送信号。读写器发送完给标签的命令后,切换为发射连续载波。读写器接收端仅接收自干扰信号,在此时间段完成参数训练。

11.3.3　自适应滤波器设计

自适应滤波器为参数和结构可调的滤波器,这里采用固定的 FIR 滤波器结构,只更新其系数。常见的系数更新算法有最小均方(Least Mean Squares,LMS)算法、在 LMS 算法基础上改进的归一化最小均方(Normalized LMS,NLMS)算法、更加优化的比例归一化最小均方(Proportionate NLMS,PNLMS)算法和递归最小二乘(Recursive Least Squares,RLS)算法。每个算法均有其适用场景和优缺点。LMS 算法是自适应滤波算法中最简单、应用最广泛的算法,而 NLMS 算法在其基础上进行了改进。本节重点介绍 LMS 和 NLMS 算法下的自适应滤波器在 UHF RFID 自干扰信号抑制系统中的原理和工作方式。

1. 自适应滤波器原理

在自适应滤波理论中,如何获取最佳的滤波性能是研究的关键。常见的自适应滤波器通过读写器本地已知的发射信号和接收到的自干扰信号计算误差,不断调节自身的滤波器参数,以获取最优的滤波性能。图 11-7 为自适应滤波原理。

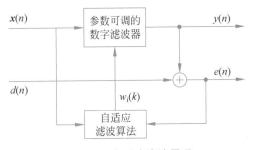

图 11-7　自适应滤波原理

在图 11-7 中,参数可调的数字滤波器可为 FIR 数字滤波器、IIR 数字滤波器或格型(lattice)数字滤波器。本设计采用常见的 FIR 数字滤波器,将自适应滤波分为两部分:

(1) 读写器本地引出的参考信号 $x(n)$ 通过 FIR 数字滤波器后得到自干扰信号抑制估计信号 $y(n)$,其与实际接收的信号 $d(n)$ 相减得到误差信号 $e(n)$。

(2) 使用选定的自适应滤波算法,利用 $e(n)$ 调节 FIR 数字滤波器的抽头权值 $w_i(k)$,进行多次训练以达到最好的抑制效果。

其中,$x(n)$ 和 $y(n)$ 分别为自适应滤波器的输入信号和输出信号,$d(n)$ 定义为期望信号。自适应滤波算法是自适应滤波器的主要模块,其作用是通过反馈迭代调整数字滤波器的抽头权值。在此模块中,自适应滤波算法拥有多种准则和选择,应根据实际应用场景和参数需求选择合适的算法,以达到最小化误差的抑制效果。

自适应滤波器的工作分为自适应处理和滤波处理两部分。

在自适应处理中,通过调整抽头权值 $w_i(k)$,让需要的代价函数 $\varepsilon(\cdot)$ 得到最小值,数字滤波器的输出信号 $y(k)$ 经过多次训练后与期望信号 $d(k)$ 匹配,并通过相减产生的误差信号 $e(k)$ 采用特定的自适应滤波算法反馈给数字滤波器,调节滤波系数。

在滤波处理时,通过乘法器和加法器计算输入信号的线性组合。

代价函数 $\varepsilon(\cdot)$ 是基于输入信号 $\boldsymbol{x}(k)$、输出信号 $y(k)$ 和期望信号 $d(k)$ 的函数,其表达式为

$$\varepsilon(\cdot) = \varepsilon[\boldsymbol{x}(k), d(k), y(k)] \tag{11-16}$$

易知,此代价函数具有非负性和最优性,即

$$\varepsilon(\cdot) \geqslant 0, \forall \boldsymbol{x}(k), d(k), y(k) \tag{11-17}$$

当 $y(k) = d(k)$ 时 $\varepsilon(\cdot) = 0$,为自适应滤波系数的最优解(称为维纳解)。自适应滤波算法逐渐使代价函数 $\varepsilon(\cdot)$ 趋近 0,即 $y(k)$ 趋近 $d(k)$,使滤波器抽头权值 $w_i(k)$ 趋近 w_{opt}。自适应处理是自适应滤波器对自干扰信号信道的最佳线性估计,需要完成期望信号 $d(k)$ 的估计,同时兼顾滤波器权值估计的正确调节,因此自适应滤波算法收敛的精确性和速度将决定该算法是否适用于具体的应用场景。在本设计中,采用 LMS 算法与 NLMS 算法,通过设计原理和仿真可以证明其在本设计中的适用性。

2. 基于 LMS 准则的系数更新算法

期望信号,即读写器接收端实际接收到的自干扰信号,也是自适应滤波器需要估计的对象。误差信号 $e(k)$ 是自适应滤波器的输出信号 $y(k)$ 减去期望信号 $d(k)$ 的差值,即

$$e(k) = d(k) - y(k) \tag{11-18}$$

首先用向量形式表示其离散输入信号:

$$\boldsymbol{X}(k) = [\boldsymbol{x}(k) \quad \boldsymbol{x}(k-1) \quad \cdots \quad \boldsymbol{x}(k-M+1)]^{\mathrm{T}} \tag{11-19}$$

其中,$\boldsymbol{X}(k)$ 满足广义平稳随机过程,其均值为 0,自相关矩阵为 $\boldsymbol{R} = E[\boldsymbol{x}_k \quad \boldsymbol{x}_k^{\mathrm{T}}]$,而自适应滤波器的抽头权值向量可表示为

$$\boldsymbol{W}(k) = [w_1(k) \quad w_{21}(k) \quad \cdots \quad w_M(k)]^{\mathrm{T}} \tag{11-20}$$

$\boldsymbol{X}(k)$ 和 $\boldsymbol{W}(k)$ 为自适应滤波器在时刻 k 的输入信号和对应的加权值,用 M 表示自适应滤波器的抽头数,滤波器的输出信号为

$$y(k) = \sum_{i=1}^{M} k w_i(n) \boldsymbol{x}(n-i-1) = \boldsymbol{W}^{\mathrm{T}}(k) \boldsymbol{X}(k) \tag{11-21}$$

自适应滤波器将根据选择的算法,使输出信号产生的代价函数最小,其代价函数 $\varepsilon(k)$ 为

$$\varepsilon(k) = E[e^2(k)] = E[d^2(k) + 2d(k)y(k) + y^2(k)] \tag{11-22}$$

展开得

$$\varepsilon(k) = E[d^2(k)] + 2E[D(k)\boldsymbol{W}^{\mathrm{T}}(k)\boldsymbol{X}(k)] + E[\boldsymbol{W}^{\mathrm{T}}(k)\boldsymbol{X}(k)\boldsymbol{X}(k)^{\mathrm{T}}\boldsymbol{W}(k)] \tag{11-23}$$

设 $\boldsymbol{P} = E[d_k \quad \boldsymbol{x}_k^{\mathrm{T}}]$ 表示期望信号与滤波器输入信号的互相关向量,$\boldsymbol{R}$ 为输入序列的自相关矩阵,向量和矩阵维数均为 N。滤波器训练完成后,抽头权值几乎保持不变,表示为

$$\varepsilon(k) = E[d^2(k) - 2\boldsymbol{W}^{\mathrm{T}}(k)\boldsymbol{P} + \boldsymbol{W}^{\mathrm{T}}(k)\boldsymbol{R}\boldsymbol{W}(k)] \tag{11-24}$$

自适应滤波器的代价函数 $\varepsilon(k)$ 最终可表示为自适应滤波器抽头权值序列的二次函数。假设输入序列的自相关矩阵为非奇异矩阵,使代价函数最小化的理想自适应滤波系数 w_{opt} 可表示为

$$w_{\mathrm{opt}} = \boldsymbol{R}^{-1}\boldsymbol{P} \tag{11-25}$$

根据维纳滤波理论,将式(11-25)代入式(11-24),可得到其最优维纳滤波的均方误差:

$$J_{\min} = \sigma_d^2 - \boldsymbol{P}^H \boldsymbol{R}^{-1} \boldsymbol{P} \tag{11-26}$$

假设 $w(k)$ 为 k 时刻的自适应滤波器的抽头权值, $\nabla(k)$ 为时刻的梯度向量。采取最陡下降法进行调整,定义时刻 $k+1$ 的抽头权值 $w(k+1)$ 通过如下方式得到:

$$w(k+1) = w(k) + 0.5\mu[-\nabla(k)] \tag{11-27}$$

其中, μ 为自适应步长,需根据系统的实际要求设为定值。通过梯度向量原理,将 $\nabla(k)$ 表示为

$$\nabla(k) = \frac{\partial E[e^2(k)]}{\partial w(k)} = \left[\frac{\partial \xi(k)}{\partial w_1(k)} \quad \frac{\partial \xi(k)}{\partial w_2(k)} \quad \cdots \quad \frac{\partial \xi(k)}{\partial w_M(k)} \right]$$

$$= E\left[2e(k) \quad \frac{\partial \xi(k)}{\partial w_1(k)} \right] = -E\left[2e(k) \quad x(k) \right] \tag{11-28}$$

达到理想状态时,梯度向量 $\nabla(k)$ 为 0,表示为

$$\nabla(k) = -2\boldsymbol{P} + 2\boldsymbol{R}w(k) \tag{11-29}$$

在 k 时刻自适应滤波器输入信号和输出信号已知的情况下,其对应的相关矩阵 $\boldsymbol{R}$ 和互相关向量 $\boldsymbol{P}$ 均可以得到,由此可以训练自适应滤波器的抽头权值:

$$w(k+1) = w(k) + \mu[\boldsymbol{P} + \boldsymbol{R}w(k)], \quad k = 1, 2, \cdots, M \tag{11-30}$$

基于以上推导,得到了自适应滤波器最常用的最陡下降算法,根据实际的应用需求改进其实现方式。LMS算法利用实时的反馈值进行梯度向量 $\nabla(k)$ 的估计,表示为

$$\hat{\nabla}(k) = \frac{\partial E[e^2(k)]}{\partial w(k)} = -E[2e(k) \quad x(k)] \tag{11-31}$$

LMS算法属于无偏估计,可以将自适应滤波器的抽头权值通过梯度向量估计 $\nabla(k)$ 表示为

$$\hat{w}(k+1) = \hat{w}(k) + 0.5\mu[-\hat{\nabla}(k)] = \hat{w}(k) + \mu\boldsymbol{X}(k)d(k) \tag{11-32}$$

在式(11-32)中,自适应滤波器的步长会极大地影响自适应滤波器的性能。过小的步长会导致收敛速度过慢,达不到 UHF RFID 系统的通信要求;而过大的步长会导致梯度估计无法达到理想状态,导致收敛失败。因此,需要根据实际的参数选取适当的滤波器步长 μ。LMS算法流程如图 11-8 所示。

3. 基于 NLMS 准则的系数更新算法

NLMS算法描述如下:

$$w(k+1) = w(k) + \mu(k)e(k)x(k) \tag{11-33}$$

LMS算法中的步长往往设置为一个常数,而 NLMS 算法的改进在于步长为一个随训练次数变化的量,因此可把 NLMS 算法视为步长参数时变的 LMS 算法,当估计信号位于期望信号的附近时,不会因为过大的步长而错过最优值。步长表示为

$$\mu(k) = \tilde{\mu}/N\tilde{P}(k) \tag{11-34}$$

其中, N 为滤波器抽头数, $\tilde{\mu}$ 应该满足 $0 < \tilde{\mu} < 2$, $\tilde{P}(k)$ 是在 k 时刻输入的参考信号的功率,其表达式为

$$\tilde{P}(k) = \boldsymbol{x}^T(k)\boldsymbol{x}(k)/N \tag{11-35}$$

为了避免分母过小或为 0 时迭代方程产生极大值,对步长进行修正,添加一个很小的常数 a 作为调节因子

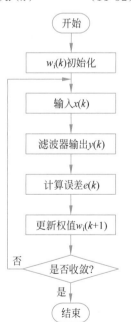

图 11-8 LMS 算法流程

$$\mu(k) = \mu / (N\widetilde{P}(k) + a) \tag{11-36}$$

在实际应用中,NLMS算法利用可变步长,在缩短收敛速度的同时能够保证精度,解决了 LMS算法在收敛速度和稳态失调上的矛盾。在对消过程中,需要持续地调节步长,以达到所需的最优性能。理论上 NLMS算法比 LMS算法收敛速度更快,精度更高。

11.4 基带自干扰抑制设计

11.4.1 基带自干扰信号模型

1. 相位噪声分析

根据前面的分析,将载波信号看作一个复数正弦波的实数部分,复数信号表示为 $s = A\mathrm{e}^{\mathrm{j}\omega t + \mathrm{j}\theta_0 + \mathrm{j}\Phi(t)}$,载波的等效基带信号表示为 $s_0 = A\mathrm{e}^{\mathrm{j}\Phi(t) + \mathrm{j}\theta_0}$。在仿真时,先产生一个相位噪声 $s_\mathrm{n} = \mathrm{e}^{\mathrm{j}\Phi(t)}$,再在该信号基础上乘以复常数 $c = A\mathrm{e}^{\mathrm{j}\theta_0}$,记作 $s_0 = cs_\mathrm{n} = A\mathrm{e}^{\mathrm{j}\theta_0}\mathrm{e}^{\mathrm{j}\Phi(t)}$。其中,$A$ 为载波幅度,θ_0 为载波初始相位。

在有载波的条件下,初始相位 θ_0 不会对信号的幅度和噪声的大小产生影响;而在等效基带系统中,初始相位会显著影响噪声的大小。特别是只取实数部分时,初始相位还会影响信号的总功率。所以载波的等效基带表达具有一定的局限性,初始相位的变化会导致信号变形,不能用于表达射频信号。

2. 相位噪声的量化表达

这里模型仍采用等效基带的方式,使用载波等效基带表达,以说明相位噪声对通信系统中其他信号的影响。相位噪声只在上变频和下变频时会对该链路上的信号产生影响。因此,可以将上变频和下变频处理总体上视为一个系统,并计算该系统的效应。将如图 11-9 所示的系

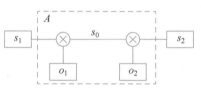

图 11-9 上下变频系统框图

统命名为上下变频系统,记为 A。根据前面的推导可以看出,该系统的效应主要受到上变频和下变频所使用的本振信号的相位噪声大小的影响。

在图 11-9 中,上下变频载波表示为

$$o_1 = \cos\left[\mathrm{j}\omega t + \mathrm{j}\Phi_1(t)\right] \tag{11-37}$$

$$o_2 = \cos\left[\mathrm{j}\omega t + \mathrm{j}\Phi_2(t)\right] \tag{11-38}$$

上变频过程表示为

$$s_0 = s_1 o_1 \tag{11-39}$$

下变频后,信号为

$$\begin{aligned} s_2 = s_0 o_2 &= s_1 \cos\left[\mathrm{j}\omega t + \mathrm{j}\Phi_1(t)\right] \cos\left[\mathrm{j}\omega t + \mathrm{j}\Phi_2(t)\right] \\ &= 0.5 s_1 \cos\left[\Phi_1(t) - \Phi_2(t)\right] \end{aligned} \tag{11-40}$$

由于上变频和下变频使用同源本振信号,其相位可表示为起始相位加相位噪声:

$$\Phi_1(t) = \theta_{10} + \Phi(t + t_1) \tag{11-41}$$

$$\Phi_2(t) = \theta_{20} + \Phi(t + t_2) \tag{11-42}$$

将式(11-41)和式(11-42)代入式(11-40)可得

$$s_2 = 0.5 s_1 \cos\left[\theta_{10} + \Phi(t + t_1) - \theta_{20} - \Phi(t + t_2)\right] \tag{11-43}$$

假设 $\Phi(t)$ 为广义平稳随机过程,则 $\Phi(t + t_1) - \Phi(t + t_2)$ 与 $\Phi(t) - \Phi(t - t_1 + t_2)$ 服从相同的分布,可以视为同一个信号。令 $\Delta t = t_1 - t_2$,$\Delta\theta = \theta_{10} - \theta_{20}$,代入式(11-43)可得

$$s_2 = 0.5s_1 \cos\left[\Phi(t) - \Phi(t - \Delta t) + \Delta\theta\right] \tag{11-44}$$

其中,Δt 和 $\Delta\theta$ 分别表示上变频器和下变频器本振信号的时延差和相位同步误差。当二者都为 0 时,上下变频信号本振信号相位完全同步,接近理想信号;当 Δt 不为 0 而 $\Delta\theta$ 为 0 时,两个本振信号的相位基本同步,但是相位抖动不同,信号变形较小;当二者都不为 0 时,两个本振信号相位不同步,相位在不同的位置抖动,信号变形大。

11.4.2 等效基带仿真

使用上下变频系统 A 构建总体等效基带仿真系统。在对上行链路基带信号进行仿真时,需要对上行链路中的信号进行上变频和下变频操作,等效于标签基带信号经过了上下变频系统。

在构建自干扰信号时,经过多径信道的信号可以看作多个不同延时的载波信号之和,其经过下变频后,相当于一个基带信号经过了多个不同的上下变频系统后的总和。系统仿真信号流程如图 11-10 所示。

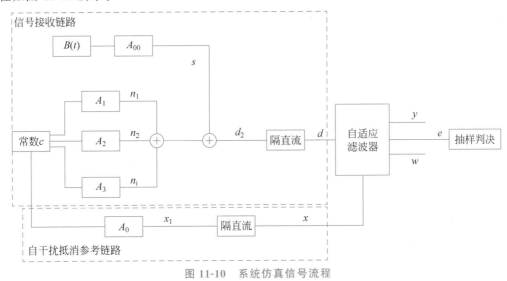

图 11-10 系统仿真信号流程

其中,A_{00}、A_0、A_1 等为参数不同的上下变频系统,s 为经过下变频后的标签基带信号,$n_1, n_2, \cdots, n_i$ 是不同延时下的载波信号下变频的结果,d 为隔直流后的最终接收信号,x_1 为下变频后的自干扰信号抑制参考信号,x 为隔直流后的最终参考信号。由前面的推导,不难得到

$$\begin{cases} s = A(B(t), \Delta t_{00}, \Delta\theta_{00}) = 0.5B(t)\cos[\Phi(t) - \Phi(t - \Delta t_{00}) + \Delta\theta_{00}] \\ n_i = A(C, \Delta t_i, \Delta\theta_i) = 0.5C\cos[\Phi(t) - \Phi(t - \Delta t_i) + \Delta\theta_i] \\ d_1 = \sum_i n_i = \sum_i 0.5C\cos[\Phi(t) - \Phi(t - \Delta t_i) + \Delta\theta_i] \\ d_2 = d_1 + s \\ d = d_2 - \text{mean}(d_2) \\ x_1 = A(C, \Delta t_0, \Delta\theta_0) = 0.5C\cos[\Phi(t) - \Phi(t - \Delta t_0) + \Delta\theta_0] \\ x = x_1 - \text{mean}(x_1) \end{cases} \tag{11-45}$$

在标签信号功率为 -110dBm、射频发射信号功率为 30dBm、射频抑制能力为 60dB 的条件下对系统进行仿真,然后计算仿真数据流程中的关键数据的频谱,如图 11-11 和图 11-12 所示。

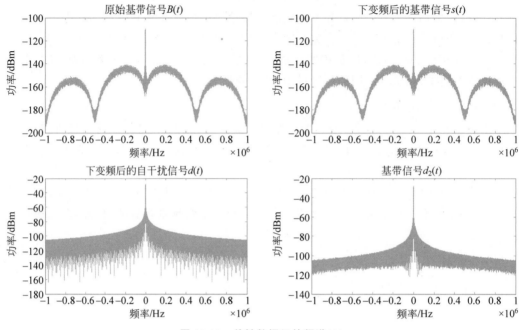

图 11-11　关键数据组的频谱（1）

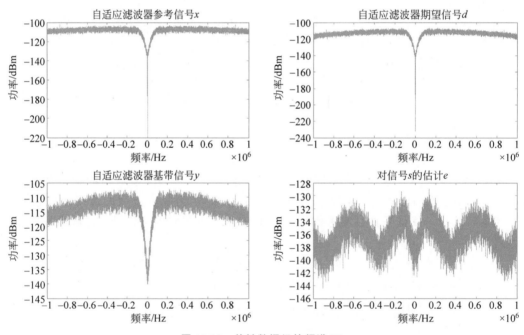

图 11-12　关键数据组的频谱（2）

　　从图 11-12 可以看出，由于使用的相位噪声参数较小，经过上变频和下变频后，标签信号未产生明显变形。标签有效信号功率约为 −140dBm，由于自干扰信号的影响，在基带接收端总信号约为 −120dBm，干扰信号已经将标签信号完全淹没。通过自适应滤波器后，噪声受到有效抑制，信号功率降低，标签信号被部分还原。从结果看，标签信号对自适应滤波器抑制自干扰信号没有显著影响，残留自干扰信号对标签信号仍然有较强的影响。

11.5　读写器中的 LNA 方案设计

本节对低噪声放大器(LNA)电路和基准电压源电路进行分析和设计。在传统电路中,一般令 MOS 管工作在饱和区,在 LNA 电路的设计中,通过令晶体管处于亚阈值区实现低功耗的设计指标,同时用电流复用技术和最优噪声匹配方法弥补晶体管在亚阈值区电路增益不足以及噪声较大的缺点。

1. 电路的主要指标分析

1) 噪声系数

在射频领域,晶体管噪声主要来源于热噪声。噪声系数是衡量放大器本身的噪声水平的参数,与放大器的工作频率、静态工作点及工艺有关。LNA 电路噪声来源主要有两个:一个是夹杂在信号源中的噪声;另一个是电路系统本身产生的噪声。

噪声因子 F 和噪声系数 NF 是表示电子系统噪声的两个参数。噪声因子的定义为

$$F = \frac{总输出噪声功率}{由输入源引入的噪声功率} = \frac{输入信噪比}{输出信噪比} \tag{11-46}$$

对于一个 N 级放大器级联的电路,噪声因子为

$$F = F_1 + \frac{F_2 - 1}{G_1} + \frac{F_3 - 1}{G_1 G_2} + \cdots + \frac{F_N - 1}{G_1 G_2 \cdots G_{N-1}} \tag{11-47}$$

其中,G_N 为第 N 级电路可获得的功率增益。由式(11-47)可以看出,若第一级的电路增益 G_1 比较大,则 F 基本由第一项 F_1 决定,第二项及以后各项可以忽略。

对于两端口放大器,噪声系数 NF 可以定义为

$$\text{NF} = 10 \log_2 F \tag{11-48}$$

$$\text{NF} = F_{\min} + \frac{R_n}{G_s} |Y_s - Y_{opt}|^2 \tag{11-49}$$

其中,$F_{\min}$ 是最小噪声系数,它的值与电路的工作条件有关;R_n 是器件的等效电阻;G_s 是器件的源电导;Y_s 是器件的源导纳;Y_{opt} 是当电路达到阻抗匹配时的最佳源导纳。

2) 输入输出反射系数

输入输出反射系数用参数 S11、S22 表示,是用来衡量 LNA 的输入输出端是否与源阻抗匹配的参数,它决定输入输出端的射频滤波器的频率响应。为了使各级电路间信号发射尽可能小,LNA 需要设计良好的输入输出阻抗匹配,源阻抗一般为 50Ω,当 S11、S22 小于 -10dB 时,一般认为已经获得比较好的阻抗匹配。

3) 增益

增益衡量 LNA 对有用信号的放大能力。当增益较大时,后级电路中 LNA 的影响会因此降低。增益可以用功率增益和电压增益表示,功率增益 G 与电压增益 A_V 的关系为

$$G = \frac{V_L^2 / 2R_L}{V_S^2 / 2R_S} = A_V^2 \frac{R_S}{R_L} \tag{11-50}$$

其中,V_L 是负载阻抗实部 R_L 的电压幅度,V_S 是信号源阻抗实部 R_S 的电压幅度。

4) 反向隔离

反向隔离用参数 S12 表示,反映加到输出端的信号与输入端的隔离度,从而决定了本振信号从混频器向天线的泄漏程度。S12 越大越好。

2. LNA 电路实现

LNA 电路采用源简并电感型放大器和电流复用技术,其结构如图 11-13 所示。

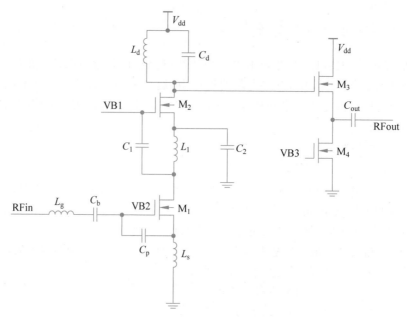

图 11-13   LNA 电路结构

1）阻抗匹配

从不同的角度分析，对 LNA 的输入阻抗要求不同。如果将 LNA 当成电压放大器，则希望 LNA 的输入阻抗无穷大，这样可以在 LNA 的输入端获得最大电压。如果希望 LNA 有最小的噪声系数，则在 LNA 的输入端需要进行阻抗变换，以获得最小噪声系数。如果希望系统能有最大的功率传输，则在天线与 LNA 之间要进行共轭匹配，这样可以从天线获得最大的信号功率。当今采用最广泛的是最大功率传输的输入阻抗设计，LNA 的输入阻抗需要和前一级电路中滤波器电路的输出阻抗进行匹配。阻抗匹配需要将 LNA 的输入阻抗匹配到纯电阻值 50Ω。在 LNA 电路的指标中，电压增益、噪声系数等都对输入阻抗匹配有影响。

忽略晶体管 M_1 的输出阻抗和除了 C_{gs} 之外的其他寄生电容，小信号电路可分析如下：

$$i_i + g_m V_{gs} = \frac{V_i - V_{gs}}{sL_s} \tag{11-51}$$

$$V_{gs} = i_i \frac{1}{sC_{gs}} \tag{11-52}$$

电路的输入阻抗为

$$Z_{in} = \frac{V_{in}}{i_{in}} = \frac{1}{sC_{gs}} + Z_E + \frac{g_m}{C_{gs}} \times \frac{Z_E}{S} + sL_g = s(L_g + L_s) + \frac{1}{sC_{gs}} + \frac{g_m}{C_{gs}}L_s \tag{11-53}$$

其中，源端阻抗 $Z_E = sL_s$。

当设置合适的 L_g 和 L_s 值时，LC 串联谐振电路在工作频率 ω_0 处达到谐振，即

$$\omega_0 = \frac{1}{\sqrt{(L_g + L_s)C_{gs}}} \tag{11-54}$$

则输入阻抗的虚部此时为 0，实部为 $\frac{g_m}{C_{gs}}L_s$。通过设置合适的 L_s 值，可在工作频率附近实现 $Z_{in} = R_s$ 的阻抗匹配。

从式(11-54)可以看出，如果晶体管 M_1 的源极存在一定的寄生电容，该电容将在输入端产生负电阻成分，从而影响输入匹配的性能，同时，C_{gs} 会引入米勒效应，因此，在电路设计过

程中,必须将相关寄生电容考虑进去。

经过基本的计算后,对关键元件进行扫描,仿真结果如图 11-14 所示。根据图 11-14 中的曲线变化趋势对关键元件进行微调。

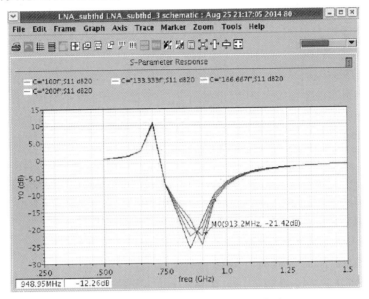

图 11-14　对关键元件进行扫描的仿真结果

2）有效跨导

由小信号电路分析的结论可得电路的有效跨导为

$$\frac{i_{\text{out}}}{V_{\text{s}}} = \frac{g_{\text{m}}}{sC_{\text{gs}}(sL_{\text{s}}+sL_{\text{g}}+R_{\text{s}})+1+g_{\text{m}}sL_{\text{s}}} \tag{11-55}$$

如果不考虑晶体管栅极电感和源极电感的寄生效应,在满足输入阻抗匹配条件时有

$$G_{\text{m}} = \frac{g_{\text{m}}}{\omega_0 C_{\text{gs}}(R_{\text{s}}+\omega_{\text{T}}L_{\text{s}})} = \frac{\omega_{\text{T}}}{2\omega_0 R_{\text{s}}} = g_{\text{m}}Q_{\text{in}} \tag{11-56}$$

其中,$Q_{\text{in}} = \dfrac{1}{2R_{\text{s}}\omega_0 C_{\text{gs}}}$,为 V_{gs} 与输入电压 V_{in} 的比值,体现了输入匹配部分对电压增益的贡献。若 $Q_{\text{in}} > 1$,则当信号到达晶体管的栅极时提供了一定的电压增益,晶体管 M_1 的沟道热噪声和输出级噪声对噪声系数 NF 的贡献减小。但是,如果 Q_{in} 过大,则 C_{gs} 会很小,影响输入匹配。一般 Q_{in} 取 2~3 比较适宜。

3）噪声分析

二级子系统级联电路的噪声表达式为

$$F = F_1 + \frac{F_2 - 1}{G_1} \tag{11-57}$$

其中,F_1 和 F_2 分别指第一级和第二级子系统的噪声,G_1 指第一级子系统的功率增益。当 G_1 较大时,式(11-57)第二项由于除以分母 G_1,则噪声主要由式(11-57)第一项决定,即噪声主要由第一级子系统的噪声决定。为了提高系统灵敏度,第一级子系统的噪声也应尽量低,以使功率增益尽量高。由于 LNA 是射频接收机的第一个模块,LNA 电路需使噪声系数比较低,并有比较大的功率增益以抑制下一级噪声。

对于一个两端口网络,噪声系数表达式如下:

$$F = F_{\min} + \frac{G_n}{R_{\text{source}}} \left| Z_{\text{source}} - Z_{\text{opt}} \right|^2 \tag{11-58}$$

$$Z_{\text{source}} = R_{\text{source}} + jX_{\text{source}} \tag{11-59}$$

$$Z_{\text{opt}} = R_{\text{opt}} + jX_{\text{opt}} \tag{11-60}$$

其中，$F_{\min}$ 是最小噪声因子，G_n 是等效噪声电导，Z_{source} 是从 LNA 输入端向天线看过去的阻抗，Z_{opt} 是最优噪声源阻抗。

通过增大 MOS 管沟道宽度，可以使最小噪声因子 $F_{\min}$ 减小，但是在设计功耗限制下的 LNA 时，不宜将沟道宽设置得太大，所以很难使 $F_{\min}$ 获得一个非常小的值。在式(11-58)中，由于第一项无法减小到一个非常小的值，因此希望第二项能继续减小。由式(11-58)可以看出，当 $Z_{\text{source}} - Z_{\text{opt}}$ 接近 0 时，F 将接近 $F_{\min}$，此时噪声系数达到最小，即可以通过优化输入匹配的方法减小噪声。

4）亚阈值电路设计

在以上分析的基础上进行电路设计。M_1、M_2 同为共源放大晶体管，电感 L_s 为源简并阻抗，电路通过 L_s、C_p、L_g、M_1 实现输入阻抗匹配。由于晶体管栅 M_1 源电容太小，致使匹配计算得到的 L_s 过大。在栅漏之间并联一个电容 C_p，可降低匹配的电感 L_s。

为了降低功耗，NMOS 晶体管 M_1、M_2 需要偏置于亚阈值区。电路偏置电流为 1.8mA，NMOS 管 M_1 的阈值电压为 464.509mV，如图 11-15 所示。通过调节 MOS 管宽长比(W/L)满足相应的增益和匹配要求。图 11-15 中 region 为 3，即晶体管工作在亚阈值区。

晶体管 M_1 采用共源放大结构，其栅极电感 L_g、栅源端并联电容 C_p、电容 C_b、源端电感 L_s 组成输入匹配网络。输出匹配网络由共源共栅结构晶体管 M_3、M_4 构成，V_{dd} 是电源接点。

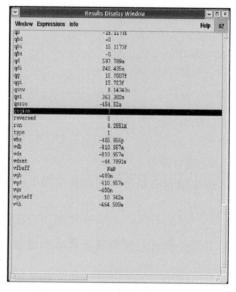

图 11-15　晶体管直流工作状态

两级共源结构放大器级联，第一级 LNA 电路由晶体管 M_1 以及用于输入阻抗匹配的 L_g、C_b、C_p、L_s 构成，第二级 LNA 电路由晶体管 M_2 以及负载 L_d、C_d 构成。阻容耦合电容 C_1 提供了交流小信号分析中第一级 LNA 电路输出到第二级 LNA 电路输入的信号通路，在直流小信号分析中起到隔离直流的作用。旁路电容 C_2 在交流通路中使晶体管 M_2 的源端交流接地。电感 L_1 连接晶体管 M_2 源端和晶体管 M_1 漏端，使第一级 LNA 电路和第二级 LNA 电路共用一个直流偏置，达到电流复用的目的。

为了降低功耗，假设晶体管的过驱动电压 $V_{gs} - V_T$ 远小于载流子速度饱和电压 LE_{sat}。

在功耗约束的情况下，晶体管 M_1 的最优栅宽为

$$W_{\text{opt}} = \frac{3}{2} \times \frac{1}{\omega_0 L C_{\text{ox}} R_s Q} \tag{11-61}$$

其中，

$$Q = \left| c \right| \sqrt{\frac{5\gamma}{\delta}\left(1 + \sqrt{\frac{3}{\left| c \right|^2}}\right)} \left(1 + \frac{5\gamma}{\delta}\right) \approx 4 \tag{11-62}$$

L 是晶体管有效栅长，C_{ox} 是器件的单位面积栅氧化层电容，Q 是最佳品质因数。

最优噪声因子为

$$F_{\min} \approx 1 + 2.4 \frac{\gamma}{\alpha} \times \frac{\omega}{\omega_T} \tag{11-63}$$

本电路采用了 Global Foundry 0.18μm CMOS 工艺,在这种工艺下,α 为 0.85,γ 为 2。为达到输入阻抗匹配,需满足

$$\frac{g_m}{C_{gs}} L_s = 50 \tag{11-64}$$

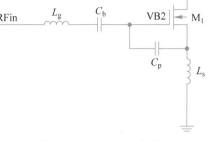

由于晶体管自身 C_{gs} 较小,为了满足式(11-64),若电感 L_s 比较大,则会影响噪声性能、增益性能并且使芯片面积增大;若晶体管跨导 g_m 较大,则晶体管需要比较大的尺寸。所以,为了降低功耗,使输入匹配更容易实现,本电路采用 PCSNIM 结构,在 M_1 的栅源间增加电容 C_p。PCSNIM 结构如图 11-16 所示。

图 11-16 PCSNIM 结构

PCSNIM 结构的输入阻抗为

$$Z_{in} = j\omega_0 (L_g + L_s) + \frac{1}{j\omega_0 (C_{gs1} + C_p)} + \omega_T L_s \tag{11-65}$$

$$\omega_T = \frac{g_{m1}}{C_{gs1} + C_p} \tag{11-66}$$

$$\omega_0 = \frac{1}{\sqrt{(C_{gs1} + C_p)(L_g + L_s)}} \tag{11-67}$$

PCSNIM 结构的最佳噪声阻抗为

$$\text{Re}(Z_{opt}) = \frac{1}{\omega_0 C_{gs1}} \times \frac{A}{A^2 + B_1^2} \tag{11-68}$$

$$\text{Im}(Z_{opt}) = \frac{1}{\omega_0 C_{gs1}} \times \frac{A}{A^2 + B_1^2} - \omega_0 L_s \tag{11-69}$$

其中,$B_1 = k + \alpha |c| \sqrt{\frac{\delta}{5\gamma}}$,$k = (C_{gs1} + C_p)/C_{gs1}$。

由式(11-68)和式(11-69)可以发现,电容 C_p 可以增大 k、B_1,从而减小 $\text{Re}(Z_{opt})$,而对 $\text{Im}(Z_{opt})$ 的影响很小。

根据式(11-65)~式(11-69),为了实现输入阻抗匹配,电路的参数应满足式(11-70)和式(11-71):

$$\frac{g_{m1}}{C_{gs1} + C_p} L_s = R_s \tag{11-70}$$

$$j\omega_0 (L_g + L_s) + \frac{1}{j\omega_0 (C_{gs1} + C_p)} = 0 \tag{11-71}$$

同时,为了满足噪声匹配,还应有

$$Z_{opt} = R_s \tag{11-72}$$

由此可计算出满足输入匹配时栅极电感 L_g、源极电感 L_s、晶体管栅源间电容 C_p 的参数值。

根据式(11-61)得到晶体管栅宽。根据栅宽以及限制的功耗可以求出漏极电流,继而求出 MOS 管的跨导。根据式(11-66)得到 ω_T。根据式(11-58)就得到了该结构的噪声系数。再由

阻抗匹配原则，根据 $R_s = \omega_T L_s$ 可以得到源极负反馈电感 L_s 的值，$L_s = 8\text{nH}$。再根据谐振条件，可以得到晶体管栅极电感 L_g 的值，$L_g = 27\text{nH}$。为了减少直流功耗，电阻 R_5、R_6、R_7 选取较大的值，本电路选取 $R_5 = R_6 = R_7 = 20\text{k}\Omega$。在负载谐振中，根据 $w_0 = 1/\sqrt{L_d C_d}$ 以及信号频率，可以求出负载的电感 L_d 及电容 C_d，其中 $L_d = 15\text{nH}$，$C_d = 1.78\text{pF}$。

完成初步计算后，在实际的电路仿真过程中，使用 Cadence 软件中的 Smith 圆图工具辅助设计各个参数，使输入输出匹配更为理想。Smith 圆图工具是一种图形化辅助设计工具，如图 11-17 所示。Smith 圆图工具在解决传输线、阻抗匹配等问题时使用非常方便，在射频电路设计中有广泛的应用。Smith 圆图研究的是如何在反射系数的极坐标下归一化输入阻抗。归一化输入阻抗表示为

$$z = \frac{1+\Gamma}{1-\Gamma} \tag{11-73}$$

其中，归一化输入阻抗 z 和反射系数 Γ 都是复数。

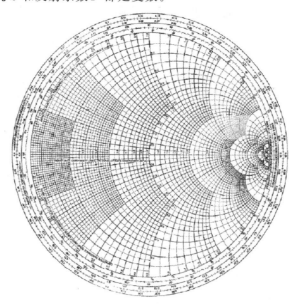

图 11-17　Smith 圆图工具

令 $z = r + \mathrm{j}x$，$\Gamma = \Gamma_r + \mathrm{j}\Gamma_i$，其中 r 是归一化电阻，x 是归一化电抗，则可得

$$\left(\Gamma_r - \frac{r}{r+1}\right)^2 + \Gamma_i^2 = \left(\frac{r}{r+1}\right)^2 \tag{11-74}$$

$$(\Gamma_r - 1)^2 + \left(\Gamma_i - \frac{1}{x}\right)^2 = \left(\frac{1}{x}\right)^2 \tag{11-75}$$

式(11-74)和式(11-75)表示两个圆族：等 r 圆族和等 x 圆族。若 r 是常数，则式(11-74)表示以 $\left(\frac{r}{r+1}, 0\right)$ 为圆心、$\frac{r}{r+1}$ 为半径的一个圆族，这些圆在 $(1,0)$ 点处相切，如图 11-18 所示。

Smith 圆图上的任意一个点都对应一个反射系数和归一化输入阻抗值。Smith 圆图的上半部分表示此时阻抗呈感性，下半部分表示此时阻抗呈容性，这使得高频电路设计中的输入阻抗计算以及匹配变得很直观。

图 11-19 和图 11-20 是利用 Smith 圆图对 S11、S22 参数进行仿真的结果。从图 11-19 中可以看出，在频率为 915MHz 时，输入阻抗匹配对应的坐标值为 $(0.875, -0.056)$。从图 11-20 中可以看出，在频率为 915MHz 时，输出阻抗匹配对应的坐标值为 $(0.866, 0.159)$。此时输入阻

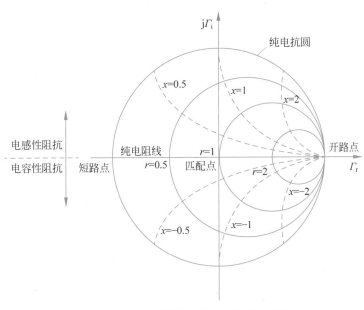

图 11-18　Smith 圆图上的归一化输入阻抗

抗匹配和输出阻抗匹配都不够理想。为了匹配到$(1,0)$，应当增加输入匹配电路部分的阻抗和感抗，并增大输出匹配电路的阻抗和容抗。由于

$$\frac{g_{m1}}{C_{gs1}+C_p}L_s=R_s,\ j\omega_0(L_g+L_s)+\frac{1}{j\omega_0(C_{gs1}+C_p)}=0$$

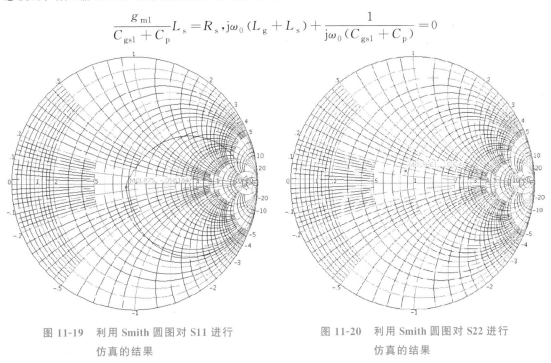

图 11-19　利用 Smith 圆图对 S11 进行
仿真的结果

图 11-20　利用 Smith 圆图对 S22 进行
仿真的结果

可以相应地提高 L_s、L_g，减小晶体管 M_3 的尺寸，以达到更理想的输入匹配和输出匹配。

更改电路参数后，再次对 S11 和 S22 进行仿真，结果如图 11-21 和图 11-22 所示。从图 11-21 和图 11-22 中可以看出，输入匹配和输出匹配较之前更为理想。

以上介绍了射频接收机前端低噪声放大电路部分和电压基准电路部分的设计思路。低噪声放大电路采用二级共源放大结构，通过电流复用技术，在低功耗的前提下可以保证一定的电

压增益。而传统电路多将晶体管置于饱和区。本设计将晶体管置于亚阈值区,使电路的功耗大大降低,并通过最优噪声匹配改善了噪声性能。

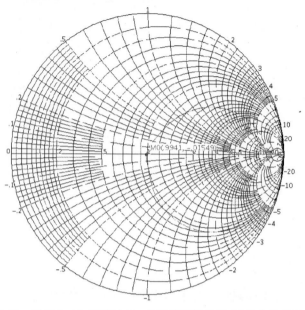

图 11-21　利用 Smith 圆图对 S11 进行仿真的结果(更改电路参数后)

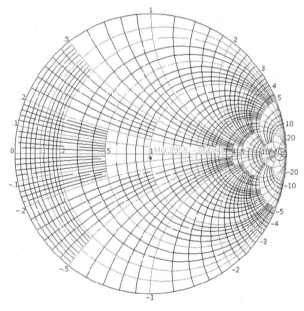

图 11-22　利用 Smith 圆图对 S22 进行仿真的结果(更改电路参数后)

第12章

UHF RFID读写器芯片中关键功能电路设计

随着 UHF RFID 技术应用领域的扩展,国内在设计研发 UHF RFID 读写器芯片领域中也取得了一些成就。例如,2013 年华东师范大学研发了一款采用 0.18 μm 硅和锗混合的 BiCMOS 工艺的 UHF RFID 读写器芯片。近几年,清华大学、复旦大学、电子科技大学和湖南大学等也在进行这方面的研究。

在 UHF RFID 读写器芯片的电路设计中,数模转换器(DAC)是数字模拟转换的关键电路,特别是在超高频电路中,其分辨率、有效位数和无杂散动态范围的特性和静态特性等技术在国外是非常受关注的项目。要提高这些性能,避免相邻信道相互干扰,对 DAC 的无杂散动态范围和带宽等频域的特性有较高的要求。

本章对 UHF RFID 读写器芯片中涉及的关键功能电路,特别是使用在 UHF RFID 读写器系统芯片中的分段式电流舵DAC 的功能设计进行分析和论证。

12.1 DAC 基本工作原理

DAC 是将数字信号按照一个基本标准统一量化为模拟信号的功能电路。如图 12-1 所示,DAC 的主要组成部分有基准源、加权网络和开关网络。其中,基准源主要提供稳定的高精度基准电压,输入码字后,由锁存器保存需要转换的码字,通过开关网络控制加权网络得到与码字对应的模拟量,最后经由输出放大器得到需要的输出模拟信号。

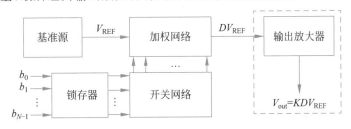

图 12-1　DAC 的基本结构

在 N 位输入码字中,b_0 是最低有效位(LSB),b_{N-1} 是最高有效位(MSB)。理想情况下,DAC 的输出为

$$V_{out} = KDV_{REF}$$

(12-1)

其中,D 是 N 位码字 $b_{N-1}, \cdots, b_1, b_0$ 的加权和,表示为

$$D = \frac{b_{N-1}}{2} + \cdots + \frac{b_1}{2^{N-1}} + \frac{b_0}{2^N} \tag{12-2}$$

将式(12-2)代入式(12-1)得

$$V_{\text{out}} = KV_{\text{REF}}\left(\frac{b_{N-1}}{2} + \cdots + \frac{b_1}{2^{N-1}} + \frac{b_0}{2^N}\right) \tag{12-3}$$

在电流定标的 DAC 中,电流输出为

$$I_{\text{out}} = I_{\text{REF}}\left(\frac{b_{N-1}}{2^{N-1}} + \cdots + \frac{b_1}{2^1} + \frac{b_0}{2^0}\right) \tag{12-4}$$

要表示模拟信号和数字信号的关系,最有效的方式是给出输入输出转移特性。图 12-2 是 3 位二进制 DAC 的输入输出转移特性,随着输入码字的递增而产生阶梯状输出,每一阶的高度就是一个 LSB。可知,数字输入以加权形式控制模拟量以 LSB 为单位变化,单调性良好。输入为最大值 111 时,输出电流为 7 倍的 I_{LSB},也就是满量程输出(Full Scale Range,FSR)。给定满量程输出电流 $I_{\max}$ 的 DAC 可以分为 2^{N-1} 阶,则 I_{LSB} 定义为

$$I_{\text{LSB}} = \frac{I_{\max}}{2^N} \tag{12-5}$$

其中,N 为 DAC 的位数。随着 N 的增大,L_{LSB} 会减小,对应的阶高度降低,图 12-2 中的阶梯状输出会接近一条直线,也可表述为 DAC 的转换精度提高。

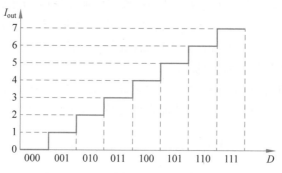

图 12-2　3 位二进制 DAC 的输入输出转移特性

对于电压定标的 DAC,输出同样以 LSB 为单位,随输入递增而单调递增。当额定满量程输出为 $U_{\max}$ 时,式(12-5)也可以转换为电压的表达式。同样,随着位数 N 的增加,输出会接近一条直线。

12.2　DAC 关键性能指标分析

DAC 作为重要的功能电路模块,衡量其性能的参数分为两类:一类是静态性能参数,包括分辨率、失调误差、增益误差、微分非线性误差、积分非线性误差等;另一类是动态性能参数,包括建立时间、毛刺、有效位数、信噪比、信噪失真比、无杂散动态范围和总谐波失真等。下面对每一种参数进行分析概述。

1. DAC 静态性能参数

1)分辨率

分辨率(resolution)是表征 DAC 输出模拟量可被区分的最小值或者满量程的模拟量能被分立的最大数目。DAC 能够将 N 位二进制码字无失真地转换为模拟信号输出时,N 就是数字分辨率,它确定了一个 LSB 对应的模拟输出量。模拟分辨率指的是在 DAC 中一个 LSB 对

应的电压值或电流值。

2）失调误差

DAC 的失调误差（offset error）指的是在无码字输入时经 DAC 转换后的模拟输出与零输出的差值，如图 12-3 所示。常见结构的 DAC 失调误差为正值，通常用 FSR 或者 LSB 表述其值的大小。失调误差是系统的固有误差，可以通过优化电路、增加补偿等方法减小。

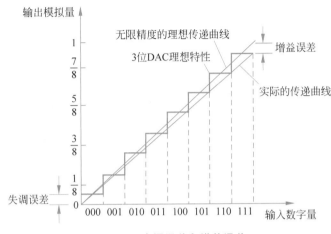

图 12-3 失调误差和增益误差

3）增益误差

DAC 的增益误差（gain error）是指系统真实的传递函数增益，即实际的传递曲线与无限精度的理想传递曲线之间的偏差或斜率的比值，如图 12-3 所示。该参数反映的是实际满量程与理想满量程之差。

4）微分非线性误差

微分非线性误差（Differential Non-Linearity，DNL）定义为输入一个 LSB 时有限精度的 DAC 实际输出步长与理想输出步长之差。如图 12-4 所示，设相邻的输入码字为 D_k 和 D_{k-1}，其对应的模拟输出为 A_k 和 A_{k-1}，则 DNL 定义为

$$\text{DNL}_k = \frac{(A_k - A_{k-1}) - \text{LSB}}{\text{LSB}} \tag{12-6}$$

其值可正可负，单位是 LSB。

5）积分非线性误差

积分非线性误差（Integral Non-Linearity，INL）和微分非线性误差一样，是衡量 DAC 系统线性度的重要指标，可以简单地表述为微分非线性误差的累积，定义为 DAC 在转换过程中实际的传递函数与理想传递函数在每一输入值上的差值，表示实际的模拟输出与理想模拟输出经过两个端点的直线的偏差，如图 12-4 所示。设输入的码字为 D_k，对应的模拟输出为 A_k，失调误差为 A_0，则 INL 为

$$\text{INL}_k = \frac{A_k - (A_0 + k \times \text{LSB})}{\text{LSB}} \tag{12-7}$$

通常，对于有相同传递函数的 DAC 系统或者同一个 DAC 系统，INL 与 DNL 的关系为

$$\text{INL}_k = \text{INL}_O + \sum_{i=1}^{k} \text{DNL}_i, \quad \text{DNL}_k = \text{INL}_k - \text{INL}_{k-1} \tag{12-8}$$

2. DAC 动态性能参数

衡量 DAC 系统性能的指标除了上面介绍的静态性能参数以外，下面的动态性能参数在

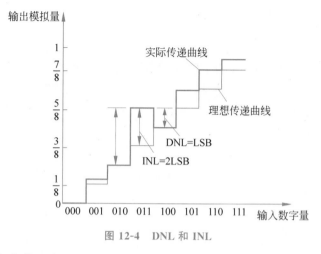

图 12-4　DNL 和 INL

实际应用中也具参考价值和实际的工程意义。

1）建立时间

建立时间（setting time）指输入数字量到得到规定范围的稳定输出所用的时间。DAC的建立时间通常指最大建立时间，即从 0 阶跃到全 1 时第一次达到允许误差范围内的稳定模拟输出所用的时间。如图 12-5 所示，DAC 在 t_0 时刻接收到第一个码字，到 t_1 时刻得到要求的稳定输出，一般情况下误差范围为理想输出的 ± 0.5LSB，所以图 12-5 中的 DAC 建立时间为 $t_1 - t_0$。建立时间分为非线性和线性两种，是 DAC 动态特性中表征转换速率的重要参数。

2）毛刺

如图 12-6 所示，毛刺（glitch）表现为模拟输出在转换过程中出现的过冲或下冲的瞬间尖峰，其存在会影响系统的单调性和转换的精度。毛刺一般由两个原因造成：一是开关信号与控制信号不同步，导致在高低转换的过程中出现了中间态；二是在高速 DAC 中时钟频率很高，开关存在时钟馈通效应，导致在开关打开和关断过程中出现毛刺现象。

3）有效位数

有效位数（Effective Number Of Bit，ENOB）是 DAC 在实际测试中能够实现的转换位数。通常情况下，有效位数和信噪失真比（SNDR）有如下的函数关系：

$$\text{ENOB} = \frac{\text{SNDR} - 1.76}{6.02} \tag{12-9}$$

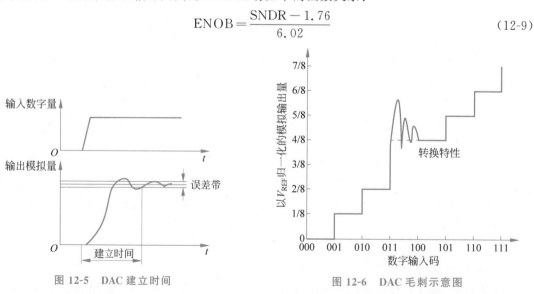

图 12-5　DAC 建立时间　　　　　　　　图 12-6　DAC 毛刺示意图

4) 信噪比

信噪比(SNR)是任何一个通信系统都关心的问题和指标,它表示最大信号和带内不相关信号的功率比值,单位为分贝(dB)。DAC 的信噪比表示输出基波信号与噪声的功率之比(其中噪声功率不包括各次谐波的功率),如下所示:

$$\mathrm{SNR} = 10 \, \log_2 \frac{P_s}{P_n} \tag{12-10}$$

其中,P_s 为输出基波信号的功率,P_n 为噪声的功率。对于理想的 DAC,还有如下的函数关系成立:

$$\mathrm{SNR} = 6.02N + 1.76 \tag{12-11}$$

5) 信噪失真比

信噪失真比(Signal to Noise and Distortion Ratio,SNDR)与信噪比的定义类似,不同的是噪声功率包括各次谐波功率和 P_s。记 P_s 为输出信号的功率,P_n 为噪声功率,P_k 为输出的第 k 次谐波功率,SNDR 的定义如下所示:

$$\mathrm{SNDR} = 10 \, \log_2 \frac{P_s}{P_n + \sum\limits_{k-2}^{\infty} P_k} \tag{12-12}$$

6) 无杂散动态范围

无杂散动态范围(Spurious Free Dynamic Range,SFDR)是 DAC 动态参数中的重要指标,不同于 SNR 反映的是 DAC 量化采样后的固有噪声特性,SFDR 衡量的是由 DAC 本身具有的非线性和谐波失真产生的 DAC 的噪声特性,反映在输出信号功率频谱上就是基波功率与由 DAC 引起的谐波中最大的谐波功率的比值的对数函数。如图 12-7 所示,以输入数字正弦波为例,理想情况下,在输出信号的功率谱上基波信号功率只在基波频率处表现为单一的功率,没有其他的谐波分量和噪声成分,经过 DAC 转换后,在输出信号的功率谱上出现了除基波信号功率之外的各次谐波分量的功率和噪声功率。

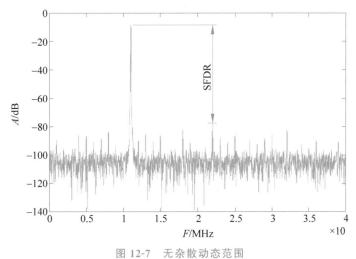

图 12-7　无杂散动态范围

无杂散动态范围表示为

$$\mathrm{SFDR} = 10 \, \log_2 \frac{P_s}{P_h} \tag{12-13}$$

其中,P_h 为 DAC 各次谐波功率中最大的谐波功率。SFDR 的单位为分贝(dB)。

7）总谐波失真

DAC 总的谐波功率与输出信号基波功率在一定的频率范围内的比值的对数函数定义为总谐波失真（Total Harmonic Distortion，THD），以分贝（dB）为单位，反映的是 DAC 的非线性度，一般情况下只需计算前 6～10 个谐波功率之和即可，其余谐波功率的影响可以忽略，例如：

$$\text{THD} = 10 \log_2 \frac{\sum_{k-2}^{10} P_k}{P_s} \tag{12-14}$$

12.3　DAC 典型案例分析

DAC 作为通信系统中重要的组成部分，由在电路设计中存在折中与妥协是客观规律，由此就出现了适用于不同系统的不同架构的 DAC，通常这些 DAC 主要关注的是针对应用最重要的一个或几个性能的提升，而牺牲了其他相对次要的性能。本节分析常见的 DAC 的典型结构。

12.3.1　电压型数模转换器

电压型数模转换器以电压作为定标基础，按照输入数字量的大小，以开关的形式把一个 LSB 的电压叠加，或者将满量程输出的电压值分割量化，这种 DAC 的常见结构是电压按比例缩放 DAC。

电压按比例缩放 DAC 是在参考电压 V_{REF} 和地之间串联 2^N 个阻值相同的电阻，将基准电压转换为 2^N 个值，通过控制开关阵列改变加权值，最终得到与输入数字量对应的模拟输出。图 12-8 为 3 位电压按比例缩放 DAC 的结构。

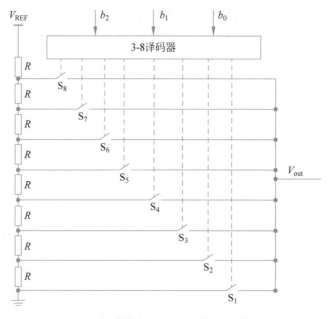

图 12-8　3 位电压按比例缩放 DAC 的结构

在图 12-8 的输入码字 $b_2 b_1 b_0$ 中，b_0 为 LSB，b_2 为 MSB，在经过译码器译码后，得到如表 12-1 所示的译码值。表 12-1 还给出了在该译码值下打开的开关和输出模拟值。从表 12-1 中可以看到，在开关 n 处，输出的模拟电压值为

$$V_{\text{out}\_n} = \frac{n-1}{8} V_{\text{REF}} \tag{12-15}$$

表 12-1　3 位电压按比例缩放 DAC 译码输出

输入码字($b_2 b_1 b_0$)	译码值	打开的开关	输出模拟值(V_{REF})
111	10000000	S_8	7/8
110	01000000	S_7	6/8
101	00100000	S_6	5/8
100	00010000	S_5	4/8
011	00001000	S_4	3/8
010	00000100	S_3	2/8
001	00000010	S_2	1/8
000	00000001	S_1	0

通过图 12-8 和表 12-1 可知,电压按比例缩放 DAC 单调性很好,但随着输入码字位数的增多,需要的电阻个数以指数级增加,占用的面积越来越大,电阻失配效应明显。同时,由于输入码字每次改变都需要打开和关断开关,而开关的寄生效应明显,节点之间的时间常数相差较大,因此转换速度慢,不适合高速应用。

12.3.2　电荷型数模转换器

电荷型数模转换器是以电荷作为定标基础,按照输入码字的大小打开或关断某一电荷积累路径,积累电荷以电压或电流的形式输出,完成数模转换。这种 DAC 有以下两种常见的结构。

1. 电荷按比例缩放 DAC

电荷按比例缩放 DAC 的结构如图 12-9 所示。

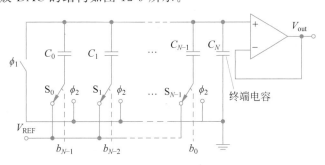

图 12-9　电荷按比例缩放 DAC 的结构

图 12-9 中以 C 为基准电容,按 $1/2^{N-1}$ 依次降低,采用不交叠的互补时钟 $\overline{S}$ 和 S 控制。当 $\overline{S}=1$ 时,电容两端接地;当 $\overline{S}=0$、$S=1$ 时,按照输入码字控制开关 S_i 与 V_{REF} 相连,对电容 C_i 充电积累电荷,因此可以得到等效的总电容 C_{eq} 和积累的总电荷 C_{tot},进一步能够计算出输出电压,如下所示:

$$C_{\text{eq}} = C\left(\frac{b_{N-1}}{2^0} + \frac{b_{N-2}}{2^1} + \cdots + \frac{b_0}{2^{N-1}}\right) \tag{12-16}$$

$$V_{\text{out}} = V_{\text{REF}} C_{\text{eq}} = V_{\text{REF}} C\left(\frac{b_{N-1}}{2^0} + \frac{b_{N-2}}{2^1} + \cdots + \frac{b_0}{2^{N-1}}\right) \tag{12-17}$$

电荷按比例缩放 DAC 主要通过电容实现。在集成电路设计中,电容的精度较高,受失配的影响较小,因此这种 DAC 精度高。但是,电容面积大,且大电容的充电时间较长,所以这种 DAC 的芯片面积和转换速率均会受到影响。

2. 串行电荷再分配 DAC

串行电荷再分配 DAC 结构简单,但是因为串行 DAC 是从 LSB 向 MSB 转换,转换一个数字位就需要一个时钟周期,因此,N 位串行 DAC 转换一个码字就需要 N 个时钟周期,转换速度很慢。图 12-10 是这种 DAC 的结构,其基本原理是按照码字控制开关对电容充放电完成数模转换的过程。

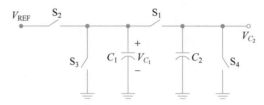

图 12-10 串行电荷再分配 DAC 的结构

12.3.3 电流型数模转换器

电流型数模转换器是以电流作为定标基础,按照输入码字的大小打开或关断某一路,将基准电压 V_{REF} 通过电阻网络的形式转换为与输入码字对应的二进制电流,实现输出电流以一个 LSB 电流的大小变化的形式累积,最后在输出端通过运算放大器或电阻将其转换为输出电压,完成数模转换。这一类型的 DAC 有以下几种常见的结构。

1. 二进制加权电阻 DAC

二进制加权电阻 DAC 中采用以二进制的形式递增的加权电阻,如 R、$2R$、$4R$ 等,用运算放大器构成加法电路,实现数字信号到模拟信号的转换。3 位二进制加权电阻 DAC 的结构如图 12-11 所示。

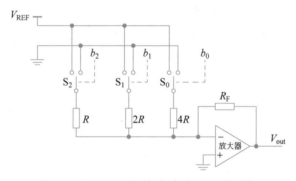

图 12-11 3 位二进制加权电阻 DAC 的结构

在图 12-11 中,放大器的正输入端接地,负输入端接反馈电阻 R_F。设输入码字为 $b_2b_1b_0$,b_0 为 LSB,b_2 为 MSB,经过互补的开关 S_2、S_1、S_0 时,当 $b_i = 1$ 时,开关 S_i 与 V_{REF} 接通;当 $b_i = 0$ 时,开关 S_i 与地导通,其中 $i = 0, 1, \cdots, N-1$,所以二进制加权电阻 DAC 的输出为

$$V_{out} = -V_{REF}\left(\frac{b_{N-1}}{2^0 R} + \frac{b_{N-2}}{2^1 R} + \cdots + \frac{b_0}{2^{N-1} R}\right)A_V R_F \tag{12-18}$$

二进制加权电阻 DAC 的核心有两个:一个是电阻的二进制递增,最高位电阻与最低位电阻的比值为 2^{N-1},所以电阻失配对该类型 DAC 影响很大,会破坏 DAC 的单调性,使得 DNL 变差,导致非线性出现;另一个是使用放大器限制 DAC 的转换速度,因此这类 DAC 不适合高速应用。

2. R-$2R$ T 形 DAC

R-$2R$ T 形 DAC 选择固定阻值为 R 和 $2R$ 的电阻,降低由于电阻失配带来的非线性影响,利用电阻和运算放大器实现数模转换。3 位 R-$2R$ T 形 DAC 的结构如图 12-12 所示。分析图 12-12 电路可得,$2R$ 电阻右端的等效电阻阻值为 $2R$,所以从左到右流过第 i 个 $2R$ 电阻的电流为

$$I_{\text{out}\_i} = V_{\text{REF}} \frac{b_{N-i}}{2^i R} \tag{12-19}$$

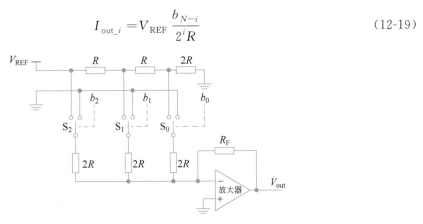

图 12-12　3 位 R-$2R$ T 形 DAC 的结构

当 $b_i = 1$ 时,开关 S_i 与 V_{REF} 接通;当 $b_i = 0$ 时,开关 S_i 与地导通。其中 $i = 0, 1, \cdots, N-1$。所以 R-$2R$ T 形 DAC 的输出为

$$V_{\text{out}} = -V_{\text{REF}} \left(\frac{b_{N-1}}{2^0 R} + \frac{b_{N-2}}{2^1 R} + \cdots + \frac{b_0}{2^{N-1} R} \right) A_V R_F \tag{12-20}$$

该电路降低了由于电阻失配造成的非线性,但是由于开关路径的不同,造成每一路到放大器反向输入端的时间不同,会在电路输出中产生较大的毛刺。

3. 二进制加权电流源 DAC

二进制加权电流源 DAC 与二进制加权电阻 DAC 结构类似,不同之处在于二进制加权电流源 DAC 中各个支路的电流以 $2^{N-1} I_{\text{REF}}$ 递增,其中 I_{REF} 表示一个 LSB 的基准电流。二进制加权电流源 DAC 的导通和关断由对应的码字位独立控制。3 位二进制加权电流源 DAC 的结构如图 12-13 所示。

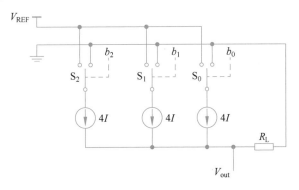

图 12-13　3 位二进制加权电流源 DAC 的结构

设输入的码字为 $b_2 b_1 b_0$,b_0 为 LSB,b_2 为 MSB。经过互补的开关 S_2、S_1、S_0 时,当 $b_i = 1$ 时,开关 S_i 与 V_{REF} 接通,导通支路输出电流 $2^{N-1} I_{\text{REF}}$;当 $b_i = 0$ 时,开关 S_i 与地导通。其中 $i = 0, 1, \cdots, N-1$。最后,所有导通支路的电流叠加后流过负载电阻 R_L 得到输出电压,所以二进制加权电阻 DAC 的输出为

$$V_{\text{out}} = R_L I_{\text{tot}} = R_L I_{\text{REF}} (2^{N-1} b_{N-1} + 2^{N-2} b_{N-2} + \cdots + 2^0 b_0) \tag{12-21}$$

该类型 DAC 芯片面积小,由于码字直接控制对应的开关通断,所以无需额外的译码电路,转换速度快。但是从图 12-13 和式(12-21)中可以看出,最高有效位控制的电流是最低有效位的 2^{N-1} 倍,即 $I_{MSB}=2^{N-1}I_{LSB}$,当 N 的值较大时,这个倍数会很大,所以最高有效位可能会把最低有效位"淹没"。例如,100000000000 和 100000000001 两个 12 位码字,转换过程中会出现后者比前者小的情况,按照单调性要求误差要小于 $1/2^N$,所以微小的失配都会破坏 DAC 系统的单调性和线性。同时,由于码字各位分别开关对应电流源通路,所以从最高有效位向最低有效位转换时会出现很大的毛刺,例如 111111111110 到 000000000001 的转换。除此之外,还可能出现中间位切换时中间态产生的毛刺以及由开关面积过大造成时钟馈通进而产生的毛刺等。

4. 单位电流源 DAC

单位电流源 DAC 是通过译码器将输入的二进制码字变为温度计码,以温度计码控制相应开关的导通和关断。表 12-2 给出了 3 位单位电流源 DAC 的二进制码字到温度计码的转换关系。可以看出,随着输入的二进制码字的增加,温度计码控制打开相应通路的开关实现单位电流的叠加,就像真实的温度计一样依次不断叠加,很好地避免了二进制加权电流源 DAC 中出现的非单调性现象。

表 12-2　3 位单位电流源 DAC 的二进制码字与温度计码的转换关系

二进制码字($b_2b_1b_0$)	温 度 计 码	二进制码字($b_2b_1b_0$)	温 度 计 码
111	1111111	011	0000111
110	0111111	010	0000011
101	0011111	001	0000001
100	0001111	000	0000000

图 12-14 为 3 位单位电流源 DAC 的结构。该电路中需要额外的译码器实现译码,同时需要 2^N-1 个单位电流源。当位数增大时,二进制码字转换为温度计码十分复杂而且占用面积很大,开关切换频繁,毛刺现象较严重。

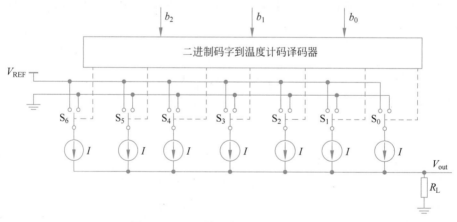

图 12-14　3 位单位电流源 DAC 的结构

12.3.4　电流分段型数模转换器

电流分段型数模转换器也属于电流型数模转换器中的一种结构,但是电流分段型数模转换器在将码字编码形成加权网络控制开关阵列的过程中,编码方式不是按照单一的二进制码字控制或者温度计码控制的,而是将码字分段,采用混合编码方式进行的,这种编码方式能够兼顾 DAC 转换速度和转换精度等性能。

以 3 位电流分段型 DAC 为例,综合图 12-13 和图 12-14,形成如图 12-15 所示的 DAC 结构。

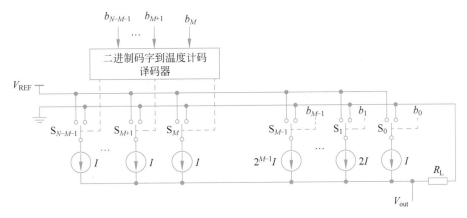

图 12-15　电流分段型 DAC 的结构

将码字的高 $N-M$ 位以单位电流源 DAC 的方式实现,将二进制码字转换为温度计码控制,将低 M 位用二进制加权电流源 DAC 的方式实现,通过这样分段实现的 DAC,既能够保证转换速度和转换精度的提高,也能保证单调性和面积的优势。这种 DAC 的输出电压为

$$V_{\text{out}} = R_{\text{L}} I_{\text{tot}} = R_{\text{L}} \left[I_{\text{temp}} + I_{\text{REF}} (2^{M-1} b_{M-1} + 2^{M-2} b_{M-2} + \cdots + 2^0 b_0) \right] \quad (12\text{-}22)$$

其中,I_{temp} 为高位的温度计码控制输出电流。

12.4　低压差线性稳压器的基本结构

12.4.1　低压差线性稳压器基本工作原理

1. 低压差线性稳压器的基本结构

低压差线性稳压器(Low DropOut regulator,LDO)是电子产品电源管理中重要的组成部分,能够在较低的压差下实现高质量的电压转换,广泛应用在便携式电子产品上。图 12-16 为 LDO 的拓扑结构。

将图 12-16 所示的 LDO 与实际电路对应,就可得到如图 12-17 所示的 LDO 的典型结构,它可以划分为基准电压源模块、误差放大器模块、电阻反馈网络以及功率调整和缓冲辅助电路模块。

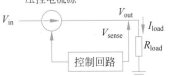

图 12-16　LDO 的拓扑结构

LDO 对外为三端口网络,3 个端口分别为输入端、输出端和地。其中,输入为电源电压,作为待转换的电压;输出为经过 LDO 转换后的高质量电压。

基准电压源模块一般有两种设计方法,分别是利用带隙基准原理设计的基准电压源和全 MOS 电路基准电压源。基准电压源的目的是产生一个与温度无关的稳定的参考电压,供后续误差放大器模块作为基准,其温度系数和电源抑制比等参数对 LDO 系统的温度系数、负载调整率等指标有重要的影响。

误差放大器模块起到比较器的作用,其负输入端输入与温度无关的稳定基准电压,记为 V_{REF},将该基准电压与正输入端由反馈电阻 R_{F1} 和 R_{F2} 产生的反馈电压 V_{FB} 比较,将比较后的误差电压输出到功率调整管的栅极,用误差电压控制功率调整管的导通电流,进而控制反馈电压。在误差放大器和功率调整管都正常工作的情况下,输出端输出稳定的电压,如下所示:

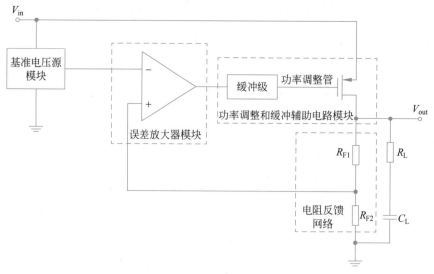

图 12-17   LDO 的典型结构

$$V_{out} = V_{FB}\left(1 + \frac{R_{F1}}{R_{F2}}\right) \tag{12-23}$$

功率调整管漏极输出电流转换为输出电压,同时通过电阻反馈网络产生反馈量,作为误差放大器正输入端的输入电压,起到比较和控制的作用。

功率调整管是 LDO 能够实现输出稳定电压的重要器件,构建了一条从输入到输出的电流通道。一般功率调整管的面积较大,而且要特别关注其驱动能力。随着半导体器件的发展,以 PMOS 作为功率调整管被认为是最好的选择。图 12-18 为 PMOS 的截面图。

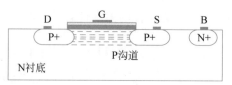

图 12-18   PMOS 的截面图

在 N 衬底上进行 P 掺杂,形成 P 阱,作为 PMOS 的源极和漏极。当其源极和漏极接不同电位且栅极电压低于源极电压时,在 PMOS 源极和漏极之间形成的沟道能够导电。按照平方律器件的特性,工作在饱和区的 PMOS 漏极电流可近似地表示为

$$I_d = \frac{1}{2}\mu_p C_{ox}\frac{W}{L}(V_{gs} - V_{th})^2 \tag{12-24}$$

2. 低压差线性稳压器的基本工作原理

通过对 LDO 基本结构的分析可知,其核心模块为功率调整管。如图 12-17 所示,功率调整管在输入端和输出端之间构建一条电流通路,将输入电压减去功率调整管工作在饱和状态下的过驱动电压,代入式(12-24)得到稳定的直流电流,进而形成稳定的输出电压。当输出电压 V_{out} 上升时,由电阻反馈网络产生的反馈电压 V_{FB} 随之上升,误差放大器的同相输入端输入上升,经过与基准电压比较后拉高功率调整管的栅极电压,造成栅源电压下降,漏极电流 I_d 也下降,容性负载 C_L 放电以保持输出电压平稳下降到额定值;反之,当输出电压 V_{out} 下降时,反馈电压 V_{FB} 下降,误差放大器的同相输入端输入下降,与基准电压比较后拉低功率调整管的栅极电压,栅源电压上升,漏极电流 I_d 增大,容性负载 C_L 开始充电以保持输出电压平稳上升到额定值。在 LDO 正常工作时,上述反馈调整是不断发生的。由于负载的变化,LDO 通过不断调整反馈电压实现对功率调整管的漏电流的调节,达到稳定输出的目的。

12.4.2　低压差线性稳压器的性能参数

低压差线性稳压器作为重要的电源管理电路,通常用以下参数衡量其性能指标是否达到应用标准:温度系数、脱落电压、输出电压、静态电流、转换效率、瞬态响应、负载调整率、线性调整率、电源抑制比以及负载电容的等效串联电阻范围。

1. 温度系数

温度系数(Temperature Coefficient,TC)衡量的是 LDO 输出电压的温度特性,输出电压随温度的变化越小越好,而 LDO 的温度系数与基准电压源的温度系数和误差放大器的失调电压有关。记 LDO 的温度系数为 TC,温度变化量为 ΔT,输出电压变化量为 ΔV_{TC},基准电压源的温漂电压为 ΔV_{TCREF},误差放大器的输入失调电压为 ΔV_{OS},输出电压为 V_{out},则 LDO 的温度系数可表示为

$$TC = \frac{1}{V_{out}} \frac{\partial V_{out}}{\partial T} \approx \frac{1}{V_{out}} \frac{\Delta V_{TC}}{\Delta T} = \frac{(\Delta V_{TCREF} + \Delta V_{OS}) \dfrac{V_{out}}{V_{REF}}}{V_{out} \Delta T} \tag{12-25}$$

2. 脱落电压

脱落电压也称为压差,记为 $V_{dropout}$,表示能保证 LDO 正常稳定工作的输入电压和输出电压之差的最小值。脱落电压在数值上与功率调整管的过驱动电压值相等,也可以表示为输出电流 I_{out} 和功率调整管的临界导通电阻 R_{on} 的乘积:

$$V_{dropout} = V_{in\text{-}min} - V_{out} = I_{out} R_{on} \tag{12-26}$$

图 12-19 为 LDO 的输入输出转换特性。

当输入电压 V_{in} 小于 V_1 时,功率调整管关断,系统不工作;当 V_{in} 在 V_1 和 V_2 之间时,系统处在不稳定的状态,也称为脱落区;当 V_{in} 大于 V_2 时,电路正常工作,此时的 V_2 也称为输入电压的最小值。在低功耗应用中,$V_{dropout}$ 越小,系统性能越高。

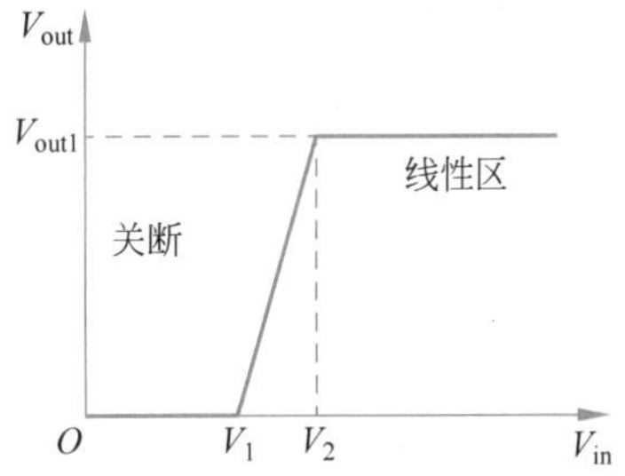

图 12-19　LDO 的输入输出转换特性

3. 输出电压

输出电压是 LDO 的主要特征指标。在实际应用中,首先根据系统需要的电压选择具有合适的输出电压的 LDO 芯片。由图 12-17 和式(12-23)可以看出,输出电压是由反馈电压和反馈电阻的比值确定的,所以按反馈电阻是否可调将 LDO 分为固定输出 LDO 和可调输出 LDO,输出电压表示为式(12-23)。

4. 静态电流

静态电流指在 LDO 稳定正常工作时电路中所有器件消耗电流的总和,用于衡量 LDO 电路在正常工作时消耗的能量。静态电流也称为地电流,用 I_Q 表示。静态电流的大小是 LDO 中的偏置电路和误差放大器模块以及其余模块正常工作时消耗的电流的总和,在数值上等于输入电源中的供电电流与负载消耗电流之差。当负载不消耗电流时,静态电流与功率调整管的漏电流大小相等。

5. 转换效率

转换效率用于衡量 LDO 在正常工作时能够实现的有效功率转换的最大能力,即能够实现的最大的电能量转换效率。输入功率一定时,转换效率限制了输出电流和输出电压的值,定义功率转换效率 η 为 LDO 输出功率与输入功率的比值,如下所示:

$$\eta = \frac{I_{\text{out}} V_{\text{out}}}{I_{\text{in}} V_{\text{in}}} \times 100\% = \frac{I_{\text{out}} V_{\text{out}}}{(I_{\text{out}} + I_{\text{Q}}) V_{\text{in}}} \times 100\% \tag{12-27}$$

由式(12-27)可以看出,当电路空载时,负载电流很小($I_{\text{out}} \to 0$),LDO的转换效率最低。若输入电压和输出电压一定,则LDO的电流转换效率为

$$\eta_{\text{current}} = \frac{I_{\text{out}}}{I_{\text{out}} + I_{\text{Q}}} \times 100\% \tag{12-28}$$

分析式(12-28)可知转换效率与静态电流有关,降低静态电流能够提高LDO的电流转换效率,进一步提高功率转换效率。当负载电流很大时,静态电流可以忽略,则式(12-27)简化为式(12-28)。功率转换效率与输出电压和输入电压的比值有关,所以,在输出电压一定的情况下,输入电压越大,LDO的电压转换效率越低,以热能形式消耗的能量越多,功耗越大,所以对于输入和输出相差较大的电压转换,一般在进行DC-DC转换后再使用LDO,以此提高系统的转换效率,降低功耗。LDO的电压转换效率为

$$\eta_{\text{voltage}} = \frac{V_{\text{out}}}{V_{\text{in}}} \times 100\% \tag{12-29}$$

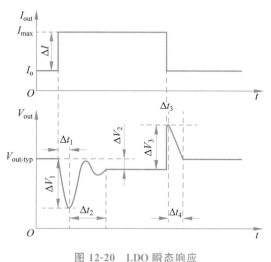

图 12-20　LDO 瞬态响应

6. 瞬态响应

如图12-20所示,瞬态响应是指在负载突变时输出电压的变化和响应特性。其中,输出电流的变化记为 ΔI。输出电流增大时,输出电压 $V_{\text{out-typ}}$ 经过 Δt_1 时间突降 ΔV_1,又经过 Δt_2 时间恢复到突降 ΔV_2。输出电流突降时,输出电压 $V_{\text{out-typ}}$ 经过 Δt_3 时间突升 ΔV_2,又经过 Δt_4 时间恢复到 $V_{\text{out-typ}}$。

ΔV_1 为

$$\Delta V_1 = \frac{\Delta I}{C_{\text{out}} + C_{\text{b}}} \Delta t_1 + \Delta V_{\text{esr}} \tag{12-30}$$

其中,C_{out} 为输出电容,C_{b} 为旁路电容,ΔV_{esr} 表示输出电容的等效串联电阻引起的压降。

若记系统的闭环带宽为BW,误差放大器的转换时间为 t_{A},系统闭环输出电阻为 $R_{\text{out-close}}$,则转换时间 Δt_1 和 ΔV_2 为

$$\Delta t_1 \approx \frac{1}{\text{BW}} + t_{\text{A}} \tag{12-31}$$

$$\Delta V_2 = \Delta I R_{\text{out-close}} \tag{12-32}$$

ΔV_3 为

$$\Delta V_3 = \frac{\Delta I}{C_{\text{out}} + C_{\text{b}}} \Delta t_3 + \Delta V_{\text{esr}} \tag{12-33}$$

经过 Δt_3 时间,容性负载放电,输出电压恢复到 $V_{\text{out-typ}}$。

综上所述,负载突变会引起输出电流突变,进而影响输出电压。为了保证供电质量和输出电压,要求造成的波动越小越好,同时恢复时间 $\Delta t_1 + \Delta t_2$ 和 $\Delta t_3 + \Delta t_4$ 越小越好。

7. 负载调整率

负载调整率用于衡量LDO在负载变化时输出的直流电压对该变化的适应程度和跟随特性,定义为输出电压变化与输出电流变化的比值,如下所示:

$$S_{\mathrm{L}} = \frac{\Delta V_{\mathrm{out}}}{\Delta I_{\mathrm{out}}} \times 100\% \tag{12-34}$$

其中，S_{L} 为 LDO 的负载调整率。设误差放大器的开环增益为 A_{v}，功率调整管的跨导为 G_{m}，输出电流的变化为 ΔI_{out}，反馈系数为 β，$V_{\mathrm{REF}} = \beta V_{\mathrm{out}}$，由 MOS 管 I-V 特性可得

$$\Delta I_{\mathrm{out}} = G_{\mathrm{m}} A_{\mathrm{v}} \left[V_{\mathrm{REF}} - \beta (V_{\mathrm{out}} - \Delta V_{\mathrm{out}}) \right] \tag{12-35}$$

将 V_{REF} 和 V_{out} 的关系代入式(12-34)和式(12-35)可得

$$S_{\mathrm{L}} = \frac{\Delta V_{\mathrm{out}}}{\Delta I_{\mathrm{out}}} \times 100\% = \frac{1}{G_{\mathrm{m}} A_{\mathrm{v}} \beta} \times 100\% \tag{12-36}$$

所以，提高 LDO 的负载调整率的另一种方法为提高误差放大器的开环增益或者增大功率调整管的跨导。同时应该注意，大跨导的功率调整管面积较大，寄生电容变大，增大了电路版图的复杂性，降低了系统相位裕度，稳定性也会受到影响。

8. 线性调整率

线性调整率是衡量 LDO 的输入电源电压对输出电压质量的影响，该值越小，表示这种影响越低。线性调整率定义为：当输入电源电压发生波动时，在 LDO 负载保持不变的情况下，输出直流电压的变化量 ΔV_{out} 与输入电源电压的变化量 ΔV_{in} 的比值，记为 S_{v}，如下所示：

$$S_{\mathrm{v}} = \frac{\Delta V_{\mathrm{out}}}{\Delta V_{\mathrm{in}}} \times 100\% \tag{12-37}$$

9. 电源抑制比

电源抑制比(Power Supply Rejection Ratio, PSRR)用于衡量在工作的频率下电路对输入电源电压的纹波抑制能力。电源抑制比定义为输入到输出的小信号增益，即输出电压的变化量 ΔV_{out} 与输入电源电压的 ΔV_{in} 的比值的对数函数，如下所示：

$$\mathrm{PSRR} = 20 \, \log_2 \frac{\Delta V_{\mathrm{out}}}{\Delta V_{\mathrm{in}}} \tag{12-38}$$

将 LDO 等效为如图 12-21 所示的模型。记 LDO 的闭环输出等效阻抗为 $Z_{\mathrm{out\text{-}close}}$，反馈网络等效阻抗为 Z_{FB}，负载阻抗为 Z_{L}，功率调整管的导通电阻为 R_{ps}，误差放大器的开环增益为 A_{v}，反馈系数为 β，则 $Z_{\mathrm{out\text{-}close}}$ 表示为

$$Z_{\mathrm{out\text{-}close}} = \frac{R_{\mathrm{ps}} \parallel Z_{\mathrm{FB}} \parallel Z_{\mathrm{L}}}{\beta A_{\mathrm{v}}} = R_{\mathrm{ps}} \parallel Z_0 \tag{12-39}$$

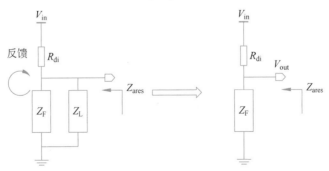

图 12-21 LDO 的等效模型

将式(12-38)与式(12-39)联立，可得

$$\mathrm{PSRR} = \frac{Z_0}{R_{\mathrm{ps}} + Z_0} = \frac{Z_{\mathrm{out\text{-}close}}}{R_{\mathrm{ps}}} = \frac{Z_{\mathrm{FB}} \parallel Z_{\mathrm{L}}}{(1 + \beta A_{\mathrm{v}})(R_{\mathrm{ps}} + Z_{\mathrm{FB}} \parallel Z_{\mathrm{L}})} \tag{12-40}$$

分析式(12-40)可得，当频率低于系统第一极点 p_1 时，Z_{L} 的中阻性部分占主体，式(12-40)可

化简为

$$PSRR \approx \frac{1}{1 + \beta A_v} \tag{12-41}$$

当频率高于第一极点 p_1 时,式(12-41)由于环路增益下降变为

$$PSRR \approx \frac{1 + \dfrac{s}{p_1}}{(1 + \beta A_v)\left(1 + \dfrac{s}{GBW}\right)} \tag{12-42}$$

其中,s 是平均功率,GBW 是增益带宽的积。

由式(12-41)和式(12-42)可得到提高 LDO 的 PSRR 的方法:在中低频时,提高 LDO 的环路增益可以增大 PSRR;在高频时,负载阻抗 Z_L 表现为容性,此时,负载电容值越大,抑制效果越好;在超高频时,负载阻抗 Z_L 表现为感性,抑制效果达到饱和后开始下降。

10. 负载电容的等效串联电阻范围

当 LDO 输出接负载电容时,负载电容的等效串联电阻会对整个系统的稳定性有影响。

在 LDO 电路中,除了上述性能参数外,还有系统的噪声特性。噪声的主要成分是热噪声,根据热噪声的产生机理,对于电阻反馈网络产生的热噪声,可在考虑静态功耗的前提下减小电阻值。其他模块产生的噪声可以用滤波器滤除。另外,LDO 的系统稳定性也需要特别注意,通常采用米勒补偿、零极点抵消等方法保证系统稳定性。

12.5 12 位 DAC 建模与误差分析

在电路设计中是以最优的解决方案为导向的,因此有必要在设计之初选择合适的系统结构,以保证电路的正常运行和功能实现。受 CMOS 工艺偏差、温度特性等外部偏差的影响,实际设计的电路模块会存在各种误差。本节在前面介绍的 DAC 电路原理和常见结构以及衡量其性能的参数的基础上,通过 MATLAB 建立 12 位 DAC 模型,选择合适的 DAC 结构,为后续电路设计提供指导。

12.5.1 DAC 架构选择

12.3 节介绍了电压型 DAC、电荷型 DAC、电流型 DAC 和电流分段型 DAC,各种 DAC 的优缺点如表 12-3 所示。

表 12-3 各种 DAC 的优缺点

DAC 类型	优 点	缺 点
电压按比例缩放 DAC	单调性好,电阻值相等	面积大,速度慢,对寄生电容敏感,毛刺严重
电荷按比例缩放 DAC	精度高	面积大,速度慢,对寄生电容敏感
串行电荷再分配 DAC	电路简单	面积大,速度慢
二级制加权电阻 DAC	速度快,对寄生电容不敏感	单调性差,毛刺严重
R-$2R$ T 形 DAC	精度高	速度慢,单调性差
二进制加权电流源 DAC	速度快,面积小	单调性差,毛刺严重
单位电流源 DAC	单调性好,毛刺小	速度慢,面积大,编码复杂
电流分段型 DAC	速度快,精度高,面积适中	无严重缺点

由表 12-3 可以看出,前几种单一结构的 DAC 都存在各种各样的缺点,对于 UHF RFID 读写器系统而言,为保证处理速度和处理精度,DAC 必须能够适应高速、高精度的应用条件。此外,综合考虑当前的集成电路制造工艺和集成电路良率与面积之间的关系以及成本控制等

多方面的因素,本设计选用电流分段型 DAC。

电流分段型 DAC 综合了二进制加权电流源 DAC 和单位电流源 DAC 的优点,速度快,精度高,面积与功耗适中。但是,电流分段型 DAC 系统结构设计中最主要的是确定二进制码字表征的二进制加权电流源结构和温度计码表征的单位电流源型结构所占的比例,也就是分段方式和分段点的确定,不同分段点的选择会对其性能有较大的影响。

12.5.2　DAC 分段方式确定

二进制码字控制二进制加权电流源按照 2^{N-1} LSB 方式递增,其中 N 表示码字位数。温度计码则按位数递增。

在模拟电路面积相同的情况下,二进制加权电流源 DAC 和单位电流源 DAC 具有近似的 INL,但是后者的 DNL 远远小于前者,如图 12-22 所示。从面积角度考虑,单位电流源 DAC 和二进制加权电流源 DAC 在位数相同的情况下,前者的面积是后者的很多倍。综合以上两个因素,电流分段型 DAC 兼具二进制加权电流源 DAC 和单位电流源 DAC 的优点。下面分两部分对本设计的 DAC 的分段进行介绍。

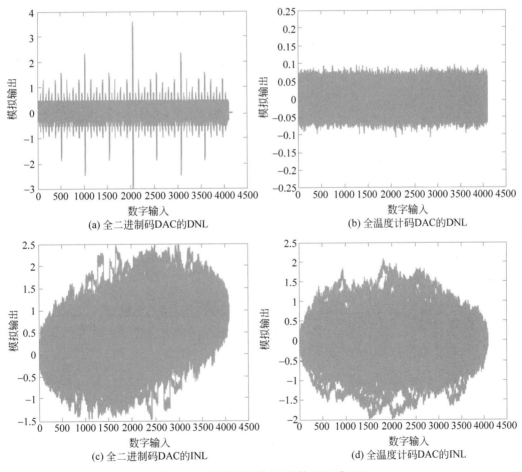

图 12-22　不同编码的 DAC 的 DNL 和 INL

1. 温度计码+二进制码字分段点确定

用 MATLAB 设计 4095 个服从均值为 1、方差为 0.01 的单位电流源,设 12 位电流分段型 DAC 中高 M 位为温度计码,低 $12-M$ 位为二进制码字。其中,由 M 个温度计码控制的电流源,每一个电流源都由 2^{12-M} 个单位电流源组成;剩下的 $12-M$ 位,第 i 高位由 2^{12-M-i} 个单位电流源组成。最后对 M 从全二进制码字($M=0$)到全温度计码($M=12$)的系统的 DNL、INL 变化趋势进行仿真。图 12-23 为在 INL 值相同的情况下芯片面积与分段点的关系。在 A 点处，温度计码所占比例最大，根据温度计码对系统的影响可知，此时系统的 INL 和面积适中，能够得到较好的 DNL 特性，单调性最好，毛刺现象最轻，同时总谐波失真最小，所以，此时的分段方式是最优的。分段方案为 9 位温度计码＋3 位二进制码字，即"9＋3"的分段方式。

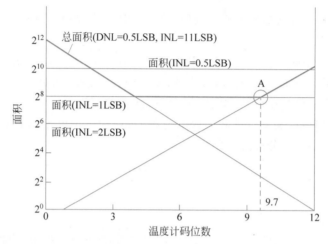

图 12-23　电流分段型 DAC 芯片面积与分段点的关系

2. 温度计码再分段

在温度计码位数较高的情况下，编码译码电路较为复杂，所以需要对温度计码进一步分段，将一个位数较多的温度计码 DAC 拆成两个位数较少的温度计码 DAC，既解决了以上问题，又保留了温度计码的优势。

仍然采用将温度计码和二进制码字分段的方式，以 INL 和面积等参数作为衡量标准，用 MATLAB 建模仿真，可得表 12-4 所示的数据。由表 12-4 可知，以"6＋3＋3"和"5＋4＋3"方式分段都能得到比较好的 DNL 和 INL。本设计在保证 DAC 线性度的前提下选择"6＋3＋3"的分段方式。

表 12-4　温度计码再分段的仿真结果

分 段 方 式	DNL	INL
9＋3	0.0466LSB	0.3454LSB
8＋1＋3	0.0645LSB	0.3598LSB
7＋2＋3	0.0935LSB	0.3690LSB
6＋3＋3	0.1249LSB	0.3591LSB
5＋4＋3	0.1722LSB	0.3075LSB
4＋5＋3	0.2586LSB	0.3128LSB
3＋6＋3	0.3199LSB	0.3705LSB
2＋7＋3	0.4628LSB	0.3540LSB
1＋8＋3	0.6967LSB	0.3271LSB

12.5.3　DAC 理想模型与仿真

综合图 12-23 和表 12-4 中的数据，采用"6＋3＋3"的分段方式实现 12 位电流分段型 DAC，将分段方式细化表示，可得如图 12-24 所示的电流分段型 DAC 系统结构。当数字信号输入时,受时钟电路控制将数字信号译码为"6+3+3"的温度计码和二进制码字的分段形式,通过同步锁存电路实现对开关阵列的控制,完成对基准电路的加权变化,最后得到输出的模拟量,完成一次数模转换。

理想 DAC 模型中忽略了电流源失配误差、梯度误差以及输出电阻不理想等非线性因素给系统带来的误差。利用 MATLAB 中的 Simulink 模块对"6+3+3"电流分段型 DAC 建立理想模型。将 DAC 按照图 12-24 所示的系统结构分模块实现,包括将输入模拟正弦信号通过理想 12 位 ADC 得到输出的 12 位数字信号。将 DAC 分为高 6 位的温度计码、低 3 位的温度计码和 3 位的二进制码字的"6+3+3"电流分段型 DAC 理想模型搭建有以下几个要点需要注意。

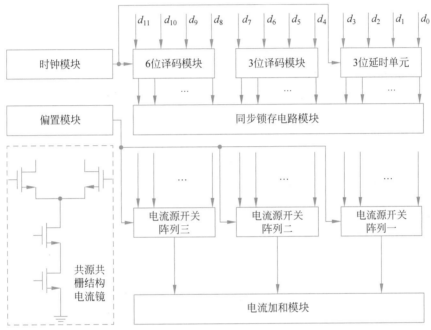

图 12-24　"6+3+3"电流分段型 DAC 系统结构

（1）模拟信号的模数转换方式。

在整个理想模型中涉及的正弦模拟信号转换为 12 位数字信号的过程是通过 MATLAB 中自带的理想 12 位 ADC 实现的,在后续的电路设计中涉及的 ADC 均为理想 ADC。

（2）二进制码字转温度计码的译码模型。

本设计采用"6+3+3"分段方式,12 位数字信号的中间 3 位和高 6 位二进制码转换为温度计码。二进制码字到温度计码的译码关系可以描述为:设 N 位二进制码字译码得到的温度计码为 2^N-1 位,若 N 位二进制码字 $b_{N-1}b_{N-2}\cdots b_0$ 转换为十进制后值为 d,其译码得到的 2^N-1 位温度计码 $t_{2^N-1}t_{2^N-2}\cdots t_0$ 中高于 d 位的值都为 0,其余 d 位都为 1。用逻辑电路的知识可得表 12-5 所示的译码表,其中 b_i 表示输入数字二进制码字的第 i 位,t_i 表示译码后温度计码的第 i 位。

表 12-5　3 位二进制码转温度计码译码表

1	b_1+b_2	b_2	b_1b_2	0
b_3	t_1	t_2	t_3	t_4
0	t_5	t_6	t_7	0

由此可知,整个译码过程可以转换为二进制码字各位之间的逻辑运算。若设 $t_{i,j}$ 表示

表 12-5 中第 i 行第 j 列的元素值，C_i 表示第 i 行第一个元素值，K_j 表示第 j 列第一个元素值，则译码后的 $t_{i,j}$ 可以表示为

$$t_{i,j} = C_i K_{j-1} + K_j \tag{12-43}$$

所以，温度计码可以用二进制码字相应位的逻辑运算得到。利用相同的原理将高 6 位的二进制码字转换为温度计码，实现温度计码部分的理想模型搭建。此外，由于二进制码字直接控制二进制电流源，此时的二进制码字不需要做其他处理。

（3）开关阵列和电流源理想模型。

在电流分段型 DAC 中，开关阵列和电流源模型是核心部分。在理想模型的搭建中，以单位 1 作为一个 LSB 的基准，将电流源和开关组成一个基本单元，如图 12-25 所示。当输入码字的位为 1 时，开关与电流源形成通路，输出相应的电流值；反之，则断开通路，不对输出电流做贡献。

按照电流分段型 DAC 的基本结构将上面搭建的各个模块组合起来，就得到了如图 12-24 所示的"6＋3＋3"电流分段型 DAC 的理想模型。输入斜波信号，对 DAC 的理想模型进行功能验证，如图 12-26 所示。可见，本模型能够正确完成数模转换的功能，单调性和线性良好，可以作为实际电路设计的指导模型使用。

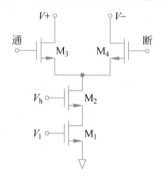

图 12-25　电流分段型 DAC 中的基本单元　　　图 12-26　DAC 的理想模型功能斜坡信号功能验证

12.6　DAC 误差建模分析

在前面分析的指标中，单调性、无杂散动态范围、积分非线性误差、微分非线性误差等都是由实际电路中的制造工艺误差、工艺失配、输入输出不理想等因素引起的。图 12-27 标注了电流分段型 DAC 中的误差来源。在上面搭建的 12 位"6＋3＋3"分段的电流分段型 DAC 模型的基础上，本节就其中最主要的 3 个引起误差的因素和解决办法进行建模分析，为后续电路模块设计提供指导模型。

12.6.1　梯度误差

梯度误差是在集成电路制造过程中存在的一种误差。具体到设计中，在 CMOS 电流镜器件尺寸相同的情况下，输出电流会按某一梯度方向发生失配。在半导体制备工艺中，MOS 管的栅氧层厚度会出现梯度变化的特性，导致单位面积的栅极电容变化，进一步导致漏电流出现轻微失配。此外，由于电流分段型 DAC 中的输出电流都是由基准电流镜像完成的，所以，栅极偏置电压的输入路径长度不同，在传输路径上的压降也就不相同，导致输出漏电流出现轻微失配，同样是按照由近到远的梯度关系产生误差。由于 CMOS 器件是通过沟道电子实现导电的，电子迁移的速度会受到温度的影响，所以当 DAC 周围存在产生较大热量的器件时，输出电流也会受到影响而产生失配。

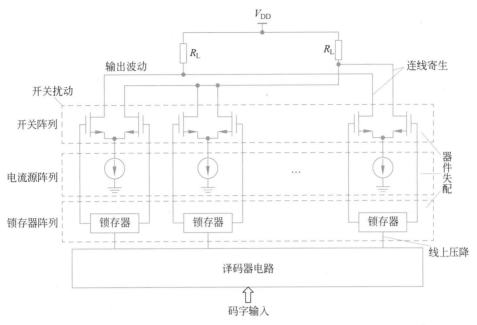

图 12-27 电流分段型 DAC 中的误差来源

1. 梯度误差对静态参数的影响

DAC 的主要静态参数是积分非线性误差(INL)和微分非线性误差(DNL)。假设由梯度误差引起第 i 个电流源相对于平均电流 $\bar{I}$ 的失配电流为 ε_i,计入误差后的输出电流为

$$I_i = \bar{I}(1 + \varepsilon_i) \tag{12-44}$$

其中,N 位 DAC 中 $2^N - 1$ 个电流源的平均电流 $\bar{I}$ 定义为

$$\bar{I} = \frac{\sum\limits_{i=1}^{N-1} I_i}{2^N - 1} \tag{12-45}$$

所以,电流分段型 DAC 中最低有效位的电流为

$$I_{LSB} = \frac{I(2^N - 1) - I(0)}{2^N} \tag{12-46}$$

再令输入码字为 D,对应的模拟输出为 $A(D)$,见式(12-47)。由 DNL 和 INL 的定义可得式(12-48)和式(12-49)。

$$A(D) = \sum_{i=1}^{D} I_i + I_o \tag{12-47}$$

$$DNL(D) = \frac{A(D) - A(D-1)}{A(2^N - 1) - A(0)}(2^N - 1) - 1 \approx \varepsilon_D \tag{12-48}$$

$$INL(D) = \frac{A(D) - A(D-1)}{A(2^N - 1) - A(0)}(2^N - 1) - D \approx \sum_{i=1}^{D} \varepsilon_i \tag{12-49}$$

由于 DNL 的定义仅描述当前码字的非线性性,所以由失配造成的误差是不累加的,也就是说,失配对 DNL 造成的影响较小。同时,由于 INL 的定义描述当前码字及以前的码字之间存在的失真,是一个累加的过程,所以所有的失配引起的误差都会表现在 INL 中,也就是说,失配对 INL 的影响较大。在电流源布局确定的情况下,由梯度误差引起的失配是可以预估的,因此 DNL 和 INL 的大小也是能够通过计算预知的。

2. 梯度误差对动态参数的影响

梯度误差的存在会造成 DAC 的信噪失真比和无杂散动态范围(SFDR)的恶化。假设由梯度误差引起的功率误差为 P_{error},输入信号的功率为 P_{signal},量化噪声功率为 P_{noise},则由式(12-12)可得

$$\text{SFDR} = \frac{P_{signal}}{P_{error} + P_{noise}} \tag{12-50}$$

对 N 位电流分段型 DAC,假设在 Y 梯度上的误差为 δ_Y,则信噪失真比为

$$\text{SNDR} = \frac{P_{signal}}{K\delta_Y + P_{noise}} \tag{12-51}$$

其中,K 为常数。可见,在输入信号的功率 P_{signal} 和量化噪声功率 P_{noise} 均为常量时,SNDR 随 Y 方向上的梯度误差增大而减小,为反比关系。

当输入信号为二进制满幅正弦信号时,输出信号表示为

$$I_{out}(n) = 2^{N-1} \sin 2\pi \frac{f_0}{f_s} n + 2^{N-1} + \Delta I(n) \tag{12-52}$$

其中,f_0 为输入信号的频率,f_s 为采样频率,$\Delta I(n)$ 为梯度误差引起的所有的误差电流。假设误差信号包含输出信号谐波的总功率为 P_{HD},则由式(12-13)可得 SFDR 为

$$\text{SFDR} = \frac{P_{signal}}{P_{HD}} = \frac{P_{signal}}{K\delta_Y} \tag{12-53}$$

可见,SNDR 是 Y 方向上的梯度误差的反比函数。

3. 减小梯度误差的方法

梯度误差是在制造中沿着某个方向发生的工艺误差。减小梯度误差的主要思想是:打破按序排列电流源单元的规则,在设计 DAC 版图时,通过中心对称或者随机游走的形式进行电流源布局。图 12-28 所示的布局就采用了中心对称的方法,15 个电流源按照图 12-28 下方数字所示顺序排列,每一次导通都能在中心对称的位置上找到误差互补的单元,起到了抵消梯度误差的作用。除了中心对称的布局方法之外,还有四象限随机游走的布局方法,将在 12.7.4 节中详述该方法的优势以及电源线的布局等问题。

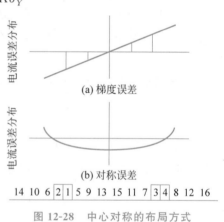

图 12-28 中心对称的布局方式

12.6.2 电流源失配误差

电流源失配误差主要是指构成电流镜的 MOS 管由于制造工艺中的不确定因素,如光刻导致的宽长比发生细微变化、掺杂导致掺杂浓度的细微差别等造成 MOS 管阈值电压发生变化,电流镜在镜像过程中出现细微差别,失去完全镜像的功能而导致 DAC 输出出现的误差。理想情况下,工作在饱和区的 MOS 管的 $I\text{-}V$ 转移如下所示(以 NMOS 管为例):

$$I_{ds} = \frac{1}{2} \mu_n C_{ox} \frac{W}{L} (V_{gs} - V_{TH})^2 \tag{12-54}$$

若两个 NMOS 的栅源电压相同,即 $V_{gs1} = V_{gs2}$,其漏电流 $I_{ds1} = I_{ds2}$ 的大小与其宽长比 $(W/L)_1$ 和 $(W/L)_2$ 有关。若 $(W/L)_1 = K(W/L)_2$,则 $I_{ds1} = K I_{ds2}$ 其中,K 为常数。

令 $\beta = \mu_n C_{ox}(W/L)$,以 $K=1$ 为例,当阈值电压失配为 ΔV、β 失配为 $\Delta\beta$ 时,输出漏电流失配为

$$\Delta I = \frac{1}{2}\Delta\beta(V_{gs} - V_{TH})^2 - \beta(V_{gs} - V_{TH})\Delta V_{TH} \tag{12-55}$$

由式(12-55)可得电流变化率为

$$\frac{\Delta I_{ds}}{I_{ds}} = \frac{\Delta\beta}{\beta} - \frac{2\Delta V_{TH}}{V_{gs} - V_{TH}} \tag{12-56}$$

设 σ_β 表示 β 失配的标准差，$\sigma_{V_{TH}}$ 表示 V_{TH} 失配的标准差，将与工艺有关的跨导失配参数和阈值失配参数分别用 A_β 和 $A_{V_{TH}}$ 表示，则有

$$\sigma_\beta = \frac{A_\beta}{\sqrt{WL}}, \quad \sigma_{V_{TH}} = \frac{A_{V_{TH}}}{\sqrt{WL}} \tag{12-57}$$

设电流源失配的标准差为 $\sigma_{\Delta I_{ds}}/I_{ds}$ 且有式(12-58)成立：

$$\sigma^2\left(\frac{\Delta I_{ds}}{I_{ds}}\right) = 2\left(\frac{\sigma_{\Delta I_{ds}}}{I_{ds}}\right)^2 \tag{12-58}$$

综合式(12-57)和式(12-58)可得电流源失配方差：

$$\sigma^2\left(\frac{\Delta I_{ds}}{I_{ds}}\right) = \frac{A_\beta{}^2}{WL} + \frac{4(A_{V_{TH}})^2}{WL(V_{gs} - V_{TH})^2} \tag{12-59}$$

一般情况下，现行的 CMOS 制备工艺引起的跨导失配较小，以阈值失配参数引起的漏电流误差为主体，所以式(12-59)可以化简为

$$\sigma^2\left(\frac{\Delta I_{ds}}{I_{ds}}\right) \approx \frac{4(A_{V_{TH}})^2}{WL(V_{gs} - V_{TH})^2} \tag{12-60}$$

其中，在栅源电压和阈值电压一定的情况下，阈值失配参数与工艺有关，也可以视为常量，那么漏电流的失配程度与 MOS 管的面积和过驱动电压成反比关系。即，MOS 管面积越大，漏电流失配越小；过驱动电压越大，漏电流失配越小。因此，为降低漏电流的失配，可以提高 MOS 管面积或增大过驱动电压。但是，MOS 管面积增大，会使得寄生效应明显，影响 MOS 管的转换速度等；过驱动电压增大，会使得输出端的电压摆幅降低，有可能不满足设计要求的摆幅。所以，在具体设计中要注意权衡。

电流源随机失配误差会发生在任何环节和任何情况下，随机特性无法量化，因此不能量化分析该误差对 DNL 和 INL 的影响。电流源随机失配误差的影响也与分段的方式和分段点的选择有关。可以肯定的是，随机失配误差越大，信噪比和信噪失真比越小，系统性能越差。具体到分段方式上，二进制码字编码会导致三次谐波增大，成为主要成分；温度计码编码会造成二次谐波增大，成为主要成分。在本设计中，采用"6+3+3"的分段形式，温度计码占主要部分，所以二次谐波 SFDR 是主要影响因素。在实际电路设计中，通常依据表 12-6 中所示的芯片 INL 良率(INL_yield)与正态分布累积函数的反函数 C 的关系，按照 3σ 原则计算 C 值

$$C = \text{inv\_norm}(-\infty, x)\left(0.75 + \frac{\text{INL\_yield}}{4}\right) \tag{12-61}$$

将 C 值代入式(12-61)得

$$\frac{\sigma_{\Delta I_{ds}}}{I_{ds}} \leqslant \frac{1}{2C\sqrt{2^N}} \tag{12-62}$$

由式(12-62)选择合适的 MOS 管面积完成电流源设计。一般成品率要达到 99.7%，电流源失配误差应严格控制在 0.3% 以下。

表 12-6　INL_yield 与 C 的关系

INL_yield/%	C	INL_yield/%	C
100	3.20	80	1.65
99	2.80	75	1.55
95	2.25	70	1.45
90	1.95	65	1.36
85	1.80	60	1.27

12.6.3　输出阻抗不理想造成的误差

电流分段型 DAC 经过开关和加权网络后输出的电流通过驱动负载电阻形成输出电压，理想电流源模型的输出阻抗是无穷大的，记为 $Z_S \to \infty$，负载阻抗记为 Z_L，经过加权网络后的输出电流为 I_{out}，输出电压表示为

$$V_{out} = I_{out} Z_L \tag{12-63}$$

当电流源输出阻抗有限时，输出电流流过的总阻抗为输出电流源输出阻抗和负载阻抗的并联，输出电压变为

$$V_{out} = I_{out}(Z_L \parallel Z_S) \tag{12-64}$$

而且输出阻抗的值随着导通的电流源个数而变化，也就表示输出电压随着输入码字而变化，导致 DAC 出现谐波失真。可见，输出阻抗导致 DAC 出现三次谐波失真，表示为

$$HD_3 = 20\lg \frac{\dfrac{1}{4\left(\dfrac{2Z_S}{Z_L N}+1\right)^2}}{1+\dfrac{3}{4\left(\dfrac{2Z_S}{Z_L N}+1\right)^2}} \approx -20\lg\left(\dfrac{4Z_S}{Z_L N}\right)^2 \tag{12-65}$$

此外，电流源输出阻抗在开关动作的前后也有差别，表现为稳定的输出电流随着开关的跳变分成在输出端口中和流出输出端口两部分，如图 12-29 所示。

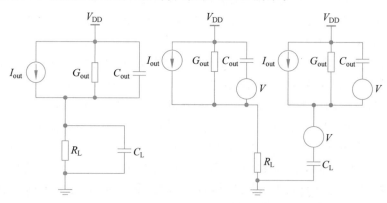

图 12-29　开关的跳变导致输出电流变化的电路模型

正相输出端和反相输出端的电压作为后一个周期的建立初始值，同时由于输出导纳和输出电容以及寄生的电容效应存在，制约了 DAC 的建立时间和转换时间。设单位电流源的导纳为 G_S，MOS 管衬底与漏极之间的电容为 C_{BD}，栅极和漏极之间的电容为 C_{GD}，输出导纳为 G_O，输出电容为 C_O，输入码字为 D，PMOS 电流源输出跨导为 g_{ds}，PMOS 电流增益为 A，则有

$$G_O = DG_S \approx Dg_{ds}A \tag{12-66}$$

$$C_O = D(C_{BD} + C_{GD}) \tag{12-67}$$

将输出导纳和输出电容分别与负载导纳和负载电容相除,得到输出导纳和输出电容的变化率:

$$\rho_G = \frac{G_O}{G_L}, \quad \rho_C = \frac{C_O}{C_L} \tag{12-68}$$

由时间常数的定义可得电路中电流源部分和负载部分的时间常数:

$$\tau_\sigma = \frac{C_O}{G_O}, \quad \tau_L = \frac{C_L}{G_L} \tag{12-69}$$

由式(12-68)和式(12-69)定义数模转换系统的时间常数:

$$\tau_\sigma = \tau_L \frac{1 + D\rho_C}{1 + D\rho_G} \tag{12-70}$$

所以正端输出电流经过反拉普拉斯变换后可得

$$I_{out+}(t) = \frac{I_{LSB} D_{n+1}}{1 + \rho_G D_{n+1}} (1 - e^{\frac{-t}{\tau_\sigma D_{n+1}}}) + \frac{I_{out+0}\tau_L(1 + \rho_C D_n) + I_{out-0}\tau_L \rho_C \Delta D}{1 + \rho_G D_{n+1}} \times$$

$$\frac{1}{\tau_\sigma D_{n+1}} e^{\frac{-t}{\tau_\sigma D_{n+1}}} \tag{12-71}$$

开关变化前的输入码字为 D_n,切换后码字为 D_{n+1},最大的输入码字是在忽略时间常数时的码字,化简式(12-71)可得

$$I_{out+}(t) = \frac{I_{LSB} D_{n+1}}{1 + \rho_G D_{n+1}} \tag{12-72}$$

同理可推出

$$I_{out-}(t) = \frac{I_{LSB}(D_{max} - D_{n+1})}{1 + \rho_G(D_{max} - D_{n+1})} \tag{12-73}$$

综上可得,在忽略时间常数的情况下,输出电流与开关切换后的码字和导纳变化率有关。

1. 输出阻抗不理想对静态参数的影响

根据 DNL 和 INL 的定义可得

$$DNL(D_k) = \frac{I(D_k) - I(D_{k-1})}{I_{LSB}} - 1 \tag{12-74}$$

$$INL(D_k) = \frac{I(D_k) - I(0)}{I_{LSB}} - k \tag{12-75}$$

其中,$k = 0, 1, \cdots, 2^N - 1$,单位为 LSB。将式(12-72)~式(12-75)联立,可得

$$DNL(D_k) = \frac{k}{1 + \rho_G k} - \frac{k-1}{1 + \rho_G(k-1)} - 1 \approx \frac{1}{(1 + \rho_G k)^2} - 1 \tag{12-76}$$

$$INL(D_k) = \frac{k}{1 + \rho_G k} - 0 - k \approx -\frac{\rho_G k^2}{1 + \rho_G k} \tag{12-77}$$

可以看出,当输出阻抗无穷大时,输出导纳无穷小,导纳变化率为 0,当 $Z_S \to \infty$,$G_O \to 0$,$\rho_G \to 0$ 时,DNL→0,INL→0;当输出阻抗有限时,DNL 和 INL 与输入信号和输出导纳变化率正相关。

2. 输出阻抗不理想对动态参数的影响

以二进制满量程输入数字正弦信号 D 为例,输入信号周期为 T,将其分为直流成分 D_{DC}、交流成分 D_{AC} 和量化噪声 δ_{noise},则 D 表示为

$$D = D_{DC} + D_{AC} \sin \omega Tn + \delta_{noise} \tag{12-78}$$

且

$$D_{DC} = D_{AC} = 2^{N-1} \tag{12-79}$$

设由输出阻抗不理想造成的正的输出端的输出电流 I_{out+} 的误差为 $\Delta I_{out}(D)$，则有

$$\Delta I_{out}(D) = I_{out+}(t) - I_{out} = \frac{I_{LSB}D}{1 + \rho_G D} - I_{LSB}D = I_{LSB} \frac{\rho_G D^2}{1 + \rho_G D} \tag{12-80}$$

假设由输出阻抗不理想引起的功率误差为 P'_{error}，输入信号的功率为 P'_{signal}，量化噪声功率为 P'_{noise}，则

$$P'_{error} + P'_{noise} = \frac{1}{T} \int_{-T/2}^{T/2} \left[\Delta I_{out}(D) - \frac{t}{T} I_{LSB} \right]^2 dt \tag{12-81}$$

以 12 位 DAC 为例化简式(12-81)，可得

$$\begin{cases} P'_{error} + P'_{noise} \approx \dfrac{I_{LSB}^2}{12} + \dfrac{I_{LSB}^2 \rho_G^2}{(1 + \rho_G D_{DC})^2} D^2 \\ P'_{signal} = \dfrac{D_{AC}^2 I_{LSB}^2}{2} \end{cases} \tag{12-82}$$

由此可得 SNDR 与输出阻抗不理想引起的失配的关系为

$$SNDR = \frac{P'_{signal}}{P'_{error} + P'_{noise}} \tag{12-83}$$

将式(12-81)和式(12-82)代入式(12-83)，化简后可得以分贝(dB)为单位的 SNDR：

$$SNDR = -(6N - 0.4) - 20 \lg \rho_G \tag{12-84}$$

所以，理想输出阻抗无穷大，输出导纳很小，即 $Z_S \to \infty$，$G_O \to 0$，$\rho_G \to 0$ 时，SNDR 最优。DAC 位数越大，输出阻抗不理想对 SNDR 的影响越大，因此高位 DAC 设计必须注意增大电流源输出阻抗，以保证 SNDR 满足设计指标。

以傅里叶展开为理论基础，对输出电流进行傅里叶展开，分析输出阻抗不理想对 SFDR 的影响。由 SFDR 的定义可得

$$SFDR = \frac{P'_{signal}}{P'_{HD}} \tag{12-85}$$

以 12 位 DAC 为例，化简式(12-85)，可得

$$SFDR = \frac{P'_{signal}}{P'_{HD}} \approx 4 \left(\frac{1 + \rho_G D_{DC}}{\rho_G D_{AC}} \right)^2 \tag{12-86}$$

输入信号是满量程数字信号，所以化简式(12-86)并进行 dB(10)运算可得以分贝(dB)为单位的 SFDR：

$$SFDR \approx (2 - N) - 20 \lg \rho_G \tag{12-87}$$

分析可得，随着 DAC 位数的增大，输出阻抗不理想对 SFDR 的影响也越来越明显，所以高位的 DAC 对输出阻抗的要求也越来越高。

3. 增大输出阻抗的方法

通过上述分析可见，输出阻抗高低对 DAC 性能有着至关重要的影响。所以，在实际的电流分段型 DAC 设计中，提高电流源输出阻抗是设计的一个重点和难点。由基本的 CMOS 电路设计知识可得，采用共源共栅电流镜是提高输出阻抗的一个有效办法。图 12-30 为共源共栅电流镜的 MOS 管结构及其等效小信号模型。

通过简单的计算可得共源共栅电流镜的输出阻抗：

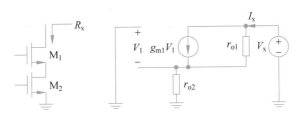

图 12-30 共源共栅电流镜的 MOS 管结构及其等效小信号模型

$$R_{out} = g_{m1}r_{o1}r_{o2} \tag{12-88}$$

除此之外,还可以利用放大器构成负反馈结构提高输出阻抗的办法。但是,由于其结构复杂,存在稳定性问题,所以在 DAC 的设计中一般都采用共源共栅电流镜的方法实现较大的输出阻抗。

12.7 DAC 系统设计与实现

本设计中 12 位电流分段型 DAC 适用于 UHF RFID 读写器系统芯片,通过 MATLAB 建模仿真,采用"6+3+3"分段方式,采用 TSMC 0.18μm 混合 CMOS 工艺,在 Cadence 环境下完成数字部分和模拟部分的电路设计和仿真。

12.7.1 DAC 系统设计

1. DAC 设计指标

如图 12-31 所示,DAC 位于 UHF RFID 读写器芯片电路的发射链路上,将发射数字基带发送的数字信号转换为模拟信号,交由发射机射频和模拟基带进一步处理后送到天线端,实现信息交互。

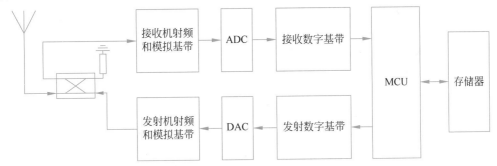

图 12-31 DAC 在 UHF RFID 读写器芯片电路中的位置

本设计的 DAC 是用于 UHF RFID 读写器芯片的关键功能模块。在设计之初,按照协议要求确定了系统芯片的总体指标和各个模块的指标,其中的 DAC 设计指标如表 12-7 所示。本设计的 DAC 采用电流分段型结构,位宽为 12 位,工作电压为 1.8V,输出有 I、Q 两路,峰-峰值电压为 500mV,对 DNL 和 INL 的要求均为 ±0.5LSB,对无杂散动态范围的要求为 72dB。

表 12-7 DAC 设计指标

设 计 指 标	描　　述	要　　求
输入位宽/位		12
输入电流/μA	基准电流,偏差 1%	最小值 0.99,最大值 1.01
输出共模电平/V		最小值 1,最大值 1.8

设 计 指 标	描　　述	要　　求
输出差模电平/V		最小值 0.2,最大值 0.3
输出电阻/kΩ		最大值 55
动态范围/dB	无杂散动态范围	72
输入信号带宽/kHz		最大值 320
时钟频率/MHz		6.5
DNL		最小值 −0.5LSB,最大值 0.5LSB
INL		最小值 −0.5LSB,最大值 0.5LSB
电源电压/V		1.8
工作电流/mA	I、Q 两路之和	最大值 4
功耗/mW	I、Q 两路之和	最大值 7.2
工作温度/℃		最小值 −45,最大值 80

2. DAC 分段方式

通过建立理想 DAC 模型,对使用不同分段比的电流分段型 DAC 的 DNL 和 INL 进行仿真分析,在综合考虑面积、性能、功耗和速度等因素后,本设计的 DAC 采用高 9 位为温度计码、低 3 位为二进制码字的电流源。其中,将高 9 位温度计码再次划分为"6+3"形式的分段编码。设基准电流为 I_{LSB},低 3 位控制的电流源的电流为 I_{LSB}、$2I_{LSB}$ 和 $4I_{LSB}$,中间 3 位控制的电流源的电流为 $8I_{LSB}$,高 6 位控制的电流源的电流为 $64I_{LSB}$。

3. DAC 系统架构

DAC 系统主要分为译码模块、锁存模块、基准模块、电流源和开关阵列以及基准电路部分。接下来将对各个模块进行具体的设计和仿真验证,最终得到完整的适用于 UHF RFID 读写器芯片的 12 位电流分段型 DAC 系统。

12.7.2　DAC 关键数字模块设计与仿真

DAC 中的关键数字模块包括输入寄存器电路、译码器电路、锁存器电路和时钟驱动电路。其中,译码器电路和锁存器电路是设计的重点。

1. 输入寄存器电路设计

毛刺的形成原因之一就是由于开关信号与控制信号不同步导致的在高低转换过程中出现的中间态。毛刺对 DAC 的 DNL 和 INL 都有较大的影响。设计中通常采用以下方法消除毛刺:将收到的数据先进行缓存,然后按时钟控制同时将收到的信号发送出去,实现信号的同步功能。

实现接收信号缓存功能的电路单元称为输入寄存器,通常是以 D 触发器为主体单元构成的,D 触发器由时钟输入、数据输入、复位和输出 4 个端口组成,数据由数据输入端口输入,当复位信号无效时,在时钟信号上升沿送出数据,以满足输入寄存器的要求。在每一个数字信号输入端口都串接输入寄存器,当时钟信号第一个上升沿到来时,将数字信号输入该寄存器以实现缓存,当下一个上升沿到来时统一输出数字信号给译码器。

2. 译码器电路设计

译码器是实现将输入的码字转换为温度计码的功能模块。本设计的 12 位电流分段式 DAC 的译码器电路能够实现高 6 位和中间 3 位的温度计码译码。

译码关系可以表示为输入信号的逻辑运算:

$$\begin{cases} y_0 = d_2 + d_1 + d_0 \\ y_1 = d_1 + d_2 \\ y_2 = d_2 + d_1 \times d_0 \\ y_3 = d_2 \\ y_4 = d_2 \times (d_1 + d_0) \\ y_5 = d_2 \times d_1 \\ y_6 = d_2 \times d_1 \times d_0 \end{cases} \tag{12-89}$$

式(12-89)的门级电路如图 12-32 所示。

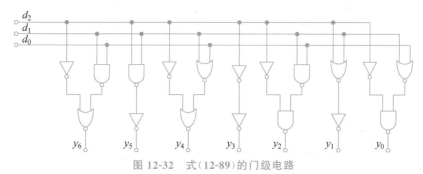

图 12-32　式(12-89)的门级电路

对于高 6 位的二进制码字到温度计码的译码电路,将高 6 位均分为行和列信号,分别对其进行 3-7 译码,由二进制码字译为温度计码后,再由选通逻辑选择输出,完成译码转换。

当逻辑选择模块不是第一行也不是最后一行和最后一列时,行列译码过后模块是否导通分 3 种情况:在第 j 行和第 $j+1$ 行译码结果都为 1 时,输出均为 1,与列译码结果无关;在第 j 行和第 $j+1$ 行译码结果都为 0 时,输出均为 0,与列译码结果无关;在第 j 行和第 $j+1$ 行译码结果不同时,输出结果与列译码结果相同。行列译码逻辑电路如图 12-33 所示,其中的灰色部分表示导通的模块。

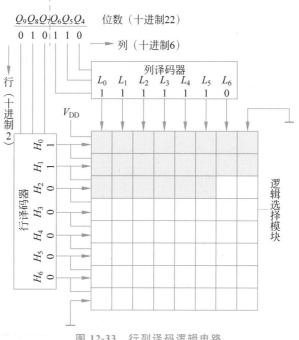

图 12-33　行列译码逻辑电路

当逻辑选择模块是第一行或者是最后一行和最后一列时,译码电路在保证延时基本一致的情况下要作轻微调整。本设计采用的译码电路采用硬件描述语言 Verilog 实现。译码功能与前面的理想模型仿真结果一致性很好,满足设计要求。

译码选择逻辑电路如图 12-34 所示。

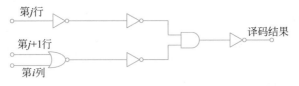

图 12-34　译码选择逻辑电路

3. 锁存器电路设计

锁存器电路在 DAC 中是最主要的控制单元,其主要功能是通过输入的数字码产生开关控制信号控制开关阵列的状态,实现按照输入码字控制输出电流大小的功能。除此之外,锁存器电路还可以增强开关控制信号的驱动能力。

在电流分段型 DAC 中,由基准电流源镜像的电流需要经过电流通路,以加权累加的形式求和输出,在电流通路上存在控制通路导通状态的开关,锁存器产生的信号就是用于控制开关状态的。为保证 DAC 的功能实现和单调性良好,通路必须随时存在。电流源单元原理如图 12-35 所示。

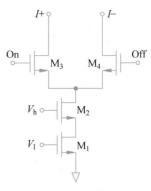

图 12-35　电流源单元原理

以 NMOS 开关管为例,当锁存器产生的控制信号 On 为高时,由于互补作用 Off 为低。当 NMOS 开关管 M_3 的栅源电压大于其阈值电压时,M_3 开始进入导通状态,M_4 关断,电流经过 M_3 流出;在 On 为低、Off 为高的情况下,M_4 导通,M_3 关断,形成另一条通路以保证电流输出。由于 On 和 Off 随着输入码字的变化而变化,当控制信号由 On 转到 Off 时,若控制信号的交叉点过低,会导致当 M_3 关断时 M_4 未打开的情况出现,这样互补差分开关 M_3 和 M_4 都处在关断状态,电流输出通路不存在,M_2 的漏极会积累电荷,使得 M_1 和 M_2 远离饱和区,进而产生较大的毛刺,影响输出,干扰 DAC 的正常功能实现和性能提升,所以,在锁存器设计中需要特别注意的是互补控制信号交叉点的问题,避免互补开关同时关断的情况出现,保证 M_2 漏极输出电流的稳定,提高 DAC 的性能。

图 12-36 为锁存器电路原理。其中,CLK 为时钟信号,在设计中 CLK 频率为 6.5MHz,CLKN 是与 CLK 反相的时钟信号;C 为译码器输出的码字,CN 是 C 取反后的结果;OCN 和 OC 分别为锁存器电路的输出互补信号,作为后续开关的控制信号。

图 12-36 中 $M_3 \sim M_8$ 的 MOS 管宽长比会影响锁存器的上升时间和下降时间,当上升时间大于下降时间时,电路交叉点比较低;反之,可以实现高交叉点电路。其中,$M_3 \sim M_6$ 的宽长比决定了电路的上升速度,两者为正比关系;M_7 和 M_8 的宽长比决定了电路的下降速度,同样两者为正比关系。此外,M_1 和 M_2 按照时钟控制完成对译码数据的锁存,M_9 和 M_{11} 构成的反相器以及 M_{10} 和 M_{12} 构成的反相器可以防止 M_1 和 M_2 的时钟馈通效应。输入时钟信号 CLK 经过 M_{13} 和 M_{14} 构成的反相器得到互补时钟信号 CLKN。为得到要求的差分信号形式,输入码字 C 经过 M_{15} 和 M_{16} 构成的反相器得到互补码字 CN。当 CLK 为高电平时,M_1 导通,此时码字 C 输入锁存器;当 CLK 为低电平时,信号输出,起到同步的作用。

由于本设计采用 NMOS 开关管的共源共栅电流镜,所以锁存器输出的控制信号应为高交

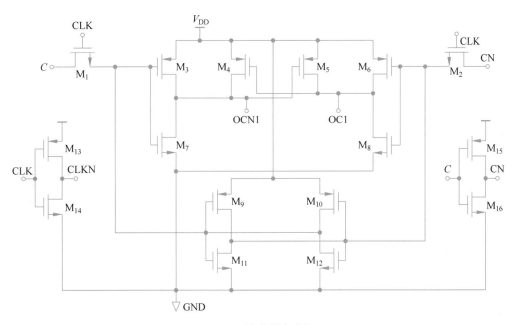

图 12-36　锁存器电路原理

叉点控制信号,以保证 NMOS 开关管不会同时关断。锁存器在 TT 工艺角、27℃ 的条件下的仿真波形如图 12-37 所示。锁存器交叉点如图 12-38 所示。

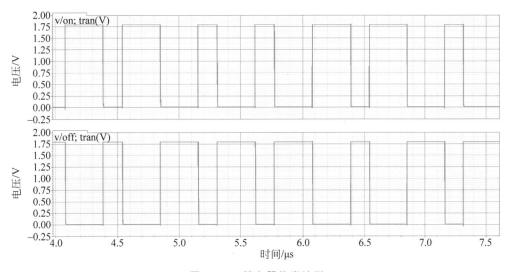

图 12-37　锁存器仿真波形

由图 12-37 可见,锁存器输出波形正常,交叉点在 1.8V 左右,大于 NMOS 开关管的阈值电压,所以不会出现 NMOS 开关管同时关断的情况,设计满足应用要求。

4. 时钟驱动电路设计

时钟驱动电路是提高外部时钟驱动能力的功能电路。通过上面的设计可以看出,无论是寄存器还是锁存器都需要由时钟控制具体时序完成转换。本设计的"6＋3＋3"电流分段型 DAC 需要 73 个锁存单元,外加 12 个寄存单元,共有 85 个单元电路需要使用时钟,单一外部时钟无法同时驱动这么多的单元,所以利用多级反相器电路将输入的外部时钟分成若干相同频率的时钟,以时钟树的形式分布,实现对各个单元的控制,如图 12-39 所示。也可以通过调整反相器的 MOS 管尺寸实现时钟驱动能力,完成时钟驱动电路的设计。

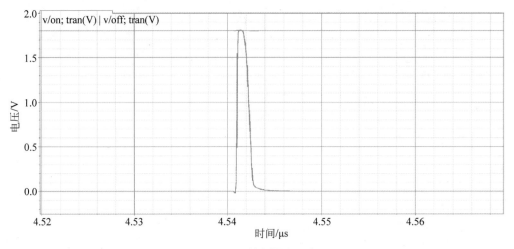

图 12-38　锁存器交叉点

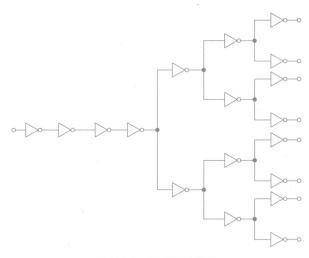

图 12-39　时钟驱动电路

12.7.3　DAC 关键模拟模块设计与仿真

DAC 作为数字信号与模拟信号之间的桥梁,还有模拟信号电路部分。12.7.2 节完成了对 DAC 数字电路模块的设计工作,本节将完成 DAC 模拟电路模块的设计与仿真工作,包括基准源、电压电流转换电路、开关和电流源阵列、偏置电路几部分。

1. 基准源设计与仿真

1) 带隙基准电路原理

DAC 电路本质上是按照码字的加权规律,对一个基准单位进行加权运算后得到连续的模拟值。因此,作为基准单位的量一定要稳定,误差要小,受环境的影响也要小,只有这样,才能够保证加权结果的单调性和 DAC 转换的正确性。在电流分段型 DAC 中,选用单位电流作为基准单位。实现不受环境因素影响的稳定基准通常采用带隙基准电路,利用半导体的温度特性,将正温度系数和负温度系数通过电路叠加实现抵消,得到几乎与温度无关的稳定、精确的输出。带隙基准电路稳定性好,受温度和工艺的影响较小,适合作为稳定的基准源使用,其电压精度在很大程度上决定了镜像电流的精度,影响了整个 DAC 系统的性能。

图 12-40 给出了带隙基准电路基本原理。记双极性晶体管的基极和发射极间的电压为 V_{BE},集电极电流为 I_C,正温度系数特性为 V_T,饱和电流为 I_S,发射结面积为 A,掺杂浓度为

N_A 和 N_D，则可得

$$I_C = I_S \exp\left(\frac{V_{BE}}{V_T}\right) \qquad (12\text{-}90)$$

由式(12-90)可得

$$V_{BE} = V_T \ln \frac{I_C}{I_S} \qquad (12\text{-}91)$$

其中，

$$V_T = \frac{kT}{q}, \quad I_S \infty A\left(\frac{1}{N_A} + \frac{1}{N_D}\right) = AI_C \quad (12\text{-}92)$$

图 12-40　带隙基准电路基本原理

V_T 在室温下的值约为 $0.085\mathrm{mV/℃}$。由于 I_C 不大于 I_S，取对数后结果为负，所以，随着温度上升，V_T 增大，V_{BE} 下降，可得 V_{BE} 有负的温度系数，实际测试中在室温下其值约为 $-2.2\mathrm{mV/℃}$。饱和电流 I_S 与双极性晶体管的发射结面积成正比，与掺杂浓度成反比。

2) 带隙基准电路的设计与仿真

图 12-41 为本设计采用的带隙基准电路的原理。其中的基准电路主要包括启动电路和核心电路两部分。在核心基准电路部分有运算放大器、三极管(Q_1、Q_2)以及部分电阻。

对 Q_1、Q_2 的基极与发射极之间的电压求差后，就能得到正温度系数的电压。记 Q_1 的基极与发射极之间的电压为 V_{BE1}，发射结面积为 A_1，集电极电流为 I_{C1}，Q_2 的基极与发射极之间的电压为 V_{BE2}，发射结面积为 A_2，集电极电流为 I_{C2}，则 ΔV_{BE} 为

$$\Delta V_{BE} = V_{BE2} - V_{BE1} = V_T \ln\left(\frac{I_{C1}}{I_{C2}} \times \frac{A_1}{A_2}\right) \qquad (12\text{-}93)$$

控制 I_{C1}/I_{C2} 和 A_1/A_2 的乘积，就可以得到正温度系数的电压 ΔV_{BE}，将 V_{BE} 与 ΔV_{BE} 按比例相加后得到与温度无关的基准电压 V_{REF}。

运算放大器的输出调节尺寸完全相同的 PMOS 管 M_{16} 和 M_{17} 的栅极电压，控制 V_{IP} 与 V_{IN} 相等。所以，Q_1 和 Q_2 的基极和发射极满足

$$V_{BE1} + I_{ds(M_{17})}(R_4 + R_5) = V_{BE2} \qquad (12\text{-}94)$$

可得基准电压为

$$V_{REF} = V_{BE1} + I_{ds(M_{17})}(R_2 + R_3 + R_4 + R_5) \qquad (12\text{-}95)$$

综合式(12-94)和式(12-95)，化简得

$$V_{REF} = V_{BE1} + \frac{V_T \ln M}{R_4 + R_5}(R_2 + R_3 + R_4 + R_5) \qquad (12\text{-}96)$$

图 12-41 中由 $M_1 \sim M_{12}$ 构成带隙基准部分的偏置电路。由 R_1、$M_1 \sim M_6$ 构成与电源无关的偏置电路，将 M_1 所在通路的电流自举到 M_2 所在的通路，同时每一个以二极管方式连接的 MOS 管都有对应的电流源驱动，所以电流与电源电压无关，其值的大小与对应 MOS 管的尺寸有关。此外，考虑到沟道长度调制的问题，此处选用的器件都是长沟道的。

最后，由 M_{13}、M_{14} 和 M_{16} 构成启动电路。在上述启动电路中允许零点流存在，会使得偏置电路保持无限期关断，不能实现电路功能。在这种情况下，V_{REF} 值为低，经过 M_{13} 和 M_{14} 组成的反相器后，M_{16} 栅极拉高，被导通，B 点拉低，在 M_2 和 M_{16} 之间形成电流通路，即可打破无限期关断状态。当电路正常后，V_{REF} 值为高，经过反相器关断 M_{16}。

带隙基准电路的运算放大器部分采用低压差分输入的折叠式共源共栅结构实现，如图 12-42 所示。M_1 为输入对管 M_2 和 M_3 提供偏置，M_2、M_3 和 M_6、M_7 组成输入共源共栅结构，$M_8 \sim M_{11}$ 和电阻 R 构成了能将差分输出转换成单端输出的低压共源共栅电流镜，同时能

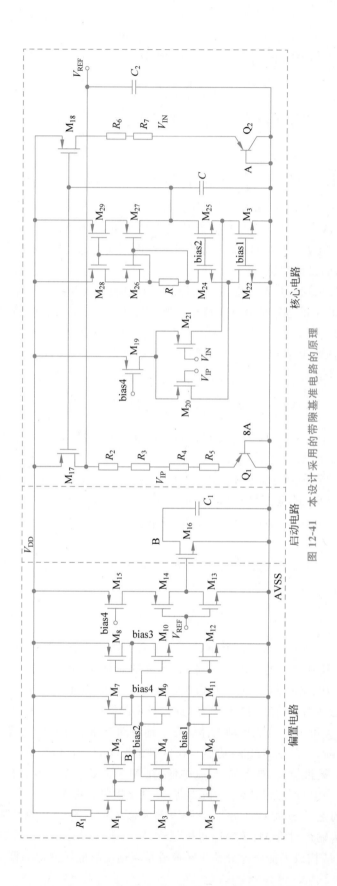

图12-41 本设计采用的带隙基准电路的原理

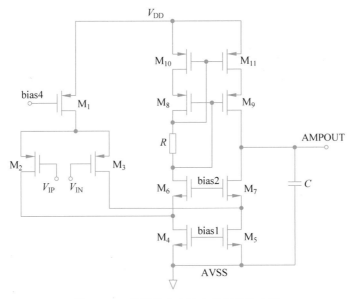

图 12-42 带隙基准电路中的运算放大器

起到提高输出阻抗的作用。

对上述运算放大器电路在 Cadence 环境下用 TSMC 0.18μm 工艺库仿真,可得在 27℃ 条件下全工艺角的运算放大器增益幅频特性和相频特性,如图 12-43 所示。该运算放大器增益为 63.78dB,单位增益带宽为 9.344MHz,相位裕度为 88.32,稳定性良好,满足设计指标要求。

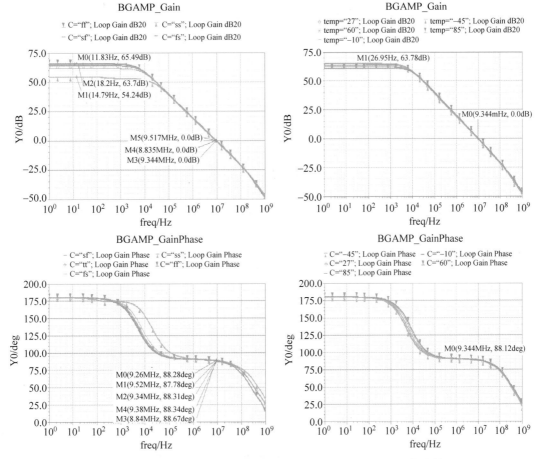

图 12-43 带隙基准电路中的运算放大器电路的幅频特性和相频特性

通过上述带隙基准电路各个模块的设计,得到完整的带隙基准电路。在 Cadence 环境下用 TSMC 0.18μm 工艺库仿真,温度系数在 −45℃~80℃ 时的输出电压仿真结果如图 12-44 所示,可得温度系数为 6ppm/℃。

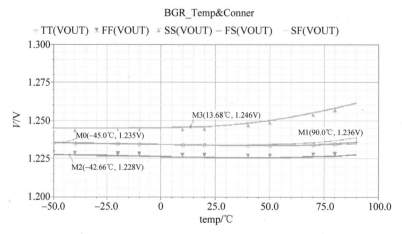

图 12-44　带隙基准电路的输出电压仿真结果

电源抑制比的仿真结果如图 12-45 所示,可得该基准电路的输出电压随电源波动的变化率为 1/‰。

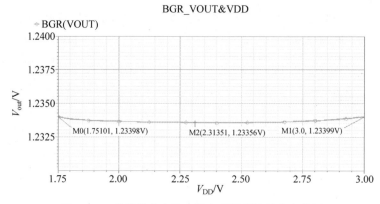

图 12-45　带隙基准电路电源电压抑制比的仿真结果

2. 电压电流转换电路设计与仿真

前面介绍了与温度无关、对工艺不敏感的高电源电压抑制比的带隙基准电路。在电流分段型 DAC 中,需要产生稳定的对工艺和温度不敏感的基准电流 I_{REF},所以要设计电压电流转换电路以实现这一功能。

1) 电压电流转换电路原理

电压电流转换电路的基本原理如图 12-46 所示,该电路由运算放大器 A_1、PMOS 管 M_2 和 M_3、NMOS 管 M_1 以及电阻 R 组成。其中,A_1 和 M_1、R 构成负反馈网络,当 A_1 的低频开环增益 A_V 足够大时,A_1 两端可以看成“虚短”,M_1 源极电压与 V_{REF} 相等,通过电阻 R 转换成大小为 V_{REF} 与 R 的比值的电流,再由 M_2 和 M_3 构成的电流镜传递到后续电路,可得参考电流的表达式为

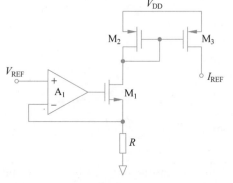

图 12-46　电压电流转换电路的基本原理

$$I_{\text{REF}} = \frac{1}{R} \times \frac{1}{1 + \frac{1}{A_V}\left(1 + \frac{1}{g_{m1}R}\right)} \times V_{\text{REF}} \qquad (12\text{-}97)$$

当 A_1 的低频开环增益 A_V 足够大时,式(12-97)化简为

$$I_{\text{REF}} \approx \frac{V_{\text{REF}}}{R} \qquad (12\text{-}98)$$

2) 电压电流转换电路设计与仿真

电压电流转换电路中的关键模块是图 12-46 中低频增益很大的运算放大器 A_1。图 12-47 为本设计采用的典型五管差分型运算放大器和共源极结构串联的结构。

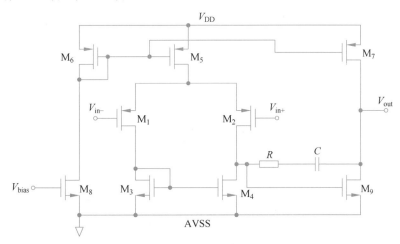

图 12-47　典型五管差分型运算放大器和共源极结构串联的结构

其中,M_8 由偏置电压 V_{bias} 可得电流,通过 M_6 镜像给 M_5 支路和 M_7 支路,$M_1 \sim M_5$ 构成典型的差分运算放大器电路核心,得到输出后 M_9 再一次完成电路放大功能。为保证电路稳定性,加入 R 和 C 进行米勒补偿。另外,在放大器版图设计中应该注意差分对管的匹配问题。

对上述放大电路在 Cadence 环境下用 TSMC $0.18\,\mu\text{m}$ 工艺库仿真,可得在 $27\,^\circ\text{C}$ 条件下全工艺角的运算放大器增益幅频特性和相频特性,如图 12-48 所示。该运算放大器的增益为 84.33dB,单位增益带宽为 13.78MHz,相位裕度为 83,稳定性良好,满足设计指标的要求。

完成运算放大器电路的设计后,还需要注意的是,电阻的温度特性也会影响转换的温度特性,在 TSMC $0.18\,\mu\text{m}$ 混合 CMOS 工艺库中提供了两种温度特性相反的电阻,ripoly 电阻具有负温度系数,rnwell 电阻具有正温度系数。在 TT 工艺角下,按照 $R(\text{rnwell}):R(\text{ripoly}) = 1:3$ 的比例分布电阻,可得到良好的温度特性。在此基础上,可得本次设计的电压电流转换电路的输出基准电流仿真结果,如图 12-49 所示。在温度为 $-45 \sim 80\,^\circ\text{C}$ 时,I_{REF} 的变化率为 $384\text{ppm}/^\circ\text{C}$,满足设计指标的要求。

3. 开关和电流源阵列设计与仿真

1) 电流源单元的设计

电流源单元是组成 DAC 的基本单元,通过对电流源阵列进行加权运算得到 DAC 的模拟输出,所以,电流源能否保证在正常工作频率和输出电压范围内稳定地提供电流输出,关系到 DAC 功能的实现,电流源的输出精度、输出阻抗和温度特性等因素直接影响 DAC 的静态和动态性能。常见的电流源可以分为 PMOS 电流源和 NMOS 电流源,如图 12-50 所示。

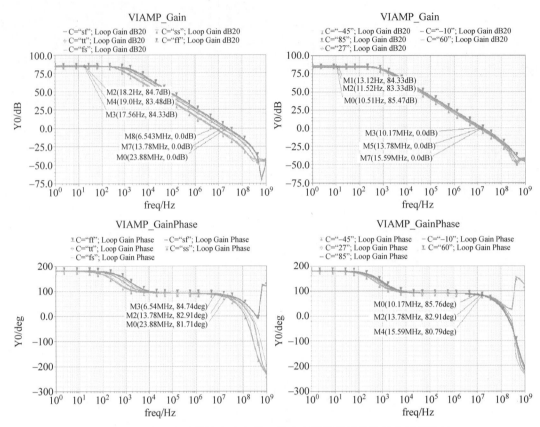

图 12-48　电压电流转换电路中的运算放大器增益幅频特性和相频特性

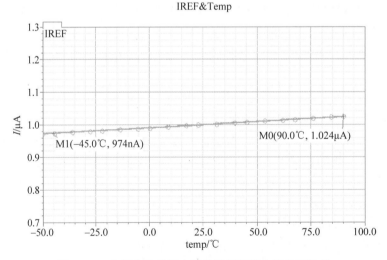

图 12-49　电压电流转换电路的输出基准电流仿真结果

如图 12-50 所示，M_3 和 M_4 是互补开关，控制电流通路的选择；M_1 为主要电流源，为提高输出阻抗采用共源共栅结构；M_2 为共源共栅管。上述结构的电流源的输出阻抗是 M_1、M_2 和 M_3/M_4 串联的总阻抗。考虑开关的导通电阻和面积因素，本设计选择 NMOS 电流源。

2）开关管的设计

在本设计采用的 NMOS 型开关和电流源电路中，结合在前面提到的控制开关的锁存器的交叉点问题可知，为了始终保持电流通路的存在，不在 M_2 漏端积累电荷，控制信号必须是高

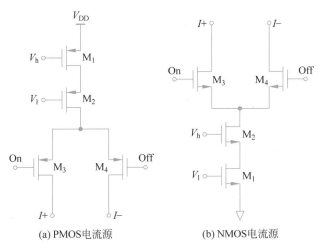

(a) PMOS电流源　　　　(b) NMOS电流源

图 12-50　PMOS 电流源和 NMOS 电流源

交叉点。前面设计的锁存电路交叉点在 1.8V 处,完全可以控制如图 12-50(b)所示的 NMOS 互补开关对,降低输出毛刺。

同时,设计最终采用 TSMC 0.18μm 混合 CMOS 工艺进行流片,工艺允许 1.8V 电源电压控制,所以在设计中无须使用限幅电路。开关设计另一个需要注意的问题是时钟馈通效应导致的输出线性度恶化,时钟馈通效应主要是由开关管的寄生电容引起的,在高频时影响尤为明显。一种解决方案是采用如图 12-51 所示的连接方式,设置共源共栅结构,由常开的开关对 M_5 和 M_6 在抑制馈通的同时增大电流源输出阻抗,但是这种方案会带来面积问题;另一种解决方案是通过设置伪 MOS 开关抑制馈通,但是该方案对控制信号的驱动能力要求较高,增大了前级电路的面积和功耗。在本设计中,时钟频率为 6.5MHz,馈通效应影响很小,综合考虑后决定不采用防馈通设计。

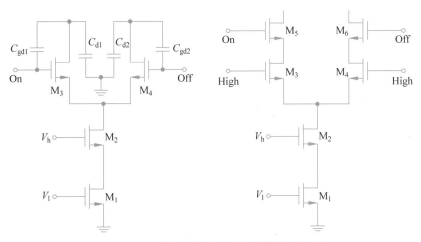

图 12-51　时钟馈通效应及防止时钟馈通的方法

3) 电流源的设计

前面对影响 DAC 性能的典型误差因素进行了详细的分析和建模仿真。在此基础上,可以得到高性能 DAC 对电流源单元的要求:电流源必须是稳定的,输出阻抗较大,匹配良好。在前面详细讨论了电流源随机失配的影响以及匹配的方法,推导得出与良率、面积有关的公式。其中 C 值可以通过查表获得,本设计要求良率不小于 95%,查阅工艺库手册得到 NMOS

管的 $A_{V_{\mathrm{TH}}}=14\mathrm{mV}/\mu\mathrm{m}$，满足良率要求的 WL 约为 $36\,\mu\mathrm{m}^2$，所以本设计的电流单元长宽均为 $6\,\mu\mathrm{m}$。在 Cadence 下对本设计的单位电流源进行了 1000 次蒙特卡洛仿真分析，得到均值为 $1.002\,\mu\mathrm{A}$、标准差为 $0.277\mathrm{nA}$ 的分布图；对 64 倍电流源进行了 1000 次蒙特卡洛仿真，得到均值为 $63.987\,\mu\mathrm{A}$、标准差为 $17.3\mathrm{nA}$ 的分布图。以上仿真结果如图 12-52 所示。

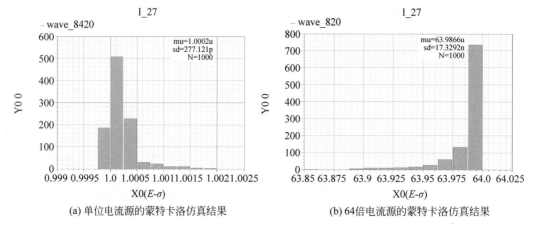

(a) 单位电流源的蒙特卡洛仿真结果　　　　(b) 64倍电流源的蒙特卡洛仿真结果

图 12-52　电流源的蒙特卡洛仿真结果

这里采用共源共栅结构设计电流镜，以提高电流源的输出阻抗。单位电流源输出阻抗如图 12-53 所示，假设 M_3 导通工作在饱和区，可得低频时输出阻抗为

$$R_{\mathrm{out}}\approx g_{\mathrm{m}_3}g_{\mathrm{m}_2}r_{\mathrm{o}1}r_{\mathrm{o}2}r_{\mathrm{o}3}\tag{12-99}$$

设计输出摆幅为 $250\mathrm{mV}$，理想情况下输出总电流为 $4096\,\mu\mathrm{A}$，所以负载阻抗 R_{L} 为 61Ω。当要求 INL 不超过 $\pm0.5\mathrm{LSB}$ 时，由式（12-99）得输出阻抗 R_{out} 不小于 $8\mathrm{M}\Omega$。当要求 SFDR 不小于 $75\mathrm{dB}$ 时，由式（12-99）得输出阻抗 R_{out} 在 $6.5\mathrm{MHz}$ 时不小于 $0.8\mathrm{M}\Omega$。对设计的电流源进行 AC 仿真，输出阻抗在 $6.5\mathrm{MHz}$ 时为 $6\mathrm{M}\Omega$，所以输出阻抗满足 INL 和 SFDR 的要求。

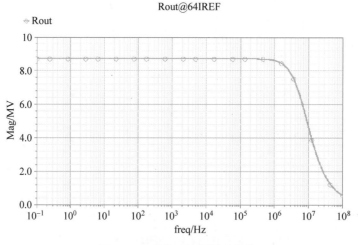

图 12-53　单位电流源输出阻抗

4. 偏置电路设计

在图 12-54 中，共源共栅电流镜 M_1 和 M_2 的栅极需要电压偏置，使其工作在饱和区，构成完整的电流单元。

为提高 DAC 电路的输出摆幅，降低功耗，设计如图 12-54 所示的宽摆幅低压共源共栅偏置电路。其基本思想是：偏置 NMOS 管 M_1 和 M_5 的漏源电压，使之在不进入线性区的条件

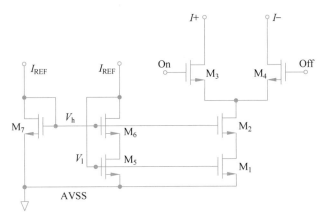

图 12-54　宽摆幅低压共源共栅偏置电路

下取得最小值,在对 M_5 形成的栅源电压中,M_5 和 M_6 组成单独的以二极管方式连接的 MOS 对,通过 M_6 降低 M_5 的漏源电压,让输出电流与 I_{REF} 的匹配度尽可能高。通过对平方律器件的分析可知,该偏置的维持共源共栅电流镜正常工作的条件为 M_2 的漏极电压大于 2 倍的 M_1 的有效栅源电压。

12.7.4　DAC 版图设计

通过分析可知,影响 DAC 性能的主要因素中包括电流源阵列的匹配精度,其中涉及基准电流产生的精度和电流镜的匹配程度,所以对带隙基准电路和电压电流转换电路以及电流源阵列的布局布线需要特别注意。除此之外,电源供电网络和锁存器控制时钟也是设计的要点。

1. DAC 版图设计注意事项

DAC 的版图设计需要注意以下几点:

(1) 数字部分和模拟部分的隔离。DAC 中的数字电路部分应该与模拟电路部分隔离,以避免高频的数字信号和频繁的开关动作形成的噪声串扰到模拟电路模块,使其性能恶化。隔离方式有以下几个:加保护环;对模拟电路和数字电路做合理分隔;信号线走线尽量不要平行,也不要与高频信号走线重叠或交叉,在避免不了时采用正交走线的方式。

(2) 梯度误差的消除。在布局中要注意掺杂过程中带来的梯度误差,特别是在对电流源阵列的布局中。除了在第 2 章中提到的中心对称的方法之外,还可以采用四象限随机游走的布局方式消除梯度误差和降低失配误差。

(3) 运放电路关键差分对的匹配。在差分输入时,保证运算放大差分对的对称性和所处环境一致性等因素都能较好地实现关键对管的匹配。

(4) 边缘效应的减轻。在光刻时,处在边上的单元与中间单元的一致性较差,在初步刻蚀时会出现轻微的误差。解决方法是在关键电路周围加上伪管,也叫 Dummy 管。光刻时,在伪管上已经校正了系统固有的误差,后续电路的匹配性也会提高。

(5) 电源线的布置。电源与驱动能力有关,在布置过程中也要有对称性,并考虑其线上压降等问题。

除了上述问题之外,还要注意寄生效应的降低、天线效应的消除等一些可能会造成芯片损坏或影响性能的因素。

2. DAC 版图布局布线

在 DAC 版图布局布线中,采用"工"字形布线,如图 12-55 所示,4 个基本单元分别位于

"工"字的 4 个端点上,然后 4 个"工"字又分别位于另一个"工"字的 4 个端点上,采用这种结构可以保证偏置电路产生的电压到达同一层 MOS 管的栅极时产生的压差几乎一样,提高了器件的匹配度。电流源阵列的布局采用四象限随机游走布局结合阶梯状走线的方式,以降低梯度误差和器件失配误差带来的影响,如图 12-56(a)所示。对于高位电流单元,由于一个电流源单元中的 MOS 管个数较多,失配效应影响明显,所以先将电流源单元内的 MOS 管按阶梯状走线,再将各个单元以四象限随机游走的方式组合成完整的电流源阵列,以优化输出的线性度和动态范围。

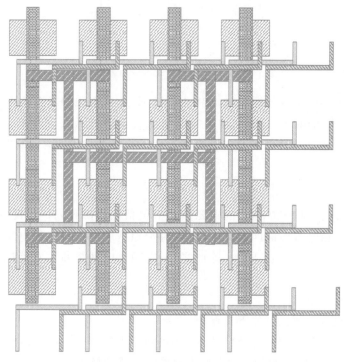

图 12-55　"工"字形布线

在带隙基准电路中要特别注意对运放的差分对设计,采用如图 12-56(b)所示的四方交叉布局,这也是中心对称方法的一种,具有良好的对称性。

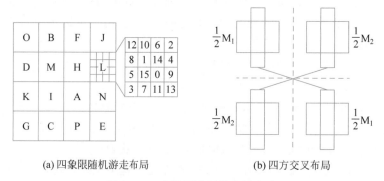

(a)四象限随机游走布局　　　　(b)四方交叉布局

图 12-56　电流源阵列的布局方式

最后,完成数字部分的译码器和寄存器以及时钟驱动电路。DAC 版图如图 12-57 所示。

12.7.5　DAC 整体设计与仿真

以上完成了 DAC 系统的数字电路部分和模拟电路部分的模块设计和仿真。接下来,将

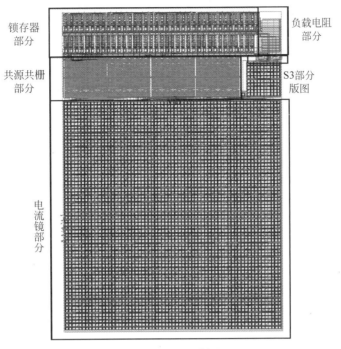

图 12-57　DAC 版图

在提取寄生参数后,综合上述各个模块,采用 TSMC 0.18μm 混合 CMOS 工艺在 Cadence 环境下完成对 DAC 系统的仿真分析。

1. DAC 功能验证

在 Cadence 环境下,仿真设置时钟频率为 6.5MHz,输入正弦信号的振幅为 250mV,频率为 312kHz。经过 12 位 ADC 后的码字通过译码模块产生 73 位数字码。

图 12-58 为 DAC 功能验证时各个模块的连接关系,图 12-59 为输入的正弦信号和经过 ADC 数字化后又经过 DAC 转换而来的模拟信号波形。对比两个信号波形可得,设计的 DAC 摆幅为 ±250mV,能够实现基本的数模转换功能。

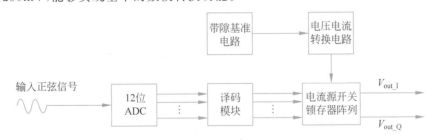

图 12-58　DAC 功能验证时各个模块的连接关系

2. DAC 静态参数仿真

DAC 静态参数仿真时各个模块的连接关系如图 12-60 所示。本设计中的 12 位电流分段型 DAC 的分辨率为 12 位,失调误差为 56μV。对 DAC 静态参数的仿真主要是通过 MATLAB 产生斜坡信号,将斜坡量化为 4096 个阶梯,作为理想的输入数据,然后将数据通过译码转换后输入 DAC,最后得到输出的斜坡信号,如图 12-61 所示。

3. DAC 动态参数

1) DAC 建立时间仿真

DAC 建立时间仿真结果如图 12-62 所示。本设计中 DAC 建立时间为 282ns。

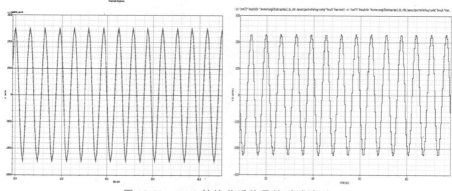

图 12-59　DAC 转换前后信号的时域波形

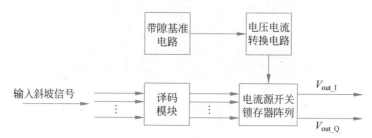

图 12-60　DAC 静态参数仿真时各个模块的连接关系

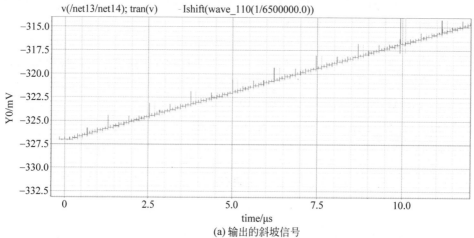

(a) 输出的斜坡信号

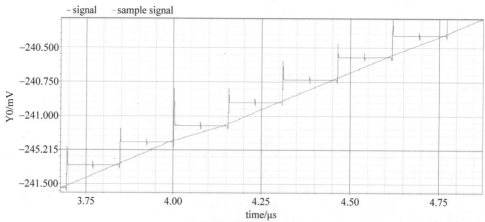

(b) 输出的斜坡信号局部放大

图 12-61　斜坡信号

2）SFDR 仿真

SFDR 表征的是谐波对基波的影响。通过在 Cadence 下对混合信号进行仿真，输入信号是峰值为 250mV、频率为 320kHz 的正弦波，时钟频率为 6.5MHz。设置输入频率 $f_{in}=(M/N)f_s$。为保证采样不重复，M 和 N 互质。在进行快速傅里叶变换时，只需对 N 个周期的 $K \times N$ 个点进行采样，K 为每个周期的采样数。在 TT 工艺角 27℃下，DAC 的 SFDR 达到 72.24dB。

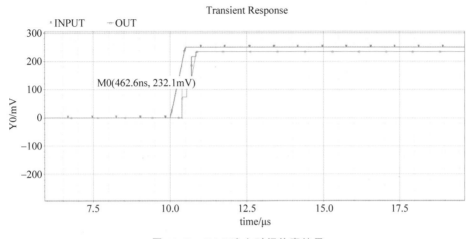

图 12-62　DAC 建立时间仿真结果

第13章

读写器软件系统分析和设计

13.1 概述

UHF RFID 系统由硬件和软件组成,硬件一般由天线、标签和读写器等部件组成,软件一般由底层软件(或者叫固件)、中间件和上层软件组成。硬件是确保整个系统正常运行的基础和骨架。软件是整个系统的功能应用和扩展,是硬件面向用户的操作接口。

上层软件是用户和读写器的接口和桥梁,通过上层软件,可以把用户的操作以指令的方式向读写器发送,同时接收读写器返回的数据并进行解码,显示具体的信息。底层软件是读写器的"大脑",是标签和上层具体应用的桥梁,在接到上层软件发送的标签信息后,对标签信息进行解码和编码,再用指令方式传给上层软件;在接到上层软件发送的标签写信息后,对接收到的信息进行编码和解码,通过读写器和标签约定的协议发送给标签。

读写器上层软件是用户操作读写器进行信息获取和参数设置的平台。通过这个平台,用户可以很好地和标签或读写器进行信息交互,这就要求软件界面功能简明、操作方便。

读写器底层软件用来维持系统正常运行,一般分为驱动层、操作系统层和应用层(也称后台)。

13.2 需求分析

13.2.1 面向读写器的需求分析

UHF RFID 读写器设备需要软件与之密切配合,才能完成项目设计的所有功能。底层软件主要实现的是协议和驱动(ADC 驱动和 DAC 驱动)等功能。另外,底层系统必须是实时系统,等待上位机发送数据包,在收到数据包后进行必要的校验。如果校验失败,则发送信息给上层软件,要求其重新发送数据包;如果校验成功,则进行相应的处理,一般为启动 RFID 操作标签流程,然后根据具体命令作出相应的回应,如读取和写入操作。图 13-1 为底层软件框架。

从图 13-1 可知,底层软件除了与上层软件的数据接收和发送的通信功能,还需完成硬件驱动程序和标签的通信以及防碰撞程序。标签通信程序根据需要选择不同的传输协议。底层软件的工作过程如下:

(1)上电复位后,进行底层系统的初始化,并使能硬件驱动程序。

(2)通过串口或网口接收上层软件发送的数据包,并进行判断。如果是有效数据包,则进行相关的处理;如果是无效数据包,则发送信息给上层软件,表示数据包无效,要求重新发送,

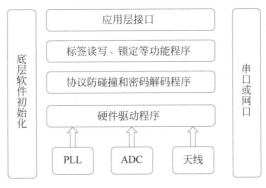

图 13-1　底层软件框架

并持续等待新的信息。

（3）如果有多个标签在同一时间进入读写器的读写范围，则进入防碰撞处理分程序进行处理；如果是单标签操作指令，则直接进入读信息、写信息、锁定等标签操作过程。

（4）如果操作成功，则通过串口或网口发送指令要求的信息；如果操作失败，则返回标签操作程序进行指令的重新操作。

13.2.2　面向上层软件的需求分析

从读写器的角度来说，UHF RFID 读写器的底层软件设计要求可靠和安全。然而，对于上层软件的用户来说，最重要的是软件的功能性和易用性。

从功能和项目的实际需求出发，进行如下的功能设计：

（1）读取标签操作。这是读写器的基本功能，用户通过上层软件发送和下层软件约定的传输协议数据包或命令，下层软件收到上层软件的数据包后进行必要的校验。如果校验正确，则根据数据包中的命令返回标签信息，上层软件收到标签信息后在界面中显示；如果校验不正确，则发送信息给上层软件，告知数据不完整或不正确，要求重新发送。

（2）写入标签操作。这也是读写器的基本功能，通过写入操作，可以把用户需要的信息写入标签。写入标签的信息也是以数据包的形式向下层软件发送的。如果写入成功，则返回写操作成功信息；否则告知用户重新进行操作。

（3）基本设置功能。这是对读写器的参数进行设置，包括功率设置、频率设置、天线选择、触发方式选择以及蜂鸣器的使能设置。这些是保障读写器正常运作的必要设置。其中，频率有定频和跳频两种选择，默认为跳频；天线有 4 种组合选择；蜂鸣器使能是为读写器工作在非正常范围而进行的报警设置，如果读写器超出设定的输出功率，导致读写器本身温度过高的，则进行报警处理。

（4）状态显示功能。主要有实际功率、已选择的天线和目前的读写器状态，其主要目的是保护读写器。

13.3　上层软件的构造和设计

13.3.1　标签控件的设计

在软件界面中需要设置许多显示信息或控制信息时，标签控件就显得非常有用了，标签控件用来在界面无素（如对话框）的同一区域显示或控制多个信息。标签既可以是文本也可以是图标，还可以是两者的组合。针对不同的标签，都会有一组提示信息或控制信息与之相对应，供用户进行交互操作，用户可以单击标签进入相应的页面，控制或获取相应的信息。标签控件在控制软件设计中使用很广泛。

标签控件常见的应用是属性表单(property form)。

13.3.2 互锁式组合框控件设计

在使用读写器时,不同的应用环境可能涉及不同的通信方式,例如使用串口 RS232 或者 TCP/IP 网络通信。在选择这些通信方式时,通常有一组按钮,其中一个按钮的状态将影响到其他按钮的状态,在单击一个按钮使之有效时,希望其余按钮呈现灰色失效状态,这种设计通常称为互锁设计,这也是程序易用性的一个方面。

组合框(combo box)由一个列表框和一个静态控件(或编辑控件)组成,在用户单击静态控件边上的下拉按钮时展开该列表框,列表框中当前选中的项显示在静态控件中。

13.4 上层软件架构和界面设计

用户界面主要采用 Windows 的基本控件进行设计,基本控件包括按钮、文本框、列表框和组合框等。上层软件采用面向对象的设计方法进行类图架构。基于对 UHF RFID 读写器用户界面的功能要求,用户界面的控件设计主要有两类:一是显示框设计,显示框用于显示静态图片、文字等;二是编辑框设计,为用户提供输入信息和选择信息等功能。

读写器上层软件可以通过 UHF RFID 查询工作状态参数和标签信息等。另外,上层软件还有通信设置、读取标签、天线端口选择、功率设置、跳频定频设置、触发方式设置等功能。

13.4.1 上层软件架构

UHF RFID 读写器上层软件架构如图 13-2 所示。

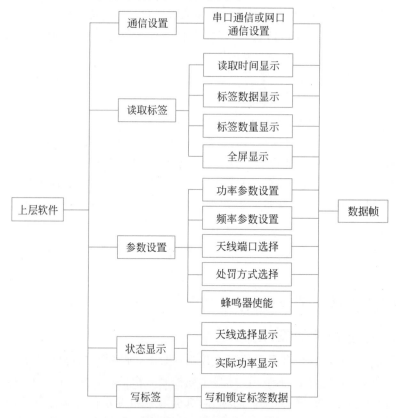

图 13-2　UHF RFID 读写器上层软件架构

13.4.2　上层软件界面设计

根据要求的功能,UHF RFID 读写器上层软件界面设计需要使用控件。通信设置界面采用组合框进行互锁设计:如果选择串口通信,网口通信选项呈现灰色状态;如果选择网口通信,串口通信选项则呈现灰色状态。读取标签界面采用列表框控件,该控件可在窗体中管理和显示列表项,并能够以图表(chart)和表格(table)的形式显示数据,在显示大量数据时经常使用该控件。

13.5　底层软件的构造和设计

读写器底层软件分为驱动层、操作系统层和应用层。驱动层包括读写器各个接口(如 D/A 接口、串口和网口等)的驱动程序,负责系统与外部设备的信息交互;操作系统层作为读写器控制运行的平台,负责整个系统的任务调度、存储分配、时钟管理等基本服务;应用层实现读写器协议处理等功能,可以针对不同的应用领域和场景进行构建。

13.5.1　底层软件开发平台

由于成本和技术的原因,以前的底层软件往往采用单片机的形式开发,大都不使用操作系统。而单片机的软件往往是一个无限循环的应用程序,在其中编写相应的函数,包括单片机的初始化、接口的初始化和中断的处理,实时任务都由终端处理。这样的处理方式对于功能简单的系统来说有很多优点,结构简单,成本较低。然而,对于实时性要求较高、多任务的系统而言,功能变得非常复杂,如果还用这种简单处理方式就会带来很多问题,此时选择一个满足项目需求的操作系统极为必要。目前嵌入式操作系统有很多,如 VxWorks、Linux、Windows CE、μC/OS-II 等。

13.5.2　μC/OS-II 和 Linux 操作系统

1. μC/OS-II 操作系统

μC/OS-II(Micro-Controller Operating System II)是一个基于 ROM 运行的可裁剪的抢占式实时多任务操作系统内核,具有高度可移植性,特别适用于微处理器和微控制器,是与很多商业操作系统性能相当的实时操作系统。为了提供最好的移植性能,μC/OS-II 主要使用 ANSI C 语言进行开发,已经移植到 40 多种处理器体系上,涵盖了从 8 位到 64 位的各种 CPU。μC/OS-II 可以简单地视为一个多任务调度器,在这个任务调度器之上完善并添加了和多任务操作系统相关的系统服务,如信号量、邮箱等。其主要特点有公开源代码、代码结构清晰明了、注释详尽、组织有条理、可移植性好、可裁剪、可固化。其内核属于抢占式,最多可以管理 60 个任务。从 20 世纪 90 年代初开始,由于高度可靠性、鲁棒性和安全性,μC/OS-II 已经广泛使用在从数码相机到航空电子产品的各种应用中。

μC/OS-II 广泛应用于微处理器、微控制器和数字信号处理器(Digital Signal Processor, DSP)中。

2. μC/OS-II 实时内核

μC/OS-II 提供多任务处理能力。多任务处理是调度任务的过程,即 CPU 在几个有序的任务之间进行切换。多任务处理最重要的方面之一是允许应用程序开发者管理实时应用固有的复杂性。μC/OS-II 可以使应用程序更容易设计和维护。任务是一个简单的程序,可以认为它完全占有 CPU。实时应用程序的设计过程包括把问题分割成为多个任务,每个任务负责完成问题的一部分。μC/OS-II 允许创建多达 254 个任务。对于许多嵌入式系统来说,254 个任务可以用于复杂的产品设计。

内核是多任务处理系统负责任务管理和任务之间通信的部分。当内核决定运行另一个任务时,它就会存储当前任务的上下文(CPU 寄存器状态)到当前任务的堆栈区域中。每一个任务在内存中被分配了专有的堆栈区域。一旦这个操作完成,新任务的上下文就会从它的堆栈区域中被取出,然后新任务的代码被执行。这个过程称为上下文切换或任务切换。

在实时系统中,一个重要的问题是响应中断的时间要求以及实际开始执行处理中断的用户代码的时间要求,即中断响应。像市场上的所有实时操作系统一样,当处理关键代码段时,μC/OS-Ⅱ 会禁止中断。然而,μC/OS-Ⅱ 作了优化,中断禁止时间比较短,并提供了更好的中断响应。例如,对 ARM 处理器,μC/OS-Ⅱ 禁止中断不超过 250 个时钟周期。

调度器是内核的一部分,它负责决定哪一个任务将要运行和何时运行。μC/OS-Ⅱ 的调度器是基于优先级的;每一个任务依据其重要性被分配一个优先级。在基于优先级的内核中,CPU 的控制权总是给予处于就绪态的最高优先级任务。然而,最高优先级任务何时获得CPU 取决于调度器的类型。注意,调度器执行时间是不变的和确定的。换句话说,不论在产品中有多少个任务,μC/OS-Ⅱ 的调度器将总是花费相同的时间执行。

μC/OS-Ⅱ 是抢占式内核,而且当一个事件使就绪态的最高优先级任务运行时,当前任务就会立即挂起,最高优先级任务控制 CPU。大多数实时系统使用抢占式调度器,因为它响应更快。μC/OS-Ⅱ 为应用程序提供了许多有价值的服务。最基本的服务之一是允许任务挂起执行直到某一时间结束。换句话说,一个任务完成某项工作,然后任务进入指定时间量的睡眠(sleep)中,这个时间是可变的,从一个时钟节拍到几小时。时钟节拍通常由硬件定时器产生,并且是由 μC/OS-Ⅱ 管理的基本时间单元。时钟节拍中断 CPU 的频率由应用程序开发者决定,通常每秒发生 10～1000 次。

多任务处理需要仔细考虑共享资源(内存特定区域、变量、I/O 等)。换句话说,必须确保任务有权使用的共享资源是独占的。μC/OS-Ⅱ 提供的最普通的资源保护机制是信号量。当访问共享资源时,应用程序开发者需要获取为保护资源创建的信号量,访问资源,然后释放信号量。如果一个任务需要访问资源,而信号量已经给予了另一个任务,则新任务会被放置在任务的等待列表中,等待信号量的拥有者释放信号量。任务等待信号量释放并不消耗 CPU 时间。当信号量被释放时,μC/OS-Ⅱ 要决定新的信号量拥有者是否比释放者有更高的优先级,如果是,则切换到高优先级任务。μC/OS-Ⅱ 根据需要允许创建许多信号量(在运行时)。

任务或 ISR(Interrupt Service Routine,中断服务程序)与其他任务通信也是重要的。像 μC/OS-Ⅱ 这样的实时操作系统提供了消息邮箱和消息队列这样的服务实现这一通信。邮箱是一个对象,它可以拥有一个消息(实际上是一个指针),并且任务列表等待邮箱中的消息,这个消息由其他的任务或 ISR 发送。等待消息到达的任务放置在等待列表中,直到消息被发送(由其他任务或 ISR)。当任务等待消息时并不消耗 CPU 时间。换句话说,那些任务在等待时,实时操作系统执行其他的任务。当一个消息被发送时,等待列表中最高优先级的任务接收该消息,μC/OS-Ⅱ 就会执行该任务。

μC/OS-Ⅱ 是可伸缩的(在编译时),适用于嵌入式控制器。事实上,μC/OS-Ⅱ 已经移植到几十种 CPU 架构(8 位、16 位、32 位 CPU 和 DSP)上。

3. Linux 操作系统

Linux 是一套免费使用和自由传播的类 UNIX 操作系统,是一个基于 POSIX 和 UNIX 的多用户、多任务且支持多线程和多 CPU 的操作系统。它能运行主要的 UNIX 工具软件、应用程序和网络协议。它支持 32 位和 64 位 CPU。Linux 继承了 UNIX 以网络为核心的设计思想,是一个性能稳定的多用户网络操作系统。

在 Linux 系统中,包括命令、设备、操作系统、进程等,都被视为具有不同特性或类型的文件。

(1) 完全免费。Linux 是一款免费的操作系统,用户可以通过网络或其他途径免费获得 Linux,并可以任意修改其源代码,这是其他的操作系统做不到的。正是由于这一点,来自全世界的无数程序员参与了 Linux 的修改、编写工作,程序员可以根据自己的兴趣对其进行改变,这让 Linux 吸收了无数程序员的灵感,不断壮大。

(2) 完全兼容 POSIX 1.0 标准。这使得在 Linux 下可以通过相应的模拟器运行常见的 DOS、Windows 程序。这为用户从 Windows 转到 Linux 奠定了基础。

(3) 多用户、多任务。Linux 支持多用户,各个用户对于自己的文件和设备有特殊的权利,保证了用户之间互不影响。多任务则是计算机技术最主要的一个特点,Linux 可以使多个程序同时独立地运行。

(4) 良好的界面。Linux 同时具有字符界面和图形界面。在字符界面,用户可以通过键盘输入相应的指令进行操作。它同时也提供了类似 Windows 图形界面的 X-Window 系统,在 X-Window 环境中操作和在 Windows 中相似。

(5) 支持多种平台。Linux 可以运行在多种硬件平台上,如具有 x86、680x0、SPARC、Alpha 等处理器的平台。此外,Linux 还是一种嵌入式操作系统,可以运行在掌上电脑、机顶盒或游戏机上。2001 年 1 月发布的 Linux 2.4 版内核已经能够完全支持 Intel 64 位芯片架构。同时 Linux 也支持多处理器技术,多个处理器同时工作,使系统性能大大提高。

4. 嵌入式 Linux 内核

对 Linux 进行适当的修改和裁剪,使其能够在嵌入式系统中使用,就成为嵌入式 Linux 内核。

13.6　底层软件方案设计与实现

读写器软件系统模块划分如图 13-3 所示块,箭头表示模块之间的关系,数据的传输都是双向的。

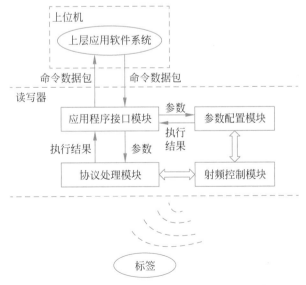

图 13-3　读写器软件系统模块划分

每一个应用对读写器的需求都不一样,因此就需要读写器能针对不同的应用提供与之相适应的配置,这就需要一个独立的参数配置模块以满足不同应用的需求。参数配置模块以应用程序接口模块为媒介,得到上位机发送的参数信息,在读写器配置完成之后再将配置结果反馈给上位机。读写器可以配置的参数如表13-1所示。

表 13-1 读写器可以配置的参数

参　　数	描　　述
连接方式	可以用网口连接(RJ45),也可以用串口连接(RS232)
工作天线选择	共有 4 根天线,可以选择其中之一或者都选
载波频率	设置最大、最小载波频率
射频输出功率	设置读写器的射频输出功率
标签类型	支持多标签识别,可以选择识别的标签类型,支持 ISO/IEC 18000-6B 或者 ISO/IEC 18000-6C 协议的标签

协议处理模块是整个读写器软件系统中最重要的模块。它的主要作用就是实现协议中规定的所有功能,执行不同的标签操作。一个读写器软件系统可以包含多个协议处理模块,用于识别不同协议的标签。

13.6.1　底层软件流程

底层软件架构如图 13-4 所示。

图 13-4 底层软件架构

应用层位于读写器底层软件系统的上层,主要功能是接收上位机应用系统的数据帧并进行解析和信息提取,然后传递给协议处理模块进行处理。在和标签信息交互后,读写器通过应用层向上层软件返回命令执行结果。

根据应用环境的不同,可能要对读写器的内部参数进行设置,如功率设置、频率设置、天线选择、蜂鸣器使能控制等。参数配置信息从上层软件以数据帧的方式发送给应用层,然后应用层对数据进行解析并提取相关信息,由参数配置模块进行设置,并将设置结果反馈给上层软件。配置使用的参数保存在非易失性存储器中,配置过程和硬件相关。

协议处理模块是底层软件的核心,主要处理读写器和标签的信息交互的空中接口协议。不同协议可以操作不同的标签。本模块和其他模块进行数据交换,从而完成对标签的读写。底层软件各模块的信息交互关系如图 13-5 所示。

从读写器驱动和通信的角度来说,底层软件系统的功能需求如下:

(1) 实现 UHF RFID 读写器和 PC 的接口通信,即实现 RS232 串口通信、网口通信方式。

(2) 实现对标签的读写和锁定等功能操作。

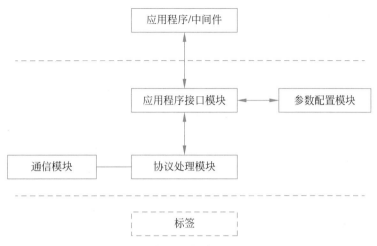

图 13-5　底层软件各模块的信息交互关系

（3）实现必要的防碰撞，避免多个标签同时到达一个读写器的读取范围内或一个标签到达多个读写器读写范围内而产生的读取和写入失效。

图 13-6 是底层软件流程。

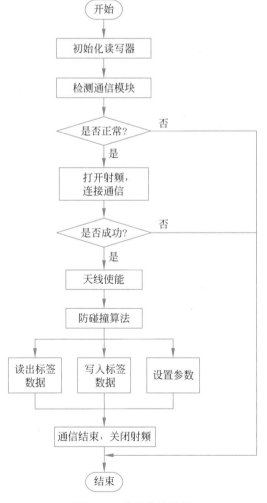

图 13-6　底层软件流程

13.6.2　事件驱动设计

UHF RFID 读写器软件系统一般是一个实时系统,需要实时地接收上位机的命令数据包,也要实时地将标签数据返回给上位机或者外部控制系统。本系统是基于事件驱动模型设计的,在软件的结构上可以将其分为两部分,分别是事件处理程序和执行程序。

将上位机发送命令作为事件驱动底层软件系统的运行,底层软件系统为有限状态机,主要包含初始化、空闲、执行、完成和掉电 5 个状态。

系统上电之后就进入初始化状态,进行读写器的初始化。初始化完成之后,进入空闲状态,在这个状态下,系统的主要任务就是不断地进行自检,随时观察与上位机连接的端口是否有命令发送过来。如果检测到有效命令,系统进入执行状态,启动程序准备接收。接收完毕之后对信息进行校验,若正确则发送到对应模块进行相应的处理,一般都是启动标签识别流程;如果没有检测到有效命令,则继续保持空闲状态。标签识别执行完毕之后,系统进入完成状态,向上位机发送反馈信息,若数据返回成功则系统回到空闲状态,等待下一个命令。不管系统当时处在初始化、空闲、执行还是完成状态,一旦出现断电,则马上进入掉电状态,直到重新上电。底层软件系统状态转移图如图 13-7 所示。

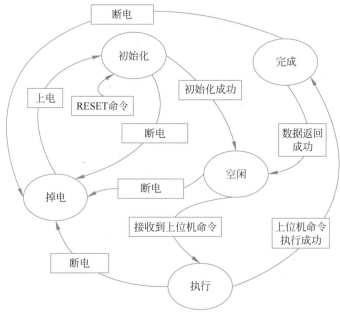

图 13-7　底层软件系统状态转移图

13.7　协议处理模块分析与设计

13.7.1　协议的层次划分

UHF RFID 标准体系主要由空中接口规范、物理特性、读写器协议、编码体系、测试规范、应用规范、数据管理、信息安全等标准组成。ISO/IEC 18000-6C 协议主要定义了 UHF RFID系统的空中接口参数、物理特性以及读写器的物理层和逻辑层协议。所以,协议从整体的层次上主要可以分为物理层和标签识别层,如图 13-8 所示。

1) 物理层

物理层主要规定了读写器到标签以及标签到读写器的信号的数据编码和调制波形,具体包括读写器与标签通信的物理介质、通信速率、编码方式、调制方式等。读写器与标签的会话采用的是半双工的通信方式,由读写器先发出命令数据,标签在收到读写器发送的命令数据之后对其进行回答,这样的通信方式是由标签的性质决定的。本系统中的标签是无源的,它需要从读写器发送的载波中获得工作的能量,因此形成了读写器先发送的半双工工作模式。在软件设计中涉及的与物理层相关的内容主要是读写器与标签通信的通信速率和双方的基带数据编码方式。

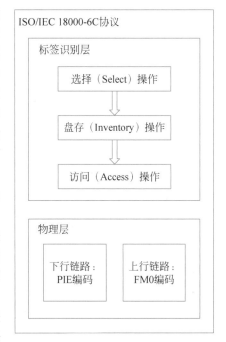

图 13-8 ISO/IEC 18000-6C 协议整体层次

2) 标签识别层

标签识别层规定了读写器对标签的操作命令。总的来说,读写器通过以下 3 个基本操作管理标签群:

(1) 选择(Select)。选择特定数量的标签,对其进行盘存和访问操作。读写器可以用 Select 命令根据用户指定的准则选择一部分符合要求的标签进行以下两个操作。

(2) 盘存(Inventory)。对经过选择之后的标签进行识别操作。在盘存操作中一共有 5 个命令,分别是查询(Query)、查询重复(QueryRep)、查询调整(QueryAdj)、确认(ACK)和未确认(NAK)。读写器在 4 个会话里选择一个会话发送 Query 命令对标签进行盘存,会有一个或多个标签响应,完成盘存的标签将转到 Open 或者 Secure 状态。这一过程将持续到再没有标签响应为止,称为一个盘存周期。盘存周期一次仅能在一个会话中进行操作。

(3) 访问(Access)。与标签进行信息交换的过程,包括读(Read)、写(Write)、锁定(Lock)、销毁(Kill)4 个命令。在访问一个标签之前,该标签必须被唯一地识别。此外,访问命令可以对标签所有的存储区域进行访问,是比较高级也比较危险的命令,使用的时候要慎重。

13.7.2 物理层分析与设计

UHF RFID 标准体系规定了 UHF RFID 系统相关的很多参数细则。ISO/IEC 18000-6C 协议被分为物理层和标签识别层,本节介绍物理层的实现。

1. 下行链路

1) 读写器到标签通信方式

读写器到标签的通信都是由读写器先发起的,称为 RTF(Reader Talk First,读写器先讲)。读写器到标签通信链路采用 PIE 编码。在 PIE 编码中,高电平代表发送连续波,低电平代表发送衰减的连续波,如图 13-9 所示。PIE 编码通过定义不同的下降持续时间表示数据 0(data-0)和数据 1(data-1)。

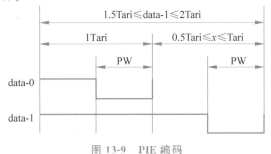

图 13-9 PIE 编码

在图 13-9 中,PW 表示一个脉冲宽度,它的宽度范围是(max(0.265Tari,2),0.525Tari),单位是μs,一旦检测到 PW 就意味着一个码元的结束。图 13-9 中的 Tari 是一个时间单位,表示读写器到标签信号的参考时间间隔,同时也是 data-0 的持续时间。Tari 取不同的值,读写器的速率就不同。Tari 取值如表 13-2 所示。

表 13-2 Tari 取值

Tari 值/μs	Tari 值容差/%	频　谱
6.25	±1	DSB-ASK
12.5	±1	SSB-ASK
25	±1	OrPR-ASK

基带波形经过射频前端调制之后通过天线发送给标签,标签接收到信号就执行相应的操作。读写器发送的信号都是以命令的方式存在的。为了使标签能更好地识别读写器发送过来的信号,协议规定读写器在发送每个命令的时候在命令码前面都必须加上前导码,即导引头(preamble)或者帧同步(frame-sync)信号。由于标签需要通过高电平的持续时间判断码元,所以前导码还有一个功能就是提供标签同步时钟信号。标签收到命令之后,根据前导码调整其内部时钟信号,然后根据此时钟信号判断接下来的数据。此外,标签回波也是按照调整后的时钟信号发送的。每个命令都有前导码,其中,Query 命令前面加入导引头,其余命令前面只需要加入帧同步信号即可。读写器到标签通信的导引头格式如图 13-10 所示。

由图 13-10 可以看出,导引头包含开始分隔符、数据 0、RTcal 和 TRcal。其中,RTcal 的长度是 data-0 的长度与 data-1 的长度相加,如式(13-1)所示;TRcal 用来与 Query 命令中设置的 DR 值一起计算标签的回波频率 LF,如式(13-2)所示。标签接收到信号之后,自动测量 RTcal 量的长度并按照式(13-3)进行计算,然后把接下来的信号中比 pivot 短的读写器数据看作 data-0,而把比 pivot 长的读写器数据看作 data-1。

$$RTcal = L_{data-0} + L_{data-1} \tag{13-1}$$

$$LF = DR/TRcal \tag{13-2}$$

$$pivot = RTcal/2 \tag{13-3}$$

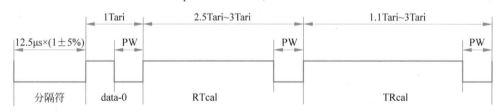

图 13-10　读写器到标签通信的导引头格式

读写器到标签通信的帧同步信号格式如图 13-11 所示。它与导引头的区别在于引导的命令不一样,在读写器向标签发送的命令中,只有 Query 命令是由导引头引导的,其余命令都是由帧同步信号引导的。原因在于标签回波频率 LF 是由导引头中的 TRcal 和 Query 命令中的 DR 值根据式(13-2)计算得来的。在 Query 命令之后,所有命令的标签回波频率都由 LF 值确定。需要注意的是,从读写器到标签的下行速率是由 Tari 决定的,且在整个过程中保持不变;而从标签到读写器的上行速率则是由 Query 命令中的 DR 值通过计算决定的。

2) 读写器到标签编码方法设计

读写器向标签发送的命令包括前导码和命令的数据编码,前导码是导引头还是帧同步信号是由命令本身决定的。前导码中的校准信号是决定读写器与标签通信能否成功的关键,所

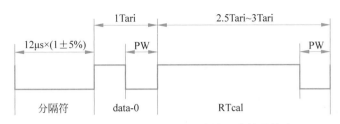

图 13-11　读写器到标签通信的帧同步信号格式

以协议对于整个前导码的时间精确性要求非常高。由以上分析可知,标签需要通过 RTcal 判断目前接收到的数据的具体值,还要利用 TRcal 决定自身的回波频率。因此,在读写器到标签通信中,精确的定时是设计读写器编码的重点与难点所在。

2. 上行链路

1) 标签到读写器编码方式

标签到读写器的编码方式为 FM0 基带或副载波 Miller 调制编码。标签对读写器命令的回复称为回波,标签回波使用的编码方式由读写器指定。标签主要使用 FM0 编码作为回波数据的编码方式。FM0 编码有 4 个基本信号:S_1、S_2、S_3、S_4。由 FM0 的基本函数可知,FM0 编码中的 data-0 和 data-1 信号可能有两种情况。FM0 编码具有记忆性,所以 FM0 编码的当前码元跳变方式(即它的时序)由其前面的码元的电平值确定。FM0 编码的传输结束符被称为 dummy,它从波形上看是一个 data-1 信号。

在 FM0 编码的生成状态图中,S_1、S_2、S_3、S_4 分别表示 FM0 编码中的 4 种基本信号,也就是说 FM0 编码用两个信号表示一个基本函数。状态号也表示进入该状态时 FM0 编码的传输波形,两个状态之间的数值表示从前一个状态转换到后一个状态时后者代表的逻辑值。例如,S_2 和 S_3 互相不转换,因为它们所代表的信号的相邻处没有跳变。

FM0 编码规则如下:

(1) 将在一个码元中间发生跳变(由低到高或由高到低)的数据定义为 data-0。

(2) 将在一个码元中间没有发生跳变的数据定义为 data-1。

(3) 相邻的两个码元之间必须发生跳变。

标签发送的回波也需要有导引头引导标签本身返回的数据,读写器通过导引头作为确定回波数据开始的唯一依据。另外,读写器在侦听标签返回的过程中会出现很多干扰和噪声,导引头也能帮助读写器判断此时的信号是不是标签的回波。导引头有两种格式,标签依据读写器发送的 Query 命令中的 TRext 值选择导引头。导引头格式中的 v 为伪码。

2) 标签到读写器解码方式设计

对于标签的回波,读写器必须经历分离、解码和校验才能得到正确的标签数据。其中,解码是整个过程中最关键的部分,因为读写器对标签回波的正确解析是读写器正确工作的基础。

根据 FM0 编码的特点,data-0 和 data-1 的高或低电平持续时间不同。解码方法有两种:一种是脉宽测量法,就是通过测量当前信号的脉宽,即高电平或者低电平的持续时间对数据进行判断;另一种是双值采样法,即在一个码元的 1/4 处和 3/4 处各采样一次,用这两次的值进行异或得到码元值。ISO/IEC 18000-6C 协议对时间精度的要求很高。本设计将两种方法都实现之后,在进行优缺点对比的过程中发现双值采样法会带来一定的累积误差,导致后面的数据出现错误。同时,由于标签返回的波形有毛刺,脉宽测量法对跳变的判断会不定时地出错,从而不容易得到正确的数据。

为了保证解码有较高的准确性和容错能力,本设计使用多值采样法对标签的回波进行解码,即以一定的频率对一个码元采样多次。对 GPIO 口的检测结果直接读值实现对码元的采样,GPIO 口检测到高电平则记为 1,检测到低电平则记为 0。将采集到的数据放到一个数组里,最后统一解码。多值采样法同样依赖于 FM0 编码的特点,采样点之间的延时用软件延时实现。

当采样完毕之后,就要开始对数据进行解码,包括把采集到的已编码数据还原为原始数据和对标签回波导引头的判断。对回波导引头的判断要点就在于导引头中包含的伪码 v。根据 FM0 的编码规则,两个码元之间必须跳变,但回波导引头中的 v 在两个码元交界处并没有跳变,于是就可以将其看作导引头出现的标志。在程序中为 v 设置一个单独的变量 v_mark 作为 v 的标志位,在出现 v 时将其置 1。程序检测导引头时,若 v_mark=1 则表示导引头接收成功。

根据 FM0 的跳变规则解码,主要是对采样数据中的二进制位 1 或 0 计数,由于 data-0 的码元中间会发生跳变,所以采样到的位 1 或 0 的数量就会比 data-1 少一半左右,把计数结果用变量 count 保存下来,通过变量 count 的值就能判断此时接收的码元是 data-0 还是 data-1。当相邻的两位不一致的时候就说明回波信号出现了跳变,此时则结束计数,进入数据判断过程。将采样频率设置为一个码元采样 8 次左右。如果 $1 \leqslant count < 6$,则接收的码元是 data-0;如果 $6 \leqslant count < 9$,则接收的码元是 data-1。

data-0 码元中间会有跳变,相邻两个码元之间也会有跳变,如何分辨跳变的位置是解码的关键。为 data-0 设置一个标志变量 z_flag,当检测到跳变,对采样数据进行判断的时候,如果是 data-0 则将 z_flag 置 1,这样程序就会忽略下次跳变前采样得到的数据,直到再次检测到跳变才会重新将 count 值赋 0,并自增 count 值作为码元判断依据。

13.7.3 标签识别层分析与设计

ISO/IEC 18000-6C 协议子模块的主要任务是完成对标签的操作,其中包括对标签的盘存、读、写、锁定和销毁,操作是由单个或一组命令完成的。对于读写器来说,就是发送命令包,接收标签返回的数据,通过接收到的数据判断命令执行的结果。如果成功则通信结束;如果不成功,就通过标签返回的数据判断原因,作出修改之后重新操作。读写器的命令包括选择命令、盘存命令、访问命令,对应这几个命令,标签会处于不同的状态。

1. 标签识别层命令

读写器使用单个命令或多个命令让标签执行相应的操作。每个命令都会操作标签的存储单元,因此读写器命令的使用都会涉及标签存储器的逻辑结构。

2. 读写器命令相关概念

1) 标签存储器

对于标签来说,执行读写器发送的命令实质上就是操作其自身的存储器。从逻辑上来看,标签的存储器分成 4 个独立的区域(Bank),各个区域的功能不一,容量不一,但每个区域都至少能容纳一个字。标签存储器的逻辑结构如图 13-12 所示。USER 区域用来存储特定的用户数据,存储组织结构由用户定义;TID 区域存储了一个 8 位的类型识别码;EPC 区域存储的是 CRC、PC 和 EPC;Reserved 区域存储的是标签的访问密码(Access Password)和销毁密码(Kill Password)。

2) 读写器会话及盘存标志

ISO/IEC 18000-6C 协议将读写器与标签的通信称为会话,协议规定标签必须为读写器提供 4 个会话。在一次盘存访问的过程中,标签能且只能参与其中的一个会话。每个会话的盘存标志(S0、S1、S2、S3)都具有两个取值,分别指示 A 和 B,它们可以相互转换。ISO/IEC

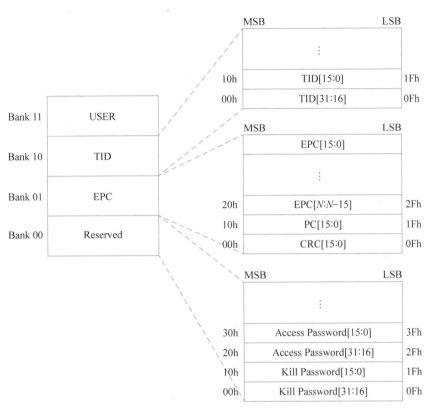

图 13-12　标签存储器的逻辑结构

18000-6C 协议中还有一个选择标志 SL,该标志独立于会话,同样可以用来选择标签。盘存标志和选择标志并不是永久性的,它们都具有一定的保持时间,如表 13-3 所示。

表 13-3　标签的盘存标志和选择标志保持时间

盘存标志和选择标志	保持时间(正常温度范围)	保持时间(非正常温度范围)
S0	不确定	不确定
S1	标签上电:500ms~5s 标签掉电:500ms~5s	
S2	标签上电:未规定 标签掉电:大于 2s	标签上电:未规定 标签掉电:未规定
S3	标签上电:未规定 标签掉电:大于 2s	
SL	标签上电:未规定 标签掉电:大于 2s	

3) 时槽计数器和 Q 值

每个标签都包含一个随机数发生器(Random Number Generator,RNG)和一个 15 位的时槽计数器(记为 Slot)。RNG 用来生成一个$[0,2Q-1]$区间的随机数。Q 是一个$[0,15]$区间的整数,由 Query 命令中的参数 Q 确定。标签生成的随机数将会被置入 Slot 中,读写器通过命令使 Slot 中的数值递减,当数值减为 0 时,标签才会对命令做出响应。

3. 读写器命令和标签状态

在 ISO/IEC 18000-6C 协议中,读写器管理标签的基本操作有 3 个,分别是选择操作、盘存操作和访问操作。标签按照读写器发送命令的不同在不同状态之间转换,完成不同的操作。

1) 标签的状态

根据接收到命令的不同,标签会在 7 个状态间发生转换:就绪状态(Ready)、仲裁状态(Arbitrate)、应答状态(Reply)、确认状态(Acknowledged)、开状态(Open)、安全状态(Secured)和销毁状态(Killed),如图 13-13 所示。

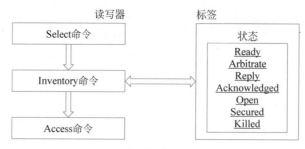

图 13-13 读写器命令和标签状态

2) 选择操作

选择操作只包括 Select 命令。读写器可以通过 Select 命令选择一个特定的标签群进行盘存操作。用户可以通过 Mem Bank、Pointer、Length、Mask 参数设定选择过程中的匹配条件,只有符合匹配条件的标签才能被选中进行盘存操作。Select 命令通过设置 Target 决定是否修改 SL 标志,执行 Action 改变 SL 标志或者盘存标志。其命令格式见 ISO/IEC 18000-6B/C 和协议 GB/T 29768—2013 对该命令部分的详细说明。

3) 盘存操作

盘存操作主要是指读写器对标签 EPC 码的读取过程,读写器可以通过 EPC 码唯一确定标签的身份。此操作包含一个命令组,其中的命令有 Query、QueryRep、QueryAdj、ACK、NAK。在读写器用 Select 命令选择标签之后,就开始对标签进行盘存。盘存命令只能访问标签的 EPC 存储区,盘存命令让标签从仲裁状态转换到应答状态。

(1) Query 命令。用于启动一次盘存周期,并规定本次盘存的 Sel、Miller 编码的 M 值、Target、Q 值和 Session 等。除了销毁状态的标签,其余状态的标签 Slot 值为 0 时进入应答状态,否则进入仲裁状态。

(2) QueryRep 命令。用于使标签 Slot 值减小,标签每收到一次该命令 Slot 值就减 1。如果当前值为 0,则减 1 之后 Slot 值为 7FFF。

(3) QueryAdj 命令。用于调整 Q 值,不过它的调整方法跟 QueryRep 命令不同,它不是单纯地递减 Q 值,而是设置一个新的 Q 值。Q 值的大小对整个盘存过程影响很大,会影响多标签状态下整个盘存过程的效率和盘存标签的数量。如果 Q 值过大,会造成盘存标签效率低下;如果 Q 值过小,又会出现漏读标签的情况,所以在必要时需要对 Q 值作出合理的调整。标签接收到该命令之后,首先根据 UpDn 调整 Q 值,然后重新生成一个随机数放入时槽计数器,开始新一轮盘存周期。

(4) ACK 命令。当标签的 Slot 值为 0 时,就要对读写器命令作出响应。收到标签正确的回复之后,读写器向标签发送 ACK 命令确认其已收到正确回复,收到 ACK 命令的标签会将标签的 EPC 码作为 ACK 命令的响应。

(5) NAK 命令。接收到 NAK 命令的所有标签返回仲裁状态,这时标签可以重新接收 Query 命令。如果此时标签处于就绪状态或销毁状态,则不理会 NAK 命令。

4) 访问操作

访问操作在标签被识别之后进行,必须在标签进入确认、开或安全状态之后才能执行。标签的访问命令包括 Req_RN、Read、Write、Kill、Lock、Access。读写器能借助访问命令和其对应的密码操作标签的各个存储区域。标签接收到正确的命令,在执行成功之后返回相应的操作数据;如果命令执行不成功,则返回操作失败的错误码。

(1) Req_RN 命令。处于确认状态的标签接收到 Req_RN 命令就返回一个新的 RN16 作为访问命令的句柄(handle)。在访问标签的过程中,任何命令都需要以这个句柄作为参数,标签只有接收到含有正确句柄的命令才会作出响应。在读写器对标签执行读操作、销毁操作和访问操作的时候,在发送这些命令之前都要重新发送一个 Req_RN 命令,标签返回一个新的 RN16。此时 RN16 的作用就在于通信加密,将要写进标签存储区的数据和访问销毁密码都需要与其进行异或加密。

(2) Read 命令。对标签存储区进行读操作,可以读取标签存储区里的 USER、TID、EPC 和 Reserved 这 4 个区域里的内容。Read 命令可以访问标签内部的所有存储区里的数据,包括 EPC 码。但若该存储区已被锁定,则不能读取。要执行 Read 命令,标签的状态必须是开或者安全。不管是读写器发送的命令还是标签对命令的响应,都要在发送给对方的数据中带上由第一个 Req_RN 命令返回的句柄,这是通信双方确认对方的凭证。

(3) Write 命令。对标签的 4 个区域执行写操作,每次写操作最多能写 16 位的数据。写入 Mem Bank 的数据必须和新的 RN16 异或加密之后才能发送给标签。在 Write 命令发送给标签之后,标签会在 20ms 之内返回数据,在这个过程中读写器必须一直发送超高频载波以维持标签的能量供应。由于读写器本身并不知道标签究竟会在什么时间响应该命令,因此写操作的执行有一定的难度。写操作还有一个重要的特点,标签对 Write 命令的应答必须包含导引头。

(4) Kill 命令。主要用于销毁标签,被销毁的标签将不对任何命令做出响应。此功能主要应用于一些需要一次性使用标签的场合,标签的销毁在一定程度上保护了标签内部的数据。销毁标签需要在命令中包含 Kill Password。Kill Password 和 Write 命令中的数据一样,需要和 RN16 异或加密之后才能成为 Kill 命令的一部分。

(5) Lock 命令。标签只有在安全状态下才能执行 Lock 命令。Lock 命令是访问命令中最复杂的一个,参数很多。Lock 命令可以锁定标签的所有存储区和所有密码,有暂时锁定和永久锁定两种。存储区和锁定类型在命令参数 Payload 中选择。

(6) Access 命令。它是一个可选命令,主要功能是在读写器需要访问标签的存储区时验证用户是否有访问操作权限。标签对 Access 命令的响应和对 Kill 命令的响应相同。

4. 单标签操作

单标签操作是指读写器对一张标签进行操作的过程,本部分主要介绍对单标签的盘存和读操作。由于盘存的目的也是为了读取标签的 EPC 码,所以就把它归类为单标签读。如果天线的有效辐射区域内只有一张标签,那么读写器只需要读到这张标签的 EPC 码,整个盘存周期就会结束,然后等待下一个访问命令或者下一次盘存周期的开启。单标签读首先就是对标签的搜索和识别,读、写、锁定和销毁这 4 个操作都是针对单标签进行的,所以在操作之前都需要先搜索并识别出一张标签。

单标签读主要应用在应用需求比较简单的场合,每次只需要识别一张标签。例如,高速公路的不停车收费场景要求每次通过的车辆都要被识别,不允许漏读的情况发生,且在某一时刻只会有一辆车通过,也就是说每次只需要对一辆车进行操作。单标签的情况比较简单,不会产生标签之间的碰撞。单标签操作流程如图 13-14 所示。

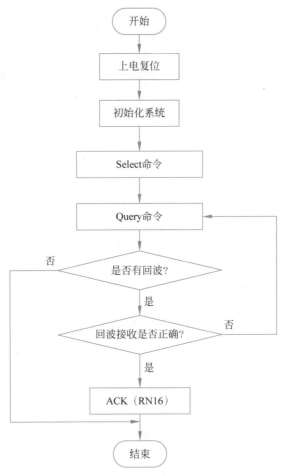

图 13-14 单标签操作流程

读写器发送 Query 命令开始一个盘存周期，只有被 Select 命令选中进入盘存周期的标签才能取得 Query 命令中的 Q 值，进而给时槽计数器分配一个随机数。这时所有盘存标志为 A 的标签都会被分配一个 $[0, 2Q-1]$ 区间的随机数。如果标签获得的随机数刚好为 0，则它就会立即转移到应答状态并对读写器的命令作出应答。在单标签操作的过程中，最好把 Q 值设为 0，这样标签能在接收到命令之后即时应答，节省了识别标签的时间，提高了操作速度。Query 命令中的 DR、M 和 TRext 用来设置标签的应答格式。

读写器收到标签返回的 RN16 之后，就向标签发送 ACK 命令。接收到 ACK 命令的标签转移到确认状态，并发送标签的 EPC 码作为回复。如果读写器验证 EPC 码正确，则盘存周期结束。由于此时是单标签操作，所以如果在读写器发送命令之后的一定时间内没有收到标签的回波，则认为在天线辐射范围内没有标签存在。

5. 多标签操作

多标签是指在天线辐射范围内有多张标签，读写器需要识别出所有的标签，且所有标签只能被识别一次。多标签操作的应用场合非常广泛，如物流管理、仓库盘点、图书管理等。多标签操作比单标签操作复杂得多，由于标签的数量增多，就可能出现标签之间的碰撞。这时再使用单标签的操作方法就不合适了，需要设计适合多标签操作的方法，这就涉及标签的防碰撞算法。

从严格意义上来说,单标签是多标签的一种特例,所以在基本的操作流程上二者相似。二者的区别之一就是 Query 命令中 Q 值的设置。单标签将 Q 值设成 0,随机数为 0;多标签必须把 Q 值设置成一个不为 0 的整数,随机数在 $[0,2Q-1]$ 区间产生,读写器可以使用 QueryRep 和 ACK 命令遍历 $[0,2Q-1]$ 区间查询所有的标签。多标签与单标签的另一个不同之处在于,单标签在识别一张标签后就退出程序,而多标签操作必须在查询了 $[0,2Q-1]$ 区间之后才能退出。

多标签可操作的标签数虽然固定,却是可以控制的。固定是指读写器在设定了 Q 值之后可识别的标签数量就固定了,除非读写器重新修改 Q 值的大小;可控是指读写器可以通过设置 Q 值控制可识别标签的数量,读写器一次最多可以识别的标签数量为 $2Q$ 张。

在实际应用中,标签发生碰撞的情况主要分为两种:一种是 Q 值过小,导致 $2Q$ 小于标签数,此时必然会发生碰撞;另一种是 Q 值较大,$2Q$ 大于或等于标签数,但在标签选取随机数的过程当中,不排除有两张标签选取了同一个随机数的可能性。针对这两种碰撞的情况,有两种解决办法:一种是设置最大的 Q 值,确保所有的标签都能被识别;另一种就是使用 QueryAdj 命令针对实际情况对 Q 值进行适当调整。在调整 Q 值的过程中,对于两种碰撞的情况要采取不一样的调整方法。对于前一种情况,多标签识别流程只需要在单标签识别流程中加入一个 QueryRep 命令,减小时隙值,在识别一个标签之后不退出程序,继续发送 QueryRep 命令,这样做读写器需要搜索更大的范围才能识别标签,降低了标签识别的效率。而对于后一种情况,需要读写器重复地判断目前的 Q 值是否合适,根据实际需要调整 Q 值。虽然这种方法会使多标签的识别流程更复杂,但是它可以提高标签识别的效率。已被识别的标签将会翻转其盘存标志,此后这些标签将不响应后来的 QueryRep、QueryAdj 和 ACK 命令。也就是说,在接下来的盘存过程中,这些标签不会再被读写器检测到,这样即可保证每张标签只会被读写器盘存一次。

在盘存标签的过程中,由于标签的随机数都是随机产生的,读写器并不能知道每一个标签的时槽计数器里置入的值,因此就可能出现多张标签随机数相同的情况。这就导致标签在收到多个 QueryRep 命令后同时返回信息回波,发生碰撞,从而使读写器不能正确解码。为了能够更好地实现多标签盘存,就需要在多标签识别程序中加入合适的防碰撞算法。本设计使用动态时隙 ALOHA 算法作为多标签识别的防碰撞算法。

综上所述,多标签操作流程与单标签操作流程唯一的区别就是,多标签操作需要考虑标签的防碰撞并设计合理的防碰撞算法,而单标签操作不需要。在多标签操作流程中,读写器需要自动判断标签的数量,然后根据标签的数量调整 Q 值,对 Q 值调整的过程就是标签防碰撞算法的核心所在。多标签操作流程如图 13-15 所示,防碰撞算法流程如图 13-16 所示。

在图 13-15 中,RN16OT、EPCOT 表示 RN16 接收超时、EPC 接收超时,TAGNUM 表示正确识别标签的次数。这个操作流程使用的是固定 Q 值,在实际应用中需要通过对 Q 值的正确调整提高标签被识别的效率。Q 值的调整规律如下。

当多个标签同时回复时,读写器会通过计算 $Q=\min(Q_{\text{default}}+C,Q_{\max})$ 调整 Q 值。如果 Q 值取 $Q_{\text{default}}+C$,读写器则发送 QueryAdj 命令增大 Q 值。当没有标签回复时,读写器计算 $Q=\max(Q_{\min},Q_{\text{default}}-C)$。如果 Q 值取到 $Q_{\text{default}}-C$,读写器则发送 QueryAdj 命令减小 Q 值。Q_{default} 是第一个 Query 命令中的 Q 值,一般将其取为 4;而 $Q_{\max}$ 一般为 15;$Q_{\min}$ 一般为 0;C 的取值范围为 $0.1\sim0.5$;$Q_{\text{default}}+C$ 和 $Q_{\text{default}}-C$ 一般采用四舍五入的方法取整。

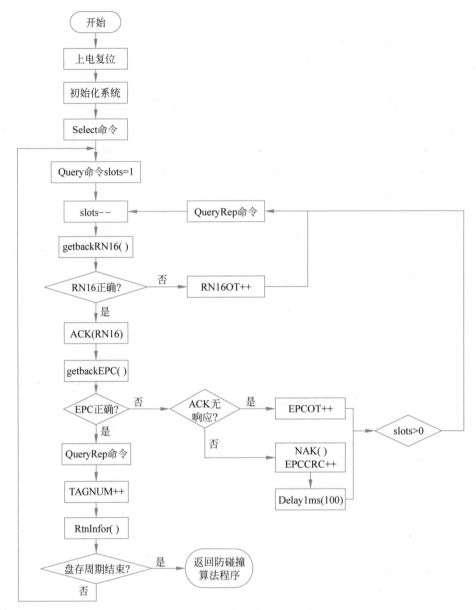

图 13-15　多标签操作流程

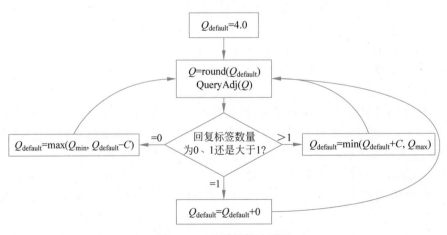

图 13-16　防碰撞算法流程

13.8 主程序和协议处理程序软件设计

在读写器的软件设计中采用 C 语言编程,依据模块化和结构化的设计思想。其软件架构主要包括主程序、无线通信处理程序、协议处理程序和防碰撞算法等。主程序主要负责系统的整体调度,无线通信程序主要实现系统与上位机的通信,协议处理程序负责 ISO/IEC 18000-6C 协议的处理。

1. 读写器系统主程序软件设计

读写器系统主程序主要完成软硬件模块的协调工作,实现读写器系统基本的读写操作。其主要功能包括系统初始化、接收上位机命令、完成 ISO/IEC 18000-6C 协议的调度以及回传数据处理结果。读写器系统主程序的工作过程如下:

(1) 上电复位,进行 R2000、AT91SAM256 和 AT86RF212 的初始化。

(2) 接收上位机指令,调用协议处理程序。

(3) 若协议处理程序调用成功,则进行协议处理,并将处理好的数据回传;否则,终止操作,返回协议处理程序重新开始。

读写器系统主程序流程如图 13-17 所示。

2. 协议处理程序

在 ISO/IEC 18000-6C 协议中,读写器采用选择、存盘和访问 3 个基本操作管理标签,每个操作都是由

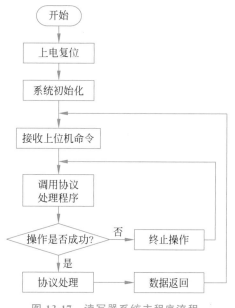

图 13-17 读写器系统主程序流程

若干命令组成的。R2000 内部集成了 ISO/IEC 18000-6C 协议,所以协议处理程序主要完成串口初始化、功率控制和防碰撞等功能。

13.9 相关软件设计方法

13.9.1 RTL 设计方法

系统级设计的下一个层次是 RTL(Register Transfer Level,寄存器传输级)设计。一般来说,系统级设计只用于仿真,即验证系统功能,通常不支持综合,因此需要进行 RTL 设计。RTL 设计的基本部件是寄存器、计数器、多路复用器和算术逻辑单元,这些基本部件有时也称为功能块。寄存器传输级的基本部件通常采用真值表和状态表表示。RTL 设计多采用数据流描述方式。

13.9.2 通用分立器件平台

分立器件方案即在读写器的基带和射频设计部分采用分立器件搭建整个系统,包括独立的射频收发芯片构成的射频收发系统和采用专用 A/D、D/A 芯片搭建的调制与解调链路,以及专用的数字信号处理器件 FPGA 和负责逻辑控制的微控制单元(Microcontroller Unit,MCU)。

本设计中采用 MCU+FPGA 的逻辑控制+算法处理的设计方案。其中,MCU 主要负责整个基带系统的逻辑控制,包括上位机的沟通;FPGA 主要承担基带系统的数字信号处理工作,包括基带信号的编解码处理。

基带系统的硬件设计方案如图 13-18 所示,其中 MCU 芯片采用 ST 公司基于 Cortex-M3 内核的 STM32F207 芯片,FPGA 芯片采用 Altera 公司的 Cyclone 系列 EP4CE30 芯片。逻辑控制部分包括 MCU 常用的 USB 接口电路、以太网接口电路等,数字信号处理部分包括与 FPGA 直连的 ADC、DAC,除此之外还有相关的电源管理电路及 MCU 复位电路。FPGA 与 MCU 之间通过 SPI 进行实时通信。数字信号处理部分的 ADC 与 DAC 部分采用分立器件搭建。其中,ADC 部分将射频前端经过解调器解调的两路正交信号(分别为 I 路信号和 Q 路信号)通过两级低通滤波器和低噪声放大器进行微弱信号的滤波与放大处理,以得到符合设计要求的射频前端信号;DAC 部分将数字基带部分需要发送至射频前端的命令由数字信号转换为模拟信号,再将转换过的模拟信号发送至射频发射链路前端的调制器上通过调制、放大等过程,最后经过射频天线向外发射。

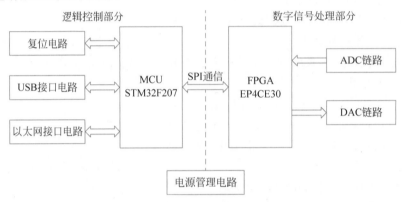

图 13-18　基带系统的硬件设计方案

13.9.3　空中接口协议流程

基于自主标准的空中接口协议处理流程如图 13-19 所示。系统初始化成功后,如果接收到上位机的盘存命令,该协议首先打开一个会话,然后调用 Search() 函数实现对射频场内标签的搜索和识别。当有标签在场内被发现时,系统会调用 Access() 函数对标签进行访问操作,在此期间标签处于开放状态。系统根据上位机的读或写操作调用相应的函数对标签进行处理。当一次标签处理过程结束后,该协议关闭会话,等待下一个操作指令。

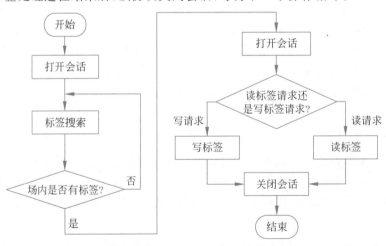

图 13-19　空中接口协议处理流程

13.10 读写器协议工作流程和软件结构

由图 13-20 可以看出,在完成对标签的搜索和识别后,上位机有写标签请求时,协议调用 Read()函数实现对标签内容的读取。首先,在接到标签读取命令并对其解析后,调用 Req_RN()函数以获得标签返回的 RN16 序列,然后再调用 Read()函数,此时标签收到读取命令,返回标签存储区内的相应数据信息,从而完成一次读标签操作。

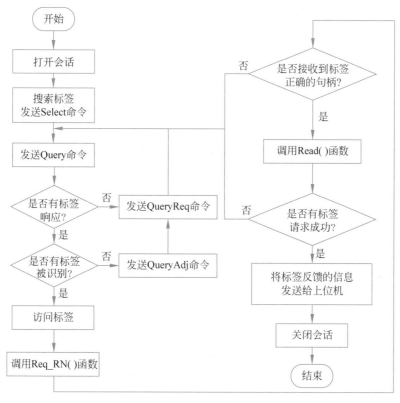

图 13-20　标签读取函数工作流程

第14章

防碰撞算法

防碰撞算法是 UHF RFID 读写器软件设计中最重要的一个方面,此算法的优劣关系到读写器识别标签的性能,因此也是 UHF RFID 读写器软件设计中的难点。

尽管 ISO/IEC 18000-6C 和 GB/T 29768—2013 协议都提出了建议的算法,然而 ISO/IEC 18000-6C 协议提出的算法没有指出具体的实现策略,而 GB/T 29768—2013 协议提出的算法实现则过于复杂。因此,本章通过对不同协议的防碰撞机制进行研究,提出易于实现且效率高、稳定性好的防碰撞算法。

14.1 ISO/IEC 18000-6C 协议防碰撞算法

UHF RFID 技术以其读写距离长、标签成本低等特点被广泛应用于供应链管理、智能交通、食品溯源等领域。UHF RFID 系统的一个主要挑战就是在有限的时间内识别大量目标物体。在实际应用中,每秒读取超过 300 个物体是目前工业界的普遍需求。因此,防碰撞算法的效率在识别多个标签时极为重要。

为了处理多路访问问题,UHF RFID 标准 EPC-Gen2 规定了一种被称为 Q-算法的防碰撞算法。该算法基于时分的思想并允许读写器在任意时隙通过改变参数 Q 调整帧长,其中帧长等于 2^Q。在 Q-算法中,读写器通过浮点变量 Q_{fp} 和步长 w 控制 Q 值的变化,从而实现帧内调整。Q-算法的流程如图 14-1 所示。

读写器在每个时隙发送查询命令并得到 3 种可能的结果:单个标签响应(成功时隙,$N=1$)、多个标签响应(碰撞时隙,$N>1$)以及无标签响应(空闲时隙,$N=0$)。当检测到碰撞时隙时,Q_{fp} 的值增加 w;当检测到空闲时隙时,Q_{fp} 的值减少 w,然后读写器对 Q_{fp} 的值进行取整操作。若 Q_{fp} 的新值与当前值相等,那么读写器会直接终止当前识别过程,并调整一个新的 Q 值以开启一轮新的识别过程。

Q-算法的优势在于便于实现。然而 Q-算法并未详细规定 w 值的调整策略,仅仅只给出了 $0.1\sim0.5$ 的推荐范围。作为 Q-算法的演进,动态帧时隙 ALOHA(Dynamic Framed Slotted ALOHA,DFSA)算法被广泛用于解决多标签碰撞问题。为了提高未读标签数量估计的准确性,这些算法需要较高的浮点运算成本或计算复杂度。尽管准确的估计方法可以提高防碰撞算法的性能,但是所需的计算成本也随之增加了。由于高准确度的估计方法极大地增加了计算复杂度,因此不适用于计算能力受限的读写器,例如移动读写器。从便于实现的角

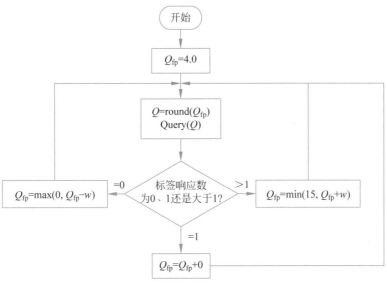

图 14-1 Q-算法的流程

度,防碰撞算法的设计需要在性能和复杂度之间折中考虑。

有研究者提出了一种便于实现的防碰撞算法——FEIA。该算法设计了一种具有较高准确度的标签数量估计方法,在每个时隙中都对标签的数量进行估计,力求通过快速调整帧长更好地匹配当前的标签数量,从而提高整个算法的执行效率。该算法的流程如图 14-2 所示。

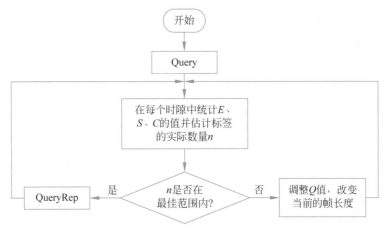

图 14-2 FEIA 算法的流程

FEIA 算法通过发送带有初始 0 值的 Query 命令开启盘存周期。然后,在每个帧时隙结束时,根据统计的空闲时隙数 E、碰撞时隙数 C 以及成功时隙数 S 对标签的数量进行估算。最后,通过判断当前帧长度是否与标签的数量最佳匹配确定是否对当前帧长度进行调整。

然而,该算法对标签的估算是从盘存开始到当前的盘存结束为止,而标签的响应是随机的,若最初仅仅存在空闲时隙,容易使该算法做出误判。

同时,该算法对于未读标签数量的估计和帧长的调整需要在每个时隙内执行,这无疑会导致计算负载的增加。大多数 UHF RFID 读写器只装配单核处理器,例如 8 位的 8051 单片机,它们的计算能力都非常有限。因此,应该考虑在确保性能的前提下进一步降低算法复杂度。

14.1.1　本设计提出的 FIFA 算法

本设计提出了基于快速帧内调整(Fast In-Frame Adjustment，FIFA)的防碰撞算法，该算法基于 EPC global Class-1 Generation-2 标准进一步提高了识别性能，同时降低了计算复杂度。与 FEIA 算法不同的是，FIFA 算法只在一帧内的某个特定时隙执行一次未读标签数估计和帧长调整，因此可以在防碰撞过程中使计算开销大为降低。

基于 FIFA 的防碰撞算法允许读写器在一帧内的任意时隙终止当前识别过程，并调整帧长，进入一轮新的识别。因此，读写器必须判断当前帧的长度是否合适，从而进一步判断是否需要对其进行调整。

对于读写器而言，一个重要参数就是需要识别的标签数。通常，标签数对于读写器来说是未知的，因此需要估计标签数。在识别过程中，当读写器读到第 i 个时隙时，对于标签数的估计为

$$n_{est} = (S_i + 2.39 C_i)\frac{F}{i} \tag{14-1}$$

其中，S_i 表示前 i 个时隙成功读取的标签数，C_i 表示前 i 个时隙的碰撞时隙数，F 为当前帧长。当估计完标签数后，读写器应该判断当前帧长是否合适。假设总的标签数为 n，每个时隙内的标签数服从二项分布，系统吞吐率为

$$U = \frac{n}{F}\left(1 - \frac{1}{F}\right)^{n-1} \tag{14-2}$$

对于一个给定的标签数，可以通过式(14-2)计算出相应的最佳帧长。针对不同的标签数范围，表 14-1 给出了最佳帧长。值得注意的是，最接近 n_{est} 的帧长 F 不一定是最佳帧长。例如，对于 $n=90$，其最接近的帧长为 64，然而它的最佳帧长为 128。

表 14-1　不同标签数范围的最佳帧长

Q	最佳帧长	标签数范围
1	2	1～3
2	4	4～6
3	8	7～11
4	16	12～22
5	32	23～44
6	64	45～89
7	128	90～177
8	256	178～355
9	512	356～710
10	1024	711～1420

读写器通过式(14-1)估计出的标签数如果不在当前帧长对应的最佳范围内，那么就说明当前的帧长不合适，需要调整帧长。读写器调整帧长的策略也是基于剩余标签数，可以表示为

$$n_{backlog} = n_{est} - S_i \tag{14-3}$$

有了剩余标签数，读写器就可以根据表 14-1 调整帧长。例如，当前剩余标签数为 87，那么新的帧长就应该为 64。在 FEIA 算法中，读写器需要在每个时隙都判断当前帧长是否需要调整。在 FIFA 算法中，读写器在每一帧中仅判断一次。FIFA 算法的最大优势在于它可以极大地降低计算复杂度。在 FIFA 算法中，有一个重要参数 i，该参数决定帧内调整的检测点，即在一帧中的第 i 个时隙进行帧长检测。直观地看，在识别过程中一个完整的帧长 F 可以被 3 个检测点 $0.25F$、$0.5F$ 和 $0.75F$ 分为 4 部分，FIFA 算法将比较这 3 个检测点的吞吐率性能，并

找出性能最佳的检测点。

归一化的系统吞吐率可以表示为

$$\eta = \frac{E_S}{E_S + E_C + E_E} \tag{14-4}$$

其中，E_S、E_C、E_E 分别表示平均的成功时隙数、碰撞时隙数和空闲时隙数。值得注意的是，FIFA 算法的理论最大吞吐率为 0.368。但是在 EPC-Gen2 标准中，帧长只能为 2 的整数次幂，因此 FIFA 算法的最大吞吐率变成 0.361。

FIFA 算法伪代码如下：

```
初始化 F
S = 0, E = 0, C = 0;
while 未读标数不等于 0
    slot_ jindex = 1;
    while slot jindex <= F
        接收标签响应
        if 响应数为 1
            S++; slot_index++          //成功时隙数
        else if 响应数为 0
            E++, slot_index++          //空闲时隙数
        else
            C++; slot_index++          //碰撞时隙数
        end
        if slot_index == i
            根据式(14-3)估计剩余标签数
            if 剩余标签数在当前 F 的最佳范围内
                继续本轮识别过程
            else
                根据表 14-1 更新帧长
                slot_index = L;
            end
        else
            slot__index++;
        end
    end
end
```

14.1.2　仿真结果分析

本设计利用 MATLAB 对 FIFA 算法采用蒙特卡洛仿真方法进行了仿真验证。为了确保实验结果的收敛性，对每个实验进行了 5000 次仿真。首先，比较了不同检测点 i 下的系统吞吐率，初始帧长设为 64。从图 14-3 可以观察到，当标签数 $n > 200$、$i = 0.25F$ 时，可以实现更高的系统吞吐率。作为比较，当标签数 $n < 200$、$i = 0.25F$ 时的性能低于 $i = 0.5F$ 和 $i = 0.75F$ 时，但是差距也不明显。FIFA 算法在 $i = 0.25F$ 时的平均系统吞吐率可以达到 0.3369，FIFA 算法在 $i = 0.5F$ 和 $i = 0.75F$ 时以及 FEIA 和 Q-算法的系统吞吐率分别可以达到 0.3282、0.3212、0.3317 和 0.2980。结果显示，早期调整策略可以提高系统吞吐率，特别是标签数量超过 200 的时候。

FIFA 算法可以降低系统的计算复杂度。这一优势主要来源于每轮识别过程检测次数的

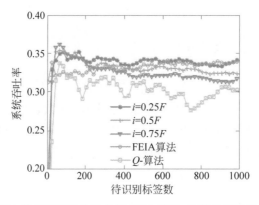

图 14-3 FIFA 算法在不同检测点与 FEIA 算法、Q-算法的系统吞吐率比较

降低。表 14-2 列出了 FIFA 算法在不同检测点与 FEIA 算法、Q-算法所需的检测次数。FEIA 算法在每个时隙都执行一次检测,所需的检测次数大约为 FIFA 算法的 26 倍。每次检测主要包括未读标签数估计和帧长调整。所以,FIFA 算法的计算复杂度明显低于 FEIA 算法。

表 14-2　FIFA 算法在不同检测点与 FEIA 算法、Q-算法所需的检测次数比较

性能指标	0.25F	0.5F	0.75F	FEIA 算法	Q-算法
系统吞吐率	0.3369	0.3282	0.3212	0.3317	0.2980
检测次数	20	18	16	511	8

此外,FIFA 算法的性能会受到初始帧长的影响。例如,当初始帧长远小于未读标签数时,会产生大量碰撞时隙,从而导致性能降低。因此,需要衡量初始帧长对系统吞吐率性能的影响。图 14-4 为 FIFA 算法在不同初始帧长下的性能。当 $i=0.5F$ 和 $i=0.75F$ 时,系统吞

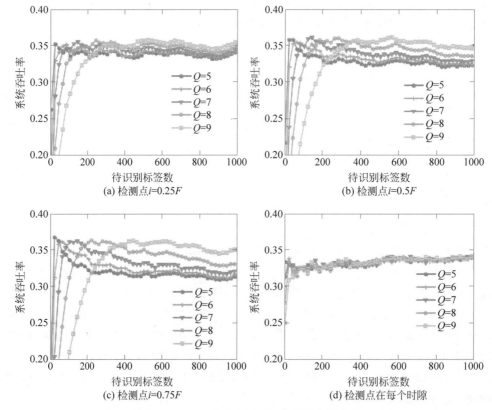

图 14-4　FIFA 算法在不同初始帧长下的性能

吐率性能受初始帧长影响较大。作为对比,当标签数大于 200 时,$i=0.25F$ 的系统吞吐率性能几乎独立于初始帧长。尽管 FIFA 算法的稳定性不如 FEIA 算法,但是 FIFA 算法的平均性能优于 FEIA 算法,计算复杂度低于 FEIA 算法。通过图 14-4 的比较可以看出 FIFA 算法在系统吞吐率、计算复杂度和稳定性方面都具有良好的性能。

14.2 GB/T 29768—2013 防碰撞算法

图 14-5 为 GB/T 29768—2013 协议建议的多标签防碰撞算法流程。在同一个周期的盘存标签过程中,读写器发送 Query 即启动查询命令,开启标签的盘存。在单标签的情况下,由协议的防碰撞机制可知,标签能够正确响应且读写器能够正确识别标签。在有多张标签的情况下,读写器必然检测到碰撞,因此读写器进入防碰撞算法。该算法通过不断检测发生的连续碰撞时隙、连续空闲时隙以及通过不断与碰撞时隙和空闲时隙的门限值进行比较判断具体执行的操作,此外还得记录上一个发送的命令,因此,该算法不仅实现困难,而且对读写器的硬件要求也比较的苛刻。

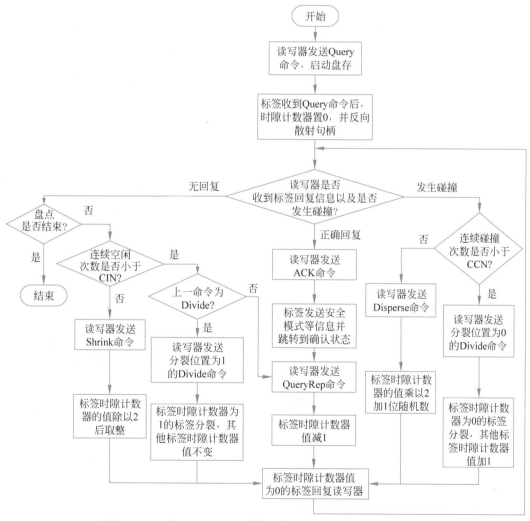

图 14-5 GB/T 29768—2013 协议建议的多标签防碰撞算法流程

这里基于 GB/T 29768—2013 协议的防碰撞机制设计了一种新的防碰撞算法——BBS(Basic Binary Splitting,基本二进制分裂)算法,其流程如图 14-6 所示。当读写器发送一个查询命令时,接收到查询命令的标签会随机产生 0 或 1 并加载到自身的计数器中,计数器为 0 的标签会向读写器返回它们的 ID,其余标签保持静默。在每一次查询之后,读写器可以检测到 3 种状态:碰撞(多个标签同时响应)、成功(只有一个标签响应)和空闲(无标签响应)。当产生碰撞时,碰撞的标签会随机产生 0 或 1,产生 0 的标签会返回自身的 ID 给读写器。上述过程会迭代进行,直到仅有一个标签回复读写器为止。读写器总是发送反馈信号向标签通告当前的时隙状态,标签会根据相应的反馈信息自增或自减计数器值。

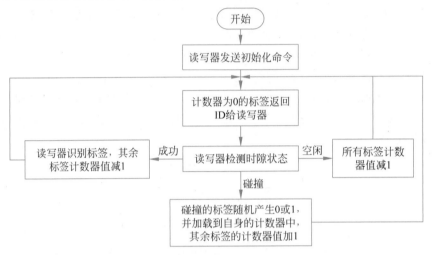

图 14-6   BBS 算法流程

14.2.1   BBS 算法的识别效率

现在分析 BBS 算法的识别效率。先考虑最简单的情形,即标签数分别为 2 和 3,然后利用迭代法推导出算法识别效率的闭合表达式。假设 n 为系统内待识别标签数,N 为识别 n 个标签所需的总时隙数。这 n 个标签的计数器值可以视为一个二进制序列 $c_1 c_2 \cdots c_n$。在初始化阶段,当一个读写器成功识别 n 个标签时所能达到的识别效率 U 可以表示为

$$U = \frac{n}{E(N)} \tag{14-5}$$

其中,$E(N)$ 表示 N 的期望值。

1. 标签数为 2 的情形

因为在识别过程开始时所有标签的计数器值均为 0,所以读写器在第一个时隙会检测到碰撞。然后,每个标签会随机产生 0 或 1 并记录自身的计数器值。假定初始状态为 S:

$$S = \{初始状态, "c_1 c_2" = "00"\}$$
$$S_1 = \{初始状态之后, "c_1 c_2" = "00"\}$$
$$S_2 = \{初始状态之后, "c_1 c_2" = "01"\}$$
$$S_3 = \{初始状态之后, "c_1 c_2" = "10"\}$$
$$S_4 = \{初始状态之后, "c_1 c_2" = "11"\}$$

识别两个标签的状态转移如图 14-7 所示。每个圆圈中的序列表示两个不同标签的计数器的值。一个箭头代表一个状态转移。"结束"表示读写器成功识别了两个标签,整个识别过程结束。P 为状态转移概率。

定义 N, N_1, N_2, N_3, N_4 分别为从状态 S, S_1, S_2, S_3, S_4 成功识别两个标签所需的时隙数,则有

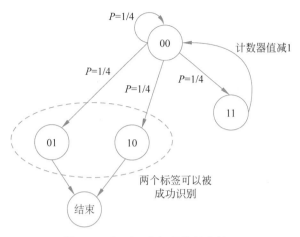

图 14-7 识别两个标签的状态转移

$$E(N) = \sum_{i=1}^{4} N_i P(N_i) \tag{14-6}$$

其中,$P(N_1) = P(N_2) = P(N_3) = P(N_4) = 1/4$。很容易得出

$$E(N_1) = 1 + E(N), E(N_2) = E(N_3) = 3, E(N_4) = 2 + E(N)$$

根据图 14-7,可以列出每种状态产生的概率以及所需的时隙数:

状态	概率	时隙数
00	1/4	$1 + N_2$
10,01	1/2	3
11	1/4	$2 + N_2$

$$\tag{14-7}$$

然后,根据式(14-7)可以得到

$$E(N) = \frac{1}{4}(1 + N_2) + \frac{1}{2} \times 3 + \frac{1}{4}(2 + N_2) \Rightarrow E(N) = 4.5 \tag{14-8}$$

根据式(14-8),读写器成功识别两个标签的识别效率为

$$U = \frac{2}{4.5} \approx 0.4444 \tag{14-9}$$

2. 标签数为 3 的情形

识别 3 个标签的状态转移如图 14-8 所示。

$n = 3$ 时的分析过程与 $n = 2$ 时类似。当经历第一次碰撞后,3 个标签的计数器值可能变成 000、001、010、011、100、101、110 和 111。根据图 14-8,可以列出每种状态产生的概率和所需的时隙数:

状态	概率	时隙数
000	1/8	$1 + N_3$
001,101,110	3/8	$2 + N_2$
001,100,010	3/8	$1 + N_{001}$
111	1/8	$2 + N_3$

$$\tag{14-10}$$

其中,N_{001} 表示从状态序列 001 开始到所有标签被成功识别所需的时隙数。3 个标签从状态序列 001 开始,当经历一次碰撞后,可能产生的值为 002、012、102 或 112。相应的状态转移如图 14-9 所示。

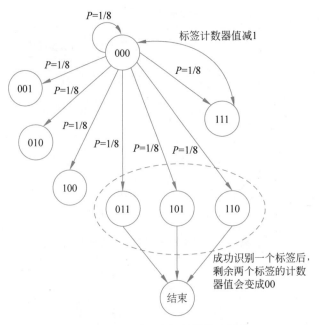

图 14-8　识别 3 个标签的状态转移

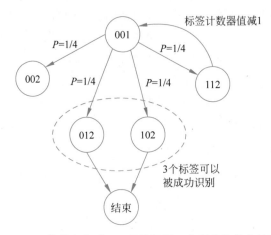

图 14-9　从状态序列 001 开始识别 3 个标签的状态转移

根据图 14-9,可以列出每种状态的概率和所需的时隙数:

$$
\begin{array}{ccc}
\text{状态} & \text{概率} & \text{时隙数} \\
002 & 1/4 & 2+N_{001} \\
012,102 & 1/2 & 4 \\
112 & 1/4 & 2+N_{001}
\end{array}
\tag{14-11}
$$

由此,N_{001} 的期望值 $E(N_{001})$ 为

$$
E(N_{001}) = \frac{1}{4}(2+N_{001}) + \frac{1}{2} \times 2 \times 4 + \frac{1}{4}(2+N_{001})
$$
$$
\Rightarrow E(N_{001}) = 6
\tag{14-12}
$$

相应地,可以计算 N_3 的期望值 $E(N_3)$:

$$
E(N_3) = \frac{1}{8}(1+N_3) + \frac{3}{8}(2+N_2) + \frac{3}{8}(1+N_{001}) +
$$

$$\frac{1}{8}(1+N_3) \tag{14-13}$$

根据式(14-13),可得

$$E(N_3)=7.25 \tag{14-14}$$

那么,读写器识别 3 个标签的识别效率为

$$U=\frac{3}{E(N_3)}\approx 0.413\ 793 \tag{14-15}$$

3. 标签数为 n 的情形

对于 n 个标签,当经历第一次碰撞后,会产生 2^n 个不同的计数器序列。相应的状态转移如图 14-10 所示。定义 N 为读写器从状态序列 $a_1a_2\cdots a_n$(a_i 为 0 或 1,$i=1,2,\cdots,n$)开始识别 n 个标签所需的时隙数。可以列出每种状态的概率和时隙数:

$$
\begin{array}{ccc}
\text{状态} & \text{概率} & \text{时隙数} \\
00\cdots 0 & 1/2^n & 1+N_n \\
\underbrace{a_1a_2\cdots a_n}_{a_1=0,1,\sum\limits_{i=1}^{n}a_i=y,1\leqslant y\leqslant n-1} & C_n^y/2^n & 1+N_{\underbrace{00\cdots 0}_{x}\underbrace{11\cdots 1}_{y}}^{\ x+y=n,x\geqslant 1,y\leqslant n-1} \\
11\cdots 1 & 1/2^n & 2+N_n
\end{array}
\tag{14-16}
$$

很显然

$$E(N)=E(N_{\underbrace{00\cdots 0}_{x}\underbrace{11\cdots 1}_{y}}),\quad x+y=n,x\geqslant 1,y\leqslant n-1$$

为了计算 $N_{\underbrace{00\cdots 0}_{x}\underbrace{11\cdots 1}_{y}}$,首先分析从状态序列 $\underbrace{00\cdots 0}_{x}$ 开始所需的时隙数,并将其定义为 N'_{x+1}。当经历 $N'_{x+1}-1$ 个时隙后,标签计数器序列 $\underbrace{00\cdots 0}_{x}$ 会变为 0,同时计数器序列 $\underbrace{00\cdots 0}_{x}\underbrace{11\cdots 1}_{y}$ 会变为 $\underbrace{00\cdots 0}_{y}$,然后需要 N_y 个时隙识别剩余标签。

识别 n 个标签的状态转移如图 14-10 所示。

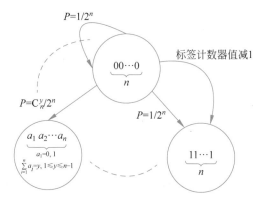

图 14-10　识别 n 个标签的状态转移

因此,有

$$E(N_{\underbrace{00\cdots 0}_{x}\underbrace{11\cdots 1}_{y}})=E(N_{\underbrace{00\cdots 01}_{y}}-1+N_y)=E(N'_{x+1})+E(N_y)-1 \tag{14-17}$$

定义读写器从状态序列 $\underbrace{00\cdots 0}_{x}$ 识别 n 个标签的时隙数为 N'_n。相应的状态转移过程如图 14-11 所示。可以列出每种情形的概率和对应的时隙数:

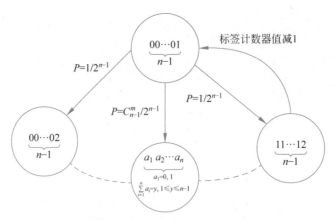

图 14-11　状态序列(00…01)的状态转移图

$$
\begin{array}{ccc}
\text{状态} & \text{概率} & \text{时隙数} \\[2mm]
00\cdots02 & 1/2^{n-1} & 2+N'_n \\[3mm]
a_1 a_2 \cdots a_{n-1} & C^m_{n-1}/2^{n-1} & 1+N_{\underbrace{00\cdots0}_{l}\underbrace{11\cdots1}_{m}} \\[2mm]
 & & {\scriptstyle l+m-n,\,l\geqslant1,\,m\leqslant n-2} \\[3mm]
11\cdots12 & 1/2^{n-1} & 2+N_n
\end{array}
\tag{14-18}
$$

可以得到
$$
E(N_{a_1 a_2 \cdots a_{n-1}}) = E(N_{\underbrace{00\cdots0}_{l}\underbrace{11\cdots1}_{m}2}), \quad l+m-n,\, l\geqslant1,\, m\leqslant n-2
$$

其中 $N_{00\cdots011\cdots12}$ 为从状态序列 $00\cdots011\cdots12$ 开始识别 n 个标签所需的时隙数。当经历 $N'_{l+1}-1$ 个时隙后,读写器可以识别一个标签,计数器状态序列变为 $\underbrace{00\cdots0}_{m}1$。此时,读写器需要 N'_{m+1} 个时隙识别剩余的 $m+1$ 个标签。因此,总的时隙数为
$$
N_{\underbrace{00\cdots0}_{l}\underbrace{11\cdots1}_{m}2} = N'_{l+1} + N'_{m+1} - 1
$$

至此,N'_n 的期望值可以计算为
$$
\begin{aligned}
E(N'_n) &= \frac{1}{2^{n-1}}(2+N'_n) + \sum_{l=1}^{n-2}\frac{C^l_{n-1}}{2^{n-1}}(1+N_{\underbrace{00\cdots0}_{l}\underbrace{11\cdots1}_{n-l-1}2}) + \frac{1}{2^{n-1}}(2+N'_n) \\
&= \frac{1}{2^{n-1}}(2+N'_n) + \sum_{l=1}^{n-2}\frac{C^l_{n-1}}{2^{n-1}}(N'_{l+1}+N'_{n-l}) + \frac{1}{2^{n-1}}(2+N'_n)
\end{aligned}
\tag{14-19}
$$

因此,有
$$
E(N'_n) = \frac{\dfrac{4}{2^{n-1}} + \displaystyle\sum_{l=1}^{n-2}\frac{C^l_{n-1}}{2^{n-1}}(N'_{l+1}+N'_{n-l})}{1-\dfrac{1}{2^{n-2}}}
\tag{14-20}
$$

将式(14-20)变形,得到
$$
(2^{n-1}-2)E(N'_n) = 4 + \sum_{l=1}^{n-2}C^l_{n-1}N'_{l+1} + \sum_{l=1}^{n-2}C^l_{n-1}N'_{n-1}
\tag{14-21}
$$

因为 $m=n-1-l$,可得
$$
\sum_{l=1}^{n-2}C^l_{n-1}N'_{n-l} = \sum_{l=1}^{n-2}C^{n-1-l}_{n-1}N'_{n-l} = \sum_{m=1}^{n-2}C^m_{n-1}N'_{m+1} = \sum_{l=1}^{n-2}C^l_{n-1}N'_{l+1}
\tag{14-22}
$$

结合式(14-21)和式(14-22),可得

$$E(N'_n) = \frac{2 + \sum_{l=1}^{n-2} C_{n-1}^l N'_{l+1}}{2^{n-2} - 1} \tag{14-23}$$

根据式(14-23)，N_n 的期望值可以计算为

$$E(N_n) = \frac{1}{2^n}(1 + N_n) + \frac{1}{2^n}(2 + N_n) + \sum_{x=1}^{n-1} \frac{C_n^x}{2^n}(1 + N_{\underbrace{00\cdots0}_{x}\underbrace{11\cdots1}_{n-x}}) \tag{14-24}$$

$$= \frac{1}{2^n}(1 + N_n) + \frac{1}{2^n}(2 + N_n) + \sum_{x=1}^{n-1} \frac{C_n^x}{2^n}(N'_{x+1} + N_{n-x})$$

因此，有

$$E(N_n) = \frac{\dfrac{3}{2^n} + \sum_{x=1}^{n-1} \dfrac{C_n^x}{2^n}(N'_{x+1} + N_{n-x})}{\dfrac{2^{n-1} - 1}{2^{n-1}}} \tag{14-25}$$

最后，识别效率可以计算为

$$U = \frac{n}{E(N_n)} = \frac{\dfrac{n(2^{n-1} - 1)}{2^{n-1}}}{\dfrac{3}{2^n} + \sum_{x=1}^{n-1} \dfrac{C_n^x}{2^n}(N'_{x+1} + N_{n-x})} \tag{14-26}$$

4. 标签数很大时 BBS 算法识别效率计算的简化

由于式(14-26)依然比较复杂，因此对其进一步简化。令 $n = n' + 1$，式(14-26)可以改写为

$$\sum_{l=1}^{n'-1} C_{n'}^l N'_{l+1} = (2^{n'-1} - 1) E(N'_{n'+1}) - 2 \tag{14-27}$$

令 $n' = n, l = x$，那么式(14-27)可以改写为

$$\sum_{x=1}^{n-1} C_n^x N'_{x+1} = (2^{n-1} - 1) N'_{n+1} - 2 \tag{14-28}$$

可得

$$(2^n - 2) E(N_n) = 1 + (2^{n-1} - 1) E(N'_{n+1}) + \sum_{x=1}^{n-1} C_n^x N_{n-x} \tag{14-29}$$

令 $y = n - x$，可以将式(14-29)重写为

$$E(N_n) = \frac{1 + \sum_{y=1}^{n-1} C_n^y N_y}{2^n - 2} + \frac{E(N'_{n+1})}{2} \tag{14-30}$$

识别性能会随着标签数的增加而降低，因此可以认为 U 是单调递减的，可以通过计算 U_n ($n <$ 1000)证明。由于 U_n 为正，那么 $\lim_{n \to \infty} U_n$ 存在，令其等于 u，则得到

$$\sum_{x=1}^{n-1} C_n^x x = n \sum_{x=1}^{n-1} C_{n-1}^{x-1} \tag{14-31}$$

两边同时除以 n，可以得到

$$\frac{E(N_n)}{n} = \frac{1 + n \sum_{x=1}^{n-1} C_{n-1}^{x-1} \dfrac{N_x}{x}}{(2^n - 2)n} + \frac{E(N'_{n+1})}{2n} \tag{14-32}$$

进一步得到

$$\frac{1}{U_n} = \frac{E(N_n)}{n} = \frac{1}{(2^n-2)n} + \frac{\sum\limits_{x=1}^{n-1} C_{n-1}^{x-1} \frac{1}{U_x}}{2^n-2} + \frac{E(N'_{n+1})}{2n} \tag{14-33}$$

令 $n \to \infty$, 可以得到

$$\frac{1}{u} = \lim_{n \to \infty} \frac{1}{U_n} = \lim_{n \to \infty} \frac{1}{(2^n-2)n} + \lim_{n \to \infty} \frac{\sum\limits_{x=1}^{n-1} C_{n-1}^{x-1} \frac{1}{U_x}}{2^n-2} + \lim_{n \to \infty} \frac{E(N'_{n+1})}{2n} \tag{14-34}$$

对于 $\forall \varepsilon > 0$, $\exists M$, 当 $n > M$, $|U_n - u| \leqslant \varepsilon$, 有

$$\frac{\sum\limits_{x=1}^{M} C_{n-1}^{x-1} \frac{1}{U_x} + \sum\limits_{x=M+1}^{n-1} C_{n-1}^{x-1} \frac{1}{u+\varepsilon}}{2^n-2} \leqslant \frac{\sum\limits_{x=1}^{n-1} C_{n-1}^{x-1} \frac{1}{U_x}}{2^n-2}$$

$$= \frac{\sum\limits_{x=1}^{M} C_{n-1}^{x-1} \frac{1}{U_x} + \sum\limits_{x=M+1}^{n-1} C_{n-1}^{x-1} \frac{1}{u-\varepsilon}}{2^n-2} \tag{14-35}$$

$$\leqslant \frac{\sum\limits_{x=1}^{M} C_{n-1}^{x-1} \frac{1}{U_x} + \sum\limits_{x=M+1}^{n-1} C_{n-1}^{x-1} \frac{1}{u-\varepsilon}}{2^n-2}$$

由于 $\lim\limits_{n \to \infty} \dfrac{\sum\limits_{x=1}^{M} C_{n-1}^{x-1} \frac{1}{U_x}}{2^n-2} = 0$, 可以得到

$$\lim_{n \to \infty} \frac{\sum\limits_{x=M+1}^{n-1} C_{n-1}^{x-1} \frac{1}{u+\varepsilon}}{2^n-2} \leqslant \lim_{n \to \infty} \frac{\sum\limits_{x=M+1}^{n-1} C_{n-1}^{x-1} \frac{1}{U_x}}{2^n-2} \leqslant \lim_{n \to \infty} \frac{\sum\limits_{x=M+1}^{n-1} C_{n-1}^{x-1} \frac{1}{u-\varepsilon}}{2^n-2} \tag{14-36}$$

利用 $\sum\limits_{x=1}^{n-1} C_{n-1}^{x-1} = 2^{n-1}-1$, 可以进一步得到

$$\frac{1}{2(u+\varepsilon)} \leqslant \lim_{n \to \infty} \frac{\sum\limits_{x=M+1}^{n-1} C_{n-1}^{x-1} \frac{1}{U_x}}{2^n-2} \leqslant \frac{1}{2(u-\varepsilon)} \tag{14-37}$$

因此, 可以得到

$$\lim_{n \to \infty} \frac{\sum\limits_{x=1}^{n-1} C_{n-1}^{x-1} \frac{1}{U_x}}{2^n-2} = \frac{1}{2u} \tag{14-38}$$

令 $n \to \infty$, 可以得到

$$\frac{1}{u} = \frac{1}{2u} + \lim_{n \to \infty} \frac{E(N'_{n+1})}{2n} \rightarrow u = \lim_{n \to \infty} \frac{n}{E(N'_{n+1})} \tag{14-39}$$

这意味着, 只要 n 足够大, 就可以利用 $E(N'_{n+1})$ 估计 $E(N_n)$, 因此有

$$U_n = \frac{n}{E(N'_{n+1})} \tag{14-40}$$

14.2.2　仿真分析

利用 MATLAB 对 BBS 算法进行仿真,并与 Q-算法和基于提高型线性融合模型 (Improved Linearized Combinatorial Model,ILCM)的算法进行了对比。为了保证仿真结果的可靠性,采用蒙特卡洛方法仿真 500 次,然后取平均值。从图 14-12 中可以看出,BBS 算法的平均系统吞吐率可以达到 34.8%,高于 Q-算法和 ILCM 算法。同时,仿真结果非常接近理论值,从而说明理论推导的可靠性。

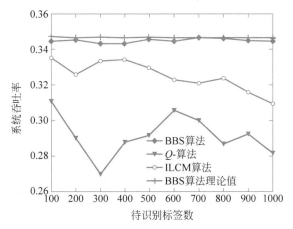

图 14-12　BBS 算法仿真结果

14.2.3　BBS 算法优化

假设系统内存在 n 个待识别标签,将其分为 N 组,然后分别对每个组采用 BBS 算法识别。显然,当 $N=1$ 时,它就是传统的 BBS 算法。定义 M_n 为识别 n 个标签所需的总时隙数,$B_k(k=0,1,2,\cdots,n)$ 为包含 k 个标签的分组数。$E(N_k)$ 为识别 k 个标签所需的期望时隙数。k 个标签选择 N 个分组中的一个的概率满足二项分布,可以表示为

$$A_k = \mathrm{C}_n^k \left(\frac{1}{N}\right)^k \left(1 - \frac{1}{N}\right)^{n-k} \tag{14-41}$$

那么 B_k 的期望值可以表示为

$$E(B_k) = NA_k = N\mathrm{C}_n^k \left(\frac{1}{N}\right)^k \left(1 - \frac{1}{N}\right)^{n-k} \tag{14-42}$$

因此,可以计算 M_n 的期望值:

$$E(M_n) = \sum_{k=0}^{n} E(B_k)E(N_k) \tag{14-43}$$

系统吞吐率可以计算为

$$e_N = \frac{n}{E(M_n)} = \frac{n}{\sum_{k=0}^{n} E(B_k)E(N_k)} = \frac{n}{\sum_{k=0}^{n} NA_k E(N_k)} \approx \frac{n}{N\sum_{k=0}^{10} A_k E(N_k)} \tag{14-44}$$

k 的取值范围为 $0 \sim n$,选择 10 为 k 的上限。由于当 k 大于 10 时 $E(B_k)$ 的值变得很小,所以用 $k=10$ 计算系统吞吐率是足够精确的。根据式(14-44),可以计算基于分组的 BBS 算法的系统吞吐率。分组数为

$$N = nf \tag{14-45}$$

其中 $f\in[0.5,1.3]$,为分支因子。图 14-13 描绘了基于分组的 BBS 算法在不同分支因子下的理论系统吞吐率。从图 14-13 中可以看出,对 BBS 算法采用分组后,系统吞吐率提高了不少,

其范围为(0.4,0.425),其中最佳分支因子范围为(0.8,0.95)。

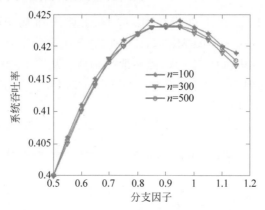

图 14-13　基于分组的 BBS 算法在不同分支因子下的理论吞吐率

此外,由图 14-13 可知,在多标签的情况下,该算法所能达到的最大系统吞吐率为 0.423。因此,该算法不仅实现较为简单,而且具有较高的系统吞吐率。同时,基于 ISO/IEC 18000-6C 协议的防碰撞机制下的系统吞吐率最高仅为 0.36。因此,基于 GB/T 29768—2013 协议的防碰撞机制的盘存效率也高于基于 ISO/IEC 18000-6C 协议的防碰撞机制。

参考文献

[1] ISO. Information technology：Radio frequency identification for item management：Part6 Parameters for air interface communications at 860MHz to 960MHz General：ISO/IEC 18000-6[S]. 2013.

[2] 全国信息技术标准化技术委员会. 信息技术　射频识别 800/900MHz 空中接口协议：GB/T 29768—2013[S]. 2013.

[3] 中国人民解放军总装备部. 军用射频识别空中接口　第 1 部分：800/900MHz 参数：GJB 7377.1A—2018[S]. 2018.

[4] 中国通信标准化协会. 无线电噪声测量方法：GB/T 15658—2012[S]. 2013.

[5] 中国射频识别(RFID)技术发展与应用报告编写组. 中国射频识别(RFID)技术发展与应用报告蓝皮书[R/OL]. (2014-04-01). https://www.doc88.com/p-5416809684503.html.

[6] 李晓聪. UHF RFID 标签芯片稳压基准源和调制电路设计[D]. 成都：电子科技大学，2009.

[7] SKOLNIK M I. Introduction to radar system[M]. New York：McGraw-Hill，1980.

[8] STOCKMAN H. Communication by means of reflected power[J]. Proceedings of the IRE，1948，36(10)：1196-1204.

[9] 徐林玉. 无源 UHF RFID 标签芯片射频前端设计实现[D]. 西安：西安电子科技大学，2010.

[10] 谢良波. 内置温度传感器超高频射频识别标签芯片关键技术研究[D]. 成都：电子科技大学，2016.

[11] 谈熙. 超高频射频识别读写器芯片关键技术的研究与实现[D]. 上海：复旦大学，2008.

[12] 张毓彤. 基于单芯片的 RFID 读写器功能电路的设计与研究[D]. 南京：南京邮电大学，2012.

[13] 潘勇. 超高频 RFID 读写器基带信号处理 SoC 系统设计[D]. 济南：山东大学，2011.

[14] 黄慧冬. 基于国家标准的超高频 RFID 读写器基带的设计[D]. 杭州：杭州电子科技大学，2015.

[15] 董敏. 超高频 RFID 读写器数字基带技术研究[D]. 成都：成都理工大学，2012.

[16] 林杰. 多协议超高频 RFID 读写器基带电路的设计与实现[D]. 成都：电子科技大学，2016.

[17] 许静. UHF RFID 读写器数字基带系统的设计及其防冲突算法研究[D]. 长沙：湖南大学，2011.

[18] 韩荣荣. 基于 GB/T 29768—2013 的 UHF RFID 读写器数字基带系统的设计与研究[D]. 重庆：重庆理工大学，2016.

[19] 廖长静. UHF RFID 读写器芯片接收链路模拟基带电路设计[D]. 成都：电子科技大学，2015.

[20] 邓璞. 超高频 RFID 读写器中 LNA 的研究与设计[D]. 广州：华南理工大学，2015.

[21] 徐瑞. 超高频 RFID 读写器基带自干扰信号抑制技术研究[D]. 成都：电子科技大学，2018.

[22] 李一春，王效东. 两种 UHF RFID 标准标签数据结构差异对读写器设计的影响[J]. 物联网技术，2014(10)：15-19.

[23] 刘礼白. UHF RFID 无源标签的芯片供电机理[J]. 移动通信，2014(2)：65-69.

[24] 唐龙飞，庄奕琪，刘伟峰，等. 用于 UHF RFID 标签的低功耗 BLF 产生电路[J]. 西安电子科技大学学报(自然科学版)，2011，38(5)：152-164.

[25] 石耀坤. 基于 BLF 的 UHF RFID 自主标准标签芯片的设计[D]. 西安：西安电子科技大学，2012.

[26] 黄小春. 无源超高频 RFID 多通信速率基带设计与实现[D]. 西安：西安电子科技大学，2010.

[27] 吴溪. 基于自主标准的 UHF RFID 读写器的设计与实现[D]. 长沙：国防科技大学，2014.

[28] 马伟濠. 符合多协议的 UHF RFID 读写器软件系统的设计与实现[D]. 成都：电子科技大学，2016.

[29] 袁传奇. UHF RFID 读写器研究与射频前端设计[D]. 杭州：杭州电子科技大学，2012.

[30] 陈雷. 超高频 RFID 读写器接收机前端电路的研究与设计[D]. 长沙：湖南大学，2012.

[31] 颜涛. 高接收灵敏度超高频 RFID 读写器前端电路设计[D]. 成都：电子科技大学，2018.

[32] 卿剑. 915MHz 读写器的射频前端电路研究与设计[D]. 长沙：湖南大学，2008.

[33] 袁超. 超高频 RFID 读写器射频发射前端芯片电路设计[D]. 长沙：湖南大学，2011.

[34] 陈静. 无源 UHF RFID 标签芯片温度检测和掉电检测的实现[D]. 西安：西安电子科技大学，2014.

[35] 何珠玉. 面向 ISO 18000-6C 标准的 UHF RFID 标签芯片数字集成电路设计[D]. 成都：电子科技大学，2010.

[36] 曲丹. 符合 ISO/IEC 18000-6C 标准的 UHF RFID 标签芯片数字处理单元设计[D]. 天津：天津大

学,2010.

[37] 肖磊.无源 UHF RFID 标签基带处理器的低功耗设计实现[D].西安:西安电子科技大学,2011.

[38] 杨柳.基于开源 MCU IP 核的 UHF RFID 读写器芯片设计[D].成都:电子科技大学,2013.

[39] 杨海峰.UHF 频段 RFID 阅读器数字基带关键模块设计[D].长沙:湖南大学,2013.

[40] 陈杨.基于 FPGA 的 UHF 读写器设计[D].成都:电子科技大学,2012.

[41] 王通.一种适用于 UHF RFID 的协议标准与其芯片设计[D].西安:西安电子科技大学,2013.

[42] 咸凛.面向 ISO 18000-6B 标准的 UHF RFID 标签芯片数字系统集成电路设计[D].成都:电子科技大学,2011.

[43] 许玉淇.双模单芯片 UHF RFID 读写器数字基带接收链路设计与实现[D].湘潭:湘潭大学,2017.

[44] 杨晶晶.符合 ISO 18000-6C 标准的 UHF RFID 读写器基带软件系统设计[D].成都:电子科技大学,2013.

[45] 凌晓艳.基于 AS3992 芯片的 UHF 频段 RFID 读写器设计[D].哈尔滨:哈尔滨理工大学,2013.

[46] 赵伟.基于自主标准的 UHF RFID 读写器基带系统设计[D].杭州:浙江理工大学,2015.

[47] 陈兴荣.基于 Intel R2000 的 UHF RFID 读写器的设计[J].现代电子技术,2011,34(23):3.

[48] 李欣.超高频 RFID 读写器数字基带系统设计及 CRC 校验码算法研究[D].长沙:湖南大学,2012.

[49] 倪熔华.超高频射频识别读写器接收机载波消除射频前端的研究与设计[D].上海:复旦大学,2008.

[50] 科学技术部,国家发展和改革委员会,商务部,等.中国射频识别(RFID)技术政策白皮书[R].2006.

[51] ITU. Internet Reports 2005:The Internet of Things[R].2005.

[52] AMARDEO C,SARMA J G. Identities in the future Internet of Things[J]. Wireless Personal Communications,2009,49(3):353-363.

[53] SUNDMAEKER H,GUILLEMIN P,FRIESS P,et al. Vision and challenges for realizing the Internet of Things[J]. International Journal of Systematic Evolutionary Microbiology,2010,73(1):55-70.

[54] HARRINGTON R F. Theory of loaded scatters[J]. Proc. Inst. Elect. Eng.,1964,111(4):617-623.

[55] FINKENZELLER K. RFID handbook[M]. New York:Wiley,1999.

[56] KWON I. A single-chip CMOS transceiver for UHF Mobile RFID Reader[C]. ISSCC,2007:216-217.

[57] 明代都.借助传感技术创新发展[J].自动化博览.2012(9):78-83.

[58] CURTY J P,DECLERCQ M,DEHOLLAIN C,et al. Design and optimization of passive UHF RFID systems[M]. New York:Springer-Verlag,2006.

[59] 李蕾.UHF RFID 单芯片读写器关键技术研究与设计[D].天津:天津大学,2010.

[60] 卓建明.基于 PR9000 的微型可嵌入 UHF RFID 读写器模块设计[J].微型机与应用,2011,30(19):4.

[61] 孟一聪.数字集成电路低功耗设计技术的研究及应用[D].北京:清华大学,2005.

[62] 吴福炜.数字电路低功耗设计方法研究[D].上海:中国科学院研究生院上海微系统与信息技术研究所,2003.

[63] HODGES D A,JACKSON H G,SALEH R A. 数字集成电路分析设计:深亚微米工艺[M].3 版.蒋安平,王新安,陈自力,译.北京:电子工业出版社,2005.

[64] RABAEY J M,CHANDRAKASAN A,NIKOLIC B. 数字集成电路:电路、系统与设计[M].2 版.周润德,译.北京:电子工业出版社,2004.

[65] UYEMURA J P. 超大规模集成电路与系统导论[M].周润德,译.北京:电子工业出版社,2004.

[66] 井刚.数字集成电路 RTL 级低功耗设计技术[J].中国集成电路,2003(54):33-36.

[67] PILLAI V. An ultra-low-power long range battery/passive RFID tag for UHF and microwave bands with a current consumption of 700nA at 1.5V[J]. IEEE Transactions On Circuits and Systems,2007,54(7):1500-1512.

[68] FINKENZELLER K. 射频识别(RFID)技术[M].3 版.吴晓峰,陈大才,译.北京:电子工业出版社,2006.

[69] BEKRITSKY B. Improving performance in EPC Gen2 UHF RFID systems[D]. New York:Polytechnic Institute of New York University,2012.

[70] BLYTHE P. RFID for road tolling,road-use pricing and vehicle access control[J]. IEEE Colloquium on

RFID Technology，1999（25）：811-816.

[71] LANDT J. The history of RFID[J]. IEEE Potentials，2005，24（4）：8-11.

[72] ABIDI A A. Direct-conversion radio transceivers for digital communications[J]. IEEE J of Solid-State Circuits，1995，30（12）：1399-1410.

[73] 路瑞宽.基于射频识别的防碰撞算法设计与实现[D].保定：河北大学，2015.

[74] WANG J，ZHANG C，WANG Z. A low power low cost fully integrated UHF RFID reader with 17.6dB output 91dB in 0.18μm CMOS process[C]. In：IEEE Radio Frequency Integrated Circuits Symposium，2010：109-112.

[75] JACKSON B R，SAAVEDRA C E. A dual-band self-oscillating mixer for C-band and X-band applications[J]. IEEE Transactions on Microwave Theory and Techniques，2010，58（2）：318-323.

[76] SHIM S B，HAN J H，HONG S C. A CMOS RF polar transmitter of a UHF mobile RFID reader for high power efficiency[J]. IEEE Journal of Microwave and Wireless Letters，2008，18（9）：635-637.

[77] WELBOURNE E，BATTLE L，COLE G，et al. Building the Internet of Things using RFID：the RFID ecosystem experience[J]. IEEE Internet Computing，2009，13（3）：48-55.

[78] SCHUMACHER I，WELLENSTEIN J，KALBITZER J. Low-power UHF-RFID sensor tags for a complete monitoring and traceability of the cold chain[C]. In：Proceedings of 2012 European Conference on Smart Objects，Systems and Technologies，2012：1-6.

[79] LEE J W，LEE B. A long-range UHF-band passive RFID tag IC based on high-design approach[J]. IEEE Transactions on Industrial Electronics，2009，56（7）：2308-2316.

[80] LEE J W，PHAN N D，VO H T，et al. A fully integrated EPC Gen-2 UHF-band passive tag IC using an efficient power management technique[J]. IEEE Transactions on Industrial Electronics，2014，61（6）：2922-2932.

[81] VAZ A，SOLAR H，REBOLLO I，et al. Long range，low power UHF RFID analog front-end suitable for batteryless wireless sensors[C]. In：IEEE MTT-S International Microwave Symposium Digest，2010：836-839.

[82] KWON I，BANG H，JEON S，et al. A single-chip CMOS transceiver for UHF mobile RFID Reader[J]. IEEE Journal of Solid-State Circuits，2008，43（3）：729-738.

[83] KHANNUR P B，CHEN X S，YAN D L，et al. A universal UHF RFID reader IC in 0.18μm CMOS technology[J]. IEEE Journal of Solid-State Circuits，2008，43（5）：1146-1155.

[84] LIAO H L，SONG F，CHEN J，et al. A 900MHz UHF RFID reader transceiver in 0.18μm CMOS technology[C]. In：Solid-State and Integrated-Circuit Technology，Beijing，2008. DOI：10.1109/ICSICT.2008.4734857.

[85] WANG W T，LOU S Z，KAY W C，et al. A single-chip UHF RFID reader in 0.18μm CMOS process [J]. IEEE Journal of Solid-State Circuits，2008，43（8）：1741-1754.

[86] SUN X G，CHI B Y，ZHANG C，et al. A 1.8V 74mW UHF RFID reader receiver with 18.5dBm IIP3 and －77dBm sensitivity in 0.18μm CMOS[C]. In：IEEE Radio Frequency Integrated Circuits Symposium，Anaheim，2010：597-600.

[87] CIMINO M，LAPUYADE H，DEVAL Y，et al. Design of a 0.9V 2.45GHz self-testable and reliability-enhanced CMOS LNA[J]. IEEE Journal of Solid-State Circuits，2008，43（5）：1187-1194.

[88] YI J. Analysis and design strategy of UHF micro-power CMOS rectifier for micro-sensor and RFID applications[J]. IEEE Trans. On Circuit and Systems-I，2007，54（1）：158-159.

[89] 臧威，李绪诚，刘桥.CMOS 低噪声放大器电路结构分析与设计[J].重庆工学院学报（自然科学版），2008，22（4）：131-135.

[90] 张雄伟.FPGA 芯片的原理与开发应用[M].3 版.北京：电子工业出版社，2010.

[91] 周诗伟，毛陆虹，王倩，等.集成于无源 UHF RFID 标签的超低功耗 CMOS 温度传感器[J].传感技术学报，2013，26（7）：6.

[92] 田文卓.一种适用于 RFID 标签的高精度温度传感器的分析与设计[J].计算机与数字工程，2013（4）：

666-669.

[93] YE L,LIAO H,SONG F,et al. A single-chip CMOS UHF RFID reader transceiver for Chinese mobile applications[J]. IEEE Journal of Solid-State Circuits,2010,45(7)：1316-1329.

[94] VILLAME D P,MARCIANO J S. Carrier suppression locked loop mechanism for UHF RFID readers [C]. In：IEEE International Conference on RFID,Orlando,2010：141-145.

[95] JUNG J Y,PARK C W,YEOM K W. A novel carrier leakage suppression front-end for UHF RFID reader[J]. IEEE Transactions on Microwave Theory & Techniques,2012,0(5)：1468-1477.

[96] WANG J,BOLIC M. Exploiting dual-antenna diversity for phase cancellation in augmented RFID system[J]. International Conference on Smart Communications in Network Technologies,2014,1(6)：18-20.

[97] PURSULA P,KIVIRANTA M,SEPPA H. UHF RFID reader with reflected power canceller[J]. IEEE Microwave and Wireless Components Letters,2009,19(1)：48-50.

[98] TANAKA Y,IWAO S. Interference reduction scheme for UHF passive RFID systems using modulation index control[J]. APCC Communications,2008,1(5)：14-16.

[99] JUNG J W,ROH H H,KIM J C,et al. TX leakage cancellation via a micro controller and high TX-to-RX isolations covering an UHF RFID frequency band of 908-914MHz[J]. IEEE Microwave and Wireless Components Letters,2008,18(10)：710-712.

[100] BERGERET E,GAUBERT J,PANNIER P. Standard CMOS voltage multipliers architectures for UHF RFID applications：study and implementation[C]. In：IEEE International Conference on RFID,2007. DOI：10.1109/RFID.2007.346158.

[101] RIIHONEN T,WICHMAN R. Analog and digital self-interference cancellation in full-duplex MIMO-OFDM transceivers with limited resolution in A/D conversion[C]. In：Signals,Systems and Computers,IEEE,2013. DOI：10.1109/ACSSC.2012.6488955.

[102] POVALAC A,ZAMAZAL M,SEBESTA J. Firmware design for a multi-protocol UHF RFID reader [C]. In：Radio elektronika,IEEE,2010. DOI：10.1109/RADIOELEK.2010.5478559.

[103] CILETTI M D. Verilog HDL 高级数字设计[M]. 2版.李文军,林水生,阎波,译.北京：电子工业出版社,2010.

[104] 吴继华,蔡海宁,王诚,等. Altera FPGA/CPLD设计(高级篇)[M].北京：人民邮电出版社,2009.

[105] 耿文波,张思维.循环冗余校验算法的 FPGA 高速实现[J].周口师范学院学报,2011,28(5)：32-35.

[106] BHATNAGAR H. 高级 ASIC 芯片综合[M]. 2版.张文俊,译.北京：清华大学出版社,2007.

[107] LEE J W. Design consideration of UHF RFID tag for increased reading range[C]. In：IEEE MTT-S International Microwave Symposium Digest,2006：1588-1561.

[108] 戎亮.超高频 RFID 读写器芯片中关键功能电路设计[D].成都：电子科技大学,2016.